21世纪信息科学与电子工程系列精品教材

U0266125

计算机网络规划与设计

（第二版）

段水福　张元睿　段　炼　姜　淳 编著

ZHEJIANG UNIVERSITY PRESS
浙江大学出版社

内容提要

本书全面而详尽地介绍了计算机网络规划与设计方法和设计过程。从需求分析入手,分别叙述了计算机网络的逻辑设计、物理设计、安全设计、综合布线系统设计以及网络设备的选购与配置。特别增加了从虚拟化到云计算,网络工程测试与验收,网络工程招投标三部分内容。使得本书内容既突出先进,又注重实用。

本书可作为大专院校信息与计算机工程类的专业教材,对 IT 行业和网络系统集成公司的工程技术人员来说是一本很好的参考书。

作者邮件地址:sfd@zju.edu.cn

图书在版编目 (CIP)数据

计算机网络规划与设计 / 段水福等编著. —杭州:浙江大学出版社,2005.6(2018.1重印)
21 世纪信息科学与电子工程系列精品教材
ISBN 978-7-308-04185-0

Ⅰ. 计⋯ Ⅱ. 段⋯ Ⅲ. 计算机网络—高等学校—教材
Ⅳ. TP393

中国版本图书馆 CIP 数据核字 (2005) 第 028635 号

计算机网络规划与设计(第二版)

段水福　张元睿　段　炼　姜　淳 编著

责任编辑	王元新
封面设计	刘依群
出版发行	浙江大学出版社
	(杭州市天目山路 148 号　邮政编码 310007)
	(网址:http://www.zjupress.com)
排　　版	杭州中大图文设计有限公司
印　　刷	浙江新华数码印务有限公司
开　　本	787mm×1092mm　1/16
印　　张	30.5
字　　数	781 千
版 印 次	2012 年 8 月第 2 版　2018 年 1 月第 6 次印刷
书　　号	ISBN 978-7-308-04185-0
定　　价	49.00 元

总　序

　　浙江大学是一所具有 100 多年办学历史的学科门类齐全的教育部直属综合性重点大学，是一所基础坚实、实力雄厚、特色鲜明，居于国内一流水平的中国著名高等学府。近几年来，学校以全面提高教育和科研水平、培养合格优质人才为中心，改革创新，与时俱进，教学质量、科研水平以及办学效益都进入了历史上最好的发展时期。

　　浙江大学一贯十分重视教材、专著和学报的建设。老校长竺可桢就在许多场合多次讲过：要重视教材的建设，要有好的图书和设备。他屡次过问学校的教材和专著的编写和出版。在抗日战争时期，竺可桢校长精心地组织浙江大学的图书期刊内迁贵州遵义，抗战胜利后又完整地迁回杭州。尽管当时物质条件十分困难，他仍组织相关部门用黄黑的再生纸影印了部分教材。当时浙江大学有一个教材组，依靠同学们勤工俭学刻印蜡纸，油印出版了教师自编讲义。纸张虽然是草纸，但同学们刻写得非常认真，错字很少，图和公式刻写得很漂亮。就在那样的条件下，每个同学仍都能从图书馆借到一份教材和从教材组领到讲义。同学们夜自修在油灯下攻读，艰苦奋斗，保证了浙江大学高质量教学的顺利进行。

　　教材建设是高校教学建设的主要内容。编写出版一本好的教材，就意味着开设了一门好的课程，甚至可能预示着一个崭新学科的诞生。当前，浙江大学出版社已精心组织编写了 21 世纪信息科学与电子工程系列精品教材，涉及的学科包括电路理论与应用、信号与系统、数字信号处理、微电子、微光学、通信系统、电磁场与微波等。其中既有本科专业课程教材，也有研究生课程教材，可以适应不同院系、不同专业、不同层次的师生对教材的需求，广大师生可自由选择和自由组合使用。这套系列丛书要求体现以下特点：

　　学术水平高。丛书的作者大部分是浙江大学重点学科的学术带头人、博士生导师。他们一般都承担着高水平的国家科研项目。他们的著作含有独特的见解，是科研成果的结晶，代表了学校的学术水平和发展趋势。

　　教学效果好。这套丛书的主要作者长期从事教育工作，有着丰富的教学经验。这套教材既有作者个人长期把纷繁的教材内容、教育改革的成果进行综合、提炼升华成的理论，又有师生集体日积月累学习使用的心得体会。

　　我相信，这套教材可用于高等院校有关专业的大学生、研究生的教学，也可作为研究所、工矿企业有关科技人员的参考书。对于我国教育与科学技术的发展一定能起到积极的作用。

中国工程院副院长、院士　

第一版前言

目前，尽管计算机网络设备的性能和传输介质的容量有了提高，网络设计仍然是一项比较困难的工作，其原因主要在于越来越复杂的网络环境，包括介质的多样化和独立于任何一个组织所能控制的局域网之间的互连。良好的网络设计是保证网络快速稳定运行的关键之一。网络设计的不完善会导致许多预料不到的问题，从而阻碍整个网络的发展。因此，网络设计是一项深层次的工作。

我们知道 ISO/OSI 最大的好处便是应用上的高可靠性，只要遵循此结构标准，即能与其他网络系统兼容，从而达到互相连通的目的。也因为如此，开放式系统结构可不受计算机厂家的某一专用结构所限制。

计算机网络体系结构是指网络的基本设计思想及方案，各个组成部分的功能定义。而层次结构是描述体系的基本方法，其特点是每一层都建立在前一层基础上，低层为高层提供服务，层次结构的优点如下：

- 简化了网络通信设计的复杂性。
- 层定义了用于即插即用兼容性的标准接口，使设计者能专心设计和开发模块功能。
- 便于系统化和标准化，便于有条理地理解问题和学习网络。
- 层次接口清晰，减少层次间传递的信息量，便于功能模块的划分和开发。
- 层使一个区域的改变不会影响其他区域，允许用等效的功能模块灵活地替代某层模块而不影响相邻层次的模块。这样使每个区域能发展更快。

为了简化对复杂计算机网络体系结构和协议的研究工作，人们采取了层次结构的方法。而且，只要各层次的接口确定之后，各层次的研制工作可同时进行，从而加快了研制开发的速度。

这种分层和结构化设计的思想应贯穿到网络设计的各个部分。Cisco 提出的三级设计模型和结构化布线系统都体现这种分层思想方式。

在网络设计中，没有一种设计方案可以适合所有的网络。网络设计技术非常复杂而且更新很快。因此，设计工具通常过于简单或者已经过时。对每个网络来说，如此多的复杂协议进行交互都会产生惟一的结果（也许是令人沮丧的结果）。

带宽需求大的应用程序已经将许多公司的网络体系结构逼上了穷途末路，更不用说类似 VoIP（Voice over IP）等内部网或者 Internet 应用程序了。一些工程师的任务是负责从无到有实现网络结构设计，而有些工程师则要在现有的基础设施里融合进新技术。我们完全有理由相信，Internet 革命将会影响到业务以及我们生活的各个方面。但是，随着 Internet 服务的应用越来越广泛，基于 Internet 的产品和应用反过来也会影响网络的设计方法。作为网络设计人员，要准备好随时迎接这场革命性的挑战。

Cisco 提出的实现互联网络设计的分级模型分三层，分别是核心层（core layer）、分布层（distribution layer）和接入层（access layer）。尽管并不存在精确的模型，但是，分析复杂的大型互联网络时，模型是必不可少的。三级设计模型在广域网、城域网和局域网表示的内容并不一样。正像我们行政部门三级在不同区域讲同一问题结果不一样，站在全省讲核心层是省政府，分布层是地市级政府，接入层就是各级县政府。然而在一个部门，核心层是部门的头，分布层是中层干部，接入层就是草民。所以我们不要拘泥于每一层到底代表了什么，而应着眼于它是一种设计思想和方法，及其所带来的种种效益。

在分级结构中，网络被分层组织在一起，每一层都各自完成具体的功能和操作。分级模型有如下特点：

- 可缩放性
- 易于安装
- 易于排除故障
- 可预测性
- 协议支持
- 易于管理

三层模型通常可以满足大多数企业网络的需求。但是，并不是所有环境都要求完整的三层分级设计。有时也许一层或者二层设计就已经足够了。即便是这种情况，也应该保持分级结构，这样可以随着需求的增长将一层或者二层模型扩展为三层模型。

值得指出的是，网络技术发展日新月异，也许今天这种说法和结论是先进的、正确的，明天就过时了。这种例子举不胜举，如原先定义接入层一般是共享的，可现在交换到桌面的网络比比皆是。千兆以太网刚问世时用 5 类双绞线只能传输 25 米，这一说法马上被 IEEE 802.3ab 所替代，它利用了一种更加强大的信号传输和编码/解码方案，使得 1000Base-T 在 5 类双绞线上的传输距离可达 100 米。前几年在许多园区网络设计中，采用 Catalyst 5500 系列交换机作为核心交换机已是很高档的了,而今天许多院校、机关大多采用 Catalyst 6500 系列作为核心交换机还嫌不过瘾。事实上网络设计方法、网络测试仪器总是落后于网络技术和产品。为了不至于让这本书在它出版之时,就成了它的淘汰之日,我们着重于描述设计理念和方法,以延长本书的生命周期。

计算机网络设计时,正确选择网络设备是重要的任务之一。这里所谈的网络设备的选择有两种含义:一种是从应用需要出发所进行的选择;另一种是从众多厂商的产品中选择性能/价格比高的产品。在描述这些设备时,主要说明设备工作原理和配置,在拓扑图中尽量使用逻辑符号来表达,其目的使本书所述内容适用于不同时期和不同厂家的产品。

现代 IT 技术发展迅速,内容更新十分快捷。在这知识爆炸的年代,再也不能从二进制开始讲起了。因此必须要有与之相适应的学习方法——结构化教授/学习方法(structural teaching/learning)。其基本要点是:对于一门学科,首先要从整体上去把握知识的体系结构,建立其基本框架。这个框架一般可以表示为树型结构,我们称之为"知识树"。

无论是对教学者,还是对学习者来说,都要沿着这个框架,自上而下逐渐细化有关概念,并通过概念分类、归纳、对比,把概念前后贯穿起来,而非拘泥于一两个词汇、一两个概念。我们把这种方法形象地比喻为"用种大树的方法学习"。种大树是现在城市绿化一种快速建立绿地的方法。一棵有完整躯干的大树要比一棵小苗能更快地长出茂盛的枝叶来,从掌握知识结构入手,很快就能了解学科的全貌,为今后的发展提供扎实的基础。教师的作用就是要把"大树"提供给学生,而学生的作用就是要让大树尽快地长满枝叶。

本书的编写就充分体现了这一现代教学思想。因此在教学中我们特别强调通过建立知识的体系结构来学习。

就是在叙述布线系统设计时,也贯穿了这一结构化分层概念。将布线系统分成六块"积木",就像儿童玩的"积木"一样,可以搭出各种形状不一的房子、桥梁。按标准设计的结构化综合布线系统适用于各种网络技术。同时从实用角度讲解了系统的集成和配置。为了有所前瞻性,也介绍了第二代 Internet 技术。除介绍 IPv6 和相关协议外,还阐述了目前 IPv4 网络和 IPv6 网络兼容问题和过渡策略。

本书编写时参阅大量国内外有关书籍和认证培训教材,除此之外还参考了许多单位和公司的招、投标方案。从国内外各专业网站也获取了许多好的养料和素材。在这里一并表示感谢。

段水福

2005 年 5 月 25 日

目　录

第1章

计算机网络设计概述

  计算机网络就是通过某种通信媒体将处于不同地理位置的具有独立功能的若干台计算机连接起来,并以某种网络硬件和软件进行管理以实现网络资源的通信和共享的系统,它是计算机技术和通信技术相结合的产物。显而易见,计算机网络的优点在于降低成本和提高资源利用率。在 21 世纪,世界上获取信息最快的方式就是通过计算机网络。

  计算机网络是一个复杂的环境,它牵涉多种媒体、多种协议、多种设备,它还要考虑内部网络和外部网络,以及网络安全问题,所以设计、构建并维护一个网络是一个具有挑战性的任务。尽管目前网络设备的性能和传输介质的容量有了提高,但计算机网络的规划与设计仍然是一项比较困难的工作,其原因主要在于越来越复杂的网络环境,包括介质的多样化和独立于任何一个组织所能控制的局域网之间的互连。良好的计算机网络设计是保证网络快速稳定运行的关键之一。如果网络设计得不完善,就会遇到许多预见不到的问题,阻碍整个网络的发展。因此,计算机网络设计确实是一项深层次的工作。

  如果你曾经参与过大型或者小型网络设计项目,毫无疑问,你一定会遇到必须作出非常困难的选择的情况。也许你会找到问题的若干个正确答案,但需要你从中选出最好的。那么,什么是最好的正确答案呢？答案是没有“最好”,只有“依赖于……”的。这是因为在现代网络设计中,由于需求的多样性、可选择的网络技术和产品的多样性、新标准和新协议的层出不穷以及有限的经费、有限的多厂家互操作性、有限的时间等原因,很多网络设计师和网络工程师希望有一种简单的、模块化的方法,使他们能更快、更好地完成网络设计并运行网络。特别是对于局域网的设计,是以交换技术为主还是以路由技术为主,交换技术与路由技术应怎样结合,以及如何适应今后可能的增长和新技术的出现等,一直是网络设计师争论和探讨的主要问题。网络设计的合理与否,主要取决于你对客户及其需求的了解程度。事实上,你可以以不同的方式实现网络设计,但大多数网络设计(至少是成功的网络设计)还是要遵循一些最基本的准则。

  在计算机网络的规划设计中,我们首先应该建立一个“系统”的概念,并遵循一定的技术方法,让这个系统有机地运转起来。按 ANSI(美国国家标准协会)的定义:系统是组织起来的人、机器和方法,以完成一组具体指定功能的集合。换句话说,就是应该全面地考虑现有的工作环境、新的工作设想,以及要完成这个计划所需的人力、物力和财力上的投入。

1.1　计算机网络系统生命周期

一个网络系统从构思开始，到最后被淘汰的过程称为网络生命周期。一般来说网络生命周期至少应包括网络系统的构思和计划、分析和设计、运行和维护的过程。网络系统的生命周期与软件生命周期非常类似，首先它是一个循环迭代的过程，每次循环迭代的动力都来自于网络应用需求的变化；其次每次循环过程中都存在需求分析、规划设计、实施调试和运营维护等多个阶段。有些网络仅仅经过一个周期就被淘汰，而有些网络在存活过程中经过多个循环周期。一般来说，网络规模越大、投资越多，则其可能经历的循环周期也越长。

每一个迭代周期都是网络重构的过程，不同的网络设计方法，对迭代周期的划分方式是不同的，拥有不同的网络文档模板，但是实施的效果都满足了用户的网络需求。常见的迭代周期方式有如下三种。

1. 四阶段周期

四阶段周期能够快速适应新的需求变化，强调网络建设中的宏观管理，其划分如图 1.1 所示。

图 1.1　四阶段周期

四个阶段分别为构思与规划阶段、分析与设计阶段、实施与构建阶段和运行与维护阶段，这四个阶段之间有一定的重叠，保证了两个阶段之间的交接工作，同时也赋予了网络设计的灵活性。

构思与规划阶段的主要工作是明确网络设计的需求，同时确定网络的建设目标。分析与设计阶段的工作在于根据网络的需求进行设计，并形成特定的设计方案。实施与构建阶段的工作在于根据设计方案进行设备购置、安装、调试，建成可试用的网络环境。运行与维护阶段提供网络服务，并实施网络管理。

四阶段周期的长处在于工作成本较低、灵活性高，适用于网络规模较小、需求较为明确、网络结构简单的网络工程。

2. 五阶段周期

五阶段周期是较为常见的迭代周期划分方式，将一次迭代划分为需求规范、通信规范、逻辑网络设计、物理网络设计、实施阶段五个阶段。

在五个阶段中，由于每个阶段都是一个工作环节，每个环节完毕后才能进入下一个环节，类似于软件工程中的"瀑布模型"，形成了特定的工作流程，如图 1.2 所示。

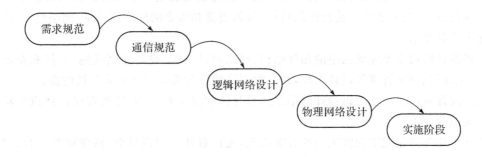

图 1.2　五阶段周期

按照这种流程构建网络,在一个阶段开始之前,前一阶段的工作已经完成。一般情况下,不允许返回到前面的阶段,如果出现前一阶段的工作没有完成就开始进入下一个阶段,则会对后续的工作造成较大的影响,甚至引起工期拖后和成本超支。

这种方法的主要优势在于所有的计划在较早的阶段完成,系统的所有负责人对系统的具体情况以及工作进度都非常清楚,更容易协调工作。

五阶段周期的缺点是比较死板,不灵活。因为往往在项目完成之前,用户的需求经常会发生变化,这使得已开发的部分需要经常修改,从而影响工作的进程。所以基于这种流程完成网络设计时,用户的需求确认工作非常重要。

五阶段周期由于存在较为严格的需求和通信分析规范,并且在设计过程中充分考虑了网络的逻辑特性和物理特性,因此较为严谨,适用于网络规模较大、需求较为明确、需求变更较小的网络工程。

3. 六阶段周期

六阶段周期是对五阶段周期的补充,是对其缺乏灵活性的改进,通过在实施阶段前后增加相应的测试和优化过程,来提高网络建设工程中对需求变更的适应性。

六个阶段分别由需求分析、逻辑设计、物理设计、设计优化、实施及测试、监测及性能优化组成,如图 1.3 所示。

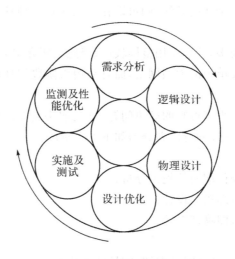

图 1.3　六阶段周期

在需求分析阶段,网络分析人员通过与用户进行交流确定新系统(或升级系统)的商业目标和技术目标,然后归纳出当前网络的特征,分析当前和将来的网络通信量、网络性能、协议行为和服务质量要求。

逻辑设计阶段主要完成网络的拓扑结构、网络地址分配、设备命名规则、交换和路由协议选择、安全规划、网络管理等设计工作,并且根据这些设计选择设备和服务供应商。

物理设计阶段是根据逻辑设计的结果选择具体的技术和产品,使得逻辑设计成果符合工程设计规范的要求。

设计优化阶段完成工程实施前的方案优化,通过召开专家研讨会、搭建试验平台、网络仿真等多种形式找出设计方案中的缺陷,并进一步优化。

实施及测试阶段根据优化后的方案购置设备,进行安装、调试与测试工作,通过测试和试用后发现网络环境与设计方案的偏差,纠正其中的错误,并修改网络设计方案。

监测及性能优化阶段是网络的运营和维护阶段。通过网络管理、安全管理等技术手段,对网络是否正常运行进行实时监控,如果发现问题,则通过优化网络设备配置参数来达到优化网络性能的目的。如果发现网络性能无法满足用户的要求,则进入下一迭代周期。

六阶段周期偏重于网络的测试和优化,侧重于网络需求的不断变更,由于其严格的逻辑设计阶段与物理设计规范,使得这种模式适合于大型网络的建设工作。

1.2　网络开发过程

网络开发过程描述了开发网络时必须完成的基本任务,而网络生命周期为描绘网络项目的开发提供了特定的理论模型,因此网络开发过程是指一次迭代过程。

由于一个网络工程项目从构思到最终退出应用,一般会遵循迭代模型经历多个迭代周期,每个周期的各种工作可根据新网络的规模采用不同的迭代周期模型。例如在网络建设初期,由于网络规模比较小,因此第一次迭代周期的开发工作采用四阶段模型。随着应用的发展,需要基于初期建成的网络进行全面升级,则可以在第二次迭代周期中采用五阶段或六阶段的模式。

由于中等规模的网络较多,并且应用范围较广,因此主要介绍五阶段迭代周期模型。这种模型也部分适用于要求比较单纯的大型网络,而且采用六阶段周期时也必须完成五阶段周期中要求的各项工作。

将大型问题分解为多个小型可解的简单问题,这是解决复杂问题的常用方法。根据五阶段迭代周期的模型,网络开发过程可以划分为如下五个阶段:

(1)需求分析;

(2)现有的网络体系分析,即通信规范分析;

(3)确定网络逻辑结构,即逻辑设计;

(4)确定网络物理结构,即物理设计;

(5)安装和维护。

因此,网络工程被分解成多个容易理解、容易处理的部分,每个部分的工作构成一个阶段,各个阶段的工作成果将直接影响到下一个阶段的工作开展,这就是五阶段周期被称为流水线的真正含义。

在这五个阶段中,每个阶段都必须依据上一阶段的成果完成本阶段的工作,并形成本阶段的工作成果,作为下一阶段的工作依据。这些阶段成果分别为需求规范、通信规范、逻辑网络设计和物理网络设计文档。在大多数网络工程中,网络开发过程可以用图1.4来描述。

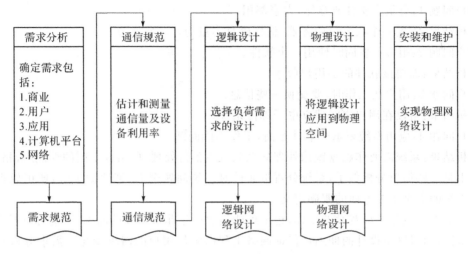

图 1.4　五阶段网络开发过程

下面详细介绍网络开发过程的各个阶段,只有理解了开发网络项目的各个阶段,才可以在实际开发过程中灵活运用。

1. 需求分析

需求分析是开发过程中最关键的阶段,所有工程设计人员都清楚,如果在需求分析阶段没有明确需求,则会导致以后各个阶段严重受阻。需求阶段需要克服需求收集的困难,很多时候用户不清楚具体需求是什么。值得指出的是,网络用户的需求是在不断变化的,例如,当出现更多的音频和视频的网络应用时,对网络带宽的增长需求就会变得很强烈。这是网络规划设计的开端,任何单位或部门要建立一个网络系统,总要有自己的目的,也就是要解决哪些问题。建网的过程应该从这里开始,也应该回到这里结束。需求调研人员必须采用多种方式与用户交流,才能挖掘出网络工程的全面需求。

对用户意图一定要了如指掌,不然你的设计方案往往中不了标。也许你的设计方案并不赖,选择的设备也相当高档,但用户会说好是好,但没有那么多钱;反之做得过于简陋,用户会觉得你小看了他,还没有看就把你的方案搁一边去了。所以作为一个网络设计师,最重要的工作是搞清楚客户真实的需求,准备投入多少资金建网,而不是对一个没有定义的问题马上运用网络设计技术。

收集需求信息要和不同的用户(包括单位负责人和网络管理员)进行交流,要把交流所得信息进行归纳解释,去伪存真。在这个过程中,很容易出现不同用户群体之间的需求是矛盾的,特别是网络用户和网络管理员之间会出现分歧。网络用户总是希望能够更多、更方便地享用网络资源,而网络管理人员则更希望网络稳定和易于管理。网络设计人员要在工作中根据工程经验,均衡考虑各方利益,才能保证最终的网络是可用的。

用户的问题往往是实际存在的问题或要求,也往往不是用计算机网络的语言来表达的,这就是需要网络设计人员的原因,设计人员应该能够将用户的需求或问题用准确的计算机网络术语描述出来。从系统工程的角度出发,他应是一个系统分析员,应是从用户对系统的理解过渡到计算机网络系统规划设计的桥梁。

虽然用户的问题多种多样,但系统分析员总能利用自己分析问题的能力和对网络技术的精确理解,给出用户提出问题的确切定义,完成最初始的工作。

下面一组用户问题及其一一对应的分析结果是一个分析的例子。

用户问题1:有很多文件要存储,大家都用。

分析结果:需要一个大容量服务器,估算磁盘容量为××兆字节。

用户问题2:很多人要同时使用一个软件。

分析结果:需要该软件的多用户版本。

用户问题3:用户在工作时,要交换一些信息。

分析结果:可以在用户之间建立电子邮件系统。

用户问题4:应用系统要求可靠性很高,工作不能间断。

分析结果:系统需要作磁盘镜像处理甚至双机热备份处理,可给以不同的性能/价格预算。

以上是一些简单分析例子,系统分析员通过对系统问题全面、细致的了解,便可以得出以下网络系统的五个主要方面的明确定义。

收集需求信息是一项费时的工作,也不可能很快产生非常明确的需求,但是可以明确需求变化的范围,通过网络设计的伸缩性保证网络工程以满足用户的需求变化。需求分析有助设计者更好地理解网络应该具有什么样的功能和性能,最终设计出符合用户需求的网络。

不同的用户有不同的网络需求,收集的需求范围如下:

(1)业务需求;

(2)用户需求;

(3)应用需求;

(4)计算机平台需求;

(5)网络通信需求。

详细的需求描述使得最终的网络更有可能满足用户的要求。需求收集过程必须同时考虑现在和将来的需要,如不适当考虑将来的发展,以后将会很难实现对网络的扩展。

需求分析的输出是产生一份需求说明书,也就是需求规范。网络设计者必须把需求记录在需求说明书中,清楚而细致地总结单位和个人的需要意愿。在写完需求说明书后,管理者与网络设计者应达成共识,并在文件上签字,这是规避网络建设风险的关键。这时需求说明书就成为开发小组和业主之间的协议,也就是说,业主认可文件中对他们所要的系统的描述,网络开发者同意提供这样的系统。

在形成需求说明书的同时,网络工程设计人员还必须与网络管理部门就需求的变化建立起需求变更机制,明确允许的变更范围。这些内容正式通过后,开发过程就可以进入下一个阶段了。

2. 现有网络系统的分析

如果当前的网络开发过程是对现有网络的升级和改造,就必须进行现有网络系统的分析工作。现有网络系统分析的目的是描述资源分布,以便于在升级时尽量保护已有的投资。

升级后的网络效率和当前网络中的各类资源是否满足新的需求是相关的。如果现有的网络设备不能满足新的需求,就必须淘汰旧的设备,购置新设备。在写完需求说明书之后,设计过程开始之前,必须彻底分析现有网络的各类资源。

在这一阶段,应给出一份正式的通信规范说明文档,作为下一阶段的输入。网络分析阶段应该提供的通信规范说明包含下列内容：

(1)现有网络的拓扑结构图；

(2)现有网络的容量，以及新网络所需的通信量和通信模式；

(3)详细的统计数据，直接反映现有网络性能的测量值；

(4)Internet 接口和广域网提供的服务质量报告；

(5)限制因素列表，例如使用线缆和设备清单等。

3.确定网络逻辑结构

网络逻辑结构设计是体现网络设计核心思想的关键阶段，在这一阶段根据需求规范和通信规范选择一种比较适宜的网络逻辑结构，并实施后续的资源分配规划、安全规划等内容。

网络逻辑结构要根据用户需求中描述的网络功能、性能等要求设计，逻辑设计要根据网络用户的分类和分布，形成特定的网络结构。网络逻辑结构大致描述了设备的互连及分布范围，但是不确定具体的物理位置和运行环境。

一个具体的网络设备，在不同的协议层次上其连接关系是不同的，在网络层和数据链路层尤其如此。在逻辑网络设计阶段，一般更关注于网络层的连接图，因为这涉及网络互联、地址分配和网络流量等关键因素。

网络设计者利用需求分析和现有网络体系分析的结果来设计逻辑网络结构。如果现有的软、硬件不能满足新网络的需求，现有系统就必须升级。如果现有系统能够继续使用，可以将它们集成到新设计中来。如果不集成旧系统，网络设计小组可以找一个新系统，对它进行测试，确定是否符合用户的需求。

这个阶段最后应该得到一份逻辑设计文档，输出的内容包括以下几点：

(1)网络逻辑设计图；

(2)IP 地址分配方案；

(3)安全管理方案；

(4)具体的软硬件，广域网连接设备和基本的网络服务；

(5)对软硬件费用、服务提供费用等的初步估计。

4.确定网络物理结构

物理网络设计是逻辑网络设计的具体实现，通过对设备的具体物理分布、运行环境等的确定来确保网络的物理连接符合逻辑设计的要求。在这一阶段，网络设计者需要确定具体的软硬件、连接设备、布线和服务的部署方案。

网络物理结构设计文档必须尽可能详细、清晰，输出的内容如下：

(1)网络物理结构图和布线方案；

(2)设备和部件的详细列表清单；

(3)软硬件和安装费用的估算；

(3)安装日程表，详细说明服务的时间以及期限；

(4)安装后的测试计划；

(5)用户的培训计划。

5.安装和维护

第五个阶段可以分为两个小阶段，分别是安装和维护。

(1)安装。这是根据前面的工作成果实施环境准备、设备安装调试的过程。安装阶段的主要输出就是网络本身。安装阶段应该产生的输出如下：

1)逻辑网络结构图和物理网络部署图,以便于管理人员快速了解和掌握网络的结构。

2)符合规范的设备连接图和布线图,同时包括线缆、连接器和设备的规范标识。

3)运营维护记录和文档,包括测试结果和数据流量记录。

在安装开始之前,所有的软硬件资源必须准备完毕,并通过测试。在网络投入运营之前,必须准备好人员、培训、服务和协议等资源。

(2)维护。网络安装完成后,接受用户的反馈意见、监控意见和监控网络的运行是网络管理员的任务。网络投入运行后,需要做大量的故障监测和故障恢复,以及网络升级和性能优化等维护工作。网络维护也是网络产品的售后服务工作。

1.3 网络设计的约束因素

网络设计的约束因素是网络设计工作必须遵循的一些附加条件,一个网络设计如果不满足约束条件,将导致网络设计方案无法实施。所以在需求分析阶段,确定用户需求的同时也应该明确可能出现的约束条件。一般来说,网络设计的约束因素主要来自于政策、预算、时间和应用目标等方面。

1. 政策约束

了解政策约束的目的是为了发现可能导致项目失败的事务安排,以及利益关系或历史因素导致的对网络建设目标的争论意见。政策约束的来源包括法律、法规、行业规定、业务规范和技术规范等。政策约束的具体表现是法律法规条文,以及国际、国家和行业标准等。

在网络开发过程中,设计人员需要与客户就协议、标准、供应商等方面的政策进行讨论,弄清楚客户在信息传输、路由选择、工作平台或其他方面是否已经制定了标准,是否有关于开发和专有解决方案的规定,是否有认可供应商或平台方面的规定,是否允许不同厂商之间的竞争等。在明确了这些政策约束后,才能开展后期的设计工作,以免出现设计失败或重复设计的现象。

2. 预算约束

预算是决定网络设计的关键因素,很多满足用户需求的优良设计,因为成本超过了用户的基本预算而不能实施。如果用户的预算是弹性的,那就意味着赋予了设计人员更多的空间,设计人员可以从用户满意度、可扩展性和易维护性等多个角度对设计进行优化。但是大多数情况下,设计人员面对的是刚性的预算,预算可调整的幅度非常小。在刚性预算下实现满意度、可扩展性、易维护性是需要大量工程设计经验的。

对于预算不能满足用户需求的情况,放弃网络设计工作并不是积极的态度。正确的做法是在统筹规划的基础上,将网络建设工作划分为多个迭代周期,同时将网络建设目标分解为多个阶段性目标,通过阶段性目标的实现,达到最终满足用户全部需求的目的,当前预算仅用于完成当前迭代周期的建设目标。

网络预算一般分为一次性投资预算和周期性投资预算。一般来说,年度发生的周期性投资预算和一次性投资预算之间的比例为 $10\% \sim 15\%$ 比较合理。一次性投资预算主要用于网络的初始建设,包括采购设备、购买软件、维护和测试系统、培训工作人员以及设计和安装系统的费用。应根据一次性投资预算的多少,进行设备选型、确保网络初始建设的可行性。周期性投资预算主要用于后期的运营维护,包括人员方面的开销、设备维护消耗、信息费用以及线路租用费用等。

这里要特别指出的是,在政府公开招标的网络建设工程项目中,网络设计成本必须控制在财政预算的限制之内。超出财政预算,想入非非的设计方案,再好也是空中阁楼。《中华人民共和国政府采购法》第一章第六条明确规定“政府采购应当严格按照批准的预算执行”。第四章第三十六条又重申“在招标中投标人的报价均超过预算的,应予废标”。所以说网络设计人员,必须找出导致预算超支的具体设计要求以及相应的解决方案(如果这种方案存在的话)。如果不存在可以降低设计成本的解决方案,那么应该将这些信息反馈给业主,以便于他们能够根据获得的信息作出相关的决策调整,或增加财政预算。

总体规划设计、分步实施,是解决财政困难非常行之有效的方法。但我们建议基础设计,如布线系统、光缆敷设等最好一步到位。

3. 时间约束

网络设计的进度安排是需要考虑的另一个问题。项目进度表限定了项目最后的期限和重要的阶段。通常,项目进度由客户负责管理,但网络设计者必须就该日表是否可行提出自己的意见。有许多种开发进度表的工具,在全面了解项目之后,网络设计者要对安排的计划与进度表的时间进行分析,对于存在疑问的地方,及时与客户进行沟通。

4. 应用目标的检查和确认

在进行下一阶段的任务之前,需要确定是否了解客户的应用目标和所关心的事项。通过应用目标检查,可以避免用户需求的缺失,检查形式包括设计小组内部的自我检查和用户主管部门的确认检查两种。常用的应用检查项目如下:

(1)对客户所处的产业和竞争情况做的调查;

(2)对客户公司结构了解情况;

(3)是否编制了客户商业目标清单,明确了网络设计的主要目的;

(4)客户对所有关键任务操作的明确程度;

(5)客户对成功和失败的衡量标准;

(6)网络设计项目的范围;

(7)客户的网络应用范围;

(8)客户已就认可的供应商、协议和平台等政策进行的解释;

(9)客户已就网络设计和实现的相关政策进行的解释;

(10)对项目预算的了解;

(11)对项目进度的安排,包括最后期限和重要阶段的进度安排是否符合实际;

(12)就员工培训计划进行的探讨。

在明确了设计人员对以上内容都已经清楚,并且与用户不存在分歧之后,可以进行下一阶段的设计工作。

这一章主要讲解网络设计的步骤和过程,首先简单地了解设计的全过程,后续章节还要分别详细讲解。

总之,成功的网络设计需要人们有恒心。设计人员应该为网络设计是否成功负责,对用户需求和设计目标理解得越透彻,设计就越成功。

1.4　网络标准的选择

第一版《计算机网络规划与设计》所述网络设计环节中,提到网络标准的选择问题,现在笔者认为这个问题已不再有讨论的必要,设计人员几乎统统都采用以太网标准,特别在局域网范畴更是以太网的天下。在以前要详细讲解这个问题,主要是存在多种网络技术和标准。不同的网络标准,对应不同的网络架构、不同的传输介质,采用不同设备和不同传输性能,当然其主要应用范围也各不相同。

多种网络标准中,当时存在的最著名的网络标准是 FDDI、ATM 等,而且在 1998 年以前许多企业和院校都采用以下两种网络标准组网。

FDDI(fiber distributed data interface——光纤分布式数据接口)从 20 世纪 80 年代开始就采用,技术比较成熟。该网络标准由美国国家标准局(ASNI)开发,用于高速局域网的介质访问控制标准,也是针对 100Mbps 光纤定时令牌传送局域网的 ISO 标准。它采用光纤传输介质、令牌访问方式、反向旋转的双环拓扑结构,并实现 100Mbps 的数据传输速率。可以使用的通信介质包括传输距离达 100m 以上的 5 类双绞线,用多模光纤或单模光纤作为传输介质,传输距离分别可达 4km 和 60km,FDDI 环最多可连接 500 个站点。

ATM(asynchronous transfer mode)是对网络技术的革命性变革,因为 ATM 对局域网环境中的网络前提作了彻底的改变,在完全的 ATM 方案中,工作站适配器、交换机以及可能的网络层协议等全部都需更换。ATM 是一种非常灵活的技术,适用于从工作组应用到 WAN 互联网络应用的各种情况。这种技术将提供无缝的网络结构,它可以根据需求基本上可无限制地提供带宽。

为什么后来都被以太网所替代呢? 究其原因如下。

以太网是目前全球使用最广泛的局域网技术。它成功的原因在于"与时俱进",在过去 20 年里,其标准一直随着网络的需求不断改进。作为 IP 网络的一种极具吸引力的解决方案,以太网具有下列关键特性:可扩充性;灵活的部署距离,支持从短距离局域网(大约 100m)到长距离城域网(40km 以上)的各种网络应用;易于使用和管理;出色的性价比、灵活性和互操作性是其优势,与大多数技术解决方案一样,成本将是决定其发展速度的重要因素。以太网设备的价格则随着大规模的应用和生产而逐渐下调。以太网不仅成为局域网网络技术的主流,随着千兆和万兆技术的成熟,它正逐步延伸至城域网和广域网。

在 10M→100M→1000M→10000M 升级以太网解决方案时,用户不需担心既有的程序或服务是否会受到影响,因此升级的风险是非常低的。这不仅可以从过去以太网一路升级到千兆以太网中得到证明,同时在升级到万兆,甚至 4 万兆(40G)、10 万兆(100G)都将是一个很明显的优势。

目前,网络拓扑设计和操作已经随着智能化万兆以太网多层交换机的出现发生了转变。以太网带宽可以从 10Mbps 扩大到 10Gbps,而不影响智能化网络服务,比如第三层路由和第四至第七层智能,包括服务质量(QoS)、服务级别(CoS)、高速缓存、服务器负载均衡、安全性和基于策略的网络功能。由于部署 IEEE 802.3ae 后,整个环境的以太网性质相同,因此这些服务可以按线速提供到网络上,而且局域网、城域网和广域网中的所有网络物理基础设施都支持这些服务。

　　为了突显以太网"与时俱进"的发展历程,我们不妨回顾一下以太网曾经走过的路(参看图 1.5)。

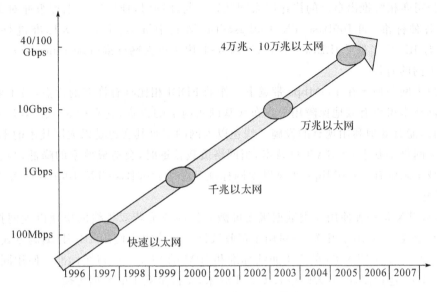

图 1.5　与时俱进的以太网技术

1. 标准以太网

　　开始以太网只有 10Mbps 的吞吐量,使用的是带有冲突检测的载波侦听多路访问(carrier sense multiple access/collision detection,CSMA/CD)的访问控制方法,这种早期的 10Mbps 以太网称之为标准以太网。以太网可以使用粗同轴电缆、细同轴电缆、非屏蔽双绞线、屏蔽双绞线和光纤等多种传输介质进行连接,并且在 IEEE 802.3 标准中,为不同的传输介质制定了不同的物理层标准,在这些标准中前面的数字表示传输速度,单位是"Mbps",最后的一个数字表示单段网线长度(基准单位是 100m),Base 表示"基带"的意思,Broad 代表"宽带"。

　　10Base-5 使用直径为 0.4 英寸、阻抗为 50Ω 粗同轴电缆,也称粗缆以太网,最大网段长度为 500m,基带传输方法,拓扑结构为总线型;10Base-5 组网主要硬件设备有:粗同轴电缆、带有 AUI 插口的以太网卡、中继器、收发器、收发器电缆、终结器等。

　　10Base-2 使用直径为 0.2 英寸、阻抗为 50Ω 细同轴电缆,也称细缆以太网,最大网段长度为 185m,基带传输方法,拓扑结构为总线型;10Base-2 组网主要硬件设备有:细同轴电缆、带有 BNC 插口的以太网卡、中继器、T 型连接器、终结器等。

　　10Base-T 使用双绞线电缆,最大网段长度为 100m,拓扑结构为星型;10Base-T 组网主要硬件设备有:3 类或 5 类非屏蔽双绞线、带有 RJ-45 插口的以太网卡、集线器、交换机、RJ-45 插头等。

　　1Base-5 使用双绞线电缆,最大网段长度为 500m,传输速度为 1Mbps。

　　10Broad-36 使用同轴电缆(RG−59/U CATV),网络的最大跨度为 3600m,网段长度最大为 1800m,是一种宽带传输方式。

　　10Base-F 使用光纤传输介质,传输速率为 10Mbps。

2. 快速以太网

　　随着网络的发展,传统标准的以太网技术已难以满足日益增长的网络数据流量速度需求。在 1993 年 10 月以前,对于要求 10Mbps 以上数据流量的 LAN 应用,只有光纤分布式数据接口(FDDI)可供选择,但它是一种价格非常昂贵的、基于 100Mpbs 光缆的 LAN。1993 年 10

月,Grand Junction 公司推出了世界上第一台快速以太网集线器 Fastch10/100 和网络接口卡 FastNIC100,标志着快速以太网技术正式得以应用。随后 Intel、SynOptics、3COM、BayNetworks 等公司亦相继推出自己的快速以太网装置。与此同时,IEEE802 工程组亦对 100Mbps 以太网的各种标准,如 100Base-TX、100Base-T4、MII、中继器、全双工等标准进行了研究。1995 年 3 月 IEEE 宣布了 IEEE802.3u 100Base-T 快速以太网标准(fast ethernet),至此开始了快速以太网的时代。

快速以太网与原来在 100Mbps 带宽下工作的 FDDI 相比具有许多的优点,最主要体现在快速以太网技术可以有效地保障用户在布线基础实施上的投资,它支持 3、4、5 类双绞线以及光纤的连接,能有效地利用现有的设施。快速以太网的不足其实也是以太网技术的不足,那就是快速以太网仍是基于 CSMA/CD 技术,当网络负载较重时,会造成效率的降低,当然这可以使用交换技术来弥补。100Mbps 快速以太网标准又分为:100Base-TX、100Base-FX、100Base-T4 3 个子类。

100Base-TX 是一种使用 5 类数据级无屏蔽双绞线或屏蔽双绞线的快速以太网技术。它使用两对双绞线,一对用于发送,一对用于接收数据。在传输中使用 4B/5B 编码方式,信号频率为 125MHz。符合 EIA586 的 5 类布线标准和 IBM 的 SPT 1 类布线标准。使用同 10Base-T 相同的 RJ-45 连接器,的最大网段长度为 100 米,支持全双工的数据传输。

100Base-FX 是一种使用光缆的快速以太网技术,使用多模光纤($62.5\mu m$ 和 $125\mu m$)。最大传输距离为 2000m。在传输中使用 4B/5B 编码方式,信号频率为 125MHz。它使用 MIC/FDDI 连接器、ST 连接器或 SC 连接器。它支持全双工的数据传输。100Base-FX 特别适合于有电气干扰的环境、较大距离连接、或高保密环境等情况下。

100Base-T4 是一种可使用 3、4、5 类无屏蔽双绞线或屏蔽双绞线的快速以太网技术。100Base-T4 使用 4 对双绞线,其中的 3 对用于在 33MHz 的频率上传输数据,每一对均工作于半双工模式。第 4 对用于 CSMA/CD 冲突检测。在传输中使用 8B/6T 编码方式,信号频率为 25MHz,符合 EIA586 结构化布线标准。它使用与 10Base-T 相同的 RJ-45 连接器,最大网段长度为 100m。

3. 千兆以太网

千兆以太网技术作为最新的高速以太网技术,给用户带来了提高核心网络的有效解决方案,这种解决方案的最大优点是继承了传统以太技术价格便宜的优点。千兆技术仍然是以太技术,它采用了与 10M 以太网相同的帧格式、帧结构、网络协议、全/半双工工作方式、流控模式以及布线系统。由于该技术不改变传统以太网的桌面应用、操作系统,因此可与 10M 或 100M 的以太网很好地配合工作。升级到千兆以太网不必改变网络应用程序、网管部件和网络操作系统,能够最大程度地做到投资保护。为了能够侦测到 64Bytes 资料框的碰撞,Gigabit Ethernet 所支持的距离更短。Gigabit Ethernet 支持的网络类型,如表 1.1 所示。

表 1.1　千兆以太网采用的传输介质与距离

网络类型	传输介质	距离(m)
1000Base-CX	屏蔽双绞线	25
1000Base-T	非屏蔽 5 类双绞线	100
1000Base-SX	多模光纤	500
1000Base-LX	单模光纤	3000

为了加快标准的开发,IEEE 将千兆以太网的工作分散到了两个独立的委员会,其中 IEEE802.3z 工作组负责制订基于单模光纤、多模光纤和同轴电缆的千兆位以太网传输标准,有人称"短距离铜线"的千兆以太网解决方案。1997 年春天,新的工作组 802.3ab 成立。IEEE802.3ab 委员会负责开发基于铜芯双绞线的千兆位以太网标准,因为在桌面连接中双绞线的使用是最普遍的,双绞线千兆网的实现将能有效地保护用户目前的投资,也称为"长距铜线"解决方案。其标准为 4 对 5 类 UTP、最大长度 100m 的千兆以太网连接,该标准为以太网 MAC 层定义一个接口 GMII(gigabit media independent interface),还定义了管理、中继器操作、拓扑规则及 4 种物理层信令系统:1000Base-SX(短波长光纤)、1000Base-LX(长波长光纤)、1000Base-CX(短距离铜线)和 1000Base-T(100m 4 对 UTP)。值得指出,1000Base-CX 为 150Ω、平衡屏蔽的特殊电缆集合,线速 1.25Gbps,使用基于光信道的 8B/10B 编码方式,其时间帧与光纤连接相同。

早在 1996 年夏季,IEEE802.3z 就发表了规范标准的草稿版本,后经过不断修改,1998 年通过了千兆位以太网标准(802.3z)。相比之下,IEEE802.3ab 委员会的工作进展就慢了些,因为其工作并不是很紧急,那时他们认为毕竟千兆位传输速率在桌面的应用还不合适,很少有桌面计算机能适配如此大的带宽。但 IEEE802.3ab 委员会还是在和网络厂商一起努力开发 1000Base-T 标准,以期用 5 类 UTP 来支持千兆位的传输,使 5 类 UTP 上的千兆比传输能达到最大距离至少为 100m。千兆位以太网最大的优点在于它对现有以太网的兼容性。它首先是用于整个企业的主干网,其次是用于服务器组,在桌面机中则很少使用。但是,随着价格的下降和千兆以太网用 UTP 的出台,加上服务器与工作站性能的不断提高,千兆以太网对于服务器和桌面来说,诱惑力越来越大。

千兆位以太网是目前使用最广泛的网络技术,它在速度上比传统以太网快 100 倍,而在技术上却与以太网兼容,同样使用 CSMA/CD 和 MAC 协议。千兆位以太网标准已在 1998 年 6 月制定,主要规定已明确:在 MAC/PLS 层上实现 1000Mbps 的传输速率;仍采用 IEEE802.3 标准规定的以太网数据帧格式,并保留 IEEE802.3 标准定义的最大帧和最小帧长度;在(10/100/1000)Mbps 以太网之间转接简单,可以平滑升级;在 1000Mbps 速率时可以进行全/半双工操作。网络上支持星型拓扑结构;仍然使用 CSMA/CD 冲突检测并实现在每个碰撞域里可有一个中继器;最初规定在物理层上要求支持多模光纤传输距离最大为 500m,单模光纤传输距离最大为 3000m,5 类 UTP 传输最大距离位 25m。

后来千兆以太网标准又有新进展。经过几次推迟之后,IEEE 标准协会终于批准了千兆位以太网通过标准铜制电缆线传输的规范。此举有望加快高速局域网协议转向桌面应用的步伐。

这种新的 1000Base-T 规范被称作 IEEE 802.3ab 标准,可以让使用 4 对 5 类双绞线的千兆位以太网传输距离达到 100m 左右。据 IEEE 标准协会 IEEE 802.3ab 标准制定小组的技术负责人称,1000Base-T 规范之所以受到重视,主要包括三方面原因:①在现有的建筑物中,所使用的大多数是 5 类双绞线,1000Base-T 规范可以在此基础上广泛建立千兆位以太网;②以每一个连接为基础的 1000Base-T 规范非常节约成本,将会极大地刺激市场需求;③1000Base-T规范提供了 100Mbps 和 1000Mbps 这两种传输速度间的自动切换功能,可以帮助消费者减少用于升级网络设备的投资。

将这两种标准总结归纳如下：

（1）IEEE802.3z

IEEE802.3z 工作组负责制订光纤（单模或多模）和同轴电缆的全双工链路标准。IEEE802.3z 定义了基于光纤和短距离铜缆的 1000Base-X，采用 8B/10B 编码技术，信道传输速度为 1.25Gbit/s，去耦后实现 1000Mbit/s 传输速度。IEEE802.3z 具有下列千兆以太网标准：

1）1000Base-SX 只支持多模光纤，可以采用直径为 62.5μm 或 50μm 的多模光纤，工作波长为 770～860nm，传输距离为 220～550m。

2）1000Base-LX 多模光纤可以采用直径为 62.5μm 或 50μm 的多模光纤，工作波长范围为 1270～1355nm，最大传输距离为 550m。单模光纤可以支持直径为 9μm 或 10μm 的单模光纤，工作波长范围为 1270～1355nm，最大传输距离为 5km 左右。

3）1000Base-CX 采用 150Ω 屏蔽双绞线（STP），传输距离为 25m。

（2）IEEE802.3ab

IEEE802.3ab 工作组负责制订基于 UTP 的半双工链路的千兆以太网标准，产生 IEEE802.3ab 标准及协议。IEEE802.3ab 定义基于 5 类 UTP 的 1000Base-T 标准，其目的是在 5 类 UTP 上以 1000Mbit/s 速率传输 100m。IEEE802.3ab 标准的意义主要有两点：

1）保护用户在 5 类 UTP 布线系统上的投资。

2）1000Base-T 是 100Base-T 的自然扩展，与 10Base-T、100Base-T 完全兼容。不过，在 5 类 UTP 上达到 1000Mbit/s 的传输速率需要解决 5 类 UTP 的串扰和衰减问题。因此，使 IEEE802.3ab 工作组的开发任务要比 IEEE802.3z 复杂些。

4. 万兆以太网

万兆以太网规范包含在 IEEE 802.3 标准的补充标准 IEEE 802.3ae 中，它扩展了 IEEE 802.3 协议和 MAC 规范使其支持 10Gbps 的传输速率。除此之外，通过 WAN 界面子层（WAN interface sublayer，WIS），10 千兆位以太网也能被调整为较低的传输速率，如 9.584640 Gbps（OC－192），这就允许 10 千兆位以太网设备与同步光纤网络（SONET）STS－192c 传输格式相兼容。

10GBase-SR 和 10GBase-SW 主要支持短波（850nm）多模光纤（MMF），光纤距离为 2～300m。

10GBase-SR 主要支持"暗光纤"（dark fiber），暗光纤是指没有光传播并且不与任何设备连接的光纤。

10GBase-SW 主要用于连接 SONET 设备，它应用于远程数据通信。

10GBase-LR 和 10GBase-LW 主要支持长波（1310nm）单模光纤（SMF），光纤距离为 2m～10km（约 32808 英尺）。

10GBase-LW 主要用来连接 SONET 设备。

10GBase-LR 则用来支持"暗光纤"（dark fiber）。

10GBase-ER 和 10GBase-EW 主要支持超长波（1550nm）单模光纤（SMF），光纤距离为 2m～40km（约 131233 英尺）。

10GBase-EW 主要用来连接 SONET 设备。

10GBase-ER 则用来支持"暗光纤"（dark fiber）。

10GBase-LX4 采用波分复用技术，在单对光缆上以 4 倍光波长发送信号。系统运行在 1310nm 的多模或单模暗光纤方式下。该系统的设计目标是针对 2～300m 的多模光纤模式或

2m～10km 的单模光纤模式。

5. 40/100G 以太网

在 2006 年，HSSG(higher speed study group，超高速以太网研究工作组)成立，这是 IEEE 成立的专门研究并制订 100G 以太网标准的小组。但接下来，这个 100G 标准是否要将 40G 包容进来成为了一大争论。HSSG 成员之间也出现了不一致的声音：即在是否将 40G 以太网作为标准的一部分包括进去，还是坚持走 100G 以太网道路的问题上产生了意见分歧。40G 以太网的支持者声称这是一个必要、简单和提高成本效率的步骤，拥有广阔的市场潜力；而反对一方则表示没有必要在 100G 以太网道路上停顿下来，他们声称 100G 以太网也拥有很广阔的市场潜力，可以满足不同应用(包括汇聚、远程传输以及服务器互连等)的需要。

后来在大家的眼里，这个争论甚至被解读成"10G 之后到底是 40G 还是 100G"的问题。经过争论意见达成一致，2007 年 12 月，HSSG 正式转变为 IEEE 802.3ba 任务组，其任务是制订在光纤和铜缆上实现 100Gbps 和 40Gbps 数据速率的标准。现在，802.3ba 已经正式获批。

802.3ba 的正式获批给整个业界带来的影响将是巨大的。如果仅仅从速度提升的角度来看待 40/100G 以太网标准的通过是不够的。因为它的通过对整个产业链、生态系统都会带来巨大的影响。

40/100G 超高速以太网的需求是现实存在的。以互联网企业为例，在互联网无处不在的今天，让互联网企业对数据中心的依赖犹如生命于空气和水一样。互联网企业数据中心的核心设备与传统的设备有本质上的区别。以核心交换机为例，带宽是一方面，对交换机的稳定性、可靠性，包括安全性都提出了新的要求。这就要求交换机在设计上、结构上、芯片上、散热上等方面都要有新提升。

用户的需求可以说是 40/100G 标准通过的推力。这个标准通过的速度并不慢。

当然，用户对价钱还是比较敏感的。但有报道说，Extreme 提供的 40G 模块的每端口价格只有 1000 美元，这是个令人振奋的消息。但总的看来，在芯片技术快速发展的今天，量产后的价格下降速度也会如同以太网带宽提升的速度一样来得凶猛。

网络设备厂商早已经在 40/100G 产品方面迫不及待了，很多厂商早在几年前就推出了号称可以平滑过度到 100G 的产品。H3C 在去年推出核心交换机 S12500 之后，目前已经销售了过百台。可以肯定的是，Cisco、Juniper 大佬们的准备工作早已就绪，只等待发布。接下来，我们品尝的将是关于 40/100G 产品的"豪门盛宴"。

40/100G 端口有了，必将取代很多"10G 多端口捆绑"的情况，这样可以更节能一些，环保一些。当然，从整个网络结构来说，40/100G 的通过会极大地推动 10G 的普及，接下来的连锁反应，对于很多用户来讲，我们几年前一直在说的"千兆到桌面"会逐渐成为事实，需要的只是时间。

通过以上分析，现今新建局域网是以太网一统天下，所要选择的仅仅是以太网网中哪一个标准，是千兆还是万兆的问题，而不是考虑选择 FDDI 组网，还是 ATM 组网的问题。所以本书讨论的不管是网络设备还是传输介质，没有特别指明的，都是在以太网的范畴。

## 第 2 章

计算机网络设计方法学

计算机网络发展到今天,已经演变成一种复杂而庞大的系统。我们对付这种复杂系统的常规方法就是把系统组织成分层的体系结构,即把很多相关的功能分解开来,逐个予以解释和实现。特别值得一提的是,这种分层和结构化的设计理念贯穿计算机网络设计的各个部分,无论是讲解计算机网络原理用 OSI 参考模型,还是结构化综合布线系统,或者是我们重点讨论的计算机网络三级设计模型都充分体现这种方法学。

首先来学习 OSI/RM 开放系统互连参考模型。在 OSI 参考模型中,将网络功能分为 7 层。它的 7 层分别表示不同的功能,用来理解和实现计算机通信的分层模型。通过分层,OSI 参考模型简化了两台计算机互相通信所要完成的任务,每层集中完成特定的功能。因此允许网络设计者为每层选择适当的网络设备和功能。

然后分析结构化综合布线系统(structured cabling system)。结构化布线一般采用模块化设计思想,将综合布线系统分成 7 个独立的子系统,物理上采用层次星型连接方案。该结构下的每个子系统都是相对独立的单元,对每个分支单元系统的改动都不影响其他系统。将结构化综合布线系统分成 7 个子系统,也是结构化分层的分析方法。这 7 个部分相当于儿童玩的"积木",各种形状的标准化积木可以搭建出形状不一的房子、桥梁等。按标准设计的各个子系统可以适用于各种网络技术。因此允许网络设计者可以独立于网络技术和标准单独对综合布线系统进行设计。

最后我们再深入学习计算机网络的设计方法学。所谓网络设计方法学,就是采用分级模型建立整个网络的拓扑结构,这种设计模型有时也称为结构化设计模型(hierarchical network design model)。将整个网络系统划分为核心层、分布层(汇聚层)和接入层 3 级。对应于网络拓扑,每一级都有一组各自不同的功能。通过采用分级设计的方法,使千变万化、错综复杂的网络设计变得非常简单,在分级设计模型上可以建立非常灵活和缩放性极好的网络。伴随着 21 世纪高速发展的新技术,毫无疑问,网络需求也会不断地增长。使用分级设计,可以根据需求的变化方便地改变网络的规模,更为重要的是,可以对网络实行有效的控制(而不是让网络控制你)。

2.1　OSI/RM 开放系统互连参考模型

在众多分层网络体系结构中，最具有代表性的模型是开放系统互连参考模型（open system interconnection/reference mode，OSI/RM），它是由国际标准化组织（ISO）制定的标准化开放式计算机网络层次结构模型，又称 ISO 的 OSI 参考模型。"开放"这个词表示能使任何两个遵守参考模型和有关标准的系统进行互连。这个参考模型是在 1979 年由 ISO 公布的，同时，国际电报电话咨询委员会 CCITT（Consultative Committee International Telegraph and Telephone）认可并采纳了这一国际标准的建议文本（称为 X.200）。OSI/RM 为开放系统互连提供了一种功能结构的框架，ISO 7498 文件对它作了详细的规定和描述。所谓开放系统，是指遵从国际标准的，能够通过互连而相互作用的系统。显然，系统之间的相互作用只涉及系统的外部行为，而与系统内部的结构和功能无关。

OSI 包括了体系结构、服务定义和协议规范 3 级抽象。OSI 的体系结构定义了一个 7 层结构模型，用以进行进程间的通信，并作为一个框架来协调各层标准的制定；OSI 的服务定义描述了各层所提供的服务以及层与层之间的抽象接口和交互用的服务原语；OSI 各层的协议规范，精确地定义了应当发送何种控制信息以及如何解释该控制信息。

OSI 参考模型并非具体实现的描述，它只是一个为制定标准而提供的概念性框架。在 OSI 参考模型中，只有各种协议是可以实现的，网络中的设备只有与 OSI 和有关协议相一致时才能互连。

如图 2.1 所示，OSI 7 层模型从下到上分别为物理层（physical layer，PH）、数据链路层（data link layer，DL）、网络层（network layer，N）、传输层（transport layer，T）、会话层（session layer，S）、表示层（presentation layer，P）和应用层（application layer，A）。其中，最低三层是依赖网络的，涉及将两台通信计算机连接在一起所使用的数据通信网的相关协议，实现通信子网的功能。高三层是面向应用的，涉及允许两个终端用户应用进程交互作用的协议，通常是由本地操作系统提供的一套服务，实现资源子网的功能。中间的传输层在由下三层提供服务的基础上，为面向应用的高层提供网络无关的信息交换服务。

开放系统互连参考模型各层的功能，可以简单地概括为：物理层正确利用媒质，数据链路层协议走通每个节点，网络层选择走哪条路，传输层找到对方主机，会话层指出对方实体是谁，表示层决定用什么语言交谈，应用层指出做什么事。下面分别阐述各层的功能。

第 7 层应用层——这一层给用户应用程序提供网络服务，是开放系统互连环境的最高层。不同的应用层为特定类型的网络应用提供访问 OSI 环境的手段。网络环境下不同主机间的文件传送访问和管理（FTAM）、传送标准电子邮件的文电处理系统（MHS）、使不同类型的终端和主机通过网络交互访问的虚拟终端（VT）协议等，都属于应用层的范畴。应用层负责确定通信伙伴，并为特定的应用程序服务提供功能，比如文件传输和虚拟终端。典型的 TCP/IP 应用包括：

- Telnet（远程登陆协议）
- FTP（文件传输协议）
- TFTP（简易文件传输协议）

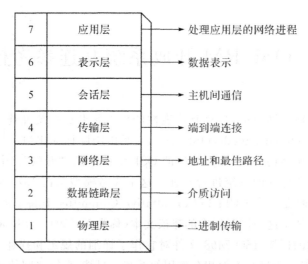

图 2.1　7 层 OSI 参考模型

- SMTP(简单邮件传输协议)
- SNMP(简单网络管理协议)
- HTTP(超文本传输协议)
- BOOTP(自举协议)
- DHCP(动态主机配置协议)

第 6 层表示层——这一层提供数据表示和编码格式,以及数据传输语法的协商。它确保应用程序能使用从网络送达的数据,并且应用程序发送的信息能在网络上传送。为了让采用不同编码方法的计算机在通信中能相互理解数据的内容,可以采用抽象的标准方法来定义数据结构,并采用标准的编码表示形式。表示层管理这些抽象的数据结构,并将计算机内部的表示形式转换成网络通信中采用的标准表示形式。数据压缩和加密也是表示层可提供的表示变换功能。表示层通过透明地完成各种不同的数据、视频、声音和图像格式与适当传输格式之间的相互转换提供通信服务。该层还负责数据的压缩、解压缩、加密和解密。

尽管这些功能都可以由专门的协议完成,但通常都将其嵌入现有的应用层协议中。下面列举的都是一些表示层的标准:

- 文本——ASCII 和 EBCDIC
- 图像——TIFF、JPEG、GIF 和 PICT
- 声音——MIDI、MPEG 和 QuickTime

第 5 层会话层——这一层负责建立、维护和管理应用程序之间的会话。会话层负责控制设备或主机之间的会话,同时负责在应用程序之间建立、管理和终止会话。该层是进程到进程的层次,其主要功能是组织和同步不同的主机上各种进程间的通信(也称为对话)。在半双工情况下,会话层提供一种数据权标来控制某一方何时有权发送数据。会话层还提供在数据流中插入同步点的机制,使得数据传输因网络故障而中断后,可以不必从头开始而仅重传最近一个同步点以后的数据。下面是一些会话层协议的例子:

- 网络文件系统(NFS)
- 结构化查询语言(SQL)
- 远程过程调用(RPC)

- AppTalk 会话协议(ASP)
- DNA 会话控制协议(SCP)

第 4 层传输层——这一层提供流量控制、窗口操作和纠错功能。它还负责数据流的分段和重组。传输层具有保证连接和提供可靠传输的能力。这一层是一个端到端,即主机到主机的层次。传输层提供的端到端的透明数据传输服务,使高层用户不必关心通信子网的存在,由此用统一的传输原语书写的高层软件便可运行于任何通信子网上。传输层还负责分配一个端口号,用来把信息传递给上层。传输层负责端到端的信息传递,包括错误恢复和流量控制。传输层协议可以是可靠的,也可以是不可靠的。不可靠的协议在建立连接、确认、排序和流量控制方面有较少的责任或没有责任,不可靠的传输层协议会把这些责任留给其他层的协议。可靠的传输层协议可以具有以下的责任:

- 建立连接和关闭连接,比如三次握手
- 传输数据
- 确认所接收的数据或未接收的数据
- 确保对到达顺序不正确的分组能够按照正确的顺序排序
- 进行流量控制,比如调整窗口的大小

TCP/IP 中可靠的传输层协议是传输控制协议(TCP)。使用 TCP 的协议包括 FTP、Telnet 和 HTTP。TCP/IP 中不可靠的传输层协议是用户数据报协议(UDP)。使用 UDP 的协议包括 TFTP、SNMP、NFS、域名系统(DNS)和路由选择协议 RIP。

第 3 层网络层——这一层通过标识终端点的逻辑地址定义端到端的分组传送,从而决定把数据从一个地方移到另一个地方的最佳路径。数据以网络协议数据单元"分组"为单位进行传输。网络层关心的是通信子网的运行控制,主要解决如何使数据分组跨越通信子网从源传送到目的地的问题,这就需要在通信子网中进行路由选择。另外,为避免通信子网中出现过多的分组而造成网络阻塞,需要对流入的分组数量进行控制。当分组要跨越多个通信子网才能到达目的地时,还要解决网际互联的问题。路由器在这一层上工作。网络层负责在两个端系统(最初源系统和最终目的系统)之间提供连通性和路径选择,这两个端系统可以处于不同的网络上。网络层寻址为最初源系统和最终目的系统提供地址——在 TCP/IP 中是 IP 地址,这些地址不会随路径的变化而改变。下列是网络层协议的一些例子:

- Internet 协议(IP)
- Novell 的互联网分组交换(IPX)
- 地址解析协议(ARP)
- 反向地址解释协议(RARP)
- Internet 控制消息协议(ICMP)

第 2 层数据链路层——这一层提供了跨越介质的物理传输过程。比特流被组织成数据链路协议数据单元"帧",并以其为单位进行传输,帧中包含地址、控制、数据及校验码等信息。数据链路层的主要作用是通过校验、确认和反馈重发等手段,将不可靠的物理链路改造成对网络层来说无差错的数据链路。数据链路层还要协调收发双方的数据传输速率,即进行流量控制,以防止接收方因来不及处理发送方来的高速数据而导致缓冲器溢出及线路阻塞。它提供错误检测,在某些情况提供错误纠正、网络拓扑和流量控制。这一层使用介质访问控制(MAC)地址,也称为物理地址或硬件地址。数据链路层在物理链路上提供可靠的数据传输。在这个过程中,数据链路层主要关心以下一些问题:物理(相对于网络或逻辑)寻址、网络拓扑结构、线路规范(终端系统如何使用网络链路)、错误通知、有序帧传输的流量控制。

数据链路层将帧从一个节点传送到另一个节点,比如从主机到主机、主机到路由器、路由器到路由器或路由器到主机。数据链路层地址通常是会改变的,它代表当前的数据链路地址和下一跳的数据链路地址。在以太网术语中,这将会是源 MAC 地址和目的 MAC 地址。

数据链路层协议包括以下这些:

- 以太网:IEEE802.3(IEEE802.3u:百兆以太网标准;IEEE802.3z:千兆以太网标准)
- 令牌环网:IEEE802.5
- 高级数据链路控制(HDLC)
- 点对点协议(PPP)

第1层物理层——这一层定义了为建立、维护和拆除物理链路所需的机械的、电气的、功能的和规程的特性,其作用是使原始的数据比特流能在物理介质上传输。具体涉及接插件的规格、"0"和"1"信号的电平表示、收发双方的协调等内容。物理层标准包括:

- 10BaseT
- 10BAseTX
- V. 35
- RS. 232

我们来总结一下 OSI 参考模型给我们带来的好处:

(1)分层把网络操作分成不太复杂的单元;

(2)分层为即插即用的兼容性定义了标准接口;

(3)分层使设计者能够专心设计和开发功能模块;

(4)分层提高了不同网络模块功能的对称性,让它们能很好地一起工作;

(5)分层使得一个区域的变化不会影响其他区域,这样每个区域都能更快地发展;

(6)分层把复杂的网络通信过程分解成了独立的、易于学习的操作。

2.2　结构化综合布线系统

结构化综合布线系统叫法有 3 种,最早的名称是 PDS(premises distribution system)系统——建筑物布线系统。也有称为 SCS(structured cabling system)系统——结构化布线系统,所谓结构化布线一般采用模块化设计思想,物理上采用层次星型连接方案。该结构下的每个子系统都是相对独立的单元,对每个分支单元系统的改动都不影响其他系统。只要改变结点连接就可使网络在星型、总线、环型等各种类型网络之间进行转换。国家标准把它定义为GCS(generic cabling system)系统——综合布线系统,所谓"综合"指的是多种应用的布线系统综合成一个系统。综合布线系统采用标准化措施,实现了统一材料、统一设计、统一安装施工、使结构清晰、便于集中管理和维护的目的。同一系统有 3 种称谓,其实这 3 种叫法都有它的道理,只是它们的侧重面各有不同,第一种是侧重在什么地方布线——建筑物,第二种叫法是侧重于布线系统的布线方法——结构化,第三种是指原来传统布线的方法是每个应用系统都需要一套独立的布线系统,多个应用在建筑物内就要有多套布线系统,而 GCS 系统是要实现多个应用系统综合为一个布线系统的。国家标准 GB 50311—2007《综合布线系统工程设计规范》和 GB 50312—2007《综合布线系统工程验收规范》,将这种布线系统命名为综合布线系统 GCS。

国家标准 GB 50311—2007《综合布线系统工程设计规范》规定综合布线应为开放式网络拓扑结构,应能支持语音、数据、图像多媒体业务等信息的传递。

该标准将综合布线系统分为 7 个部分,分别称为工作区、配线子系统、干线子系统、建筑群子系统、设备间、进线间和管理,如图 2.2 所示。

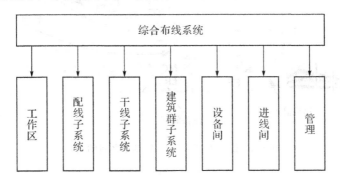

图 2.2　综合布线系统分为 7 个部分

在国家标准还没有颁布之前,国内综合布线系统的设计、施工、测试与验收,基本上参照美国标准或国际标准。美国有关综合布线系统的标准比较多,如 ANSI/EIA/TIA—569(商业大楼路径和空间结构标准)、ANSI/EIA/TIA—568A(B)(商业大楼通讯布线标准)、ANSI/EIA/TIA—606(商业大楼通讯布线结构管理标准)、ANSI/EIA/TIA—607(商业大楼通讯布线接地线和耦合线标准)、TIA/EIA TSB—67(无屏蔽双绞线 UTP 端到端系统功能检测标准),等等。

同时国际标准化组织(ISO)也推出了其相应的布线标准 ISO/IEC/IS 11801。ANSI/EIA/TIA 568—A 与 ISO11801 完全兼容,至此全球结构化布线系统统一在 ISO11801 标准上。

这些标准确定了综合布线系统中各种类型配置的相关器件、线缆的性能和技术标准,确定了综合布线系统的结构,给出了综合布线系统应用或支持的范围,使各系统有效兼容,并采用统一的布线策略和工程器材,从而形成一个完整的标准体系。

值得指出的是,国际或美国标准,包括 2007 年之前,我国颁布的综合布线系统标准都是将综合布线系统分成 6 个部分,直到新标准颁布才将综合布线系统分为 7 个部分。新标准《综合布线系统工程设计规范》(GB 50311—2007),增加的一个部分称为进线间。

图 2.3 示出了综合布线系统 7 个部分之间的关系。现在我们来分析各部分的定义和功能。

1. 工作区

一个独立的需要设置终端设备(TE)的区域宜划分为一个工作区。工作区应由配线子系统的信息插座模块(TO)延伸到终端设备处的连接缆线及适配器组成。以前国外标准也称其为工作区子系统(work location subsystem),又被称为服务区子系统(corerage area)。工作区子系统是电话、计算机、电视机等设备的办公室、写字间、技术室等区域和相应设备的统称。国外标准一个工作区的服务面积为 $10m^2$ 左右。新标准规定一个工作区的服务面积可按 3～$200m^2$ 估算,应按不同的应用场合调整面积的大小。工作区的每一个信息插座均应支持电话机、数据终端、计算机、电视机及监视器等终端的设置和安装。

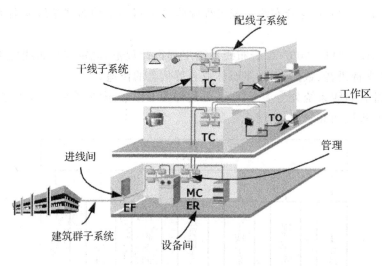

图 2.3　综合布线系统 7 个部分之间的关系

2. 配线子系统

配线子系统应由工作区的信息插座模块、信息插座模块至电信间配线设备（FD）的配线电缆和光缆、电信间的配线设备及设备缆线和跳线等组成。以前也称为水平布线子系统（horizontal subsystem），"水平"两字容易使人误解为线缆一定要横着敷设或一定为平面楼层敷设才算是水平布线子系统，所以新标准把它改为配线子系统。实际上不管是横着拉还是竖着拉，只要是从楼层配线间（也称通信间 TC）到工作区插座之间的连接线缆及接插件组成的就是配线子系统。

3. 干线子系统

干线子系统应由设备间至电信间的干线电缆和光缆、安装在设备间的建筑物配线设备（BD）及设备缆线和跳线组成。过去把它称为垂直子系统（riser subsystem）。大概也是怕误认为线缆要竖着拉才算是垂直子系统，所以新标准定义为干线子系统。

4. 建筑群子系统

建筑群子系统应由连接多个建筑物之间的主干电缆和光缆、建筑群配线设备（CD）及设备缆线和跳线组成。国外标准也称建筑群主干子系统（campus subsystem）——建筑群子系统由一个建筑物中的电缆延伸到建筑群的另外一些建筑物中的通信设备和装置组成，包括电缆、光缆和防止电缆的浪涌电压进入建筑物的电气保护设备。它提供楼群之间通信设施所需的硬件。

5. 设备间

设备间是在每幢建筑物的适当地点进行网络管理和信息交换的场地。对于综合布线系统工程设计，设备间主要安装建筑群配线设备、电话交换机、计算机交换机设备。有些场合入口设施也与配线设备安装在一起。设备间是进行网络管理以及管理人员值班的场所，通常是安装有大型通信设备、主机或服务器的区域。以前也称为设备间子系统（equipment subsystem），笔者认为叫机房系统也不为过。

由于设备间中的设备对整个系统是至关重要的，因此在综合布线系统安装时，一定要综合考虑配电系统（不间断电源 UPS）与设备的安全因素（如接地、散热）等。设备间设计时，基本上参照计算机机房设计标准设计。

6. 进线间

进线间是建筑物外部通信和信息管线的入口部位,并可作为入口设施和建筑群配线设备的安装场地。这是以前旧标准没有的部分,考虑到一栋大楼必须与外部进行通信,例如电话局、电视管理部门以及提供 Internet 接入服务提供商线缆引入,因此增加这个部分是必要的。外来的电缆应进入一个阻燃接头箱,再接至保护装置。

7. 管理

管理应对工作区、电信间、设备间、进线间的配线设备、缆线、信息插座模块等设施按一定的模式进行标识和记录。以前也称管理子系统(administration subsystem)——管理子系统设置在每层配线设备的房间内。管理子系统由交接间的配线设备、输入/输出(I/O)设备等组成,它提供了与其他子系统连接的手段。

如图 2.4 所示,结构化综合布线采用分层星型拓扑结构,或者说是树状型拓扑结构。这种拓扑结构的优缺点大多和星型拓扑结构的优缺点相同。从图中可看出,这种分层方法和上述 OSI 参考模型一样,和我们即将要介绍的计算机网络设计方法如出一辙。实际上它可以分三层:第一层是设备间,第二层是楼层配线间(或称通信间 TC),第三层就是工作区。

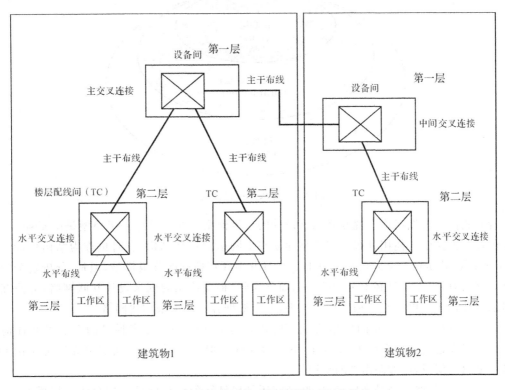

图 2.4　综合布线系统采用分层星型拓扑结构

既然有了分层的概念,我们在这里提醒一下,综合布线工程目前无非有两种情况:一种是新建的建筑物,布线系统由建筑设计院统一设计,计算机网络公司仅仅是承担施工任务,这种情况首先要读懂图纸;还有一种是计算机网络自己设计综合布线系统。我要说的是读图和设计的次序是相反的。即读图要从第一层开始,先找到设备间,再看第二层楼层配线间,顺序查勘本配线间连接到哪些工作区。对综合布线系统进行设计正好相反,是从工作区着手设计,否则你很难估算出主干线缆数量。只有知道了该配线间集合了多少个工作区,每个工作区有多少个信息点，才可根据设计标准推算出干线线缆的配置，这留待"综合布线系统工程设计"一章详细描述。

2.3　分级三层模型建立整个网络的拓扑结构

网络设计过程的第一步，是分析网络和网络用户的需求；第二步是使用分级三层模型建立整个网络的拓扑结构。

如图 2.5 所示，在分级三层模型里，不论网络规模大小，整个网络可以划分为核心层（core layer）、分布层（distribution layer）、和接入层（access layer）。从英语单词 distribution 来看应该叫分布层，但国内大多称其为汇聚层。对应于网络拓扑，每一级都有一组各自不同的功能。通过采用分级设计的方法，在分级设计模型上建立非常灵活和可缩放性极好的网络。

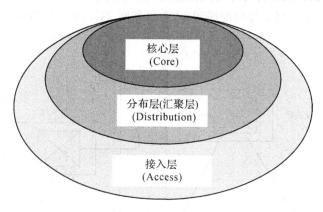

图 2.5　分级三层设计模型

现在我们要详细讨论实现互联网络设计的分级模型。网络设计分级模型是由 Cisco 公司提出的设计方法学。使用分级三层模型建立整个网络的拓扑结构，有时也称为结构化设计模型（hierarchical network design model）。尽管并不存在精确的分级模型，但是，分析复杂的大型互联网络时，模型还是必不可少的。前面已提到，根据通用规则来设计互联网络，会使互联网络的设计稍微简单一些。利用这些规则，可以根据客户需求来构建网络。

值得注意的是，这里我们使用的"层"的概念与上述的 OSI 参考模型的 7 层没有任何关系。这 3 层描述是网络设计方法学，而不是协议栈。但是，拓扑层之间的边界通常是由 OSI 参考模型第三层设备（如路由器）创建的。

值得指出，虽然无论是在广域网、城域网还是局域网的设计中都采用分级三层模型，但分级三层模型在广域网、城域网和局域网中所表示的内容并不一样。正像我们行政管理部门经常提到三级管理，或说开三级干部会议。同一个问题所指的内容不一样，对一个省来说，核心层是省政府，汇聚层是地市级政府，接入层就是各级县政府。如果区域小到一个部门，核心层是部门的头，分布层是中层干部，接入层就是人民群众。所以我们在学习网络设计方法时，不要拘泥于每一层到底代表什么，而应着眼于它是一种网络设计的方法。正是这种设计方法使得设计者，能多快好省地建成满足用户需求的、性能优良的极好网络。

如图 2.6 所示，是中国教育和科研计算机网（CERNET）的主干网拓扑结构图。CERNET

是由国家投资建设,教育部负责管理,清华大学等高等学校承担建设和运行的全国性学术计算机互联网络,是全国最大的公益性计算机互联网网络,也是世界上最大的国家学术互联网。

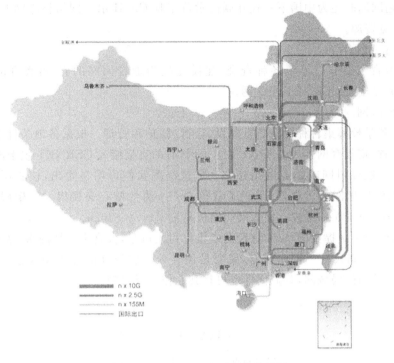

图 2.6　CERNET 主干网络拓扑图

CERNET 始建于 1994 年,是中国第一个互联网主干网。目前,CERNET 联网大学、教育机构、科研单位超过 2000 个,用户超过 2500 万人,是我国教育信息化的重要基础设施,也是我国信息基础设施的重要组成部分。在向教育系统提供全面的互联网服务的同时,CERNET 还支持多项国家大型教育信息化工程,包括网上高招远程录取、数字图书馆、教育和科研网格、现代远程教育等。CERNET 已经成为我国重要的互联网研究平台和人才培养基地,为我国教育信息化发展作出了突出贡献。

从 1998 年起,CERNET 在我国率先开展了下一代互联网研究与试验。2003 年,CER-NET 联合 100 多所高校参加了由国务院批准、国家发改委等八部委联合组织的中国下一代互联网示范工程 CNGI,建成了 CNGI 中规模最大的核心网 CNGI－CERNET2/6IX,成为我国研究下一代互联网技术、开发重大应用、推动下一代互联网产业发展的关键性基础设施的重要组成部分,有力地推动了我国下一代互联网核心设备的产业化进程,为提高我国在国际下一代互联网技术竞争中的地位作出了重要贡献。

像这样如此大型全国性计算机网络总体结构也分为 3 个层次,分别是 CERNET 主干网、省/市教育网和校园网。

第一层:CERNET 主干网。

自 1994 年以来,国家投资建设 CERNET 主干网,1999 年开始建设 CERNET 光纤传输网。

1995 年,建成 CERNET 主干网,连接了国家网络中心和 10 个地区网络中心。1999 年,CERNET 主干网的范围扩大到覆盖全国 31 个省/市/自治区的 36 个城市,建成拥有 1 个国家中心、38 个主节点的 CERNET 主干网。

2000 年,CERNET 传输网开通,为 CERNET 主干网提供传输线路。2003 年开始,CER-NET 光纤传输网同时还为中国下一代互联网示范工程 CNGI 示范网络核心网 CNGI－CER-NET2 提供带宽资源。

第二层:省/市教育网。

各省/市教育主管部门筹集各种资金,建设连接当地校园网的省/市教育网,通过当地 CERNET 主节点接入 CERNET 主干网。

第三层:校园网。

校园网由各学校筹集各种资金自行建设、运行、维护和管理。根据各地条件不同,有的校园网通过当地省/市教育网接入 CERNET 主干网,有的直接接入 CERNET 主干网。

图 2.7 是一般校园网或企业网拓扑图。从这个图我们可明显看出,核心层由 Quidway S8016 组成,当然这里网络可靠性,采用了双核心——两台核心交换机。汇聚层由 Quidway S6505(或 S5516)和 S3526 组成。接入层交换机是 Quidway S3026。

正如我们前面多次提到的一样,这种分层设计可大可小,大到全国性网络,就是全球性 Internet 也是如此,小到只有一栋建筑物,主要是领会分三层设计的方法和理念。如图 2.8 所示,是只有一栋楼内的局域网,我们同样也可将其看作三级模型。

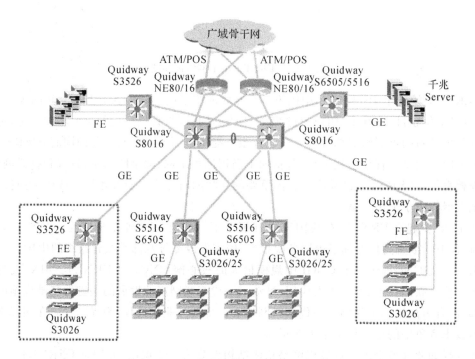

图 2.7　一般校园网或企业网拓扑图

从园区网络中心敷设一根光缆进这栋楼,整栋楼的总交换机相当于是这栋楼网络的核心层。该交换机上连到网络中心,下连到各楼层交换机,此处楼层交换机相当于分布层。分布层交换机再下连到各个房间接入层交换机或集线器 HUB,最后连接到需上网的计算机。由于有了结构化设计模型,网络设计步骤和概念都非常清楚,设计大大简化了。

值得指出,虽然都分三层结构,但广域网、城域网、局域网中的核心层、汇聚层、接入层的概念、功能还是有区别的。

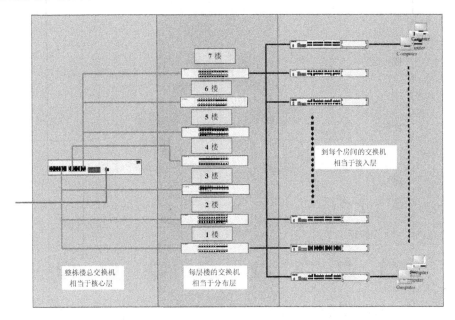

图 2.8 一栋楼三级层次化模型

2.4 互联网分级三层模型

三层模型包括核心层、分布层(汇聚层)和接入层,在分级网络设计中,每一层均实现具体的功能。图 2.9 显示了分级网络设计模型的三层以及它们与大型互联网络相连的方式。

下面讲述每一层的特征。在"每层的功能"一节讨论分级模型中每层如何实现其独立于其他层的功能。

1. 核心层

核心层(core layer)的主要功能是提供物理上远程站点之间的优化广域传输,将许多校园网集成到一个教育系统或者企业的 WAN 中。核心层链接通常是点对点的,而且在核心层上一般很少有主机。核心层服务(例如,帧中继、T1/E1、T3/E3、SMDS、ATM 等)通常由远程通信服务提供商提供相应的租用业务。核心层设计任务的重点通常是冗余能力和可靠性。应该仔细地研究核心层的每个组成部分,并在成本和可靠性之间进行分析和折衷,同时还应该考虑网络故障可能导致的损失。

因为冗余所花费的成本与保险类似,在多数情况下,冗余不是必要的,而且风险级别也根据不同的网络而各有不同,在分级网络设计的各层之间也存在着不同之处。但是,冗余是在设计网络时应该事先考虑和分析的事项。

用在核心层的路由器或交换机称为骨干路由器、主干交换机。

2. 分布层(汇聚层)

分布层(distribution layer)通常是指在园区网络环境中将多个网络连接起来的部分。园

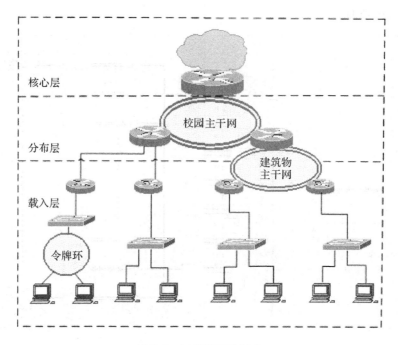

图 2.9　三级模型的组成

区主干网络通常是在分布层实现，而且通常基于 FDDI、快速以太网、千兆位以太网或者 ATM。网络策略(例如，设置 IOS 防火墙特征的安全性、访问列表、网络地址转换、网络命名、编码约定和加密等)的实现通常也是在分布层。当然并不否认，目前网络正在发生着一场快速的革命，伴随着更新、更快技术的出现，现在流行的策略在将来的分级模型中将逐渐被淘汰。在可以预见的不远的将来，看到接入层上实现千兆位以太网和在分布层或者核心层上实现万兆位以太网，我们不会感到特别惊讶。

3. 接入层

接入层(access layer)又称为访问层，它通常是一个 LAN 或者一组 LAN(典型的例子是以太网或令牌环)。接入层为用户提供本地访问网络服务。在接入层，几乎所有主机(包括各种服务器和用户工作站)都连接到网络上。

2.5　每层的功能

在分级模型中，每一层都有独立于其他层的功能。但是，在结构上，每一层的设计都应该与其他层完全兼容，而且应该实现各层之间的相互补充。

1. 核心层功能

简而言之，核心层的主要功能是实现远程站点之间的优化传输，因此核心层的实现通常是高速 WAN、ATM、T1/E1、T3/E3 或者帧中继。图 2.10 显示了连接多个地理网络的核心网络。核心路由器接口的例子是高速串行接口(high speed serial interface, HSSI)，速度可以达到 50Mbit/s 以上。

链路的广域特征预示着对冗余路径的需求，以使网络能够克服由于单个电路的断接可能

图 2.10　核心层拓扑

造成的网络灾难，并使网络正常运行。通常我们考虑的核心层设计特征是路由选择协议的负载平衡和快速收敛。由于供应商的收费问题，如何有效地利用带宽几乎永远是我们关心的话题。利用 IOS 软件特征（这些特征可以降低带宽消耗或者可以划分通信量的优先次序）可以在一定程度上提高效率。如果一台路由器每隔 90 秒向它的网络邻居发送 2000 个路由和更新信息，那么电路上将会一直承受着一定数量的更新开销。如果这些路由信息经过汇总形成一个包含 500 个路由的列表（你可以将汇总视为"网络速记"），那么电路在更新通信量上的开销就可以节省 75%。

通常在核心网络设计中可以找到的特征包括 Cisco 快速转发（Cisco expess forwarding，CEF）、加权随机早期检测（weighted random early detection，WRED）和边界网关协议（border gateway protocol，BGP）的路由聚合。优秀的网络设计要求在核心层不使用终端工作站（例如服务器），也就是说，核心层仅仅是充当不同建筑物工作组之间或者工作站到园区网络服务器的传输路径。

设计核心层的原则是优化传输。

2. 分布层功能

分布层包括主干网络及其所有连接的路由器。因为网络策略通常是在分布层实现的，因此可以说分布层提供了基于网络策略的连接。从这个意义上来讲，网络策略包括如下内容：

（1）网络命名和编码约定。

（2）访问服务的网络安全性。

（3）根据路径度量定义的通信量模式的网络安全性。

（4）路由选择协议（包括路由汇总）对网络通告的限制。

通常，分布层设备通过充当许多接入层站点的一个集中点而为一个地区提供服务。图 2.11 显示了一个典型的分布层布局。

分级模型（特别是在分布层）的一个优点是根据网络的模块化来快速隔离问题。良好设计的分布层设备应该能够使企业网络的其余部分与区域内发生事件（例如链路摇摆）的部分隔离开来。

设计分布层的原则是实现网络策略。

3. 接入层功能

接入层将用户连接到 LAN 中，然后将 LAN 连接到主干网上。利用该方法，设计人员可以在此层跨越运行设备的 CPU 进行分布。LAN 可以包括几种不同类型的拓扑，例如以太网、令牌环和 FDDI。图 2.12 显示了一个典型的接入层安装。要注意，要实现接入层到接入层的连接，需要定义到分布层的连接。

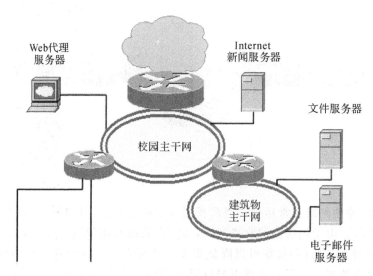

图 2.11 分布层拓扑

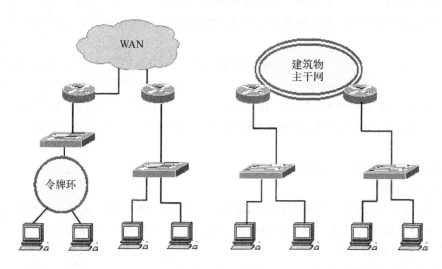

图 2.12 接入层拓扑

接入层的主要功能是将工作组(网络上根据不同的兴趣组成的用户)与分布层连接起来,如果可行的话,还与关联的主干网连接起来。接入层可以完成如下操作:

(1)提供逻辑网络分段。

(2)基于工作组或者 LAN 隔离广播通信量。

(3)在多个 CPU 之间分布服务。

从传统意义上来说,接入层的网络分段是基于组织边界的(例如市场、管理等)。远程(拨号)用户通常是在接入层实现连接,而且通常是将他们连接成为单独的广播域,从而实现良好的网络性能并使隔离问题简单易行。例如,在局域网上出现带宽利用问题,远程访问用户不会受到影响,这是因为他们处在一个单独的广播域中。当网络故障仅影响到远程访问用户而且要求使用一个停机窗口来修正网络故障时,使用隔离的方法就显得特别重要。使用该模型,在停机时间内,只有一个组受到影响,而不是整个组织都受到影响。

设计接入层的原则是将用户服务器和服务移到接入层。

2.6 分级设计模型的特点

网络设计通常要遵循如下两种策略之一:网孔设计或者分级设计。在网状结构中,网络拓扑是平面的,不分层,所有路由器的功能完全相同,没有具体功能的清晰定义,也没有层的概念。网络的增长是杂乱无章的,一般具有一定的随意性,几乎不考虑对网络整体的影响。在分级结构中,网络被分层组织在一起,每一层都各自完成具体的功能和操作。分级模型有可缩放性、易于实现、易于排除故障、可预测性、协议支持、易于管理等特点。

1. 可缩放性

因为实现了功能的本地化,容易识别潜在的问题,因此遵循分级设计的网络可以在不牺牲对网络的控制和管理的条件下大规模增长。大规模可缩放的分级网络设计的一个简单例子是PSTN(public switched telephone network,公用交换电话网)。当然,PSTN 在过去的几十年里,成长极其艰难。但是在增加了附加的区域码之后,PSTN 成功地实现了支持网络增长的设计,半个世纪以来持续不断地提供相应的服务。几年来我们的电话号码方便地从 6 位增加到7 位,甚至升级到 8 位,就是一个最好的例子。不管你对 PSTN 的具体看法如何,如果你设计的网络在过去的 50 年里和 PSTN 一样很好地实现了网络规模的增长,那么你的做法就是非常可取的。

2. 易于实现

分级设计清晰地将每项功能分配给相应的层,因此使网络实现更容易。例如,在部署大型分级网络时,根据资源的成本使用分阶段的方法通常是非常有效的。当设计团队开始建立全新的网络时,一般在核心层开始网络的部署,然后在集中的位置安装分布层服务器,再将接入层路由器安装在远程位置,同时访问路由器还要与分布层路由器连接起来。分级设计的主要优点在于可以在网络部署的每个阶段都有效地分配工程资源。

3. 易于排除故障

因为每一层的功能都是经过良好定义的,因此隔离网络问题通常并不困难。临时网络分段可以缩小问题的作用范围,这样无需在企业全部停机的情况下轻松地排除故障,这叫做“分而治之”的排除方法。另外,在分级模型中,可以清晰地定义出排除故障的职责区域和每一层的服务级别。如果能将问题隔离到远程访问路由器,核心网络工程师就无需参与该问题的故障排除工作。

4. 可预测性

使用分级模型的网络具有较高的可预测性,从而可以比较容易地规划网络的增长。例如,分级设计模型可以使网络性能的分析更为简单易行。在真正的分级设计中,可以独立进行分析和监视,也可以与其他层合起来分析。在容量计划中,这一点尤其重要。“在分布层有多少负载?”,“在给定的高通信量的条件下,核心层有多少负载?”,这些都是网络设计中经常会遇到的问题,而使用分级设计对于解答上述问题都将有所帮助。因为把考虑重点集中在某一给定的层上,便能够快速而轻松地找到问题的答案。在规划网络增长时,工程规划工具(例如 Netsys)毫无用处,因为其只适用于边界定义清晰的网络。

举个简单的例子,假设你准备在两个现存的路由器之间增加并行电路,以此实现网络容量的增长。为了保证在发生变化之前有效地实现负载平衡,可以将提议的路由器配置文件安装到 Netsys 中,然后,模拟路由器之间的通信流量。这样,在实际情况发生之前,你已经了解了具体的配置,从而能更好地实现项目。

5. 协议支持

因为网络基础设施是以逻辑方式组织在一起的,因此,在遵循分级设计的网络里将现在的和将来的应用或者协议结合在一起是非常简单的。例如,假设客户收购了另外一家公司,根据分级设计的模块化特征,客户可以在预定义的连接点和地址空间范围集成这家新收购公司的网络。在多播网络设计中,由于组成员在接入层上,而且多播内容服务器通常在分布层上,因此分级模型运行良好。另外,当部署 Internet 类应用程序时,也可以比较容易地将新协议集成到系统框架中。

6. 易于管理

使用分级管理设计的直接结果就是可以实现有效的网络管理。例如,当我们讨论实现网络管理工具时,你的部署策略应该与该网络层的部署策略一致。许多探测器的部署涉及在核心层和分布层路由器电路上设置探测点。通常这种相同类型的模型适合于网络管理系统(network management system,NMS)模型。一般在分布层安装 NMS 的"中级管理器"作为集中式管理的反馈。因此,良好的分级网络设计具有网络管理的一些优点。如果能够使网络管理人员重新获得对网络的控制,那么他们会赞美网络设计得很好。

2.7　三层模型的变体

三层模型通常可以满足大多数企业网络的需求,但是并不是所有环境都要求完整的三层分级设计,有时也许一层或者二层设计就已经足够了。即使是这种情况,也应该保持分级结构,这样可以随着需求的增长将一层或者二层模型扩展为三层模型。

在下面的各节中,我们将讨论三层模型的三种变化形式。作为一名网络设计人员,你应该选择最合适网络环境的模型,这是因为三层模型的每种变化形式都各有优缺点。

1. 一层设计——分布式

并不是所有网络都要求完整的三层设计,事实上,在许多小型网络里,一层设计就已经足够了。就一层设计而言,有分布式设计和中心辐射式之分。图 2.13 显示了与伪核心层连接的远程网络,这个伪核心层直接与每个远程站点连接起来,该设计称为分布式设计。

当有任何两点之间的连接要求时,通常就会有此类安装形式,因为无论在当前还是在将来,它并不要较好的可缩放性。此类网络的一个简单例子是没有集中服务器位置的小型销售组织。每天晚上,销售人员彼此利用 FTP 相互传送文件,使 PDA(personal digital assitant,个人数字助理)的数据作同步。因此,每天最后都会将数据更新一次。在图 2.13 所示的网络中,在终端设备之间,路由器的跃点数具有最小值,从而使对等实体之间的总响应时间减少,而且可以使网络结构变得非常简单。该模型的优点在于结构简单而且效率比较高。但网络仍然具有扩展能力,可以根据需求的增长实现核心层的插入操作。与设计有关的另一个关键问题是公司服务器位置的选择。服务器可以分布在多个 LAN 上,也可以集中放置在一个中央服务器区域上。图 2.13 描述了服务器的分布式安装设计,该设计的主要优点在于易存活性(sur-

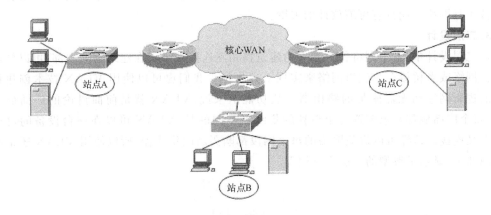

图 2.13　分布式一层设计

vivability)和站点之间的低带宽要求。而该设计的主要缺陷在于缺乏集中的管理控制,这是由于服务器备份和网络文档编制等任务都交给访问站点来处理造成的。另外其还有其他缺陷,例如由于缺乏集中管理控制,在利用该模型时,设备的标准化方面做得比较欠缺,而且,缺少最佳应用惯例。除此之外,由于重复性管理操作和各个站点的个人管理技巧等原因,还可能导致更高的管理成本。

2. 一层设计——中心辐射式

当服务器集中放置在一个中央区域上时,通常使用中心辐射式设计方案。因为服务器是集中放置的,所以该设计方案可以增强对网络的集中控制。但是考虑到单点失效和带宽聚集,因此还有其他需要考虑的问题。在这种设计方案中,服务器区域本身使用了高带宽的 LAN技术(例如,FDDI、快速以太网、千兆以太网)。如图 2.14 所示的设计方法具有结构简单的优

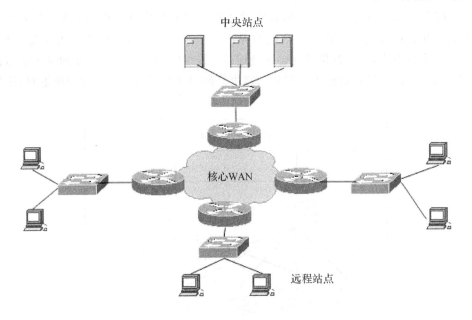

图 2.14　中心辐射式一层设计

点,同时还使网络可以根据客户需求的改变升级为更高级的分级网络。使网络可升级和可扩展的技术是网络长期具有可缩放性的关键。

3. 二层设计

在二层设计中,主干网将各自独立的建筑物相互连接起来。在建筑物的内部,可以使用单个逻辑网络或者桥接多个逻辑网络来实现上述目标。我们也可以使用 VLAN 技术创建相互分离的逻辑网络而无需附加的路由器。从功能上来说,VLAN 就是前面讨论的广播域。但是,与每个广播域都要求配置一个单独的集线器不同的是,VLAN 可以在一台设备的每个端口上定义连接。这样可以避免网络的每个网段都购买新的集线器,所以使用 VLAN 还是有效的。图 2.15 显示了典型的二层设计模型。

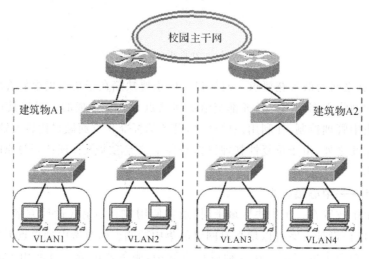

图 2.15　二层设计

4. 冗余二层分级设计

图 2.16 显示了一种称为冗余二层分级设计的二层分级模型。核心 LAN 主干网络是重复的,从而产生总体冗余性。到远程站点的 WAN 链路对于不同的核心路由器是重复的,因此,即使在许多点发生断接,其仍然能够保持连接。模型中每一层的冗余使网络正常运行时间更长,但也加强了网络的存活能力。到访问路由器的 WAN 链路可以是帧中继链路、拨号备份或者 ISDN。

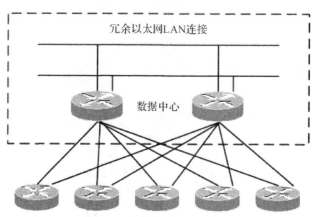

图 2.16　冗余二层分级设计

与 WAN 介质相比,LAN 介质的价格低廉,因此该方案可以实现比较合算的冗余。在无法获得 ISDN 连接的情况下,远程站点通常选择以 0 K CIR(zero kilobytes committed information rate)的速率将帧中继链路备份到另外一个帧中继电路上。

2.8　园区网络结构化设计模型

如前所述,园区网和互联网设计模型是截然不同的。园区网设计传统上已经把基本网络级智能和服务放在网络中心,并将共享带宽放在用户级。现在已将分布式的网络服务和交换移至用户级。图 2.17 展示了园区网的分级模型和该模型中的设备。这些分层被定义如下:

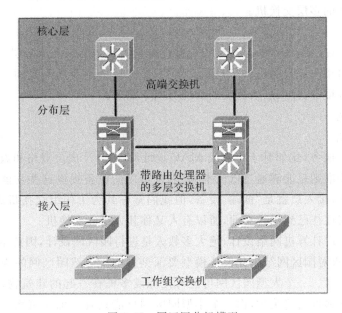

图 2.17　园区网分级模型

1. 核心层

核心层(core layer)有时也称为园区网的主干,主要目的是尽可能快地交换数据。网络的这层不应该被牵扯到费力的数据包操作或者任何减慢数据交换的处理中,应该避免在核心层中使用像访问控制列表和数据包过滤之类的功能。核心层主要负责以下几项工作:

- 提供交换区块间的连接
- 提供到其他区块(比如广域网区块)的访问
- 尽可能快交换数据帧或者数据包

用于核心层的交换机叫高端交换机。对核心交换要求能提供线速多点广播转发和选路,以及用于可扩展的多点广播选路的独立于协议的多点广播(PIM)协议,而且还要求所选用的核心交换机保证能提供园区网主干所需的带宽和性能。

2. 分布层

分布层(distribution layer)也叫汇接层或集散层,是网络接入层和核心层之间的分界点。分布层也帮助定义和区分网络核心层。该分层提供了边界定义,并在该处对潜在的费力的数

据包操作进行处理。在园区网环境中,分布层能够执行众多功能,其中一些功能如下:

- VLAN 聚合
- 部门级和工作组接入
- 广播域或组播域的设定
- VLAN 间路由
- 介质转换
- 安全

总之,分布层可以被归纳为能提供基于策略的连通性的分层。因为分布层交换机是多台接入层交换机的集合点,所以它必须能够处理来自这些设备的数据流总和。分布层交换机也必须能够通过路由处理器而参与多层交换。在选择分布层交换机时,记住要考虑支持接入层设备和连接核心层所需的带宽总和。由于分层交换机要履行如此繁重的任务,所以设计时,要选用带路由处理器的多层交换机。

3. 接入层

网络的接入层(access layer)是最终用户被许可接入网络的点。该分层能够通过过滤或访问控制列表提供对用户流量的进一步控制。然而,该分层的主要功能是为最终用户提供网络接入。在园区网环境中,接入层所代表的功能有以下几项:

- 共享的带宽
- 交换的带宽
- 提供第 2 层服务(比如基于广播或 MAC 地址的 VLAN 成员资格和数据流过滤)

接入层的主要准则是能够通过低成本、高端口密度的设备提供这些功能。相对于核心层采用的高端交换机,接入层就是"低端"设备,但我们常称其为工作组交换机或接入层交换机。因为园区网接入层往往已到用户桌面,所以有人又称其为桌面交换机。

考虑到我们今后计算机网络设计,绝大多数人是进行园区网设计,因此本书重点讲解园区网的设计方法,务求对园区网结构化设计模型要深刻理解。当然园区网的规模是网络设计中的一项重要考虑因素。一个大型园区网可能有几栋或多栋在一起的建筑物,一个中型园区网可能有一栋或几栋邻近的建筑物,而一个小型园区网可能只有一栋建筑物。正如我们多次提到的一样,这种分层设计可大可小,主要是领会分三层设计的方法和理念。

2.9　分级设计指导原则

使用分级模型,可以有利于设计的实现,在这种情形中,许多站点有重复的相似拓扑,而且模块化的体系结构促进了技术的逐渐迁移。有效地使用分级设计模型的指导准则如下:

(1)选择最合适需求的分级模型——边界作为广播的隔离点,同时还作为网络控制功能(例如访问控制列表)的焦点。

(2)不要使网络的各层总是完全网状的——如果访问层路由器是直接连接的,或是不同站点的分布层路由器是直接连接的(不通过主干线连接起来),就会成为网状连接。但是,核心连接通常是网状的,其目的是考虑到电路冗余和网络收敛速度的原因。

(3)不要把终端工作站安装在主干网上——如果主干网上没有工作站,可以提高主干网的可靠性,使通信量管理和增大带宽的设计更为简单。把工作站安装在主干网上还可能导致更长的收敛时间和潜在的路由重新分布问题。

(4)通过把 80% 的通信量控制在本地工作组内部,从而使工作组 LAN 运行良好——通过将服务器定位在工作组中适当的工作组行为可以实现。对于具有服务器的 LAN,我们仍然可以使用所谓的 80/20 规则。

(5)在适当的层次级别使用具体的特征——分级设计模型使得 Cisco IOS 软件的部署大为简化,但应该根据具体的需求仔细选择这些软件特征。

在互联网络设计中,分级模型可以通过分层的方法帮助你设计、实现和管理可缩放的互联网络。因为该概念可以应用于各种虚拟网络,所以该模型是非常强大的。

分级网络设计包括核心层、分布层和接入层,每一层表示网络应该具有的功能。在有些情况下,可以省略某些层,但为了优化网络性能,应该采用某种形式的层次。

伴随着 21 世纪高速发展的新技术,毫无疑问,网络需求也会增长。使用分级设计,可以根据需求的变化改变网络的规模,更为重要的是,可以对网络实行有效的控制(而不是让网络控制你)。

2.10　网络设计工具和软件

在网络设计与书写投标书时,要用到一些软件和工具,本书也对其作简要介绍。

2.10.1　绘图软件工具包 VISIO

VISIO 是专为网络设计而开发的绘图工具软件包,最早由 Visio 公司自行开发。现在该公司已变成微软公司的全资子公司,产品名称也改为 Microsoft Visio(r)。Microsoft Visio(r) 企业网络工具是 Visio 2002 Professional 的强大附件,它提供了所有需要的网络设计工具,允许您自动创建清晰、简明、精确的网络结构图,甚至可以包括最小的网络细节。具体有如下功能:

1. 了解您的网络

在业务和技术一夜之间就可能发生巨变的今天,有一张清楚的网络结构图至关重要。企业网络工具建立在 Visio 的行业标准平台上,提供网络和目录服务记录的高级解决方案,从而在需要迅速转变情况下帮助您快速作出响应。

◆ Network AutoDiscovery;AutoDiscovery

采用高级的基于 SNMP 的 Internet 协议(IP)搜索引擎,可以自动提供全部联网设备的清单(包括路由器、交换机、集线器、工作站、打印机等),并且清楚显示这些设备如何相互协作。AutoDiscovery 可创建准确的 2 层和 3 层网络图,支持帧中继、VLAN 和跨越树信息的搜索,并可提供 Microsoft Windows 服务器和工作站中的 Microsoft Windows 管理设备配置详细信息。

◆ 绘制目录服务图

利用企业网络工具,可以自动导入 Microsoft Active Directory、Novell Directory Services

和 Lightweight Directory Access Protocol(LDAP)目录,并绘制它们的结构图。Active Directory 工具包含对 Microsoft Exchange Server 2000 扩展和改进型 LDAP 数据交换格式(LDIF)导出的支持,这对升级到 Windows 2000 非常有用。

◆ 详细报告

利用一个灵活的向导界面来创建有关网络设备和连接的详细报告。您可选择 30 多个可自定义的模板,方便地生成记录 IP 地址的报告,提供详细的设备数量,生成每个子网的网关和/或主机列表,汇总帧中继数据,等等。

2. 绘制网络明细图

如果您能够直观地看到准确的网络结构,则会大大方便日常维护、排除突发故障和实施更改。企业网络工具提供了一套完整的精确复制形状来表示系统上的所有设备和服务。

◆ Visio 网络设备形状库

您可直接访问数据库,查看 500 家主要制造商的 23000 多个设备形状。使用这些形状可以方便地为网络图增加新的现实细节。在 AutoDiscovery 自动搜索过程中,本地安装的形状会自动映射到所找到的设备上。

◆ 方便查找需要的形状

直观的"查找形状"功能允许您详细搜索 Visio 网络设备库,寻找与您的网络设备匹配的形状。在"查找形状"窗格(类似于标准的 Visio 模具)中,您可找到各种形状并将它们直接插入图中。

3. 用 Visio Network Center 进行更新

企业网络工具产品包包括一年的 Visio Network Center 定阅服务,这是 Microsoft.com 上基于 Web 的一项服务,它提供新的解决方案和形状,以及更方便您管理网络基础结构的补充信息和服务。

◆ 下载新的和已更新的解决方案

通过 Visio Network Center 可以获得新的网络绘图解决方案和对企业网络工具产品包附带方案进行升级的解决方案。在您一年的 Visio Network Center 定阅期内,您可以无限制访问所有提供的新工具。

◆ 获得最新的网络设备形状

Visio 的联机库中会定期增加代表新推出的网络设备的新形状,您可以利用 Visio 中的"查找形状"功能或者通过 Visio Network Center 立即访问这些形状。如果您找不到自己需要的形状,您可以请求 Visio Network Center 为您创建一个与您的网络设备相符的新形状。

◆ 自定义通知

Visio Network Center 发布新的或已更新的网络绘图解决方案和形状时,都会自动通知您。请设置您的通知首选项,以便只接收与您的网络设备相关的信息。

◆ 部署捆绑产品

您可以通过 Visio Network Center 获得 Microsoft Windows 2000 和 Exchange 2000 部署工具。这些工具包括模板、形状以及使用 Visio 2002 Professional 和企业网络工具来规划 Windows 2000 和 Exchange 2000 部署的操作指南。

◆ 指南和示例

Visio Network Center 提供的模板可以帮助您充分地利用 AutoDiscovery 工具。每个模板都是为简化常用记录任务而设计的,它包括一个示例图,其中包含标题、图例和注解,您可以方便地根据自己的需求更改这些要素。

◆ 其他联机内容

Visio Network Center 提供各种有用内容,这些内容是为了帮助 IT 专业人员掌握随企业网络工具提供的高级网络绘图解决方案而专门编制的。您会找到白皮书、功能介绍文章、Web 信息发布、培训资料等内容。

2.10.2　AutoCAD

AutoCAD 是大家比较熟悉的计算机辅助设计软件。AutoCAD 是美国 Autodesk 公司的著名计算机辅助设计软件,是当今世界上已经得到众多用户首肯的优秀计算机辅助设计软件之一。

"计算机辅助设计"(computer aided design,简写为 CAD)技术经过几十年的发展,目前已经发展成为一门相当成熟的应用技术。针对机械、电子、建筑、航天、化工、冶金、气象等工程领域的不同特点,符合不同行业特点的软件被开发出来,并且基本上已在各个领域得到广泛的应用,发挥了巨大的作用。在计算机网络规划与设计中,它也是必不可少的设计工具。

传统的建筑设计和计算,以往大都是通过手工方式来完成的。例如,房屋建筑结构图和平面图都是由设计人员采用绘图工具在图纸上徒手绘制完成的,因而绘图精度差,绘图速度慢。绘图仪的出现虽然使绘图精度和速度有所提高,但存在的缺点仍是不可避免的。比如,图纸容易污损,图纸不易长期保存,已成型的产品图修改比较困难等。随着 AutoCAD 软件的出现,这些困难迎刃而解。因为 AutoCAD 软件不仅具有绘图的功能,从而克服了手工绘图的缺点,而且还增加了许多强有力的设计计算功能。利用 AutoCAD 进行工程设计,其优点如下:

(1)将图形存储于磁盘、硬盘或 U 盘中,不仅管理方便,而且保存的图形不易污损,且占用空间小。

(2)方便的图形修改操作,克服了人工改图产生的凌乱及不统一的状况。

(3)AutoCAD 提供的许多绘图功能,减少了绘图工作量及工序间的周转时间。

(4)AutoCAD 增加的 Internet 功能方便了企业内部管理及对外的联系。

(5)易于建立标准图及标准设计库。

因此,CAD 技术的应用缩短了设计周期,在节省人力、财力、物力、提高质量及效率方面发挥了巨大的作用。

AutoCAD 在网络设计方面的应用,主要用于绘制结构化布线系统施工图。如果能从建筑设计院那里拿到房屋建筑结构图和平面图,那么在别人设计建筑图纸的基础上,添加管线图和布线施工图将达到事半功倍的效果。

2.10.3　布线辅助设计系统

许多公司都开发网络设计和设备配置专用软件,如西蒙布线辅助设计系统(siemon cabling design,DIY),该系统适合于大楼结构化布线系统的设计,只要在线缆选择页输入选择:五类双绞线、大对数电缆的规格以及光缆型号和芯数,在工作区模块选用 MAX 系列还是选用 CT 系列,在电信间选用什么型号的线缆配线架和光缆配线架,设备间选用的配线系统材料,光纤选用 ST 或 SC,在输入用户信息栏,输入楼层总数、主设备间位于第几层,以及电话的门数,最后输入用户详细的信息点数,即每层多少个电话点、每层多少个数据点、光纤点数及估算的距离,就可得到电信间、设备间配置表,以及布线材料清单,并可直接打印出来。

2.10.4 产品报价

由于电子商务的迅速发展,世界上各大公司对自己生产的产品都有公开报价。如 Cisco 公司的 CHINA Price List in US Dollars。网络设计人员对某个产品报价,可在报价表上查到所要采购的产品价格。值得指出的是,这种报价并不是实价,往往有很大的折扣,这样可以保证分销商和网络公司都有一定的利润空间。

当然我们在编写设计文档时,要用到 Word 之类的文字处理软件;在投标书中列出产品和工程报价一览表时,可能会用到 Excel 之类的电子表格软件。这些软件都是大家非常熟知的,就不再赘述。

第3章

网络需求分析

　　需求分析是从软件工程和管理信息系统引入的概念,是任何一个工程实施的第一个环节,也是关系一个网络工程成功与否最重要的砝码。如果网络工程应用需求分析做得透,那么网络工程方案的设计就会赢得用户方青睐。同时网络系统体系结构架构得好,网络工程实施及网络应用实施就相对容易得多。反之,如果网络工程设计方没有对用户方的需求进行充分的调研,不能与用户方达成共识,那么随意需求就会贯穿整个工程项目的始终,并破坏工程项目的计划和预算。从事信息技术行业的技术人员都清楚,网络产品与技术发展非常快,通常是同一档次网络产品的功能和性能在提升的同时,产品的价格却在下调。这也就是网络工程设计方和用户方在论证工程方案时,一再强调的工程性价比。

　　因此,网络工程项目是贬值频率较快的工程,贵在速战速决,使用户方投入的有限的网络工程资金尽可能快地产生应用效益。如果用户方遭受网络项目长期拖累,迟迟看不到网络系统应用的效果,网络集成公司的利润自然也就降到了一个较低的水平,甚至到了赔钱的地步。一旦网络集成公司不盈利,用户方的利益自然难以保证。因此,要把网络应用的需求分析作为网络系统集成中至关重要的步骤来完成。应当清楚,反复分析尽管不可能立即得出结果,但它却是网络工程整体战略的一个组成部分。

　　需求分析阶段主要完成用户方网络系统调查,了解用户方建设网络的需求,或用户方对原有网络升级改造的要求。需求分析包括网络工程建设中的"路"、"车"、"货"、"驾驶员"("路"表示综合布线系统,"车"表示网络环境平台,"货"表示网络资源平台,"驾驶员"表示网络管理者和网络应用者)等方面的综合分析,为下一步制订适合用户方需求的网络工程方案打好基础。

　　网络需求分析是网络开发过程的起始部分,这一阶段应明确用户所需要的网络服务和网络性能。需求分析是整个网络设计过程中的难点,需要由经验丰富的系统分析员来完成。这一章介绍需求收集和分析过程,并描述编制需求说明书的方法。

3.1 需求分析的范围

在需求分析过程中,需要考虑以下几个方面的需求:

(1)业务需求。

(2)用户需求。

(3)应用需求。

(4)计算机平台需求。

(5)网络需求。

1.业务需求

在整个网络开发过程中,应尽量保证设计的网络能够满足用户的业务需求。网络系统是一个单位提供服务的,在这个单位中,存在着职能的分工,也存在着不同的业务需求。一般来说,用户只对自己分管的业务需求很清楚,对于其他用户的需求只有侧面的了解,因此对于单位内的不同用户,都需要收集特定的业务信息。包括如下信息:

(1)确定组织机构。业务需求收集的第一步是获取组织机构图,通过组织机构图了解该单位的岗位设置以及岗位职责。一个典型企业的组织机构图如图 3.1 所示。

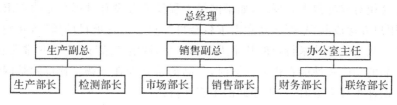

图 3.1 组织机构

在调查组织结构的过程中,主要与以下两类人员进行重点沟通:

1)决策者:负责审批网络设计方案或决定投资规模的管理人员。

2)信息提供者:负责解释业务战略、长期计划和其他日常业务需求的人员。

(2)确定关键时间点。对于大型项目,必须制订严格的项目实施计划,确定各阶段关键的时间点,这些时间点也是重要的里程碑。在计划设定后,要形成项目建设日程表,以后还要进一步细化。

(3)确定网络投资规模。对于整个网络的设计和实施,费用是一个主要考虑的因素,投资规模直接影响到网络工程的设计思路、采用的技术路线以及设备的购置和服务水平。

在进行投资预算时,应根据工程建设内容进行核算,将一次性投资和周期性投资都纳入考虑范围。计算系统成本时,有关网络设计、工程实施和系统维护的每一项成本都应该纳入考虑中。表 3.1 所示是需要考虑的投资项目清单,可根据项目实际情况进行调整。

表 3.1　投资项目清单

投资项目	投资子项	投资性质
核心网络	核心网络设备	一次性投资
	核心主机设备	一次性投资
	核心存储设备	一次性投资
汇聚网络	汇聚网络设备	一次性投资
接入网络	接入网络设备	一次性投资
综合布线	综合布线	一次性投资
机房建设	机房装修	一次性投资
	UPS	一次性投资
	防雷	一次性投资
	消防	一次性投资
	监控	一次性投资
平台软件	数据库管理软件	一次性投资
	应用服务器软件	一次性投资
	各类中间件软件	一次性投资
	工作流软件	一次性投资
	门户软件	一次性投资
软件开发	应用软件产品购置	一次性投资
	应用软件开发	一次性投资
	门户软件开发	一次性投资
安全设备	核心安全设备	一次性投资
	边界安全设备	一次性投资
	桌面安全设备	一次性投资
系统管理	安全管理软件	一次性投资
	桌面管理软件	一次性投资
	应用管理软件	一次性投资
实施管理	系统集成	一次性投资
	线缆和系统测试	一次性投资
	系统评测	一次性投资
	培训	一次性投资
	监理	一次性投资

续表

投资项目	投资子项	投资性质
运营维护费用	通信线路费	周期性投资
	设备维护费	周期性投资
	材料消耗费	周期性投资
	人员消耗费	周期性投资
不可预见费		一次性投资

(4)确定业务活动。在设计一个网络项目之前,应通过对业务活动的了解来明确网络的需求。一般情况下,网络工程对业务活动的了解并不需要非常细致,主要是通过对业务类型的分析,形成各类业务的网络需求,主要包括最大用户数、并发用户数、峰值带宽和正常带宽等。

(5)预测增长率。预测增长率是另一类常规需求,通过对网络发展趋势的分析,明确网络的伸缩性需求。预测增长率主要考虑以下方面的网络发展趋势:分支机构增长率、网络覆盖区域增长率、用户增长率、应用增长率、通信带宽增长率、存储信息量增长率。

预测增长率情况主要采用两种方法,一种是统计分析法,一种是模型匹配法。统计分析法基于该网络之前若干年的统计数据,形成不同方面的发展趋势,预测未来几年的增长率。模型匹配法是根据不同的行业、领域建立各种增长率的模型,而网络设计者根据当前网络情况,依据经验选择模型,对未来几年的增长率进行预测。

(6)确定网络的可靠性和可用性。网络的可靠性和可用性需求是非常重要的,甚至这些指标的参数可能会影响到网络的设计思路和技术线路。一般来说,不同的行业拥有不同的可用性、可靠性要求,网络设计人员在进行需求分析过程中,应首先获取行业的网络可靠性和可用性标准,并根据标准与用户进行交流,确定特殊的要求。有些特殊要求甚至可能是:可用性要达到 7×24 小时,线路故障后立即完成备用线路切换,并不对应用产生影响等非常苛刻的需求。

(7)确定 Web 站点和 Internet 的连接。Web 站点可以自己构建,也可以外包给网络服务提供商。无论采用哪种方式,一个组织的 Web 站点和内部网络一定要反映其自身的业务需求。只有完全理解了一个组织的 Internet 业务策略,才可能设计出具有可靠性、可用性和安全性的网络。

(8)确定网络的安全性。在网络安全设计方面,既不要过分强调网络的安全性,也不要对网络安全不屑一顾。正确的设计思路是调查用户的信息分布,对信息进行分类,根据分类信息的涉密性质、敏感程度、传输与存储方式、访问控制要求等进行安全设计,确保网络性能与安全保密之间取得平衡。

大多数网络用户的信息是非涉密的,因此提供普通的安全技术措施就可以了。对于有特殊业务的网络,就需要对职员进行严格的安全限制。网络安全需求调查中最关键的是,不能出现网络安全需求扩大化,提倡适度安全。

(9)确定远程接入方式。远程访问是指从因特网或者外部访问企业内部网络。当网络用户不在企业网络内部时,可以借助于加密技术或 VPN 技术,从远程站点来访问内部网络。通过远程访问,可以实现在任意时间、任意地点都可以访问组织的网络资源。在需求分析阶段,网络设计者要确定网络是否具有远程访问功能,或是根据网络的升级需要,以后再考虑网络的远程访问功能。

2. 用户需求

(1)收集用户需求。为了设计出符合用户需求的网络,收集用户需求的过程应从当前的网络用户开始,必须找出用户需求的重要服务或功能。这些服务可能需要网络完成,也可能只需要本地计算机完成。例如,有些用户服务属于局部应用,只需使用用户计算机和外围设备,而有些服务则需要通过网络由工作组服务器或大型机提供。在很多情况下,可通过其他备选方案来满足用户需要的各种服务。

收集用户需求的过程中,需要注意与用户的交流。网络设计者应将技术语言转化为普通的交流性语言,并且将用户描述的非技术需求转换为特定的网络属性要求。

(2)收集需求的机制。收集用户需求的机制主要包括与用户群的交流、用户服务和需求归档三方面。

1)与用户群的交流。与用户交流是指与特定的个人和群体进行交流。在交流前,需要先确定这个组织的关键人员和关键群体,再实施交流。在整个设计和实施阶段,应始终保持与关键人员之间的交流,以确保网络工程建设不偏离用户需求。

收集用户需求常用的方式如下:

- 观察和问卷调查
- 集中访谈
- 采访关键人物

2)用户服务。除了信息化程度很高的用户群体外,大多数用户都不可能用计算机的行业术语来配合设计人员的用户需求收集。设计人员不仅要将问题转化成为普通的业务语言,还应从用户反馈的业务语言中提炼技术内容,这需要设计人员有大量的工程经验和需求调查经验。

3)需求归档。与其他所有技术性工作一样,必须将网络分析和设计的过程记录下来。需求文档便于保存和交流,也有利于以后说明需求和网络性能的对应关系。所有的访谈、调查问卷等最好能由用户代表签字确认,同时应根据这些原始资料整理出规范的需求文档。

(3)用户服务表。用户服务表用于收集和归档需求信息,也用来指导管理人员与网络用户进行讨论。用户服务表是需求服务人员自行使用的表格,不面向用户,类似于备忘录。在收集用户需求时,应利用用户服务表随时纠正信息收集工作中的失误和偏差。用户服务表没有固定的格式,表 3.2 是一个简单的例子。

表 3.2　用户服务表

用户服务需求	服务或需求描述
站　点	
用户数量	
今后 3 年的期望增长速度	
信息的及时发布	
可靠性/可用性	
安全性	
可伸缩性	
成　本	
响应时间	
其　他	

3. 应用需求

收集应用需求可以从两个角度出发,一是从应用类型的特性出发,另一个是从应用对资源访问的角度出发。从以上两种角度出发,可以有下面的分类:

(1)按功能分类。按功能对应用进行分类,可以将应用划分为常见功能类型和特定功能类型。

常见功能类型的应用如图3.2所示。这些应用类型中的大多数都是日常工作中接触较为频繁,应用范围较广的。

图 3.2　常见功能类型应用

特定功能类型应用实现特定功能或面向特定的工作。特定功能软件包括控制、维护网络和计算机系统的功能,例如防病毒软件和网络管理系统等。面向特定工作的工具软件主要是行业软件,包括金融计划系统、工程和设计系统、制造控制系统和排版工具等专业软件。

对应用需求按功能分类,依据不同类型的需求特性,可以很快归纳出网络工程中应用对网络的主体需求。

(2)按共享分类。软件可根据其在网络中的用户数进行分类,分别为单用户软件、多用户软件和网络软件。单用户软件运行时只有一个用户可以访问,且只能访问本地资源。虽然网络操作系统允许通过远程访问单机软件,但是该软件在运行时不可能实现资源共享。多用户软件允许多个用户同时使用,并且提供了用户间共享文件的机制。多用户软件通过分时、线程切换等多种机制实现多个用户并发访问,通过文件加锁机制实现文件共享。网络软件利用所有的网络资源,即可以集中安装在一台服务器上,也可以分布在不同的服务器上,是实现共享的最佳方式,借助于网络和应用协议来完成网络资源的共享。

(3)按响应方式分类。应用可以分为实时和非实时应用两种,不同响应方式具有不同的网络响应性能需求。实时应用软件在收到信息后马上处理,一般不需要用户干预,这对网络带宽、网络延迟等提出了严格的要求。在实时应用中,通常本地进程需要和远程进程保持同步,因此,实时应用要求信息传输的速率稳定,具有可预测性。非实时应用更为广泛,非实时并不要求立即处理收到信息的同步机制,只是要求一旦发生请求,则需要在规定的时限内完成响应,因此对带宽、延迟的要求较低,但是对网络设备、计算机平台的缓冲区提出了较高的要求。

(4)按网络模型分类。应用按网络处理模型可以分为单机软件、对等网络软件、C/S 软件、BPS 软件和分布式软件等。单机软件是指不访问网络资源的软件。对等网络软件只运行于因特网内,不区分服务器和客户机的网络软件。C/S 软件是指在网络中区分出服务器和客户机的网络软件系统。BPS 软件是指划分了数据库服务器、应用服务器和客户端的网络软件系统,其是三层模式、多层模式的典型代表。分布式软件是指调度网络中多个资源完成一个任务的网络软件系统。应用采用不同的网络处理模型,会对网络产生不同的要求。

(5)按对资源的访问分类。用户对应用系统的访问要求是网络设计的重要依据,网络工程必须保证用户可以非常顺利地使用软件并获取需要的数据。用户对网络资源的访问,是可以通过各种指标进行量化的,这些量化的指标通过统计产生,并直接反映了用户的需求。需要考虑的指标包括：

- 每个应用的用户数量
- 每个用户平均使用每个应用的频率
- 使用高峰期
- 平均访问时间长度
- 每个事务的平均大小
- 每次传输的平均通信量
- 影响通信的定向特性(例如,在一个 C/S 软件系统中,客户端发送至服务器的请求数据量非常小,但是服务器返回的数据量较大)

(6)其他需求。由于应用的发展,用户数量不断增长,因此对网络的需求也会随之变化。在获取应用需求时,需要询问用户对应用发展的要求。

对网络的可靠性和可用性,除了从用户的角度获取需求之外,还要对网络中的应用进行分析。需求收集的工作要点在于找出组织中重要应用系统的特殊可靠性和可用性需求。例如在公交公司的企业网络中,对公交车进行调度的软件,其可靠性和可用性需求就是重点。

一个应用对信息更新的需求是由用户对最新信息的需求来决定的,但是用户对信息更新的要求,并不等同于应用对数据更新的需求。应用软件在面对相同的信息更新需求时,如果采用了不同的数据传输、存储技术,则会产生不同的数据更新需求,而网络设计直接面向数据更新需求。

这一阶段的输出是应用需求表。应用需求表概括和记录了应用需求的量化指标,通过这些量化指标可直接指导网络设计。表 3.3 为一个典型的应用需求表示例,可根据实际需要进行调整。

表 3.3　应用需求表

用户名	应用需求								
应用程序名	版本等级	描述	应用类型	位置	平均用户数	使用频率	平均事务大小	平均会话长度	是否实时

4. 计算机平台需求

收集计算机平台需求是网络分析与设计过程中一个不可缺少的步骤,需要调查的计算机平台主要分为个人计算机、工作站、小型机、中型机和大型机 5 类。

(1)个人计算机。由于个人计算机是网络中分布最广、数量最多的节点,虽然技术含量较低,但是应该重点分析。在分析个人计算机需求时,应该考虑微处理器、内存、输入输出、操作系统以及网络配置等。

在设计网络时,用户会针对 PC 服务器提出最直接的需求,需求收集人员应根据需要进行各类因素的技术指标设计,在设计工作的后期形成设备的招投标技术参数。

(2)工作站。工作站是面向专业应用领域,具备强大的数据运算与图形、图像处理能力,为满足工程设计、动画制作、科学研究、软件开发、金融管理、信息服务和模拟仿真等专业领域而设计的高性能终端计算机。典型的工作站包括一个 32 位高速微处理器,64 位浮点处理单元,UNIX 操作系统/X Windows 图形用户界面,加速图形控制器,17～19 英寸彩色显示器和内置的以太网联网功能。

（3）小型机。小型机具有区别 PC 及其服务器的特有体系结构，同时应用了各制造厂自己的专利技术，有的还采用小型机专用处理器。例如，美国 Sun、日本 Fujitsu（富士通）等公司的小型机是基于 SPARC 处理器架构的，美国 HP 公司的小型机是基于 PA－RISC 架构的。小型机的 I/O 总线也不同于一般的个人计算机，例如 Fujitsu 是 PCI，Sun 是 SBUS。这意味着各公司小型机上的插卡，如网卡、显示卡和 SCSI 卡等可能是专用的。小型机使用的操作系统一般基于 UNIX 内核的专用产品，Sun Fujitsu 使用的操作系统是 Sun Solaris，HP 小型机使用的是 HP－UX，IBM 小型机使用的是 AIX。

小型机是封闭的专用计算机系统，使用小型机的用户一般是看中 UNIX 操作系统的安全性、可靠性和专用服务器的高速运算能力。在网络工程中，如果用户对应用提出了较为苛刻的安全性、可靠性和专用性的要求，则可以考虑采用小型机作为应用的服务器。

（4）中型机。在当前的网络工程中，已经不再严格划分中型机和小型机，更多的情况下，中型机更相当于小型机中的高档产品。在大多数厂商的非 x86 服务器产品中，一般会存在着多种系列，最常见的产品划分方式为部门级服务器、企业级服务器和电信级服务器。大多数情况下，可以将部门级、企业级服务器等同于小型机，而将电信级服务器等同于中型机。

（5）大型机。大型机和相关的客户端——服务器产品可以管理大型网络、存储大量重要数据以及驱动数据并保证其数据的完整性。大型机系统具有较高的可用率、高带宽的输入输出设备、严格的数据备份和恢复机制、高水平的数据集成和安全性能。大型机由 CPU、主存操作员控制台、I/O 通道、通信控制器、磁盘控制器、存储控制器、磁带子系统、显示器和打印机等组件构成，具有物理尺寸大、运算速度高、容错能力强、系统安全性高、事务处理能力强的特点。

大型机目前仍然在金融行业、记账系统、订单处理系统、大型因特网应用、复杂数据处理、联机交易系统和科学计算等领域发挥作用，但是随着计算机小型化的发展，大型机将逐步退出应用市场。在网络设计中，只有全国、全行业级的应用中才会出现大型机平台需求的表格，通过对该表格的填写，为后期的计算机平台参数指标确定工作奠定基础。

5. 网络需求

需求分析的最后工作是考虑网络管理员的需求，这些需求包括以下内容：

（1）局域网功能。传统局域网由二层交换机构成局域网骨干，整个网络是一个广域网。在这样的网络中，网段由交换机的一个端口下连的共享设备形成，网段内部用户之间的通信不需要通过交换设备，而段间通信需要通过交换设备进行存储转发。

现代局域网由三层交换设备构成局域网骨干，这种网络中存在多个广播域，其实就是多个小型局域网，这些小型局域网通过三层设备的路由交换实现功能互连。在这种局域网中，网段的概念发生了变化，其实就是一个独立的广播域，一个典型的 VLAN。

无论是哪种网段，都是计算机节点的一种划分方式进行改进的，但是基于三层交换技术的网段划分方式逐渐成为主流。一般情况下，局域网段和用户群的分布是一致的，但是也存在一定的差异，允许一个网段内部存在多个用户群，也允许一个用户群占据多个网段。

对于升级的网络，可以对现有网段划分方式进行改进，形成新的划分方案。对于新建的网络，要和网络管理员一起商量网段划分的方式，最终形成的网段分布需求就是用户群和网段的关系需求。

局域网段的分布主要是依据业务上的特殊要求。这会导致不同的网段存在不同的功能要求，在进行网络需求收集时，应该找到各网段所需要的功能清单，并明确各个网段中功能的重要性。

局域网的负载是和应用有关联的,根据局域网的功能需求,可以分析出局域网的负载。在进行网络负载分析时,要针对各种应用和功能服务,评估服务的平均业务量或文件传输的大小,同时估算用户的访问频率,经过简单计算就可以估算出网络的负载。

对于非专用设计标准,根据经验或简单的方法就可以进行评估。对于较为复杂、要求较高的网络,对各种服务的平均业务量、文件传输的大小、用户访问的频率,都应根据实际测试的值来进行局域网负载的计算。

(2)网络性能。针对网络的性能需求,主要考虑的是网络容量和响应时间。这里的网络容量和响应时间并不是来自于复杂的网络分析,而是直接来自于网络管理员的要求。在有些网络工程,网络管理员提出的网络容量和响应时间要高于用户和应用的需求。

(3)有效性需求。有效性需求指的是在进行网络建设策略的选择时产生的各种过滤条件。有效性条件没有固定的模式,通常要对局域网的拓扑结构、网络设备、服务器主机、存储设备、安全设备、机房设备和产品供应商等设定一些选择标准或过滤条件,不符合过滤条件的设备或设备供应商被排除在选项之外。

在网络设计工作中,这些琐碎的选择条件对设计工作的影响是非常大的,很多项目就是因为在需求调查工作中没有注意有效性条件的收集而导致了最后失败。

(4)数据备份和容灾中心需求。数据备份和容灾需求是网络工程中的重点内容。对于一些特定行业来说,数据是至关重要的,数据一旦丢失,将会造成不可挽回的损失。根据不同的网络工程规模,存在两种建设情况,一种是需要建设复杂的数据中心和容灾备份中心,另外一种是仅建立数据备份和容灾机制。

数据备份中心建设需要收集的需求如下:

1)链路和带宽需求。

2)接入设备需求。

3)互联协议需求。

4)数据中心局域网划分需求。

5)数据中心设备需求。

6)数据库平台需求。

7)安全设备需求。

8)机房及电源需求。

9)数据中心托管及服务需求。

10)数据资源建设规划需求。

11)数据备份管理机制需求。

容灾备份中心的需求内容和数据中心基本一致,但是建设内容稍有差异。在数据中心和容灾备份中心之间的关键是容灾方式。它分为数据级容灾和应用级容灾,它存在国际标准,应正确引导网络管理人员,达成数据中心、容灾备份中心、容灾方式建设需求的一致性标准。

相对于建设复杂的数据中心和容灾备份中心这样庞大的工程,建立简单有效的数据备份和容灾机制针对小型网络是合适并有效的。正确备份信息在网络恢复信息时显得尤为重要,必须制订很好的防御和恢复策略,必须执行严格的备份过程和存档处理。在选择备份方针和技术时,必须对整个组织的风险作一个评估,确定各种数据的相对重要性。制订的恢复方案至少应该包括如下内容:

1)选择媒体以供备份,包括磁盘阵列或者磁带库。

2)保护现场数据。

3)保护现场外的备份数据。

4)制订数据应急预案。

(5)网络管理需求。网络管理人员的管理思路、产品喜好、管理要求是决定网络管理平台的关键。由于网络管理是网络工程中较为复杂,牵涉面较广的建设内容,因此需要与网络管理人员重点进行交流,获取明确的管理需求。网络管理建设要从以下几方面进行调查:

1)明确网络管理的目的。企业网络管理的主要目的是为了提高网络可用性、改进网络性能、减少和控制费用以及增强网络安全性等,网络管理员可以根据自身需要进行补充与调整。

2)掌握网络管理的要素。网络管理平台的建设要注意与业务需求相结合,建立完整而理想的网络管理解决方案应该根据应用环境和业务流程,以及用户需求的端到端关联来管理网络及其所有设备。

3)明晰管理的网络资源。网络资源就是指网络中的硬件设备、网络环境中运行的软件以及所提供的服务等,网络管理员必须明确需要管理的网络资源。

4)注重软件资源管理和软件分发。网络管理系统的软件资源管理和软件分发功能是指优化管理信息的收集。软件资源管理是对企业所拥有的软件授权数量和安装地点进行管理,软件分发则是通过网络把新软件分发到各个站点,并完成安装和配置工作。这些特定的需求必须让管理员进行明确。

5)应用管理不容忽视。应用管理用于测量和监督特定的应用软件及其对网络传输流量的影响。网络管理员通过应用管理可以跟踪网络用户和运行的应用软件,改善网络的响应时间。网络管理员应明确在应用管理方面的需求。

选择网管软件要根据网管人员的产品喜好,同时也要明确对网管软件的要求。

1)企业需要哪些管理功能。网管软件都是价格不菲的,所以在为企业选择网管软件时,一定要考虑到目前与未来企业网络环境发展的需要。一个好的网络管理系统必须是适合企业业务发展的需要。

2)网络管理软件支持哪些标准。网络管理人员需要明确产品对网管协议的支持程度,尤其是 SNMP 和 RMON 协议,需要明确到协议的版本和关键细节。

3)支持各种硬件、软件的范围。不同网管软件对不同产品的支撑是不一样的,管理人员需要明确什么样的硬件、软件纳入网络管理范畴,才能设定符合要求的产品范围。

4)可管理性。可管理性是由于网管需求对被管理设备提出的需求。可管理性要求是指设备对协议、管理信息库、图形信息库等各方面的支持,也属于网管平台的需求。

(6)网络安全需求。网络安全体系是建设网络工程的重要内容之一,不管网络工程规模如何,都应该存在一个可开展的总体安全体系框架。对于不同的网络工程项目,允许建设不同的安全体系框架。图 3.3 是一个可行的安全体系框架,设计人员在进行网络安全需求收集时,可以依据这个框架进行安全需求的调查。

在图 3.3 的安全体系框架中,安全管理体系是整个安全架构的基础,使安全问题可控可管。安全技术措施包括机房与物理线路安全、网络安全、系统安全、应用安全、安全信任体系等以容灾与恢复为目标的后备保障措施用来对付重大灾难事件后的网络重建,以安全运行维护支持服务作为外部支撑条件,使安全问题能够及时有效地解决。

基于以上框架,设计人员应该协助网络管理人员对安全管理体系、运维服务体系、数据容灾与恢复、安全信任体系等方面的需求进行确定。同时,对于技术措施需求,可以借鉴表 3.4 的内容进行明确。

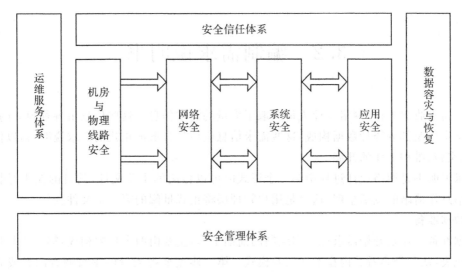

图 3.3　安全体系框架

表 3.4　技术措施需求表

技术措施层次	需求项目	需求项目	需求项目	需求项目
机房与物理线路安全需求	机房安全	计算机通信线路安全	骨干线路冗余防护	主要设备的防雷措施
网络安全需求	安全区域划分	安全区域级别	区域内部安全策略	区域边界安全策略
	路由设备安全	网闸	防火墙	入侵检测
	抗 DDOS	VPN	流量管理	网络监控与审计
	网络监控与审计	访问控制		
系统安全需求	身份认证	账户管理	主机系统配置管理	漏洞发现与补丁管理
	内核加固	病毒防护	桌面安全管理	系统备份与恢复
	系统监控与审计	访问控制		
应用安全需求	数据库安全	邮件服务安全	Web 服务安全	应用系统定制安全

(7)城域网/广域网的选择。对于一般的网络工程来说,城域网和广域网用于连接局域网,并形成完整的企业网络。城域网/广域网通过连接设备和通信线路,实现各远程局域网之间的互联。城域网/广域网可供选用的连接方案有以下两种:

1)点对点线路交换服务(拨号线路或租用线路)。

2)分组交换服务。

在点对点线路交换服务方式中,存在局域网路由设备和线路交换设备两类,这些设备之间通过物理线路互连,在路由设备之间建立的是虚拟电路,数据分组仅在路由设备上进行封装和解封,在线路交换设备以数据帧或信号的方式进行传递。在分组交换方式中,路由器和分组交换设备之间通过分组交换协议互连,数据分组在路由设备、分组交换设备上都存在封装和解封。所以,点对点线路交换方式中,相当于两台局域网路由器通过虚拟电路直接互连;而分组交换方式中,两台局域网路由器之间存在由多个路由设备构成的分组网络。

3.2　编制需求说明书

通过需求收集工作,网络设计人员获取了大量的需求信息。这些信息由各种独立的表格、散乱的文字以及部分统计数据构成,这些需求信息应该整合形成正式的需求说明书,以便于后期设计、实施、维护工作的开展。

需求说明书是网络设计过程中第一个正式的可以传阅的重要文件,其目的在于对收集到的需求信息作清晰的概括整理,这也是用户管理层将正式批阅的第一个文件。

1. 数据准备

数据准备工作是开始需求说明书编制的前期工作,主要由两个步骤构成:第一步是将原始数据制成表,从各个表看其内在的联系及模式。第二步是要把大量的手写调查问卷或表格信息传换成电子表格或数据库,由于录入工作量较大,可以求助于用户单位或雇用临时工。

另外,对于需求收集阶段产生的各种资料,包括手册、报表和原始单据等,无论其介质是纸质的还是电子的,都应该编辑目录并归档,便于后期查阅。

2. 需求说明书的组成

编写需求说明书的目的是为了能够向管理人员提供决策用的信息,因此说明书应该能做到尽量简明且信息充分,以节省管理人员的时间。

网络需求说明书不存在国际或国家标准,即使存在一些行业标准,也只是规定了需求说明书的大致内容要求。这主要是由于网络工程需要涉及内容较广,个性化较强,而且不同的设计队伍需求的组织形式也不一样。

对网络需求说明书存在两点要求:首先,无论需求说明书的组织形式如何,网络需求说明书都应包含业务、用户、应用、计算机平台和网络5个方面的需求内容。其次,为了规范需求说明书的编制,一般情况下,需求说明书应该包括以下5个部分:

(1)综述

需求说明文档的第一部分内容是综述,对网络工程项目的主要内容、重要性等进行一个简单的描述。综述应包括的内容如下:

1)对项目的简单概述。

2)设计过程中各个阶段的清单。

3)项目各个阶段的状态,包括已完成的阶段和现在正进行的阶段。

(2)需求分析阶段总结

需求分析阶段总结主要是总结需求分析阶段的工作,总结内容如下:

1)接触过的群体和代表人名单。

2)标明收集信息的方法(访谈、集中访谈和调查等)。

3)访谈、调查总次数。

4)取得的原始资料数量(调查问卷、报表等)。

5)在调查工作中遇到的各种困难等。

(3)需求数据总结

对需求调查中获取的数据需要认真总结,归纳出信息,并通过多种形式进行展现。在对需

求数据进行总结时,应注意以下几点:

1)简单直接。提供的总结信息应该简单易懂,并且将重点放在信息的整体框架上,而不是具体的需求细节。另外,为了方便用户进行阅读,应尽量使用用户的行业术语,而不是技术术语。

2)说明来源和优先级。对于需求,要按照业务、用户、应用、计算机平台和网络等进行分类,并明确各类需求的具体来源(例如人员、政策等)。

3)尽量多用图片。图片的使用可以使读者更易了解数据模式,在需求数据总结中大量使用图片,尤其是数据表格的图形化展示,是非常有必要的。

4)指出矛盾的需求。在需求中会存在一些矛盾,需求说明书中应对这些矛盾进行说明,以使设计人员找到解决方法。同时,如果用户人员给出了矛盾中目标的优先级别,则需要特殊标记,以便在无法避免矛盾的时候先实现高优先级别的目标。

(4)按优先级排队的需求清单

对需求数据进行整理总结之后,按照需求数据的重要性列出数据的优先级别清单。

(5)申请批准部分

在编写需求说明书时,需要预留大量对需求进行确认或者申请批准的内容,确切地说,就是要预留大量用户管理人员签字的空间。由于需求说明书是开展后期设计工作的基础,必须避免用户需求和收集材料的不一致性,因此预留申请批准部分是必需的。

由于需求经常发生变化,因此在编写需求说明书的时候,也要考虑到怎样设计修改说明书。如果的确需要修改,最好不要改变原来的数据和信息,可以考虑在需求说明书中附加一部分内容,说明修改的原因,解释管理层的决定,然后给出最终的需求说明。

3.3 通信流量分析

通信流量分析的最终目标是产生通信流量。其中必要的工作是分析网络中信息流量的分布问题。在整个过程中需要依据需求分析的结果来产生单个信息流量的大小,依据通信模式、通信边界的分析,明确不同信息流在网络不同区域、边界的分布,从而获得区域、边界上总信息流量。

3.3.1 通信流量分析方法

对于部分较为简单的网络,不需要进行复杂的通信流量分布分析,仅采用一些简单的方法,例如 80/20 规则、20/80 规则等。但是对于复杂的网络,仍必须进行复杂的通信流量的分布分析,因为 80% 的通信流量是在某个网段中流动,只有 20% 的通信流量访问其他网段,如图 3.4 所示。

利用 80/20 规则进行通信流量分布,对一个网段内部的通信流量不进行严格的分析,仅仅是根据用户和应用需求进行统计,产生网段内的通信总量大小,认为总量的 80% 是在网段内部,而 20% 是对网段外部的流量。

80/20 规则不仅仅是一种设计思路,也是一种特殊的优化方法,通过这种方式可以限制用

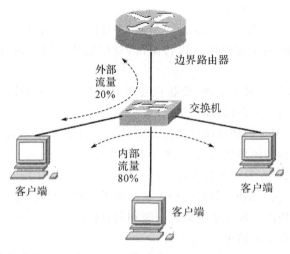

图 3.4　80/20 规则

户的不合理需求,是最优化地使用网络骨干和使用昂贵的广域网连接的一种行之有效的方法。例如,如果核心交换机容量为 100Mbps,那么局域网至外部的带宽应限制在 20Mbps 以内。

80/20 规则适用于内部交流较多、外部访问相对较少、网络较为简单、不存在特殊应用的网络或网段。

随着因特网的发展,一些特殊的网络不断产生,例如小区内计算机用户形成的局域网、大型公司用于实现远程协同工作的工作组网络等。这些网络的特征是:网段的内部用户之间相互访问较少,大多数对网络的访问都是对网段外的资源进行访问,对于这些流量分布恰好位于另一个极端的网络或网段,则可以采用 20/80 规则。

利用 20/80 规则进行通信流量分布的设计,要根据用户和应用需求的统计产生网段内的通信总量大小,认为总量的 20% 是在网段内部的流量,而 80% 是网段外部的流量。

这是一些简单的规则,但是这些规则是建立在大量的工程经验基础上的,通过这些规则的应用,可以很快完成一个复杂网络中大多数网段的通信流量分析工作,可以合理减少大型网络中的设计工作量。

3.3.2　通信流量分析步骤

对于复杂的网络,需要进行复杂的通信流量分析。通信流量分析从本地网段上和通过网络骨干某个特定部分的通信量进行估算开始,可采用如下步骤:

1. 把网络分成易管理的网段

在通信量分析的过程中,首要任务是依据需求阶段得到的网络分段需求和工程经验,将网络工程划分成若干个物理或者逻辑网段,并进行编号,同时选择适当的广域网拓扑结构,最终形成相应的各类网络边界。然后从估算每个网段的通信模式和通信容量开始,分析这些部分之间的信息流动方式,最后才产生通信流量。

网段划分要考虑用户的需求。对于升级的网络,可以对现有网段划分方式进行改进,形成新的划分方案。对于新建网络,则是和网络管理员一起商量网段划分方式。一般情况是按照工作组或部门来划分网段,因为相同工作组或部门中的用户通常使用相同的应用程序并且具有相同的基本需求。

　　由于网段属于局域网范畴,在进行分析工作前,需要确定网段的局域网通信边界,如果网段的通信边界是物理边界,则这个网段需要独立进行分析。如果多个网段的通信边界是逻辑边界,则这些网段不需要独立进行分析,而作为一个整体网段来进行分析。

　　无论是物理网段分析,还是多个虚拟网段构成的整体网段分析,都可以采用局部分析法。局部分析法的实质在于只关注于一个网段,并将该网段边界外的其他部分内容等同于一个外部网络来进行分析。

　　图 3.5 是一个较为复杂的网络,其中路由器 A 是一个局域网的物理边界,路由器 C 连接的局域网较为复杂,存在多个 VLAN,这些 VLAN 的通信边界是逻辑的,而路由器 C 则是这些 VLAN 和其他区域的共同物理边界。

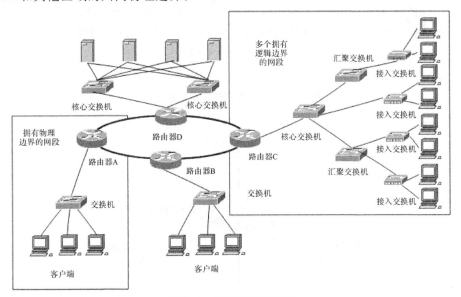

图 3.5　复杂网络示意图

　　在进行局部分析法时,对整个网络进行抽象,形成图 3.6 所示的网络分段,其中图 3.6(a)是路由器 A 所连接的物理网段,图 3.6(b)是路由器 C 所连接的多个逻辑网段的抽象图。

2. 确定个人用户和网段的通信量

　　在通信量分析中,第二步是复查需求说明书的业务需求、用户需求、应用需求、网络需求部分的内容,并根据通信流量的分析进行再次确定。在需求收集阶段,已经明确了用户对各种应用程序的估算使用量,其中反映流量的主要是应用需求和网络需求。但是这些估算不仅没有包含网络流量,也没有根据通信模式进行流量分布分析。这个步骤的工作在于将需求分析中不同格式的统计表格转化为统一的流量表格,以便于开始后续的分析工作。

3. 确定本地和远程网段上通信流量分布

　　确定本地和远程网段上的通信流量分布是分析工作的第三步。这个步骤的主要任务是明确多少通信流量存在于网络内部,而多少通信流量是访问其他网段的。下面以一个拥有物理边界的网段为例,借助于前两步的分析结果进行通信流量分布分析。

　　假设一个专用网络中拥有 4 个物理网段,编号为 1~4 号,这 4 个网段直接通过路由器进行连接,如图 3.7 所示。其中的网段 1 为整个网络的核心网段,所有的服务器都托管在网段1,而网段 2 至网段 4 为普通的工作网段。

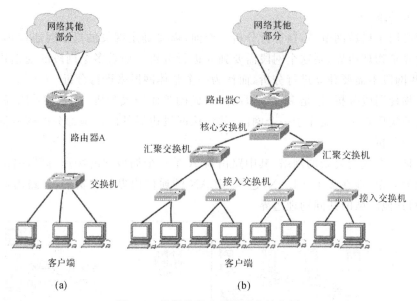

图 3.6 局部分析法所形成的抽象图

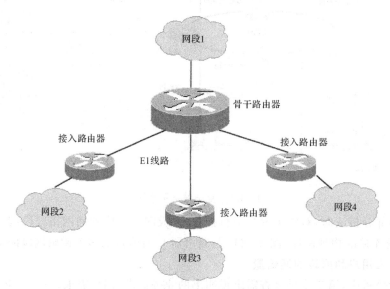

图 3.7 网络示意图

下面对网段 2 进行分析。网段 2 中的用户主要是使用以下几种应用:

(1)工作邮件。用户需要通过邮件客户端访问置于网段 1 的邮件服务器。

(2)办公自动化系统。办公系统应用服务器位于网段 1,BPS 模式提供服务。

(3)生产管理系统。服务器位于网段 1,BPS 模式提供服务,主要用于满足生产工作管理需要。

(4)文件共享服务。服务器位于网段 1,主要采用 Windows 网络文件系统提供 C/S 服务。

(5)视频监控。用户可以互相调阅不同网段的视频监控流,不需要经过流媒体服务器的管理,属于典型的 P2P 应用。

(6)内部交流。指用户借助于部分局域网通信软件,进行内部交流。

在需求分析中,可以形成表 3.5 所示的表格。

表 3.5　应用需求分析表

应用名称	平均事务量大小/MB	平均用户数	平均会话长度/min	每个会话发生的事务数量	网络模型
工作邮件	1	200	1	2	C/S
办公自动化系统	0.02	400	1	4	BPS
生产管理系统	0.05	200	1	8	BPS
文件共享服务	100	100	10	1	C/S
视频监控	400	20	60	1	P2P
内部交流	0.01	800	1	4	P2P

可以根据下面的公式计算出应用需要传递信息的速率：

应用总信息传输速率＝平均事务量大小×每字节位数×每个会话事务数×平均用户数/平均会话长度

根据这个公式,计算出结果如下：

工作邮件：$1×8×2×200/60＝53$Mbps

办公自动化系统：$0.02×8×4×400/60≈4.3$Mbps

生产管理系统：$0.05×8×8×200/60≈10.7$Mbps

文件共享服务：$100×8×1×100/600≈133.4$Mbps

视频监控：$400×8×1×20/3600≈17.8$Mbps

内部交流：$0.01×8×4×800/60≈4.3$Mbps

同时,由于三个工作网段基本上是类似网段,用户在三个网段的分布基本一致,所以网段 2 所承担的各应用的比例都是 1/3,各应用的信息传递速率是总速率的 1/3。

由于各应用的通信模式不同,各应用在网段 2 中的通信流量分布也不同,分析通信模式后形成表 3.6 所示的表格。

表 3.6　应用流量分布表

应用	通信模式	通信流	网段分布	源网段	目的网段	估算流量
工作邮件	客户端—服务器	①客户端至服务器	发出网段	2	1	$53×50\%＝26.5$
		②服务器至客户端	进入网段	1	2	$53×50\%＝26.5$
办公自动化系统	浏览器—服务器	①客户端至服务器	发出网段	2	1	$4.3×20\%＝0.86$
		④服务器至客户端	进入网段	1	2	$4.3×80\%＝3.44$
生产管理系统	浏览器—服务器	①客户端至服务器	发出网段	2	1	$10.7×20\%＝2.14$
		④服务器至客户端	进入网段	1	2	$10.7×80\%＝8.56$
文件共享服务	客户端—服务器	①客户端至服务器	发出网段	2	1	$133.4×50\%＝66.7$
		②服务器至客户端	进入网段	1	2	$133.4×50\%＝66.7$
视频监控	对等通信	①P2P 流	进出网段			$17.8×66\%＝11.8$
		①P2P 流	网段内部			$17.8×33\%＝5.9$
内部交流	对等通信	①P2P 流	网段内部	2		$4.3×100\%＝4.3$

注意,由于工作邮件、文件共享服务的网络通信模式为客户端—服务器,这种模式双向流量大,因此在网段流量分布上应用的总流量在两个方向上各占 50%；办公自动化系统、生产管

理系统属于浏览器－服务器模式,在估算时客户端至服务器按 20% 进行估算,反向按 80% 进行估算,在实际项目中可根据测试情况进行调整;内部交流主要在网段内部,不产生外部流量;视频监控主要是根据用户在网段的比例,网段内部用户数量为总用户的 1/3,而其他网段则占 2/3。在本例中没有考虑 TCP 协议、IP 协议封装所引起的流量,如需要考虑这些协议封装而增加的流量,例如,假设经过统计或经验,工作邮件的平均 IP 包长度为 1200 字节,则 IP 包头为 20 字节,其余的为有效负载部分,则工作邮件客户端至服务器应用流量实际产生的网络层流量为 $26.5 \times 1200/1160 \approx 27.4 \text{Mbps}$。

基于以上分析,可以形成表 3.7 所示的总流量分布。

表 3.7　网段 2 总流量分布表

流量分布	源网段	目标网段	应用总流量/Mbps	网络总流量/Mbps
网段内部	2	2	$5.9+4.3=10.2$	$10.2 \times 64/56 \approx 11.7$
访问服务器	2	1	$26.5+0.86+2.14+66.7=96.2$	$96.2 \times 64/56 \approx 110$
服务器反馈	1	2	$26.5+3.44+8.56+66.7=105.2$	$105.2 \times 64/56 \approx 120$
外部 P2P	2	其他	11.8	$11.8 \times 64/56 \approx 13.5$

由于以太网的最小帧长为 64 字节,其中有效负载为 56 字节,因此可以根据这种极端情况计算出所需要的最大网络流量。

由表 3.7 可知,网段 2 内部的网络设备必须提供 13.5Mbps 的网络吞吐量,而网段 2 和网段 1 之间的往来流量分别为 110Mbps 和 120Mbps。由网段 2 访问其他网段的双向流量为 13.5Mbps,则内部交换机的吞吐量必须大于 13.5Mbps,网段 2 的边界路由器必须提供大于 $110+120+13.5=243.5$Mbps;而网段 2 的边界路由器至内部交换设备的连接应提供正向 $110+13.5/2=116.75$Mbps,反向 $120+13.5/2=126.75$Mbps 的传输速率,则在设计时可以采用千兆以太网线路,并将线路的双向传输速率都限制在 200Mbps 以内。同时,表 3.7 可以作为广域网和网络骨干的计算依据。

需要注意的是,以上仅仅是根据用户需求、应用需求计算网络流量的一种示例,由于不同的设计人员采用的需求分析方式和表格不同,其计算的方法也不同,但是都可以获取网络层流量。例如,有些设计人员喜欢用在线用户数量、每个在线用户的平均流量来进行计算;有些设计人员喜欢用应用的用户每秒事务量和事务量大小来计算流量;还有些设计人员会考虑峰值情况,并以峰值速率作为设计依据,以避免网络在峰值时段出现拥塞。

4. 对每个网段重复上述步骤

对每个网段重复上述步骤,其中个人应用收集的信息是每一个应用和网段都要用到的。然后,确定每一个本地网段的通信量以及该网段对整个广域网和网络骨干的通信量。

5. 分析广域网和网络骨干的通信量

通过对每个网段的分析,除了形成各网段自身的通信要求外,还可以形成与本网段有关的广域网、骨干网的通信要求。不同网络工程中,用户对广域网拓扑结构的要求和建议不同,即使拓扑结构相同,但信息的路由不同,所以对于网络设备的要求也是不相同的。因此,对广域网和网络骨干的通信流量分析必须参考用户意见,并且应当做到灵活机动。

通信流量计算完成后,要把它们整理总结成一份文件,该文件将成为最终的通信规范说明书的一部分。同时,用这些新的信息来提高当前逻辑网络图的质量,标明广播域、冲突域和子网的边界。如果通过通信流量计算,表现出了定向通信模式,也应在图上标出。

第4章

计算机网络逻辑设计

计算机网络的逻辑设计来自于用户需求中描述的网络行为和性能等要求。逻辑设计要根据网络用户的分类和分布,选择特定的技术,形成特定的网络结构。网络结构大致描述了设备的互连及分布,但是不对具体的物理位置和运行环境进行确定。

逻辑设计过程主要由确定逻辑设计目标、网络服务评价、技术选项评价、进行技术决策4个步骤组成。

4.1 逻辑网络设计目标

逻辑网络的设计目标主要来自于需求分析说明书中的内容,尤其是网络需求部分,由于这部分内容直接体现了网络管理部门对网络设计的要求,因此需要重点考虑。一般情况下,逻辑网络设计的目标包括以下一些内容。

(1)合适的应用运行环境。逻辑网络设计必须为应用系统提供环境,并可以保障用户能够顺利访问应用系统。

(2)成熟而稳定的技术选型。在逻辑网络设计阶段,应该选择较为成熟稳定的技术,越是大型的项目,越要考虑技术的成熟程度。

(3)合理的网络结构。合理的网络结构不仅可以减少一次性投资,而且可以避免网络建设中出现各种复杂问题。

(4)合适的运营成本。逻辑网络设计不仅仅决定了一次性投资、技术选型、网络结构,也直接决定了运营维护等周期性投资。

(5)逻辑网络的可扩充性能。网络设计必须具有较好的可扩充性,以便于满足用户增长、应用增长的需要,保证不会因为这些增长而导致网络重构。

(6)逻辑网络的易用性。网络对于用户是透明的,网络设计必须保证用户操作的单纯性,过多的技术性限制会导致用户对网络的满意度降低。

（7）逻辑网络的可管理性。对于网络管理员来说，网络必须提供高效的管理手段和途径，否则不仅会影响管理工作本身，也会直接影响用户。

（8）逻辑网络的安全性。网络安全应提倡适度安全，对于大多数网络来说，既要保证用户的各种安全需求，也不能给用户带来太多限制，但是对于特殊的网络，也必须采用较为严密的网络安全措施。

4.2　需要关注的问题

1. 设计要素

设计工作的要素主要有用户需求、设计限制、现有网络、设计目标。

逻辑网络设计过程，就是根据用户的需求，在不违背设计原则的情况下，对现有网络进行改造或建设新网络，最终达到设计目标的工作。

2. 设计面临的冲突

网络设计工作中，设计目标是一个复杂的整体，由不同纬度的子目标构成，这些子目标独立考虑时，存在较为明显的优劣关系。如最低的安装成本、最低的运行成本、最高的运行性能、最大的适应性、最短的故障时间、最大的可靠性、最大的安全性。

这些子目标相互之间可能存在冲突，不可能存在一个网络设计方案，能够使得所有的子目标都达到最优，为找到较为优秀的方案，能够解决这些子目标的冲突，可采用两种方法：第一种方式较为传统，由网络管理人员和设计人员一起建立这些子目标之间的优先级，尽量让优先级比较高的子目标达到较优；第二种方法是对每种子目标建立权重，对于目标的取值范围进行量化，通过评判函数决定哪种方案最优，而子目标的权重关系直接体现了用户对不同目标的关心度。

3. 成本与性能

成本与性能是最为常见的冲突目标。一般来说，网络设计方案的性能越高，也就意味着更高的成本，包括建设成本和运行成本。

设计方案时，所有不超过成本限制、满足用户要求的方案，都称为可行方案。设计人员只能从可行方案中依据用户对性能和成本的喜好进行选择。

网络建设的成本分为一次性投资和周期性投资。在初期建设过程中，如何合理规划一次性投资的支付是比较关键的。过早支付费用，容易造成建设单位的风险，对于未按设计方案实施的情况，无法形成制约机制；过晚支付费用，容易造成承建单位的资金压力，导致项目实施质量等多方面的问题。较为合理的支付方式，必须是依据逻辑网络设计的特点，将网络工程划分为各个阶段，在每个阶段后实施验收，并支付相应的阶段费用，在工程建设完毕并试运行一段时间后，才能支付最后的质量保证费用。

运营维护等周期性费用的支付，也应考虑其合理性，这主要体现在周期划分方式、支付方式等方面。

4.3 网络服务评价

网络设计人员应该依据网络提供的服务要求来选择特定的网络技术,不同的网络,其服务要求不同,但是对于大多数网络来说,都存在着两个主要的网络服务——网络管理和网络安全,这些服务在设计阶段是必须考虑的。

1. 网络管理服务

网络管理可以根据网络的特殊需要,将其划分为几个不同的大类,其中的重点内容是网络故障诊断、网络的配置及重配置和网络监视。

(1)网络故障诊断。网络故障诊断主要借助于网管软件、诊断软件和各种诊断工具。对于不同类型的网络和技术,需要的软件和工具是不同的,应在设计阶段就考虑到网络工程中各种诊断软件和工具的需要。

(2)网络的配置及重配置。网络的配置及重配置是网络管理的另一个问题,各种网络设备都提供了多种配置方法,同时也提供了配置重新装载的功能。在设计阶段,考虑到网络设备的配置保存和更新需要,提供特定的配置工具以及配置管理工具,对于方便管理人员的工作是非常有必要的。

(3)网络监视。网络监视的需求随着网络规模和复杂性的不同而不同,网络监视是为了预防灾难,使用监视服务来防止和监测网络的运行情况。

2. 网络安全服务

网络安全系统是网络逻辑设计的固有部分,网络设计者可以采用以下步骤来进行安全设计:

(1)明确需要安全保护的系统。首先要明确网络中需要重点保护的关键系统,通过该项工作,可以找出安全工作的重点,避免全面铺开而又无法面面俱到的局面。

(2)确定潜在的网络弱点和漏洞。对于这些重点防护的系统,必须通过对这些系统的数据存储、协议传递和服务方式等的分析,找出可能存在的网络弱点和漏洞。在设计阶段,应根据工程经验对这些网络弱点和漏洞设计特定的防护措施;在实施阶段,再根据实施效果进行调整。

(3)尽量简化安全。安全设计要注意简化问题,不要盲目扩大安全技术和措施的重要性,适当时采用一些传统而有效、成本低廉的安全技术来提高安全性是非常有必要的。

(4)安全制度。单纯的技术措施是无法保证网络的整体安全的,必须匹配相应的安全制度。在逻辑设计阶段,尚不能制订完备的安全制度,但是对安全制度的大致性要求,包括培训、操作规范和保密制度等框架性要求是必须明确的。

4.4 技术评价

根据用户的需求设计逻辑网络,选择正确的网络技术标准比较关键,在进行选择时应考虑如下因素:

1. 通信带宽

所选择的网络技术必须保证足够的带宽,能够为用户访问应用系统提供保障。在进行选择时,不能仅局限于现在的应用需求,还要考虑适当的带宽增长需求。即使选用以太网技术还得考虑究竟是选择千兆或万兆以太网技术标准。

2. 技术成熟性

所选择的网络技术必须是成熟稳定的技术,有些新的应用技术在尚没有大规模投入应用时,还存在着较多不确定因素,而这些不确定因素将会给网络建设带来很多不可估量的损失。虽然新技术的自身发展离不开工程应用,但是对于大型网络工程来说,项目本身不能成为新技术的试验田,因此,尽量使用较为成熟、拥有较多案例的技术是明智的选择。

同时,在面对技术变革的特殊时期,可以采用试点的方式,缩小新技术的应用范围,规避技术风险,待技术成熟后再进行大规模应用。

3. 连接服务类型

连接服务类型是逻辑设计时必须考虑的问题,传统的连接服务分为面向连接服务与非连接服务,逻辑设计需要在无连接和面向连接的协议之间进行权衡。

由于当前广泛应用的网络协议主要是 TCP/IP 协议族,其网络层协议是提供非连接服务的 IP 协议,因此选择连接服务类型,主要是对 IP 协议底层的承载协议进行选择。如果选择连接服务类型,则可以选择 ATM、SDH 等协议;如果选择非连接服务类型,则可以选择以太网等协议。不同的网络工程,对连接服务类型的需求不同,设计者不能仅局限于一种连接服务而进行设计。

4. 可扩充性

网络设计者的设计依据是较为详细的需求分析,但是在选择网络技术时,不能仅考虑当前的需求,而忽视未来的发展。在大多数情况下,设计人员都会在设计中预留一定的冗余,在带宽、通信容量、数据吞吐量和用户并发数等方面,网络实际需要和设计结果之间的比例应小于一个特定值以便于未来的发展。一般来说,这个值位于 $70\%\sim80\%$ 之间,不同的工程中,可根据需要进行调整。

5. 高投资产出比

选择网络技术最关键的一条,不是技术的扩展性、高性能,也不是成本最低等概念,而是技术的投入产出比,尤其是一些借助于网络来实现运营的工程,只有通过投入产出比分析,才能最后决定技术的使用。

4.5   逻辑网络设计的工作内容

逻辑网络设计工作主要包括网络结构的设计、物理层技术选择、局域网技术选择与应用、广域网技术选择与应用、IP 地址设计、路由选择协议、网络管理、网络安全、逻辑网络设计文档。

4.5.1　网络结构设计

传统意义上的网络拓扑是网络中的设备和节点描述成点,将网络线路和链路描述成线。用于研究网络的方法,随着网络的不断发展,单纯的网络拓扑结构已经无法全面描述网络。因此,在逻辑网络设计中,网络结构的概念正在取代网络拓扑结构的概念成为网络设计的框架。

网络结构是对网络进行逻辑抽象,描述网络中主要连接设备和网络计算机节点分布而形成的网络主体框架。网络结构与网络拓扑结构的最大区别在于:网络拓扑结构中,只有点和线,不会出现任何的设备和计算机节点;网络结构主要是描述连接设备和计算机节点的连接关系。

由于当前的网络工程主要由局域网和实现局域网互联的广域网构成,因此可以将网络工程中的网络结构设计分成局域网结构和广域网结构两个设计部分内容。其中局域网结构主要讨论数据链路层的设备互连方式,广域网结构主要讨论网络层的设备互连方式。

当前的局域网与传统意义上的局域网已经发生了很多变化,传统意义上的局域网只具备二层通信功能,而现代意义上的局域网不仅具有二层通信功能,同时具有三层甚至多层通信的功能。现代局域网,从某种意义上说,被称为园区网络更为合适。考虑对局域网的设计机会较多,重点讲解在进行局域网设计时,常见的局域网结构。

1. 单核心局域网结构

单核心局域网结构主要由一台核心二层或三层交换设备构建局域网的核心,通过多台接入交换机接入计算机节点。该网络一般通过与核心交换机互连的路由设备(路由器或防火墙)接入广域网中。典型的单核心结构如图 4.1 所示。

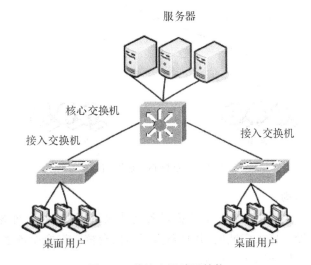

图 4.1　单核心局域网结构

单核心局域网结构分析如下:

(1)核心交换设备在实现上多采用二层、三层交换机或多层交换机。

(2)如果采用三层或多层设备,可以划分成多个 VLAN,VLAN 内只进行数据链路层帧转发。

(3)网络内各 VLAN 之间访问需要经过核心交换设备,并且只能通过网络层数据包转发方式实现。

（4）网络中除核心交换设备外，不存在其他的带三层路由功能设备。

（5）核心交换设备与各 VLAN 设备可以采用 10/100/1000M 以太网连接。

（6）节省设备投资。

（7）网络结构简单。

（8）部门局域网访问核心局域网以及相互访问效率高。

（9）在核心交换设备端口富余前提下，部门网络接入较为方便。

（10）网络地理范围小，要求部门网络分布比较紧凑。

（11）网络扩展能力有限。

（12）核心交换机是网络的故障单点，容易导致整个网失效。

（13）对核心交换设备的端口密度要求较高。

（14）除非规模较小的网络，否则推荐桌面用户不直接与核心交换设备相连，也就是核心交换机与用户计算机之间应存在接入交换机。

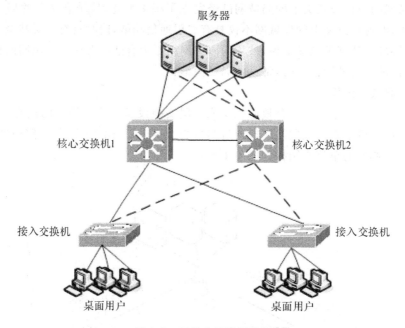

图 4.2　双核心局域网结构

2. 双核心局域网结构

双核心局域网结构主要由两台核心交换设备构建局域网核心，该网络一般也是通过与核心交换机互连的路由设备接入广域网，并且路由器与两台核心交换设备之间都存在物理链路。典型的双核心局域网结构如图 4.2 所示。

双核心局域网结构分析如下：

（1）核心交换设备在实现上多采用三层交换机或多层交换机。

（2）网络内各 VLAN 之间访问需要经过两台核心交换设备中的一台。

（3）网络中除核心交换设备之外，不存在其他的具备路由功能的设备。

（4）核心交换设备之间运行特定的网关保护或负载均衡协议，例如 HSRP、VRRP 和GLBP 等。

（5）核心交换设备与各 VLAN 设备间可以采用 10/100/1000M 以太网连接。

（6）网络拓扑结构可靠。

（7）路由层面可以实现无缝热切换。

（8）部门局域网访问核心局域网以及相互之间多条路径选择可靠性更高。

（9）在核心交换设备端口富余前提下，部门网络接入较为方便。

（10）设备投资比单核心高。

（11）对核心路由设备的端口密度要求较高。

（12）核心交换设备和桌面计算机之间存在接入交换设备，接入交换设备同时和双核心存在物理连接。

（13）所有服务器都直接同时连接至两台核心交换机，借助于网关保护协议，实现桌面用户对服务器的高速访问。

3. 环型局域网结构

环型局域网结构由多台核心三层设备连接成 RPR 动态弹性分组环，构成整个局域网的核心，该网络通过与环上交换设备互连的路由设备接入广域网。典型的环型局域网结构如图 4.3 所示。

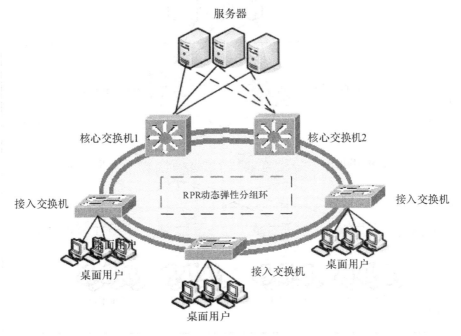

图 4.3 环型局域网结构

环型局域网结构分析如下：

（1）核心交换设备在实现上多采用三层交换机或多层交换机。

（2）网络内各 VLAN 之间访问需要经过 RPR 环。

（3）RPR 技术能提供 MAC 层的 50ms 自愈时间，能提供多等级、可靠的 QoS 服务。

（4）RPR 有自愈保护功能，节省光纤资源。

（5）RPR 协议中没有提及相交环、相切环等组网结构，当利用 RPR 组建大型城域网时，多环之间只能利用业务接口进行互通，不能实现网络的直接互通，因此它的组网能力对 SDH、

MSTP 较弱。

（6）由两根反向光纤组成环型拓扑结构。其中一根顺时针，一根逆时针，节点在环上可以以两个方向到达另一节点。每根光纤可以同时用来传输数据和同向控制信号，RPR 环双向可用。

（7）利用空间重用技术实现的空间重用，使环上的带宽得到更为有效的利用。RPR 技术具有空间复用、环自愈保护、自动拓扑识别、多等级 QoS 服务、带宽公平机制和拥塞控制机制、物理层介质独立等技术特点。

（8）设备投资比单核心局域网结构高。

（9）核心路由的冗余设计难度较高，容易形成环路。

4. 层次局域网结构

层次局域网结构主要定义了根据功能要求不同将局域网划分层次构建的方式，从功能上定义为核心层、汇聚层和接入层。层次局域网一般通过核心层设备互连的路由器接入广域网。典型的层次局域网结构如图 4.4 所示。

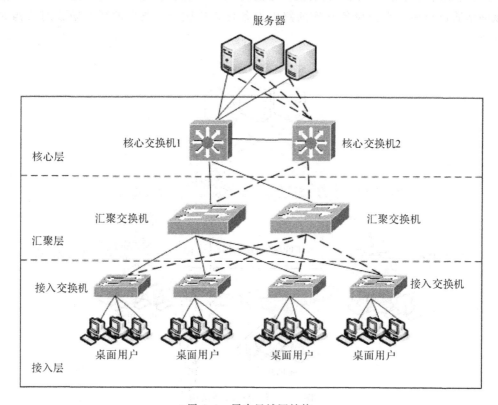

图 4.4　层次局域网结构

层次局域网结构分析如下：

（1）核心层实现高速数据转发。

（2）汇聚层实现丰富的接口和接入层之间的互访控制。

（3）接入层实现用户接入。

（4）网络拓扑结构故障定位可分级，便于维护。

（5）网络功能清晰，有利于发挥设备最大效率。

（6）网络拓扑利于扩展。

层次局域网结构就是第二章设计方法学描述的分级三层模型,该模型允许在三个层次的路由或交换层次上实现流量汇聚和过境,这使得三层模型的规模可以从中小型规模的网络,扩充到大型国际因特网络。详细叙述参看第二章计算机网络设计方法。

4.5.2　网络冗余设计

网络冗余设计允许通过双重网络元素来满足网络的可用性需求。冗余降低了网络的单点失效,其目标是重复设置网络组件,以避免单个组件的失效而导致应用失效。这些组件可以是一台核心路由器、交换机,可以是两台设备间的一条链路,可以是一个广域网连接,也可以是电源、风扇和设备引擎等设备上的模块。对于某些大型网络来说,为了确保网络中的信息安全,在建立数据中心外,还设置了冗余的容灾备份中心,以保证数据备份或者应用在故障下的切换。

在网络冗余设计中,对于通信线路常见的设计目标主要有两个:一个是备份路径,另外一个是负载分担。

1. 备份路径

备份路径主要是为了提高网络的可用性。当一条路径或者多条路径出现故障时,为了保障网络的连通,网络中必须存在冗余的备用路径。备用路径由路由器、交换机等设备之间的独立备用链路构成,一般情况下,备用路径仅仅在主路径失效时才投入使用。

设计备用路径时主要考虑如下因素:

(1)备用路径的带宽。备用路径带宽的依据,主要是网络中重要区域、重要应用的带宽需要,设计人员要根据主路径失效后,哪些网络流量是不能中断来满足备用路径的最小带宽需求。

(2)切换时间。切换时间是指从主路径故障到备用路径投入使用的时间,切换时间主要取决于用户对应用系统中断服务时间的容忍度。

(3)非对称。备用路径的带宽比主路径的带宽小是正常的设计方法,由于备用路径大多数情况下并不投入使用,因此过大的带宽容易造成浪费。

(4)自动切换。设计备用路径时,应尽量采用自动切换的方式,避免使用手工切换。

(5)测试。备用路径由于长时间不投入使用,不容易发现线路、设备上存在的问题,应设计定期的测试方法,以便于及时发现问题。

2. 负载分担

负载分担是通过冗余的形式来提高网络的性能,是对备用路径方式的扩充。负载分担是通过并行链路提供流量分担来提高性能,其主要的实现方法是利用两个或多个网络接口和路径来同时传递流量。

关于负载分担,设计时主要考虑以下因素:

(1)对于网络存在备用路径、备用链路时,就可以考虑加入负载分担设计。

(2)对于主路径、备用路径都相同的情况,可以实施负载分担的特例——负载均衡,也就是多条路径上的流量是均衡的。

(3)对于主路径、备用路径不相同的情况,可以采用策略路由机制,让一部分应用的流量分摊到备用路径上。

(4)在路由算法的设计上,大多数设备制造厂商实现的路由算法,都能够在相同带宽的路径上实现负载均衡,其至于部分特殊的路由算法,例如在 IGRP 和增强 IERP 中,可以根据主路径和备用路径的带宽比例实现负载分担。

4.5.3 广域网技术

随着网络规模的不断发展,网络用户的流动性和地域分散性不断增加。远程企业用户需要借助于特殊的接入方式实现对企业网络的访问,而城市的网络用户也需要借助于同样的技术来实现对因特网的访问,因此这些特殊的技术主要应用于城域网,可以被称为城域网远程接入技术。

1. 传统的 PSTN 接入技术

PSTN 接入技术是较为经典的远程连接技术,通过在客户计算机和远程的拨号服务器分别安装调制解调器,实现数字信号在模拟语音信道上的调制,通过公用电话网(PSTN)完成数据传输。

PSTN 接入的传输速率较低,目前常见的速率是 33.6Kbps 或者 56Kbps。其中 33.6Kbps 双向传输速率相同,而 56Kbps 双向传输速率不均衡。上行为 33.6Kbps,下行为 56Kbps。同时,PSTN 的接入速率还要受调制解调器性能和电话线路质量的影响。

PSTN 接入技术主要使用两种协议,分别为 PPP 和 SLIP,其中 SLIP 只能为 TCP/IP 协议提供传输通道,而 PPP 可以为多种网络协议族提供传输通道。因此,PPP 协议也是应用最广的协议。

设计 PPP 协议中需要考虑到口令认证机制,PPP 协议支持两种类型的认证机制,分别为口令认证协议(PAP)和应答握手认证协议(CHAP)。其中,PAP 协议在进行认证时,用户的口令以明文方式进行传递,而 CHAP 则利用三次握手和一个临时产生的可变应答值来验证远程节点,因此在实际应用中,应尽量使用 CHAP 作为 PPP 协议的认证机制。

在设计 PSTN 接入时,需要在网络中添加远程访问服务器(RAS),通常都是带有拨号服务功能的路由器。这些路由器可以配置内置 Modem 的拨号模块,也可以通过普通模块连接外置 Modem 池实现。RAS 除了可以在自身存储静态的用户名和密码外,还可以借助于 RADIUS、TACACS 等服务完成对动态用户与口令库的访问,如图 4.5 所示。

2. 综合业务数据网(ISDN)

综合业务数据网(ISDN)是由地区电话服务提供商提供的数字数据传输业务,支持在电话线上传输文本、图像、视频、音乐、语音和其他的媒体数据。ISDN 上使用 PPP 协议,以实现数据封装、链路控制、口令认证和协议加载等功能。

ISDN 提供的电路包括 64Kbps 的承载用户信息信道(B 信道)和承载控制信息信道(D 信道),同时 ISDN 提供了两种用户接口,分别为基本速率接口和基群速率接口。

基本速率接口主要用于个人用户的远程接入,而基群速率接口主要用于企业或者团体的接入,如图 4.6 所示。个人接入中,通过运营商端 ISDN 交换机提供的接口,实现计算机信号和语音信号的分离,计算机信号通过 PRI 接口经路由器进入网络;企业接入中,两端的路由器通过带有 PRI 接口的路由器互连,完成了两个网络的连接。

3. 线缆调制解调器接入

线缆调制解调器运行在有线电视(CATV)使用的同轴电缆上,可以提供比传统电话线更高的传输速率,典型的 CATV 网络系统提供 25M～50Mbps 的下行带宽和 2M～3Mbps 的上

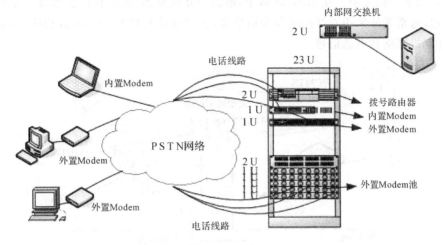

图 4.5　PSTN 接入

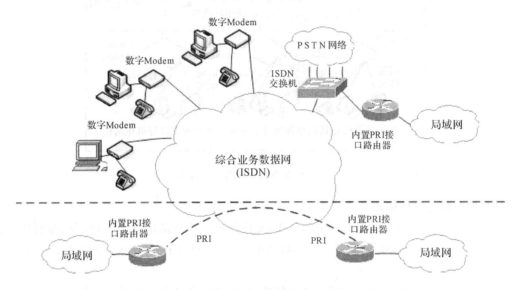

图 4.6　综合业务数据网(ISDN)接入

行带宽。同时,线缆调制解调器的另一个优势是不需要拨号就能实现远程站点访问。

　　线缆调制解调器需要对传统的单向 CATV 网络进行双向改造形成数字业务网络,可以采用双缆方式(一根上行、一根下行)和单缆方式(高频下行、低频上行)。运营商通常采用混合光纤/铜缆(hybrid fiber/coax,HFC)系统将 CATV 网络和运营商的高速光纤网络连接在一起。HFC 系统使用户能将计算机或者小型局域网连接到用户的同轴电缆上,高速地访问因特网或使用 VPN 软件接入到企业网络。

　　使用线缆调制解调器远程接入必须依赖于运营商一端的线缆调制解调器终结设备(CMTS),该设备向大量的线缆调制解调器提供高速连接。多数运营商都会借助于通用的宽带路由器来实现 CMTS 功能,这些路由器安装在运营商的电缆服务头端,同时提供计算机网络和 PSTN 网络的连接。

　　如图 4.7 所示,CMTS 的以太网可以直接与以太网相连。同时通过中继线路连接 PSTN 网络,将双向的网络和语音信号调制形成上行和下行的模拟信号,单向的有线电视下行信号以频分复用合入下行信号中。在 HFC 区域中,借助于光收发器、光电转换器等设备完成信号的中继和传递,通常光纤采用双纤而电缆采用单缆;客户端采用 Cable Modem 相连,并分解出有线电视、计算机网络和电话信号。

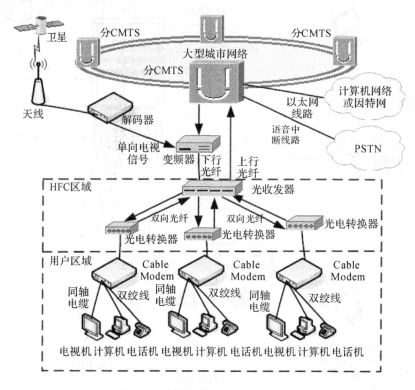

图 4.7　线缆调制解调器远程接入

4. 数字用户线远程接入

数字用户线(digital subscriber line,DSL)允许用户在传统的电话线上提供高速的数据传输,用户计算机借助于 DSL 调制解调器连接到电话线上,通过 DSL 连接访问因特网或者企业网络。

DSL 采用尖端的数字调制技术,可以提供比 ISDN 快得多的速率,其实际速率取决于 DSL 的业务类型和很多物理层因素,例如电话线的长度、线串扰和噪音等。

DSL 技术存在多种类型,以下是常见的技术类型:

(1)ADSL:非对称 DSL,用户的上下行流量不对称,一般具有 3 个信道,分别为 1.544M～9Mbps 的高速下行信道,16K～640Kbps 的双工信道,64Kbps 的语音信道。

(2)SDSL:对称 DSL,用户的上下行流量对等,最高可以达到 1.544Mbps。

(3)ISDN DSL:介于 ISDN 和 DSL 之间,可以提供最远距离为 4600～5500m 的 128Kbps 双向对称传输。

(4)HDSL:高比特率 DSL,是在两个线对上提供 1.54Mbps 或在三个线对上提供 2.048Mbps 对称通信的技术,其最大特点是可以运行在低质量线路上,最大距离为 3700～4600m。

(5)VDSL:甚高比特率 DSL,一种快速非对称 DSL 业务,可以在一对电话线上提供数据和语音业务。

在这些技术中,ADSL 的应用范围最广,已经成为城域网接入的主要技术。

ADSL 接入需要的设备包括接入设备(局域网设备 DSLAM 和用户端设备 ATU－R)、用户线路和管理服务器。其中,DSLAM 作为 ADSL 的局端收发传送设备,主要由运营商提供,为 ADSL 用户端提供接入和集中复用功能,同时提供不对称数据流的流量控制,用户可以通过 DSLAM 接入 IP 等数据网和传统的语音电话网;用户端设备 ATU－R 实现 POTS 语音与数据的分离,完成用户端 ADSL 数据的接收和发送,即 ADSL Modem。ADSL 采用双绞线作为承载媒质,语音与数据信号同时承载在双绞线上,无需对现有的用户线路进行改造,有利于宽带业务的开拓。管理服务器主要是宽带接入服务器(BRAS),除了能够提供 ADSL 用户接入的终结、认证、计费和管理等基本 BRAS 业务外,还可以提供防火墙、安全控制、NAT 转换、带宽管理和流量控制等网络业务管理功能,如图 4.8 所示。

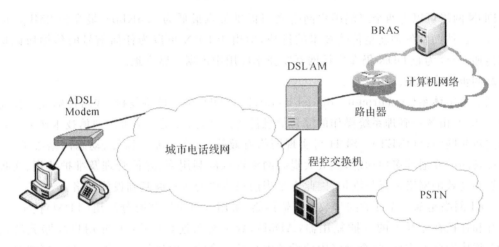

图 4.8　ADSL 接入

在选择城域网远程接入技术时,主要是依据现有城域网的建设情况,并适当考虑租用经费。一般来说,城域网的远程接入主要是由电信运营商提供,设计人员需要根据远程用户的分布、用户是否需要形成专用网络、运营商的线路辅设和租赁费用等情况,与电信运营商技术服务人员协商和讨论,形成最终接入方案。

4.5.4　广域网互联技术

1. 数字数据网(DDN)

数字数据网(digital data network,DDN)是一种利用数字信道提供数据信号传输的数据传输网,是一个半永久性连接电话的公共数字数据传输网,为用户提供了一个高质量、高带宽的数字传输通道。

DDN 采用同步时分复用,对各层协议透明,因此 DDN 支持任何的传输规程;DDN 不具备交换功能,以点对点方式实现半永久性的电路连接,传输延时小;DDN 采用数字信号通道传输数据信号,与传输的模拟信号相比,具有传输质量高、速度快、带宽利用率高等优点;DDN 的传输安全可靠,由于采用多路由的网状拓扑结构,单个节点的失效不会导致整个线路的中断。

DDN 网络实行分级管理,其网络结构按网络的组建、运营、管理、维护的责任地理区域,可以分为一级干线网、二级干线网和本地网三级。一级干线网由设置在各省、自治区和直辖市的节点组成,二级干线网由设置在省内的节点组成,本地网是指城市范围内的网络,由这些网络提供全国范围内的电路连接服务。

利用 DDN 网络实现局域网互联时,必须借助由路由器和 DDN 网络提供的数据终端设备 DTU。DTU 其实是 DDN 专线的调制解调器,直接和 DDN 网络通过专线连接,如图 4.9 所示。

图 4.9　利用 DDN 实现局域网互联

DDN 网络可以为两个终端用户网络之间提供带宽最低为 9.6Kbps,最高为 2Mbps 的数据业务。虽然面临各种新型传输技术的挑战,但由于 DDN 可以为任何信号的传输协议提供透明传递,至今为止 DDN 仍在广域网互联技术应用中占据一席之地。

2.同步数字体系(SDH)

同步数字体系(synchronous digital hierarchy,SDH)是一种将复接、线路传输及交换功能融为一体,并由统一管理系统操作的综合信息传送网络,前身是美国贝尔通信技术研究所提出来的同步光网络(SONET)。SDH 可实现网络有效管理、实时业务监控、动态网络维护、不同厂商设备间的互通等多项功能,能大大提高网络资源的利用率、降低管理及维护费用、实现灵活可靠和高效的网络运行与维护,因此也是当前最主要的运营商基础设施网络。

SDH 网络是基于光纤的同步数字传输网络,采用分组交换和时分复用(TDM)技术,主要由光纤和挂接在光纤上的分插复用器(ADM)、数字交叉连接(DXC)、光用户环路载波系统(OLC)构成网络的主体,整个网络中的设备由高准确度的主时钟统一控制。SDH 网络基本的运行载体是双向运行的光纤环路,可根据需要采用单环、双环或者多环结构,SDH 支持多种网络拓扑结构,组网方式灵活,如图 4.10 所示。

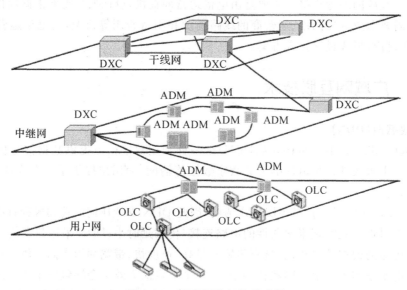

图 4.10　SDH 网络结构示意图

SDH 采用的信息结构等级称为同步传送模块 STM－N(synchronous transport,N＝1,

4,16,64),最基本的模块为 STM－1,4 个 STM－1 同步复用构成 STM－4,16 个 STM－1 或
4 个 STM－4 同步复用构成 STM－16。STM－1 的传输速率为 155.520Mbps,而 STM－4 的
传输速率为 $4 \times 155.520 = 622.080$Mbps,STM－16 的传输速率为 $16 \times 155.520 =$
2488.320Mbps,并依次类推。SDH 同时也可以提供 E1、E3 等传统传输速率服务。

　　SDH 是主要的广域网互联技术利用运营商的 SDH 网络实现互联,可以采用两种方式,分
别是 IP over SDH 和 PDH 兼容方式。

　　(1)IP over SDH。即以 SDH 网络作为 IP 数据网络的物理传输网络,并使用链路适配及
成帧协议(PPP)对 IP 数据包进行封装,然后按字节同步的方式把封装后的 IP 数据包映射到
SDH 的同步净荷封装中进行连续传输。IP over SDH 为 IP 网络设备提供的接口主要是 POS
(Packet Over SONET/SDH)接口,该接口可以提供 STM－1 及以上的传输速率。

　　(2)PDH(plesiochronous didital hierarchy,准同步数字系列)兼容方式。由于单纯的
SDH 网络只能提供 STM－1 以上的传输速率,而大多数用户并不需要这么高的数据传输速
率,因此 SDH 提供了对传统 PDH 的兼容方式。这种方式在 SDH 中的最低速率同步传输模
块 STM－1 中封装了 63 个 E1 信道,可以最多同时向 63 个用户提供 2Mbps 的接入速率。
PDH 兼容方式可以提供两种方式的接口:一是传统 E1 接口,例如路由器上的 G.703 转 V35
接口;另一个是封装了多个 E1 信道的 CPOS(Channel POS),路由器通过一个 CPOS 接口接入
SDH 网络,并通过封装的 E1 信道连接到各远程站点。

　　以上借助于 SDH 网络实现局域网互联的各种方式如图 4.11 所示。

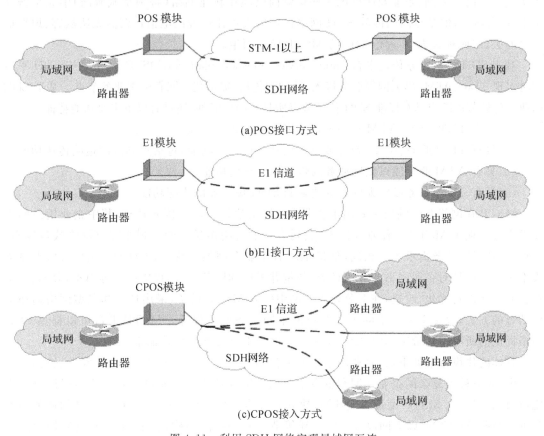

图 4.11　利用 SDH 网络实现局域网互连

　　无论是 IP over SDH 方式还是 PDH 兼容方式,运营商都可以将线路转换成以太网链路以便向用户提供应用更为普遍、成本更加低廉的以太网接口。其中较为常见的是将多条 E1 信道转换成以太网,例如两个局域网之间通过 4 条 E1 信道互联,客户端的光端机或者转换设备将 4 条 E1 信道转换成十兆的以太网线路,如图 4.12 所示。

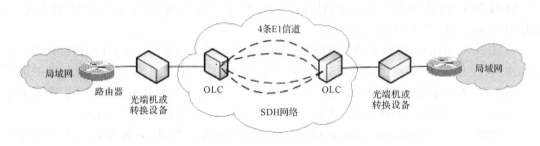

图 4.12　SDH 与以太网转换

3. 多业务传送平台(MSTP)

　　由于具有可靠的业务保护能力,SDH 技术已经成为城域网传输网的一种经典选择,但是 SDH 也存在包括带宽瓶颈,多层网络结构指配过于复杂以及支持业务单一等诸多问题,尤其是对可变速率的支持方面,SDH 技术对于固定速率的业务(如传统语音业务),很容易将其适配到容量通道中,但对于可变速率 VBR 业务和任意速率业务,SDH 则显得不够灵活,特别是传送效率不高。欧洲、东亚及印度的一些运营商已经在新建网络(特别是城域网)中完全摒弃 SDH 技术体系,但是目前国内的 SDH 网络已经庞大得让传统的电信运营商无法从容、坦然地弃之而去,因此被称为下一代 SDH 的 MSTP 应运而生。

　　基于 SDH 的多业务传送平台(multi-service transport platform,MSTP)是指基于 SDH 平台同时实现 TDM、ATM、以太网等业务接入、处理和传送、提供统一网管的多业务节点。基于 SDH 的业务传送节点除应具有标准 SDH 传送节点所具有的功能外,还具有以下主要功能特征:

　　(1)具有 TDM 业务、ATM 业务或以太网业务的接入功能。

　　(2)具有 TDM 业务、ATM 业务或以太网业务的传送功能,包括点到点的透明传送功能。

　　(3)具有 ATM 业务或以太网业务的带宽统计复用功能。

　　(4)具有 ATM 业务或以太网业务映射到 SDH 虚容器的指配功能。

　　MSTP 在网络互联领域主要用于企业用户网络建设和用户接入补充,其中企业用户网络建设直接体现了 MSTP 多种业务接入、点到多点的透明传送功能。企业客户网络数量较多,地点分布零散,业务需求各不相同,如果把所有企业专网纳入统一的 SDH 传输平台,则投资成本过高。可针对企业网络业务的种类、数量并考虑到服务等级、投资成本等因素,分期、分层对企业网络进行优化、改造,在部分企业专网中引入 MSTP 设备,采用环型和星型网络拓扑结构结合的方式,逐步实现对不同等级客户的不同服务质量保障。MSTP 平台可以提供 SDH 网络提供的所有传输带宽,并且能够实现多个网络部分之间共享传输带宽。

　　具体的建设方案如下:将企业网络服务平台划分为核心层和接入层,将业务发展良好、业务集中、业务种类复杂的企业专网和重点企业用户纳入核心层。通过对光缆线路资源进行优化,在核心层引入 MSTP 设备组成环网,建立专有的主要企业业务平台,提供丰富的业务种类和可定制服务(ATM、以太网以及 2M 专线等业务),网络的结构、容量、管理和发展均为满足主要企业业务的开展为基准。将业务数量少、业务种类较单一、节点多且分布零散的企业分支机构及小型企业纳入接入层。出于成本考虑,接入层仍保持星型组网或光纤直连方式,今后可根据客户业务的发展,逐步进行改造。

图 4.13 是利用 MSTP 技术,实现一个企业不同局域网之间连接的示例。MSTP 设备借助于 SDH 网络提供的链路,形成 MSTP 业务环,企业的不同局域网借助于路由器之间接入 MSTP 设备的以太网接口。这些企业网络所有的局域网之间的连接并不需要占用多个 SDH 信道,而是共享一个传统 SDH 信道的带宽,通过这种方式,可以避免企业网络连接对 SDH 网络资源的大量浪费。同时由于各个局域网之间访问的透明性、随机性和不确定性,企业用户的网络感受和传统 SDH 互联方式区别不大。

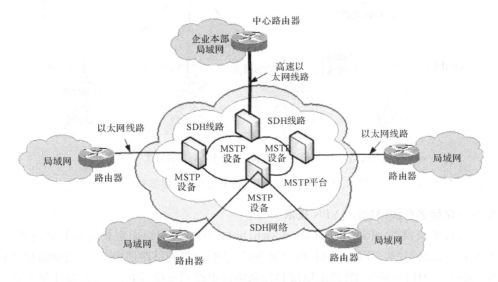

图 4.13　利用 MSTP 平台实现局域网互联

4. 传统 VPN 技术

虚拟专用网(VPN)是通过公共网络实现远程用户或远程局域网之间的互联的,主要采用隧道技术,让报文通过如 Internet 或其他商用网络等公共网络进行传输。由于隧道是专用的,使得通过公共网络的专用隧道进行报文传输的过程和通过专用的点对点链路进行报文传输的过程非常相似。又由于公共网络可以同时具有多条专用隧道,因而可以同时实现多组点对点报文传输。

传统的 VPN 技术主要是基于实现数据安全传输的协议来完成,主要包括两个层次的数据安全传输协议,分别为二层协议和三层协议。二层协议主要是对传统拨号协议 PPP 的扩展,通过定义多协议跨越第二层点对点连接的一个封装机制,来整合多协议拨号服务至现有的以太网服务提供商,保证分散的远程客户端通过隧道方式经由 Internet 等网络访问企业内部网络。其典型协议为 L2TP,主要用于利用拨号系统实现远程用户安全接入企业网络。三层协议主要定义了在一种网络层协议上封装另一个协议的规范,通过对需要传递的业务数据的网络层分组进行封装,封装后的分组仍然是一个网络层分组,可以在 VPN 寄生的网络上进行传递,使得各个 VPN 部分之间可以借助于隧道进行通信。典型的三层协议包括 IPSec 和 GRE,其中 IPSec 主要是在 IP 协议上实现封装,GER 是一种规范,可以适用于多种协议的封装。

基于三层协议的 VPN 技术主要用于企业各局域网之间的连接,分为点对点和中心辐射状方式。如图 4.14 所示,点对点方式(point-to-point)下,两个分支局域网边界上部署 VPN 网关,核心局域网路由器和每个分支局域网路由器之间建立逻辑隧道,完成多个局域网分支的互联,分支局域网之间的访问需要经过中心局域网的转发。

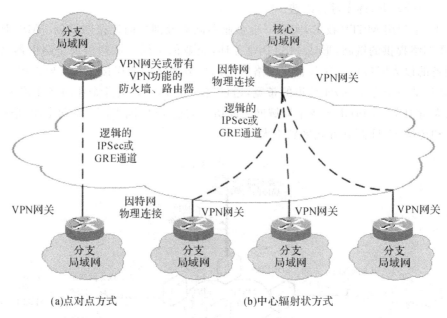

(a)点对点方式　　　　　　　　　(b)中心辐射状方式

图 4.14　利用三层 VPN 技术实现局域网互联

5. 多协议标签交换(MPLS)VPN 技术

多协议标签交换(multiprotocol label switching,MPLS)用短而定长的标签来封装分组。MPLS 从各种链路层(如 PPP、ATM、帧中继和以太网等)得到链路层服务,又为网络层提供面向连接的服务。MPLS 能从 IP 路由协议和控制协议中得到支持,同时还支持基于策略的约束路由,路由功能强大、灵活,可以满足各种新应用对网络的要求。

MPLS 技术主要是为了提高路由器转发速度而提出的,其核心思想是利用标签交换取代复杂的路由运算和路由交换。该技术实现的核心就是在 IP 数据包之外封装一个 32 位的 MPLS 包头。MPLS 体系中的各个路由设备,将根据 MPLS 包头中的标签进行转发,而不是传统方式下根据 IP 包头中的目标地址来转发。MPLS 标签栈可以无限嵌套,从而提供无限的业务支持能力,而 MPLS VPN 就是一个典型的标签嵌套应用。

MPLS VPN 是一种基于 MPLS 技术的 IP－VPN,是在网络路由和交换设备上应用 MPLS 技术,简化核心路由器的路由选择方式,利用结合传统路由技术的标记交换实现的 IP 虚拟专用网络(IP VPN),可用来构造合适带宽的企业网络、专用网络,满足多种灵活的业务需求。采用 MPLS VPN 技术可以把现有的 IP 网络分解成逻辑上隔离的网络,这种逻辑上隔离的网络的应用可用在解决企业互连、政府相同/不同部门的互连,也可以用来提供新的业务,为解决 IP 网络地址不足、QoS 需求和专用网络等需求提供较好的解决途径,因此也成为新型电信运营商提供局域网互联服务的主要手段。

一个典型的 MPLS VPN 承载平台示于图 4.15。承载平台上的设备主要由各类路由器组成,这些路由器在 MPLS VPN 平台中的角色各不相同,分别被称为 P 设备、PE 设备和 CE 设备。P 路由器(provider router)是 MPLS 核心网中的路由器,这些路由器只负责依据 MPLS 标签完成数据包的高速转发;PE 路由器(provider edge router)是 MPLS 核心网上的边缘路由器,与用户的 CE 路由器互连,PE 设备负责传送数据包的 MPLS 标签的生成和弹出,负责将数据包按标签发送给 P 路由器或接收来自 P 路由器的含标签数据包,PE 路由器还将发起根据路由建立交换标签的动作;CE 路由器(custom edge router)是直接与电信运营商相连的用户端路由器,该设备上不存在任何带有标签的数据包,CE 路由器将用户网络的信息发送给 PE 路由器,以便于在 MPLS 平台上进行路由信息的处理。

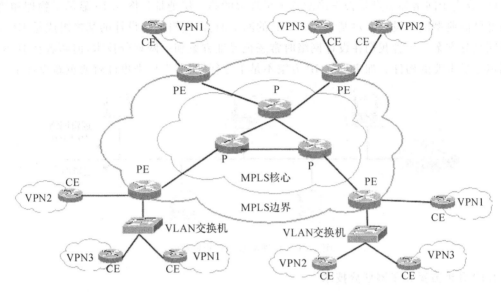

图 4.15　MPLS VPN 承载平台

如图 4.15 所示,一个企业可以借助于 MPLS VPN 承载平台,将位于不同 CE 路由器互连的局域网互联起来形成一个完整的企业网络。在这个 MPLS VPN 平台上,可以存在多个企业网络,这些网络之间除非特殊设置,否则相互之间是逻辑隔离的,不同企业网络之间不能直接互访。用户网络只需要提供 CE 路由器,并连接到 PE 路由器,由平台管理员完成 VPN 的互联工作。PE 路由器可以同时和多个 CE 路由器建立物理连接,也可以借助于支持 MPLS 协议的交换机,通过 VLAN 技术实现和多个 CE 路由器的互连,从而保证多个用户部分的接入。

4.5.5　IP 地址设计

现在的网络都运行在 TCP/IP 协议上,所以在设计计算机网络总体集成方案时主要讨论 TCP/IP 网络的设计。在 TCP/IP 网络设计中,遇到的一个关键问题是如何处理 IP 寻址。作为网络规划设计人员,了解并理解 IP 的优点和局限性对网络设计将产生巨大的影响。利用当今有效的 IP 寻址策略,随着网络添加更多的设备,例如 IP 电话,网络可随时改变规模。我们这里所讨论的还是 IPv4 版本。曾经有人大叫 IP 地址要用尽了,但问题并没有想象的那么严重。现在已经研制开发了更有效的 Internet 编码机制。TCP/IP 的发明人预言:"采用该编码机制,我们可以在现有的条件下维持较长一段时间,这就是所谓的 IPv4 无分类域间编码方案(CIDR)。另外,我们正在提出新的编码方案 IPv6,IPv6 使用 128 位地址,而 IPv4 仅仅使用 32 位地址,这样就大大增加了可用的地址空间。因此我们并不认为地址真的要用尽了。"所以无论现在还是将来网络设计主要还是 IP 网络的设计。

1. 物理网络和逻辑网络

物理网络是根据第二层概念定义的,有时指单独的冲突域或带宽域,但通常指单广播域。

要使其他网络上的主机能够定位和识别该网络,就要求为每个物理网络至少配置一个逻辑网络号。因此,逻辑网络编码是协议专用的,换句话说,对给定网段添加的协议号与相应的逻辑网络号应该一致。

通常,可以给一个物理网络分配一个或多个逻辑网络号。网络之间的路由选择信息(即网络互联)取决于网络和节点是否正确配置了可理解的第三层地址。图 4.16 显示了物理和逻辑联网部件的典型网络设计。对基于 TCP/IP 的网络而言,逻辑网络设计的基本组成是 IP 寻址和子网划分方案。尽管我们在设计网络时常忽视寻址方案和子网划分技术,但两者在 IP 网络中偏偏是最重要的构件。如果选择 IP 方案不是十分仔细,那么后来也许就要重新设计了。

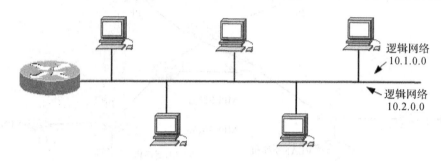

图 4.16　物理网络和逻辑网络

2. IP 寻址方案和子网划分技术

IPv4 将 IP 地址用 32 位二进制数表示,并将 32 位二进制数分成 4 组,每组包括 8 个二进制位。用 32 位地址空间分成的地址类型,分别称为 A、B、C、D、E 五类。

在最简单的情况下(默认情况),IP 地址的网络部分包括 IP 地址的第 1 个字节、前 2 个字节或前 3 个字节,分别对应于 A 类、B 类和 C 类网络地址。A 类地址网络部分使用 IP 地址的第 1 个字节标识网络,而将其他 3 个字节作为主机标识。因此 A 类地址网络的数目很少,但每个 A 类网络可以容纳大量主机;与之相反,C 类网络的数目很多,但每个 C 类网络可以包含的主机数非常有限,如图 4.17 所示。

我们习惯于十进制数,所以常把二进制数的 IP 地址用点分十进制表示,将 32 位的 IP 地址分成 4 个 8 位(一个字节)的域。每个域之间用点号分开,每个域表示成一个十进制数,第 2、3、4 个字节的十进制数可以是 0～255。对于 IP 地址的第一个字节,已经有一部分已用于标识地址类型,因为地址类型的不同,其值也有相应的限制。

- A 类地址是 0～127.0～255.0～255.0～255
- B 类地址是 128～191.0～255.0～255.0～255
- C 类地址是 192～223.0～255.0～255.0～255

显然,点分十进制表示法比 32 位二进制字符串的方式容易记忆。

为什么最大值不是 255,而是 223? 这是因为 Inter NIC 保留了一部分地址用于组播和实验的目的,D、E 类地址不再分配。

除了这些保留地址外,任何主机部分全 0 的 IP 地址保留用于网络地址,任何主机部分全 1 的 IP 地址保留用于广播地址,广播地址用来同时为网络中所有主机发送相同数据。A 类网络地址 127 是一个保留地址,用于网络软件测试及本地机进程间通信,称为"回送地址"。任何程序一旦使用回送地址发送数据,协议软件立即返回,而不进行任何网络传输。例如 127.0.0.1 称为"环回测试"地址,再计算机上 ping 127.0.0.1 可以测试网卡驱动是否正常。

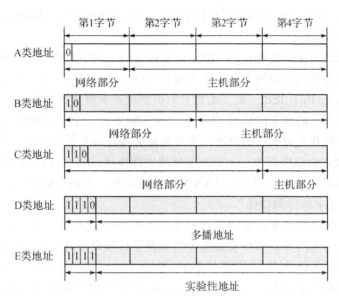

图 4.17　IP 地址分类

因特网分配编号委员会(Internet Assigned Numbers Authority,IANA)负责全球 IP 地址分配。凡是通过 IANA 申请获得的 IP 地址称为"公有"、"合法"和"真实"的 IP 地址。

公共即全球 Internet 的设计准则是,每个网络号(和每个主机号)是唯一的。如果没有 Internet 地址的唯一性,就不会有可靠的路由选择方式将包发送到给定的目标地址。具有相同的 IP 地址与具有两个邮寄地址相类似。邮局应该将信件投递到哪个邮寄地址呢? 显然,该方法无法正常运行。IANA 是将"合法"的 IP 地址分配给那些希望成为全球 Internet 一部分的网络组织。"合法"、"真实"和"公有"的 IP 地址都是指从 IANA 申请获得全球唯一的 IP 地址。而下面要提到的 IP 地址不需从 IANA 申请得到,由网络配置人员自行编址。这种地址称为"专用"、"虚拟"和"私有"IP 地址。

IP 地址都以授权的方式进行分配。Internet 服务商(ISP)为用户分配 IP 地址。ISP 从本地因特网注册局(Local Internet Registry,LIR)或国家因特网注册局(National Internet Registry,NIR)或适当的地区因特网注册局(Regional Internet Registry,RIR)获得 IP 地址。这些机构包括亚太网络信息中心(APNIC)、美洲因特网编号注册局(ARIN)、拉丁美洲及加勒比地区 IP 地址注册局(LACNIC)或欧洲地区注册局(RIPE NCC)。

随着全球因特网的腾飞,很多组织希望使用 IP 来连接,但又不希望他们所有的主机都暴露给因特网。RFC1918 通过定义公有和私有 IP 地址空间来处理这一问题。

IANA 保留了 3 块 IP 地址,如表 4.1 所示。RFC1918 描述了如何最佳地使用这些地址。

表 4.1　RFC1918 定义的保留 IP 地址

类　别	RFC1918 内部地址范围	CIDR 前缀
A	10. 0. 0. 0～10. 255. 255. 255	10. 0. 0. 0/8
B	172. 16. 0. 0～172. 31. 255. 255	172. 16. 0. 0/12
C	192. 168. 0. 0～192. 168. 255. 255	192. 168. 0. 0/16

这 3 段范围提供了超过 1700 万个私有地址(private address)。私有意味着它们不允许被

路由到公共的因特网,但在组织内部可以按照需要自由地使用它们。因此,这些地址被认为是不可路由的(no-routable)。

任何人都可以使用保留的私有 IP 地址,这意味着两个网络或两百万个网络都可以使用相同的私有地址。在公共的因特网上永远不会看到 RFC1918 地址,一台公共的因特网路由器也绝不会路由这些地址,因为 ISP 一般会配置它们的路由器来阻止转发私有寻址的用户数据流。

如果为一个非公共的企业内联网,为一个测试实验室或一个家庭网络寻址,就可以使用这些私有地址而不是那些全球唯一的地址。全球地址必须花钱从提供商或注册机构那里获得。

新的 IANA 独立组织将在如下 3 个相关领域发挥作用:Internet 协议地址、域名和协议参数。其中包括根服务器系统和现存的 IANA 执行的操作。新的 IANA 的目标是"保存全球Internet 在公共事业中的协调功能"。

然而并非所有网络都要求或希望连接到全球 Internet,这些网络可以使用非唯一的或专用的 IP 地址,而且毫无问题。可以安装防火墙和其他代理设备将专用 IP 地址转换成公共 IP地址。例如,PIX 防火墙支持网络地址转换 NAT(network address transaction)。注意,IOS 11.2版本或更高版本也支持 NAT。换句话说,早期的 IOS 版本不支持 NAT 协议,网络配置时要引起注意。

在 TCP/IP 环境中,每个主机都有一个惟一的 IP 地址。如此庞大的网络如何才能找到要求相互通信的主机呢?在访问到这个主机之前,必须首先找到这台主机所在网络。一个 IP 地址靠什么来区分网络号和主机号?靠子网掩码来区分。

子网掩码也是一个 32 位的二进制数,子网掩码所对应 IP 地址网络号所在的位为 1,而主机号所在的位均为 0。实质就是将子网掩码和 IP 地址进行逻辑"与"运算。显然一个二进制数,不管是 1 还是 0,和 1 相"与"保留原来的数值,反之和 0 相"与"全是 0,与运算的结果就是把网络号显示出来,而把主机号全部屏蔽。A、B、C 类的 IP 地址缺省子网掩码是:

- A 类——255.0.0.0　　　(用 1 的个数来表示)/8
- B 类——255.255.0.0　　　　　　　　　　/16
- C 类——255.255.255.0　　　　　　　　　/24

随着网络规模的扩大,虽然能为一个网络提供大量的 IP 地址(如 B 类 IP 地址),但通常在一个网络(如以太网)内支持不了那么多主机。如果再申请一个 IP 地址,那么将造成 IP 地址的浪费。问题的关键在于一个网络地址只能对应于一个网络,而不是一组网络。解决的方法是允许在内部将一个网络分成几个子网,而对外仍然是一个网络。子网划分可以充分利用 IP地址空间,因此需要了解如何充分利用 IP 地址。子网划分通常被认为是 IP 协议最重要的特征。为了进一步扩大网络地址空间,许多单位在接入层实现子网划分策略,因为每个远程节点的需求各不相同,分配地址块给远程节点的情况也不罕见。

划分子网时采取的方法是从主机号中从左向右取出几位作为子网号,具体位数由子网掩码注明,即将子网掩码的相应位打开(置 1),如图 4.18 所示。

例如,一个 B 类 IP 地址,默认的子网掩码是 255.255.0.0,现在要划分子网,从主机部分借了 6 位作为子网部分,子网掩码变成了 255.255.252.0,即从原来默认的子网掩码 16 个 1变成了 22 个 1。这样的子网掩码称为可变长度子网掩码(variable length subnet mask,VLSM)。RFC1878 中定义了可变长度子网掩码,VLSM 规定了如何在一个进行了子网划分的网络中的不同部分使用不同的子网掩码。这对于网络内部不同网段需要不同大小子网的情形来说很有效。

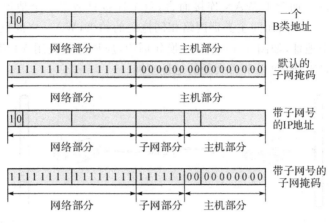

图 4.18　IP 地址子网划分方法

另外有时我们也提到关于 IP 地址前缀的说法,所谓 IP 地址的前缀是指地址最左边的连续有效位,通常我们将其作为子网掩码。最近,长度指示通常使用网络号和斜线,例如192.10.168.0/21,这类路由选择是不分类的,这就是说子网掩码不必遵循默认的长度限制。我们把 IP 地址 10.0.0.0 的子网掩码 255.0.0.0 简单记成 10.0.0.0/8。"/8"是指前 8 位作为子网掩码。这样的处理方式是有道理的,原因是 11111111(8 个二进制位)等于 255(十进制)。

如上所述,为了创建子网地址,必须从主机部分"借"位,并把它指定为子网部分和主机部分,这样原来的两级层次 IP 地址结构就变成三级层次 IP 地址结构。

只要主机部分能够剩余两位,子网位可以借用主机部分任何位数,将全 0 和全 1 的两种组合剔除。由此可见:

- A 类——最少借 2 位,最多可借 22 位
- B 类——最少借 2 位,最多可借 14 位
- C 类——最少借 2 位,最多可借 6 位

我们知道 1 位二进制只有两种状态,"0"和"1",这两种状态都不能表示子网,所以最少要借 2 位。那么借了 n 位可以创建几个子网呢? 可创建的子网数可用如下公式计算:

子网数 $= 2^n - 2$ (其中 n 是用于标识子网的位数)

被借 n 位作为子网号后,显然可以表示主机比没有划分子网时要减少,那么如何计算剩余 m 位究竟能接入多少台主机? 可标识的主机数计算公式如下:

主机数 $= 2^m - 2$ (其中 m 是用于标识主机的位数)

虽然可标识子网数和主机数公式一样,都是 2 的 n(或 m)次方减 2,但原因是不一样的。前者是全 0 和全 1 组合,网络设备可能出现问题。后者是因为主机位数全为 0,用于标识一个网络;主机位数全为 1,用于标识广播地址。

这是一种产生不同大小子网的网络分配机制,指一个网络可以配置不同的掩码。开发可变长度子网掩码的想法就是在每个子网上保留足够的主机数的同时,把一个子网进一步分成多个小子网时有更大的灵活性。如果没有 VLSM,一个子网掩码只能提供给一个网络,这样就限制了要求的子网数上的主机数。另外,VLSM 是基于比特位的,而类网络是基于 8 位组的。

在实际工程实践中,能够进一步将网络划分成三级或更多级子网。同时,能够考虑使用全 0 和全 1 子网以节省网络地址空间。某局域网上使用了 27 位的掩码,则每个子网可以支持

30 台主机($2^5-2=30$);而对于 WAN 连接而言,每个连接只需要 2 个地址,理想的方案是使用 30 位掩码($2^2-2=2$),然而同主类别网络相同掩码的约束,WAN 之间也必须使用 27 位掩码,这样就浪费 28 个地址,如图 4.19 所示。换句话说,应该尽量使用 VLSM 技术。因为,特别是在串行链路中,VLSM 可以节省大量的地址空间。

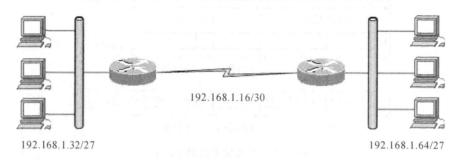

图 4.19　两个 LAN 通过路由器经 WAN 连接

例如,某公司有两个主要部门:市场部和技术部,技术部又分为硬件部和软件部两个部门。该公司申请到了一个完整的 C 类 IP 地址段 210.31.233.0,子网掩码 255.255.255.0。为了便于分级管理,该公司采用了 VLSM 技术,将原主网络划分称为两级子网。

市场部分得了一级子网中的第 1 个子网,即 210.31.233.64,子网掩码 255.255.255.192,该一级子网共有 62 个 IP 地址可供分配。

技术部将所分得的一级子网中的第 2 个子网 210.31.233.128,子网掩码 255.255.255.192,又进一步划分成了两个二级子网。其中第 1 个二级子网 210.31.233.128,子网掩码 255.255.255.224 划分给技术部的下属分部——硬件部,该二级子网共有 30 个 IP 地址可供分配;技术部的下属分部——软件部分得了第 2 个二级子网 210.31.233.160,子网掩码 255.255.255.224,该二级子网共有 30 个 IP 地址可供分配。

VLSM 技术对高效分配 IP 地址(较少浪费)以及减少路由表大小都起到非常重要的作用。这在超网和网络聚合中非常有用。但是需要注意的是使用 VLSM 时,所采用的路由协议必须能够支持它,这些路由协议包括 RIP2、OSPF、EIGRP、IS-IS 和 BGP。

无类路由选择网络可以使用 VLSM,而有类路由选择网络中不能使用 VLSM。

在复杂的情况下,借用 IP 地址中主机部分的一个字节中的若干位来划分子网,例如,可以使用 IP 地址中的前两个半字节来标识 IP 地址中的网络部分。我们要详细了解可变长度子网掩码(VLSM)的使用和子网划分技术。先研究在设计 IP 寻址方案时应考虑的问题。

3. 寻址方案考虑因素

在 TCP/IP 网络设计中,所遇到的第一个问题是如何选择 IP 寻址。通常,有如下两种方案可以实现地址选择:

(1)可以使用从 IANA 申请来的 IP 地址。

(2)可以使用 RFC1918 或更早的 RFC1597 规范中指定的 IP 地址。

如果选择使用专用的 IP 地址,而且计划实现 Internet 访问,那么必须配置实现地址转换的一些方法,并将其作为网络设计的一部分。由于原有寻址方案的存在,以及需要支持自动地址分配,选择寻址方法就会变得更加复杂。

许多网络仍然采用静态方式将 IP 地址分配给终端系统。例如,如果新的网络设计要求将网络完全重新编码,或者要求稍微改变子网掩码,以便更有效地利用地址空间,那么要求所有的终端设备都将作出相应的修改。静态分配 IP 地址技术非常费时而且容易导致人工配置错误。幸运的是,DHCP 具有提供动态分配终端工作站 IP 地址的能力。DHCP 的一大优点是允许网络寻址改变,并且该操作对最终用户是透明的。例如,本星期五,你的地址是 10.1.10.55,但当下周一你来单位上班时,IP 地址也许就是 192.1.1.12 了,而你的电子邮件仍然与过去一样运行良好(或者希望更好,或者还有其他改善)。通常,地址组织必须支持大型网络以保证可以实现网络规模的增长。

4.5.6　路由选择协议

对于成功设计一个 IP 网络而言,路由协议选择和部署是最关键的。目前广泛使用的所有路由协议都有优点和弱点,没有绝对最好的路由协议,但是肯定有最适合我们将组建的网络的路由协议。如何通过设置路由协议让网络运行更加良好,也是我们必须关注的问题。

当两台非直接连接的计算机需要经过几个网络通信时,通常就需要路由器。路由选择协议的任务是,为路由器提供它们建立通过网状网络最佳路径所需的相互共享的路由信息。为了实现上述功能,路由器需要维护网络地址表。在某些情况下,根据协议不同,路由器维护网络结构的拓扑数据库。路由器可以确定包到达目标地址必须经过的路径。同一互联网络上的路由器持续不断地将所有可能的链路位置和相关的更新信息通知到互联网络上的所有成员网络。

路由选择协议是路由器交换路由选择信息的语言。与网络协议(如 IP、IPX 等)类似,有许多路由选择协议可供选择,每个协议都各有其优缺点。

路由选择协议包括 OSPF(open shortest path first,开放最短路径优先)、IGRP(interior gateway routing protocol,内部网关路由选择协议)、RIP(routing information protocol,路由选择信息协议)、EIGRP(enhanced IGRP,增强型 IGRP)协议。互联网络设计人员设计互联网络时,应该从中选出合适的协议。

路由选择协议又可划分为 IGP(internal gateway protocols,内部网关协议)和 EGP(exterior gateway protocol,外部网关协议)。IGP 负责在管理控制区域内部定位网络,例如负责一家公司的网络管理。实现共同管理的一组路由器是同一个自治系统(autonomous system, AS)的一部分。在使用 Internet 连接自治系统时使用 EGP。

在多数互联网络设计中,给定的源地址与目标地址之间使用多条可能的路径。路由选择协议的一项任务是为给定的传输决定其最佳路径。不同的协议使用不同的方法和不同的路由选择价值度量机制选择最佳路径,这也是导致互联网络设计复杂性的一个原因。

从度量机制方式来说,路由选择协议可以划分为三大类:

(1)距离向量(distance vector)协议——路由器通告来自其他路由器的通告信息,有时称为“传来的路由”。

(2)链路状态(link state)协议——路由器仅向那些物理连接到互联网络上的网络通告有关信息。

(3)平衡混合协议——平衡混合(balanced hybrid)路由协议结合了链路状态和距离向量两种协议的优点,此类协议的代表是 EIGRP,即增强型内部网关路由协议。

表 4.2 列出了基于 IP 的路由选择协议,并指出它们是 IGP 还是 EGP,是链路状态协议还是距离向量协议。

表 4.2 基于 IP 的路由选择协议特征

	内部网关协议	外部网关协议
链路状态协议	OSPF	没有
	IS-IS	
距离向量协议	RIP	BGP
	RIP V2	EGP
	IGRP	
	EIGRP	

注意:实际上,由于 EIGRP 具有链路状态和距离向量的双重特征,所以它是混合协议,但在上表中,我们将 EIGRP 归入距离向量协议中。

可以静态配置路由器,也就是说,网络管理人员可以将到其他网络的路径手工输入到路由选择表中,这样,除了再进行手工输入外,其他任何操作都不能更改这个路由选择表信息。静态配置路由器仅适合小型互联网络或实现特殊目的,但通常不能实现大规模而且较复杂的网络增长。当然,动态路由选择可以作为静态路由选择的替代方法。

1. 路由选择考虑因素

在设计 TCP/IP 网络时,除了选择可缩放的 IP 寻址方案之外,需要考虑的另一个主要因素是选择最合适的路由选择协议。当网络拓扑发生变化时,路由选择协议应该支持快速收敛,同时尽量减少网络资源的消耗。另外,还应当支持寻址的灵活性,例如 VLSM 和基于前缀的汇总。可以使用若干协议进行内部和外部路由选择,因为每个协议都有其优缺点。

要将内部路由选择协议和外部路由选择协议结合起来,一个典型的例子是基于 OSPF 的 AS,它要求连接到另一个 OSPF AS(IGP 到 IGP)。两个 AS 之间的连接通常使用 BGP,BGP 是迄今为止最常部署的 EGP。另外,在每个地区中,通过 BGP 连接到当地 ISP(internet service provider,internet 服务提供商)来实现 Internet 连接。

2. 安全性考虑因素

实现 IP 安全性的关键在于建立合作策略,在明确定义了策略之后,就可以成功地完成实现的任务。防火墙系统和访问表可以解决建立策略所需的许多或者全部必要功能。

防火墙系统或其他产品可以实现网络地址转换、应用代理、包过滤、审核追踪、登陆保护等功能。

在安全性中,最难解决的问题有时是安全性策略标识和协议。通常,管理网络安全性的成员与设计网络的成员不在同一个组。你也许会发现,需要所有负责管理网络安全性的成员组的协作努力,并在网络设计中实现,才能成功完成设计。要记住,尽管网络设计是技术性的问题,但通常是围绕协同合作策略展开的。

总而言之,在 TCP/IP 网络设计中,将会遇到的一个最重要的问题是如何有效地处理 IP 寻址。任何网络设计人员都必须理解这些内容。随着连接到 Internet 的站点呈指数级增长,基于 IP 的安全性将变得越来越重要。毫无疑问由于 IP 主机将会增长,在网络设计上实现 IP 地址时,具有高缩放性的需求就变得尤其重要了。

4.5.7　TCP/IP 寻址设计

根据业务和技术的要求选择合适的 IP 寻址方案,是网络设计中最重要的部分。根据出现在 IP 寻址方案中的问题以及解决问题的方法是网络设计的关键。此外,在实现网络的安全使用中,诸如访问列表和防火墙技术等安全特征是必不可少的。本节介绍需要考虑寻址方案决策,其中包括可变长度子网掩码(variable length subnet masks,VLSM)、多播和安全性技术,成功地使用这些技术可以使网络设计符合需求。

1. 寻址方案决策

在设计 IP 寻址方案时,需要做出若干 IP 寻址方案。当然各个设计都有所不同,但如下寻址方案工具是非常有用的资源:分级寻址、前缀路由选择、VLSM、二级寻址。

是否在网络设计中都要部署分级寻址方案将决定网络的可缩放能力。另外,如果可用地址空间非常有限,并且许多工作站和接口要求 IP 地址,那么将无分类路由选择(classless routing)与 VLSM 结合起来也许能够解决问题。最后,如果正在使用新的网络编码方案重新分配现有的网络,那么可以考虑使用二级寻址(secondary addressing)技术。下面将深入讨论上述技术。

(1)分级寻址

分级寻址并不是什么新概念。多年来电话系统一直采用分级路由选择方式。它无需知道如何到达目的地的具体线路,仅需要知道目的地址是否邻接即可。

(2)前缀路由选择

与分级寻址类似,前缀路由选择在 IP 环境中并不是一项新技术。然而,当设计寻址方案时,前缀路由选择是需要掌握的十分重要的概念。需要记住而且也是最重要的一点是,路由器只知道如何到达下一个跃点,而无需知道到达非本地终端节点的所有细节。前缀路由选择是路由器转发包的最原始形式。前缀路由选择有两种方法,分类前缀路由选择和无分类前缀路由选择。部署哪种前缀路由选择完全取决于现有网络运行的路由选择协议和寻址方案。

无分类前缀路由选择可以实现寻址的灵活性,而分类前缀路由选择却存在着许多限制。在深入讨论前缀路由选择之前,我们先深入讨论划分子网技术、分类路由选择技术和无分类路由选择技术。

1)划分子网技术。传统的 IP 主机只能识别 3 种长度的前缀:8 位、16 位或者 24 位。当引入划分子网技术之后,主机(或者路由器)可以识别的前缀长度可以通过使用子网掩码来实现相应的扩展。

主机理解前缀长度的能力有很大的局限性。主机可以理解本地配置的长度,但无法理解远程配置的长度。在前面也曾经提到,分类路由选择的关键问题是路由器不发送前缀长度的任何相关信息(即路由选择更新信息中不包含子网掩码)。

2)分类与无分类路由选择。IP 规范和 RFC760 不使用类的概念。网络号在前 8 位中定义,前 8 位就是前缀。当出现了 254 个以上的网络时,就会对 Internet 构成威胁,由此引入了分类寻址的技巧。在 RFC791 中详细讨论了分类寻址。RFC791 一直被认为是标准 IP 规范。

IP 地址的前缀是地址最左边的连续有效位,通常我们将其作为子网掩码。最近,长度指示通常使用网络号和斜线,例如 192.10.168.0/24,这类路由选择是不分类的,这就是说子网掩码不必遵循默认的长度限制。

前面曾经讨论过,每类地址都有不同的前缀。例如,当路由器处理的目标地址是150.100.1.2/255.255.0.0 的时候,总能够作出正确的判断,并将该数据转发到网络150.100.0.0 上。因为子网掩码遵循 255.255.0.0 的标准格式,因此该路由选择又叫做分类路由选择。RIP 和 IGRP 等标准的距离向量路由选择协议在路由选择协议更新数据中不通告子网掩码。这些分类路由选择协议在主网络类边界实现路由汇总功能。如果网络中的主子网与其他网络分离,那么自动汇总特征就会使主子网自动处于不连续状态。如图 4.20 所示,对于分离不连续子网 131.108.0.0 的网络 192.168.1.0,当在不同的接口接收到关于同一个目标网络的冲突通告时,就会变得无所适从。也就是说,网络 192.168.1.0 的路由选择表表明,在不同的接口得知关于子网 131.108.0.0 的信息。这将导致二义性的路由选择,而二义性的路由选择是件非常糟糕的事情。因此,如果需要支持不连续的子网,那么应该安装支持不连续子网的 OSPF 或者 EIGRP 协议。在使用分类路由选择协议时,子网必须是连续的。

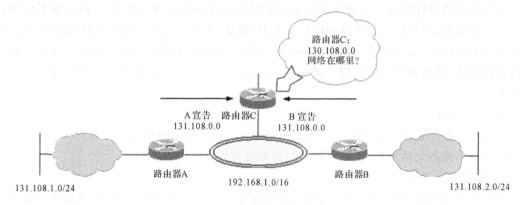

图 4.20　分类路由选择协议

另外,在作出路由选择决策之前,无分类路由技术需检查 IP 地址和子网掩码。无分类路由选择协议的例子有 OSPF、EIGRP、IS-IS 和 RIPV2。

注意,对于路由选择的设计规则是,路由器总是寻找最长的匹配。具体说如果路由选择表中有多个条目与目标地址相匹配,那么将使用最长的前缀长度,匹配后,也许有多个路由条目与目标地址相匹配,但是我们将选择前缀长度最长的匹配。如果不考虑某一路由是分类的还是无分类的,路由器总是会选择到达相同目标地址的更具体的路由。

(3)VLSM

当进程之间交换路由选择表信息时,VLSM 链路状态和混合路由选择协议公布子网掩码。高级协议可以解释子网掩码之间的差别。

VLSM 的实现取决于提供每个 IP 地址的前缀信息,而前缀长度则根据具体的主机和网络而有所不同。VLSM 技术与传统的路由选择方法没有本质的区别,唯一不同的是网络的子网掩码对外部网络是隐蔽的。

如图 4.21 所示,允许不同的访问点有不同的前缀长度的能力可以支持 IP 地址空间的有效利用,同时还可以减少路由选择通信量。如果允许不同的访问点有不同的前缀长度,那么网络设计人员就可以根据子网主机的具体要求进行地址分配。EIGRP、IS-IS、OSPF 和 RIPV2 都支持 VLSM 设计,因而可以实现灵活的寻址设计。

与分类路由选择协议相比,链路状态混合路由选择协议可以更为方便地处理不连续子网的问题。EIGRP 还需要少量附加的配置去实现对不连续子网的支持。EIGRP 默认在主网络

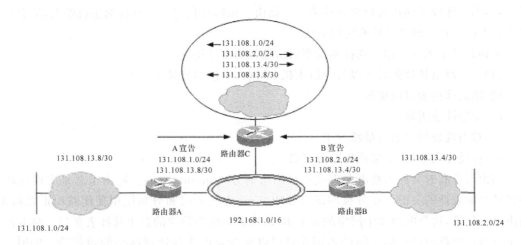

图 4.21　无分类路由选择协议

的边界实现汇总。

我们可以将自动汇总特征设置为无效，从而可以实现在任意边界的手工汇总。在任意边界的手工汇总特征是许多无分类路由选择协议都具有的特征。

（4）使用 CIDR 的无分类路由选择

RIP 和 IGRP 通常根据主网络号汇总路由选择信息，另外，我们之所以称之为分类路由选择，是因为它们考虑 IP 网络的分类。前面曾经讨论过，使用 CIDR 的无分类路由选择并不是汇总路由选择信息最为有效的方式。

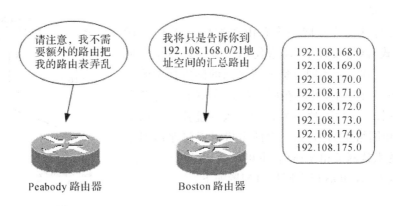

图 4.22　无分类路由选择

如图 4.22 所示，BGP4（RFC1771）的 Boston 路由器使用无分类域间路由选择（classless interdomanin routing，CIDR）将 C 类网络的地址块（192.108.168.0 到 192.108.175.0）汇总成为一个路由（192.108.168.0/21），然后发送给 Peabody 路由器。CIDR 可以减少 Internet 上通告的路由数。

CIDR 被认为 Internet 的生命线。如果没有 CIDR，Internet 的路由选择表早已超出了大多数路由器的存储能力。即使采用 CIDR，Internet 路由选择表的条目都已达到大约 67000 个。如果想看一下 Internet 路由选择表具体是什么样的，可以 Telnet 到 route Server. cerf. net，然后键入任意一条 Cisco show 命令（例如 show ip bgp）。

和 BGP 相似，EIGRP 和 OSPF 都可以支持无分类前缀路由选择。如果采用了正确的配置方式,那么连续子网块可以合并成为一个路由。该特征仍然允许具体的主机路由,笔者更倾向于将 CIDR 看作网络寻址的速记方法。

下面总结了无分类路由选择和前缀路由选择的常见特征:

(1)一个路由选择条目可以与一组主机、子网或者网络地址相匹配。

(2)路由选择表可以更短。

(3)交换性能更好。

(4)路由选择协议通信量减少了。

(5)在设计网络时,尽量使用路由汇总。

路由汇总有时又称为路由会聚或超级网络划分(supernetting)。路由汇总是实现互联网络设计可缩放性的关键。在分级网络设计中,应该在核心层和分布层中使用路由汇总技术。路由汇总是指,将分配给多个网络的多个 IP 地址汇总成为较少的路由选择表条目。路由汇总技术可以减少路由器存储空间的占用并且可以减少路由选择协议网络的通信量。RFC1518描述了路由汇总技术。无分类域间路由选择(CIDR)是路由汇总技术的具体应用。为了实现路由汇总技术的正确应用,必须满足如下要求:

1)多个 IP 地址共享相同的高位字节。

2)路由选择表和路由选择协议必须根据 32 位地址来制订路由选择决策。其中 32 位 IP地址中,前缀长度可以达到 32 位。

3)路由选择协议必须同时发送 32 位 IP 地址和前缀或者子网掩码。

最重要的是,如果不考虑网络的规模,那么尽可能地使用路由汇总技术可以轻松实现网络的可缩放性要求。

(5)二级寻址

二级寻址特征允许在同一个路由器端口配置多个 IP子网。"平面式"网络设计中,通常使用二级寻址操作实现终端工作站的互连或者不同寻址方案之间的网络技术的迁移。使用二级寻址技术,可以在同一物理介质上实现多个逻辑网络。在图 4.23 中,路由器使用二级寻址技术。网络172.16.1.0 和网络 172.16.2.0 上的主机可以将路由器作为两者之间的默认网关相互通信,也可以使用 ARP 直接通信。路由器的 Cisco IOS 以太网接口配置如下:

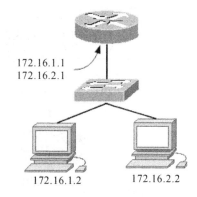

图 4.23 二级寻址

```
Interface  e1
Ip address 172.16.1.1   255.255.255.0
Ip address 172.16.2.1   255.255.255.0  Secondary
```

值得指出,通常我们认为二级寻址是很差的非优化设计方法,然而,由于每个网段上的用户密度或者他们正在进行 IP 地址迁移,并要求暂时分配新的 IP 地址,所以许多遗留网络仍然使用该技术。

因此,只在绝对必要时使用二级寻址。使用二级寻址可以有效地实现不连续子网之间的连接。然而,二级寻址并不是十分有效的方法,而且可能会对路由器的性能产生消极的影响。二级寻址的缺陷在于会增加网络带宽成本,减少网络的吞吐量,消耗掉路由器的大量存储空间和 CPU 资源。因此,通常我们把二级寻址作为最后选择的方法。

值得一提的是,必须及时删除已经失效的二级寻址。

2. 地址管理

对于任何规模的网络,进行合适的 IP 地址管理都是十分关键的。过去,旧网络使用静态分配 IP 地址的方式实现网络地址管理,而今天经常使用 DHCP 可以自动完成 IP 地址分配。自动分配 IP 地址可以减少管理开销,并减少网络错误。另外,如果正确使用 DNS/DHCP Manager 和 NetWork Registrar 等管理工具,可以为单位节省大量的时间和金钱。

(1)使用 DHCP 进行 IP 地址管理。为了减少配置任务的数量,可以使用动态主机地址分配协议,例如 BOOTP(bootstrap protocol,自陷协议)或更流行的 DHCP(dynamic host Configuration protocol,动态主机配置协议)。

为了更好地利用 CIDR,将 IP 主机重新编码。为了适应 CIDR 或者其他 IP 协议可能的变化,使用动态 IP 地址分配。如图 4.24 所示,使用动态主机分配,客户机的 IP 地址不是静态分配的,当客户机启动时,它向 DHCP 服务器动态请求一个 IP 地址。通常,基于服务器的"DHCP Offer"消息响应客户机的"DHCP Request"。客户机在确信该 IP 地址的唯一性之后,使用"DHCP Offer"消息提供的 IP 地址。如果网络运行 DHCP,那么就可以轻松地改变 IP 地址。最为重要的是这些改变对最终用户是透明的。

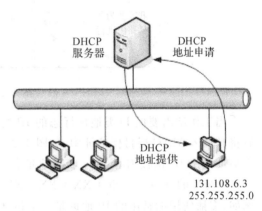

图 4.24　使用 DHCP 实现 IP 地址的分配

(2)使用 DNS/DHCP Manager 和 NetWork Registrar 管理 IP 地址。在动态管理 IP 地址的环境中,当 IP 地址重新分配之后更新域名服务器是十分必要的。Cisco DNS/DHCP Manager(CDDM)是软件工具,可以安装到 SUN Solaris、HP-UX、IBM AIX、Windows NT 和 Open VMS 等平台。DNS/DHCP Manager 可以实现域名管理和域名与 IP 地址的同步。同一路由器接口支持多逻辑子网(二级寻址),因此 DNS/DHCP Manager 适合安装在最需要 DHCP 的环境中。

Cisco NetWork Registrar 是 Cisco 推出的较新产品。Cisco NetWork Registrar 是专门为大型 IP 网络设计的可缩放的 DNS/DHCP 系统。CDDM 将会为 Cisco NetWork Registrar 所取代。Cisco NetWork Registrar 支持 SUN Solaris 和 Windows NT,并支持基于 Power PC 平台的 HP—UX 和 IBM—UX 系统。另外 Cisco NetWork Registrar 还可以实现使 IP 基础设施更加稳固、自动提供网络服务、提供联网策略等功能。现在许多大型组织都安装了 CNR。

3. 多播问题

日益增长的多播通信需求对协议设计人员提出了挑战。伴随着 IP/TV 等多介质应用,协同计算和一对多或多对多的主机系统的桌面会议要求的出现,路由协议的设计目标应该提供网络之间的最优路由。多播路由选择要求路由器有效地同时定位到多个网络的路由。D 类地址是同时访问多个网络问题的第一步,图 4.25 显示了典型的多播拓扑安装。

服务器向 D 类地址的地址范围发送多播数据。D 类多播组地址是以 1110 标志开头的,对应于 224.0.0.0 到 239.255.254.0 的地址范围,需要重新配置路由器从而实现多播通信量的转发操作。通常使用的协议是 PLM。

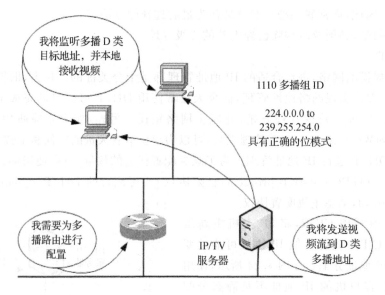

图 4.25 多播寻址

当工作站需要向 D 类地址标志的 IP 组发送一帧时,工作站截取 D 类地址的低 23 位,然后将其插入 MAC 层目标地址中,如图 4.26 所示。没有使用 D 类地址的前 9 位地址,标志 D 类地址的 1110 也没有使用。多播地址的 MAC 前缀可以很容易地在 Seiffer 跟踪中通过 IANA 分配的 01:00:5e:XX:XX:XX 模式进行标识。XX 是 D 类 IP 地址的低 23 位。例如,多播使用的常用的 IP 地址是一个包,OSPF 使用这个包来传输 Hello 包;224.0.0.5,它转换为 01:00:5e:00:00:05,作为多播 MAC 地址。IP 多播方式使用 MAC 地址范围 00:00:5e:00:00:00到 01:00:5e:7f:ff:ff。

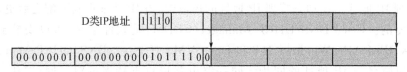

图 4.26 D 类地址映射到 MAC 地址

(1)加入一个多播组

在互联网络的多播过程中,路由器需要知道是否需要转发具有 D 类目标地址的帧。多播交换机器通常使用 IGMP(Internet group management protocol,Internet 组管理协议)来判断某一主机是否在给定的多播网段上。注意,如果交换机上没有配置 IGMP,那么交换机将泛洪所有多播包到所有端口,这对于不使用多播技术的用户来说不是一件好事情。

我们还要提一下 CGMP 协议(Cisco group management protocol,Cisco 组管理协议)。CGMP 与 IGMP 协同工作,要求连接到运行 CGMP 和 IGMP 的路由器。当路由器接收到来自客户机的 IGMP 请求时(离开或加入),就将该信息转发给 CGMP 包中的交换机,交换机根据这些信息改变其转发行为。

(2)确定 IP 多播的最佳路径

Cisco 在其 Cisco IOS 10.2 版本中实现了 PIM(protocol independent multicast,协议无关的多播),作为支持 IP 多播的主要路由选择部件。

PIM 提供可缩放的多企业解决方案,从而可以使运行单播路由选择协议的网络支持 IP 多播网络。PIM 还可以集成到运行 IGMP、EIGRP、IS-IS、OSPF、RIP 路由选择协议的网络中。

运行 PIM 的 Cisco 路由器可以运行 DVMRP 的路由器实现互操作,还可以使用其他多播路由选择协议。例如 CBT(core based trees,基于核心的树)和多播 OSPF(multcast OSPF)等路由选择协议,然而,即使是 OSPF 的发明者 John Moy 也承认,MOSPF 有一些主要的可缩放性问题需要解决。

4.5.8　路由选择协议设计

根据网络需求选择合适的 IP 路由选择协议是一项非常困难的工作。我们应该根据收敛时间的需求、协议开销和拓扑需求作出具体的选择。本节详细介绍设计路由选择方案将遇到的业务和技术上的需求。路由汇总技术和路由重新分配技术是扩展网络的主要技术组成部分。VoIP 已经成为今天和未来网络的实际标准,因此路由汇总技术和路由重新分配技术将会更加重要。在设计网络路由选择方案时,我们清晰地看到:应该使网络准备好迎接美好的未来。

1. 路由选择的概念

路由器有两项相互独立的任务:中继或者交换包,以及路径确定。理解这些术语以及它们之间的区别是十分重要的。下面我们将讨论两者之间的不同之处。

(1)交换

使用路由器中继或者交换包的步骤如下:

1)包或者帧到达互联网络设备。

2)分析地址或者报头中的虚拟电路号。

3)表查询操作确定应该将包或者数据发送到什么地方。

4)报头信息发生改变(在单播中),或者不发生改变(在广播中)。

5)将包或帧发送出去。

图 4.27 给出了上述每个过程在路由器中出现的位置。

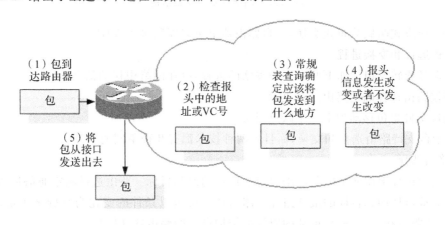

图 4.27　路由器中的交换步骤

(2)交换路径概述

路由器可以通过 IOS 设备以几种不同的方式交换包。通常我们使用的交换概念叫做 IOS 交换路径。为了更好地理解交换操作是如何实现的,应该首先理解路由器的基本体系结构以及各种进程在路由器的什么地方发生。在深入研究各种可用的交换路径之前,需要概括一下基本的路由器体系结构和进程。

　　下面是路由器平台体系结构和进程概述:默认情况下,所有支持快速交换的接口都启用快速交换。如果需要禁用快速交换,而使用进程交换路径,那么,理解各种进程如何影响路由器以及在什么地方影响有助于确定替代方案。特别是排除通信故障时,或者处理需要特殊处理的包时,正确理解上述问题将会受益非浅。有些诊断资源或者控制资源与快速交换技术并不能兼容,或者可能会导致比较高的处理费用和比较低的交换效率。正确理解这些资源对网络可能的影响,便可以尽量减少这些资源对网络性能的影响。

　　图 4.28 给出了 Cisco7500 系列路由器可能的内部配置。在 Cisco7500 系列路由器中,有一个集成的路由交换处理器(route switch processor,RSP),并使用路由缓存技术转发包。Cisco7500 系列路由器还使用 VIP(versatile interface processors,通用接口处理器)和基于 RISC 的接口处理,VIP 卡使用路由缓存实现本地交换决策,从而无需涉及 RSP 而且还增大了网络吞吐量。

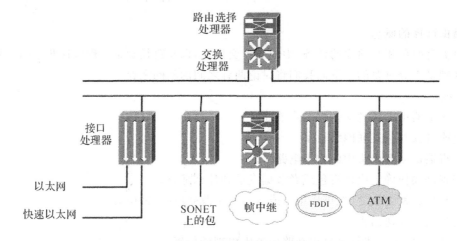

图 4.28　路由器基本体系结构

这种交换方式叫做分布式交换,一台路由器上可以安装多个 VIP 卡。

2. 路由选择和交换进程

路由选择或转发包括如下两个互相关联的进程,以在网络中移动信息:

● 根据路由选择确定路由选择决策

● 通过交换将包移动到下一个跃点目标

IOS 平台支持路由选择和交换,而且这两种技术都有几种不同的类型。

(1)路由选择

路由选择进程根据网络的条件来决定通信量的源和目标。路由选择确定通信量从一个或多个路由器接口移动到目标的最佳路径。路由选择决策以条件的变化为基础来决定,例如链路速度、拓扑距离和协议,每个单独的协议都维护自己的路由选择信息。

　　与交换相比,在确定路径和考虑下一个跃点时,路由选择需要更多的处理,而且具有更大的延迟。第一个路由的包需要在路由表中查询以确定路由。在第一个包工具路由表查询进行路由后,便进行路由缓存。对于相同的目标,随后的通信量使用路由缓存中存储的路由信息进行交换。图 2.29 给出了路由选择的基本进程。

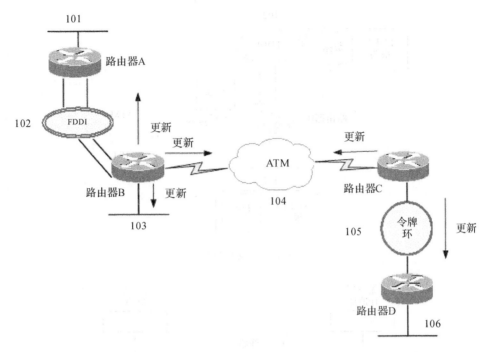

图 4.29 路由选择进程

路由器在每个配置了特定协议的接口发送路由选择更新信息,同时接收来自其他路由器的路由选择更新信息。根据接收的更新信息和所连接网络的信息,路由器就可以建立该网络拓扑的结构图。

(2)交换

通过交换进程,路由器选择到达目标地址的下一个跃点。交换进程将一个输入接口的通信量发送到一个或者多个输出接口。交换是优化的,比路由的延迟要低。这是因为它可以通过简单的通信量源——目标的确定方式,将包、帧或者信元从一个缓冲区发送到另一个缓冲区。因为交换进程不涉及附加的查询操作,所以可以大量节约资源。图 4.30 给出了基本的交换进程。

在图 4.30 中,快速以太网接口接收包,然后将包发送到 FDDI 接口。根据路由选择表中存储的报头信息和目标地址信息,路由器确定目标地址接口。路由器在协议的路由选择表中查询与包的目标地址相匹配的目标接口。

目标地址存储在路由选择表中,例如 AppleTalk 的 IP 和 AARP 表的 ARP 表。如果没有目标条目,路由器就抛弃该包(并通知用户使其决定协议是否提供该特征),或者采用 ARP 协议等其他地址解析进程来发现目标地址。第三层 IP 寻址信息映射到第二层 MAC 地址,以用于下一个跃点。图 4.31 给出了确定下一个跃点地址的映射。

3. 基本交换路径

路由器有四种基本交换路径,即进程交换、快速交换、分布式交换、NetFlow 交换。

(1)进程交换

在进程交换中,首先将第一个包拷贝到系统缓冲区中,然后路由器在路由选择表中查询第三层网络地址并初始化快速交换缓存。然后重写该帧的目标地址,并将其发送到服务于目标地址的退出接口。对于该目标地址,相同的交换路径会发送后续包。路由处理器计算循环冗

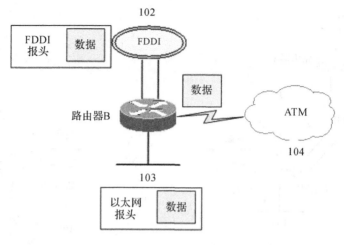

图 4.30　交换进程

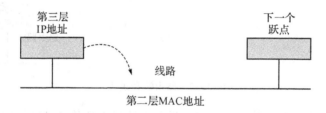

图 4.31　第三层到第二层的映射

余检查(CRC)。

(2)快速交换

在快速交换包时,第一个包复制到包内存中,并复制到在快速交换缓存中找到的目标网络或主机中。帧进行重写,并发送到提供目标地址的退出接口。相同目标地址的后续包使用相同的交换路径。接口处理器计算 CRC。

(3)分布式交换

距离接口越近,交换率越高。在分布式交换中,交换进程在 VIP 和其他支持交换的接口卡上实现。关于型号和硬件兼容性方面的更多信息,请参阅 Cisco Product Catalog。图 4.32给出了路由器的分布式交换进程。

路由器 VIP 卡维护转发包需要的路由选择信息的拷贝,因为 VIP 上具有所需要的路由选择信息。可以本地执行交换,从而可以更快地转发包。路由器的吞吐量与在路由器上安装的VIP 卡的数量呈线性增长的关系。

(4)NetFlow 交换

对于网络的应用资源利用,NetFlow 交换可以收集灵活而详细的记账、账目管理和付费信息所需要的数据,可以为专用线路和拨号访问计账收集数据。在 VLAN 技术的基础上,Net-Flow 交换可以在相同的平台上提供交换和路由的优势。NetFlow 交换在交换的 LAN 或ATM 主干网络上均得以支持,允许可缩放的 VLAN 间的转发。NetFlow 交换可以在网络的任何位置进行部署,作为现有路由基础设施的扩展。

(5)平台和交换路径的相关性

根据使用的路由选择平台的不同,交换路径也有所不同。表 4.3 给出了 Cisco IOS 交换

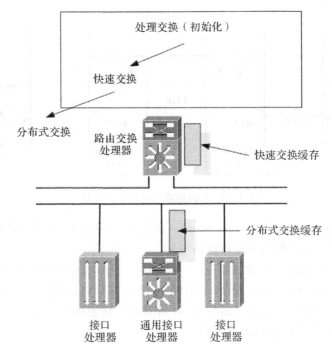

图 4.32 路由器的分布式交换

路径和路由选择平台之间的关系。

表 4.3 基于 RSP 路由器的交换路径

交换路径	Cisco7200	Cisco7500	注释	配置命令
进程交换	是	是	初始化交换缓存	No protocol route—cache
快速交换	是	是	默认(IP 除处)	Protocol route—cache
分布式交换	否	是	使用第二代 VIP 线卡	Protocol route—cache distr ibuted
NetFlow 交换	是	是	可以在每个接口具体配置	Protocol route—cache flow

4. 根据应用划分路由选择协议

根据路由选择协议应用环境的不同,可以将路由选择协议分为多种路由选择相关的协议。有三种主要的 IP 路由选择协议,分别为主机路由选择协议、内部网关协议(IGP)、外部网关协议(EGP)。

图 4.33 给出了三种类型的路由选择协议以及它们的应用环境。

LAN 上可以安装主机到路由器的协议,而自治系统中可以使用 IGP。另一方面,IGP 将自治系统连接在一起。EGP 最常见的例子是边界网关协议(BGP),最常见的实现是 BGPv4。

(1)主机路由选择协议

为了参与路由的互联网络环境,可以用许多方式配置主机,我们通常使用默认网关配置主机,这是一种静态配置的方式。如果网关失效,那么相应的连接失效。在这种情况下,我们使用 Cisco HSRP[RFC2281](hot standby router protocol,热备用路由器协议)实现冗余性要求。使用 HSRP,只要有一台路由器正常运行,两台或者多台路由器便可以进行通信,以提供一个可用的网关地址。如果第一个网关失效,备用网关路由器就可以在几秒之内进入活动状

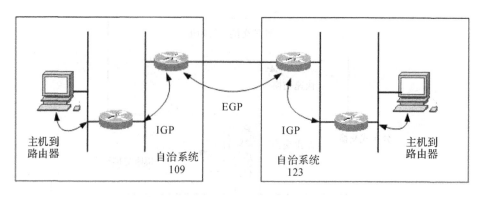

图 4.33　不同的路由选择协议类型

态。收敛计时器的配置命令是 standby timers(事实上,在较新版本的 IOS 中,如果需要故障转移的话,可以调整这个计时器为毫秒级精度)。

另外,主机可以运行网关发现协议(gateway discovery protocol,GDP)或者 ICMP 路由器发现协议(ICMP router discovery protocol,IRDP)从而可以动态选择网关路由器。但通常我们并不使用该技术。图 4.34 给出了运行 GDP 和 IRDP(只能选择其中之一)的路由器及另外一台运行 HSRP(应用更加普遍)的路由器。

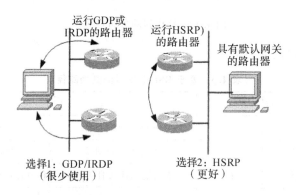

图 4.34　主机路由选择选项

另外一种配置主机的方式就是采用无默认网关的形式,从而使主机总是向每个目标地址发送 ARP(address resolution protocol,地址解析协议)请求。通常,在旧的 TCP/IP 协议栈版本环境下,我们能够看到主机总是发送 ARP。在这种情况下,如果在路由器的路由选择表中有相应的路由,那么路由器就会响应所有的 ARP 请求,这种服务又叫做 ARP 代理。但是我们并不推荐使用 ARP 代理,因为当路由器代表主机(该主机也许存在,也许不存在;也许可以到达,也许不可以到达)进行响应时容易导致电子欺骗。在默认情况下,路由器上启用代理 ARP。

尽管可以选择使用主机监听 RIP,但我建议不要这样做,因为路由器必将产生 RIP 广播。如果使用 RIP 之外的路由选择协议,那就需要实现路由重新分配。另外,因为 RIP 是分类的,在更新包里不携带子网掩码信息。

(2)自治系统中使用 IGP

顾名思义,IGP 是在自治系统中使用的。IGP 的例子包括 RIP、IGRP、OSPF 和 IS-IS。每类 IGP 都有其各自不同的功能,但都可以归类为距离向量协议或链路状态协议。

　　RIP 和 IGRP 都是距离向量协议［在 Bellman Ford 协议中又称为"old timers（旧计时器）"］，因此它们接收与之相邻的邻居的路由选择表信息。当路由器接收到来自邻居的路由选择更新信息时，到达该邻居的开销或度量与接收到的度量值相加，然后将最好的路由选择（开销最低）添加到路由选择表中。RIP 使用的度量是跃点计数，而 IGRP 使用的度量包括带宽、延迟、MTU 规模、可靠性和负载。

　　OSPF 和 IS-IS 是链路状态协议，也就是说，在 LAN 这样的广播环境中，它们接收来自 DR（指定路由器）的链路状态包信息，再将接收到的链路状态信息存储在路由器的本地数据库中。然后，每个链路状态路由器根据链路状态开销计算到达各个网络的路由选择表。计算路由选择表的数学算法叫做 Dijkstra 算法，又叫做 SPF 算法（最短路径优先算法）。

　　（3）自治系统之间使用 EGP

　　使用 EGP 将自治系统连接起来。EGP 应用的常见例子是 BGP。在 TCP/IP 网络中，BGP 实现域间路由选择。BGP 是一种 EGP。也就是说，BGP 可以在多个自治系统或域间执行路由选择，并与其他 BGP 系统交换路由选择信息和可达性信息。

　　BGP 的设计目标是取代其前身，即现在已经过时的 EGP，来作为全球 Internet 标准外部网关路由选择协议。BGP 可以克服与 EGP 相关的一些重要问题，而且可以更有效地处理 Internet 增长的问题。

　　和其他路由选择协议相同的是，BGP 维护着路由选择表，传输路由选择更新信息，并根据路由选择度量来实现路由选择决策。BGP 系统的主要功能是交换网络可达性信息，其中包括与其他 BGP 系统连接的自治系统路径列表的有关信息。这些信息可以用来创建自治系统连接的映射，从而可以避免可能的路由选择循环，并实现 AS 级别的策略决策。

　　每个 BGP 路由器维护一个路由选择表，该路由选择表列出到达某一个特定网络的所有可能路径，但路由器并不更新路由表。路由器一直保留从对等路由器接收到的路由选择信息，直到接收到增量更新信息才更新路由表。

　　在增量更新之后，BGP 设备根据初始数据交换来交换路由选择信息。当路由器第一次与网络连接时，BGP 路由器相互交换它们的完整 BGP 路由表。与此类似，当路由选择表发生改变时，路由器仅发送路由选择表中改变的信息。BGP 路由器并不定期发送路由选择更新信息，而且 BGP 路由器仅公布其到网络的最优路径。对于给定的网络，BGP 使用单一的路由选择度量方式决定最优路径。该路由选择度量由表明特定链路优先级的任意单元数构成。网络管理员通常为每个链路分配一个 BGP 度量。分配给每个链路的度量值以任意数目的条件为基础，包括自治系统的数目、路径传递、稳定性、速度、延迟或开销。

5. 路由选择开销

　　对路由器或其他完成路由器操作的设备而言，路由选择是一项重要的开销。路由选择需要消耗网络、CPU 和内存资源。另外，路由器还要消耗带宽。根据下列问题的答案可以估计路由器消耗的带宽。

　　（1）发送路由选择更新信息的频率如何？

- 作为更新计时器来发送更新信息。
- 根据具体事件触发路由选择更新操作。

　　（2）发送的数据量多少？

- 数据可能包括整个路由选择表。
- 数据可以只包括路由选择表中改变的信息。

（3）路由选择更新消息分布到哪里？

● 邻居。

● 边界区域。

● 自治系统中的所有路由器。

6. 路由选择表

路由器根据如下因素建立 IP 路由选择表：

（1）静态路由选择条目。

（2）本地接口配置。

（3）本地接口状态，包括：

1）载波检测（carrier detect，CD）的状态。

2）存活计数器和计时器。

（4）动态路由选择协议和路由选择度量。

（5）路由选择协议之间的重新分配。

（6）使用访问列表实现策略决策。

上述每项内容都将影响路由选择表的建立方式。当网络出现变化时，例如链路故障或者端口关闭时，网络路径会变为无效路径。例如，在 RIP 网络中，如果阻止时间达到了 180 秒，那么下一次更新就会通告该网络的距离值为 16，指出网络是不可达的。

在 OSPF 中，对于同种类型的问题，首先由连接的路由器检测链路状态的改变，然后将其更新包泛洪到 DR。DR 将度量信息告诉所有路由器，然后这些路由器重新计算它们的路由选择表。如果访问表是作为"分布表"特征实现的，那么就可以阻止某些网络通告信息。结果是，更新信息的接收方不会传播其路由选择表，因为路由器从未接收到这些信息。

7. 路由器确定路由的方式

图 4.35 给出了路由器持续轮询若干类型的输入，从而作出路由选择决策的方式。因为这些输入是动态的，因此路由选择决策将根据网络输入的当前状态而改变。

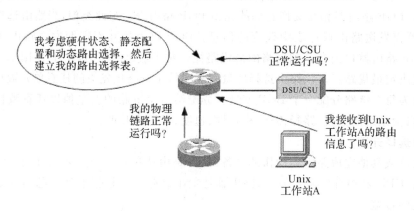

图 4.35　一个路由选择进程有许多输入

部分互联网络只能通过叫做存根的路径才能到达。通常我们采用手工配置静态路由的方式来连接存根。与 Internet 连接的 AS 就是存根的例子。例如，ISP 可以采用静态路由选择的方式来指示通信量到存根。在互联网络中，静态路由可以对数据流进行很高程度的控制。但由于只有一条路径可以作为通信的出入路径，因此冗余性受到了很大的限制，将会出现单点失效的现象。

另外,由于静态路由需要手工配置路由选择条目,因此必须认真管理。默认路由是静态路由的一个例子。由于具有较短的管辖距离,所以静态路由要优于动态路由。管辖距离是路由选择信息源的可信任度量标准,可以使用 distance 命令进行改变(建议不要改变)。

如图 4.36 所示,Cisco 路由器使用管辖距离(AD 或距离)整数值来划分 IP 路由选择信息的来源。

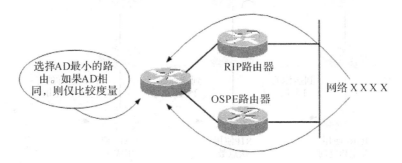

图 4.36 使用管辖距离实现路由选择策略

一些路由选择协议尽管有可能使用不兼容的路由选择度量,但仍然可以提供路由选择信息。网络的路径选择通常是通过选择 AD 数最小的路由来实现的。AD 数是路由选择协议中可信度的度量标准。AD 数值最多可以达到 255。如果在同一个目标地址同时存在着一个 RIP 路由和一个 IGRP 路由,IGRP 将具有较高的优先级,因为它的 AD 数是 100,而 RIP 的 AD 数是 120。

值得指出,关于路由管辖距离的设计原则,通常是根据最小的 AD 数来选取路由的。当 AD 数相等时,我们选取路由最好的度量。

表 4.4 列出了 AD 整数值的默认值或者标准值。

表 4.4 根据路由类型确定的标准值或者默认的管辖距离

路由类型	标准/默认管辖距离
直接连接接口	0
静态路由	1
EIGRP 汇总路由	5
外部 BGP	20
内部 EIGRP	90
IGRP	100
OSPF	110
IS-IS	115
RIP	120
EGP	140
外部 EIGRP	170
内部 BGP	200
未知	256

路由协议通过交换路由选择度量来决定到达目标网络的最佳路径。路由选择度量的例子包括带宽和延迟(EIGRP 和 IGRP)、跃点数(RIP)和开销(OSPF)。图 4.37 给出了使用不同的路由选择协议时,需要很好地理解路由选择决策是如何制订的。

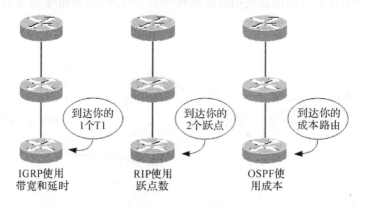

图 4.37　不同的协议可以使用不同的度量

8. 路由选择协议的可缩放性和收敛

我们可以根据路由选择协议是否支持分类路由选择来进行分类,也可以根据路由选择对等实体之间交换的具体信息进行分类。有些路由选择协议发送周期性的路由选择更新信息,而有些则是具体单独的"hello(呼叫)"或存活机制。另一方面,有些协议可以交换与路由相关的信息,而有些协议交换与链路状态相关的信息。

链路状态路由选择协议可以称为"按宣告(propaganda)路由选择"。这表明路由器仅仅广播直接连接的链路状态的路由选择信息。另一方面,距离向量路由选择协议称为"按传闻(rumor)路由选择",也就是说,路由器传递从邻居那里收集的路由选择信息。

RIP 使用跃点数作为路由选择的度量,尽管跃点数是一个 32 位的值,也就是说,从理论上讲,RIP 可以支持的最大度量是 2^{32},但实际上,RIP 可以支持的最大度量是 16,我们通常认为 16 是不可达的。图 4.38 给出了 RIP 的可缩放性。

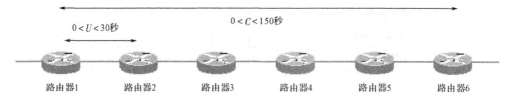

图 4.38　RIP 可缩放性受直径的限制

图 4.38 表明,非基于 RIP 的互联网络可以使用跃点数超过 15 的直径(直径是指网络可以拥有的路由器跃点数的最大值)。在本图中,U 指 RIP 的更新间隔(默认值是 30 秒),C 指路由器 6 接收路由器 1 发送更新信息的网络收敛时间。在本例中,由路由器 1 发送到路由器 6 的更新信息收敛时间是 U 的 5 倍(即 150 秒)。

其他距离向量协议有更高级的度量方式。例如,IGRP 使用基于带宽和延迟的 24 位复合度量。EIGRP 使用相同的度量方式,但在 24 位的基础上乘以 256,从而获取更细微的粒度。为了适应额外的 8 位粒度,EIGRP 包的度量字段从 24 位增加到 32 位。

当网络拓扑结构发生改变时,所有路由器同意网络可达性需要花费的时间叫做收敛。收敛时间是网络复杂度和直径的函数。路由信息必须从互联网络的一个边缘扩散到其他边缘。具有15 个跃点的互联网络的收敛时间会很长,互联网络的直径应该尽量保持一致,而且比较小。

具有链路状态互联网络的可缩放性是一个非常复杂的问题,而且可能会受到如下因素的影响:区域中的路由选择的节点数目、区域中的网络数目、区域数、地址空间如何映射、是否使用有效的路由聚合、链接的整体稳定性。

9. 路由汇总

对所有路由选择协议而言,路由汇总都是十分重要的。为了实现互联网络的可缩放性,必须实现路由选择信息汇总,IP 互联网络应该是分级的。如果不使用网络汇总,那么,就要使用"平面"地址空间维护与每个主机相对应的具体路由,而这就意味着庞大的路由选择表和庞大的路由器更新等方面的开销。路由器汇总有几种不同的层次,图 4.39 采用比喻的方式给出了路由器进行路由汇总的步骤,在这里,使用了街道、地址、城市和州的比喻。

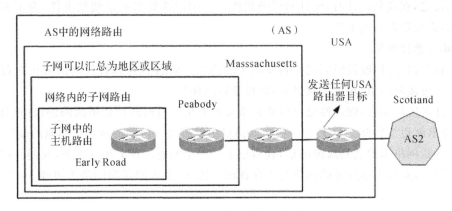

图 4.39　路由汇总决定网络的可缩放性

在图 4.39 中,路由器放置在 Early Road,Peabody,Massachusetts。本地路由器向上游路由器(城市路由器)发送其具体的位置。该操作的实现如下:本地路由器发送包括所有 Early Road 上的主机地址在内的汇总地址。本地路由器并不是将每个街道的主机地址的具体的地址告诉 Massachusetts 路由器,而是将汇总的路由信息告诉 Massachusetts 路由器。该汇总过程持续进行,一直到达 AS 的边界,然后 USA 路由器告诉其他路由器(其他自治系统)可以访问基于 USA 的主机。尽管这个概念听起来似乎很简单,但跟 IP 地址汇总中使用的概念是完全一样的。后面我们将会提供一个 IP 地址汇总的例子。要实现路由汇总,应该遵循以下步骤:

(1)将主机组成子网。

(2)将子网组成主网。

(3)子网和网络集中在一个地区或区域。

(4)使用前缀路由选择的方式,将网络组成自治系统。

路由汇总的分级结构特征使网络可缩放。作为通用的经验规则,在设计方案中,应该尽量实现设计的最大可缩放性。

如图 4.40 所示,在主网络中,所有子网对所有用户都是透明的。在本例中没有使用路由汇总技术。当更多的主网络号增加进来之后,会发生更多的合并。每个路由器可以跟踪254 个路由,其他 B 类网络可以作为路由表中的单独条目。当越来越多的主网络号增加进来之后,就可以更加清晰地看到路由汇总的作用。也就是说,当将子网添加到远程网络中时,并不需要增添新的路由,因为它们已经包括在现有的汇总范围中了。

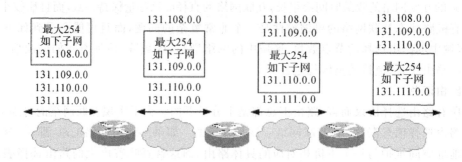

图 4.40　路由汇总使路由选择表的规模减少

总而言之,在规划设计时,要计划可缩放性。可缩放性要求不是偶然事件,为了实现可缩放性要求,需要设计路由汇总。

10. 路由选择收敛

前面曾经讨论过,收敛时间是指转发表中的路由无效直到找到替代路由为止所花费的时间。在这个过渡时间里,包可能被抛弃,也可能持续循环。

对于许多应用而言,收敛性是一项非常重要的要求。对时间比较敏感的协议(例如 SNA)而言,该要求就更加重要。TCP 和一些桌面协议更能容忍长时间的或不可预测的收敛时间。

如果互联网络未曾遇到故障的话,收敛还不是一个问题。在上述情况下,我们使用静态路由选择。但是,永远不出故障的网络是不存在的。因此,今天的任何网络不可能 100% 总处于运行状态。

收敛时间有两个组成部分,即检测链路故障花费的时间和确定新路由花费的时间。

根据数据链路和拓扑结构进行差错检测。对于串行线路而言,如果 CD 掉线,那么立即可以检测到故障。否则,两个或三个存活时间(20～30 秒)将触发一次故障条件。

对于令牌环和 FDDI,由于使用的是信令协议,因此一般情况下可以立即检测到连接失败。叫做信令传输(Beaconing)的令牌环算法检测到连接失败,然后立即进行修复。如果一台工作站检测到严重的连接故障(例如电缆断线),就会立即发送一个信令帧,其中包含该故障域的有关信息。该域包括报告故障的工作站、最近的活动上游邻居(NAUN)以及两者之间的所有可能信息。信令传输自动启动、自动重新配置(auto reconfiguration)的进程,故障域内的节点自己执行诊断,以尝试围绕故障区域进行重新配置。在物理结构上,MSAU(multistation acess unit,多站访问单元)可以通过电子重新配置来实现这个任务。

在以太网中,检测到由本地或者收发器故障导致的差错,通常只需要 20～30 秒,有时可以立即检测到。

如果路由选择协议使用呼叫包,并且呼叫计时器的时间比存活计时器的时间短的话,那么呼叫信息就会取代存活信息。

(1)距离向量路由选择收敛

图 4.41 详细描述了距离向量路由选择的每个步骤。收敛时间是路由选择表通告频率的函数,同时还是新信息必须经历的跃点的函数。

如果负载平衡,则收敛时间最短。如果路由选择表中有到达目标地址的多条路径,那么所

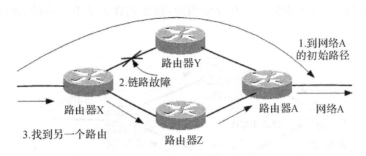

图 4.41　距离向量收敛

有通信量将立即通过其余路径。在本例中,路由器 X 有一条通过路由器 Y 到达网络 A 的主要路径。当路由器 X 和路由器 Y 之间的链路出现故障时,就会选择路由器 Z 作为到达网络 A 的替代路由。

对于这个问题的设计原则是:在容错设计中,应该尽量设计备用路径。另外,多条具有相同代价的路径的路由选择通常可以实现最佳容错。

(2)链路状态路由选择收敛

链路状态协议的设计目标是快速收敛。例如,根据设计,OSPF 比 RIP 的收敛快。当链路状态发生改变时(如图 4.42 所示),就会产生链路状态通告(link state advertisement,LSA),并将 LSA 发送到该区域中的所有路由器。发送出去的 LSA 必须得到确认。LSA 确认的目的是保证同一区域所有路由器的链路状态数据库保持一致。路由器接收到 LSA 后,使用 SPF 算法单独重新计算路由选择表(也就是说,所有路由器各自计算自己的路由选择表)。

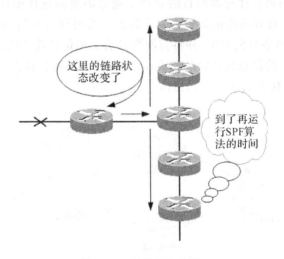

图 4.42　链路状态收敛

整个过程仅需要几秒钟的时间。注意,与距离向量协议类似的是,如果存在多条路径的负载平衡,那么链路状态协议也会很快收敛。使用典型的距离向量协议通常需要花费几倍的时间。因此,尽管 OSPF 和其他链路状态协议需要大量的 CPU 操作,但仍然可以实现比 RIP 或者 IGRP 等距离向量协议更快的收敛性。

(3)防止收敛期间的路由选择循环

当路由器无法就到达某一目标地址的最佳路由取得一致时,就会导致路由选择循环。如图 4.43 所示,路由器无法得到一致的路由表。当互联网络的结构发生改变后,协议路由选择算法需要花费一定的时间才能汇总。在收敛期间,路由选择表是不一致的,而且可能会丢失路由的数据。

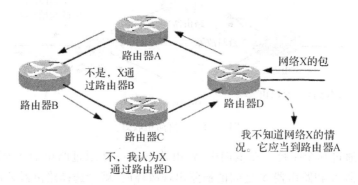

图 4.43　路由选择循环与路由选择不一致

路由选择循环并不总是导致互联网络完全故障。通常,在路由选择循环得以解决之前,有一段临时的通信量"浪潮",IP 数据报可能会遍历 255 个路由选择节点,该过程是由 IP 报头的 TTL(time to live)字段控制的。

值得指出,TTL 是终端系统的响应性,通常设置为 32。包(例如 TTY 会话包)默认将 TTL 设置为 32。

距离向量协议使用几种方法防止路由选择循环,包括阻止计时器、水平分割和破坏逆转。

链路状态协议通过使用可靠的更新和快速收敛使路由选择循环次数最小。

在图 4.44 中,使用阻止计时器的目的是防止通常的路由选择循环。当到网络 B 的路由失效时,路由器 X 就将有效的路由设置为阻止状态。当到网络 B 的路由处于阻塞状态时,路由器 X 将忽略通告到网络 B 的路由,并将与网络 B 有关的信息改变的情况通知自治系统中的所有路由器。当改变了的信息到达每个路由器之后,就不再通告错误的路由。当阻止计时器到期之后,路由器 X 将接收到网络 B 的路由。

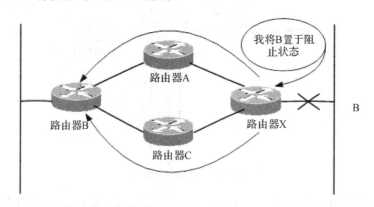

图 4.44　防止路由选择循环

因为路由器并不通告到始发源地址的路由,所以水平分割可以避免短程路由选择循环。简而言之,使用水平分割技术使得路由器从不重新通告从相同的接口获取的路由。

阻止计时器的设置时间应当比较长,能够保证路由选择信息在规定的时间内遍历整个互联网络,并且收敛时间至少应该为阻止计时器的时间设置。将阻止计时器的时间设置值调整得小一些可以加速收敛,但该操作可能容易导致互联网络的临时路由选择循环。

当到某网络的路由处于阻塞状态时,目标地址为该网络的包都被抛弃。

可以使用 Timer basic 命令调整 RIP 更新计时器,具体命令如下:

timers basic update time invalid timer holddown timer flush timer [sleeptime]

例如,RIP 的默认设置是 timers basic 30 180 180 240,即 RIP 以 30 秒作为更新时间,180 秒后,标记路由无效,设置阻止状态,最后每隔 240 秒刷新一次路由信息。如果设置一部分路由器提供快速收敛(timer basic 5 15 15 30),那么就不会导致灾难性的结果。两个不同计时器边界中的路由器持续不断地刷新路由,并重新添加它们,这显然不是我们需要的结果。

设计原则是,除非有充分的理由,否则不要修改计时器设置。如果确实要改变计时器的时间设置,那么应该保证改变整个自治系统的设置。

11. 路由重新分配

路由重新分配是 Cisco IOS 软件的特征。重新分配是在两个不同的路由选择进程(即两个不同的路由选择协议)之间交换路由选择信息。如果在 AS 中有单独的路由选择域,并且需要互相交换路由信息的话,那么路由重新分配技术将会大有帮助。例如,工程部门也许运行 RIP 协议,而财务部门运行 IGRP 协议。

(1)协议之间的路由重新分配

如图 4.45 所示,主网络之间进行路由重新分配并不需要子网信息。路由器参与路由选择进程(RIP 或 OSPF),实现内部交换路由。因此,路由器有一个包含 RIP 和 OSPF 路由的路由选择表。

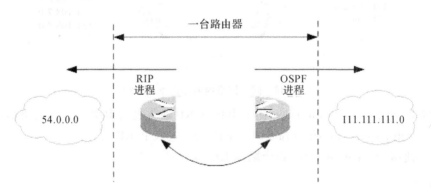

图 4.45　协议之间的路由重新分配

下列表示一台路由器具有两种路由的情况:

示例 1,路由器参与两个路由选择进程(RIP 和 OSPF):

```
MICKY # show ip route

Codes: C - connected, S - Stafic, I - IGRP, R - rip, M - mobile, B - bgp

D - EIGRP, EX - EIGRP external, O - OSPF, IA - OSPF inter area

N1 - OSPF NSSA external type 1 N2 - OSPF NSSA external type2

E1 - OSPF external type 1 E2 - OSPF external type 2 E - EGP

I - IS - IS  L1 - IS - IS Level - 1,12 - IS - IS level - 2 E - EGP,

U - per user static route, O - ODR


Gateway of last resort is 172.16.65.1 to network 0.0.0.0
```

```
C 10. 0. 0. 0/8 is directy connected Ethernet1
C 15. 0. 0. 0/8 is directy connected   Serial   1
C 20. 0. 0. 0/8 is directy connected   TokenRing 0
  54. 0. 0. 0/8 is variably subnetted, 2 subnets, 2 masks
R   54. 0. 0. 0/8 [120/5] via 20. 1. 1. 2,00 : 00 : 16, TokenRing 0
R   54. 0. 0. 0/16 [120/5] via 20. 1. 1. 2,00 : 00 : 16, TokenRing 0
  111. 0. 0. 0/24 is subnetted, 1 subnets
O   111. 111. 111. 0 [110/12] via 20. 1. 1. 2, 00 : 01 : 13, TolenRing 0
C   192. 68. 15. 0/24 is directly connected, Loopback 6
  172. 16. 0. 0/27 is subnetted, 1 subnets
C   172. 16. 65. 0 is directly connected, Ethernet 0
S * 0. 0. 0. 0/0 [1/0] via 172. 16. 65. 1
MICKEY #
```

（2）同一网络中的路由重新分配

如图 4.46 所示，在同一主网络号内可以重新分配路由。

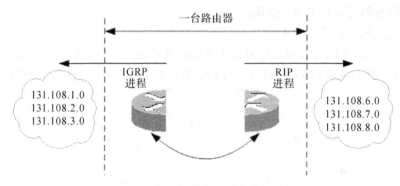

图 4.46　同一网络内的路由重新分配

在本例中，使用 passive interface 命令阻止 IGRP 通告进入 RIP 云。与此类似，如示例 2 所示也可以使用 passive interface 命令阻止 RIP 通告进入 IGRP 云。

示例 2，使用 passive interface 命令阻塞 RIP 通告：

```
router igrp 1
    Network 131. 108. 0. 0
    Passive - interface serial 1. 1
    Passive - interface serial 1. 2
    Passive - interface serial 1. 3
```

在同一主网内部，子网在 RIP 与 IGRP 之间自动重新分配。而在其他例子中（例如，RIP 到 OSPF），也许要求使用关键字 subnets 强制子网信息（如示例 3 所示）。

示例 3，使用关键字 subnets 强制子网重新分配：

```
!
router ospf 90
network 150. 100. 1. 2   0. 0. 0. 0 area 0
redishibuts rip subnets netric 3
!
```

（3）主机对 RIP 的路由重新分配

如图 4.47 所示，基于 Unix 的工作站也许应该监听 RIP 路由选择更新信息，以传播本地路由选择表。

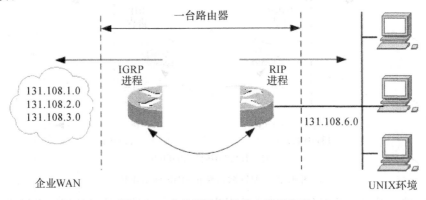

图 4.47　主机到 RIP 的路由重新分配

工作站以被动模式运行路由监护程序，监听路由选择更新信息，而且无需向 RIP 进程通告（可以使用 q 选项配置被动模式）。在 Sun Solaris 2.5 上，可以使用下述命令：

/usr/sbin/in, routed-q

应该特别注意，防止主机产生的 RIP 通告重新分配到 IGRP 等协议。在配置错误的工作站中，路由更新信息重新分配到路由器协议，会导致整个网络路由持续改变默认的路由信息。通过对接受更新信息的设备进行过滤，或者通过协议身份验证的方法等进行管理，可控制由主机产生的路由选择信息。

（4）路由重新分配期间调整路由选择协议的不一致性

不同路由选择协议存在许多不一致性。例如如何处理默认路由，因为每种路由选择协议有不同的路由选择度量值。当重新分配时，调整这些不同之处是十分重要的。

例如，RIP 和 IGRP 处理默认路由的方式不同。RIP 总是以网络 0.0.0.0 作为其默认的通用路由，而 IGRP 通告是从几个候选的默认网络中选择其一。当实现 RIP 和 IGRP 的路由重新分配时，必须过滤路由 0.0.0.0。如图 4.48 所示，在路由选择表中，如果 IGRP 有一个候选的默认网络（即 131.108.7.0），那么当重新分配 RIP 路由选择时，将 131.108.7.0 翻译成路由 0.0.0.0。另外，也可以静态配置路由 0.0.0.0。

适当地使用默认路由对于网络设计而言是非常重要的，但绝对不能随意使用。更可取的策略是在网络的选择退出点设置默认的起源。例如，可以在 Internet 链路上使用路由 0.0.0.0 作为起源，而在核心 WAN 路由器上使用网络级汇总路由。

不同的路由选择协议使用不同的度量。因为所有重新分配的路由都具有相同的度量（由于使用 default metric 命令的格式），因此，RIP 度量到 IGRP 度量的转换是需要解决的问题。例如，所有 IGRP 派生的路由所分配的跃点数可以是 1。度量之间的不匹配是一件槽糕的事情，因为 IGRP 根据一系列的步骤计算度量（默认 IGRP 度量＝BW＋延迟），而该度量值通常比 RIP 的度量值（最大为 15）大。如果在处理度量时不十分认真，那么可能会不小心使用某个路由。

如果允许路由重新分配，那么度量的置换也是需要考虑的重要问题，因为原始 IGRP 度量可能会丢失。为了防止度量置换带来的问题，我们可以使用水平分割法（作为路由过滤或者路由影射技术）。否则，有可能导致的问题是发生路由反馈的迭代路由选择故障。

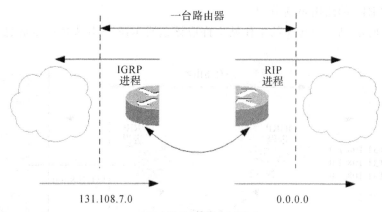

图 4.48 配置默认路由:RIP 到 IGRP

请注意,路由映射是重新分配路由器或者实现包的策略路由选择使用的高级特征。

IP 访问表是路由重新分配过程中通常使用的过滤路由选择特征。我们在前面曾经提到过,路由映射是非常有用的路由选择过滤特征,在路由重新分配过程中仍然可以使用路由映射技术。如图 4.49 所示,路由重新分配过滤器可以防止网络的路由选择循环。在本例中,只有在不向 IGRP 发送时,才允许 RIP 进程的进入。其他协议专用的选项还包括 OSPF 标记和水平分割手工配置。

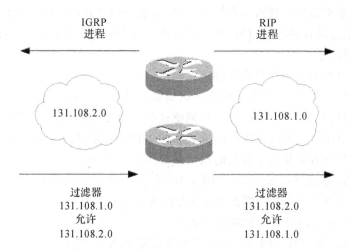

图 4.49 防止路由重新分配导致路由反馈的过滤操作

表 4.5 总结了常用的 IP 路由选择协议的特性。每种路由选择协议都有其优越性,从而使之在集成的网络设计中占有一席之地。

表 4.5 IP 路由选择协议的特征

协 议	类 型	是否专有	功 能	更 新	度 量	VLSM	汇 总
RIP	距离向量	否	内部	30 秒	跃点数	否	自动
RIPV2	距离向量	否	内部	30 秒	跃点数	是	自动
IGRP	距离向量	有	内部	90 秒	带宽、延迟、MUT、可靠性和负载	不	自动

续表

协　议	类　型	是否专有	功　能	更　新	度　量	VLSM	汇　总
EIGRP	高级距离向量	有	内部	触发	带宽、延迟、MUT、可靠性和负载	是	手工或自动
OSPF	链路状态	否	内部	触发	代价	是	手工
IS-IS	链路状态	否	内部/外部	触发	代价	是	手工
BGP	距离向量	有	外部	触发	代价	是	手工

　　总而言之,路由选择协议的分类可以根据路由选择协议是在哪里实现的,需要什么资源,使用什么度量,以及路由器交换什么信息来具体实现。路由选择协议根据一种度量或者多种度量的组合来决定最佳路径。路由信息的汇总允许实现路由协议的可缩放性。当进行路由重新分配时,阻止路由重新分配的源地址。尽管这样也许只能够防止一次网络断路,但仍然是值得的。

第 5 章

网络设备选购

在网络需求分析和逻辑设计基础上，下一步是要进行网络的物理设计。根据网络拓扑结构、网络技术标准(当然大多选择以太网标准)、网络互联方案和路由选择协议设计方案来选购所需的网络设备。

局域网的组成可分为"软件"与"硬件"两大部分，硬件包括服务器、工作站、网卡、接头、网络中介设备、UPS 系统等；软件部分则包括网络操作系统和网管软件两种。本章将针对这些软硬件设备一一介绍它们在网络中所扮演的角色。组建计算机网络，特别是局域网范畴的网络，正确选择网络设备是重要的任务之一。这里所谈的网络设备的选择有两种含义：一种是从应用需要出发所进行的选择，另一种是从众多厂商的产品中选择性价比高的产品。

网络设备种类非常多，但在一般局域网中，主要的网络设备类型有 5 种(其实工作站计算机也可以算是网络设备，但一般不这样划分)：网卡、服务器、交换机、路由器和防火墙。真正的局域网设备部分其实只需要网卡、服务器和交换机这 3 种设备，路由器和防火墙基本上只在需要与外部网络连接时才采用，不过现在的局域网基本上都要借助互联网来开展业务，所以局域网与外部的连接就成为必然之选，路由器和防火墙事实上也就成为局域网的必选设备。虽然所需的设备种类不多，但每一种设备又有许多不同的分类标准，每一分类标准下面又有许多类型，不同的类型对应不同的技术性能，也对应不同的网络应用环境。因此，网络设备的选购不是一件很容易的事。

也正因为如此，这一章的内容非常关键，因为几乎一切网络性能，如稳定性、可用性等都受到网络设备的严重制约，不恰当的选择可能导致网络性能不能正常发挥，甚至根本无法达到预期的目的。在这里不仅要了解各相关设备类型和相关品牌，还要对各主要类型的主要特点、所采用的技术、性能指标、基本配置方法等有一个比较全面的了解。只有这样才能正确使用这些设备，充分发挥这些设备的作用。

5.1　网　卡

网卡(network interface card,NIC)是网络的重要硬件之一,又称为网络适配器或网板。网络中的服务器与各工作站中都必须具有一块"网卡"。网卡的主要工作原理:发送数据时,计算机把要传输的数据并行写到网卡的缓存,网卡对要传输的数据进行编码(10M 以太网使用曼切斯特码,100M 以太网使用差分曼切斯特码),串行发到传输介质上;接收数据时,则相反。对于网卡而言,每块网卡都有一个唯一的网络节点地址,以代表工作站或服务器在网络中的地址(称为节点地址),我们也把它叫做 MAC 地址(物理地址),且保证绝对不会重复。

大家对网络中的 IP 地址已经比较熟悉,现在又提到 MAC 地址,这里要交待一下什么是 MAC 地址。MAC 地址的用途是用于对网络中的每一台设备进行定位,该地址一般是烧到网卡上的硬件电路(ROM)中,因此有时又称为烧录地址(burned-in address, BIA)。

MAC 地址是由 6 个字节(48 位二进制)组成,一般用 12 个 16 进制数(0～F)来表示,其中每个 16 进制数代表 4 位二进制数。前 3 个字节(前 24 位)由 IEEE 分配给网卡制造厂家,用于标识网卡的制造厂家,又称为制造商代码或组织化唯一标识符(organizational unit identifier, OUI)。MAC 地址中后 3 个字节(后 24 位)由网卡制造厂家使用,用于标识每一个不同的网卡(该 24 位又称为序列号)。如一台路由器的网卡的 MAC 地址为 00.00.0c.03.df.60,则该地址中的制造商代码为 00.00.0c—Cisco 公司,该网卡的序列号则 03.df.60。MAC 地址的别名很多,如烧录地址(BIA)、链路层地址、物理地址以及硬件地址,等等。如果要改变一台网络设备的 MAC 地址,则只能重新安装一块新的网卡。

MAC 地址是第 2 层的地址,当使用 TCP/IP 协议时,传输过程需要将第 3 层地址与第 2 层地址进行关联。

在网络中,当一个设备要向另一个设备发送数据时,它利用其他设备的 MAC 地址打通到该设备的通信通道。当源主机向网络发送数据时,它就带有目的主机的 MAC 地址。当数据通过网络介质时,网络中的每个网卡检查它的 MAC 地址是否与数据包中的目的地址相符,如果不相符,网卡就忽略数据包,数据包沿着网络到达下一个位置。如果匹配,网卡就拷贝数据包,把拷贝的数据包放到数据链路层。尽管网卡拷贝数据并把数据存入计算机中,但原始数据包仍然沿着网络继续传送,以便其他的网卡能判断 MAC 地址是否与它的相符。

在世界上,每个 MAC 地址都是唯一的,意味着可用 MAC 寻址方案来传输信息。那么为什么还要创造 IP 地址,用 IP 寻址方案呢?

如果没有 IP 地址,每个路由器将不得不清楚互联网络上每个 MAC 地址的位置。在任意大小的互联网络上,很快就会变得难以控制了。所以我们要有 IP 地址和 MAC 地址,IP 地址负责将信息包传递到正确的网络,MAC 地址用来在本地传送信息包。

网卡是最基础的网络设备,是用来连接网络中的计算机和其他网络设备的。以前只有有线网卡,但随着自 2000 年以来无线局域网技术进入实质应用后,无线网卡也开始成为网卡行列中的重要组成部分。有关无线网卡的选择请参考《无线局域网(WLAN)设计与实现》一书。

5.1.1 网卡的主要特点

网卡也称网络适配器,是电脑与局域网相互连接的设备。无论是普通电脑还是高端服务器,只要连接到局域网,就都需要安装一块网卡。如果有必要,一台电脑也可以同时安装两块或多块网卡。

电脑之间在进行相互通讯时,数据不是以流而是以帧的方式进行传输的。我们可以把帧看作是一种数据包,在数据包中不仅包含有数据信息,而且还包含有数据的发送地、接收地信息和数据的校验信息。一块网卡包括 OSI 模型的两个层——物理层和数据链路层。物理层定义了数据传送与接收所需要的电与光信号、线路状态、时钟基准、数据编码和电路等,并向数据链路层设备提供标准接口。数据链路层则提供寻址机构、数据帧的构建、数据差错检查、传送控制、向网络层提供标准的数据接口等功能。

网卡的功能主要有两个:一是将电脑的数据封装为帧,并通过网线(对无线网络来说就是电磁波)将数据发送到网络上去;二是接收网络上其他设备传过来的帧,并将帧重新组合成数据,发送到所在的电脑中。网卡能接收所有在网络上传输的信号,但正常情况下只接受发送到该电脑的帧和广播帧,将其余的帧丢弃,然后传送到系统 CPU 作进一步处理。当电脑发送数据时,网卡等待合适的时间将分组插入到数据流中。接收系统通知电脑消息是否完整地到达,如果出现问题,将要求对方重新发送。

5.1.2 网卡结构

以最常见的 PCI 接口的网卡为例,如图 5.1 所示,一块网卡主要由 PCB 线路板、主芯片、数据汞、金手指(总线插槽接口)、BOOTROM、EEPROM、晶振、RJ-45接口、指示灯、固定片等,以及一些二极管、电阻电容等组成。下面我们就来分别了解一下其中的主要部件。

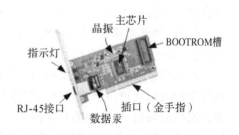

图 5.1   PCI 接口的网卡结构

1. 主芯片

网卡的主控制芯片是网卡的核心元件,一块网卡性能的好坏和功能的强弱多寡,主要就是看这块芯片的质量。以常见的 Realtek 公司推出的 RTL8139C 和 RTL8139D 为例,两者首先在封装上略有不同,前者是 128pin QFP/LQFP 而后者为 100pin,其次在搭配的 EEPROM 上,8139C 比后者多出了对 93C56 的支持,而 8139D 是 93C46。但是在功能方面,8139D 更强一些,它多提供了对 PCI Multi-function 和 PCI－bridge I/F 的支持,PCI Multi-function 允许把 RTL8139D 芯片和其他的功能芯片(如硬件调制解调芯片)设计在同块 PCB 板上协同工作来做成不同种类的多功能卡。其中,8139 起的作用是辨别 LAN 信号及 PCI 总线信号,另外 8139D 还增强了电源管理功能。

如果按网卡主芯片的速度来划分,常见的 10/100M 自适应网卡芯片有 Realtek 8139 系列、810X 系列、VIA VT610 系列、Intel 82550PM/82559 系列、Broadcom 44xx 系列、3COM 3C920 系列、Davicom DM9102、Mxic MX98715,等等。

常见的 10/100/1000M 自适应网卡芯片有 Intel 的 8254 系列,Broadcom 的 BCM57 系列,

Marvell 的 88E8001/88E8053/88E806 系列，Realtek 的 RTL8169S－32/64、RTL8110S－32/64(LOM)、RTL8169SB、RTL8110SB(LOM)、RTL8168(PCI Express)、RTL8111(LOM、PCI Express)系列，VIA 的 VT612 系列，等等。

　　需要说明的是网卡芯片也有"软硬"之分，特别是对与主板板载(LOM)的网卡芯片来说更是如此，这是怎么回事呢？大家知道，以太网接口可分为协议层和物理层。协议层是由一个叫媒体访问层(media access layer,MAC)控制器的单一模块实现。物理层由两部分组成，即物理层(physical layer,PHY)和传输器。

　　常见的网卡芯片都是把 MAC 和 PHY 集成在一个芯片中，但目前很多主板的南桥芯片已包含了以太网 MAC 控制功能，只是未提供物理层接口，因此，需外接 PHY 芯片以提供以太网的接入通道。这类 PHY 网络芯片就是俗称的"软网卡芯片"，常见的 PHY 功能的芯片有 RTL8201BL、VT6103，等等。

　　"软网卡"一般将网络控制芯片的运算部分交由处理器或南桥芯片处理，以简化线路设计，从而降低成本，但其多少会占用更多的系统资源。

2. BOOTROM

　　BOOTROM 插座也就是常说的无盘启动 ROM 接口，其是用来通过远程启动服务构造无盘工作站的。远程启动服务(remoteboot,通常也叫 RPL)使通过使用服务器硬盘上的软件来代替工作站硬盘引导一台网络上的工作站成为可能。网卡上必须装有一个 RPL(remote program load,远程初始程序加载)ROM 芯片才能实现无盘启动，每一种 RPL ROM 芯片都是为一类特定的网络接口卡而制作的，它们之间不能互换。带有 RPL 的网络接口卡发出引导记录请求的广播(broadcasts)，服务器自动建立一个连接来响应它，并加载 MS－DOS 启动文件到工作站的内存中。

　　此外，在 BOOTROM 插槽中心一般还有一颗 93C46、93LC46 或 93C56 的 EEPROM 芯片(93C56 是 128×16bit 的 EEPROM，而 93C46 是 64×16bit 的 EEPROM)，它相当于网卡的 BIOS，里面记录了网卡芯片的供应商 ID、子系统供应商 ID、网卡的 MAC 地址、网卡的一些配置，如总线上 PHY 的地址，BOOTROM 的容量，是否启用 BOOTROM 引导系统等内容。主板板载网卡的 EEPROM 信息一般集成在主板 BIOS 中。

3. LED 指示灯

　　一般来讲，每块网卡都具有 1 个以上的发光二极管(light emitting diode,LED)指示灯，用来表示网卡的不同工作状态，以方便我们查看网卡是否工作正常。典型的 LED 指示灯有 Link/Act、Full、Power 等。Link/Act 表示连接活动状态，Full 表示是否全双工(full duplex)，而 Power 是电源指示(主要用在 USB 或 PCMCIA 网卡上)等。

4. 数据汞

　　数据汞是消费级 PCI 网卡上都具备的设备，也被叫做网络变压器或网络隔离变压器。它在一块网卡上所起的作用主要有两个，一是传输数据，它把 PHY 送出来的差分信号用差模耦合的线圈耦合滤波以增强信号，并且通过电磁场的转换耦合到不同电平的连接网线的另外一端；一是隔离网线连接的不同网络设备间的不同电平，以防止不同电压通过网线传输损坏设备。除此之外，数据汞还能对设备起到一定的防雷保护作用。

5. 晶振

　　晶振是石英振荡器的简称，英文名为 Crystal，它是时钟电路中最重要的部件，作用是向显卡、网卡、主板等配件的各部分提供基准频率。它就像个标尺，工作频率不稳定会造成相关设备工作频率不稳定,自然容易出现问题。由于制造工艺不断提高,现在晶振的频率偏差、温度稳定性、老化率、密封性等重要技术指标都很好,已不容易出现故障,但在选用时仍可留意一下晶振的质量。

例如某网卡的时钟电路采用了高精度的 SKO25MHz 的晶振,较可靠地保证了数据传输的精确同步性,大大减少了丢包的可能性,并且在线路的设计上尽量靠近主芯片,使信号走线的长度大大缩短,可靠性进一步增加。而如果采用劣质晶振,这样做虽然可以降低一点网卡成本,但因为频率的准确性问题,极易造成传输过程中的数据丢包的情况。

6. 有线网卡接口

有线网卡接口方式通常都提供 BNC、AUI 或 RJ-45 中的两种或全部。RJ-45 接口用于连接双绞线,AUI 用于连接粗缆,BNC 用于连接细缆。然而应指出,一个小小的网卡备有三种连接方式,但并不意味着可同时进行上述三种连接,它们是互相排斥的。也就是说,上述三种连接都可供使用,但只能选择其中一种。因此,如果选用快速以太网网卡,则不必带有 BNC 和 AUI 口,只需带 RJ-45 接口就够了。一般 PC 机仅需采用 10/100Mbps 快速以太网网卡即可。而服务器则通常采用 10/100/1000Mbps 的千兆位以太网卡。传输介质选择既可以选是 RJ-45 双绞线网络接口的网卡,如图 5.2(a)所示,也可是单模或多模光纤接口卡,图 5.2(b)是具有两个 SC 多模光纤接口的网卡。当然支持光纤传输介质的网卡要比支持双绞线的网卡贵许多。

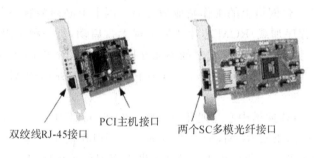

双绞线RJ-45接口　　PCI主机接口　　两个SC多模光纤接口

(a)双绞线接口网卡　　　　　　　(b)光纤接口网卡

图 5.2　双绞线和光纤接口以太网网卡

目前 BNC 接口这种接口类型的网卡已很少见,主要与用细同轴电缆作为传输介质的网络就比较少及组网方式问题较多有关。RJ-45 是 8 芯线,而电话线的接口是 4 芯的,通常只接 2 芯线(ISDN 的电话线接 4 芯线)。但大家可以仔细看看,其实 10M 网卡的 RJ-45 插口也只用了 1、2、3、6 四根针,而 100M 或 1000M 网卡的则八根针都是全的,这也是区别 10M 和 100M 网卡的一种方法。

7. 总线接口

网卡要与电脑相连接才能正常使用,电脑上各种接口层出不穷,这也造成了网卡所采用的总线接口类型纷呈。此外,提到总线接口,需要说明的是人们一般将这类接口俗称为"金手指",为什么叫金手指呢?是因为这类插卡的线脚采用的是镀钛金(或其他金属),保证了反复插拔时的可靠接触,既增大了自身的抗干扰能力又减少了对其他设备的干扰。

为了方便您了解,下面我们就分别来介绍一下常见的各种接口类型的网卡。

(1)ISA 接口网卡

ISA 是早期网卡使用的一种总线接口,采用程序请求 I/O 方式与 CPU 进行通信,这种方式的网络传输速率低,CPU 资源占用大,其多为 10M 网卡。目前在市面上基本上看不到有 ISA 总线类型的网卡,笔者从旧件堆中找到了几款 ISA 网卡,D-LINK 的产品,居然用橡皮擦清洁金手指上机后还能用。

(2)PCI 接口网卡

PCI(peripheral component interconnect)总线插槽仍是目前主板上最基本的接口。其基于 32 位数据总线,可扩展为 64 位,它的工作频率为 33MHz/66MHz,数据传输率为每秒 132MB(32×33MHz/8)。目前 PCI 接口网卡仍是家用消费级市场上的绝对主流。

有线网卡还有 32 位与 64 位之分,这主要是根据所使用的 PCI 或 PCI-X、PCI-E 接口类型来划分的。PCI 接口有 32 位和 64 位两种,而 PCI-X、PIC-E 新型接口均为 64 位。32 位与 64 位 PCI 接口的金手指结构不一样,64 位的多了一个缺口位(有两个缺口位)而且长度也不一样。也有一些 PCI 网卡同时支持 32 位和 64 位标准,这类网卡也通常是服务器的千兆位以太网卡。这类网卡相比前面介绍的 64 位 PCI 网卡来说,在外观上也有一个明显的区别,那就是它又多了一个缺口,有三个缺口,如图 5.3 所示。

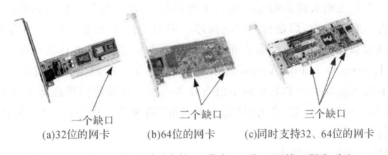

一个缺口　　　　　　二个缺口　　　　　　三个缺口
(a)32位的网卡　　　(b)64位的网卡　　　(c)同时支持32、64位的网卡

图 5.3　32 位、64 位及同时支持 32 位与 64 位 PCI 接口网卡对比

(3)PCI-X 接口网卡

PCI-X 是 PCI 总线的一种扩展架构,它与 PCI 总线不同的是,PCI 总线必须频繁地与目标设备和总线之间交换数据,而 PCI-X 则允许目标设备仅与单个 PCI-X 设备进行交换,同时,如果 PCI-X 设备没有任何数据传送,总线会自动将 PCI-X 设备移除,以减少 PCI 设备间的等待周期。所以,在相同的频率下,PCI-X 将能提供比 PCI 高 14%~35% 的性能。目前服务器网卡经常采用此类接口的网卡。

(4)PCI-E 接口网卡

PCI-E 1X 接口已成为目前主流主板的必备接口。不同与并行传输,PCI-E 接口采用点对点的串行连接方式,其接口根据总线接口对位宽的要求不同而有所差异,分为 PCI-E 1X (标准 250MB/s,双向 500MB/s)、2X(标准 500MB/s)、4X(1GB/s)、8X(2GB/s)、16X (4GB/s)、32X(8GB/s)。采用 PCI-E 接口的网卡多为千兆网卡。

(5)USB 接口网卡

在目前的电脑上很难找到没有通用串行总线(universal serial bus,USB)接口的电脑,USB 总线分为 USB2.0 和 USB1.1 标准。USB1.1 标准的传输速率的理论值是 12Mbps,而 USB2.0 标准的传输速率可以高达 480Mbps。目前的 USB 有线网卡多为 USB2.0 标准的。

(6)PCMCIA 接口网卡

PCMCIA 接口是笔记本电脑专用接口。PCMCIA 总线分为两类,一类为 16 位的 PCM-CIA,另一类为 32 位的 CardBus,CardBus 网卡的最大吞吐量接近 90Mbps,其是目前市售笔记本网卡的主流。

（7）Mini－PCI 接口网卡

Mini－PCI 接口是在台式机 PCI 接口基础上扩展出的适用于笔记本电脑的接口标准，其速度和 PCI 标准相当，很多此类产品都是无线网卡。

5.1.3　网卡的选购

人们在组建局域网时常常会把注意力集中在一些价格昂贵的网络连接设备中，而对诸如网卡、网线之类的低价网络产品可能就重视不够，而且脑子里总有一种"惯性"思维，认为价格低的产品包含的技术含量肯定较低，那么它们里面肯定也就没什么"学问"了。事实却未必如此，网卡作为联网的重要设备之一，它的重要性是无可替代的。它的性能好坏直接影响到计算机之间相互传输数据能力的高低，因此如何合理地选择网卡也是需要大家关注的一个问题。

1. 选择性价比高的网卡

长此以往，人们在购买商品时总喜欢追求所谓的"名牌产品"。诚然，名牌产品在产品的质量、性能以及售后服务方面，都是有一定的保障。但对于网卡来说，由于它属于技术含量较低的产品，名牌网卡和普通网卡在性能方面并不会相差太多，因此笔者认为现在大家没有必要非去买类似 Intel、3com、D－Link、Accton 等名牌网卡，在如今的网卡生产技术已经较为普及的今天，普通网卡的性能基本上和名牌网卡没有什么差别。如果我们片面地去追求名牌，可能是花了大价钱也得不到相应回报，真有点"吃力不讨好"的味道。相反，选择性价比高的网卡，会让您有一种"物有超值"的享受。

2. 根据组网类型来选择网卡

由于网卡种类繁多，不同类型的网卡它的使用条件可能是不一样的。因此，大家在选购网卡之前，最好应明确一下需要组建的局域网是通过什么介质来连接各个工作站的，工作站之间数据传输的容量和要求高不高等因素。现在市场上的网卡根据连接介质的不同，可以分为粗缆网卡（AUI 接口）、细缆网卡（BNC 接口）及双绞线网卡（RJ-45 接口）。现在大多数局域网都是使用双绞线来连接工作站的，因此 RJ-45 接口的网卡就成为普通用户的首选产品。但是如果局域网是通过粗缆或者是细缆来连接工作站的，那么我们就必须要针对性地选择 AUI 接口或者是 BNC 接口的网卡了。此外，局域网如果对数据传输的速度要求很高时，我们还必须选择合适带宽的网卡。现在网卡按所支持的带宽可以分为 10M 网卡、100M 网卡、10/100M 自适应网卡和 1000M 网卡。一般个人用户和家庭组网时因传输的数据信息量不是很大，主要选择 10M 和 10/100M 自适应网卡。不过现在市场上 10M 网卡开始逐步被淘汰，而 10/100M 自适应网卡由于采用了"自动协商"管理机制，可以根据相联网卡的速率自动设定网卡速度，因而可升级性较强，因此这种 10/100M 自适应网卡在目前的网卡市场中占有很大的市场分额；再说，100M 的速度相比于 10M 的确是个诱惑，但在价格方面可能要稍微贵一点，如果局域网传输信息量很大或者考虑到以后的升级，100M 网卡是一个不错的选择，而且它也是以后发展的必然趋势。服务器网卡一般要选速度更高的，如千兆网卡，甚至万兆网卡。在这里笔者还要提醒大家的是，相互联网的各网卡速度参数必须一致，否则是不能正确进行通信的。

3. 根据工作站选择合适总线类型的网卡

由于网卡是要插在计算机的插槽中的，这就要求所购买的网卡总线类型必须与装入机器的总线相符。总线的性能直接决定从服务器内存和硬盘向网卡传递信息的效率。和 CPU 一样,影响硬件总线性能的因素也有两个:数据总线的宽度和时钟速度。网卡按总线类型,可以分为 PCI 网卡、ISA 网卡、EISA 网卡及其他总线网卡。按应用环境分有桌面网卡(含有盘和无盘站)及服务器网卡。10M 网卡多为 ISA 总线,100M 网卡中全部是 PCI 总线,服务器端的网卡可能有 EISA 总线或其他总线。众所周知,ISA 为 16 位总线,PCI 为 32 位总线,PCI 总线方式不论在速度和性能方面都比 ISA 总线有了很大的提高。现在的计算机,包含 16 位总线的 ISA 插槽已经不多见了,这种类型的插槽正逐步由 PCI 总线类型的插槽所代替,这样 ISA 网卡也就慢慢地被淘汰了;而且在价格上 PCI 总线网卡与 ISA 总线网卡基本上差不多,因此笔者强烈建议大家在选择网卡时最好选择 PCI 总线类型的网卡。

4. 根据使用环境来选择网卡

为了能使选择的网卡与计算机协同高效地工作,我们还必须根据使用环境来选择合适的网卡。例如,如果我们购买了一块价格昂贵、功能强大、速度快捷的网卡,安装到一台普通的工作站中,可能就发挥不了多大作用,这样就造成了很大的资源浪费和闲置。相反,如果在一台服务器中,安装一块性能普通、传输速度低下的网卡,就很容易产生瓶颈现象,从而会抑制整个网络系统的性能发挥。因此,大家在选用时一定要注意应用环境,比如服务器端网卡由于技术先进,价钱会贵很多,为了减少主 CPU 占有率,服务器网卡应选择带有自动功能的处理器,另外还应该让服务器网卡实现高级容错、带宽汇聚等功能,这样服务器就可以通过增插几块网卡提高系统的可靠性。此外,如果要在笔记本中安装网卡的话,我们最好要购买与计算机品牌相一致的专用网卡,这样才能确保所购买的网卡能发挥更大作用。

5. 根据特殊要求来选择网卡

不同的服务器实现的功能和要求也是不一样的,我们应该根据局域网实现的功能和要求来选择网卡。例如,我们要组建的局域网如果要实现远程控制功能的话,就应该选择带有远程唤醒功能的网卡,这样局域网网络连接中的计算机在关机状态下,我们只要在安装了一定软件(如 MagicPacketUtility 软件)的微机或服务器上运行启动命令就可以启动指定的远方微机。如果想要建立一个由无盘工作站组成的局域网的话,大家就应该选择一款支持无盘技术的网卡,这种类型的网卡上要具有 BOOTROM 芯片,通过厂家提供的无盘制作技术,把微机的操作系统和所有的文件都保留在一台服务器上。无盘的微机可以和正常的有盘微机一样启动操作系统和使用各种软件,使投资得到最大的节约。如果组建一个规模较大的局域网时,大家就应该选择具有热插拔功能的网卡,这种功能的网卡不需要大家对网卡进行一个一个地安装设置,直接插在计算机中就能工作了,从而可以很方便地进行网络维护工作;这种类型的网卡最好还有简单网络管理功能,通过网管站可对此网卡进行管理,在网络范围较大(网点多、分布范围广)的网络,通常应将对 SNMP 的支持作为一种选择的重要依据。如果网卡是用于笔记本的,我们还应该注意选择带有低功耗功能的,以便节省笔记本电池的电量。另外,如果大家组建的网络还有一些其他特殊要求的话,应首先向厂商问清自己要购买的网卡是否符合组网的要求,例如不同操作系统的网络,对网卡要求也是不一样的,网卡在支持的网络操作系统上有很大差别。

6. 其他选择细节

除了上面的主要因素外,我们还应该学会鉴别网卡的真假。因为,在目前种类繁多的网卡市场中,假货、水货泛滥成灾,用户如果对网卡知识一无所知或者了解甚少的话,就很容易上当受骗。为此网卡生产厂商都根据规定给每个网卡分配不同的卡号也称为 ID 号,一般是一组 12 位的 16 进制数,用它来保证网卡拥有唯一的物理地址,避免网卡之间的地址冲突。买网卡时可以到机子上用网卡的驱动盘中的程序试一试,您也可以多选几块卡比较一下。需要注意的是网卡分全双工、半双工,全双工网卡的通信速度是半双工网卡的两倍。另外,选择网卡时还应注意该卡的技术含量。例如相同品牌的产品,可能在外观上、接口上以及总线类型上都一样,但是在网卡板上的芯片数可能不一样,那么它们之间的技术水准和可靠性肯定是不一样的,而且相差的功能也会很大。

5.2　服务器

在网络中,说到服务时,我们指的是 Web、E-mail、FTP 等应用程序。也就是说指的是提供某种服务的软件,例如,Web 服务器是提供 Web 服务共享程序等。这些服务器可运行于任何操作系统之上,当然我们这儿提到的服务器是一台计算机。

服务器从网络上看也是一个节点,只不过这个节点是网上用户所周知的,具有固定的地址,并为网上用户提供服务。这种提供服务的节点称为服务器(server),而使用这个服务器的用户称为该服务器的客户(client)。网上可以配置不同数量的服务器,有些服务器提供相同的服务,有些服务器提供不同的服务。

应用系统有三种模式:文件服务器模式、客户/服务器模式,浏览器/服务器模式。文件服务器模式已基本被淘汰,只在小规模应用中会采用。客户/服务器方式是近几年普遍采用的成熟的模式,而浏览器/服务器模式是最近随着 Internet 的发展而越来越多地被人们所采用,且在性能和功能上正在不断得到加强。

当今 Internet 已经风靡全球,采用 Intranet 模式开发办公自动化系统也已成为目前流行的方法。例如,采用 Internet 的 Web 服务器技术,这种方式的优点在于客户端界面统一,都采用浏览器,使用方便,容易掌握;另外采用浏览器/Web 服务器方式的最大特点是应用软件升级、修改等都只需在服务器端操作,不需改动客户端软件,为安装和维护带来很大的方便。

5.2.1　互联网中的服务器

在计算机网络系统中,网络中心需配置多台服务器以提供各种服务,一般来说,包括以下几种:

1. 数据库服务器

运行在局域网中的一台或多台计算机和数据库管理系统软件共同构成了数据库服务器,数据库服务器为客户应用提供服务,这些服务是查询、更新、事务管理、索引、高速缓存、查询优化、安全及多用户存取控制等。数据库服务器是当今应用最为广泛的一种服务器类型,许多企业在信息化建设过程中都要购置数据库服务器。

数据库服务器主要用于存储、查询、检索企业内部的信息,因此需要搭配专用的数据库系统,对服务器的兼容性、可靠性和稳定性等方面都有很高的要求。同时也要求数据库服务器有较强的 CPU 处理能力及较快的磁盘处理速度。

2. Web 服务器

Web 服务器也称为 3W 服务器,WWW 是环球信息网(World Wide Web,WWW)的缩写,中文名为"万维网"。它起源于 1989 年 3 月,由欧洲量子物理实验室 CERN(the European Laboratory for Particle Physics)所发展出来的主从结构分布式超媒体系统。通过万维网,人们只要通过使用简单的方法,就可以很迅速方便地取得丰富的信息资料。由于用户在通过 Web 浏览器访问信息资源的过程中,无需再关心一些技术性的细节,而且界面非常友好,因而 Web 在 Internet 上一推出就受到了热烈的欢迎,得到了爆炸性的发展。

Web 服务器是可以向发出请求的浏览器提供文档的程序。

(1)Web 服务器是一种被动程序:只有当 Internet 上运行在其他计算机中的浏览器发出请求时,服务器才会响应。

(2)最常用的 Web 服务器是 Apache 和 Microsoft 的 Internet 信息服务器(Internet information server,IIS)。

(3)Internet 上的服务器也称为 Web 服务器,是一台在 Internet 上具有独立 IP 地址的计算机,可以向 Internet 上的客户机提供 WWW、E-mail 和 FTP 等各种 Internet 服务。

Web 服务器是指驻留于因特网上某种类型计算机的程序。当 Web 浏览器(客户端)连到服务器上并请求文件时,服务器将处理该请求并将文件发送到该浏览器上,附带的信息会告诉浏览器如何查看该文件(即文件类型)。服务器使用 HTTP(超文本传输协议)进行信息交流,这就是人们常把它们称为 HTTPD 服务器的原因。

Web 服务器不仅能够存储信息,还能在用户通过 Web 浏览器提供的信息的基础上运行脚本和程序。Web 服务器的内容如下:

(1)应用层使用 HTTP 协议。

(2)HTML 文档格式。

(3)浏览器统一资源定位器(URL)。

3. DNS 服务器

DNS 服务器即域名服务器,DNS(domain name system)是"域名系统"的英文缩写,是一种组织成域层次结构的计算机和网络服务命名系统,用于 TCP/IP 网络。它主要是用来通过用户亲切而友好的名称代替枯燥而难记的 IP 地址以定位相应的计算机及服务。因此,要想让亲切而友好的名称能被网络所认识,则需要在名称和 IP 地址之间有一位"翻译官",它能将相关的域名翻译成网络能接受的相应 IP 地址。它保存了一张域名(domain name)和与之相对应的 IP 地址(IP address)的表,以解析消息的域名。它是一种能够实现名字解析(name resolution)的分层结构数据库。

4. E-mail 服务器

E-mail 服务器提供电子邮件服务。电子邮件服务器是处理邮件交换的软硬件设施的总称,包括电子邮件程序、电子邮箱等。它是为用户提供全由 E-mail 服务的电子邮件系统,人们通过访问服务器实现邮件的交换。服务器程序通常不能由用户启动,而一直运行在系统中,它一方面负责把本机器上发出的 E-mail 发送出去,另一方面负责接收其他主机发过来的 E-mail,并把各种电子邮件分发给每个用户。

电子邮件程序是计算机网络主机上运行的一种应用程序,它是操作和管理电子邮件的系统。在你处理电子邮件时,需要选择一种供你使用的电子邮件程序。由于网络环境的多样性,各种网络环境的操作系统与软件系统也不相同,因此电子邮件系统也不完全一样。

5. FTP 服务器

FTP(file transfer protocol,文件传输协议)服务器,则是在互联网上提供存储空间的计算机,它们依照 FTP 协议提供服务,就是专门用来传输文件的协议。简单地说,支持 FTP 协议的服务器就是 FTP 服务器。

以下传文件为例,当你启动 FTP 从远程计算机拷贝文件时,你事实上启动了两个程序:一个是本地机上的 FTP 客户程序,它向 FTP 服务器提出拷贝文件的请求;另一个是启动在远程计算机上的 FTP 服务器程序,它响应你的请求把你指定的文件传送到你的计算机中。FTP 采用"客户机/服务器"方式,用户端要在自己的本地计算机上安装 FTP 客户程序。FTP 客户程序有字符界面和图形界面两种。字符界面的 FTP 的命令复杂、繁多,图形界面的 FTP 客户程序,操作上要简洁方便得多。

当然,互联网还有各种各样的文件服务器和应用服务器,从以上列举的几种服务器来看都是一台计算机装上某种软件程序或协议就称为什么服务器。所以对服务器的选购,实质上就是对计算机的选购,只是这台计算机与我们个人用的 PC 机有所不同而已。

5.2.2 服务器的种类

服务器发展到今天,不断出现适应各种不同功能、不同环境的服务器,分类标准也多种多样。

1. 按应用层次分

服务器按应用层次划分为入门级服务器、工作组级服务器、部门级服务器和企业级服务器四类。

(1)入门级服务器。入门级服务器通常只使用一块 CPU,并根据需要配置相应的内存(如 256MB)和大容量 IDE 硬盘,必要时也会采用 IDE RAID(一种磁盘阵列技术,主要目的是保证数据的可靠性和可恢复性)进行数据保护。入门级服务器主要是针对基于 Windows NT、NetWare 等网络操作系统的用户,可以满足办公室型的中小型网络用户的文件共享、打印服务、数据处理、Internet 接入及简单数据库应用的需求,也可以在小范围内完成诸如 E-mail、Proxy、DNS 等服务。

对于一个小部门的办公需要而言,服务器的主要作用是完成文件共享和打印服务,文件共享和打印服务是服务器的最基本应用之一,对硬件的要求较低,一般采用单颗或双颗 CPU 的入门级服务器即可。为了给打印机提供足够的打印缓冲区需要较大的内存,为了应付频繁和大量的文件存取要求有快速的硬盘子系统,而好的管理性能则可以提高服务器的使用效率。

(2)工作组级服务器。工作组级服务器一般支持 1 至 2 个 PIII 处理器或单颗 P4(奔腾 4)处理器,可支持大容量的 ECC(一种内存技术,多用于服务器内存)内存,功能全面,可管理性强且易于维护,具备了小型服务器所必备的各种特性。如采用 SCSI(一种总线接口技术)总线的 I/O(输入/输出)系统,SMP 对称多处理器结构、可选装 RAID、热插拔硬盘、热插拔电源等,具有高可用性特性。适用于为中小企业提供 Web、Mail 等服务,也能够用于学校等教育部门的数字校园网、多媒体教室的建设等。

通常情况下,如果应用不复杂,例如没有大型的数据库需要管理,那么采用工作组级服务器就可以满足要求。

(3)部门级服务器。部门级服务器通常可以支持 2 至 4 个 PIII Xeon(至强)处理器,具有较高的可靠性、可用性、可扩展性和可管理性。首先,集成了大量的监测及管理电路,具有全面的服务器管理能力,可监测如温度、电压、风扇、机箱等状态参数。此外,结合服务器管理软件,可以使管理人员及时了解服务器的工作状况。同时,大多数部门级服务器具有优良的系统扩展性,当用户在业务量迅速增大时能够及时在线升级系统,可保护用户的投资。目前,部门级服务器是企业网络中分散的各基层数据采集单位与最高层数据中心保持顺利连通的必要环节。适合中型企业(如金融、邮电等行业)作为数据中心、Web 站点等应用。

(4)企业级服务器。企业级服务器属于高档服务器,普遍可支持 4 至 8 个 PIII Xeon(至强)或 P4 Xeon(至强)处理器,拥有独立的双 PCI 通道和内存扩展板设计,具有高内存带宽,大容量热插拔硬盘和热插拔电源,具有超强的数据处理能力。这类产品具有高度的容错能力、优异的扩展性能和系统性能、极长的系统连续运行时间,能在很大程度上保护用户的投资。可作为大型企业级网络的数据库服务器。

目前,企业级服务器主要适用于需要处理大量数据、高处理速度和对可靠性要求极高的大型企业和重要行业(如金融、证券、交通、邮电、通信等行业),可用于提供 ERP(企业资源配置)、电子商务、OA(办公自动化)等服务。如 Dell 的 PowerEdge 4600 服务器,标准配置为2.4GHz Intel Xeon 处理器,最大支持 12GB 的内存。此外,采用了 Server Works GC—HE 芯片组,支持 2 至 4 路 Xeon 处理器。集成了 RAID 控制器并配备了 128MB 缓存,可以为用户提供 0、1、5、10 四个级别的 RAID,最大可以支持 10 个热插拔硬盘并提供 730GB 的磁盘存储空间。

由于是面向企业级应用,其在可维护性以及冗余性能上有其独到的地方,例如配备了 7 个PCI—X 插槽(其中 6 个支持热插拔),而且不需任何工具即可对冗余风扇、电源以及 PCI—X进行安装和更换。

2. 按处理器架构分

服务器按处理器架构(也就是服务器 CPU 所采用的指令系统)划分为 CISC 架构服务器、RISC 架构服务器和 VLIW 架构服务器三种。

(1)CISC 架构服务器。CISC 的英文全称为"Complex Instruction Set Computer",即"复杂指令系统计算机",从计算机诞生以来,人们一直沿用 CISC 指令集方式。早期的桌面软件是按 CISC 设计的,并一直沿续到现在,所以,微处理器(CPU)厂商一直在走 CISC 的发展道路,包括 Intel、AMD,还有其他一些现在已经更名的厂商,如 TI(德州仪器)、Cyrix 以及 VIA(威盛)等。在 CISC 微处理器中,程序的各条指令是按顺序串行执行的,每条指令中的各个操作也是按顺序串行执行的。顺序执行的优点是控制简单,但计算机各部分的利用率不高,执行速度慢。CISC 架构的服务器主要以 IA—32 架构(Intel Architecture,英特尔架构)为主,而且多数为中低档服务器所采用。

如果企业的应用都是基于 NT 平台的应用,那么服务器的选择基本上就定位于 IA 架构(CISC 架构)的服务器。如果企业的应用主要是基于 Linux 操作系统,那么服务器的选择也是基于 IA 结构的服务器。如果应用必须是基于 Solaris 的,那么服务器只能选择 SUN 服务器。如果应用基于 AIX(IBM 的 Unix 操作系统)的,那么只能选择 IBM Unix 服务器(RISC 架构服务器)。

(2)RISC 架构服务器。RISC 的英文全称为"Reduced Instruction Set Computing",中文即"精简指令集",它的指令系统相对简单,只要求硬件执行很有限且最常用的那部分指令,大部分复杂的操作则使用成熟的编译技术,由简单指令合成。目前在中高档服务器中普遍采用这一指令系统的 CPU,特别是高档服务器全都采用 RISC 指令系统的 CPU。在中高档服务器中采用 RISC 指令的 CPU 主要有 Compaq(康柏,即新惠普)公司的 Alpha、HP 公司的 PA—

RISC、IBM 公司的 Power PC、MIPS 公司的 MIPS 和 SUN 公司的 Spare。

（3）VLIW 架构服务器。VLIW 是英文"Very Long Instruction Word"的缩写,中文意思是"超长指令集架构",VLIW 架构采用了先进的 EPIC(清晰并行指令)设计,我们也把这种构架叫做"IA－64 架构"。每时钟周期例如 IA－64 可运行 20 条指令,而 CISC 通常只能运行 1～3 条指令,RISC 能运行 4 条指令,可见 VLIW 要比 CISC 和 RISC 强大得多。VLIW 的最大优点是简化了处理器的结构,删除了处理器内部许多复杂的控制电路,这些电路通常是超标量芯片(CISC 和 RISC)协调并行工作时必须使用的。VLIW 的结构简单,也能够使其芯片制造成本降低,价格低廉,能耗少,而且性能也要比超标量芯片高得多。目前基于这种指令架构的微处理器主要有 Intel 的 IA－64 和 AMD 的 x86－64 两种。

3. 按用途分

服务器按用途划分为通用型服务器和专用型服务器两类。

（1）通用型服务器。通用型服务器不是为某种特殊服务专门设计的、可以提供各种服务功能的服务器,当前大多数服务器是通用型服务器。这类服务器因为不是专为某一功能而设计,所以在设计时就要兼顾多方面的应用需要,服务器的结构就相对较为复杂,而且要求性能较高,当然在价格上也就更贵些。

（2）专用型服务器。专用型(或称"功能型")服务器是专门为某一种或某几种功能专门设计的服务器,在某些方面与通用型服务器不同。如光盘镜像服务器主要是用来存放光盘镜像文件的,在服务器性能上也就需要具有相应的功能与之相适应。光盘镜像服务器需要配备大容量、高速的硬盘以及光盘镜像软件。FTP 服务器主要用于在网上(包括 Intranet 和 Internet)进行文件传输,这就要求服务器在硬盘稳定性、存取速度、I/O(输入/输出)带宽方面具有明显优势。而 E-mail 服务器则主要是要求服务器配置高速宽带上网工具,硬盘容量要大等。这些功能型的服务器的性能要求比较低,因为它只需要满足某些需要的功能应用即可,所以结构比较简单,采用单 CPU 结构即可;在稳定性、扩展性等方面要求不高,价格也便宜许多,相当于 2 台左右的高性能计算机价格。HP 的一款 Web 服务器 HP access server,它采用的是 PIII 1.13Gbit/s 左右的 CPU,内存标准配置也只有 128/256MB,与一台性能较好的普通计算机差不多,但在某些方面它还是具有 PC 机无可替代的优势。

4. 按机箱结构划分

服务器按机箱结构划分为"台式服务器"、"机箱式服务器"、"机柜式服务器"和"刀片式服务器"四类,如图 5.4 所示。

　　(a)台式服务器　　　　(b)机箱式服务器　　　　(c)机柜式服务器　　　　(d)刀片式服务器

图 5.4　服务器的种类

（1）台式服务器。如图 5.4(a)所示,台式服务器也称为"塔式服务器"。有的台式服务器采用大小与普通立式计算机大致相当的机箱,有的采用大容量的机箱,像个硕大的柜子。低档服务器由于功能较弱,整个服务器的内部结构比较简单,所以机箱不大,都采用台式机箱结构。这里所介绍的台式不是平时普通计算机中的台式,立式机箱也属于台式机范围。目前这类服务器在整个服务器市场中占有相当大的份额。

(2)机箱式服务器。如图 5.4(b)所示,机箱式服务器的外形看来不像计算机,而像交换机,有 1U(1U=1.75 英寸)、2U、4U 等规格。机箱式服务器安装在标准的 19 英寸机柜里面,这种结构的多为功能型服务器。对于信息服务企业(如 ISP/ICP/ISV/IDC)而言,选择服务器时首先要考虑服务器的体积、功耗、发热量等物理参数,因为信息服务企业通常使用大型专用机房统一部署和管理大量的服务器资源,机房通常设有严密的保安措施、良好的冷却系统、多重备份的供电系统,其造价相当昂贵。如何在有限的空间内部署更多的服务器直接关系到企业的服务成本,通常选用机械尺寸符合 19 英寸工业标准的机箱式服务器。机箱式服务器也有多种规格,例如 1U(4.45cm 高)、2U、4U、6U、8U 等。通常 1U 的机箱式服务器最节省空间,但性能和可扩展性较差,适合一些业务相对固定的使用领域。4U 以上的产品性能较高,可扩展性好,一般支持 4 个以上的高性能处理器和大量的标准热插拔部件;管理也十分方便,厂商通常提供相应的管理和监控工具,适合大访问量的关键应用,但体积较大,空间利用率不高。

(3)机柜式服务器。如图 5.4(c)所示。在一些高档企业服务器中由于内部结构复杂,内部设备较多,有的还具有许多不同的设备单元或几个服务器都放在一个机柜中,这种服务器就是机柜式服务器。对于证券、银行、邮电等重要企业,则应采用具有完备的故障自修复能力的系统,关键部件应采用冗余措施,对于关键业务使用的服务器也可以采用双机热备份高可用系统或者是高性能计算机,这样的系统可用性就可以得到很好的保证。

(4)刀片式服务器。刀片式服务器是一种高可用高密度(high availability high density,HAHD)的低成本服务器平台,是专门为特殊应用行业和高密度计算机环境设计的,其中每一块"刀片"实际上就是一块系统母板,类似于一个个独立的服务器。在这种模式下,每一个母板运行自己的系统,服务于指定的不同用户群,相互之间没有关联。不过可以使用系统软件将这些母板集合成一个服务器集群。在集群模式下,所有的母板可以连接起来提供高速的网络环境,可以共享资源,为相同的用户群服务。当前市场上的刀片式服务器有两大类:一类主要为电信行业设计,接口标准和尺寸规格符合 PICMG(PCI industrial computer manufacturer's group)1.x 或 2.x,未来还将推出符合 PICMG 3.x 的产品,采用相同标准的不同厂商的刀片和机柜在理论上可以互相兼容;另一类为通用计算设计,接口上可能采用了上述标准或厂商标准,但尺寸规格是厂商自定,注重性价比,目前属于这一类的产品居多。刀片式服务器目前最适合群集计算和 IxP 提供互联网服务。图 5.4(d)是联想深腾 B710R 刀片服务器,机箱形态7U,可容纳 10 片刀片。

5.2.3　服务器性能指标

服务器和工作站是网络应用的基础,特别是服务器,它的性能直接影响网络的整体性能。网络的速度和稳定性与其服务器有很大的关系。为保证网络今天的正常运转和明天不断扩大的处理任务,你必须根据应用需要认真配置服务器,且对服务器各项性能指标有一个清楚的认识。

1. 服务器 CPU

服务器 CPU,顾名思义,就是在服务器上使用的中央处理器(Center Process Unit,CPU)。我们知道,服务器是网络中的重要设备,要接受少至几十人、多至成千上万人的访问,因此对服务器具有大数据量的快速吞吐、超强的稳定性、长时间运行等严格要求。所以说 CPU 是计算机的"大脑"，是衡量服务器性能的首要指标。

目前，服务器的 CPU 仍按 CPU 的指令系统来区分，通常分为 CISC 型 CPU 和 RISC 型 CPU 两类，后来又出现了一种 64 位的 VLIM 指令系统的 CPU。

(1)CISC 型 CPU

CISC(complex instruction set computer，复杂指令集)，是指英特尔生产的 x86(intel CPU 的一种命名规范)系列 CPU 及其兼容 CPU(其他厂商如 AMD，VIA 等生产的 CPU)，它基于 PC 机(个人电脑)体系结构。这种 CPU 一般都是 32 位的结构，所以我们也把它称为 IA－32 CPU(IA：Intel Architecture，Intel 架构)。CISC 型 CPU 目前主要有 intel 的服务器 CPU 和 AMD 的服务器 CPU 两类。

1)intel 的服务器 CPU。从奔腾时代开始，Intel(英特尔)推出了专用于服务器的 CPU——Pentium Pro，即"高能奔腾"；进入奔腾三时代之后，英特尔又推出了相应的服务器(工作站)的 CPU——Xeon，即"至强"；奔腾四相对应的服务器 CPU 也称为"Xeon"(至强)。如联想万全 4200 服务器最大支持 4 颗 Intel Pentium Xeon 700MHz CPU，内置 1MB 或 2MB 全速缓存。这款服务器是联想的高端企业级服务器产品，是大型企业、重要行业等关键部门处理大数据量业务、关键任务时不错的选择。

2)AMD 的服务器 CPU。AMD 也生产面向工作站和服务器的 Athlon MP(multi processing platform，多处理器平台)处理器。其内部设计与 Athlon XP 基本相同，但支持双 CPU。

(2)RISC 型 CPU

RISC(reduced instruction set computing，精简指令集)是在 CISC 指令系统基础上发展起来的。有人对 CISC 机进行测试表明，各种指令的使用频度相当悬殊，最常使用的是一些比较简单的指令，它们仅占指令总数的 20％，但在程序中出现的频度却占 80％。复杂的指令系统必然增加微处理器的复杂性，使处理器的研制时间长，成本高。并且复杂指令需要复杂的操作，必然会降低计算机的速度。基于上述原因，20 世纪 80 年代 RISC 型 CPU 诞生了，相对于 CISC 型 CPU，RISC 型 CPU 不仅精简了指令系统，还采用了一种叫做"超标量和超流水线结构"，大大增加了并行处理能力(并行处理是指一台服务器有多个 CPU 同时处理，能够大大提升服务器的数据处理能力。部门级、企业级的服务器应支持 CPU 并行处理技术)。也就是说，架构在同等频率下，采用 RISC 架构的 CPU 比 CISC 架构的 CPU 性能高很多，这是由 CPU 的技术特征决定的。目前在中高档服务器中普遍采用这一指令系统的 CPU，特别是高档服务器全都采用 RISC 指令系统的 CPU。RISC 指令系统更加适合高档服务器的操作系统 UNIX，现在 Linux 也属于类似 UNIX 的操作系统。RISC 型 CPU 与 Intel 和 AMD 的 CPU 在软件和硬件上都不兼容。

目前，在中高档服务器中采用 RISC 指令的 CPU 主要有以下几类：

1)PowerPC 处理器。20 世纪 90 年代，IBM(国际商用机器公司)、Apple(苹果公司)和 Motorola(摩托罗拉)公司开发 PowerPC 芯片成功，并制造出基于 PowerPC 的多处理器计算机。PowerPC 架构的特点是可伸缩性好、方便灵活。第一代 PowerPC 采用 $0.6\mu m$ 的生产工艺，晶体管的集成度达到单芯片 300 万个。

1998 年，铜芯片问世，开创了一个新的历史纪元。2000 年，IBM 开始大批推出采用铜芯片的产品，如 RS/6000 的 X80 系列产品。铜技术取代了已经沿用了 30 年的铝技术，使硅芯片 CPU 的生产工艺达到了 $0.20\mu m$ 米的水平，单芯片集成 2 亿个晶体管，大大提高了运算性能。

而 1.8V 的低电压操作(原为 2.5V)大大降低了芯片的功耗,容易散热,从而大大提高了系统的稳定性。

2)SPARC 处理器。1987 年,SUN 和 TI 公司合作开发了 RISC 微处理器——SPARC。SPARC 微处理器最突出的特点就是它的可扩展性,这是业界出现的第一款有可扩展性功能的微处理。SPARC 的推出为 SUN 赢得了高端微处理器市场的领先地位。

1999 年 6 月,UltraSPARC Ⅲ 首次亮相。它采用先进的 $0.18\mu m$ 工艺制造,全部采用 64 位结构和 VIS 指令集,时钟频率从 600MHz 起,可用于高达 1000 个处理器协同工作的系统上。UltraSPARC Ⅲ 和 Solaris 操作系统的应用实现了百分之百的二进制兼容,完全支持客户的软件投资,得到众多的独立软件供应商的支持。

在 64 位 UltraSPARC Ⅲ 处理器方面,SUN 公司主要有 3 个系列。首先是可扩展式 s 系列,主要用于高性能、易扩展的多处理器系统。目前 UltraSPARC Ⅲs 的频率已经达到 750MHz。还有 UltraSPARC Ⅳs 和 UltraSPARC Ⅴs 等型号。其中 UltraSPARC Ⅳs 的频率为 1GHz,UltraSPARC Ⅴs 则为 1.5GHz。其次是集成式 i 系列,它将多种系统功能集成在一个处理器上,为单处理器系统提供了更高的效益。已经推出的 UltraSPARC Ⅲi 的频率达到 700MHz,未来的 UltraSPARC Ⅳi 的频率将达到 1GHz。

3)PA-RISC 处理器。HP(惠普)公司的 RISC 芯片 PA-RISC 于 1986 年问世。第一款芯片的型号为 PA-8000,主频为 180MHz,后来陆续推出 PA-8200、PA-8500 和 PA-8600 等型号。HP 公司开发的 64 位微处理器 PA-8700 于 2001 年上半年正式投入服务器和工作站的使用。这种新型处理器的设计主频达到 800MHz 以上。PA-8700 使用的工艺是 $0.18\mu m$SOI 铜 CMOS 工艺,采用 7 层铜导体互连,芯片上的高速缓存达到 2.25MB,比 PA-8600 增加了 50%。

HP 公司陆续推出 PA-8800 和 PA-8900 处理器,其主频分别达到 1GHz 和 1.2GHz。RA-RISC 同时也是 IA-64 的基础。在未来的 IA-64 芯片中,会继续保持许多 PA-RISC 芯片的重要特性,包括 PA-RISC 的虚拟存储架构、统一数据格式、浮点运算、多媒体和图形加速等

4)MIPS 处理器。MIPS 技术公司是一家设计制造高性能、高档次及嵌入式 32 位和 64 位处理器的厂商,在 RISC 处理器方面占有重要地位。1984 年,MIPS 计算机公司成立。1992 年,SGI 收购了 MIPS 计算机公司。1998 年,MIPS 脱离 SGI,成为 MIPS 技术公司。

MIPS 公司设计 RISC 处理器始于 20 世纪 80 年代初。1986 年推出 R2000 处理器,1988 年推出 R3000 处理器,1991 年推出第一款 64 位商用微处理器 R4000。之后又陆续推出 R8000(于 1994 年)、R10000(于 1996 年)和 R12000(于 1997 年)等型号。

随后,MIPS 公司的战略发生变化,把重点放在嵌入式系统。1999 年,MIPS 公司发布 MIPS32 和 MIPS64 架构标准,为未来 MIPS 处理器的开发奠定了基础。新的架构集成了所有原来 NIPS 指令集,并且增加了许多更强大的功能。MIPS 公司陆续开发了高性能、低功耗的 32 位处理器内核(core)MIPS324Kc 与高性能 64 位处理器内核 MIPS64 5Kc。2000 年,MIPS 公司发布了针对 MIPS32 4Kc 的版本以及 64 位 MIPS 64 20Kc 处理器内核。

5)Alpha 处理器。Alpha 处理器最早由 DEC 公司设计制造,在 Compaq(康柏)公司收购 DEC 之后,Alpha 处理器继续得到发展,并且应用于许多高档的 Compaq 服务器上。自 1995 年开始开发了 21164 芯片,那时的工艺为 $0.5\mu m$,主频为 200MHz,1998 年,又推出新型号 21264,当时的主频是 600MHz。目前较新的 21264 芯片主频达到 1GHz,工艺为 $0.18\mu m$。在该芯片具有完善的指令预测能力和很高的存储系统带宽(超过 1GB/s)的同时,增加了处理视

频信息的功能,其多媒体处理能力得到了增强。

21264 芯片保持了 Alpha 处理器可以运行多种操作系统的特点,其中包括 Tru64UNIX、OpenVMS 和 Linux 等,而在这些系统中,已经有许多成熟的应用程序,这也是 Alpha 处理器的一个优势。

从当前的服务器发展状况看,以"小、巧、稳"为特点的 IA 架构(CISC 架构)的 PC 服务器凭借可靠的性能、低廉的价格,得到了更为广泛的应用。在互联网和局域网领域,用于文件服务、打印服务、通讯服务、Web 服务、电子邮件服务、数据库服务、应用服务等用途。

最后值得注意的一点,虽然 CPU 是决定服务器性能最重要的因素之一,但是如果没有其他配件的支持和配合,CPU 也不能发挥出它应有的性能。

2. CPU 主频

CPU 的主频,即 CPU 内核工作的时钟频率(CPU clock speed)。通常所说的某某 CPU 是多少兆赫的,就是指"CPU 的主频"为多少兆赫。很多人认为 CPU 的主频就是其运行速度,其实不然。CPU 的主频表示在 CPU 内数字脉冲信号震荡的速度,与 CPU 实际的运算能力并没有直接关系。主频和实际的运算速度存在一定的关系,但目前还没有一个确定的公式能够定量两者的数值关系,因为 CPU 的运算速度还要看 CPU 的流水线的各方面的性能指标(缓存、指令集、CPU 的位数等)。由于主频并不直接代表运算速度,所以在一定情况下,很可能会出现主频较高的 CPU 实际运算速度较低的现象。比如 AMD 公司的 AthlonXP 系列 CPU 大多都能以较低的主频,达到英特尔公司的 Pentium 4 系列 CPU 较高主频的 CPU 性能,所以 AthlonXP 系列 CPU 才以 PR 值的方式来命名。因此主频仅是 CPU 性能表现的一个方面,而不代表 CPU 的整体性能。

CPU 的主频不代表 CPU 的速度,但提高主频对于提高 CPU 的运算速度却是至关重要的。举个例子来说,假设某个 CPU 在一个时钟周期内执行一条运算指令,那么当 CPU 运行在 100MHz 主频时,将比它运行在 50MHz 主频时速度快一倍。因为 100MHz 的时钟周期比 50MHz 的时钟周期占用时间减少了一半,也就是工作在 100MHz 主频的 CPU 执行一条运算指令所需时间仅为 10ns,比工作在 50MHz 主频时的 20ns 缩短了一半,自然运算速度也就快了一倍。只不过电脑的整体运行速度不仅取决于 CPU 的运算速度,还与其他各分系统的运行情况有关,只有在提高主频的同时,各分系统运行速度和各分系统之间的数据传输速度都能得到提高,电脑整体的运行速度才能真正得到提高。

提高 CPU 工作主频主要受到生产工艺的限制。由于 CPU 是在半导体硅片上制造的,在硅片上的元件之间需要导线进行连接,而在高频状态下要求导线越细越短越好,这样才能减小导线分布电容等杂散干扰以保证 CPU 运算正确。因此制造工艺的限制,是 CPU 主频发展的最大障碍之一。

3. 内存主频

内存主频和 CPU 主频一样,习惯上被用来表示内存的速度,它代表着该内存所能达到的最高工作频率。内存主频是以 MHz(兆赫)为单位来计量的。内存主频越高在一定程度上代表着内存所能达到的速度越快。内存主频决定着该内存最高能在什么样的频率正常工作。目前较为主流的内存频率是 333MHz 和 400MHz 的 DDR 内存,以及 667MHz 和 800MHz 的 DDR2 内存。

大家知道,计算机系统的时钟速度是以频率来衡量的。晶体振荡器控制着时钟速度,在石英晶片上加上电压,其就以正弦波的形式震动起来,这一震动可以通过晶片的形变和大小记录下来。晶体的震动以正弦调和变化的电流的形式表现出来,这一变化的电流就是时钟信号。而内存本身并不具备晶体振荡器,因此内存工作时的时钟信号是由主板芯片组的北桥或直接由主板的时钟发生器提供的,也就是说内存无法决定自身的工作频率,其实际工作频率是由主板来决定的。

　　DDR 内存和 DDR2 内存的频率可以用工作频率和等效频率两种方式表示,工作频率是内存颗粒实际的工作频率,但是由于 DDR 内存可以在脉冲的上升和下降沿都传输数据,因此传输数据的等效频率是工作频率的两倍;而 DDR2 内存每个时钟能够以 4 倍于工作频率的速度读/写数据,因此传输数据的等效频率是工作频率的 4 倍。例如 DDR 200/266/333/400 的工作频率分别是 100MHz/133MHz/166MHz/200MHz,而等效频率分别是 200MHz/266MHz/333MHz/400MHz;DDR2 400/533/667/800 的工作频率分别是 100MHz/133MHz/166MHz/200MHz,而等效频率分别是 400MHz/533MHz/667MHz/800MHz。

　　内存异步工作模式包含多种意义,在广义上凡是内存工作频率与 CPU 的外频不一致时都可以称为内存异步工作模式。首先,最早的内存异步工作模式出现在早期的主板芯片组中,可以使内存工作在比 CPU 外频高 33MHz 或者低 33MHz 的模式下(注意只是简单相差 33MHz),从而可以提高系统内存性能或者使老内存继续发挥余热。其次,在正常的工作模式(CPU 不超频)下,目前不少主板芯片组也支持内存异步工作模式,例如 Intel 910GL 芯片组,仅仅只支持 533MHz FSB 即 133MHz 的 CPU 外频,但却可以搭配工作频率为 133MHz 的 DDR 266、工作频率为 166MHz 的 DDR 333 和工作频率为 200MHz 的 DDR 400 正常工作(注意此时其 CPU 外频 133MHz 与 DDR 400 的工作频率 200MHz 已经相差 66MHz 了),只不过搭配不同的内存其性能有差异罢了。再次,在 CPU 超频的情况下,为了不使内存拖 CPU 超频能力的后腿,此时可以调低内存的工作频率以便于超频,例如 AMD 的 Socket 939 接口的 Opteron 144 非常容易超频,不少产品的外频都可以轻松超上 300MHz,而此时如果在内存同步的工作模式下,内存的等效频率将高达 DDR 600,这显然是不可能的。为了顺利超上 300MHz 外频,我们可以在超频前在主板 BIOS 中把内存设置为 DDR 333 或 DDR 266,在超上 300MHz 外频之后,前者也不过才 DDR 500(某些极品内存可以达到),而后者更是只有 DDR 400(完全是正常的标准频率)。由此可见,正确设置内存异步模式有助于超频成功。

　　说到处理器主频,就要提到与之密切相关的两个概念:倍频与外频。外频是 CPU 的基准频率,单位也是 MHz。外频是 CPU 与主板之间同步运行的速度,而且目前的绝大部分电脑系统中外频也是内存与主板之间的同步运行的速度,在这种方式下,可以理解为 CPU 的外频直接与内存相连通,实现两者间的同步运行状态。倍频即主频与外频之比的倍数。主频、外频、倍频,其关系式:主频＝外频×倍频。早期的 CPU 并没有“倍频”这个概念,那时主频和系统总线的速度是一样的。随着技术的发展,CPU 速度越来越快,内存、硬盘等配件逐渐跟不上 CPU 的速度了,而倍频的出现解决了这个问题,它可使内存等部件仍然工作在相对较低的系统总线频率下,而 CPU 的主频可以通过倍频来无限提升(理论上)。我们可以把外频看作是机器内的一条生产线,而倍频则是生产线的条数,一台机器生产速度的快慢(主频)自然就是生产线的速度(外频)乘以生产线的条数(倍频)了。现在的厂商基本上都已经把倍频锁死,要超频只有从外频下手,通过倍频与外频的搭配来对主板的跳线或在 BIOS 中设置软超频,从而达到计算机总体性能的部分提升,所以在购买时要尽量注意 CPU 的外频。

　　目前的主板芯片组几乎都支持内存异步,英特尔公司从 810 系列到目前较新的 875 系列都支持,而威盛公司则从 693 芯片组以后全部都提供了此功能。

4. CPU 外频

CPU 的主频随着技术进步和市场需求的提升而不断提高,但外部设备所能承受的频率极限与 CPU 核心无法相提并论,于是外频的概念产生了。一般说来,我们现在能见到的标准外频有 100MHz、133MHz,甚至更高的 166MHz,目前又有了 200MHz 的高外频。CPU 的工作频率(主频)包括两部分:外频与倍频,两者的乘积就是主频。倍频的全称为倍频系数。CPU 的主频与外频之间存在着一个比值关系,这个比值就是倍频系数,简称倍频。倍频可以从 1.5 一直到 23 甚至更高,以 0.5 为一个间隔单位。外频与倍频相乘就是主频(主频=外频×倍频),所以其中任何一项提高都可以使 CPU 的主频上升。

我们知道,电脑有许多配件,配件不同,速度也就不同。在 286、386 和早期的 486 电脑里,CPU 的速度不是太高,和内存保持一样的速度。后来随着 CPU 速度的飞速提升,内存由于电气结构关系,无法像 CPU 那样提到很高的速度(就算现在内存达到 400、533,但跟 CPU 的几个 G 的速度相比,根本就不是一个级别的),于是造成了内存和 CPU 之间出现了速度差异。在 486 之前,CPU 的主频还处于一个较低的阶段,一般都等于外频。而在 486 出现以后,由于 CPU 工作频率不断提高,而 PC 机的一些其他设备(如插卡、硬盘等)却受到工艺的限制,不能承受更高的频率,因此限制了 CPU 频率的进一步提高。因此出现了倍频技术,该技术能够使 CPU 内部工作频率变为外部频率的倍数,从而通过提升倍频而达到提升主频的目的。倍频技术就是使外部设备可以工作在一个较低外频上,而 CPU 主频是外频的倍数。

在 Pentium 时代,CPU 的外频一般是 60/66MHz,从 Pentium Ⅱ 开始,CPU 外频提高到 100MHz,目前 CPU 外频已经达到了 200MHz。由于正常情况下外频和内存总线频率相同,所以当 CPU 外频提高后,与内存之间的交换速度也相应得到了提高,对提高电脑整体运行速度影响较大。

CPU 主频、外频和前端总线(FSB)频率的单位都是 Hz,目前通常是以 MHz 和 GHz 作为计量单位的。需要注意的是不要将外频和 FSB 频率混为一谈,我们时常在 IT 媒体上可以看见一些外频 800MHz、533MHz 的词语,其实这些是把外频和 FSB 给混淆了。例如 Pentium 4 处理器的外频目前有 100MHz 和 133MHz 两种,由于 Intel 使用了 4 倍传输技术,受益于 Pentium 4 处理器的 4 倍数据传输(quad data rate,QDR)总线。该技术可以使系统总线在一个时钟周期内传送 4 次数据,也就是传输效率是原来的 4 倍,相当于用了 4 条原来的前端总线来和内存发生联系。在外频仍然是 133MHz(如 P4 Northwood 处理器)的时候,前端总线的速度增加 4 倍变成了 133×4=532MHz,当外频升到 200MHz,前端总线变成 800MHz,所以你会看到 532 前端总线的 P4 和 800 前端总线的 P4。而它们的实际外频只有 133 和 200。即 FSB=CPU 外频×4。AMD Athlon 64 处理器基于同样的道理,也将会以 200MHz 外频支持 800MHz 的前端总线频率。但是对于 AMD Athlon XP 处理器,因其前端总线使用双倍数据传输技术(double date rate,DDR),它的前端总线频率为外频的 2 倍,所以外频 200MHz 的 Athlon XP 处理器的前端总线频率为 400MHz。对于早期的处理器,如 Pentium Ⅲ,其外频和前端总线频率是相等的。

前端总线的速度指的是 CPU 和北桥芯片间总线的速度,更实质性地表示了 CPU 和外界数据传输的速度。而外频的概念是建立在数字脉冲信号震荡速度基础之上的,也就是说,100MHz 外频特指数字脉冲信号在每秒钟震荡一万万次,它更多地影响了 PCI 及其他总线的频率。之所以前端总线与外频这两个概念容易混淆,主要的原因是在以前的很长一段时间里(主要是在 Pentium 4 出现之前和刚出现 Pentium 4 时),前端总线频率与外频是相同的,因此往往直接称前端总线为外频,最终造成这样的误会。随着计算机技术的发展,人们发现前端总线频率需要高于外频,因此采用了 QDR 技术,或者其他类似的技术实现这个目的。这些技术的原理类似于 AGP 的 2X 或者 4X,它们使得前端总线的频率成为外频的2倍、4倍甚至更高,从此之后前端总线和外频的区别才开始被人们重视起来。

FSB 是将 CPU 连接到北桥芯片的总线,也是 CPU 和外界交换数据的主要通道,因此前端总线的数据传输能力对整机性能影响很大。数据传输最大带宽取决于所有同时传输数据的宽度和传输频率,即数据带宽 = 总线频率 × 数据位宽 ÷ 8。例如 Intel 公司的 P Ⅱ 333 使用 66MHz 的前端总线,所以它与内存之间的数据交换带宽为 528MB/s = (66×64)/8,而其 P Ⅱ 则使用 100MHz 的前端总线,所以其数据交换峰值带宽为 800MB/s = (100×64)/8。再比如 Intel 845 芯片组只支持单通道 DDR333 内存,所以理论最高内存带宽为 333MHz×8Bytes(数据宽度) = 2.7GB/s,而 Intel 875 平台在双通道下的内存带宽最高可达 400MHz×8Bytes(数据宽度) × 2 = 6.4GB/s。目前 PC 机常用的前端总线频率有 266MHz、333MHz、400MHz、533MHz、800MHz、1066MHz 几种。

提到外频,我们就顺便再说一下 PCI 工作频率。目前电脑上的硬盘、声卡等许多部件都是采用 PCI 总线形式,并且工作在 33MHz 的标准工作频率之下。PCI 总线频率并不是固定的,而是取决于系统总线速度,也就是外频。当外频为 66MHz 时,主板通过二分频技术令 PCI 设备保持 33MHz 的工作频率;而当外频提高到 100MHz 时,三分频技术一样可以令 PCI 设备的工作频率不超标;在采用四分频、五分频技术的主板上,当外频为 133MHz、166MHz 时,同样可以让 PCI 设备工作在 33MHz。但是如果外频并没有采用上述标准频率,而是定格在如 75MHz、83MHz 之下,则 PCI 总线依然只能用二分频技术,从而令 PCI 系统的工作频率为 37.5MHz 甚至是 41.5MHz。这样一来,许多部件就必须工作在非额定频率之下,那么是否能够正常运作就要取决于产品本身的质量了。此时,硬盘能否撑得住是最关键的,因为 PCI 总线提升后,硬盘与 CPU 的数据交换速度增加,极有可能导致读写不正常,从而产生死机。

高外频对系统的影响呈两面性,有利因素可归结为两个,一是提升 CPU 乃至整体系统的执行效率,二是增加系统可以获得的内存带宽。两者带来的最终结果自然是整体性能明显提升。

因此我们可以看出,外频对系统性能起着决定性的作用:CPU 的主频由倍频和外频综合决定,前端总线频率根据采用的传输技术由外频来决定,主板的 PCI 频率由外频和分频倍数决定,内存子系统的数据带宽也受外频决定。

高外频系统需要有足够的内存带宽才能满足系统需要。理论而言,前端总线与内存规格同步是最有效率的内存系统工作模式。要想充分发挥 200MHz 外频的性能,内存带宽就要与外频、前端总线相匹配,否则,内存就会成为系统瓶颈。起初,英特尔公司之所以采用 DDR 内存,并不是看重了 DDR 的性能,而是因为 RDRAM 内存的价格过于昂贵,用户无法接受。在主流市场上,英特尔所提供的内存规格一直无法满足处理器带宽的需要,始终给人以落后一步的感觉。只是在高端平台上,双通道 DDR 和双通道 RDRAM 内存才刚好够用。

当外频为 200MHz 时,前端总线达到 800MHz 后,带宽也随之提高到 6.4GB/s,采用双通道 DDR400 可以解决匹配问题,双通道 DDR400 的内存带宽也将达到 6.4GB/s,刚好可以满足需要。对于 Athlon XP 来说,因其前端总线为 400MHz 时,带宽为 3.2GB/s,单通道 DDR400 内存带宽为 3.2GB/s,也可以满足系统需求。因此,在未来的时间里,DDR400 将会大行其道。这也是为什么英特尔转而支持 DDR400 的原因所在。

200MHz 的外频、800MHz 的前端总线及配合双通道 DDR400,将 PC 的系统性能推到了一个新的台级,并且能极大地满足未来的需要,而且还具有相当大的升级空间。

5. CPU 缓存

缓存(cache)大小是 CPU 的重要指标之一,其结构与大小对 CPU 速度的影响非常大。简单地讲,缓存就是用来存储一些常用或即将用到的数据或指令,当需要这些数据或指令时直接从缓存中读取,这样比到内存甚至硬盘中读取要快得多,能够大幅度提升 CPU 的处理速度。

所谓处理器缓存,通常指的是二级高速缓存,或外部高速缓存。即高速缓冲存储器,是位于 CPU 和主存储器 DRAM(dynamic RAM)之间的规模较小的但速度很高的存储器,通常由 SRAM(静态随机存储器)组成,用来存放那些被 CPU 频繁使用的数据,以便使 CPU 不必依赖于速度较慢的 DRAM(动态随机存储器)。L2 高速缓存一直都属于速度极快而价格也相当昂贵的一类内存,称为 SRAM。由于 SRAM 采用了与制作 CPU 相同的半导体工艺,因此与 DRAM 比较,SRAM 的存取速度快,但体积较大,价格很高。

处理器缓存的基本思想是用少量的 SRAM 作为 CPU 与 DRAM 存储系统之间的缓冲区,即 Cache 系统。80486 以及更高档微处理器的一个显著特点是处理器芯片内集成了 SRAM 作为 Cache,由于这些 Cache 装在芯片内,因此称为片内 Cache。486 芯片内 Cache 的容量通常为 8K。高档芯片如 Pentium 为 16KB,Power PC 可达 32KB。Pentium 微处理器进一步改进片内 Cache,采用数据和双通道 Cache 技术,相对而言,片内 Cache 的容量不大,但是非常灵活、方便,极大地提高了微处理器的性能。片内 Cache 也称为一级 Cache。由于 486,586 等高档处理器的时钟频率很高,一旦出现一级 Cache 未命中的情况,性能将明显恶化。在这种情况下采用的办法是在处理器芯片之外再加 Cache,称为二级 Cache。二级 Cache 实际上是 CPU 和主存之间的真正缓冲。由于系统板上的响应时间远低于 CPU 的速度,如果没有二级 Cache 就不可能达到 486,586 等高档处理器的理想速度。二级 Cache 的容量通常应比一级 Cache 大一个数量级以上。在系统设置中,常要求用户确定二级 Cache 是否安装及尺寸大小等。二级 Cache 的大小一般为 128KB、256KB 或 512KB。在 486 以上档次的微机中,普遍采用 256KB 或 512KB 同步 Cache。所谓同步是指 Cache 和 CPU 采用了相同的时钟周期,以相同的速度同步工作。相对于异步 Cache,性能可提高 30%以上。

目前,PC 及其服务器系统的发展趋势之一是 CPU 主频越做越高,系统架构越做越先进,而主存 DRAM 的结构和存取时间改进较慢。因此,Cache 技术愈显重要,在 PC 系统中 Cache 越做越大。广大用户已把 Cache 作为评价和选购 PC 系统的一个重要指标。

6. CPU 核心

核心(die)又称为内核,是 CPU 最重要的组成部分。CPU 中心那块隆起的芯片就是核心,是由单晶硅以一定的生产工艺制造出来的,CPU 所有的计算、接受/存储命令、处理数据都由核心执行。各种 CPU 核心都具有固定的逻辑结构,一级缓存、二级缓存、执行单元、指令级单元和总线接口等逻辑单元都会有科学的布局。

为了便于 CPU 设计、生产、销售的管理,CPU 制造商会对各种 CPU 核心给出相应的代号,这也就是所谓的 CPU 核心类型。

CPU 从诞生之日起,主频就在不断地提高,如今主频之路已经走到了拐点。桌面处理器的主频在 2000 年达到了 1GHz,2001 年达到 2GHz,2002 年达到了 3GHz。但在将近 5 年之后我们仍然没有看到 4GHz 处理器的出现。电压和发热量成为最主要的障碍,导致在桌面处理器特别是笔记本电脑方面,Intel 和 AMD 无法再通过简单提升时钟频率就可设计出下一代的新 CPU。

　　面对主频之路走到尽头,Intel 和 AMD 开始寻找其他方式用以在提升能力的同时保持住或者提升处理器的能效,而最具实际意义的方式是增加 CPU 内处理核心的数量。

　　多内核是指在一枚处理器中集成两个或多个完整的计算引擎(内核)。多核技术的开发源于工程师们认识到,仅仅提高单核芯片的速度会产生过多热量且无法带来相应的性能改善,先前的处理器产品就是如此。他们认识到,在先前产品中如果以那么高的速率运行,处理器产生的热量很快会超过太阳表面。即便是没有热量问题,其性价比也令人难以接受,速度稍快的处理器价格要高很多。

　　英特尔工程师们开发了多核芯片,使之满足“横向扩展”(而非“纵向扩充”)方法,从而提高性能。该架构实现了“分治法”战略,通过划分任务,线程应用能够充分利用多个执行内核,并可在特定的时间内执行更多任务。多核处理器是单枚芯片(也称为“硅核”),能够直接插入单一的处理器插槽中,但操作系统会利用所有相关的资源,将它的每个执行内核作为分立的逻辑处理器。通过在两个执行内核之间划分任务,多核处理器可在特定的时钟周期内执行更多任务。多核架构能够使目前的软件更出色地运行,并创建一个促进未来的软件编写更趋完善的架构。尽管软件厂商还在探索全新的软件并发处理模式,但是,随着向多核处理器的移植,现有软件无需被修改就可支持多核平台。操作系统专为充分利用多个处理器而设计,且无需修改就可运行。为了充分利用多核技术,应用开发人员需要在程序设计中融入更多思路,但设计流程与目前对称多处理(SMP)系统的设计流程相同,并且现有的单线程应用也将继续运行。现在,得益于线程技术的应用,在多核处理器上运行时其将显示出卓越的性能可扩充性。此类软件包括多媒体应用(内容创建、编辑,以及本地和数据流回放)、工程和其他技术计算应用以及诸如应用服务器和数据库等中间层与后层服务器应用。多核技术能够使服务器并行处理任务,而在以前,这可能需要使用多个处理器。多核系统更易于扩充,并且能够在更纤巧的外形中融入更强大的处理性能,这种外形所用的功耗更低、计算功耗产生的热量更少。因此多核技术是处理器发展的必然。近 20 年来,推动微处理器性能不断提高的因素主要有两个:半导体工艺技术的飞速进步和体系结构的不断发展。半导体工艺技术的每一次进步都为微处理器体系结构的研究提出了新的问题,开辟了新的领域;体系结构的进展又在半导体工艺技术发展的基础上进一步提高了微处理器的性能。这两个因素是相互影响,相互促进的。一般说来,工艺和电路技术的发展使得处理器性能提高约 20 倍,体系结构的发展使得处理器性能提高约 4 倍,编译技术的发展使得处理器性能提高约 1.4 倍。但是今天,这种规律性的东西却很难维持。多核的出现是技术发展和应用需求的必然产物。

　　单芯片多处理器(CMP)与同时多线程处理器(simultaneous multithreading,SMT),这两种体系结构可以充分利用这些应用的指令级并行性和线程级并行性显著提高运行的性能。

　　从体系结构的角度看,SMT 比 CMP 对处理器资源利用率要高,在克服线延迟影响方面更具优势。而 CMP 相对 SMT 的最大优势在于其模块化设计的简洁性,复制简单设计非常容易,指令调度更加简单。同时 SMT 中多个线程对共享资源的争用也会影响其性能,而 CMP 对共享资源的争用要少得多,因此当应用的线程级并行性较高时,CMP 性能一般要优于SMT。此外在设计上,更短的芯片连线使 CMP 比长导线集中式设计的 SMT 更容易提高芯片的运行频率,从而在一定程度上起到性能优化的效果。总之,单芯片多处理器通过在一个芯片上集成多个微处理器核心来提高程序的并行性。每个微处理器核心实质上都是一个相对简单的单线程微处理器或者比较简单的多线程微处理器,这样多个微处理器核心就可以并行地执行程序代码,因而具有了较高的线程级并行性。由于 CMP 采用了相对简单的微处理器作为处理器核心,使得 CMP 具有高主频、设计和验证周期短、控制逻辑简单、扩展性好、易于实现、功耗低、通信延迟低等优点。此外,CMP 还能充分利用不同应用的指令级并行和线程级并行,具有较高线程级并行性的应用如商业应用等可以很好地利用这种结构来提高性能。目前单芯片多处理器已经成为处理器体系结构发展的一个重要趋势。

多核 CPU 在 IX3000 中的应用(Woodcrest 的特点优势),Woodcrest 处理器采用的是 Intel 新推出的 Intel Core(酷睿)处理器架构,该架构目前包含三颗处理器芯片:Merom、Corone、Woodcrest,分别对应移动笔记本、台式机、Server 三种不同的应用;IX3000 使用的正是用于 Sever 应用的 Woodcrest 处理器。

Woodcrest 处理器是 64 位双核处理器,专为服务器和工作站而设计。该系列处理器基于 intel 65 纳米工艺,具有高性能和低功耗等特点。Woodcrest 处理器兼容传统的 IA-32 软件体系架构。内建基于高级智能缓存架构的 32KB 的 1 级指令和数据缓存及 4MB 的 2 级缓存。1066/1333MHz 的前端总线频率是 266/333MHz 系统时钟的 4 倍频,可以在每秒钟传输高达 8.5GB/10.66GB 的数据。

7. CPU 数量

标配处理器数量是指服务器在出厂时随机有多少个处理器(CPU)。一般来讲,现在服务器出厂时都至少会带一颗 CPU,有的会有 2 颗,4 颗,或甚至更多。当然,标准配置 CPU 数量越多,价格肯定也就会越高。

入门级服务器通常只使用一到两颗 CPU,主要是针对基于 Windows NT,NetWare 等网络操作系统的用户,可以满足办公室型的中小型网络用户的文件共享、打印服务、数据处理、Internet 接入及简单数据库应用的需求,也可以在小范围内完成诸如 E-mail、Proxy、DNS 等服务。

工作组级服务器一般支持 1 至 2 个 Xeon 处理器或单颗 P4(奔腾 4)处理器,可支持大容量的 ECC(一种内存技术,多用于服务器内存)内存,功能全面。其可管理性强且易于维护,适用于为中小企业提供 Web、Mail 等服务,也能够用于学校等教育部门的数字校园网、多媒体教室的建设等。通常情况下,如果应用不复杂,例如没有大型的数据库需要管理,那么采用工作组级服务器就可以满足要求。

部门级服务器通常可以支持 2 至 4 个 PIII Xeon(至强)处理器,具有较高的可靠性、可用性、可扩展性和可管理性。部门级服务器是企业网络中分散的各基层数据采集单位与最高层数据中心保持顺利连通的必要环节,适合中型企业(如金融、邮电等行业)作为数据中心、Web 站点等应用。

企业级服务器属于高档服务器,通常普遍可支持 4 至 8 个 PIII Xeon(至强)或 P4 Xeon(至强)处理器,拥有独立的双 PCI 通道和内存扩展板设计,具有高内存带宽、大容量热插拔硬盘和热插拔电源、超强的数据处理能力。企业级服务器主要适用于需要处理大量数据、高处理速度和对可靠性要求极高的大型企业和重要行业(如金融、证券、交通、邮电、通信等行业),可用于提供 ERP(企业资源配置)、电子商务、OA(办公自动化)等服务。

我们知道,对于一台普通 PC(个人电脑)机来讲,它的主板有多少个 CPU 插座,那么这台 PC 机最大就能支持多少个 CPU。但对于服务器来说就不完全是这种情况,现在的中高端服务器的主板一般都可以安插 CPU 扩展板,这样的服务器最大支持 CPU 数量就取决于扩展板和主板的双方面因素。总之,扩展性能越强,服务器的总拥有成本就越高。

8. 内存

服务器内存也是内存(RAM)，它与普通 PC(个人电脑)机内存在外观和结构上没有什么明显实质性的区别，主要是在内存上引入了一些新的特有的技术，如 ECC、ChipKill、热插拔技术等，具有极高的稳定性和纠错性能。

(1)ECC

在普通的内存上，常常使用一种技术，即 Parity。同位检查码(Parity check codes)被广泛地使用在侦错码(error detectioncodes)上，它们增加一个检查位给每个资料的字元(或字节)，并且能够侦测到一个字符中所有奇(偶)同位的错误。但 Parity 有一个缺点，当计算机查到某个 Byte 有错误时，并不能确定错误在哪一个位，也就无法修正错误。基于上述情况，产生了一种新的内存纠错技术，那就是 ECC，ECC 本身并不是一种内存型号，也不是一种内存专用技术，它是一种广泛应用于各种领域的计算机指令中，是一种指令纠错技术。ECC 的英文全称是"Error Checking and Correcting"，对应的中文名称就叫做"错误检查和纠正"，从这个名称我们就可以看出它的主要功能就是"发现并纠正错误"，它比奇偶校正技术更先进的方面主要在于它不仅能发现错误，而且能纠正这些错误，这些错误纠正之后计算机才能正确执行下面的任务，确保服务器的正常运行。之所以说它并不是一种内存型号，那是因为它并不是一种影响内存结构和存储速度的技术，它可以应用到不同的内存类型之中，就像前面讲到的"奇偶校正"内存，它也不是一种内存。最开始应用这种技术的是 EDO 内存，现在的 SD 也有应用的，而 ECC 内存主要是从 SD 内存开始得到广泛应用，而新的 DDR、RDRAM 也有相应的应用，目前主流的 ECC 内存其实是一种 SD 内存。

(2)Chipkill

Chipkill 技术是 IBM 公司为了解决目前服务器内存中 ECC 技术的不足而开发的，是一种新的 ECC 内存保护标准。我们知道 ECC 内存只能同时检测和纠正单一比特错误，但如果同时检测出两个以上比特的数据有错误，则一般无能为力。目前 ECC 技术之所以在服务器内存中广泛采用，一者是因为在这以前其他新的内存技术还不成熟，再者在目前的服务器中系统速度还是很高，在这种频率上一般来说同时出现多比特错误的现象很少发生。正因为这样才使得 ECC 技术得到了充分地认可和应用，使得 ECC 内存技术成为几乎所有服务器上的内存标准。

但随着基于 Intel 处理器架构的服务器的 CPU 性能在以几何级的倍数提高，而硬盘驱动器的性能同期只提高了少数的倍数，因此为了获得足够的性能，服务器需要大量的内存来临时保存 CPU 上需要读取的数据，这样大的数据访问量就导致单一内存芯片上每次访问时通常要提供 4(32 位)或 8(64 位)比特以上的数据，一次性读取这么多数据，出现多位数据错误的可能性会大大地提高，而 ECC 又不能纠正双比特以上的错误，这样就很可能造成全部比特数据的丢失，而导致系统很快崩溃。IBM 的 Chipkill 技术是利用内存的子结构方法来解决这一难题。内存子系统的设计原理是这样的，单一芯片，无论数据宽度是多少，只对于一个给定的 ECC 识别码，它的影响最多为一比特。举个例子来说，如果使用 4 比特宽的 DRAM，4 比特中的每一位的奇偶性将分别组成不同的 ECC 识别码，这个 ECC 识别码是用单独一个数据位来保存的，也就是说保存在不同的内存空间地址。因此，即使整个内存芯片出了故障，每个 ECC 识别码也将最多出现一比特坏数据，而这种情况完全可以通过 ECC 逻辑修复，从而保证内存子系统的容错性，保证了服务器在出现故障时，有强大的自我恢复能力。采用这种内存技术的内存可以同时检查并修复 4 个错误数据位，服务器的可靠性和稳定性都得到了更加充分的保障。

（3）Register

Register 即寄存器或目录寄存器,在内存上的作用我们可以把它理解成书的目录,有了它,当内存接到读写指令时,会先检索此目录,然后再进行读写操作,这将大大提高服务器内存的工作效率。带有 Register 的内存一定带 Buffer(缓冲),并且目前能见到的 Register 内存也都具有 ECC 功能,其主要应用在中高端服务器及图形工作站上。

由于服务器内存在各种技术上相对兼容机来说要严格得多,它强调的不仅是内存的速度,而且还有它的内在纠错技术能力和稳定性。所以在外频上目前来说只能是紧跟兼容机或普通台式内存之后。目前台式机的外频一般来说已到了 150MHz 以上的时代,但 133 外频仍是主流。而服务器由于受到整个配件外频和高稳定性的要求制约,主流外频还是 100MHz,但 133MHz 外频已逐步在各档次服务器中推行,在选购服务器时当然最好选择 133MHz 的外频。内存、其他配件也一样,要尽量同步进行,否则就会影响整个服务器的性能。目前主要的服务器内存品牌主要有 Kingmax、kinghorse、现代、三星、kingston、IBM、VIKING、NEC 等,但主要以前面几种在市面上较为常见,而且质量也能得到较好的保障。

标准内存容量是指服务器在出厂时随机带了多大容量的内存,这取决于厂商的出厂配置。一般来讲,服务器出厂时都配备了一定容量的内存,如 512M、1GB、2GB 等,通常低端的入门级服务器标配内存容量要小些,这取决于工作的需要和厂商的策略。现在的绝大多数服务器的主板,都还有空余的内存插槽或者支持内存扩展板,这样就可以安装更多的内存来扩充内存容量,来达到更高的性能。

最大内存容量是指服务器主板最大能够支持内存的容量。一般来讲,最大容量数值取决于主板芯片组和内存扩展槽等因素。比如 ServerWorks GC-HE 芯片组能够支持高达 64G 的内存,ServerWorks GC-LE 芯片组可以支持 16GB 的 DDR 内存。总的来说,服务器支持内存容量越大,其扩展性就越好,性能也就越高。

9. 芯片组

芯片组(chipset)是构成主板电路的核心,一定意义上讲,它决定了主板的级别和档次。它就是"南桥"和"北桥"的统称,就是把以前复杂的电路和元件最大限度地集成在几颗芯片内的芯片组。

如果说中央处理器(CPU)是整个电脑系统的大脑,那么芯片组将是整个电脑系统的心脏。在电脑界称设计芯片组的厂家为 Core Logic,Core 的中文意义是核心或中心,光从字面的意义就足以看出其重要性。对于主板而言,芯片组几乎决定了这块主板的功能,进而影响到整个电脑系统性能的发挥,它是主板的灵魂。芯片组性能的优劣,决定了主板性能的好坏与级别的高低。这是因为目前 CPU 的型号与种类繁多、功能特点不一,如果芯片组不能与 CPU 良好地协同工作,将严重地影响计算机的整体性能甚至不能正常工作。

主板芯片组几乎决定着主板的全部功能,其中 CPU 的类型、主板的系统总线频率,内存类型、容量和性能及显卡插槽规格都是由芯片组中的北桥芯片决定的;而扩展槽的种类与数量、扩展接口的类型和数量(如 USB2.0/1.1,IEEE1394,串口,并口,笔记本的 VGA 输出接口)等,是由芯片组的南桥决定的。还有些芯片组由于纳入了 3D 加速显示(集成显示芯片)、AC'97 声音解码等功能,因此它还决定着计算机系统的显示性能和音频播放性能等。

主板扩展槽数是指服务器的主板支持的 PCI 扩展槽、AGP 扩展槽等的数量。主板上这种扩展槽越多,服务器以后升级的空间越大。一般来讲,好的主板应该有 5 个以上的扩展插槽。

10.服务器硬盘

服务器硬盘,顾名思义,就是服务器上使用的硬盘(hard disk)。如果说服务器是网络数据的核心,那么服务器硬盘就是这个核心的数据仓库,所有的软件和用户数据都存储在这里。对用户来说,储存在服务器上的硬盘数据是最宝贵的,因此硬盘的可靠性是非常重要的。为了使硬盘能够适应大数据量、超长工作时间的工作环境,服务器一般采用高速、稳定、安全的 SCSI 硬盘。

现在的硬盘从接口方面分,可分为 IDE 硬盘与 SCSI 硬盘(目前还有一些支持 PCMCIA 接口、IEEE 1394 接口、SATA 接口、USB 接口和 FC－AL(fibre channel-arbitrated loop)光纤通道接口的产品,但相对来说非常少)。IDE 硬盘即我们日常所用的硬盘,它由于价格便宜而性能又不差,因此在 PC 机上得到了广泛的应用。目前个人电脑上使用的硬盘绝大多数均为此类型硬盘。另一类硬盘就是 SCSI(small computer system interface,小型计算机系统接口)硬盘了,由于其性能好,因此在服务器上普遍均采用此类硬盘产品,但同时它的价格也不菲,所以在普通 PC 机上不常看到 SCSI 的踪影。

同普通 PC 机的硬盘相比,服务器上使用的硬盘具有如下 4 个特点:

(1)速度快。服务器使用的硬盘转速快,可以达到每分钟 7200 或 10000 转,甚至更高;它还配置了较大(一般为 2MB 或 4MB)的回写式缓存;平均访问时间比较短;外部传输率和内部传输率更高,采用 Ultra Wide SCSI、Ultra2 Wide SCSI、Ultra160 SCSI、Ultra320 SCSI 等标准的 SCSI 硬盘,每秒的数据传输率分别可以达到 40MB、80MB、160MB、320MB。

(2)可靠性高。因为服务器硬盘几乎是 24 小时不停地运转,承受着巨大的工作量。可以说,硬盘如果出了问题,后果就不堪设想。所以,现在的硬盘都采用了 S. M. A. R. T 技术(自监测、分析和报告技术),同时硬盘厂商都采用了各自独有的先进技术来保证数据的安全。为了避免意外的损失,服务器硬盘一般都能承受 300G 到 1000G 的冲击力。

(3)多使用 SCSI 接口。多数服务器采用了数据吞吐量大、CPU 占有率极低的 SCSI 硬盘。SCSI 硬盘必须通过 SCSI 接口才能使用,有的服务器主板集成了 SCSI 接口,有的安有专用的 SCSI 接口卡,一块 SCSI 接口卡可以接 7 个 SCSI 设备,这是 IDE 接口所不能比拟的。

(4)支持热插拔。热插拔(hot swap)是一些服务器支持的硬盘安装方式,可以在服务器不停机的情况下,拔出或插入一块硬盘,操作系统自动识别硬盘的改动。这种技术对于 24 小时不间断运行的服务器来说,是非常必要的。

我们衡量一款服务器硬盘的性能时,主要应该参看以下指标:

◆ 主轴转速。是一个在硬盘的所有指标中除了容量之外,最应该引人注目的性能参数,也是决定硬盘内部传输速度和持续传输速度的第一决定因素。如今硬盘的转速多为 5400rpm、7200rpm、10000rpm 和 15000rpm。从目前的情况来看,10000rpm 的 SCSI 硬盘具有性价比高的优势,是目前硬盘的主流,而 7200rpm 及其以下级别的硬盘在逐步淡出硬盘市场。

◆ 内部传输率。其高低才是评价一个硬盘整体性能的决定性因素。硬盘数据传输率分为内外部传输率,通常称外部传输率也为突发数据传输率(burstdata transfer rate)或接口传输率,指从硬盘的缓存中向外输出数据的速度,目前采用 Ultra 160 SCSI 技术的外部传输率已经达到了 160MB/s;内部传输率也称最大或最小持续传输率(sustained transfer rate),是指硬盘在盘片上读写数据的速度,现在的主流硬盘大多在 30MB/s 到 60MB/s 之间。由于硬盘的内部传输率要小于外部传输率,所以只有内部传输率才可以作为衡量硬盘性能的真正标准。

◆ 单碟容量。除了对于容量增长的贡献之外,单碟容量的另一个重要意义在于提升硬盘的数据传输速度。单碟容量的提高得益于磁道数的增加和磁道内线性磁密度的增加。磁道数的增加对于减少磁头的寻道时间大有好处,因为磁片的半径是固定的,磁道数的增加意味着磁道间距离的缩短,因此磁头从一个磁道转移到另一个磁道所需的就位时间就会缩短,这将有助于随机数据传输速度的提高。而磁道内线性磁密度的增长则和硬盘的持续数据传输速度有着直接的联系。磁道内线性密度的增加使得每个磁道内可以存储更多的数据,从而在碟片的每个圆周运动中有更多的数据被从磁头读至硬盘的缓冲区里。

◆ 平均寻道时间。是指磁头移动到数据所在磁道需要的时间,这是衡量硬盘机械性能的重要指标,一般在 3~13ms 之间,建议平均寻道时间大于 8ms 的 SCSI 硬盘不要考虑。平均寻道时间和平均潜伏时间(完全由转速决定)一起决定了硬盘磁头找到数据所在的簇的时间,该时间直接影响着硬盘的随机数据传输速度。

◆ 缓存。提高硬盘高速缓存的容量也是一条提高硬盘整体性能的捷径。由于硬盘的内部数据传输速度和外部传输速度不同,因此需要缓存来做一个速度适配器。缓存的大小对于硬盘的持续数据传输速度有着极大的影响。它的容量有 512KB、2MB、4MB,甚至 8MB 或 16MB,对于视频捕捉、影像编辑等要求大量磁盘输入/输出的工作,大的硬盘缓存是非常理想的选择。

由于 SCSI 具有 CPU 占用率低,多任务并发操作效率高,连接设备多,连接距离长等优点,对于大多数的服务器应用,建议采用 SCSI 硬盘,并采用最新的 Ultra160 SCSI 控制器;对于低端的小型服务器应用,可以采用最新的 IDE 硬盘和控制器。确定了硬盘的接口和类型后,就要重点考察上面提到的影响硬盘性能的技术指标,根据转速、单碟容量、平均寻道时间、缓存等因素,并结合资金预算,选定性价比最合适的硬盘方案。在具体的应用中,首先应选用寿命长、故障率低的硬盘,可降低故障出现的几率和次数,这牵扯到硬盘的 MTBF(平均无故障时间)和数据保护技术,MTBF 值越大越好,如浪潮英信服务器采用的硬盘的 MTBF 值一般超过 120 万小时,而硬盘所共有的 S. M. A. R. T.(自监测、分析、报告技术)以及类似技术,如 seagate 和 IBM 的 DST(驱动器自我检测)和 DFT(驱动器健康检测),对于保存在硬盘中数据的安全性有着重要意义。

近年来硬盘的价格大幅度下降。事实上,硬盘的容量越高,其平均单价反而越低。在软件越来越大的趋势下,选购较大容量的硬盘是不会错的,而服务器的硬盘需要存放大量的数据,当然需要更大的空间。

在服务器中安装硬盘控制卡后,还必须装入相匹配的驱动程序(disk driver)才能驱动硬盘执行读写的动作。因此,在选购硬盘控制卡时,还得向经销商索取相匹配的驱动程序。

11. 磁盘阵列

另外,有些服务器,为了加强其数据的安全性,往往会安装"磁盘镜射"(disk mirroring)的功能。磁盘镜射是指将数据同时写入两台硬盘中,若其中一台损毁,另外一台仍能维持正常运行。故要执行磁盘镜射,服务器必须要安装两台硬盘。这两台硬盘必须规格一致,最好是厂牌也相同。

当服务器中只有一台硬盘时,因为其 Jumper 在出厂时就已设置好,不需再调整它。但安装两台硬盘时,其中一台须设置为"开机硬盘",它负责开启服务器,这时就必须调整硬盘的 Jumper,好让硬盘控制卡能测得哪一台为开机硬盘。

如采用多台磁盘就称为磁盘阵列。磁盘阵列有许多特点:第一是提高了存储容量;第二是多台硬磁盘驱动器可并行工作,提高了数据传输率;第三,由于有校验技术,提高了系统的可靠性。如果阵列中有一台硬磁盘损坏,利用其他盘可以重组出损坏盘上原来的数据,不影响系统正常工作,并可以在带电状态下更换已坏硬磁盘(热插拔功能),阵列控制器自动把重组数据写入新盘,或写入热备份盘而使新盘成为热备份盘。磁盘阵列通常配有冗余设备,如电源和风扇,以保证磁盘阵列的散热和系统的可靠性。磁盘阵列有 8 种 RAID 类型,出于对系统的安全、稳定、快速和成本的考虑,往往将系统软件、数据信息及镜像数据分别放在不同的磁盘阵列中,并根据服务器的应用环境,一般应该配有 2 到 3 种以上的 RAID 类型。

一台服务器至少应该配置 Ultra Wide SCSI 驱动控制器。这类设备可支持最多 15 个 SC-SI 设备,它们的吞吐量可达 40Mb/s。除了一个高速控制器外,Ultra Wide SCSI 驱动器还得要有最快处理能力,确保所选择的驱动器至少提供 10Mb/s 的吞吐量(传输率)。另外,也可考虑使用 RAID5 阵列来存放关键任务数据。许多 RAID 阵列和一些存储设备还支持热插拔功能,以便在线时更换发生问题的组件。

除了传统网络服务器中常用的 PCI、SVME 或 VME 总线设备外,新近又出现了一种被称为"电缆频道"的基于光缆的高速计算机外围设备。这种技术承诺提供 125Mb/s 的传输率,这将大大扩大应用带宽,而一种被称为"存储区域网络"(storage area networking,SAN)的概念也应运而生。今天,只有有限的控制器和驱动器支持这种标准。

12. 服务器网卡

网卡,又称网络适配器或网络接口卡(network interface card,NIC)。在网络中,如果有一台计算机没有网卡,那么这台计算机将不能和其他计算机通信,也将得不到服务器所提供的任何服务了。当然如果服务器没有网卡,也就称不上服务器了,所以说网卡是服务器必备的部件,就像普通 PC(个人电脑)机要配处理器一样。平时我们所见到的 PC 机上的网卡主要是将 PC 机和 LAN(局域网)相连接,而服务器网卡,一般是用于服务器与交换机等网络设备之间的连接。

一般服务器网卡具有如下特点:

(1)网卡数量多。普通 PC 机接入局域网或因特网时,一般情况下只要一块网卡就足够了。而为了满足服务器在网络方面的需要,服务器一般需要两块网卡或是更多的网卡。如 AblestNet 的 X5DP8 服务器主板上面内置了 Intel 的 82546EM 1000Mbps 自适应网卡芯片,这款芯片可以向下兼容 10Mbps、100Mbps 的端口。

(2)数据传输速度快。目前,大约有 80% 的网络是采用以太网技术的,现在我们最常见到的是以太网网卡。按网卡所支持带宽的不同可分为 10Mbps 网卡、100Mbps 网卡、10/100Mbps 自适应以太网卡、1000Mbps 网卡等几种。10Mbps 网卡已逐渐退出历史舞台,而 100Mbps 网卡与 10/100Mbps 自适应网卡目前是普通 PC 机上常用的以太网网卡。对于大数据流量网络来说,服务器应该采用千兆以太网网卡,这样才能提供高速的网络连接能力。谈到千兆以太网网卡,我们就不得不说一下新一代的 PCI 总线——PCI-X,它可为千兆以太网网卡、基于 Ultra SCSI320 的磁盘阵列控制器等高数据吞吐量的设备提供足够高的带宽。由于服务器的 PCI 网络适配器一般都具备相当大的数据吞吐量,旧式的 32bit、33MHz 的 PCI 插槽已经无法为那些 PCI 网络适配器提供足够高的带宽了。而 PCI-X 可以提供相对于旧式 32bit、33MHz PCI 总线 8 倍高的带宽,这样就可以满足服务器网络适配器的数据吞吐量的要求了。如果主板中已经集成了两块 100Mbps 的以太网网卡,我们可以在 BIOS 中屏蔽掉板载网卡,然后在 PCI-X 插槽中安装千兆以太网适配器,这样就能有效地增加网络带宽,大大提高整个网络的数据传输速率。AblestNet 的服务器系统基本上所有的 Xeon 级系统都提供了 PCI-X。

(3)CPU 占用率低。由于一台服务器可能要支持几百台客户机,并且还要不停地运行,因此对服务器网络性能的要求就比较高。而服务器与普通 PC 工作站的最大不同在于,普通 PC 工作站 CPU 的空闲时间比较多,且只有在工作站工作时才比较忙。而服务器的 CPU 则是不停地工作,处理着大量的数据。如果一台服务器 CPU 的大部分时间都在为网卡提供数据响应,势必会影响服务器对其他任务的处理速度。所以说,较低的 CPU 占用率对于服务器网卡来说是非常重要的。服务器专用网卡具有特殊的网络控制芯片,它可以从主 CPU 中接管许多网络任务,使主 CPU 集中"精力"运行网络操作和应用程序,当然服务器的服务性能也就不会再受影响了。

(4)安全性能高。服务器不但需要有强悍的服务性能,同样也要具有绝对放心的安全措施。在实际应用中,无论是网线断了、集线器或交换机端口坏了,还是网卡坏了都会造成连接中断,当然后果是不堪设想的。影响服务器正常运行的因素很多,其中与外界直接相通的网卡就是其中很重要的一个环节。为此,许多网络硬件厂商都推出了各自的具有容错功能的服务器网卡。例如 Intel 推出了三种容错服务器网卡,它们分别采用了网卡出错冗余(adapter fault olerance,AFT)、网卡负载均衡(adapter load balancing,ALB)、快速以太网通道(fast ether channel,FEC)技术。AFT 技术是在服务器和交换机之间建立冗余连接,即在服务器上安装两块网卡,一块为主网卡,另一块作为备用网卡,然后用两根网线将两块网卡都连到交换机上,在服务器和交换机之间建立主连接和备用连接,一旦主连接因为数据线损坏或网络传输中断连接失败,备用连接会在几秒钟内自动顶替主连接的工作,通常网络用户不会觉察到任何变化。这样一来就避免了因一条线路发生故障而造成整个网络瘫痪,从而可以极大地提高网络的安全性和可靠性。ALB 是让服务器能够更多更快地传输数据的一种简单易行的好方法。这项新技术是通过在多块网卡之间平衡数据流量的方法来增加吞吐量,每增加一块网卡,就增宽 100Mbps 通道。另外,ALB 还具有 AFT 同样的容错功能,一旦其中一条链路失效,其他链路仍可保障网络的连接。当服务器网卡成为网络瓶颈时,ALB 技术无需划分网段,网络管理员只需在服务器上安装两块具有 ALB 功能的网卡,并把它们配置成 ALB 状态,便可迅速、简便地解决瓶颈问题。FEC 是 Cisco 公司针对 Web 浏览及 Intranet 等对吞吐量要求较大的应用而开发的一种增大带宽的技术。FEC 同时也为进行重要应用的客户/服务器网络提供高可靠性和高速度。AFT、ALB、FEC 用的是同一个驱动程序,一个网卡组只能采用一种设置,系统采用何种技术要视具体情况而定。

13. 热插拔

热插拔(hot-plugging 或 hot swap)功能就是允许用户在不关闭系统、不切断电源的情况下取出和更换损坏的硬盘、电源或板卡等部件,从而提高系统对灾难的及时恢复能力、扩展性和灵活性等,例如一些面向高端应用的磁盘镜像系统都可以提供磁盘的热插拔功能。

具体用学术的说法就是:热替换(hot replacement)、热添加(hot expansion)和热升级(hot upgrade),而热插拔最早出现在服务器领域,是为了提高服务器可用性而提出的。在我们平时用的电脑中一般都有 USB 接口,这种接口就能够实现热插拔。如果没有热插拔功能,即使磁盘损坏不会造成数据的丢失,用户仍然需要暂时关闭系统,以便能够对硬盘进行更换。而使用热插拔技术只要简单地打开连接开关或者转动手柄就可以直接取出硬盘,而系统仍然可以不间断地正常运行。

实现热插拔需要有以下几个方面支持:总线电气特性、主板 BIOS、操作系统和设备驱动。那么我们只要确定环境符合以上特定的环境,就可以实现热插拔。目前的系统总线支持部分热插拔技术,特别是从 586 时代开始,系统总线都增加了外部总线的扩展,因此这方面我们的顾虑可以消除。从 1997 年开始,新的 BIOS 中增加了即插即用功能的支持,虽然这种即插即用的支持并不代表完全的热插拔支持,仅支持热添加和热替换,但这是我们热插拔中使用最多的技术,所以主板 BIOS 这个问题也可以克服。在操作系统方面,从 Windows95 开始就开始支持即插即用,但对于热插拔支持却很有限,直到 NT 4.0 开始,微软开始注意到 NT 操作系统将针对服务器领域,而这个领域中热插拔是很关键的一个技术,所以操作系统中就增加了完全的热插拔支持,并且这个特性一直延续到基于 NT 技术的 Windows 2000/XP 操作系统。因此只要使用 NT 4.0 以上的操作系统,热插拔方面操作系统就提供了完备的支持。驱动方面,目前针对 Windows NT,Novell 的 Netware,SCO UNIX 的驱动都整合热插拔功能整合,只要选择针对以上操作系统的驱动,实现热插拔的最后一个要素就具备了。

通常来说,一个完整的热插拔系统包括热插拔系统的硬件,支持热插拔的软件和操作系统,支持热插拔的设备驱动程序和支持热插拔的用户接口。

我们知道,在普通电脑里,USB(通用串行总线)接口设备和 IEEE 1394 接口设备等都可以实现热插拔,而在服务器里可实现热插拔的部件主要有硬盘、CPU、内存、电源、风扇、PCI 适配器、网卡等。购买服务器时一定要注意哪些部件能够实现热插拔,这对以后的工作至关重要。

14. 远程监视和诊断

服务器是成年累月地持续运行,但是系统管理员不可能一直守在服务器旁。因此,如果服务器出现问题,需要有办法尽快通知管理员,使管理人员能够及时解决问题,以保证系统的正常运行。在服务器中引入的远程管理技术实现了当服务器出现故障时,能够自动通过多种方式和管理员取得联系。目前有几个服务器厂商在他们的系统中还提供特殊的远程监视和诊断维修设备。这些设备不仅可提供一般的运行与操作状态信息,还可以提供拨号进入、电源轮换、温度监视、管理电池等功能,许多设备还可以通过打印页和电子邮件进行预警报告。

为了更加快捷、有效的管理,服务器内部监控也已经面面俱到。像 CPU 的温度、散热设备的工作状态到机箱的开盖报警,全部都能在任何情况下,通过多种方式报告给管理员(监控由软件转化成了硬件,完全独立,即使服务器完全瘫痪也能正常工作),如果不能及时处理出现的问题,监控设备也能自行处理,直到故障排除。例如,CPU 温度过高时能降频工作;冗余的散热措施在单个散热风扇停转时,自动将剩余的风扇转速提高,以加强散热等;服务器自动拨号通过电话、传呼等方式联络管理员,同时管理员也可以直接拨号到服务器了解系统运行情况,及时作出处理,从而真正实现了即使管理员不在本地也能迅速采取措施解决问题。

15. 服务器电源

顾名思义,服务器电源就是指使用在服务器上的电源,它和 PC(个人电脑)电源一样,都是一种开关电源。服务器电源按照标准可以分为 ATX 电源和 SSI 电源两种。ATX 标准使用较为普遍,主要用于台式机、工作站和低端服务器;而 SSI 标准是随着服务器技术的发展而产生的,适用于各种档次的服务器。

(1)ATX 标准

ATX 标准是 Intel 在 1997 年推出的一个规范,输出功率一般在 125～350W 之间。ATX 电源通常采用 20Pin(20 针)的双排长方形插座给主板供电。随着 Intel 推出 Pentium 4 处理器,电源规范也由 ATX 修改为 ATX12V。和 ATX 电源相比,ATX12V 电源主要增加了一个 4Pin 的 12V 电源输出端,以便更好地满足 Pentium 4 的供电要求(2GHz 主频的 P4 功耗达到 52.4W)。

(2)SSI 标准

SSI(server system infrastructure)规范是 Intel 联合一些主要的 IA 架构服务器生产商推

出的新型服务器电源规范。SSI 规范的推出是为了规范服务器电源技术,降低开发成本,延长服务器的使用寿命而制定的,主要包括服务器电源规格、背板系统规格、服务器机箱系统规格和散热系统规格。

根据使用的环境和规模不同,SSI 规范又可以分为 EPS、TPS、MPS、DPS 四种子规范。

1)EPS 规范(entry power supply specification):主要为单电源供电的中低端服务器设计,设计中秉承了 ATX 电源的基本规格,但在电性能指标上存在一些差异。它适用于额定功率在 300 ～ 400W 的电源,独立使用,不用于冗余方式。后来该规范发展到 EPS12V(Version2.0),适用的额定功率达到 450～650W,它和 ATX12V 电源最直观的区别在于提供了 24Pin 的主板电源接口和 8Pin 的 CPU 电源接口。联想万全 2200C/2400C 就采用了 EPS 标准的电源,输出功率为 300W,该电源输入电压宽范围为 90～264V,功率因数大于 0.95,由于选用了高规格的元器件,它的平均无故障时间(MTBF)大于 150000h。

2)TPS 规范(thin power supply specification):适用于 180～275W 的系统,具有 PFC(功率因数校正)、自动负载电流分配功能。电源系统最多可以实现 4 组电源并联冗余工作,由系统提供风扇散热。TPS 电源对热插拔和电流均衡分配要求较高,它可用于 N＋1 冗余工作,有冗余保护功能。

3)MPS 规范(midrange power supply specification):这种电源被定义为针对 4 路以上 CPU 的高端服务器系统。MPS 电源适用于额定功率在 375～450W 的电源,可单独使用,也可冗余使用。它具有 PFC、自动负载电流分配等功能。采用这种电源元件电压、电流规格设计和半导体、电容、电感等器件工作温度的设计裕量超过 15％。在环境温度为 25℃以上、最大负载、冗余工作方式下 MTBF 可到 150000h。

4)DPS 规范(distributed power supply specification):电源是单 48V 直流电压输出的供电系统,提供的最小功率为 800W,输出为＋48V 和＋12VSB。DPS 电源采用二次供电方式,输入交流电经过 AC-DC 转换电路后输出 48V 直流电,48V DC 再经过 DC-DC 转换电路输出负载需要的＋5V、＋12V、＋3.3V 直流电。制订这一规范主要是为简化电信用户的供电方式,便于机房供电,使 IA 服务器电源与电信所采用的电源系统接轨。

虽然目前服务器电源存在 ATX 和 SSI 两种标准,但是随着 SSI 标准的更加规范化,SSI 规范更能适合服务器的发展,以后的服务器电源也必将采用 SSI 规范。SSI 规范有利于推动 IA 服务器的发展,将来可支持的 CPU 主频会越来越高,功耗将越来越大,硬盘容量和转速等也越来越大,可外挂高速设备越来越多。为了减少发热和节能,未来 SSI 服务器电源将朝着低压化、大功率化、高密度、高效率、分布式化等方向发展。服务器采用的配件相当多,支持的 CPU 可以达到 4 路甚至更多,挂载的硬盘能够达到 4～10 块不等,内存容量也可以扩展到 10GB 之多,这些配件都是消耗能量的大户,比如中高端工业标准服务器采用的是 Xeon(至强)处理器,其功耗已经达到 80 多 W,而每块 SCSI 硬盘消耗的功率也在 10W 以上,所以服务器系统所需要的功率远远高于 PC,一般 PC 只要 200W 电源就足够了,而服务器则需要 300W 以上直至上千瓦的大功率电源。在实际选择中,不同的应用对服务器电源的要求不同,像电信、证券和金融这样的行业,强调数据的安全性和系统的稳定性,因而服务器电源要具有很高的可靠性。目前高端服务器多采用冗余电源技术,它具有均流、故障切换等功能,可以有效避免电源故障对系统的影响,实现 24×7 的不停顿运行。冗余电源较为常见的是 N＋1 冗余,可以保证一个电源发生故障的情况下系统不会瘫痪(同时出现两个以上电源故障的概率非常小)。冗余电源通常和热插拔技术配合,即热插拔冗余电源,它可以在系统运行时拔下出现故障的电源并换上一个完好的电源,从而大大提高了服务器系统的稳定性和可靠性。

在购买服务器时要注意一下本机电源,起码应该关注如下两点:

1)电源的品质,包括输出功率、效率、纹波噪音、时序、保护电路等指标是否达标或者满足需要。

2)注意电源生产厂家的信誉、规模和支持力度,信誉比较好、规模较大、支持及时的厂家,比如台达、全汉、新巨等,一般质量较可靠,在性价比方面也会好很多。选购时具体可参考以下指标:

功率的选择:市场上常见的是 300W 和 400W 两种,对于个人用户来说选用 300W 的已经够用,而对于服务器来说,因为要面临升级以及不断增加的磁盘阵列,就需要更大的功率支持它,为此使用 400W 电源应该是比较合适的。

安规认证:只有严格地考虑到产品品质、消费者的安全、健康等因素,对产品按不同的标准进行严格的检测,才能通过国际合格认证。安规认证是我们选购电源的重要指标,也应该是我们选择电源时需要注意的最重要的一点,因为它关系着我们的安全和健康。不好的电源噪声很大,对人的身体有影响,在这方面省下几百块钱是得不偿失的。现在的电源都要求通过 3C (china compulsory cerlification)认证(3C 认证是“中国国家强制性产品认证”)。

电压保持时间:对于这个参数主要是考虑 UPS 的问题,一般的电源都能满足需要,但是如果 UPS 质量不可靠的话,最好选一个电压保持时间长的电源。

冗余电源选择:这主要针对对系统稳定性要求比较高的服务器,冗余一般有二重冗余和三重冗余。

对主板的支持:这个因素看起来不重要,在家用 PC 机上也很少见,但在服务器中却存在这种现象,因此在选购时也要注意。

5.2.4　服务器的选择

服务器是所有 C/S 模式网络中心最核心的网络设备,在相当程度上决定了整个网络的性能。它既是网络的文件中心,又是网络的数据中心。服务器的种类和架构也非常复杂繁多,不同服务器之间在价格和性能等方面还存在很大的差异。如何选购合适的服务器设备是一件非常不容易的事,需要对服务器硬件设备本身有一个全面的了解。

“人尽其才,物尽其用。”企业购买服务器当然是为满足特定需要。针对不同需求,我们要关注的性能指标也不同。举例来说,对于数据库服务器,联机事物处理能力是最需着力考察的指标。TPC-C 是“事务处理性能委员会”(TPC)负责制订的基准测试指标,考察联机事务处理每分钟吞吐量。而 TPC-C 测试结果又包括两个指标,一个是流量指标 tpmC,这个值越大越好;另一个是性价比指标 Price/tpmC,指的是测试系统价格与流量指标的比值,这个值则越小越好。以 IBM 公司的 x366 为例子,根据 TPC 官方网站,在 TPC-C 在线交易基准测试中,x366 的流量指标达到了 141504tpmC,是 4 路至强芯片服务器的世界纪录。

再比如说,购买 Web 服务器时,最重要的性能指标就应该是 SPEC web99。SPEC web99 为 Web 用户提供了用于评测系统用作 Web 服务器能力的最客观、最具代表性的基准;而如果是选购应用服务器,关注 SPEC jbb200 和 SAP SD 这两个指标就能知道其大概了。因为 SPEC jbb200 是专门用来评估服务器系统运行 Java 应用程序能力的基准测试,而 SAP SD 的测试结果为客户提供了基本的规模建议。

对于大多数人来说,基准测试指标是一个全新的知识空间。许多人在购买服务器时习惯于考虑 CPU 和内存,以为选定了这些,服务器的性能就差不多了。其实,不同的系统设计技术会对服务器的性能产生巨大影响,用诸多量化指标来衡量比较是十分必要和重要的。

用户都希望系统能 $24 \times 7 \times 365$ 不停机、无故障地运行,这其实是要求服务器的可用性。而可用性和可管理性是息息相关的。服务器的故障处理技术越成熟,为用户提供的可用性就越高,而这个故障处理技术必须要有良好的管理手段和界面来及时表现。一方面可以通过出现故障时自动执行系统或部件切换以避免或减少意外停机,另一方面要让管理员及时察觉及帮助诊断,这样才能从根本上解决问题。目前这方面做得较好的是 IBMx3 架构服务器,它带有一种叫"弹出式光通路诊断面板"的技术,只要轻轻一按,光通路诊断面板就会从服务器前端弹出,指示器就可以帮助管理员快速地定位和替换故障组件,从而减少服务器的宕机时间。

以基准测试指标为基准,以理性考量为准绳,两者并行互航,您选择的服务器肯定错不了。

值得指出,由于现在的 PC 处理器功能非常强大,甚至远远超过诞生之初的服务器处理器,所以有些服务器厂商为了迎合一些小型企业用户的需求,用 PC 处理器来担当服务器中的中央处理器,生产出所谓的 PC 服务器。由于价格便宜(比一台高性能的 PC 机稍贵),加上配置了一些基本的服务器硬件,如磁盘阵列控制卡、SCSI 磁盘、冗余电源风扇等,使得一些小型企业用户开始动心,纷纷购买。其实这是非常不可取的,一方面,这类处理器的设计出发点就是个人用户,而并非服务器,所以其性能根本不能与服务器处理器相提并论。另一方面,这类处理器不具有并行扩展能力,如 SMP 对称处理器扩展能力,所以这类服务器不具有可扩展能力,很容易随着企业网络规模和网络应用复杂性的提高而不堪重负。最后,虽然提供了一些好像只有服务器中才有的硬件配置,但这些均是非常低档的,而且在相当大程度上用户可能还用不上,这主要因为受到处理器性能的限制。如虽然提供了磁盘阵列,但基本上提供的是基于 SATA(串行 ATA)和 IDE 接口的,其性能很难满足企业真正的磁盘阵列应用需求;所提供的 SCSI 磁盘,因为容量较小,如果用户要使用 SCSI 接口的磁盘,就必须另外向服务器厂商购买高容量 SCSI 磁盘,这个价格可不一般;好像风扇冗余还有些用,但仅一个风扇冗余对于服务器厂商来说花费几乎为零,且对于用户来说意义也非常有限。

基于上述分析,可以得出这样一个结论,除非肯定企业在近 3 年内在网络规模和网络应用上不会有大的变化和发展,否则建议不要选择这种 PC 服务器。专用的服务器处理器才是最好的选择,哪怕选择的只是最多支持 2 路的 Xeon DP 处理器。

选择服务器除了坚持货比三家,尽量选择性价比最好的,有良好的技术支持等原则,还要注意如下事项:

1. CPU 架构

CPU 架构是服务器非常关键的事项。因为目前就服务器来说,存在多种 CPU 架构。不同的 CPU 架构在相当大程度上决定了服务器的性能和整体水平和价格。采用 IA 和 x86 架构的则通常支持大众使用的 Windows 服务器系统,而且基于 IA 和 x86 架构处理器的服务器比基于 RISC 架构的服务器价格通常要便宜许多。所以,一般来说,对于绝大多数中小企业,建议还是选择大众化一些的 IA 和 x86 架构处理器的服务器,况且目前这类服务器性能已相当不错,而且基本上都可扩展到 4 路甚至 8 路并行架构,完全满足绝大多数中小企业当前及将来相当一段时间的发展需求。而对于那些在性能、稳定性和可扩展能力要求较高的大中型企业用户,则建议还是选择采用 RISC 架构处理器的服务器,所采用的服务器操作系统一般是 UNIX 或 Linux,当然绝大多数也支持 Windows 服务器系统。

2. 可扩展性

服务器的可扩展性主要表现在处理器的并行扩展和服务器群集两个方面。并行扩展技术最常见的是 SMP(对称多处理器)技术,它允许在同一个服务器中同时安插多个相同的处理器,以实现服务器性能的提高。低档服务器通常只具有 2 路以内,而工作组级可到 4 路,中、高档服务器则可达到 8 路、16 路,甚至 100 多路。其实这也可区别不同的 CPU 架构,IA 和 x86-64 架构的最大扩展能力比较低,通常在 8 路以下,而 RISC 架构的服务器至少可达 8 路,高档服务器更是高达 100 多路,如 Sun 的 UltraSPARC 系列处理器。

至于服务器群集扩展技术,现在在一些国外品牌的企业级,甚至部门级服务器中已开始普及,它通过一个群集管理软件把多个相同的或者不同的服务器集中起来管理,以实现负载均衡,提高整体服务器系统的性能水平。

另外,服务器可扩展性还表现在诸如主板总线插槽数、磁盘架位和内存插槽数等方面,这些也非常重要。一般来说服务器上安装的各种插件比一般 PC 机要多许多,所以要求所提供的 PCI 或者 PCI-X、PCI-E 插槽数量就要多一些,至少应在 5 个以上。磁盘架位更是如此,在服务器中,通常需非常大的磁盘容量,所以可能需要安装多个磁盘或者磁盘阵列,这时如果没有适当的磁盘架位就会使得磁盘安装受限。内存插槽也是如此,而且更是重要。因为内存是决定计算机性能的关键因素,而服务器因为所承担的负荷要远比一台普通 PC 机高,所以服务器内存通常比较大,至少在 1GB 以上,常见的都在 4GB 或以上。通过简单地提高内存容量可以实现大比例的性能提高,而内存容量的提高除了可以采用高容量的内存条外,更多的还是采用插入多条内存,所以内存插槽数的多少对服务器性能的提高也是至关重要的。

3. 服务器架构

这里所指的服务器架构主要是从服务器的机箱结构来讲的,它可分为塔式、机箱式、机柜式和刀片式四种。塔式结构机箱一般比较大,因为它要容纳更多的接插件,并需要更大的空间来散热。所以塔式架构的优点就是可扩展更多的总线、内存插槽,提供更多磁盘架位。它的不足就在于它的体积比较大,对于机房空间比较宝贵的企业用户来说,可能不是最佳选择。

机箱式或机柜式就像平常所见到的交换机一样,安装在机柜内(参看图 5.4(b)、(c)),体积较小、重量也轻。但是它的空间非常有限,所以它的扩展性也很有限,而且对服务器配件的热稳定性要求也比塔式的要高,因为它的空间小,不易散热。

刀片式服务器,它比机箱式服务器体积更小,但它具有非常灵活的扩展性,因此它可通过安装在一个刀片机柜中实现类似于多服务器群集的功能。因为刀片式服务器本身体积非常小,就像其他设备的模块化插件一样,所以一个机柜中可以安装几个,甚至几十个刀片服务器,实现整体服务器性能的成倍提高。

目前刀片式服务器技术发展非常迅速,它既可以满足中小企业的业务扩展需求,又可以满足大中型企业高性能的追求,还有智能化管理功能,是未来发展的一种必然趋势。

4. 主板芯片组

服务器也和 PC 机一样,主板在很大程度上决定了主机的整体性能和所采用的技术水平。而主板性能同样是由相应的芯片组决定的。芯片组可以决定的方面主要包括支持的 CPU 类型和主频、总线类型(PCI、PCI-X 或 PCI-E 等)、内存类型和容量、磁盘接口类型和磁盘阵列支持等,而这些对服务器来说都是非常重要的。

5. 服务器品牌

品牌似乎永远与产品质量、产品价格和服务水平联系在一起,所以在此强调品牌。好的品牌有好的产品质量,也有好的服务保证,但是相应的产品价格都比较贵,这就要求用户根据经费预算,均衡利弊进行选择。

5.3　交　换　机

　　"交换机"是一个舶来词,源自英文"switch",原意是"开关",我国技术界在引入这个词汇时,翻译为"交换"。在英文中,动词"交换"和名词"交换机"是同一个词。在交换机没有发明之前,计算机网络中用量最大的是集线器,又称为 HUB。由于 HUB 是一台共享而不是交换的网络设备,导致共享式以太网存在弊端:由于所有的节点都接在同一冲突域中,不管一个帧从哪里来或到哪里去,所有的节点都能接受到这个帧。随着节点的增加,大量的冲突将导致网络性能急剧下降。自从 1993 年局域网交换设备出现以来,国内掀起了交换网络技术的热潮。其实,交换技术是一个具有简单、低价、高性能和高端口密集特点的交换产品,体现了桥接技术的复杂交换技术在 OSI 参考模型的第二层操作。现在网络设计已从集线器为核心设备的时代,转换为以交换机为核心设备的时代。之所以这样说,是因为在一个企业或学校的局域网中采用网络设备数量最大的是交换机,路由器和防火墙基本上只在需要与外部网络连接时才采用,往往一个局域网只有一台路由器和防火墙,而绝大部分网络设备是交换机。所以说交换机的诞生开创了计算机网络设计的新纪元。

5.3.1　交换机的诞生

　　"有需求,才会有发明";最先的计算机网络是将两台计算机直接相连,随着两台计算机距的拉长,而信号在网络传输介质中又存在衰减和噪声,使数据信号变得越来越弱,导致误码率上升。为了保证有用数据的完整性,并在一定范围内传送,人们就制造了一种叫中继器(repeater)的网络设备。

　　中继器又称为转发器或重发器。中继器就是再生电信号(电中继器)或光信号(光中继器),使其成为能够传送更长距离的设备。当中继器收到信号后,它将信号还原,并消除传输过程中由于噪声而产生的信号破坏,经放大整形后输出。中继器没有"智能",它不能控制和分析信息,更不具备网络管理功能。它只是简单地接收数据帧,逐一再生放大信号,然后把数据发往更远的网络节点。

　　如果对照 OSI 参考模型,中继器是一个物理层设备。这里还要指出,中继器只负责传输物理线路中的信号,而不管信号是否需要传输。中继器的功能只是将传输媒介的电气信号放大而已(也就是说它仅能延伸网络距离而已),对数据包中数据并未作任何转换,故它对 OSI 模型而言,仅对最低层(物理层)有效。对于数据链路层以上的协议来说,用中继器互连起来的若干段电缆与单根电缆之间并没有区别(除了有一定的时间延时之外)。

　　目前,中继器单独作为一个设备使用已经不多见了,它的功能大都集成到集线器、网桥和交换机中。

　　由于人们不但希望延伸网络距离,还希望扩展网络的节点,于是就诞生了集线器。集线器(HUB)和电缆或双绞线等传输介质一样,属于数据通信系统中的基础设备,是一种不需要任何软件支持或只需要很少管理软件管理的十足硬件设备。如果你接触过网络,相信你一定听过"HUB"这个名词,集线器一词来自英文 HUB,本意是中枢或多路交汇点。集线器又称为集中器(concentrator)。集线器的目的是将分散的网络线路集中在一起,从而将各个独立的网络分段线集中在一个设备中。也可以把集线器看成是星型布线的线路中心,线路由这个中心向外辐射到各个节点。集线器工作在局域网(LAN)环境,应用于 OSI 参考模型第一层,因此又被称为物理层设备。其实,集线器实际上就是中继器的一种,其区别仅在于集线器能够提供更多的端口服务,所以集线器又叫"多端口中继器"。

如图 5.5 所示,集线器可以连接许多客户机,但内部等价于总线结构。

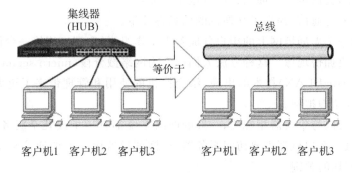

图 5.5　集线器等价于总线

在使用集线器的以太网中,集线器将很多以太网设备集中到一台中心设备上,这些设备都连接到集线器中的同一物理总线结构中。从本质上讲,以集线器为核心的以太网同总线型以太网无根本区别。

集线器在接收数据信号时不作决定,它只是简单地对收到的数据信号进行再生和放大并传至所有连接的设备。所有连接到集线器的设备共享同一介质,其结果是它们也共享同一冲突域、广播和带宽,因此集线器和它所连接的设备组成了一个单一的冲突域。如果一个节点发出一个广播信息,集线器会将这个广播传播给所有同它相连的节点,因此它也是一个单一的广播域。

集线器同时只能传输一个数据帧,这意味着集线器所有端口都要共享同一带宽。这种状况和几辆汽车在同一时间内试图通过一条单车道道路类似,因为道路只有一条车道,在某一时刻只能允许一辆汽车通过,如果其中哪辆汽车不遵守交通规则,硬要和另一辆汽车并到一条车道上,那么就会出交通事故,导致两辆汽车产生碰撞。结果变得很复杂,要等事故处理清除后才可恢复通车。在网络中 2 台或多台设备试图同时发送数据,也会发生碰撞,在网络中叫"冲突"。在网络中引入集线器就会导致更多的用户争抢同一带宽,意味着网络发生冲突的机会增多。当一个网络中冲突太多时,就会导致缓慢的网络响应时间,表示网络变得过于拥塞,或者是太多的用户试图在同一时间访问网络。

为了减少冲突,提高网络传输速度,1993 年,开发了一种叫"交换机"的网络设备来替代集线器,从而开创了计算机网络从以集线器为核心设备的时代进入到以交换机为核心设备的新纪元。

许多新型的 C/S 应用程序以及多媒体技术的出现,导致了传统的共享式网络远远不能满足要求,这也就推动了交换机的出现。

局域网交换机拥有许多端口,每个端口有自己的专用带宽,并且可以连接不同的网段。交换机各个端口之间的通信是同时的、并行的,这就大大提高了信息吞吐量。为了进一步提高性能,每个端口还可以只连接一个设备。

通过集线器共享局域网的用户不仅共享带宽,而且竞争带宽。可能由于个别用户需要更多的带宽而导致其他用户的可用带宽相对减少,甚至被迫等待,因而也就耽误了通信和信息处理。利用交换机的网络微分段技术,可以将一个大型的共享式局域网的用户分成许多独立的网段,减少竞争带宽的用户数量,增加每个用户的可用带宽,从而缓解共享网络的拥挤状况。由于交换机可以将信息迅速而直接地送到目的地能大大提高速度和带宽,从而能保护用户以前在介质方面的投资,并提供良好的可扩展性。

与集线器相比,交换机从下面几方面改进了性能:

(1)通过支持并行通信,提高了交换机的信息吞吐量。

(2)将传统的一个大局域网上的用户分成若干工作组,每个端口连接一台设备或连接一个工作组,有效地解决拥挤现像。这种方法人们称之为网络微分段(micro-segmentation)技术。

(3)虚拟网(virtual LAN)技术的出现,给交换机的使用和管理带来了更大的灵活性。我们将在后面专门介绍虚拟网。

(4)端口密度可以与集线器相媲美,一般的网络系统都有一个或几个服务器,而绝大部分都是普通的客户机。客户机都需要访问服务器,这样就导致服务器的通信和事务处理能力成为整个网络性能好坏的关键。

交换机就主要从提高连接服务器端口的速率以及相应的帧缓冲区的大小,来提高整个网络的性能,从而满足用户的要求。一些高档的交换机还采用全双工技术进一步提高端口的带宽。以前的网络设备基本上都是采用半双工的工作方式,即当一台主机发送数据包的时候,它就不能接收数据包;当接收数据包的时候,就不能发送数据包。由于采用全双工技术,即主机在发送数据包的同时,还可以接收数据包,普通的 10M 端口就可以变成 20M 端口,普通的 100M 端口就可以变成 200M 端口,这样就进一步提高了信息吞吐量。

5.3.2　交换机工作原理

传统的交换机本质上是具有流量控制能力的多端口网桥,即传统的(二层)交换机。把路由技术引入交换机,可以完成网络层路由选择,故称为三层交换,这是交换机的新进展。交换机(二层交换)的工作原理和网桥一样,是工作在数据链路层的联网设备,它的各个端口都具有桥接功能,每个端口可以连接一个 LAN 或一台高性能网站或服务器,能够通过自学习来了解每个端口的设备连接情况。所有端口由专用处理器进行控制,并经过控制管理总线转发信息。同时可以用专门的网管软件进行集中管理。除此之外,交换机为了提高数据交换的速度和效率,一般支持多种工作方式。

1. 交换机工作过程

如图 5.6 所示,交换机端口 E0、E1、E2 和 E3 分别连接具有 MAC 地址为 0260.8c01.1111、0260.8c01.3333、0260.8c01.2222 和 0260.8c01.4444 的客户机。初始的 MAC 地址表为空,MAC 地址表存放在交换机的 RAM 中。

当计算机 A 发送数据时,交换机的 E0 端口收到数据帧,查找 MAC 地址表。初始的 MAC 地址表为空(见图 5.6),没有相应的表项,此时交换机将该数据帧泛洪(flood)到所有其他端口上。与此同时交换机通过读取帧中的源 MAC 地址,将端口及其连接的主机映射起来,放入

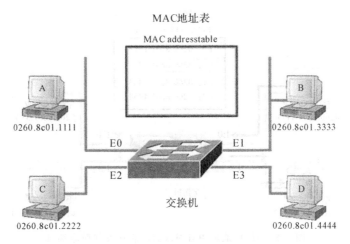

图 5.6　初始的 MAC 地址表为空

MAC 地址表,即 E0:0260.8c01.1111(见图 5.7)。这个过程叫交换机的地址学习。同样的学习过程交换机将会形成一份完整的所有端口和连接主机映射起来的 MAC 地址表(见图 5.8)。

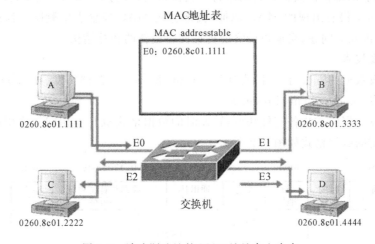

图 5.7　读取源地址的 MAC 地址存入表中

已经有了一张完整的 MAC 地址表后,如果现在计算机 A 再将数据帧转发到计算机 C,交换机查看数据帧的目的 MAC 地址,并对照 MAC 地址表,在 MAC 地址表中有相应的表项,则交换机将该数据帧直接发往对应的端口 E2,而不是所有的端口,从而保证其他端口上的主机不会收到无关的数据帧。如图 5.8 所示,这个过程称为转发与过滤。如表中找不到相应的端口则把数据包广播到所有端口上,当目的机器对源机器回应时,交换机又可以学习一目的 MAC 地址与哪个端口对应,在下次传送数据时就不再需要对所有端口进行广播了。

2. 交换机的转发规则

(1)如果数据帧的目的地址是广播地址或多播地址,则向除数据帧的来源接口外的所有接口转发该帧。

(2)如果数据帧的目的地址是单播地址,但不在交换机的接口地址对照表中,也向除数据帧的来源接口外的所有接口转发该帧。

(3)如果数据帧的目的地址存在交换机的接口地址对照表中,则向相应接口转发该帧。

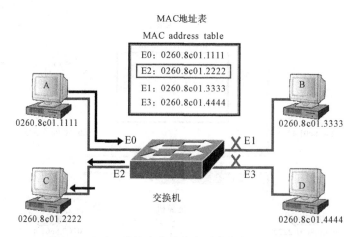

图 5.8　MAC 地址中有对应表项直接发往对应端口

（4）如果数据帧的目的地址与源地址在同一个接口上，则丢弃该帧。

3. MAC 地址表的维护

MAC 地址表的维护由交换机自动进行。交换机会定期扫描 MAC 地址表，发现在一定时间内（默认为 300s）没有出现的 MAC 地址，就把它从 MAC 地址表中删除。这样即便发生了工作站的移动、拆除等问题，交换机始终能把握网络最新的拓扑结构。

4. 三种转发技术

交换机转发数据的方法有三种：直通转发（cut-through）、存储转发（store-and-forward）和改进型直通转发（modified cut-through）。

这三种转发数据的方法各有优缺点，转发时的数据格式也互不相同。采用这三种方法传送数据时所使用的数据格式如图 5.9 所示。

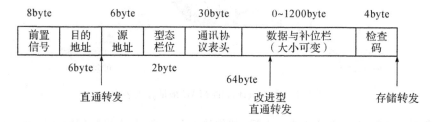

图 5.9　三种转发技术数据帧格式

（1）直通转发

所谓的直通转发，就是指在图 5.9 所示的数据格式中，只要交换机检测到数据包目的地址，就将数据包很快地直接送到目的地。这种方法的优点是减少数据包在交换机中延迟时间，而缺点是由于数据包快速地从交换机中穿过，因而无法有效地检查出坏的数据包。直通转发方法的原则是只要有正确的目的地址，交换机就会将数据包全部送到目的地。目前市面上的交换机大都提供了直通转发的功能。

直通转发是三种方式中最快的一种。由于不做差错校验和其他增值服务，因此不具备过滤出错帧的功能。其过程如下：

1）端口在接收帧的 14 个字节后，交换模块便取出帧的目的地址，并送交端口查询模块。

2）端口查询模块从地址映射表中查出帧所要转发的正确端口号，并通知交换模块。

3)交换模块将帧发送到正确的端口线路上。

（2）存储转发

传统的桥接器都是使用存储转发的方法传送数据的。采用存储转发方法传送数据必须要等到整个数据包到达交换机之后,才开始继续传送数据。由于数据需要花较长时间存储在交换机的内部缓冲器中,因此传送速度较慢,而采用这种方法的优点是可以有效地检查出坏的数据包。

存储转发方式需要对帧进行差错校验以及其他的增值服务,如速率匹配、协议转换等,因此必须设置缓冲器将数据帧完整接收下来,为此而产生了延迟。该交换方式是三种方式中最慢的一种。其过程如下：

1)端口将 1518 字节的数据帧完整接收下来存储在共享缓冲器中,等待进行差错校验。

2)对帧进行差错校验。当检查码域正确时,将帧的标题交给交换模块;校验出错时,将帧丢弃,并由信源机和信宿机负责检错重发。

3)交换模块取出帧的标题交给端口查询模块,进行地址转换。

4)端口查询模块查出帧所要转发的正确端口号,并通知交换模块。

5)交换模块将处理过的帧送还共享缓冲器,并发送到正确的端口线路上。

使用直通式交换技术的交换机转发数据包时只是简单地查看数据包中包含的接收方地址,而存储转发交换机在转发数据时则需要接收并分析整个数据包的内容。虽然检查整个数据包需要花费更多的时间,但是存储转发交换机可以及时捕获并过滤掉网络中的误包或错包,从而可有效地改善网络性能。随着交换技术的不断发展和成熟,存储转发交换机和直通式交换机之间的速度差距越来越小。此外,许多厂商已经推出了可以根据网络的运行情况,自动选择不同交换技术的混合性交换机。

（3）改进型直通转发

改进型直通转发方法有时又称为无碎片直通(fragment free cut through),它不是只取数据包前面的目的地址,也不是等到全部数据包到达后再继续传送,而是采用一种折衷的方法,即从数据包的前 64 位字节到达后,就先检查这 64 位字节数据的正确性,如果正确无误就可以继续传送。从改进型直通转发的过程可以看出,它是在传送速率和错误检查之间取得一个平衡点。当数据包较大时,改进型直通转发就会像直通转发方法一样传送数据,这时虽然拥有较快的速率,但是无法有效地对数据包进行错误检查,这也是改进型直通转发方法的主要缺点。

这种交换方式介于直通方式和存储转发方式之间,它在转发速度和差错处理能力之间作了权衡。在以太网中,当冲突发生时,双方立即停止发送数据帧,这样网络中就留有残缺帧,即所谓的碎片。为了不让碎片在网络中传输,无碎片直通方式采用最小帧长 64 个字节作为存储长度,并利用其作差错校验。

有的网络设备厂商将几种交换方式集成在一体,同时提供多种交换方式。Accton 公司生产的 ES3508－TX 智能型以太网交换机提供自适应的三种交换方式,它根据每分钟 CRC 检验出错帧的次数,自动地在三种方式中切换,以获得最佳的交换方式来提高网络性能。

5. 交换机的寻址机制

交换机为 LAN 互联提供了高效、经济的手段,它很好地利用了网络接口设备的 48 比特 MAC 地址的统一地址机制,通过持续跟踪网络中设备的放置情况(即寻址机制),可迅速决定数据流向。

单播(unicast)寻址交换机将与每个端口相连的设备地址与该端口进行动态映射。通过侦听网上的数据帧,交换机可迅速判断哪台设备(比如计算机)与哪个端口对应,然后将此判断写入一个可定时更新的 MAC 地址表里,这一过程即交换机的学习过程。经过单播地址的学习,交换机内就具有了一个由单播地址、网络设备接口以及交换机端口组成的 1 : 1 : 1 映射列表(这里所谓的单播地址即指网络设备的 MAC 地址或物理地址)。因此,交换机内 MAC 地址表容量越大,交换机能支持的网络站点就越多。

广播(broadcast)寻址对于广播数据帧,由于不是一个明确的物理设备地址,交换机 MAC 地址表内没有记录,所以只需简单地把它向所有端口转发。

多播(multicast)寻址多播数据帧是指向网络中一组设备发送的数据帧,它既不同于单播地址有唯一明确的物理设备地址,也不同于广播地址向网络中所有设备发送信息。与单播寻址中存在的 1 : 1 映射不同,多播地址与设备间存在着 $1 : n$ 的映射关系。因此,交换机无法自动学习到某一多播域内每一设备与交换机端口的对应关系。

多播域与应用程序有关,运行于某计算机上的应用程序对该计算机是否加入某个多播域起决定作用。一台计算机除了侦听自己的单播地址外,还可侦听多个多播地址。多播地址不像单播地址,它是不用固化在硬件设备里的。

6. 交换机的虚网机制

从前面的讨论可知,一个多播域形成一个逻辑工作组。进一步而言,通过对交换机进行适当配置后,就有可能把某个多播域限制在几个特定端口上。于是,一个实际意义上的虚网就此在交换机体系架构内产生。

通过 802.1D 生成树协议的计算和正常交换操作,交换机自动隔离单播数据流。设置完交换机内特定的多播过滤表后,真正的标准虚网得以创建。物理上保持所有设备连成一体,逻辑上所有设备则被成组隔离。

虚网概念在交换机中的采用为网络建设和维护带来许多好处:从前网络工作组的划分是通过把组内所有工作站接入指定集线器来实现的;有了虚网技术以后,对某工作组的划分不再基于物理的连接,而只需对交换机多播域过滤表进行适当配置即可。如果组内一台计算机由一地转移到另一地,只需对多播过滤表进行自动更新,这样既保证了逻辑连通性,又无需人工干涉。

目前,多播过滤表必须由手工操作,而各厂商间的虚网技术又互不兼容,所以给用户的使用造成麻烦。可喜的是,国际标准的虚网协议 IEEE802.1Q 经过几年修改已成熟起来,各厂商纷纷在新一代交换机中增加了对它的支持,这会进一步推动虚网技术的广泛使用。

7. 交换机的网络管理机制

具有网络管理功能的交换机可以为网络的管理和维护带来诸多益处。许多运行关键应用程序的大型网络都采用各种复杂的管理工具,如 SNMP 等,管理和监控网络中的各种设备。使用 SNMP 或 RMON(SNMP 网络管理程序的扩展,可以使用更少的带宽提供更多的数据)网络管理软件不仅可以监控每一台网络设备,还可以对关键的网络区域进行重点管理。

交换机网络管理功能的另外一个重要体现就是 VLAN。VLAN 允许用户把网络中的某些节点组合在一起,成为一个逻辑上的局域网段,而不必考虑每个节点的实际物理连接位置。VLAN 的一个重要功能就是可以有效地管理和避免由广播和多点发送所引发的网络流量。一般来说,交换机不像路由器那样具有自动过滤网络广播的功能,任何广播或多点发送的数据包都可以通过交换机的所有端口进行发送。但是,如果采用 VLAN 功能,基于 VLAN 技术创建的逻辑网段可以有效地隔离网络广播风暴,优化网络性能。

交换机网络管理中经常会用到的一个概念就是扩展树算法（spanning tree algorithm）。扩展树算法是一种协议，允许网络管理人员为网络设计冗余链路。为避免出现网络回路，扩展树算法能够在多台交换机之间进行协同工作，以确保使用同一条冗余链路传送数据。当现有线路出现问题时，备用线路自动被激活并使用。对于那些运行重要应用程序的网络来说，使用扩展树算法设置冗余链路就显得极为重要。

8. 交换机端口的拥塞控制机制

在绝大多数交换机的实际运行中都会出现瞬间端口阻塞的情况。为防止数据丢失，交换机都会提供高速端口缓存以暂时存放数据，直至交换机可对其进行处理。所以一般交换机先将某端口接收到的数据放入该端口缓存中，然后再从缓存中取出数据进行后续处理。但缓存并不总是有益的，因为它引入了时延，而网络时延正是需要交换机去消除的。所以对于以太网交换机，特别是工作组级的交换机来说，其内部的硬件交换核心应快到足以减少或消除拥塞产生的可能性，由此就无需考虑流量管理的问题，端口缓存容量也就无需太大。

以上只是对数据接收端口的拥塞处理。如果交换机的拥塞不是产生在数据接收端口，而是发生在数据转发端口，也就是输出端口（例如输入端口速率是 20Mbps，输出端口速率只有10Mbps），情况又会是什么样呢？此时如果交换机端口缓存有限或由拥塞引起的数据碰撞过大，数据将被丢失。

有两个基本方法可解决这个问题：

一个最简单最直接的方法是增加端口缓存，但随之而来的是交换机整体转发数据的时延增加。这里有个问题，那就是多少端口缓存才是足够的。如果没有一个机制来约束数据发送方，那么在数据到达交换机速率大于转发出交换机速率的情况下，一个长时间的突发数据流最终还是会使交换机缓存溢出。

另一个值得考虑的方法是将交换与数据转发的处理过程联系起来，以便于数据发送方可以"看到"交换机数据转发端口的繁忙状态，一旦发现数据转发端口（或称数据输出端口）过忙，数据接收端口（或称数据输入端口）便产生一个 MAC 层的虚拟碰撞，迫使数据发送方暂时停止数据发送，从而化解了拥塞的可能。这一机制就是流量控制，相应的协议是 IEEE802.3x。但是，最根本的方法还是合理地设计交换网络架构，使交换机上数据转发端口的速率远大于数据接收端口的速率。

5.3.3　三层交换机

随着当今网络业务流量呈几何级数爆炸式增长，并且业务流模式改变为更多的业务流跨越子网边界，穿越路由器的业务流也大大增加，传统路由器低速、复杂所造成的网络瓶颈凸现出来。第三层交换技术的出现，很好地解决了局域网中业务流跨网段引起的低转发速率、高延时等网络瓶颈问题。第三层交换设备的应用领域也从最初的骨干层、汇聚层一直渗透到边缘的接入层。第三层交换设备在网络互联中的应用日益普及。

三层交换机就是具有部分路由器功能的交换机，其最重要目的是加快大型局域网内部的数据交换，所具有的路由功能也是为这目的服务的，能够做到一次路由，多次转发。对于数据包转发等规律性的过程由硬件高速实现，而像路由信息更新、路由表维护、路由计算、路由确定等功能，由软件实现。三层交换技术就是二层交换技术＋三层转发技术。传统交换技术是在OSI 网络标准模型第二层——数据链路层进行操作的，而三层交换技术是在网络模型中的第三层实现了数据包的高速转发,既可实现网络路由功能,又可根据不同网络状况做到最优网络性能。简单地说,三层交换机就是"二层交换机+基于硬件的路由器"。

第三层交换机,是直接根据第三层网络层 IP 地址来完成端到端的数据交换的。第三层交换技术也称为 IP 交换技术。它将第二层交换机和第三层路由器两者的优势结合成为一个有机的整体,是一种利用第三层协议中的信息来加强第二层交换功能的机制,是新一代局域网路由和交换技术。

那么三层交换是如何实现的呢?三层交换的技术细节非常复杂,为了便于理解,我们可以简单地将三层交换机理解为由一台二层交换机和一台路由器构成,如图 5.10 所示。

两台处于不同子网的主机通信,必须要通过路由器进行路由。在图 5.10 中,主机 A 向主机 B 发送的第 1 个数据包必须要经过三层交换机中的路由处理器进行路由才能到达主机 B,但是当以后的数据包再发向主机 B 时,就不必再经过路由处理器处理了,因为三层交换机有"记忆"路由的功能。

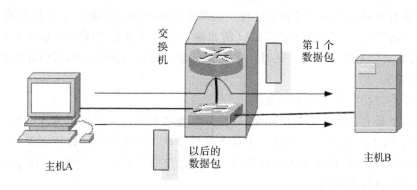

图 5.10 三层交换机理解为二层交换机与路由器的组合

三层交换机的路由记忆功能是由路由缓存来实现的。当一个数据包发往三层交换机时,三层交换机首先在它的缓存列表里进行检查,看看路由缓存里有没有记录,如果有记录就直接调取缓存的记录进行路由,而不再经过路由处理器进行处理,这样的数据包的路由速度就大大提高了。如果三层交换机在路由缓存中没有发现记录,就再将数据包发往路由处理器进行处理,处理之后再转发数据包。

三层交换机的缓存机制与 CPU 的缓存机制非常相似的。大家都有这样的印象,开机后第一次运行某个大型软件时会非常慢,但是当关闭这个软件之后再次运行这个软件,就会发现运行速度大大加快了,比如本来打开 Word 需要 5~6s,关闭后再打开 Word,就会发现只需要 1~2s 就可以打开了。原因在于 CPU 内部有一级缓存和二级缓存,会暂时储存最近使用的数据,所以再次启动会比第一次启动快得多。

表面上看,第三层交换机是第二层交换机与路由器的合二而一,然而这种结合并非简单的物理结合,而是各取所长的逻辑结合。其重要表现是,当某一信息源的第一个数据流进行第三层交换后,其中的路由系统将会产生一个 MAC 地址与 IP 地址的映射表,并将该表存储起来,当同一信息源的后续数据流再次进入交换环境时,交换机将根据第一次产生并保存的地址映射表,直接从第二层由源地址传输到目的地址,不再经过第三路由系统处理,从而消除了路由选择时造成的网络延迟,提高了数据包的转发效率,解决了网间传输信息时路由产生的速率瓶颈。所以说,第三层交换机既可完成第二层交换机的端口交换功能,又可完成部分路由器的路由功能。即第三层交换机的交换机方案,实际上是一个能够支持多层次动态集成的解决方案,虽然这种多层次动态集成功能在某些程度上也能由传统路由器和第二层交换机搭载完成,但这种搭载方案与采用三层交换机相比,不仅需要更多的设备配置、占用更大的空间、设计更多的布线和花费更高的成本,而且数据传输性能也要差得多,因为在海量数据传输中,搭载方案中的路由器无法克服路由传输速率瓶颈。

具有"路由器功能、交换机性能"的三层交换机虽然同时具有二层交换和三层路由的特性,但是三层交换机与路由器在结构和性能上还是存在很大区别的。在结构上,三层交换机更接近于二层交换机,只是针对三层路由进行了专门设计。之所以称为"三层交换机"而不称为"交换路由器",原因就在于此;在交换性能上,路由器比三层交换机的交换性能要弱很多。

既然第三层交换机能够代替路由器执行传统路由器的大多数功能,那么它应该具有路由的基本特征。我们知道,路由的核心功能主要包括数据报文转发和路由处理两方面。数据报文转发是路由器和第三层交换机最基本的功能,用来在子网间传送数据报文;路由处理子功能包括创建和维护路由表,完成这一功能需要启用路由协议如 RIP 或 OSPF 来发现和建立网络拓扑结构视图,形成路由表。路由处理一旦完成,将数据报文发送至目的地就是报文转发子功能的任务了。报文转发子功能的工作包括检查 IP 报文头、IP 数据包的分片和重组、修改存活时间(TTL)参数、重新计算 IP 头校验和、MAC 地址解析、IP 包的数据链路封装以及 IP 包的差错与控制处理(ICMP),等等。第三层交换也包括一系列特别服务功能,如数据包的格式转换、信息流优先级别划分、用户身份验证及报文过滤等安全服务,IP地址管理,局域网协议和广域网协议之间的转换。当第三层交换机仅用于局域网中子网间或 VLAN 间转发业务流时可以不执行路由处理,只作第三层业务流转发,这种情况下设备可以不需要路由功能。

由于传统路由器是一种软件驱动型设备,所有的数据包交换、路由和特殊服务功能,包括处理多种底层技术和多种第三层协议几乎都由软件来实现,并可通过软件升级增强设备功能,因而具有良好的扩展性和灵活性。但它也具有配置复杂、价格高、相对较低的吞吐量和相对较高的吞吐量变化等缺点。第三层交换技术在很大程度上弥补了传统路由器的这些缺点。在设计第三层交换产品时通常使用下面一些方法:①削减处理的协议数,常常只对 IP;②只完成交换和路由功能,限制特殊服务;③使用专用集成电路(ASIC)构造更多功能,而不是采用 RSIC处理器之上的软件运行这些功能。

第三层交换产品采用结构化、模块化的设计方法,体系结构具有很好的层次感。软件模块和硬件模块分工明确、配合协调,信息可为整个设备集中保存、完全分布或高速缓存。例如,IP报文的第三层目的地址在帧中的位置是确定的,地址位就可被硬件提取,并由硬件完成路由计算或地址查找;另一方面,路由表构造和维护则可继续由 RSIC 芯片中的软件完成。总之,第三层交换技术及产品的实现归功于现代芯片技术特别是 ASIC 技术的迅速发展。

目前主要存在两类第三层交换技术:第一类是报文到报文交换,每一个报文都要经历第三层处理(即至少是路由处理),并且数据流转发是基于第三层地址的;第二类是流交换,它不在第三层处理所有报文,而只分析流中的第一个报文,完成路由处理,并基于第三层地址转发该报文,流中的后续报文使用一种或多种捷径技术进行处理,此类技术的设计目的是方便线速路由。理解第三层交换技术的关键首先需要区分这两类报文的不同转发方式。

报文到报文处理方法的一个显著特征是其能够适应路由的拓扑变化。通过运行标准协议并维护路由表,报文到报文交换设备可动态地重新路由报文,绕过网络故障点和拥塞点而无需等待高层的协议检测报文丢失。流交换方法没有这些特征,因为后续报文走捷径而无需第三层处理,这样,它就不能识别标准协议对路由表的改变。因此,流交换方法可能需要另外的协议取得拓扑变化或拥塞信息,以便到达交换系统正确的地方。

1. 报文到报文交换技术原理及实现方法

报文到报文交换遵循这样一个数据流过程:报文进入系统中 OSI 参考模型的第一层,即物理接口;然后在第二层接受目的 MAC 检查,若在第二层能交换则进行二层交换,否则进入到第三层,即网络层;在第三层,报文要经过路径确定、地址解析及某些特殊服务,处理完毕后报文已更新,确定合适的输出端口后,报文通过第一层传送到物理介质上。传统路由器是一种典型的符合第三层报文到报文交换技术的设备,它的完全基于软件的工作机制所产生的固有缺陷已被现代基于硬件的第三层交换设备所克服。

目前各个厂商所提供的第三层交换设备在体系结构上几乎具有相同的硬件结构。

中央硅交换阵列通过 CPU 接口总线连接 CPU 模块,通过 I/O 接口总线连接 I/O 接口模块,是设备各端口流量汇聚和交换的集中点,由它提供设备各进出端口的并行交换路径,所有跨 I/O 接口模块的数据流都要通过硅交换阵列进行转发。每个 I/O 接口模块包含一个或多个转发引擎,其上的 ASIC 完成所有的报文处理工作,包括路由查找、报文分类、第三层转发和业务流决策,这一将报文转发分布于每一个 I/O 端口的 ASIC 的方法是第三层交换设备能够线速路由的关键部分。CPU 模块主要完成设备的背景处理工作,如运行与路由处理相关的各种路由协议、创建和维护路由表、系统配置等,并把路由表信息导入每一个 I/O 接口模块分布式转发引擎的 ASIC 中。这样,各接口模块的分布式转发引擎 ASIC 直接根据路由表作出报文的转发策略,无需像传统路由器那样所有报文必须经过 CPU 的处理。

2. 流交换技术原理及实现方法

在流交换中,第一个报文被分析以确定其是否标识一个"流"或者一组具有相同源地址或目的地址的报文。流交换节省了检查每一个报文要花费的处理时间。同一流中的后续报文被交换到基于第二层的目的地址。流交换需要两个技巧,第一个技巧是要识别第一个报文的哪一个特征标识一个流,这个流可以使其余报文走捷径,即第二层路径。第二个技巧是,一旦建立穿过网络的路径,就让流足够长以便利用捷径的优点。怎样检测流、识别属于特定流的报文以及建立通过网络的流通路随实现机制的变化而不同。目前出现了多种流交换技术,如 3Com 公司的快速 IP、由 Cisco 提交给 IETF 的多协议标记交换(MPLS)、ATM 论坛的多协议(MPOA)以及 Ipsilon 公司的 IP 交换。我们可将其划分成两个主要类型:端系统驱动流交换和网络中心式流交换。限于篇幅,现只简单介绍 3Com 公司的快速IP 工作原理。

3Com 公司的快速 IP 属于端系统驱动流交换技术,其工作原理基于 NHRP 标准(草案)。源端主机发送一个快速 IP 连接请求,该请求就像数据报文一样被路由穿过网络,如果目的端主机也运行快速 IP,则它发送一个包含其 MAC 地址的 NHRP 应答报文给源端主机,如果源端主机和目的端主机存在二层交换通路,当 NHRP 应答报文到达源端主机时将在经过的交换机中建立目的端主机 MAC 地址和端口的映射表,随后源端主机可根据目的端主机 MAC 地址直接通过交换机二层通路交换数据报文,不再经过路由器;如果两端主机之间没有交换路径而无 NHRP 应答返回,则报文同前进行路由。

快速 IP 软件主要运行在源、目的端主机的网络接口卡(NIC)的驱动程序之上。它与主机的 IP 协议栈和 NIC 驱动程序接口,以协调 NHRP 交换。总之,快速 IP 试图改善在交换网络上完成路由的转发性能,但它没有潜在的灵活性,也不能通过报文过滤提供任何安全保障,而且需要在参与快速 IP 交换的主机上安装 NHRP 协议软件,实际上增加了设备的维护工作量。

多种流交换技术最初是在路由选择比较慢和代价比较大的前提下开发的。报文到报文交换产品已经证明了情况不再如此。与报文到报文交换产品相比,流交换方法显得更复杂和难以理解。在动态网络环境下,成功地标识、建立、管理和撤消大量的流需要哪些措施,仍然是一个有待研究的问题。目前应用在局域网互联的第三层交换设备多是基于报文到报文交换技术,而流交换技术更有可能在广域网中找到其位置。

5.3.4　四层交换机

Internet 的迅猛发展,电子商务、电子政务、电子贸易、电子期货等网络交易方式的采用,在加速物流、资金流周转的同时,也加速了信息急速骤增,给网络信息中心服务器增加了极大的压力,从而使普遍需要缓解网络核心系统压力的需求一浪高过一浪。为此,业界不得不开始考虑第四层交换概念了,以满足基于策略联网、高级 QoS(quality of service,服务质量)以及其他服务改进的要求。

显然,第二层交换机和第三层交换机都是基于端口地址的端到端的交换过程,虽然这种基于 MAC 地址和 IP 地址的交换机技术,能够极大地提高各节点之间的数据传输率,但却无法根据端口主机的应用需求来自主确定或动态限制端口的交换过程和数据流量,即缺乏第四层智能应用交换需求。第四层交换机不仅可以完成端到端交换,还能根据端口主机的应用特点,确定或限制它的交换流量。简单地说,第四层交换机是基于传输层数据包的交换过程的,是一类基于 TCP/IP 协议应用层的用户应用交换需求的新型局域网交换机。第四层交换机支持 TCP/UDP 第四层以下的所有协议,可识别至少 80 个字节的数据包包头长度,可根据 TCP/UDP 端口号来区分数据包的应用类型,从而实现应用层的访问控制和服务质量保证。所以,与其说第四层交换机是硬件网络设备,还不如说它是软件网络管理系统。也就是说,第四层交换机是一类以软件技术为主,以硬件技术为辅的网络管理交换设备。

值得指出的是,某些人在不同程度上还存在一些模糊概念,认为所谓第四层交换机实际上就是在第三层交换机上增加了具有通过辨别第四层协议端口的能力,仅在第三层交换机上增加了一些增值软件罢了,因而并非工作在传输层,而是仍然在第三层上进行交换操作,只不过是对第三层交换更加敏感而已,从根本上否定第四层交换的关键技术与作用。我们知道,数据包的第二层 IEEE802.1P 字段或第三层 IPToS 字段可以用于区分数据包本身的优先级,我们说第四层交换机基于第四层数据包交换,这是说它可以根据第四层 TCP/UDP 端口号来分析数据包的应用类型,即第四层交换机不仅完全具备第三层交换机的所有交换功能和性能,还能支持第三层交换机不可能拥有的网络流量和服务质量控制的智能型功能。

如上所述,第二层交换设备是依赖于 MAC 地址和 802.1Q 协议的 VLAN 标签信息来完成链路层交换过程的,第三层交换/路由设备则是将 IP 地址信息用于网络路径选择来完成交换过程的,第四层交换设备则是用传输层数据包的包头信息来帮助信息交换和传输处理的。也就是说,第四层交换机的交换信息所描述的具体内容,实质上是一个包含在每个 IP 包中的所有协议或进程,如用于 Web 传输的 HTTP,用于文件传输的 FTP,用于终端通信的 Telnet,用于安全通信的 SSL 等协议。这样,在一个 IP 网络里,普遍使用的第四层交换协议,其实就是 TCP(用于基于连接的对话,例如 FTP)和 UDP(用于基于无连接的通信,例如 SNMP 或

SMTP)这两个协议。

由于 TCP 和 UDP 数据包的包头不仅包括了"端口号"这个域,它还指明了正在传输的数据包是什么类型的网络数据,使用这种与特定应用有关的信息(端口号),就可以完成大量与网络数据及信息传输和交换相关的质量服务,其中最值得说明的是如下五项重要应用技术,因为它们是第四层交换机普遍采用的主要技术。

1. 包过滤/安全控制

在大多数路由器上,采用第四层信息去定义过滤规则已经成为默认标准,所以有许多路由器被用作包过滤防火墙。在这种防火墙上不仅能够配置允许或禁止 IP 子网间的连接,还可以控制指定 TCP/UDP 端口的通信。和传统的基于软件的路由器不一样,第四层交换区别于第三层交换的主要不同之处,就是在于这种过滤能力是在 ASIC 专用高速芯片中实现的,从而使这种安全过滤控制机制可以全线速地进行,极大地提高了包过滤速率。

2. 服务质量

在网络系统的层次结构中,TCP/UDP 第四层信息,往往用于建立应用级通信优先权限。如果没有第四层交换概念,服务质量/服务级别就必然受制于第二层和第三层提供的信息,例如 MAC 地址、交换端口、IP 子网或 VLAN 等。显然,在信息通信中,因缺乏第四层信息而受到妨碍时,紧急应用的优先权就无从谈起,这将大大阻碍了紧急应用在网络上的迅速传输。第四层交换机允许用基于目的地址、目的端口号(应用服务)的组合来区分优先级,于是紧急应用就可以获得网络的高级别服务。

3. 服务器负载均衡

在相似服务内容的多台服务器间提供平衡流量负载支持时,第四层信息是至关重要的。因此,第四层交换机在核心网络系统中,担负服务器间负载均衡是一项非常重要的应用。第四层交换机所支持的服务器负载均衡方式,是将附加有负载均衡服务的 IP 地址,通过不同的物理服务器组成一个集,共同提供相同的服务,并将其定义为一个单独的虚拟服务器。这个虚拟服务器是一个有单独 IP 地址的逻辑服务器,用户数据流只需指向虚拟服务器的 IP 地址,而不直接和物理服务器的真实 IP 地址进行通信。只有通过交换机执行的网络地址转换(NAT)后,未被注册 IP 地址的服务器才能获得被访问的能力。这种定义虚拟服务器的另一好处是,在隐藏服务器的实际 IP 地址后,可以有效地防止非授权访问。

虚拟服务器是基于应用服务(第四层 TCP/UDP 端口号)定义的,这样,独立服务器便可以是虚拟服务器的成员。而使用第四层对话标志信息,第四层交换机则可以使用许多负载均衡方法,在虚拟服务器组里转换通信流量,其中 OSPF、RIP 和 VRRP 等协议与线速交换和负载均衡是一致的。第四层交换机还可以利用被称之为 TRL(transaction rate limiting)功能所提供的复杂机制,针对流量特性来遏制或拒绝不同应用类型服务;可以借助 CRL(connections rate limiting)功能,使网络管理员指定在给定的时间内所允许的连接数,保障 QoS;或者借助 SYN-Guard 功能,确保那些满足 TCP 协议的合法连接才可查询网络服务。

4. 主机备用连接

主机备用连接为端口设备提供了冗余连接,从而在交换机发生故障时能有效保护系统,这种服务允许定义主备交换机,同虚拟服务器定义一样,它们有相同的配置参数。由于第四层交换机共享相同的 MAC 地址,备份交换机接收和主单元全部一样的数据,这使得备份交换机能够监视主交换机服务的通信内容。主交换机持续地通知备份交换机第四层的有关数据、MAC 数据以及它的电源状况。主交换机失败时,备份交换机就会自动接管,不会中断对话或连接。

5. 统计

通过查询第四层数据包,第四层交换机能够提供更详细的统计记录。因为管理员可以收集到更详细的哪一个 IP 地址在进行通信的信息,甚至可根据通信中涉及哪一个应用层服务来收集通信信息。当服务器支持多个服务时,这些统计对于考察服务器上每个应用的负载尤其有效。增加的统计服务对于使用交换机的服务器负载均衡服务连接同样十分有用。

在 IP 世界,业务类型由终端 TCP 或 UDP 端口地址来决定,在第四层交换中的应用区间则由源端和终端 IP 地址、TCP 和 UDP 端口共同决定。在第四层交换中为每个供搜寻使用的服务器组设立虚 IP 地址(VIP),每组服务器支持某种应用。在域名服务器(DNS)中存储的每个应用服务器地址是 VIP,而不是真实的服务器地址。当某用户申请应用时,一个带有目标服务器组的 VIP 连接请求(例如一个 TCP SYN 包)发给服务器交换机,服务器交换机在组中选取最好的服务器,将终端地址中的 VIP 用实际服务器的 IP 取代,并将连接请求传给服务器。这样,同一区间所有的包由服务器交换机进行映射,在用户和同一服务器间进行传输。

OSI 模型的第四层是传输层。传输层负责端对端通信,即在网络源和目标系统之间协调通信。在 IP 协议栈中这是 TCP(一种传输协议)和 UDP(用户数据包协议)所在的协议层。

在第四层中,TCP 和 UDP 标题包含端口号(port number),它们可以唯一区分每个数据包包含哪些应用协议(例如 HTTP、FTP 等)。端点系统利用这种信息来区分包中的数据,尤其是端口号使一个接收端计算机系统能够确定它所收到的 IP 包类型,并把它交给合适的高层软件。端口号和设备 IP 地址的组合通常称作"插口(socket)"。1 和 255 之间的端口号被保留,它们称为"熟知"端口,也就是说,在所有主机 TCP/IP 协议栈实现中,这些端口号是相同的。除了"熟知"端口外,标准 UNIX 服务分配在 256 到 1024 端口范围,定制的应用一般在 1024 以上分配端口号。分配端口号的最近清单可以在 RFC1700 "Assigned Numbers"上找到。

第四层交换技术相对原来的第二层、第三层交换技术具有明显的优点,从操作方面来看,第四层交换是稳固的,因为它将包控制在从源端到宿端的区间中。另一方面,路由器或第三层交换,只针对单一的包进行处理,不清楚上一个包从哪来,也不知道下一个包的情况。它们只是检测包报头中的 TCP 端口数字,根据应用建立优先级队列,路由器根据链路和网络可用的节点决定包的路由;而第四层交换机则是在可用的服务器和性能基础上先确定区间。目前由于这种交换技术尚未真正成熟且价格昂贵,所以,第四层交换机在实际应用中目前还较少见。

5.3.5　二、三、四层交换的区别

第二层交换实现局域网内主机间的快速信息交流,第三层交换可以说是交换技术与路由技术的完美结合,而第四层交换技术则可以为网络应用资源提供最优分配,实现应用服务质量、负载均衡及安全控制。四层交换并不是要取代谁,其实在径渭分明的二层交换和三层交换中已融入四层交换技术。

第二层交换机,是根据第二层数据链路层的 MAC 地址和 MAC 地址表来完成端到端的数据交换的。第二层交换机只需识别数据帧中的 MAC 地址,而直接根据 MAC 地址转发,非常便于采用 ASIC 专用芯片实现。第二层交换的解决方案,是一个"处处交换"的方案,虽然该方案也能划分子网、限制广播、建立 VLAN,但它的控制能力较小、灵活性不够,也无法控制流量,缺乏路由功能。

第三层交换机,是根据第三层的网络层 IP 地址来完成端到端的数据交换的,主要应用于不同 VLAN 子网间的路由。当某一信息源的第一个数据流进行第三层交换(路由)后,交换机会产生一个 MAC 地址与 IP 地址的映射表,并将该表存储起来,如同一信息源的后续数据流再次进入交换机,交换机将根据第一次产生并保存的地址映射表,直接从第二层由源地址传输到目的地址,不再经过第三路由系统处理,提高了数据包的转发效率,解决了 VLAN 子网间传输信息时传统路由器产生的速率瓶颈。

第四层交换机不仅可以完成端到端交换,还能根据端口主机的应用特点,确定或限制它的交换流量。简单地说,第四层交换机是基于传输层数据包的交换过程的,是一类基于 TCP/IP 协议应用层的用户应用交换需求的新型局域网交换机。第四层交换机支持 TCP/UDP 第四层以下的所有协议,可根据 TCP/UDP 端口号来区分数据包的应用类型,从而实现应用层的访问控制和服务质量保证。可以查看第三层数据包头源地址和目的地址的内容,可以通过基于观察到的信息采取相应的动作,实现带宽分配、故障诊断和对 TCP/IP 应用程序数据流进行访问控制的关键功能。第四层交换机通过任务分配和负载均衡优化网络,并提供详细的流量统计信息和记帐信息,从而在应用的层级上解决网络拥塞、网络安全和网络管理等问题,使网络具有智能和可管理功能。

5.3.6　PoE 交换机

PoE(power-over-ethernet)以太网供电这项创新的技术,指的是现有的以太网 CAT-5 布线基础的架构在不用作任何改动的情况下就能保证在为如 IP 电话、无线局域网接入点 AP、安全网络摄像机以及其他一些基于 IP 的终端传输数据信号的同时,还能为此类设备提供直流供电的能力。PoE 技术用一条通用的网线同时传输以太网信号的直流电源,将电源和数据集成在同一有线系统中,在确保现有结构化布线安全的同时保证了现有网络的正常运行。

无线网络接入点一般都安置在比较偏僻的场所,比如屋顶、房檐等地以求最大覆盖。同时这些地方也不会有电源插座的安装,于是利用 PoE 技术显得尤为重要。PoE 交换机为无线接入点等提供了集中式的电源供应,排除了为这些定点安装电源的困扰。

PoE 也被称为基于局域网的供电系统(power over LAN, POL)或有源以太网(active ethernet),有时也被简称为以太网供电,这是利用现存标准以太网传输电缆的同时传送数据和电功率的最新标准规范,并保持了与现存以太网系统和用户的兼容性。如图 5.11 所示,PoE 交换机的应用范围很广,分别叙述如下:

1. 连接 VoIP 电话

通过 PoE 安装电话,IP 电话变得更加可靠,安装成本更低,使企业、公司能够节约数千美元的通信设备费用。PoE 交换机可以连接 IP 电话,不需要单独的以太网链路和专用交流电源插座。IP 电话插入 PoE 交换机中,PoE 交换机就可以给 IP 电话提供电源和数据传输。

2. 连接无线 AP

PoE 交换机主要用于不容易安装电源插座的地方,比如屋顶、房檐和电线杆上等地方。要安装无线 AP,但又无法提供 220V 交流电源。此时可以通过网络布线设施为无线 AP 供电。由于有了 PoE 交换机,无线 AP 可以安装在任意的最有效的地方,而不是一定要安装在有交流电源插座的地方。

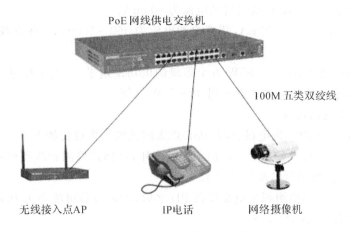

PoE网线供电交换机

100M 五类双绞线

无线接入点AP　　　　　　　IP电话　　　　　网络摄像机

图 5.11　PoE 交换机的应用

3. 连接网络摄像机

传统上，网络摄像机需要能源和数据传输，以前供电和数据传输分别采用电源线和传输线。监控摄像机往往安装在开放的很高的地方，如走廊天花板、机场、会展中心、建筑物屋顶、园区道路两边电杆上，而这些地方往往很难提供电源插座。而 PoE 交换机可以使网络可以安装在任何有效的地方。

需要注意的是，选择支持 PoE 功能的 IP 摄像机时，一定要确保它们符合 IEEE802.3af 标准，这样才能够从很多主流的网络设备厂商（如 Cisco、H3C、NetGear 等）那里自由地挑选支持 PoE 功能的网络交换设备。

由于 PoE 交换机用途广泛，所以 IEEE 在 1999 年就开始制定以太网供电技术新标准，经过多年的研究和开发，直到 2003 年 6 月，IEEE 才颁布 IEEE802.3af 标准。自此使得许多网络设备告别了一定需要电源和信号两根线缆的历史。IEEE 802.3af 标准是基于以太网供电系统 PoE 的新标准，它在 IEEE 802.3 的基础上增加了通过网线直接供电的相关标准，是现有以太网标准的扩展，也是第一个关于电源分配的国际标准。它明确规定了远程系统中的电力检测和控制事项，并对路由器、交换机和集线器通过以太网电缆向 IP 电话、安全系统以及无线 LAN 接入点等设备供电的方式进行了规定。IEEE 802.3af 的发展包含了许多公司专家的努力，这也使得该标准可以在各方面得到检验。

此外，PoE 交换机还提供了基于 Web 和 SNMP 简单网络管理协议和远程访问与管理功能，可以简化网络管理，降低成本。

PoE 交换机在线供电完全兼容现有的以太网交换机和网络设备。PoE 技术不会降低网络数据通信性能和网络范围，不需要在所有地方提供交流电源插座。

IEEE802.3af 标准规定一个完整 PoE 系统包括供电端设备（power sourcing equipment，PSE）和受电端设备（powered device，PD）两部分。PSE 设备是为以太网客户端设备供电的设备，同时也是整个 PoE 系统供电过程中的管理者。而 PD 设备是接受供电的 PSE 负载，即 PoE 系统的客户端设备，如 IP 电话、无线 AP 和网络摄像机等。PSE 和 PD 两者都基于 IEEE802.3af 标准建立有关受电端设备 PD 的连接情况、设备类型、功耗级别等方面的信息联系，并以此为根据 PSE 通过以太网向 PD 供电。

（1）IEEE802.3af 标准供电系统的主要供电特性参数

1）电压在 44～57V 之间，典型值为 48V。

2)允许最大电流为 550mA,最大启动电流为 500mA。

3)典型工作电流为 10～350mA,超载检测电流为 350～500mA。在空载条件下,最大需要电流为 5mA。

4)为 PD 设备提供 3.84～12.95W 五个等级的电功率请求,最大不超过 13W。但新标准 PoE$^+$ 已整装待发,它能将传输水平提升到 30～50W 之间。

(2)PoE 系统供电的过程

当一个网络中布置 PSE 供电设备时,PoE 以太网供电工作过程如下:

1)检测:一开始,PSE 设备在端口输出很小的电压,直到其检测到线缆终端的连接为一个支持 IEEE 802.3af 标准的受电端设备 PD。

2)PD 端设备分类:当检测到受电端设备 PD 之后,PSE 设备可能会为 PD 设备进行分类,并且评估此 PD 设备所需的功率损耗。

3)开始供电:在一个可配置时间(一般小于 15μs)的启动期内,PSE 设备开始从低电压向 PD 设备供电,直至提供 48V 的直流电源。

4)供电:为 PD 设备提供稳定可靠 48V 的直流电,满足 PD 设备不越过 12.95W 的功率消耗。

5)断电:若 PD 设备从网络上断开时,PSE 就会快速地(一般在 300～400ms 之内)停止为 PD 设备供电,并重复检测过程以检测线缆的终端是否连接 PD 设备。

在把任何网络设备连接到 PSE 时,PSE 必须先检测设备是不是 PD,以保证不给不符合 PoE 系统标准的以太网设备供电,因为这可能会造成损坏。这种检测是通过电缆提供一个电流受限的小电压来检查远端是否具有符合要求的特性电阻来实现的。只有检测到该电阻时才会提供全部的 48V 电压,但是电流仍然受限,以免终端设备处在错误的状态。作为发现过程的一个扩展,PD 还可以对要求 PSE 的供电方式进行分类,有助于使 PSE 以高效的方式提供电源。一旦 PSE 开始提供电源,它会连续监测 PD 电流输入,当 PD 电流消耗下降到最低值以下时(如在拔下设备时或遇到 PD 设备功率消耗过载、短路、超过 PSE 的供电负荷时等),PSE 会断口电源并再次启动检测过程。

电源提供设备也可以被提供一种系统管理的能力,例如应用简单的网络管理协议(SNMP)。这个功能可以提供诸如夜晚关机、远端重启之类的功能。

研究 PoE 技术,主要是在供电的过程中有两个关键问题需要考虑,一个是对受电设备 PD 的识别,另一个是 PSE 的供电容量。

(3)PoE 交换机供电方式:

IEEE802.3af 标准允许两种供电方式。

1)利用空闲脚供电。普通以太网标准中,传输信号往往只要 4 对双绞线中的两对线,一般是 1,2 和 3,6 这两对线传输数据,4,5 和 7,8 是空闲的,如图 5.12 所示。利用空闲脚供电时,4,5 脚连接为正极,7,8 脚连接为负极。

2)通过数据脚供电。另外一种供电方式偏偏不用空闲脚,而和数据信号同用两对线,参看图 5.13。应用数据脚供电时,将直流电源加在传输变压器的中点,不影响数据的传输。在这种方式下线对 1,2 和线对 3,6 可以为任意极性。当然图 5.13 所标的是发送端口的正极,接收端口为负极。

IEEE802.3af 标准不允许同时应用以上两种情况。电源提供设备 PSE 只能提供一种用法,这就要求受电设备 PD 必须能够同时适应两种情况。该标准规定提供电源电压通常是 48V,功率是 13W。受电设备 PD 提供 48V 到低电压的转换是比较容易的,但同时应有 1500V

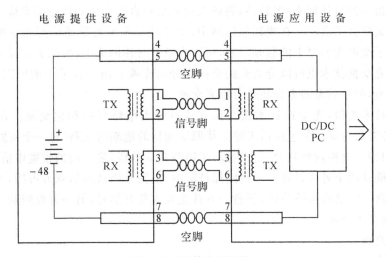

图 5.12 利用空闲脚供电

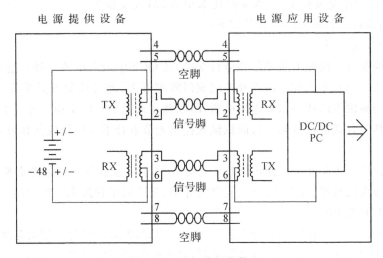

图 5.13 通过数据脚供电

的绝缘安全电压。

　　IEEE802.3af 还规范了传送电功率应使用的非屏蔽双绞线的电缆规格,即 3,5,5e 或 6 类双绞线。明确了与其一起工作的现存电缆设施不需要任何改动,这其中包括 3,5,5e 或 6 类双绞线,各种短接线与接线板,电源插座引线和连接的硬件等。

　　目前 PoE 业界所采用的标准为 IEEE 802.3af,该标准规定了供电设备可通过以太网向功率在 13W 以下的受电设备供电。这对于传统的 IP 电话以及网络摄像头而言足以满足需求,但随着双波段接入、视频电话、PTZ 视频监控系统等高功率应用的出现,13W 的供电功率显然不能满足需求,为此,IEEE 在 2005 年开始开发新的 PoE 标准 802.3at(PoE Plus)以提升 PoE 可传送的电力。IEEE 在 2009 年 10 月批准 802.3at 标准。

5.3.7 光交换机

　　要认识什么叫光交换机,首先得知道什么叫光交换(photonic switching)。

光交换是指不经过任何光/电转换,将输入端光信号直接交换到任意的光输出端。光交换是全光网络的关键技术之一。在现代通信网中,全光网是未来宽带通信网的发展方向。全光网可以克服电子交换在容量上的瓶颈限制,可以大量节省建网成本,可以大大提高网络的灵活性和可靠性。光交换技术也可以分为光路交换和分组交换。由于技术上的原因,目前还主要是开发光路交换,但今后发展方向将是分组光交换。

和电交换技术类似,光交换技术按交换方式可分为电路交换和包交换。在光电路交换(OCS)中,网络需要为每一个连接请求建立从源端到目的地端的光路(每一个链路上均需要分配一个专业波长)。交换过程共分三个阶段:①链路建立阶段,是双向的带宽申请过程,需要经过请求与应答确认两个处理过程。②链路保持阶段,链路始终被通信双方占用,不允许其他通信方共享该链路。③链路拆除阶段,任意一方首先发出断开信号,另一方收到断开信号后进行确认,资源就被真正释放。

1. 光电路交换

光电路交换所涉及的技术有空分(SD)交换技术、时分(TD)交换技术、波分/频分(WD/FD)交换技术、混合型交换技术、多维交换技术和 ATM 光交换等。

其原理、结构特点和研究进展状况如下:

(1)空分(SD)光交换

空分光交换是在空间域上将光信号进行交换,是 OCS 中最简单的一种。空分光交换的核心器件是光开关。其基本原理是用光开关组成门阵列开关,通过控制开关矩阵的状态使输入端的任一信道与输出端的任一信道连接或断开,以此完成光信号的交换。开关矩阵可由机械、电、光、声、磁、热等方式进行控制。目前机械式控制光节点技术是比较成熟和可靠的空分光交换节点技术。

空分光交换按光矩阵开关所使用的技术可分成波导空分和自由空分光交换技术;按交换元件的不同可分为机械型、光电转换型、复合波导型、全反射型和激光二极管门开关等。

(2)时分(TD)光交换

时分光交换与程控交换中的时分交换系统概念相同,也是以时分复用为基础,用时隙交换原理实现光交换功能的。它采用光存储器实现,把光时分复用信号按一种顺序写入光存储器,然后再按另一种顺序读出来,以便完成时隙交换。光时分复用和电时分复用类似,也是把一条复用信道划分成若干个时隙,每个基带数据光脉冲流占用一个时隙,N 个基带信道复用成高速光数据流信号进行传输。

时分光交换系统采用光器件或光电器件作为时隙交换器,通过光读写门对光存储器的受控有序读写操作完成交换动作。因为时分光交换系统能与光传输系统很好配合构成全光网,所以时分光交换技术的研究开发进展很快,其交换速率几乎每年提高一倍,目前已研制出几种时分光交换系统。20 世纪 80 年代中期成功地实现了 256Mbps(4 路 64Mbps)彩色图像编码信号的光时分交换系统。它采用 1×4 铌酸锂定向耦合器矩阵开关作选通器,双稳态激光二极管作存储器(开关速度 1Gbps),组成单级交换模块。20 世纪 90 年代初又推出了 512Mbps 试验系统。实现光时分交换系统的关键是开发高速光逻辑器件,即光的读写器件和存储器件。

(3)波分/频分(WD/FD)光交换

在光纤通信系统中,波分复用(WDM)或频分复用(FDM)都是利用一根光纤来传输多个不同光波长或不同光频率的载波信号来携带信息的。波分复用技术在光传输系统中已经得到广泛地应用。波分复用是指把 N 个波长互不相同的信道复用在一起,得到一个 N 路的波分复用信号。一般说来,在光波复用系统中其源端和目的端都采用相同波长来传递信号。

波分光交换(或交叉连接)以波分复用原理为基础,根据光信号的波长进行通路选择。其基本原理是通过改变输入光信号的波长,把某个波长的光信号变换成另一个波长的光信号输出。波分光交换模块由波长复用器(合波器)/解复用器(分波器)、波长转换器组成,来自一条多路复用输入的光信号,先通过分波器进行分路;再用波长转换器进行交换处理,对每个波长信道分别进行波长变换;最后通过合波器进行合路,输出的还是一个多路复用光信号,经由一条光纤输出。

目前已研制成波分复用数在 10 左右的波分光交换实验系统。最近开发出一种太比级光波分交换系统,它采用的波分复用数为 128,最大终端数达 2048,复用级相当于 1.2Tbps 的交换吞吐量。

(4)混合型光交换

由于各种光交换技术都有其独特的优点和不同的适应性,将几种光交换技术复合起来进行应用可以更好地发挥各自的优势,满足实际应用的需要。

常用的混合型光交换主要有:

1)空分(SD)+时分(TD)光交换系统。

2)波分(WD)+空分(SD)光交换系统。

3)频分(FD)+时分(TD)光交换系统。

4)时分(TD)+波分(WD)+空分(SD)光交换系统。

(5)多维光交换

利用电时分交换、光波分交换和光空间交换技术组合成三维交换空间来解决超大容量的交换问题,所构成的网络叫做多维光网络 MONET(multidimensional optical network)。

大容量交换系统互联可以利用多维空间的概念。

(6)ATM 光交换

ATM 光交换遵循电领域 ATM 交换的基本原理,以 ATM 信元为交换对象,采用波分复用、电或光缓存技术,由信元波长进行选路。依照信元的波长,信元被选路到输出端口的光缓存器中,然后将选路到同一输出端口的信元存储于输入公用的光缓存器内,完成交换的目的。

ATM 光交换技术已用在时分交换系统中,是最有希望成为吞吐量达 Tbit/s 级的光交换系统。目前,ATM 光交换系统主要有两种结构:一是采用广播选择方式的超短光脉冲星形网络;二是采用光矩阵开关的超立方体(hyper cube)网络。第一种具有结构简单、可靠性高和成本较低等优点;第二种具有模块化结构、可扩展性、路由算法简单、高可靠的路由选择等优点。

2.光分组交换

光分组交换(optical packet switching,OPS)是电分组交换在光域的延伸,交换单位是高速光分组。OPS 沿用电分组交换的"存储-转发"方式,是无连接的,在进行数据传输前不需要建立路由和分配资源。采用单向预约机制,分组净荷紧跟分组头后,在相同光路中传输,网络节点需要缓存分组净荷,等待分组头处理,以确定路由。与 OCS 相比,OPS 有着很高的资源利用率和很强的适应突发数据的能力。

光域分组交换与电域分组交换的最大区别是:电分组交换的数据在缓存区中静止存储,而光域分组交换的数据必须实时处理或动态存储。

虽然光分组可长可短,但由于交换设备必须具备处理最小分组的能力,所以对 OPS 节点的处理能力要求非常高。目前常采用光电混合的办法实现 OPS,即数据在光域进行交换,控制信号在交换节点被转换成电信号后再进行处理。OPS可基于数据报或虚电路方式,无论采用哪种方式,交换机都以存储—转发方式工作,因此必须采用光缓存。

实现OPS需要的关键技术包括光分组的产生、同步、缓存、再生,光分组头重写及分组之间的光功率的均衡等。其中分组的实时同步、再生、分组头重写,由于码率太高,电设备无法完成,而全光的办法也只停留在实验阶段。人们对于未来光Internet的希望是支持多种业务,保证QoS,但OPS本身并不直接支持QoS。

从长远来看,OPS是光交换的发展方向,但OPS存在着两个近期内难以克服的障碍:一是光缓存器技术还不成熟,目前实验系统中采用的光纤延迟线(FDL)比较笨重、不灵活,存储深度有限;二是在OPS的节点处,难以实现多个输入分组的精确同步。因此,短时期内OPS的商业应用前景还不被看好。

根据光分组是定长或变长,OPS可分为同步和异步工作模式。同步OPS是基于时隙的交换,光分组在进入交换矩阵前需要进行分组级同步,具有较高的吞吐率。异步OPS适应IP分组变长的特点,光分组在进入交换矩阵前不需要同步,但控制和调度复杂,吞吐率比同步OPS低。

(1)光分组交换体系结构

光分组交换体系结构可分为三层模型,如图5.14所示。

OPS体系结构分层对应于网络基础设施演进的三个主要步骤。最高层对应于已普遍使用的接入网和核心网的标准,如ATM、PDH和SDH及其他常用的标准分组和基于帧的业务。为了简单,整个网络用一层来表示,称为电交换层。最低层为透明光传输层,对应于地域上更广阔的WDM光传

| 电交换层 |
| 光分组交换层 |
| 透明光传输层 |

图5.14 光分组交换体系结构模型

输网,透明的路由是基于在波长域和空间域里的透明光交叉互联(OXC),允许网络在较长的时间内重构,该层在电交换层的下面,链路的传输容量为数Gbit/s至数百Gbit/s。由于在相对低速的电交换层和大粒度的信道分割的WDM光传输层之间存在代沟,需要在低速信道和高速信道之间进行适配,所以在这两层中间引入第二层,即比特率和传输方式透明的OPS网络层(也称光透明分组层OTP),它在WDM光传输网中的高速波长信道和电交换网之间架起一座桥梁,从而大大改进了带宽的利用率和网络的灵活性。该层延伸了光透明性的优点,可作为电接入网和核心网大容量的承载交换网,也可以作为基于相同分组格式的光城域网(MAN)的骨干网。OPS涉及的传输和交换在光域里进行,可接入巨大的光纤带宽,而相对复杂的分组路由/转发在电域里实现。

(2)光分组交换分组格式

OPS分组格式包括固定长度的光分组头、光分组净荷和保护时间三部分,如图5.15所示。光分组头和光分组净荷都占有固定持续时间但速率可变,保护时间主要根据具体器件的交换时间、节点内的净荷抖动等情况来定义。

图5.15 光分组交换的数据报格式

其中,光分组头在交换节点进行电子处理,光分组头包含:同步比特;信源标记,表示入口

边缘的节点地址；目的地标记，表示出口边缘的节点地址；分组形式，表示业务性质和优先次序；分组序列号码，以辨别分组有没有按规定序列到达；运行、管理和维护；信头纠错码。

OPS 交换机由输入接口、光交换矩阵单元、控制单元和输出接口组成，如图 5.16 所示。

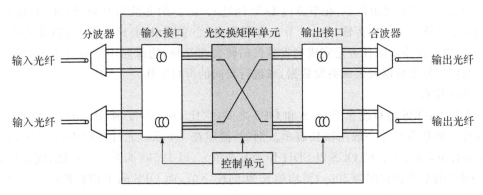

OPS交换机

图 5.16　OPS 交换机结构

输入接口：对来自不同输入端口的光分组进行时间和相位对准，完成光分组读取和同步功能，并保持数据净荷的透明传输。

光交换矩阵单元：OPS 节点的关键部分，它为同步的光分组选择路由并解决输出端口竞争问题。光交换矩阵单元具有光分组缓存功能，对于本地交换节点，光交换矩阵单元同时完成上下路功能。根据使用交换开关类型的不同，OPS 结构有空间光开关结构、广播选择交换结构、波长路由交换结构等。

控制单元：利用光分组头信息控制核心交换。控制部分要处理信头信息，并发出必要的指示。为此，它要参考在每一节点中保持的转发表，其内容借助网络管理系统不断更新。控制单元还要进行信头更新（或标记交换），将新的信头传给输出接口，新的信头指出分组前进路程的下一节点。目前这些控制功能都是用电子器件操作的。

输出接口：通过输出同步和再生模块，降低交换机内部不同路径光分组的相位抖动，进行功率均衡，同时完成光分组头的重写和光分组再生，以补偿光交换矩阵所带来的消光比和信噪比恶化。

（3）光分组交换网络组成

OPS 网络由核心交换节点、边缘节点和客户接入网络组成。边缘节点主要完成光标记链路的建立，光分组的产生和光标记的加载。核心交换节点主要完成 OPS，光标记更新，解决输出端口竞争，光分组再生等功能。与已有的协议相结合：如网络可以使用已有的 MPLS/MPS 协议，路由信息分布，可以使用 IP 路由协议。对全光分组交换，不需要额外的协议层。受广义 MPLS 支持的全光分组交换网络可以支持不同粒度（电路、分组和突发）及不同的用户数据格式。MPLS 加速了 Internet 的速度，全光分组交换非常适合 MPLS 的观点，它具有灵活性、高比特率、消除潜在的电子瓶颈等优点。光标记技术是实现简单的、可升级的光信道路由的关键，无需高速的电终端。在光传输网（OTN）上，MPLS 能提供端到端的透明性，但是需要接入比特流，因而需要把光信道的光信号转换为电信号。

3. 光突发交换

（1）光突发交换基本概念

光突发交换技术（optical burst switching，OBS），采用单向资源预留机制，以光突发

（burst）作为交换网中的基本交换单位，突发是多个分组的集合，由具有相同出口边缘路由器地址和相同 QoS 要求的 IP 分组组成，分为突发控制分组（burst control packet，BCP）与突发分组（burst packet，BP）两部分。BCP 和 BP 在物理信道上是分离的，每个 BCP 对应一个 BP。BCP 长度较之于 BP 要短得多，在节点内 BCP 经过 O/E/O 的变换和电处理，而 BP 从源节点到目的节点始终在光域内传输。OBS 节点有两种：核心节点（核心路由器）与边缘节点（边缘路由器）。核心路由器的任务是完成突发数据的转发与交换；边缘路由器负责重组数据，将接入网中的用户分组数据封装成突发数据，或进行反向的拆封工作。

1）OBS 优点

粒度适中：OBS 的粒度介于 OCS 和 OPS 之间，它比 OCS 粒度细，比 OPS 粒度粗。网络数据颗粒度的基本尺寸一般用帧长表示。例如，假定在 1000km 光纤传输中，在 10Gbit/s 传输速率条件下，基于波长的 OCS 以 SDH 作为基本单元，以 $125\mu s$ 为基本颗粒度，帧长为 160K 字节。OBS 的平均颗粒度为 $50\mu s$，平均帧长为 64K 字节，而 OPS 的平均颗粒度为 100ns，平均帧长为 125 字节。显然在上述平均帧下，对帧间的间隙远比帧长要小。

BCP 与 BP 在信道上分离：BCP 与 BP 在时间和空间上分离，空间上分离指在物理信道上采用同一光纤中的不同波长；时间上分离是指 BCP 提于 BP 一段时间发送，且在中间节点经过电信息处理，为 BP 预留资源，而 BP 随 BCP 之后传送，在中间节点通过预留好的资源直通，无需 O/E/O 处理。将 BCP 与 BP 分离的意义在于 BCP 可以先于 BP 传输，以弥补 BCP 在交换节点的处理过程中由于 O/E/O 变换及电处理造成的时延。随后发出的 BP 在交换节点进行全光交换透明传输，无需进行光存储，避开了目前光缓存器技术不成熟的缺点。并且，由于 BCP 大小远小于 BP，需要 O/E/O 变换和电处理的数据大为减小，缩短了处理时延，大大提高了交换速度。

无光缓存：突发数据在中间节点不需要任何光 RAM 存储，而是通过相应的 BCP 预留资源进行直通传输，因此在经过中间节点时无时延，偏置时间远远小于波长路由中的波长通道建立时间。

单向预留：采用单向预留方式分配资源，即 BCP 提前于 BP 一段时间发送，为 BP 预留资源，源节点在发送突发数据之前，不需要等待目的节点的响应，因此端到端时延相对较小。

透明传输：由于 OBS 网对突发包的数据是完全透明的，不需要经过任何光电转换，从而使 OBS 机能够真正地实现 T 比特级光路由器，彻底消除由于现在的电子瓶颈而导致的带宽扩展困难的问题。

统计复用：允许每一个波长的突发数据流统计复用，不需要占用几个波长，效率高、交换灵活且交换容量大。

2）OBS 缺点

突发封装，突发偏置时间的设置，数据和控制信道的分配，QoS 的支持，交换节点光缓存的配置（如果需要的话）等问题还需要作深入研究。在边缘路由器光接收机上的突发快速同步也是对系统效率有重要影响的问题。

由于光纤延迟线的限制，为了降低丢包率，OBS 网络必须通过波分复用网络信道成组来实现统计复用。如何在 OBS 网络中实现组播功能也是一项非常重要的课题，为了实现组播，光开关矩阵和交换控制单元都必须具备组播能力，且两者之间必须能有效地协调。此外，将OBS 与现有的动态波长路由技术有机的结合，可以使网络具有更有效的调配能力，但也需要进一步的细致研究。

难以支持流量工程,而且网络在保护与恢复方面也存在着很多问题。

OBS 网络主要应用于不断发展的大型城域网和广域网,支持传统业务,如电话、SDH、IP、FDDI 和 ATM 等,也可以支持未来具有较高突发性和多样性的业务,如数据文件传输、网页浏览、视频点播、视频会议等业务。OBS 支持 QoS 的特征也符合下一代 Internet 的要求。

(2)光突发交换体系结构

OBS 的体系结构如图 5.17 所示,包括核心交换层、汇聚层和接入层。核心交换层主要任务是突发数据的全光域透明传送和路由,该层由核心节点,即光核心路由器构成。汇聚层主要任务是将接入层的数据汇聚到光层,该层由边缘节点,即光边缘路由器构成。接入层对应于不同的用户网络,可以是目前存在的各种网络如 IP、FR、ATM 和 SDH 等,也可以是终端用户。

图 5.17 OBS 体系结构

(3)光突发交换分组格式

OBS 中的“突发”可以看成是由一些较小的具有相同出口边缘节点地址和相同 QoS 要求的数据分组组成的超长数据分组,这些数据分组可以来自于传统 IP 网中的 IP 包。突发是 OBS 网中的基本交换单元,结构如图 5.18 所示。控制分组的作用相当于分组交换中的分组头。突发数据和控制分组在物理信道上是分离的,每个控制分组对应于一个突发数据,这也是 OBS 的核心设计思想。例如,在 WDM 系统中,控制分组占用一个或几个波长,突发数据则占用所有其他波长。

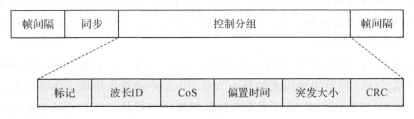

图 5.18 OBS 控制分组结构图

标记:类似于 MPLS 中的标记,控制分组与突发数据的标记一致;

波长 ID:指示其突发数据所在的波长;

CoS:服务类别;

偏置时间:控制分组与突发数据的时间偏差;

突发大小:突发分组持续时间的长度;

CRC:控制分组的校检和。

(4)光突发交换网络节点结构

图 5.19 是 OBS 核心节点结构。核心节点的功能是控制分组查找、交换、突发数据监测(如阻塞概率、延迟等)。OBS 的最大特点是控制分组与数据分组在信道分离,即控制分组与数据分组在物理信道上采用同一光纤中的不同波长,控制分组先发送,数据分组在控制分组之后传送。

假定入口、出口光纤数均为 N,每根光纤支持的波长数为 $K+1$(其中一个波长用于传输控制分组,另外 K 个波长用于传输突发数据)。用于传输控制分组的波长在核心节点内部需要先进行 O/E 变换,以便进行电的路由表查找、交换矩阵控制等处理,最后更新控制分组的相应数据再进行 E/O 变换。其余的 K 个波长传输突发数据,这些波长在核心节点处不需要 O/

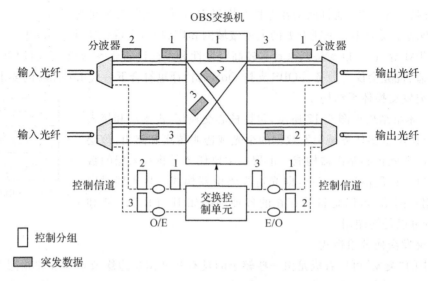

图 5.19　OBS 交换机结构

E/O 变换,整个交换传输在光域内完成,保证了数据的透明性。图中光交换矩阵前的光纤延迟线用于缓存突发数据(只能缓存有限长时间),等待控制分组的处理,通过设置恰当的偏移时间(offset time),可以使突发数据不需要在中间节点缓存,直接通过 OBS 网络,进而可以取消光纤延迟线。另外光纤延迟线还可以用于解决竞争问题,减少冲突,实现 WDM 层的 QoS 保证。当突发数据进入光交换矩阵时,由控制单元控制的光交换矩阵选择相应的输出波长。

(5)光突发交换网络组成

由于光网络在光纤到用户上存在瓶颈问题,目前主要用于主干网和城域网,用户端仍是传统的电 IP 网络。OBS 网络主要由光的核心节点和电的边缘节点组成。边缘节点主要负责 IP 分组的接入、分类、组装和调度,及反向突发数据的接收与拆帧。入口边缘节点处数据通过线卡输入,根据 IP 包的目的地址分类后进行组装,形成突发数据,并提取相应分组头产生控制分组,而突发数据缓存于突发队列等待调度。当一个突发数据在突发发送队列的队列头部时,计算突发数据与相应控制分组间的偏移时间并反馈到控制数据包产生器中,然后发出这个控制分组,该控制分组包括时间偏移量、突发数据长度和具体的路由等信息。当偏移时间到期时,发出该突发数据。出口边缘节点只是简单地将突发数据拆开,并将其中的 IP 数据抽出。

(6)OBS 关键技术

OBS 关键技术主要包括组装算法、信令协议、冲突处理、波长分配和生存性等。

1)组装算法

OBS 的边缘接入节点要按照一定规则对进入 OBS 网络的突发数据进行汇聚组装,如何将来自不同网络的数据适配组装成合适的突发包是 OBS 网络的关键技术之一。突发包的组装一般需要考虑两个参数,一个是组装时间,另一个是突发包的最大长度。此外,还要考虑突发包的长度是固定的还是变化的。目前有如下几种组装算法:

固定组装时间(fixed assembly time,FAT):在该算法中,突发包按照固定的组装时间进行组装。这种方法比较简单,但当网络流量较大时,突发包可能过长,影响整个网络的性能。

固定组装长度(fixed assembly size,FAS):按照固定的突发包长度进行组装,对未达到固定长度的突发包需要填充一些字节,使其达到固定的组装长度。这种方法也比较简单,但当网络流量比较小时,采用这种算法的组装时间会很长,会增加网络的时延,降低网络的性能。

最大突发长度最大组装时间(max burst-size max assembly time,MSMAT):同时考虑组装时间和组装长度,当组装时间达到允许的最大时间或组装长度达到组装门限时,产生突发包。这种算法比较常用,也比较简单,但在网络流量较小时,利用率较低,并有可能在核心节点产生连续竞争冲突。

自适应组装长度(adaptive assembly size,AAS):这种算法可以部分地解决竞争问题,且突发数据包大小变化比较缓慢,但控制比较复杂。上述以时间和最大突发包长度控制的突发组装算法简单、易于实现,但它们没有针对 IP 业务的突发流量特性进行相应的优化设置。当网络流量较低时,组装算法的包长大小与高负荷网络相比有很大的变化,这会带来额外的网络时延,同时造成突发数据包的传输效率降低。此外,多个边缘节点路由器在基于时间计数的组装算法机制下极易形成突发发射同步,引发持续的资源竞争问题。

2)信令协议

控制信令的设计是 OBS 网络控制的核心问题之一。OBS 克服了全光域难以完成的波长合并和业务疏导技术的难点,通过每个节点对标记、波长等控制信息执行电处理操作,不需 O/E/O 转换即可进行业务整合,但光突发技术的难点是寻找合适的带宽接入控制协议,协调控制分组与突发数据流。用于 OBS 的控制信令提法很多,可以归纳为三大类:

第一类:预留固定周期(reserve-a-fixed-duration,RFD),该协议由控制分组中的偏置时间来决定带宽预留时间的长短,到时立即拆除连接。优点是无信令开销、易实现带宽资源的动态分配、资源利用率高,其改进的变形协议有(tell-and-wait,TAW)、JET、JIT、SCDT、LAUC 和 LAUC-VF 等。

第二类:(tell-and-go,TAG),该协议是源节点先发送控制分组来预留带宽,即成功建立了整个通信链路;然后发送相应的突发数据,中间节点需 FDL 缓存突发数据;当发送完突发数据流后,源节点再发送用于释放连接的分组来拆除连接。TAG 技术类似于快速电路交换,它无需确认所有带宽已经预留而直接发送突发数据,因而其带宽利用率不高。

第三类:带内终结器(in-band-terminator,IBT),该方式是在突发数据流后紧跟 IBT 标识,整个过程由控制分组来预留带宽,由 IBT 标识拆除连接,即当检测到 IBT 标识后释放带宽。OBS 应用 IBT 技术拆除通信连接的关键是光域识别 IBT 标识(光信号处理),因此该技术最大的挑战是 IBT 标识的全光再生。

在上述三种 OBS 协议中,带宽预留是突发数据层上的单向过程,即在没有目的节点确认信息的情况下,突发数据流即可通过中间节点。它们是根据带宽释放的方式加以区分的。TAG 和 IBT 都涉及了额外的信令开销。而在 RFD 中,控制分组利用特定的时长预留带宽,这样不但取消了额外的信令开销,而且与 IBT 和 TAG 相比能更有效地利用带宽和缓存资源。TAG 和 IBT 基于开放式终结(open-ended)资源预留和分布式控制,RFD 基于关闭式终结(close-ended)资源预留和分布式控制,是公认的最适合 OBS 的协议。还有其他的一些 OBS技术,如基于中心控制和完全预留调度机制等。

3)冲突处理

在 OBS 网络中,当多个分组同时到达同一个输出端口时就会产生竞争。目前解决竞争的方法主要有光缓存、波长转换、偏射路由、组合式突发包/突发包分段以及其中多种技术的组合。

FDL 配置:应用 FDL 缓存器,可以使突发包延迟到竞争结束后。与电域中的缓存器相比,FDL 缓存器只能提供固定的延迟,而且数据离开 FDL 缓存器的顺序是按照它们进入延迟线的顺序,这样就限制了竞争解决的灵活性。另外,光缓存还有一个主要问题就是功率损耗,为了补偿功率损耗,不得不进行光信号放大或光信号再生,前者会引入噪声,后者成本太高。总的来说,引入 FDL 将大大增加光交换的成本。

波长转换:采用波长转换器,在发生竞争时可以将突发包在与指定输出线不同的波长上发送出去。这种解决方案在竞争分组的延迟方面是最佳的,适合电路交换,也适合光分组/突发交换网络,但需要快速可调谐转换器。最近研究结果表明,在分组交换光网络中波长交换是一种最有潜力的可选方案之一,它能最有效地降低光分组/突发的丢包率,特别是应用于多波长 DWDM 系统,因此快速可调波长转换器是目前研究的热点。

偏射路由:偏射路由是一种利用空闲链路解决冲突的方法,即当竞争发生时分组/突发不能交换到正确的输出端口,便将它路由到另一个可选输出端口,有可能通过另一条路径到达目的节点。在链路资源比较充足的情况下,偏射路由有较好的性能,但这种方法在出口节点的重新排序以及公平性方面都存在一些潜在的问题。而且,在负荷较重的情况下其性能可能恶化,因此只适合网络负载轻的网络。

组合式突发包/突发包分段:组合式突发包与突发包分段的思想是一致的,在竞争发生时,都是将突发包分为几部分,在转发时将突发包尽可能多的部分转发出去,尽量减少数据的丢弃。

多种技术的组合:由于单个冲突解决机制对性能的改善有限,而且上述几种技术互不影响或冲突,因此可将上述技术有机地结合。最有效的组合方案是将缓存与全波长变换有机地结合,再配合空间偏射路由。最经济的解决方案是最小的光缓存,配合部分波长变换,再引入偏射路由机制,这样可以大大降低成本,但性能略有减损。

4)波长分配

在波长路由网络,波长分配问题是网络设计中的一个关键问题。在 OBS 中,控制分组在每一个突发数据分组发送之前发送,虽然克服了波长一致性原则,波长资源是统计复用的,利用率也远远高于波长路由网络,但是在没有全光波长变换的情况下,波长分配问题仍是制约网络性能的一个重要问题,它通知该数据分组要通过的中间节点在预定的时段内为该分组预留资源(分配带宽)。如果预留失败,该数据分组被丢弃或使用反射路由送到其他节点。带宽的动态分配技术是 OBS 的一项关键技术,带宽分配技术的好坏直接影响网络的效率和性能。

5)生存性

目前,单根光纤的业务容量已经达到 Tbit/s 的量级,当链路发生故障时,势必会造成数据的大量丢失,因此应采取适当的保护措施来尽量减少故障发生时的数据丢失。

OBS 网络的生存性包括控制信道和数据信道的保护与恢复,它与传统的光网络有许多相似的地方,可以借鉴传统光网络的保护和恢复机制。但 OBS 网络有自身的特性,如控制信道要经过 O/E/O 处理,数据信息在光域中透明传输,所以 OBS 网络的生存性在许多方面有待进一步研究。

4. OBS 与 OCS 和 OPS 技术的比较

OBS 既综合了 OCS 和 OPS 的优点,又避免了它们的缺点,是一种很有前途的光交换技术。

传统电路交换的要点是面向连接,通信之前先建立连接,优点是实时性高,时延和时延抖动小,缺点是线路利用率低,灵活性差。OCS(目前主要是指波长交换)继承了传统电路交换的面向连接的特点,优点也是实时性好,而且由于电路交换应用经验的积累,OCS 还有简单、易于实现、技术成熟的优点,缺点是带宽利用率低,灵活性差,不适合数据业务网络,不能处理突发性强和业务变化频繁的 IP 业务,不能适应数据业务高速增长的需要。

传统分组交换的要点是信息分组、存储—转发和共享信道,优点是传输灵活、信道利用率高,缺点是实时性差,协议和设备复杂。OPS 继承了传统分组交换的信息分组、存储—转发和共享信道的特点,优点也是资源利用率高和突发数据适应能力强,缺点是由于光缓存器等技术还不够成熟,目前缺乏相关的支撑技术暂时无法实用化。

OBS 的要点是单向资源预留,交换粒度适中,控制分组与数据信道分离,不需要存储—转发。

对于 OCS 而言,OBS 采用单向资源预留,控制分组先于数据分组在控制信道上传送,为数据分组预留资源(建立连接),而且在发出预留资源的信令后,不需要得到确认信息就可以在数据信道上发送突发数据,与 OCS 相比节约了信令开销时间,提高了带宽利用率,能够实现带宽的灵活管理。同时,OBS 吸取了 OCS 不需要缓冲区的特点,易于与光技术融合。另外 OBS 享用了 OCS 积累的应用经验,实现简单且价格低廉,易于用硬件高速实现,技术相对成熟。

对于 OPS 而言,OBS 吸取了 OPS 传输灵活,信道利用率高的优点,它将多个具有相同目的地址和相同特性的分组集合在一起组成突发,提高了节点对数据的处理能力。突发数据通过相应的控制分组预留资源进行直通传输,无需 O/E/O 处理,不需要进行光存储,克服了 OPS 光缓存器技术不成熟的缺点。且 OBS 的控制分组很小,需要 O/E/O 变换和电处理的数据大为减小,缩短了处理时延,大大提高了交换速度。

从以上分析可见,OBS 交换粒度介于大粒度的 OCS 和细粒度的 OPS 之间,技术实现较OPS 简单,但组网能力又比 OCS 灵活高效。OBS 支持分组业务性能比 OCS 好,实现难度低于 OPS。OBS 比 OPS 更贴近实用化,通过 OBS 可以使现有的 IP 骨干网的协议层次扁平化,更加充分地利用 DWDM 技术的带宽潜力。

但是,不管是 OPS 还是 OBS,都有着自身的缺陷,比如 OPS 会引起分组丢失,OBS 是基于“通路保持”的交换方式,并且需要一个独立的波长传输控制信息,QoS 取决于控制信息和突发之间的时间间隔,当业务繁忙的网络频繁地提出连接请求时,传输控制信息将导致大量带宽浪费。换句话说,如果控制信息所占的波长通道是固定的,那么在这种情况下,大量的突发数据将滞留在端系统的缓存器中。

三种类型的光交换示意图如图 5.20 所示。

传统的光交换在交换过程中存在光变电、电变光的相互转换,而且它们的交换容量都要受到电子器件工作速度的限制,使得整个光通信系统的带宽受到限制。直接光交换可省去光/电、电/光的交换过程,充分利用光通信的宽带特性。因此,光交换被认为是未来宽带通信网最具潜力的新一代交换技术。对光交换的探索始于 20 世纪 70 年代,80 年代中期发展比较迅速。

光交换机,是可以进行光信号的数据交换的设备。

随着通信网络逐渐向全光平台发展,网络的优化、路由、保护和自愈功能在光领域中就变得越来越重要了。光交换机能够保证网络的可靠性和提供灵活的信号路由平台。尽管现有的通信系统都采用电路交换,但未来的全光网络却需要由纯光交换机来完成信号路由功能以实现网络的高速率和协议透明性。

光交换的传统应用:

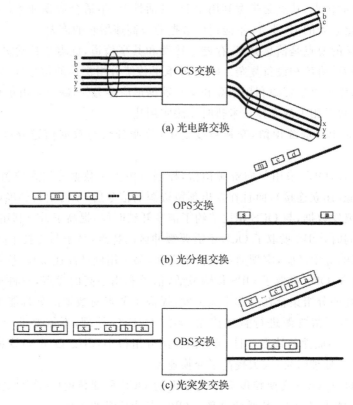

(a) 光电路交换

(b) 光分组交换

(c) 光突发交换

图 5.20　三种类型光交换

　　通信网络中的光交换机的一个基本功能就是在光纤断裂或转发器发生故障时能自动进行恢复。现代的大多数光纤网络都有两条以上的光纤路由连到关键的节点。通过光交换机,光信号能方便地避开出故障的光纤或转发器,重新选择到达目的地的有效路由。但是信号以何种速率重新选择路由对避免信息丢失是十分重要的,在高速电信系统中交换速率尤其重要。

　　光交换机的另一个传统应用是网络监控。在远端光纤测试点上,可使用一个 $1 \times N$ 交换机将多条光纤连接到一个光时域反射计(OTDR),对光纤链路进行监控。使用交换机和 OT-DR 可准确定位每一条光纤链路上的故障。在实际的传送网络中,交换机还允许用户取出信号或插入一个网络分析仪来进行实时监控而不会干扰网络数据传输。

　　光交换机通常也可用于光纤器件的现场测试。举例来说,一个多通道交换机是在线测试光纤器件的有力工具。通过监视每一个对应一特定测试参数的交换机通道,可以不间断地测试多个部件。

　　近期,光交换机还开始被应用于光纤传感器网络中。

　　尽管当前有许多种商用光交换机,但它们的光电和光机械模型都彼此十分相似。光电交换机内包含带有光电晶体材料(诸如锂铌)的波导。交换机通常在输入输出端各有两个波导,波导之间有两条波导通路,这就构成了 Mach-Zehnder 干涉结构。这种结构可以实现 1×2 和 2×2 的交换配置。两条通路之间的相位差由施加在通路上的电压来控制,当通路上的驱动电压改变两通路之间的相位差时,利用干涉效应就可将信号送到目的输出端。

　　近期,采用钡钛材料的波导交换机已经开发成功,这种交换机使用了一种分子束取相附生的技术。与锂铌交换机相比，这种新的交换机使用了非常少的驱动电能。

光电交换机的主要优点就是交换速度较快，可达到纳秒级。然而，这类交换机的介入损耗、依极化损耗和串音都比较严重，它们对电漂移较敏感，通常需要较高的工作电压。这样，较高的生产成本就限制了光电交换机在商业上的广泛应用。

光机械交换机依赖于成熟的光技术，是目前最常见的交换机。它的操作原理十分简单，在交换机中，通过移动光纤终端或棱镜来将光线引导或反射到输出光纤，这样就实现了输入光信号的机械交换。光机械交换机只能实现毫秒级的交换速度，但由于它的成本较低，设计简单和光性能较好而得到了广泛的应用。

除了传统的应用外，光交换机还将在新兴的多通路、可重新配置的光子网络中发挥越来越重要的作用。

5.3.8 交换机分类

前面我们介绍了二层、三层和四层交换机，这种分类方法完全是根据 OSI 参考模型来分的，也就是说二层交换机工作在第二层——数据链路层，三层交换机工作在第三层——网络层，而四层交换机工作在第四层——传输层。由于交换机用量大，各厂商拼命开发各种各样的产品，使得市场上交换机的产品繁多。图 5.21 所示是 Cisco 公司生产的交换机部分产品。如此繁多的产品如何分类呢？除了前面讲的分类方法外，实际上交换机还有许多其他的分类方法。

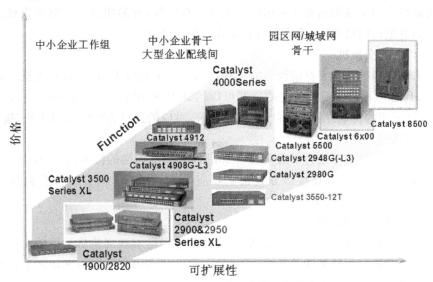

图 5.21 Cisco 公司生产的交换机部分产品

1. 根据网络覆盖范围划分

（1）广域网交换机

广域网交换机主要是应用于电信城域网互联、互联网接入等领域的广域网中，提供通信用的基础平台。

（2）局域网交换机

局域网交换机就是我们常见的交换机了，也是我们学习的重点。局域网交换机应用于局域网络，用于连接终端设备，如服务器、工作站、集线器、路由器、网络打印机等网络设备，提供高速独立通信通道。

其实在局域网交换机中又可以划分为多种不同类型的交换机,下面继续介绍局域网交换机的主要分类标准。

2. 根据网络标准划分

我们非常熟悉的用于电话网络的交换机叫程控交换机。那么用不同网络标柱的交换机就可分为以太网交换机、FDDI 交换机和 ATM 交换机。

3. 根据传输速度划分

(1)10M 以太网交换机

10M 以太网交换机是最普遍,也是最便宜的,它的档次比较齐全,应用领域也非常广泛,在大大小小的局域网都可以见到它们的踪影。以太网包括三种网络接口:RJ-45、BNC 和 AUI,所用的传输介质分别为双绞线、细同轴电缆和粗同轴电缆。不要以为一讲以太网就都是 RJ-45 接口的,只不过双绞线类型的 RJ-45 接口在网络设备中非常普遍而已。当然现在的交换机通常不可能全是 BNC 或 AUI 接口的,因为目前采用同轴电缆作为传输介质的网络已经很少见了,而一般是在 RJ-45 接口的基础上为了兼顾同轴电缆介质的网络连接,配上 BNC 或 AUI 接口而已。

(2)快速以太网交换机

快速以太网交换机是用于 100Mbps 快速以太网的。快速以太网是一种在普通双绞线或者光纤上实现 100Mbps 传输带宽的网络技术。要注意的是,一讲到快速以太网就认为全都是纯正 100Mps 带宽的端口,事实上目前基本上还是 10/100Mbps 自适应型的为主。同样一般来说这种快速以太网交换机通常所采用的介质也是双绞线,有的快速以太网交换机为了兼顾与其他光传输介质的网络互联,或许会留有少数的光纤接口"SC"。

(3)千兆以太网交换机

千兆以太网交换机是用于目前较新的一种网络——千兆以太网中,也有人把这种网络称之为"吉位(GB)以太网",那是因为它的带宽可以达到 1000Mbps。它一般用于一个大型网络的骨干网段,所采用的传输介质有光纤、双绞线两种,对应的接口为"SC"和"RJ-45"接口两种。

(4)万兆以太网交换机

万兆以太网交换机主要是为了适应当今 10kMbps 以太网络的接入,它一般用于骨干网段上,采用的传输介质为光纤,其接口方式也就相应为光纤接口。同样这种交换机也称之为"10G 以太网交换机",道理同上。

4. 根据交换机的结构划分

如果按交换机的端口结构来分,交换机大致可分为固定端口交换机和模块化交换机两种不同的结构。其实还有一种是两者兼顾,那就是在提供基本固定端口的基础之上再配备一定的扩展插槽或模块。

(1)固定端口交换机

固定端口顾名思义就是它所带有的端口是固定的,如果是 8 端口的,那就只能有 8 个端口,再不能添加;16 个端口也就只能有 16 个端口,不能再扩展。目前这种固定端口的交换机比较常见,端口数量没有明确的规定,一般的端口标准是 8 端口、16 端口、24 端口和 48 端口。但现在也是各生产厂家各自说了算,他们认为多少个端口有市场就生产多少个端口的。目前交换机的端口比较杂,非标准的端口数主要有 4 端口、5 端口、10 端口、12 端口、20 端口、22 端口和 32 端口等。

固定端口交换机虽然相对来说价格便宜一些,但由于它只能提供有限的端口和固定类型的接口,因此,无论从可连接的用户数量上,还是从可使用的传输介质上来讲都具有一定的局限性,但这种交换机在工作组中应用较多,一般适用于小型网络、桌面交换环境。

固定端口交换机按其安装架构又分为桌面式交换机和机箱式交换机。与集线器相同,机箱式交换机更易于管理,更适用于较大规模的网络,它的结构尺寸要符合 19 英寸国际标准,它是用来与其他交换设备或者是路由器、服务器等集中安装在一个机柜中。而桌面式交换机,由于只能提供少量端口且不能安装于机柜内,所以,通常只用于小型网络。

(2)模块化交换机

模块化交换机又称为机箱式交换机,虽然在价格上要贵很多,但拥有更大的灵活性和可扩充性,用户可任意选择不同数量、不同速率和不同接口类型的模块,以适应千变万化的网络需求。而且,机箱式交换机大都有很强的容错能力,支持交换模块的冗余备份,并且往往拥有可热插拔的双电源,以保证交换机的电力供应。在选择交换机时,应按照需要和经费综合考虑选择机箱式或固定方式。一般来说,企业级交换机应考虑其扩充性、兼容性和排错性,因此,应当选用机箱式交换机;而非骨干交换机和工作组交换机则由于任务较为单一,故可采用简单明了的固定式交换机。

5. 根据是否支持网管功能划分

如果按交换机是否支持网络管理功能,我们又可以将交换机分为"网管型"和"非网管型"两大类。

网管型交换机的任务就是使所有的网络资源处于良好的状态。网管型交换机产品提供了基于终端控制口(console)、基于 Web 页面以及支持 Telnet 远程登陆网络等多种网络管理方式。因此网络管理人员可以对该交换机的工作状态、网络运行状况进行本地或远程的实时监控,纵观全局地管理所有交换端口的工作状态和工作模式。网管型交换机支持 SNMP 协议,SNMP 协议由一整套简单的网络通信规范组成,可以完成所有基本的网络管理任务,对网络资源的需求量少,具备一些安全机制。SNMP 协议的工作机制非常简单,主要通过各种不同类型的消息,即 PDU(协议数据单位)实现网络信息的交换。但是网管型交换机相对下面所介绍的非网管型交换机来说要贵许多。

网管型交换机采用嵌入式远程监视(RMON)标准用于跟踪流量和会话,对决定网络中的瓶颈和阻塞点是很有效的。软件代理支持 4 个 RMON 组(历史、统计数字、警报和事件),从而增强了流量管理、监视和分析。统计数字是一般网络流量统计;历史是一定时间间隔内网络流量统计;警报可以在预设的网络参数极限值被超过时进行报警;时间代表管理事件。

还有网管型交换机提供基于策略的 QoS。策略是指控制交换机行为的规则,网络管理员利用策略为应用流分配带宽、优先级以及控制网络访问,其重点是满足服务水平协议所需的带宽管理策略及向交换机发布策略的方式。在交换机的每个端口处用来表示端口状态、半双工/全双工和 10Base-T/100Base-T 的多功能发光二极管(LED)以及表示系统、冗余电源(RPS)和带宽利用率的交换级状态 LED 形成了全面、方便的可视管理系统。目前大多数部门级以下的交换机多数都是非网管型的,只有企业级及少数部门级的交换机支持网管功能。

6. 根据应用层次划分

根据交换机所应用的网络层次,我们又可以将网络交换机划分为企业级交换机、校园网交换机、部门级交换机和工作组交换机、桌机型交换机五种。

(1)企业级交换机

企业级交换机属于一类高端交换机,一般采用模块化的结构,可作为企业网络骨干构建高速局域网,所以它通常用于企业网络的最顶层。

企业级交换机可以提供用户化定制、优先级队列服务和网络安全控制,并能很快适应数据增长和改变的需要,从而满足用户的需求。对于有更多需求的网络,企业级交换机不仅能传送海量数据和控制信息,更具有硬件冗余和软件可伸缩性特点,保证网络的可靠运行。这种交换机从它所处的位置可以清楚地看出它自身的要求非同一般,起码在带宽、传输速率以及背板容量上要比一般交换机高出许多,所以企业级交换机一般都是千兆以上以太网交换机。企业级交换机所采用的端口一般都为光纤接口,这主要是为了保证交换机高的传输速率。那么什么样的交换机可以称之为企业级交换机呢? 说实在的还没有一个明确的标准,只是现在通常这么认为,如果是作为企业的骨干交换机时,能支持 500 个信息点以上大型企业应用的交换机为企业级交换机。

(2)校园网交换机

校园网交换机应用相对较少,主要应用于较大型网络,且一般作为网络的骨干交换机。这种交换机具有快速数据交换和全双工能力,可提供容错等智能特性,还支持扩充选项及第三层交换中的虚拟局域网(VLAN)等多种功能。

这种交换机通常用于分散的校园网而得名,其实它不一定要应用到校园网络中,只表示它主要应用于物理距离分散的较大型网络中。因为校园网比较分散,传输距离比较长,所以在骨干网段上,这类交换机通常采用光纤或者同轴电缆作为传输介质,交换机当然也就需提供 SC 光纤口和 BNC 或者 AUI 同轴电缆接口。

(3)部门级交换机

部门级交换机是面向部门级网络使用的交换机,它较前面两种交换机所能适用的网络规模要小许多。这类交换机可以是固定配置,也可以是模块配置,一般除了常用的 RJ-45 双绞线接口外,还带有光纤接口。部门级交换机一般具有较为突出的智能型特点,支持基于端口的VLAN(虚拟局域网),可实现端口管理,可任意采用全双工或半双工传输模式,可对流量进行控制,有网络管理的功能,可通过 PC 机的串口或经过网络对交换机进行配置、监控和测试。如果作为骨干交换机,则一般认为支持 300 个信息点以下中型企业的交换机为部门级交换机。

(4)工作组交换机

工作组交换机是传统集线器的理想替代产品,一般为固定配置,配有一定数目的10Base-T或 100Base-TX 以太网口。交换机按每一个包中的 MAC 地址相对简单地将决策信息转发,这种转发决策一般不考虑包中隐藏的更深的其他信息。与集线器不同的是交换机转发延迟很小,操作接近单个局域网性能,远远超过了普通桥接互联网络之间的转发性能。

工作组交换机一般没有网络管理的功能,如果是作为骨干交换机则一般认为支持 100 个信息点以内的交换机为工作组交换机。

(5)桌面型交换机

桌面型交换机是最常见的一种最低档交换机,它区别于其他交换机的一个特点是支持的每端口 MAC 地址很少,通常端口数也较少(12 端口以内,但不是绝对),只具备最基本的交换机特性,当然价格也是最便宜的。

这类交换机虽然在整个交换机中属最低档的,但是相比集线器来说它还是具有交换机的通用优越性,况且有许多应用环境也只需这些基本的性能,所以它的应用还是相当广泛的。它主要应用于小型企业或中型以上企业办公桌面。在传输速度上,目前桌面型交换机大都提供多个具有 10/100Mbps 自适应能力的端口。

7. 根据网络分级设计模型划分

根据网络分级设计模型交换机可分为核心交换机、汇聚交换机和接入交换机。

首先要说明的一点是，核心交换机并不是交换机的一种类型，而是放在核心层（网络主干部分）的交换机叫核心交换机。但是我们在招投标或网络工程设计时都习惯于这种叫法。

（1）核心交换机

核心层交换机一般都是三层交换机或者三层以上的交换机，采用机箱式的外观，具有很多冗余的部件。核心层交换机也可以说是交换机的网关。在进行网络规划设计时核心层的设备通常要占大部分投资，因为核心层设备对于冗余能力、可靠性和传输速度方面要求较高。

核心层交换机一般要求具有第 3 层支持、极高的转发速率、千兆以太网/万兆以太网、冗余组件、链路聚合和服务质量（QoS）等功能。

在分层网络拓扑中，核心层是网络的高速主干，需要转发非常庞大的流量，需要多少转发速率在很大程度上取决于网络中的设备数量。通过执行和查看各种流量报告和用户群分析确定所需要的转发速率。

核心层的可用性也很关键，因此应尽可能地提供较多的冗余。相对于第二层功能，第三层冗余功能在硬件出现故障时的收敛速度更快。这里的收敛是指网络适应变化所花的时间，而不要与支持数据、语音和视频通信的融合网络相混淆。

核心层交换机还需要支持链路聚合功能，以确保为分布层交换机发送到核心层交换机的流量提供足够的带宽。核心层交换机还应支持聚合万兆链接，这样可以让对应的分布层交换机尽可能高效地向核心层传送流量。

QoS 是核心层交换机提供的重要服务之一。例如，尽管数据流量已在不断攀升，但服务提供商和企业广域网仍然在此基础上继续添加更多的语音和视频流量。在核心层和网络层边缘，与对时间不太敏感的流量相比，任务关键型和时间敏感型流量应优先获得更高的 QoS 保证。由于高速 WAN 接入通常价格不菲，因此增加核心层带宽并非明智之举。由于 QoS 提供基于软件的解决方案对流量界定优先级，因此核心层交换机可为优化及差异化地利用现有带宽提供一种经济而有效的方式。

（2）汇聚交换机

在第 2 章我们已经学到，汇聚层是多台接入层交换机的汇聚点，它必须能够处理来自接入层设备的所有通信量，并提供到核心层的上行链路。因此汇聚层交换机与接入层交换机比较，需要更高的性能，更少的接口和更高的交换速率。这一层的功能主要是实现以下一些策略：

1）路由（即文件在网络中传输的最佳路径）。

2）访问表，包过滤和排序，网络安全如防火墙等。

3）重新分配路由协议，包括静态路由。

4）在 VLAN 之间进行路由，以及其他工作组所支持的功能。

5）定义组播域和广播域。这一层主要是实现策略的地方。

汇聚层 1000Base-T 交换机同时存在机箱式和固定端口式两种设计，可以提供多个 1000Base-T 端口，一般也可以提供 1000Base-X 等其他形式的端口。

（3）接入交换机

接入交换机一般用于直接连接电脑。接入层目的是允许终端用户连接到网络，因此接入层交换机具有低成本和高端口密度特性。接入交换机是最常见的交换机，它直接与外网联系，使用最广泛，尤其是在一般办公室、小型机房和业务受理较为集中的业务部门、多媒体制作中

心、网站管理中心等部门。在传输速度上,现代接入交换机大都提供多个具有 10/100/1000M
自适应能力的端口。

5.3.9　产品实例

我们已经讨论交换机的工作原理和交换机的分类,现在分析一个具体产品。以 Cisco
Catalyst 6500 系列交换机为例,它是一款智能多层模块化交换机,是为数据和语音集成、
LAN/ WAN/MAN 部署、可扩展性、高可用性以及主干/分布、服务器整合和服务供应商环境
中智能多层交换的不断增长的需求而设计的。

Cisco Catalyst 6500 系列提供 3 插槽、6 插槽、9 插槽和 13 插槽的机箱,以及多种集成式服
务模块,包括千兆位以太网交换模块,网络安全性、内容交换、语音和网络分析模块等,见图
5.22。Cisco Catalyst 6500 系列是一个系列产品,机箱配置有 3 插槽(Catalyst 6503)、6 插槽
(Catalyst 6506)、9 插槽(Catalyst 6509)、9 个垂直插槽(Catalyst 6509NEB)、13 插槽(Catalyst
6513)。3 插槽、6 插槽、9 插槽和 13 插槽机箱配置使用相同的模块、软件和网络管理工具。此
外,Cisco Catalyst 6500 系列还可以支持一种使用 9 个竖直插槽的机箱(WS-C6509-NEB)以及
一种 13 插槽的机箱,提供了广泛的配置选项和性价比选项。9 插槽竖直机箱是为符合网络设
备创建系统(NEBS) Level 3 而设计的,具有前后对流功能,非常适宜用于服务供应商环境。
它也适用于那些将前后对流作为首选的企业客户环境。

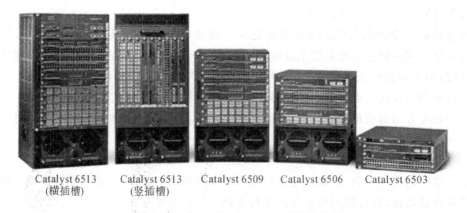

图 5.22　Cisco Catalyst 6500 系列交换机

由于在所有 Cisco Catalyst 6500 系列机箱中采用了拥有通用模块组和操作系统软件的前
瞻性架构。从 48 至 576 个 10/100/1000M 端口或 1152 个 10/100M 端口的以太网布线室,到
支持 192 条 1Gbps 或 32 个 10Gbps 中继线的每秒数亿转发速率的网络核心,Cisco Catalyst
6500 系列利用冗余路由和转发引擎间的状态化故障转换功能,提供了理想的平台功能,大幅
度延长了网络正常运营时间。

交换机从结构上看,基本上有两种方式,一种是固定配置的交换机,低端设备大多采用这
种结构。另一种就是像 Cisco Catalyst 6500 系列的模块化设计(block-based design),高端设
备或者说核心层设备大多采用这种结构,如图 5.22 所示。这样设计的好处是非常灵活,便于
扩展。根据需要配置不同的模块,构建不同的网络。模块化设计是在对一定范围内的不同功
能或相同功能不同性能、不同规格的产品进行功能分析的基础上,划分并设计出一系列功能模
块,通过模块的选择和组合构成不同的顾客定制的产品,以满足市场的不同需求。

所谓的模块化设计,简单地说就是将产品的某些要素组合在一起,构成一个具有特定功能的子系统,再将这个子系统作为通用性的模块与其他产品要素进行多种组合,构成新的系统,产生多种不同功能或相同功能、不同性能的系列产品。模块化设计是绿色设计方法之一,它已经从理念转变为较成熟的设计方法。将绿色设计思想与模块化设计方法结合起来,可以同时满足产品的功能属性和环境属性,一方面可以缩短产品研发与制造周期,增加产品系列,提高产品质量,快速应对市场变化;另一方面,可以减少或消除对环境的不利影响,方便重用、升级、维修和产品废弃后的拆卸、回收和处理。

模块化产品是实现以大批量的产品,为提高效益进行单件生产目标的一种有效方法。产品模块化也是支持用户自行设计产品的一种有效方法。产品模块是具有独立功能和输入、输出的标准部件。这里的部件,一般包括分部件、组合件和零件等。模块化产品设计方法的原理是,在对一定范围内的不同功能或相同功能、不同性能、不同规格的产品进行功能分析的基础上,划分并设计出一系列功能模块,通过模块的选择和组合构成不同的顾客定制的产品,以满足市场的不同需求。这是相似性原理在产品功能和结构上的应用,是一种实现标准化与多样化的有机结合及多品种、小批量与效率的有效统一的标准化方法。

系列产品中的模块是一种通用件,模块化与系列化已成为现今装备产品发展的一个趋势。模块是模块化设计和制造的功能单元,具有三大特征:

(1)相对独立性,可以对模块单独进行设计、制造、调试、修改和存储,这便于由不同的专业化企业分别进行生产。

(2)互换性,模块接口部位的结构、尺寸和参数标准化,容易实现模块间的互换,从而使模块满足更大数量的不同产品的需要。

(3)通用性,有利于实现横系列、纵系列产品间的模块的通用,实现跨系列产品间的模块的通用。

模块化产品设计的目的是以少变应多变,以尽可能少的投入生产尽可能多的产品,以最为经济的方法满足各种要求。由于模块具有不同的组合可以配置生成多样化的满足用户需求的产品的特点,同时模块又具有标准的几何连接接口和一致的输入输出接口,如果模块的划分和接口定义符合企业批量化生产中采购、物流、生产和服务的实际情况,这就意味着按照模块化模式配置出来的产品是符合批量化生产的实际情况的,从而使定制化生产和批量化生产这对矛盾得到解决。

如图 5.23 所示,Catalyst 6509 是 9 插槽的机箱。除管理引擎必须配以外,其他模块都可以根据需要进行配置。而且只有管理引擎是规定插槽的,其他模块都可以选择任意空闲插槽。Ⅰ~Ⅱ代监控模块必须插在交换机的第一插槽。如果采用冗余配置,第 2 快监控模块应插在第 2 个插槽。而第三代 Supervisor Engine 720 引擎不是这样规定的,它在 3 插槽机箱中占用插槽 1 和插槽 2。在 6 和 9 插槽机箱中占用插槽 5 和 6。在 Catalyst 6513 交换机中占用插槽 7 和插槽 8。

由于 Cisco Catalyst 6500 是系列化和模块化产品,同一个机箱可以配置成以太网、ATM、FDDI 等各种网络技术标准的交换机。即使配置成以太网交换机,也可形成万兆、千兆和百兆的不同传输速度,从而非常方便地实现配置不同模块,构建不同网络。而实现网络的可扩展性也非常之容易。下面把常用的模块作一些介绍。

1. 管理引擎(supervisor engine)模块

管理引擎模块又称为监控引擎模块,早期根据英文 supervisor engine 翻译为超级引擎。

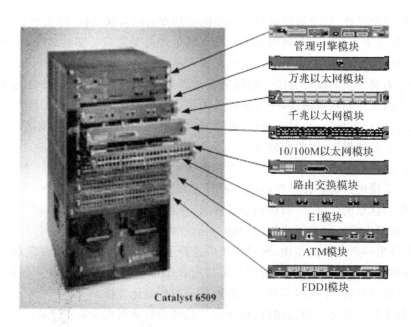

图 5.23　Catalyst 6509 交换机和模块配置

无论构建什么形式的网络,模块化交换机的都必须配置监控引擎模块。可以说监控引擎模块是交换机的心脏和灵魂。"超级引擎"就是发动机,如果一个机器的发动机坏了,整个机器就都停止工作。除此之外,对交换机进行配置用的控制台端口也设置在该模块上,整个设备工作状态都显示在该模块的面板上。管理引擎模块的重要性可见一斑。Catalyst 6500 系列交换机的监控引擎模块已经更新几代。第三代是 Supervisor Engine 720,第三代产品就考虑了向IPv6 的过渡能力。2011 年又推出了最新的管理引擎 Supervisor Engine 2T,见图 5.24。

图 5.24　Supervisor Engine 2T 管理引擎

Supervisor Engine 2T 是管理引擎系列新增的最新产品。管理引擎 2T 旨在提供更高的性能、更好的可扩展性和支持硬件的增强功能。管理引擎 2T 集成了 2T 比特的高性能交换矩阵,可在所有 Cisco Catalyst 6500 E 系列机箱内实现每个插槽 80Gbps 的交换容量。管理引擎2T 上的转发引擎能够为 2 层和 3 层服务提供高性能转发。管理引擎 2T 在安全、服务质量(QoS)、虚拟化和可管理性等领域提供了许多新的基于硬件的创新。管理引擎 2T 的丰富功能集增强了传统 IP 转发、2 层和 3 层多协议标签交换(MPLS)VPN 以及 VPLS 等应用。Cisco Catalyst 6500 管理引擎 2T 通过所有功能和技术进步确立了在无边界网络和数据中心部署领域的产品领先地位。

(1)Supervisor Engine 2T 的功能和优点

管理引擎 2T 提供了可扩展的性能、智能和大量的功能,以满足无边界网络、数据中心和服务提供商网络的需求。管理引擎 2T 的一些主要功能包括:

1)平台可扩展性:在 E 系列机箱上提供每个插槽多达 80Gbps 的交换容量,可将使用单个 6513-E 机箱的 2T 比特带宽容量扩展到使用 VSS 的 4T 比特容量;支持利用 VSS 部署的多达 1056 个 1Gbps 端口和 352 个 10Gbps 端口的系统;提供 1Gbps/10Gbps 和 40Gbps 的接口支持,以满足未来的客户带宽增长需求。

2)安全性:支持 Cisco TrustSec 和 CTS,从而提供 MacSec 加密和基于角色的 ACL;提供控制平面流量限速,以防止拒绝服务攻击。

3)虚拟化:原生支持 VPLS,以及可感知 VPN 的 NAT、VPN 统计和 VPN Netflow 等部署网络虚拟化所需的重要功能的强化

4)Netflow 应用监控:管理引擎 2T 支持增强型应用监控,例如灵活采样 Netflow 可用于实现智能且可扩展的应用监控。

(2)Supervisor Engine 2T 主管理引擎 2T 组件

1)策略功能卡(PFC4)

管理引擎 2T 的主要特点是集成的策略功能卡 4(PFC4),它不仅提高了性能和可扩展性,而且还提供新的和增强型硬件功能。PFC4 配备有一款高性能的 ASIC 系统,可针对现有的和新的软件功能实现硬件加速。PFC4 支持 2 层和 3 层转发、QoS、Netflow 和访问控制列表(ACL),以及组播数据包复制,并处理安全策略[如访问控制列表(ACL)],这些特性同时使用,对性能没有任何影响。PFC4 支持 IPv4 和 IPv6 的所有这些操作。

PFC4 还提供强化的性能和可扩展性,并支持许多新的创新,如原生 VPLS、灵活 NetFlow、出口 NetFlow、Cisco TrustSec、分布式策略器、控制平面流量管制和全面的 IPv6 功能。

2)多层交换功能卡(MSFC5)

管理引擎 2T 的主要特点是多层交换功能卡 5(MSFC5),可提供高性能、多层交换和路由智能。MSFC5 配备有高性能处理器,可在双核 CPU 上同时运行 2 层协议和 3 层协议。其中包括路由协议支持、2 层协议(例如,生成树协议和 VLAN 中继协议),以及安全服务。

MSFC5 会在软件中建立思科快速转发信息库(FIB)表,然后将该表下载到 PFC4 和分布式转发卡 4(DFC4)的硬件专用集成电路(ASIC)上,如果其存在于某个模块上,则会针对 IP 单播和组播流量作出转发决定。

Supervisor Engine 2T 主管理引擎有两个型号,VS-S2T-10G 和 VS-S2T-10G-XL。不管哪个型号,对多协议标签交换(multi-protocol label switching,MPLS),都是硬件中的 MPLS,支持使用 3 层 VPN 和 EoMPLS 隧道。多达 8192 个 VRF,但每个系统的转发条目总数有区别,VS-S2T-10G-XL 每个系统的转发条目总数多达 1024K,而 VS-S2T-10G 每个系统的转发条目总数是 256K。3 层分类和标记访问控制条目(ACE)以及安全 ACL 条目,VS-S2T-10G 是 QoS/安全共享 64K,VS-S2T-10G-XL 为 QoS/安全共享 256K,其他参数都是基本相同的。从性能比较看,VS-S2T-10G-XL 比 VS-S2T-10G 优越,当然价格也贵许多。

监控引擎是交换机的主处理器,每个交换机必须配置一个监控引擎模块。为了冗余,可在一个交换机安装两块监控引擎,如果其中一块出现问题,另一块就会代替它工作。

值得注意是,如果要配置"双引擎"或者说考虑引擎冗余备份,必须选用同一型号的监控引擎模块才能实现冗余操作。

2. 万兆以太网模块

图 5.25 是万兆以太网模块的实物图。Catalyst 6500 系列目前支持一个 8 端口万兆以太网模块和一个 4 端口万兆以太网模块。这些模块支持可插拔光模块，能在单模光纤上支持长达 80km 的传输距离，在多模光纤上支持 300m 的传输距离，在铜线上支持 15m 的传输距离。

4端口万兆以太网模块　　　　　　8端口万兆以太网模块

图 5.25　万兆以太网模块

从图 5.25 可看出，万兆以太网模块也是模块化产品，万兆以太网模块的端口仅仅留 4 个或 8 个插槽，在此基础上再配上各类光或电模块。10Gbase-LR Serial 1310nm 远距离10Gb以太网光插口模块（WS-X6502-10GE，WS-G6488）（在单模光纤上最远可以传输 10km）。

万兆以太网模块的配置还要考虑管理引擎是否支持，例如只有第三代引擎 Supervisor Engine 720 才能支持 4 端口万兆以太网模块 WS-X6704-10GE 和 8 端口万兆以太网模块 WS-X6708-10G-3C 及 WS-X6708-10G-3CXL。

除此之外，还要考虑机箱是否支持，如任意 Catalyst 6500 E 系列机箱，包括 6503-E、6506-E、6509-E 和 C6509-NEB-A 机箱，或 Cisco 7604 和 7609 机箱（符合 NEBS：最高工作温度为 55℃）或采用风扇架 2 的非 E 系列机箱，包括 6506、6509、6513，或 Cisco 7606 和 7613 机箱（不符合 NEBS：最高工作温度为 40℃），都支持 8 端口万兆以太网模块 WS-X6708-10G-3C 及 WS-X6708-10G-3CXL，但 Catalyst 6503 非 E 系列机箱不支持该模块。

3. 千兆以太网模块

如图 5.26 所示，Catalyst 6509 系列具有 8 端口和 16 端口两种千兆以太网模块，支持高性能千兆骨干网配置以集合高密度 10/100Mbps 布线室的上传业务。Catalyst 6509 系列可配置多达 8 块千兆以太网模块，每个平台最高可以达到 130 个千兆比特端口（每个 Supervisor 上有 2 个千兆比特以太网端口，千兆以太网模块上有 128 个端口）。

WS-X6408A-GBIC　　　　　　WS-X6416A-GBIC

图 5.26　千兆以太网模块

千兆以太网模块符合 IEEE 802.3z 标准，支持全双工，可以配置 SX 和 LX/LH 的 GBIC（千兆比特接口转换器见图 5.27(a)）。所有千兆比特以太网端口有适用于多模光纤（MMF）或单模光纤（SMF）的 SC 类接头。图 5.27(b)示出如何将 GBIC 光模块插入千兆以太网模块的端口。

Catalyst 6500 系列中的 8 端口和 16 端口千兆以太网模块都支持 GBIC 模块化技术，从而

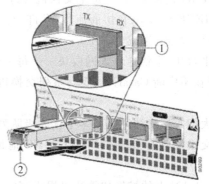

(a)各种型号的GBIC　　　　　　(b)将GBIC插入千兆以太网模块端口

图 5.27　GBIC 外型和插入端口示意图

保证了用户在其千兆以太网网络中配置物理网络接口时享有最大灵活性。GBIC 使用户能够在各个端口上任意组合任何符合 802.3 的 1000Base-X 接口。GBIC 可热插拔，便于选择和更换接口。Cisco 提供完全符合 IEEE 802.3z 1000Base-LX 标准的 1000Base-LX/LH 接口，同时在单模光纤上可传输 10km，比普通的 1000Base-LX 接口远 5km。

特别值得一提的是，千兆以太网模块的热插拔带来最大正常运行时间。Catalyst 6500 系列交换机支持先进的技术，使千兆以太网接口模块能够在不关闭交换机的情况下进行替换或移动。这个特性就是热插拔。当一个千兆以太网模块在交换机仍然工作时插拔，系统照样正常工作。

4. 以太网与快速以太网(10/100M)模块

以太网与快速以太网交换模块具有无与伦比的物理接口灵活性并支持面向非屏蔽双绞线(UTP)的线速交换连通性、屏蔽双绞线(STP)和光纤电缆。用户可以在一个 Catalyst 6500 系列平台上增加 12 个 48 端口的 10/100M 模块。图 5.28 是一块 48 端口以太网/快速以太网模块。

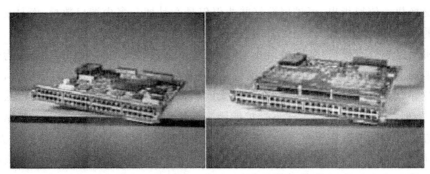

(a)RJ-45与RJ-21　　　　　　　(b)RJ-45(WS-X6248-RJ-45)

图 5.28　以太网与快速以太网模块

Catalyst 6500 系列的以太网与快速以太网模块包括：

(1)每个模块 48 个端口，10/100Base-TX(RJ-45 或 RJ-21)——每个交换机支持576 个10/100M 快速以太网端口。

(2)每个模块 48 个端口，100Base-FX(多模光纤或单模光纤，MT-RJ 连接器)或10Base-FL

（多模光纤 MT-RJ 连接器）——每个交换机支持 288 个 100Base-FX 或 10Base-FL 端口。

（3）支持 IEEE 802.3u 自协商流程，允许交换机与一个附带的设备协商速度（10Mbps 或 100Mbps）或双工模式（半或全双工）

（4）每个平台 12 个快速以太网模块——每个模块要求一个插槽，可与其他交换模块"混合并匹配"，也可在不中断 Catalyst 6500 系列交换机运行的情况下根据需要进行热交换或进行添加。

（5）利用大型每接口缓冲区与多个优先级队列实现了出色的流量管理。

（6）一个交换端口上支持多个活跃 MAC 地址（高达 32000 个），可将其动态分配到任何端口。

（7）逻辑 VLAN 上的扩展树算法可提供冗错连通性——这些模块可支持 4096 个 VLAN，同时支持思科的增强型每 VLAN 扩展树（PVST＋）和多距离共享扩展树协议（MISTP）。

（8）采用简单网络管理协议（SNMP）1 版、2 版和 3 版的广泛的管理工具，用于支持网络管理平台，如 CiscoWorks 4 个 RMON 组：统计信息、历史、告警与事件受所有 Catalyst 6500 系列以太网与快速以太网交换模块的支持。

（9）48 端口的 10/100Mbps 模块（WS-X6248-RJ-45）可进行现场升级，以便为一个无缝的语音/数据解决方案提供直连语音电源。

5.3.10　交换机性能指标与选购

通过以上分析我们知道交换机的品种繁多，用户如何选择适合自己使用的交换机，又如何来判断交换机的好坏，是需要了解交换机的各项性能指标，通过各项性能指标来判断、选择交换机。下面就交换机的各项性能指标进行全面的解析。

1. 交换机结构和可扩展性

交换机是否具有可扩展性和交换机的结构关系密切，所以我们把它列为首要考量的性能指标。交换机的可扩展性是选择局域网交换机时要着重考虑的一个问题，特别对于那些骨干或核心层交换机。值得指出，可扩展性好并非仅仅是产品拥有多少端口数量，而是交换机随着网络规模的扩大，或者应用的添加，端口数量、类型和带宽的扩展能力。

交换机从结构分有模块化（即机箱式）和固定端口式两种，而固定端口式又分为带扩展槽和不带扩展槽的。机箱式交换机（或称"模块化"的交换机）是一种插槽式的交换机，这种交换机扩展性较好，可支持不同的网络类型，如以太网、快速以太网、千兆以太网、ATM、令牌环及FDDI 等。一般情况下，固定配置式不带扩展槽交换机仅支持一种类型的网络，机箱式交换机和固定配置式带扩展槽交换机可支持一种以上类型的网络，如支持以太网、快速以太网、千兆以太网、ATM、令牌环及 FDDI 等。一台交换机所支持的网络类型越多，其可用性、可扩展性越强。对于机箱式交换机还要考虑所能安插的最大模块数。例如 Catalyst 6509 最多能安插 9个模块。因为这些插槽对提高端口数及需要提供其他类型的网络接口非常有用。只要在插槽插入模块结构卡就可以实现上述功能。如原来 100M 的双绞线接口的快速以太网，要升级到支持千兆光接口以太网，此时只要再配置一块千兆光接口模块和相应光转接器即可。

固定配置式带扩展槽交换机是一种有固定端口数并带少量扩展槽的交换机，这种交换机在支持固定端口类型网络的基础上，还可以支持其他类型的网络，价格居中。扩展槽数是此类交换机的一个性能指标，它是指固定配置式带扩展槽交换机所能安插的最大模块数。

固定配置式不带扩展槽交换机仅支持一种类型的网络,但价格最便宜。

模块化交换机可以方便地扩展端口数,固定配置式的交换机要扩展端口数,采用堆叠方式来扩展端口数,通过堆叠,不仅可以成倍地提高交换端口数,而且还可以提高端口的实际可使用带宽,因为堆叠后的多台交换机可以像一台交换机那样一起使用和管理总的背板带宽。但并不是所有的交换机都支持堆叠,只有具备堆叠模块的交换机才可堆叠,而且每台可堆叠交换机都有一个最大可堆叠数限制,所以选购时还要考虑最大可堆叠数指标。它是指一个堆叠单元中所能堆叠的最大交换机数目,此参数说明了一个堆叠单元中所能提供的最大端口密度。

其次是最小/最大 10M 以太网端口数——指一台交换机所支持的最小/最大 10M 以太网端口数量。最小/最大 100M 以太网端口数——指一台交换机所支持的最小/最大 100M 以太网端口数量。最小/最大 1000M 以太网端口数——指一台交换机所能连接的最小/最大 1000M 以太网端口数量。

端口指的是交换机的接口数量及端口类型,交换机通常分为 16 端口、24 端口或更多端口数。一般来说端口数量越多,其价格就会越高。端口类型一般有多个 RJ-45 端口,还会提供一个 UP-Link 端口,用来实现交换设备的级联,另外有的端口还支持 MDI/MDIX 自动跳线功能,通过该功能可以在级联交换设备时自动按照适当的线序连接,无需进行手工配置。

2. 背板带宽(backboard bandwidth)

背板带宽也称吞吐量(bps)。交换机拥有一条高带宽的背板总线和内部交换矩阵,这个背板总线带宽称为背板带宽,是交换机接口处理器或接口卡和数据总线间所能吞吐的最大数据量。相对于每个端口带宽来说要高出许多,通常交换机背板带宽是交换机每个端口带宽的几十倍,但不一定是所有端口带宽的总和。一台交换机的背板带宽越高,所能处理数据的能力就越强,但同时设计成本也会上去。如两台同样是 16 端口的 10/100Mbps 自适应的交换机,在同样的端口带宽与延迟时间的情况下,背板带宽宽的交换机传输速率就会越快。一般的交换机的背板带宽从几 Gbps 到上百 Gbps 不等,甚至有的交换机高达上千 Gbps。

交换机背板带宽是设计值,可以大于等于交换容量(此为达到线速交换机的一个标准)。厂家在设计时考虑了将来模块的升级,比如模块从开始的百兆升级到支持千兆、万兆,端口密度增加等。背板带宽多指模块化交换机,它决定了各模板与交换引擎间的连接带宽的最高上限。背板带宽标志了交换机总的数据交换能力,单位为 Gbps,也叫交换带宽。要弄清背板带宽如何计算,比较复杂,首先要认清如下名词:

(1)线速(wire speed/wire rate/line rate)

线速是指线缆中能流过的最大帧数,是理论值。

对网络设备而言,"线速转发"意味着无延迟地处理线速收到的帧,无阻塞(nonblocking)交换。

(2)转发速率(forwarding rate)

转发速率是指基于 64 字节分组(based on 64-byte packets),在单位时间内交换机转发的数据总数,体现了交换引擎的转发性能。RFC 规定标准的以太网帧尺寸在 64 字节到 1518 字节之间,在衡量交换机包转发能力时应当采用最小尺寸的包进行评价。在以太网中,每个帧头都加上了 8 个字节的前导符(7 个 10101010 八位组,1 个 10101011 八位组),前导符的作用在于告诉监听设备数据将要到来。然后,以太网中的每个帧之间都要有帧间隙,即每发完一个帧之后要等待一段时间再发另外一个帧,在以太网标准中规定最小是 12 个字节,虽然帧间隙在实际应用中有可能会比 12 个字节要大,但是在衡量交换机包转发能力时应当采用最小值。

当交换机达到线速时包转发率 Mpps(mega packet per second)＝(1000Mbit×千兆端口数量＋100Mbit×百兆端口数量＋10Mbit×十兆端口数量＋其他速率的端口类推累加)/((64＋12＋8)bytes×8bit/bytes)＝1.488Mpps×千兆端口数量＋0.1488Mpps×百兆端口数量＋其他速率的端口类推累加。

如果交换机的该指标参数值小于此公式计算结果则说明不能够实现线速转发，反之还必须进一步衡量其他参数。

那么，1.488Mpps 是怎么得到的呢？

包转发线速的衡量标准是以单位时间内发送 64byte 的数据包(最小包)的个数作为计算基准的。因为对于以太网最小包为 64byte，加上帧开销 20byte，需考虑 8byte 的帧头和 12byte 的帧间隙的固定开销，因此最小包为 84byte。

对于千兆以太网来说，计算方法如下：1000000000bps/8bit/(64 ＋ 8 ＋ 12) byte＝1488095pps。当以太网帧为 64byte 时，一个线速的千兆以太网端口在转发 64byte 包时的包转发率为 1.488Mpps。

快速以太网的统速端口包转发率正好为千兆以太网的十分之一，为 148.8Mpps。

对于万兆以太网，一个线速端口的包转发率为 14.88Mpps。

对于千兆以太网，一个线速端口的包转发率为 1.488Mpps。

对于快速以太网，一个线速端口的包转发率为 0.1488Mpps。

(3)端口吞吐量

端口吞吐量反映端口的分组转发能力。常采用两个相同速率端口进行测试，与被测口的位置有关。吞吐量是指在没有帧丢失的情况下，设备能够接受的最大速率。其测试方法是：在测试中以一定速率发送一定数量的帧，并计算待测设备传输的帧，如果发送的帧与接收的帧数量相等，那么就将发送速率提高并重新测试；如果接收帧少于发送帧则降低发送速率重新测试，直至得出最终结果。

吞吐量和转发速率是反映网络设备性能的重要指标，一般采用 FDT(full duplex throughput)来衡量，指 64 字节数据包的全双工吞吐量，该指标既包括吞吐量指标也涵盖了报文转发率指标。

对于满配置吞吐量的计算公式如下：

所有端口的线速转发率之和满配置吞吐量(Mpps)＝1.488Mpps×千兆端口数量＋0.1488Mpps×百兆端口数量＋其他速率的端口类推累加

(4)交换容量

交换容量(最大转发带宽、吞吐量)是指系统中用户接口之间交换数据的最大能力，用户数据的交换是由交换矩阵实现的。交换机达到线速时，交换容量等于端口数×相应端口速率×2(全双工模式)。

模块化交换机的业务模块亦可实现本地交换，其交换容量是(引擎＋模块)的交换容量总和。

最后我们来看看如何计算背板带宽，计算方法如下：

1)线速的背板带宽。考察交换机上所有端口能提供的总带宽。计算公式为端口数×相应端口速率×2(全双工模式)如果总带宽≤标称背板带宽，那么在背板带宽上是线速的。

2)第二层包转发线速。第二层包转发率＝千兆端口数量×1.488Mpps＋百兆端口数量×0.1488Mpps＋其余类型端口数×相应计算方法，如果这个速率≤标称二层包转发速率，那么交换机在做第二层交换的时候可以做到线速。

3)第三层包转发线速。第三层包转发率＝千兆端口数量×1.488Mpps＋百兆端口数量×0.1488Mpps＋其余类型端口数×相应计算方法,如果这个速率≤标称三层包转发速率,那么交换机在做第三层交换的时候可以做到线速。

所以说,如果能满足上面三个条件,那么我们就说这款交换机真正做到了线性无阻塞

背板带宽资源的利用率与交换机的内部结构息息相关。目前交换机的内部结构主要有以下几种:一是共享内存结构,这种结构依赖中心交换引擎来提供全端口的高性能连接,由核心引擎检查每个输入包以决定路由。这种方法需要很大的内存带宽、很高的管理费用,尤其是随着交换机端口的增加,中央内存的价格会很高,因而交换机内核成为性能实现的瓶颈。二是交叉总线结构,它可在端口间建立直接的点对点连接。这对于单点传输性能很好,但不适合多点传输。三是混合交叉总线结构,这是一种混合交叉总线实现方式。它的设计思路是,将一体的交叉总线矩阵划分成小的交叉矩阵,中间通过一条高性能的总线连接。其优点是减少了交叉总线数,降低了成本,减少了总线争用,但连接交叉矩阵的总线成为新的性能瓶颈。

3. 缓冲区大小

缓冲区大小有时又叫做包缓冲区大小,是一种队列结构,被交换机用来协调不同网络设备之间的速度匹配问题。突发数据可以存储在缓冲区内,直到被慢速设备处理为止。缓冲区大小要适度,过大的缓冲空间会影响正常通信状态下数据包的转发速度(因为过大的缓冲空间需要相对多一点的寻址时间),并增加设备的成本;而过小的缓冲空间在发生拥塞时又容易丢包出错。所以,适当的缓冲空间加上先进的缓冲调度算法是解决缓冲问题的合理方式。对于网络主干设备,需要注意以下几点:

(1)每端口是否享有独立的缓冲空间,而且该缓冲空间的工作状态不会影响其他端口缓冲的状态;

(2)模块或端口是否设计有独立的输入缓冲、独立的输出缓冲,或是输入/输出缓冲;

(3)是否具有一系列的缓冲管理调度算法,如 RED、WRED、RR/FQ 及 WERR/WEFQ 等。

4. MAC 地址表大小

交换机之所以能够对目的节点发送数据包,而不像集线器那样以广播方式对所有节点发送数据包,最关键的技术就是交换机可以识别连在网络上的节点的网卡 MAC 地址,形成一个 MAC 地址表。这个 MAC 地址表存放和保存于交换机的缓存中,这样一来当需要向目的地址发送数据时,交换机就可在 MAC 地址表中查找这个 MAC 地址的节点位置,然后直接向这个位置的节点发送。所以,一个交换机的 MAC 地址表的大小反映了交换机数据转发的性能。

不同档次的交换机每个端口所能够支持的 MAC 地址数量不同。在交换机的每个端口都需要足够的缓存来记忆这些 MAC 地址,所以缓存(buffer)容量的大小就决定了相应交换机所能记忆的 MAC 地址数。通常交换机只要能够记忆 1024 个 MAC 地址基本上就够了,而一般交换机都能做到,所以如果网络规模不大的情况,该参数不需要考虑。当然越是高档的交换机能记忆的 MAC 地址数就越多,在选择时要视网络规模而定。

5. 最大电源数

一般的,核心设备都提供有冗余电源供应,在一个电源失效后,其他电源仍可继续供电,不影响设备的正常运转。在接多个电源时,要注意用多路市电供应,这样,在一路线路失效时,其他线路仍可供电。

6. 支持的协议和标准

局域网交换机所支持的协议和标准内容直接决定了交换机的网络适应能力。这些协议和标准一般指由国际标准化组织所制订的联网规范和设备标准。由于交换机可工作在 OSI 参考模型的第二、第三、第四其至第七层等不同协议层上，而且不同协议层的交换机所支持的标准、协议、功能和价格差别很大，所以在具体选购时要根据交换机所处的网络位置和所承担的网络应用适当地选择。

常见的交换机类型通常包括第二层和第三层两种，第二层（数据链路层）协议包括 IEEE802.1d/SPT、IEEE802.1Q、IEEE802.1p 及 IEEE802.3x 等，而第三层（网络层）协议包括 IP、IPX、RIP1/2、OSPF、BGP4、VRRP、IEEE802.1Q、QoS 以及组播协议等。

QoS 服务在一些新的网络应用中非常重要，可在网络出现拥塞时，确保高优先级的流量优先获得带宽。交换机首先需要对进入交换机的流量根据预先设定的策略进行分类，将分类后的流量放进输出端口上的优先级队列进行排队。在实际应用中，通常把最高优先级队列分配给 VoIP 或电视会议等对延时要求很高的应用，把次高优先级队列分配给 VOD 等视频业务，把第三优先级队列分配给重要的数据应用，把最低优先级用于网络中所有其他的数据。通过设定各个队列的深度，来保证在链路出现拥塞时，不同类别的流量可以获得其所需的最低带宽。因此，为了满足实际网络环境对服务质量的保证，交换机必须在各个网络端口上提供足够数量的硬件优先级队列。那些只提供 2～3 个优先级队列的交换机是很难满足用户网络的服务质量需要的。

完善的队列调度算法是不同优先级队列中的数据获得所需服务质量的保证。队列调度算法包括先进先出队列（FIFO）、轮转算法（round robin）、加权算法（weighted round robin，WRR）和加权公平队列（weighted fair queue，WFQ）。在这些算法中，以 WFQ 的实现最复杂，效果最好。因此应当采用支持硬件 WFQ 的交换机来实现服务质量保证。

对于那些需要提供基于 IP 地址之类的 VLAN 和 QoS 服务质量控制、管理的，则只能选择三层或以上类型的交换机。

7. 支持 VLAN

VLAN 技术主要是用来管理虚拟局域网用户在交换机之间的流量，作为一种有效的网管手段，虚拟 LAN 将局域网上的一组设备配置成好像在同一线路上进行通信，而实际上它们处于不同的网段。一个 VLAN 是一个独立的广播域，可有效地防止广播风暴。由于 VLAN 基于逻辑连接而不是物理连接，因此配置十分灵活。现在已经把一台交换机是否支持 VLAN 作为衡量一台交换机性能好坏的一个很重要的参数。在划分 VLAN 时，有基于端口的，有基于 MAC 地址的，有基于第 3 层协议的，更有基于子网的。802.1Q 是 VLAN 标准，不同厂商的设备只要支持 802.1Q 标准，就可以互联，进行 VLAN 的划分。交换机产品的 VLAN 标准并不统一，用户在选择时一定要注意这些标准和自己的需要是否一致。

选购时还要考虑交换机所能支持的最大 VLAN 数目，就目前交换机所能支持的最大 VLAN 数目（1024 以上）来看，足以满足一般企业的需要。

8. 是否具有网管功能

网管是指网络管理员通过网络管理程序对网络上的资源进行集中化管理的操作，包括配置管理、性能和记账管理、问题管理、操作管理和变化管理等。一台设备所支持的管理程度反映了该设备的可管理性及可操作性。交换机的管理功能是指交换机如何控制用户访问交换机，以及系统管理员通过软件对交换机的可管理程度如何。只有网管型交换机才具有管理功能,所以如果需要以上配置和管理,则必须选择网管型交换机。在管理的内容中,包括了处理具有优先权流量的服务质量(QoS)、增强策略管理的能力、管理虚拟局域网流量的能力,以及配置操作的难易程度。这种难易程度实质上取决于管理软件管理界面,它是指对网络管理操作的方式,有命令行方式(CLI)、图形用户界面(GUI)方式等。此参数反映了设备的可操作性和可用性。

另外服务质量是传输系统的性能度量,反映了其传输质量以及服务的可获得性。它主要靠 RSVP 及 802.1P 来保证。其中 QoS 性能主要表现在保留所需要的带宽,从而支持不同服务级别的需求。

可管理性还涉及交换机对策略的支持,策略是一组规则,用来控制交换机的工作。网络管理员采用策略分配带宽,并对每个应用流量和控制网络访问指定优先级。其重点是带宽管理策略,且必须满足服务级别协议(SLA)。分布式策略是堆叠交换机的重要内容,应该检查可堆叠交换机是否支持目录管理功能,如轻型目录访问协议(LDAP),以提高交换机的可管理性。

目前几乎所有三层或以上的中、高档交换机都是可网管的,购买这类网管型交换机时一般所有的厂商都会随时提供一份本公司开发的交换机管理软件,有些网管型交换机还能被第三方管理软件所管理,但这要求交换机支持 SNMP 协议。低档的交换机通常不具有网管功能,属于"傻瓜"型的,只需接上电源,插好网线即可正常工作。

9. 冗余与热插拔

冗余强调了设备的可靠性,即不允许设备有单点故障。

(1)冗余组件(管理卡,交换结构,接口模块,电源,冷却系统)

设备应有部件级的备份,如对电源和机箱风扇冗余。当一个部件失效时,其他部件能接着工作,而不影响设备的继续运转,但这种部件可能不能进行热插拔。

(2)热交换组件(管理卡,交换结构,接口模块,电源,冷却系统)

对于提供关键服务的管理引擎及交换阵列模块,不仅要求冗余,还要求这些部件具有"自动切换"的特性,以达到设备冗余的完整性。当一块这样的部件失效时,冗余部件能够接替工作,使设备继续运转,这样可以保障设备的可靠性。

10. 支持端口链路聚集协议

链路聚集是指把一台交换机的若干端口与另一台交换机的同等端口(要求介质完全相同)连接起来,以提供若干倍的带宽。链路聚集由链路聚集协议来管理。当一条链路失效时,由链路聚集协议协调其他链路继续工作。该参数反映了设备间的冗余性和扩展性。

11. 负载均衡

负载均衡是指在路由过程中,某个路由器或第三层交换机向与目的地址具有同样距离的那些网络端口分配业务流量的能力。好的负载均衡算法要使用线路速度和可靠性信息。负载均衡增加了网段的利用率,从而提高了有效的网络带宽。

12. 对万兆和 IPv6 的支持

目前,100Mbps 以太网连接到桌面已经非常普遍。这些 100Mbps 连接经过配线间交换机的汇聚,可以实现千兆位位速率的接入。另外,在网络数据中心,越来越多的服务器上配置了千兆位网卡,采用千兆连接同网络骨干相连接。这样,就对网络骨干节点之间的连接速率提出了更高的要求,需要骨干链路能提供万兆、4 万兆,甚至 10 万兆的传输速率。为满足当前网络带宽需求,就需要具有万兆(甚至更高)接口的以太网交换机。

IPv6 作为下一代互联网的核心标准,已受到人们的广泛关注。但是由于目前互联网的规模以及数量庞大的 IPv4 用户和设备,IPv4 向 IPv6 的过渡并不能一次性完成,而将是一个循序渐进的过程。

现在,中国第一个下一代互联网主干网——CERNET2 试验网已开通并提供服务,未来 5～10 年间,中国高校校园网将全面向 IPv6 协议过渡已经是大势所趋,同时以基于 IPv6 的 CERNET2 为轴心,支持开发包括网格计算、高清晰度电视、点到点视频语音综合通信、组播视频会议、大规模虚拟现实环境、智能交通、环境地震监测、远程医疗、远程教育等重大应用。而中国电信也将投资 13 亿打造纯 IPv6 网络。

中华人民共和国信息产业部于 2007 年颁布了 YD/T 1698—2007 标准,内容为《Ipv6 网络设备技术要求——具有 IPv6 路由功能的以太网交换机的技术要求》,包括功能要求、通信接口、通信协议、性能指标、安全功能要求以及环境要求等。具有 IPv6 路由功能的以太网交换机是指支持 IPv6 协议、具有路由学习能力和第三层(网络层)包交换能力的 IP 分组交换机。

现在有许多企业、机关或高校在采购高端设备时,都考虑到向下一代互联网过渡的问题,采购的交换机都要求具有处理 IPv6 的能力,而目前往往运行在 IPv4 和 IPv6 兼容的状态。

总而言之,对于分级设计三层模型而言,我们可以分别说说,对核心层交换机、汇聚层交换机和接入层交换机的选择。

(1)核心层交换机的选择

核心层交换机大多选择采用模块化结构的交换机,以适应复杂的网络环境和网络应用,超大容量的背板带宽和线速的转发速率可以有效地保证数据的无阻塞传输。它具有强大的网络管理功能,可以实现 VLAN 间的通信、优先级队列服务和网络安全控制。同时,核心层交换机的硬件冗余和软件的可伸缩性,也保证了网络的可靠运行。选择核心交换机应当遵循的基本原则如下:

1)模块化结构。模块化交换机也称背板式交换机或机箱式交换机,虽然在价格上要贵很多,但拥有更大的灵活性和可扩充性,用户可任意选择不同数量、不同速率和不同接口类型的模块,以适应千变万化的网络需求。模块化交换机大都有很强的容错能力,支持交换模块的冗余备份,并且往往拥有可热插拔的双电源,以保证交换机的电力供应。因此,作为网络中枢的核心交换机,必须采用模块化设计的交换机。

2)三层交换机。第三层交换机具有路由功能,将 IP 地址信息用于网络路径选择,并实现不同网段间数据的线速交换。当网络规模足够大,不得不划分 VLAN 以减小广播所造成的影响时,只有借助第三层交换机才能实现 VLAN 间的线速路由。另外,借助第三层交换机还可以设置访问列表,限制 VLAN 间的访问,保障敏感部门的安全。因此,作为核心交换机,必须选用第三层交换机。

3)企业需求。虽然高性能的中心交换机比比皆是,但并不意味着必须购买最好的设备,而应当购买自己所需要的设备。那么,哪些设备是我们需要的呢?应该选择那些能够满足网络应用需要的,除此之外,太高的性能和太大的扩展能力都将可惜地被闲置。除了满足现有需求外,还应当在技术、性能和扩展性等方面适当超前,以适应未来的发展。通常情况下,中心交换机的扩展能力和性能应当略大于未来几年内网络应用和扩展的要求。

4)可靠性。对于中心交换机而言,对稳定的要求高过对性能的要求。原因很简单,如果网络性能一般,但可提供安全、稳定的服务,那么网络运行就是正常的,用户也会觉得是值得信赖的。尽管网络带宽很高、性能非常强劲、服务访问特别舒服,但是经常发生故障,导致服务器无法访问、Internet 无法共享,那么无论是谁都会对此失去信心。当在网络上运行重要的应用时,网络瘫痪还将导致正常业务的中断和重要数据的丢失。

5)最佳性价比。现在中心交换机产品中,美国产品以其性能强劲、运行稳定、功能丰富而著称,只是价格过于昂贵。我国国产产品虽然在一些参数上略逊一筹,但是拥有绝对的价格优势,具有中文管理界面,方便日常管理。所以如果局域网组建时偏重于性能,建议选择 Cisco 等产品;若注重价格,则建议选择以华为为代表的国产产品。

(2)汇聚层交换机的选择

汇聚层交换机建议选择具有安全控制能力和 QoS 保障能力,拥有较多 GBIC 或 SFP 端口的三层固定配置交换机。根据楼宇内的计算机数量,以及子网规模和应用需求,决定应当选择汇聚层交换机的类型。对于较大规模的子网(如图书馆、计算机系、学生公寓、办公大楼等)而言,应当选择拥有较高性能的模块化三层交换机;而对于较小规模的子网(如实验楼、阶梯教室楼等),则选择拥有 2～4 个 10Gbps 上行链路,和 24～48 个 1000Mbps 端口的固定端口三层交换机。固定端口的三层交换机能够同时提供多个高速专用堆叠端口和百兆位、千兆位光口/电口,在提供高密度千兆位端口接入的同时,还能够满足汇聚层智能高速处理的需要,并保留必要时在楼宇内实现三层交换的可能。汇聚层交换机都应具备较强的多业务提供能力,可支持包括智能的 CCL、MPLS、组播在内的各种业务,为用户提供丰富、高性价比的组网选择。

(3)接入层交换机的选择

接入层需要具备灵活的接入能力,对用户的安全控制,以及易于管理等特性,建议选择 10/100Mbps 可网管的固定配置交换机。由于 10Mbps 交换机已经退出市场,执行 100Base-TX 标准的 10/100Mbps 交换机具有最佳的性价比,适用于为双绞线网络提供廉价的接入。因此,可被广泛应用于普通办公计算机的接入。根据接入计算机的数量,建议选择 24 口、32 口或 48 口交换机。

5.4　路由器

路由器是连接因特网中各局域网、广域网的设备,它会根据信道的情况自动选择和设定路由,以最佳路径,按前后顺序发送信号的设备。路由器是互联网络中必不可少的网络设备之一,是一种连接多个网络或网段的网络设备,它能将不同网络或网段之间的数据信息进行"翻译",以使它们能够相互"读"懂对方的数据,从而构成一个更大的网络。路由器是互联网络的枢纽、"交通警察"。目前路由器已经广泛应用于各行各业,各种不同档次的产品已成为实现各种骨干网内部连接、骨干网间互联和骨干网与互联网互联互通业务的主力军。路由和交换之间的主要区别就是交换发生在 OSI 参考模型第二层(数据链路层),而路由发生在第三层,即网络层。这一区别决定了路由和交换在移动信息的过程中需使用不同的控制信息,所以两者实现各自功能的方式是不同的。

要解释路由器的概念,首先要介绍什么是路由。所谓"路由",是指把数据从一个地方传送到另一个地方的行为和动作,而路由器,正是执行这种行为动作的机器。路由器的基本功能如下:

第一,网络互联:路由器支持各种局域网和广域网接口,主要用于互联局域网和广域网,实现不同网络互相通信。

　　第二,数据处理:提供包括分组过滤、分组转发、优先级、复用、加密、压缩和防火墙等功能。

　　第三,网络管理:提供包括路由器配置管理、性能管理、容错管理和流量控制等功能。

　　路由器通过路由决定数据的转发。转发策略称为路由选择(routing),这也是路由器名称的由来(router,转发者)。作为不同网络之间互相连接的枢纽,路由器系统构成了基于 TCP/IP 的国际互联网络 Internet 的主体脉络,也可以说,路由器构成了 Internet 的骨架。它的处理速度是网络通信的主要瓶颈之一,它的可靠性则直接影响着网络互联的质量。因此,在园区网、城域网,乃至整个 Internet 研究领域中,路由器技术始终处于核心地位,其发展历程和方向,成为整个 Internet 研究的一个缩影。在当前我国网络基础建设和信息建设方兴未艾之际,探讨路由器在互联网络中的作用、地位及其发展方向,对于国内的网络技术研究、网络建设,以及明确网络市场上对于路由器和网络互联的各种似是而非的概念,都有重要的意义。

　　前言提到我们的学习方式是结构化学习方式,为了尽快掌握路由器设备,考虑到大家对计算机都比较熟悉,我们不妨将路由器和计算机作一比较。通过比较你马上会发现,路由器可看作是一只不带显示器和键盘的特殊计算机。为什么这么说呢? 路由器与计算机有许多相似之处,计算机有 CPU、内存、操作系统、配置和用户界面,在路由器中也有 CPU、内存和操作系统。Cisco 路由器的操作系统称为互联网络操作系统(internetwork operating system,IOS)。我国华为公司生产的路由器操作系统称为通用路由平台(versatile routing platform,VRP)。

　　先回顾一下计算机的启动过程,再与路由器的启动过程比较,会有更深刻的认识。

　　计算机的启动过程如下:

　　(1)电脑接上电源后,计算机就处于待命开机状态。

　　(2)按下开机开关,电脑主板给电源发送启动信号,电源开始向主板、硬盘、光驱等设备供电,电脑开始运转。

　　(3)硬件设备通电后,电脑开始启动。首先,主板开始初始化启动程序(也就是 BISO 里面的程序),主板 BIOS 先检测所有硬件是否连接正常(如 CPU、内存、显卡、PCI 插槽等连接的设备是否工作正常),确认正常后就发出一声"嘀"的开机声音,如果不正常则会报出相应的声音提示哪个硬件有错误。

　　(4)确认连接的设备正常后,电脑开始真正启动,主板会再一次对某些部件进行一些检测,首先会加载和显示显卡的信息,然后检测和显示 CPU 型号频率等信息,接着检测和显示内存信息(以前的老机都会把内存认真扫描一遍的,现在的一般都不检测直接显示内存容量了),再接着就是检测和显示 IDE 和 SATA 设备(很多电脑现在都有开机画面,很多人都看不到这个检测画面而只是看见主板的开机 logo,开机看见 logo 一般可以按 Tab、Esc 等键跳过取消的),检测完上述设备后,会有少于 1s 的时间给你按 Del 或 Delete 进入 BIOS 的设置,最后跳入下一个画面,准备载入操作系统。

　　(5)所有检测完成后,主板将操作权交给了 CPU,CPU 按照预订的程序开始从硬盘读取储存的信息并加载在内存里头(硬盘在启动时,只有一个盘是启动盘,电脑会从这个盘里面开始读取,启动时非主盘(系统盘)的资料是不会被读取的)。

　　(6)系统的加载是相当复杂的,内容繁多,这里只以 XP 作简单的描述。首先,系统先加载操作系统所需的文件,然后检测所有的硬件,加载相应硬件的驱动程序(一般系统会记录好已经安装好的和上次使用过的硬件,再次检测是为了检测看系统有没有装入其他新硬件),加载完毕后进入欢迎界面。

(7)进入欢迎界面后,有密码的要输入密码才能进入操作系统,没密码的系统直接加载下一步。一般系统会优先加载时间显示和声音管理并播放开机声音,然后加载输入法、网络连接和其他硬件附带的附加程序,如声卡音效、显卡附加设置等软件,不过有的杀毒软件会设置自己的启动优先权,目的是对加载的软件先进行查杀病毒以确保系统的安全。一般附加的其他次要软件会在最后启动。其实开机的时候 CPU 工作量是非常大的,一般电脑启动的快慢就能分辨 CPU 的频率了。还有如果为了加快开机速度,最好就是少加载开机程序(就是右下角的那些小图标,一个图标最少代表一个附加程序)。

(8)加载完后,电脑进入待命状态,等待你的鼠标和键盘发出命令。

启动过程完成后,如果要进行文字处理就调入 Word 应用程序,如果要画布线系统施工图纸,那么就启动 autoCAD。

路由器的启动过程如下:

(1)路由器在加电后首先会进行上电自检,所谓自检就是对硬件进行检测的过程(power on self test,POST),检查所有硬件是否可用。

(2)POST 完成后,首先读取 ROM 里的 BootStrap 程序进行初步引导。

(3)初步引导完成后,尝试定位并读取完整的 IOS 镜像文件。在这里,路由器将会首先在 FLASH 中查找 IOS 文件,如果找到了 IOS 文件,那么读取 IOS 文件,引导路由器。

(4)如果在 FLASH 中没有找到 IOS 文件,那么路由器将会进入 BOOT 模式,在 BOOT 模式下可以使用 TFTP 上的 IOS 文件。或者使用 TFTP/X-MODEM 来给路由器的 FLASH 中传一个 IOS 文件(一般我们把这个过程叫做灌 IOS)。传输完毕后重新启动路由器,路由器就可以正常启动到 CLI 模式。

(5)当路由器初始化完成 IOS 文件后,就会开始在 NVRAM 中查找 Startup-Config 文件,Startup-Config 叫做启动配置文件。该文件里保存了我们对路由器所作的所有的配置和修改。当路由器找到这个文件后,路由器就会加载该文件里的所有配置,配置文件是使路由器具备以前设置的功能。如接口 IP、设备名称、用户密码等都是记录在配置文件中。并且根据配置来学习、生成、维护路由表,并将所有的配置加载到 RAM(路由器的内存)里后,进入用户模式,最终完成启动过程。

(6)如果在 NVRAM 里没有 Startup-Config 文件,则路由器会进入询问配置模式,也就是俗称的问答配置模式,在该模式下所有关于路由器的配置都可以以问答的形式进行配置。

通过和计算机启动程序比较,对路由器就是一台不带显示器、键盘的特殊计算机结论有了初步的认识。再来看看它和普通计算机的差异,这可以从路由器的组成入手。

5.4.1　路由器组成

路由器由硬件和软件组成。硬件主要由中央处理器、内存、接口、控制端口等物理硬件和电路组成;软件主要由路由器的 IOS 操作系统组成。

1. 中央处理器(CPU)

与计算机一样,路由器也包含了一个中央处理器(CPU)。不同系列和型号的路由器,其中的 CPU 也不尽相同。如 Cisco 路由器一般采用 Motorola 68030 和 Orion/R4600 两种处理器。

路由器的 CPU 负责路由器的配置管理和数据包的转发工作,如维护路由器所需的各种表格以及路由运算等。路由器对数据包的处理速度很大程度上取决于 CPU 的类型和性能。

2. 内存

路由器采用了以下几种不同类型的内存,每种内存以不同方式协助路由器工作。

(1)只读内存(ROM)

只读内存(ROM)在路由器中的功能与计算机中的 BIOS 相似,主要用于系统初始化等功能。ROM 中主要包含:

①系统加电自检代码(POST),用于检测路由器中各硬件部分是否完好。

②系统引导区代码(BootStrap),用于启动路由器并载入 IOS 操作系统。

③存放包含引导程序及 IOS 的一个最小子集,但却足以使路由器启动和工作。

顾名思义,ROM 是只读存储器,系统掉电程序也不会丢失,当然它不能修改其中存放的代码。如要进行升级,则要替换 ROM 芯片。ROM 保存着路由器的引导(启动)软件。这是路由器运行的第一个软件,负责让路由器进入正常工作状态。有些路由器将一套完整的 IOS 保存在 ROM 中,以便在另一个 IOS 不能使用时作救急之用。ROM 通常做在一个或多个芯片上,焊接在路由器的主机板上。

(2)闪存(Flash)

闪存(Flash)是可读可写的存储器,在系统重新启动或关机之后仍能保存数据,即在系统掉电时数据不会丢失。Flash 中存放着当前使用中的 IOS 及微代码,可以把它想象成和 PC 机的硬盘一样,当然其速度比硬盘快得多,可以通过在闪存中写入新版本的 IOS 对路由器进行软件升级。事实上,如果 Flash 容量足够大,甚至可以在闪存中存放多个操作系统,这在进行 IOS 升级时十分有用。当不知道新版 IOS 是否稳定时,可在升级后仍保留旧版 IOS,当出现问题时可迅速退回到旧版操作系统,从而避免长时间的网路故障。

闪存要么做在主机板的 SIMM 上,要么做成一张 PCMCIA 卡。

(3)非易失性 RAM(NVRAM)

非易失性 RAM(nonvolatile RAM)是可读可写的存储器,在系统重新启动或关机之后仍能保存数据。由于 NVRAM 仅用于保存启动配置文件(Startup-Config),故其容量较小,通常在路由器上只配置 32K～128KB 大小的 NVRAM。同时,NVRAM 的速度较快,成本也比较高。

(4)随机存储器(RAM)

RAM 也是可读可写的存储器,也称为动态内存(DRAM),它存储的内容在系统重启或关机后将被清除,即该内存的内容在系统掉电时会完全丢失。在所有类型的内存中,RAM 是会在路由器启动或供电间隙时丢失其内容的唯一一种内存。和计算机中的 RAM 一样,路由器中的 RAM 也是运行期间暂时存放操作系统和数据的存储器,让路由器能迅速访问这些信息。RAM 的存取速度优于前面所提到的 3 种内存的存取速度。

运行期间,RAM 中包含路由表项目、ARP 缓冲项目、日志项目和队列中排队等待发送的分组。除此之外,还包括运行配置文件(Running-config)、正在执行的代码、IOS 操作系统程序和一些临时数据信息。

路由器的类型不同,IOS 代码的读取方式也不同。如 Cisco 2500 系列路由器只在需要时才从 Flash 中读入部分 IOS;而 Cisco 4000 系列路由器整个 IOS 必须先全部装入 RAM 才能运行。因此,前者称为 Flash 运行设备(run from flash),后者称为 RAM 运行设备(run from RAM)。

3. 接口和端口

路由器具有非常强大的网络连接和路由功能,它可以与各种各样的不同网络进行物理连接,这就决定了路由器的接口技术非常复杂,越是高档的路由器其接口种类也就越多,因为它所能连接的网络类型越多。路由器的端口主要分局域网端口、广域网端口和配置端口三类,下面分别予以介绍。平时我们并不严格区分"接口(interface)"和"端口(port)",但在路由器上,端口和接口这两个词是不能互换的。第二层交换式连接称为"端口"。接口这个词是为远程管理路由器的逻辑连接而保留的。在决定是用"端口"还是用"接口"来指路由器的连接时,牢记以下基本原则:

(1)指数据链路层的连接用"端口"。

(2)指网络层的连接用"接口"。

值得指出,一些路由器的接口是物理的,一些是逻辑的。从 Cisco 1600 型路由器往上,所有路由器的接口数都不能超过一限定值,该限定值由接口描述块(IDB)来定义。对许多映像来说,常用的接口描述块值是 300(很多版本的 IOS 支持更大的值)。也许你会感到奇怪,仅仅一个路由器怎么能有 300 个甚至更多的接口呢? 其实并不奇怪,因为许多接口是逻辑接口,这些接口将由 IOS 自身来创建。

所有路由器都有"接口"。在前面,我们已列出了路由器支持的部分接口类型。在采用 IOS 的路由器中,每个接口都有自己的名字和编号。一个接口的全名由它的类型标识以及至少一个数字构成,编号自零开始。

对那些接口已固定下来的路由器,或采用模块化接口,只有关闭主机才可变动的路由器,在接口的全名中,就只有一个数字,而且根据它们在路由器中物理顺序进行编号。例如,Ethernet 0 是第一个以太网接口的名称;而 Serial 2 是第三个串口的名称。

若路由器支持"在线插入和删除",或具有动态(不关闭路由器)更改物理接口配置的能力(卡的热插拔),那么一个接口的全名至少应包含两个数字,中间用一个正斜杠分隔(/)。其中,第一个数字代表插槽编号,接口处理器卡将安装在这个插槽上;第二个数字代表接口处理器的端口编号。比如在一个 Cisco 7507 路由器中,Ethernet5/0 代表的便是位于 5 号槽上的第一个以太网接口——假定 5 号槽插接了一张以太网接口处理器卡。

有的路由器还支持"万用接口处理器(VIP)"。VIP 上的某个接口名由三个数字组成,中间也用一个正斜杠分隔(/)。接口编号的形式是"插槽/端口适配器/端口"。例如,Ethernet4/0/1 是指 4 号槽上第一个端口适配器的第二个以太网接口。

4. 配置接口

路由器的配置端口有两个,分别是"Console"和"AUX","Console"通常是用来在进行路由器的基本配置时通过专用连线与计算机连用的,而"AUX"是用于路由器的远程配置连接用的。

(1)控制台端口

如图 5.29 所示,所有路由器具有一个控制台端(console),该端口使用配置专用连线直接连接至计算机的串口,利用终端仿真程序(如 Windows 下的"超级终端")进行路由器本地配置。路由器的 Console 端口多为 RJ-45 端口。至于同控制台口建立哪种形式的物理连接,则取决于路由器的型号。有些路由器采用一个 DB25 母连接(DB25F),有些则用 RJ-45 连接器。通常,较小的路由器采用 RJ-45 控制台连接器,而较大路由器采用 DB25 控制台连接器。

(2)辅助端口

大多数 Cisco 路由器都配备了一个"辅助端口(auxiliary port)"。AUX 端口为异步端口,

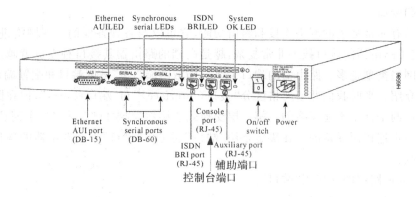

图 5.29　路由器的接口与端口

主要用于远程配置,也可用于拨号连接,还可通过收发器与 Modem 进行连接。AUX 端口与
Console 端口通常同时提供,因为它们各自的用途不一样。它和控制台端口类似,小型路由器
也是 RJ-45 连接器,也有提供了一个 EIA/TIA—232 异步串行连接,使我们能与路由器通信。
辅助端口通常用来连接 Modem,以实现对路由器的远程管理。远程通信链路通常并不用来传
输平时的路由数据包,它的主要作用是在网络路径或回路失效后访问一个路由器,参见
图 5.29。

5. 局域网接口

常见的以太网接口主要有 AUI、BNC 和 RJ-45 接口,还有 FDDI、ATM、千兆以太网等都
有相应的网络接口,下面分别介绍主要的几种局域网接口。

(1)AUI 端口

AUI 端口就是用来与粗同轴电缆连接的接口,它是一种"D"型 15 针接口,这在令牌环网
或总线型网络中是一种比较常见的端口之一。路由器可通过粗同轴电缆收发器实现与
10Base-5 网络的连接。但更多的则是借助于外接的收发转发器(AUI-to-RJ-45),实现与
10Base-T 以太网络的连接。当然,也可借助于其他类型的收发转发器实现与细同轴电缆
(10Base-2)或光缆(10Base-F)的连接。AUI 接口示意图如图 5.29 所示。

(2)RJ-45 端口

RJ-45 端口是我们最常见的端口了,它是我们常见的双绞线以太网端口。因为在快速以
太网中也主要采用双绞线作为传输介质,所以根据端口的通信速率不同,RJ-45 端口又可分为
10Base-T 网 RJ-45 端口和 100Base-TX 网 RJ-45 端口两类。其中,10Base-T 网的 RJ-45 端口
在路由器中通常标识为"ETH",而 100Base-TX 网的 RJ-45 端口则通常标识为"10/100bTX"。

10Base-T 网接口与 10/100Base-TX 网接口都是 RJ-45 端口。其实这两种 RJ-45 端口仅
就端口本身而言是完全一样的,但端口中对应的网络电路结构是不同的,所以也不能随便接。

(3)SC 端口

SC 端口也就是我们常说的光纤端口,用于与光纤的连接。光纤端口通常是不直接用光纤
连接至工作站的,而是通过光纤连接到快速以太网或千兆以太网等具有光纤端口的交换机。
这种端口一般在高档路由器才具有,都以"100b FX"标注。

6. 广域网接口

在上面就讲过,路由器不仅能实现局域网之间的连接,更重要的应用还是在于局域网与广
域网、广域网与广域网之间的连接。但是因为广域网规模大,网络环境复杂,所以也就决定了

路由器用于连接广域网的端口的速率要求非常高,在以太网中一般都要求在 100Mbps 快速以太网以上。下面介绍几种常见的广域网接口。

(1)RJ-45 端口

利用 RJ-45 端口也可以建立广域网与局域网 VLAN(虚拟局域网)之间,以及与远程网络或 Internet 的连接。如果使用路由器为不同 VLAN 提供路由时,可以直接利用双绞线连接至不同的 VLAN 端口。但要注意这里的 RJ-45 端口所连接的网络一般就不太可能是 10Base-T 这种,一般都是 100Mbps 快速以太网以上。如果必须通过光纤连接至远程网络,或连接的是其他类型的端口时,则需要借助于收发转发器才能实现彼此之间的连接。

(2)AUI 端口

AUI 端口我们在局域网中也讲过,它是用于与粗同轴电缆连接的网络接口。其实 AUI 端口也常被用于与广域网的连接,但是这种接口类型在广域网应用得比较少。在 Cisco 2600 系列路由器上,提供了 AUI 与 RJ-45 两个广域网连接端口,用户可以根据自己的需要选择适当的类型。

(3)高速同步串口

在路由器的广域网连接中,应用最多的端口还要算"高速同步串口(SERIAL)"了,这种端口主要是用于连接目前应用非常广泛的 DDN、帧中继(frame relay)、X. 25、PSTN(模拟电话线路)等网络连接模式。在企业网之间有时也通过 DDN 或 X. 25 等广域网连接技术进行专线连接。这种同步端口一般要求速率非常高,因为一般来说通过这种端口所连接的网络的两端都要求实时同步。

(4)异步串口

异步串口(ASYNC)主要是应用于 Modem 或 Modem 池的连接,它主要用于实现远程计算机通过公用电话网拨入网络。这种异步端口相对于上面介绍的同步端口来说在速率上要求就松许多,因为它并不要求网络的两端保持实时同步,只要求能连续即可,但这种接口所连接的通信方式速率较低。

(5)ISDN BRI 端口

因 ISDN 这种互联网接入方式在连接速度上有它独特的一面,所以在当时 ISDN 刚兴起时,其在互联网的连接方式上还得到了充分的应用。ISDN BRI 端口用于 ISDN 线路通过路由器实现与 Internet 或其他远程网络的连接,可实现 128Kbps 的通信速率。ISDN 有两种速率连接端口,一种是 ISDN BRI(基本速率接口),另一种是 ISDN PRI(基群速率接口)。ISDN BRI 端口是采用 RJ-45 标准的,与 ISDN NT1 的连接使用 RJ-45-to-RJ-45 直通线。

5.4.2　路由器体系结构

Internet 网络体系结构是一个分层结构,在不同的层次结构上都有相应功能的路由器。在接入网上的路由器将家庭用户和小型企业网连接到 ISP,而企业级的路由器则连接一个校园或者大型企业中的成千上万台的计算机。在主干网上的路由器不直接连接端系统,它们用长距离主干网络连接的 ISP 和企业级网。Internet 的发展对三种不同类型的路由器提出了不同的挑战。对于接入网的路由器它面临的主要问题是连接使用不同的网络技术的计算机进入 Internet,需要提供高速的端口,丰富的协议支持;而企业级的路由器必须易于配置,提供高密度的端口,支持 QoS;主干网上的路由器则需要尽可能地完成高速路由功能。

如图 5.30 所示,路由器主要由四个部分组成,输入端口、输出端口、交换机构和路由选择处理器。

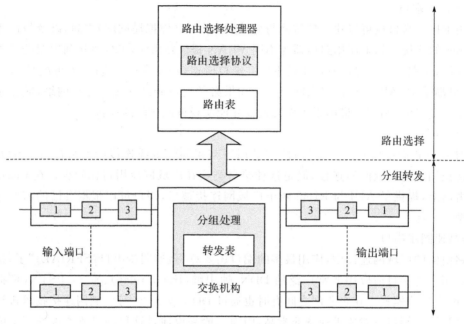

图 5.30　基本路由器的体系结构

输入端口是物理链路和输入包的进口处。端口通常由线卡提供,一块线卡一般支持 4、8 或 16 个端口,一个输入端口具有许多功能。第一个功能是进行数据链路层的封装和解封装。第二个功能是在转发表中查找输入包目的地址从而决定目的端口(称为路由查找),路由查找可以使用一般的硬件来实现,或者通过在每块线卡上嵌入一个微处理器来完成。第三,为了提供 QoS(服务质量),端口要对收到的包分成几个预定义的服务级别。第四,端口可能需要运行诸如 SLIP(串行线网际协议)和 PPP(点对点协议)这样的数据链路级协议或者诸如 PPTP (点对点隧道协议)这样的网络级协议。一旦路由查找完成,必须用交换开关将包送到其输出端口。如果路由器是输入端加队列的,则有几个输入端共享同一个交换开关。这样输入端口的最后一项功能是参加对公共资源(如交换机构)的仲裁协议。

交换机构可以使用多种不同的技术来实现。迄今为止使用最多的交换机构技术是总线、交叉开关和共享存储器。最简单的开关使用一条总线来连接所有输入和输出端口,总线开关的缺点是其交换容量受限于总线的容量以及给共享总线仲裁所带来的额外开销。交叉开关通过开关提供多条数据通路,具有 $N \times N$ 个交叉点的交叉开关可以被认为具有 $2N$ 条总线。如果一个交叉是闭合的,输入总线上的数据在输出总线上可用,否则不可用。交叉点的闭合与打开由调度器来控制,因此,调度器限制了交换开关的速度。在共享存储器路由器中,进来的包被存储在共享存储器中,所交换的仅是包的指针,这提高了交换容量,但是,开关的速度受限于存储器的存取速度。尽管存储器容量每 18 个月能够翻一番,但存储器的存取时间每年仅降低 5%,这是共享存储器交换开关的一个固有限制。

输出端口在包被发送到输出链路之前对包存储,可以实现复杂的调度算法以支持优先级等要求。与输入端口一样,输出端口同样要能支持数据链路层的封装和解封装,以及许多较高级协议。

　　路由选择处理器运行路由器上的实时操作系统,并运行对路由器进行配置和管理的软件,实现路由选择协议,发现维护和邻居路由器连接,接收路由更新信息,计算并更新最终的路由转发表,同时,把路由器和周围的路由器的可达信息发送给网络上的其他路由器。整个网络的拓扑结构,互通信息就是由网络中的所有路由器组成的系统进行分布式路由计算出来的。

　　传统的路由器是在通用计算机上运行复杂的路由选择协议软件构成的。那时候的处理器的处理速度和交换速度还不是瓶颈,为了方便多个复杂协议的更新和配置等问题,采用纯软件的体系结构是合适的。但在近些年来的网络带宽的巨大进步下,传统路由器体系结构是远远不能满足要求的,它只能处理 10M 数量级的吞吐量。现在以太网已是千兆、万兆级传输速度,必须要开发高速路由器。而路由器体系结构更新换代是高速路由器产品开发之根本。

　　从体系结构上看,路由器可以分为第一代单 CPU 共享总线体系结构、第二代多 CPU 共享总线体系结构、第三代多 CPU 交换机构体系结构、第四代多总线多 CPU 体系结构、第五代共享内存式体系结构、第六代交叉开关体系结构和基于机群系统的路由器等多类。

1. 单 CPU 共享总线体系结构

　　如图 5.31 所示的为单 CPU 共享总线体系结构的路由器。报文到达接口卡后,发送给 CPU,CPU 查找路由表决定下一步的地址,再把报文发送到别的接口卡并转发出去。数据通常缓存在中央的缓存中。因此从整个报文转发的过程来说,数据要经过总线两次,这是整个系统的主要的瓶颈。

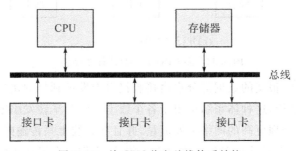

图 5.31　单 CPU 共享总线体系结构

　　由于报文转发和路由协议、网络管理协议都由 CPU 来完成,因此这种体系结构的缺点可以归纳如下:CPU 需要处理所有端口经过这个路由器的报文,CPU 的处理能力就成为严重的瓶颈;由于报文转发的两个主要的耗时操作,路由查找和报文转发都涉及存储器的访问,CPU 芯片处理速度的提高并不能线性地提高路由器的处理速度,因为存储器的访问时间在这时才是主要的瓶颈;总线的交换结构显然无法满足大量报文的高速转发。

2. 多 CPU 共享总线体系结构

　　第二代路由器的主要思想是把报文处理动作分布到多个 CPU 部件中,如在网络接收卡上增加高速缓存,增加多个报文转发引擎并行处理报文转发,等等。

　　如图 5.32 所示,多 CPU 共享总线体系结构实际上有两种体系结构,一种分布式体系结构(见图 5.32(a)),在这种结构中,主处理器和第一代相同,而负责报文转发的从处理器在线卡上,也就是说,一个 CPU 对应一个线卡,且处理一个线卡的报文转发。

　　另一种是并行式体系结构,线卡和转发处理器独立,通过共享总线互联(见图 5.32(b))。这种体系结构路由器处理报文流程如下:IP 报文到达网络接口后,IP 报文头被控制电路取下,加上标识标记,送到一个转发引擎中进行报文正确检查和路由,IP 报文数据部分同时放入接收接口卡的一个缓冲区中。在转发引擎正确查出报文的目的地后,将更新的报文头和标记信

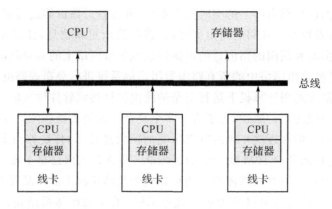

(a)分布式体系结构

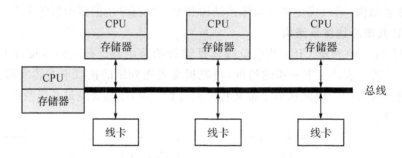

(b)并行式体系结构

图 5.32　多 CPU 共享总线体系结构

息发送到目的端口,同时报文的数据部分也由接收接口卡发送到目的接口卡上。

相对于分布式的结构,这种体系结构由于各个线卡之间共享转发引擎,因此能够提高端口密度,一个端口上能够处理更高的网络突发流量,并且在总线上只传输报文头也大大减少了总线的带宽消耗。报文数据通常只在各个接口卡上传输,它们不会发送到转发引擎和处理器上。

事实上,把分布式和并行式两种体系结构中的背板实现方式由共享总线替换为交换机构,就成为多处理器交换机构体系结构中的两种体系结构。

3. 多 CPU 交换机构体系结构

为了解决第二代路由器中总线带宽的瓶颈,第三代路由器采用了交换机构作为背板传输方式,大大提高了背板传输的带宽,使之不再成为瓶颈。再者,在这种体系结构中用 ASIC 替代了通用的 CPU。其体系结构如图 5.33 所示。由于通用的处理器用软件转发报文,并不适合于高速场合。仔细设计的专用的 ASIC 在查表、管理队列和仲裁方面很轻易地优于通用的处理器的性能。

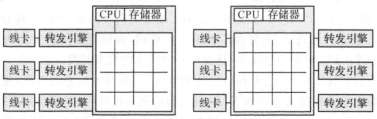

图 5.33　多 CPU 交换机构体系结构

5.4.3   路由器分类

路由器分类中,产品按照不同的划分标准有多种类型。常见的路由器分类有以下几类:

1. 按性能档次分

按性能档次可分为高、中、低档路由器,通常将路由器吞吐量大于 40Gbps 的路由器称为高档路由器,背板吞吐量在 25Gbps～40Gbps 之间的路由器称为中档路由器,而将低于 25Gbps 的看作低档路由器。当然这只是一种宏观上的划分标准,各厂家划分并不完全一致,实际上路由器档次的划分不仅是以吞吐量为依据的,是有一个综合指标的。以市场占有率最大的 Cisco 公司为例,12000 系列为高端路由器,7500 以下系列路由器为中低端路由器。

2. 按结构分

按路由器结构划分,可分为"模块化结构"和"非模块化结构"。模块化结构可以灵活地配置路由器,以适应企业不断增加的业务需求,非模块化的就只能提供固定的端口。通常中高端路由器为模块化结构,低端路由器为非模块化结构。

3. 按功能分

按路由器的功能划分,可将路由器分为"骨干级路由器"、"企业级路由器"和"接入级路由器"。

骨干级路由器是实现企业级网络互联的关键设备,它数据吞吐量较大,非常重要。对骨干级路由器的基本性能要求是高速度和高可靠性。为了获得高可靠性,网络系统普遍采用诸如热备份、双电源、双数据通道等传统冗余技术,从而使得路由器的可靠性一般不成问题。骨干级路由器为了解决路由器的瓶颈问题,在转发表中查找某个路由器时,常将一些访问频率较高的目的端口放到 Cache 中,从而达到提高路由查找效率的目的。

企业级路由器连接许多终端系统,连接对象较多,但系统相对简单,且数据流量较小,对这类路由器的要求是以尽量便宜的方法实现尽可能多的端点互连,同时还要求能够支持不同的服务质量。

接入级路由器主要应用于连接家庭或 ISP 内的小型企业客户群体。接入级路由器在不久的将来不得不支持许多异构和高速端口,并能在各个端口运行多种协议。

4. 按所处网络位置分

按所处网络位置分,通常把路由器划分为"边界路由器"和"中间节点路由器"。很明显边界路由器是处于网络边缘,用于不同网络路由器的连接;而中间节点路由器则处于网络的中间,通常用于连接不同网络,起到一个数据转发的桥梁作用。由于各自所处的网络有所不同,其主要性能也就有相应的侧重。

如中间节点路由器因为要面对各种各样的网络。

如何识别这些网络中的各节点呢? 靠的就是这些中间节点路由器的 MAC 地址记忆功能。基于上述原因,选择中间节点路由器时就需要对 MAC 地址记忆功能更加注重,也就是要求选择缓存更大,MAC 地址记忆能力较强的路由器。但是边界路由器由于它可能要同时接受来自许多不同网络路由器发来的数据,所以就要求这种边界路由器的背板带宽要足够宽,当然这也要根据边界路由器所处的网络而定。

5. 从性能上分

从性能上可分为"线速路由器"以及"非线速路由器"。

所谓线速路由器就是完全可以按传输介质带宽进行通畅传输,基本上没有间断和延时。通常线速路由器是高端路由器,具有非常高的端口带宽和数据转发能力,能以线速转发数据包。中低端路由器一般为非线速路由器。但是一些新的宽带接入路由器也具有线速转发能力。

这五个方面是从不同的角度对路由器进行分类,目的就是让大家更详细地了解路由器分类,对其有一个深刻的认识。

5.4.4 路由器的性能指标与选购

路由器是比较复杂的网络设备,在构建局域网时,比起交换机它的用量并不多,但它是必不可少的设备之一,而且价格昂贵。为此对路由器的性能指标和选购方面作一个简单介绍。

1.管理方式

路由器最基本的管理方式是利用终端(如 Windows 系统所提供的超级终端)通过专用配置线连接到路由器的"Console"端口(控制台端口,可能是串口,也可能是 RJ-45 插口)直接进行配置。因为新购买的路由器配置文件是空的,所以用户购买路由器以后一般都是先使用此方式对路由器进行基本的配置。但仅仅通过这种配置方法还不能对路由器进行全面的配置,以实现路由器的管理功能,只有在基本的配置完成后再进行有针对性的项目配置(如通信协议、路由协议配置等),这样才可以更加全面地实现路由器的网络管理功能。还有一种情况,就是有时我们可能需要改变路由器的许多设置,而自己并不在路由器旁边,无法连接专用配置线,这时就需要路由器提供远程 Telnet 程序进行远程访问配置,或者 Modem 拨号来进行远程登陆配置,还可以通过 Web 的方式来实现路由器的远程配置。最好能提供多种管理方式,以供用户灵活选择。

2.支持的路由协议

因为路由器所连接的网络可能存在根本不同类型的网络,这些网络所支持的网络通信、路由协议也就有可能不一样,这时对于在网络之间起到连接桥梁作用的路由器来说,如果不支持一方的协议,那就无法实现它在网络之间的路由功能。为此在选购路由器时也就要注意所选路由器所能支持的网络路由协议有哪些。特别是在广域网中的路由器,因为广域网路由协议非常多,网络也相当复杂,如目前电信局提供的广域网线路主要有 X.25、FR(帧中继)、DDN等多种,但是作为用于局域网之间的路由器相对简单些。因此选购的路由器要考虑路由器目前及将来的企业实际需求,来决定所选路由器要支持何种协议。常用的路由协议如下:

(1)路由信息协议(RIP)

RIP 是基于距离向量的路由协议,通常利用跳数来作为计量标准。RIP 是一种内部网关协议。由于 RIP 实现简单,是使用范围最广泛的路由协议。该协议收敛较慢,一般用于规模较小的网络。有关 RIP 协议参看 RFC 1058 的规定。

(2)路由信息协议版本 2(RIPv2)

RIPv2 协议是 RIP 的改进版本,允许携带更多的信息,并且与 RIP 保持兼容。在 RIP 基础上增加了地址掩码(支持 CIDR)、下一跳地址、可选的认证信息等内容。该版本在 RFC 1723 中规范化。

(3)开放的最短路径优先协议版本 2(OSPFv2)

OSPFv2 协议是一种基于链路状态的路由协议,由 IETF 内部网关协议工作组专为 IP 开发,作为 RIP 的后继内部网关协议。OSPF 的作用在于最小代价路由、多相同路径计算和负载均衡。OSPF 拥有开放性和使用 SPF 算法两大特性。

(4)"中间系统－中间系统"协议(IS-IS)

IS-IS 协议同样是基于链路状态的路由协议。该协议由 ISO 提出,起初用于 OSI 网络环境,后修改成可以在双重环境下运行。该协议与 OSPF 协议类似,可用于大规模 IP 网作为内部网关协议。

(5)边缘网关协议(BGP)

BGP 协议是用于替代 EGP 的域间路由协议。BGP 是当前 IP 网上最流行的也是唯一可选的自治域间路由协议。该版本协议支持 CIDR,并且可以使用路由聚合机制大大减小路由表。BGP 协议可以利用多种属性来灵活地控制路由策略。

(6)802.3、802.1Q 的支持

802.3 是 IEEE 针对以太网的标准,支持以太网接口的路由器必须符合 802.3 协议。802.1Q 是 IEEE 对虚拟网的标准,符合 802.1Q 的路由器接口可以在同一物理接口上支持多个 VLAN。

3. 安全性

现在网络安全也是越来越受到用户的高度重视,无论是个人还是单位用户,而路由器作为个人、事业单位内部网和外部进行连接的设备,能否提供高要求的安全保障就极其重要了。目前许多厂家的路由器可以设置访问权限列表,达到控制哪些数据才可以进出路由器,实现防火墙的功能,防止非法用户的入侵。另外一个就是路由器的 NAT(网络地址转换)功能,使用路由器的这种功能,就能够屏蔽公司内部局域网的网络地址,利用地址转换功统一转换成电信局提供的广域网地址,这样网络上的外部用户就无法了解到公司内部网的网络地址,进一步防止了非法的用户入侵稳定性。

4. 背板能力

背板指输入与输出端口间的物理通路,背板能力通常是指路由器背板容量或者总线带宽能力,这个性能对于保证整个网络之间的连接速度是非常重要的。如果所连接的两个网络速率都较快,而由于路由器的带宽限制,将直接影响整个网络之间的通信速度。所以一般来说如果是连接两个较大的网络,网络流量较大时应格外注意路由器的背板容量;但是如果在小型企业网之间,一般来说这个参数也是不用特别在意的,因为一般来说路由器在这方面都能满足小型企业网之间的通信带宽要求。背板能力是路由器的内部实现,传统路由器采用共享背板,如果高性能路由器也采用共享背板,那就不可避免会遇到拥塞问题,其次也很难设计出高速的共享总线,所以现有高速路由器一般采用可交换机构背板的设计。背板能力能够体现在路由器的吞吐量上,但背板能力通常大于依据吞吐量和测试包长所计算的值。但是背板能力只能在设计中体现,一般无法测试。

5. 吞吐量

路由器的吞吐量是指路由器对数据包的转发能力,如较高档的路由器可以对较大的数据包进行正确快速转发;而较低档的路由器则只能转发小的数据包,对于较大的数据包需要拆分成许多小的数据包来分开转发,这种路由器的数据包转发能力就差了,其实这与上面所讲的背板容量是有非常紧密的关系的。吞吐量与路由器端口数量、端口速率、数据包长度、数据包类型、路由计算模式(分布或集中)以及测试方法有关,一般泛指处理器处理数据包的能力。高速路由器的包转发能力至少达到 20Mpps 以上。吞吐量主要包括两个方面:

（1）整机吞吐量

整机指设备整机的包转发能力，是设备性能的重要指标。路由器的工作在于根据 IP 包头或者 MPLS 标记选路，因此性能指标是指每秒转发包的数量。整机吞吐量通常小于路由器所有端口吞吐量之和。

（2）端口吞吐量

端口吞吐量是指端口包转发能力，它是路由器在某端口上的包转发能力。通常采用两个相同速率测试接口，一般测试接口可能与接口位置及关系相关，例如同一插卡上端口间测试的吞吐量可能与不同插卡上端口间吞吐量值不同。

6. 转发时延

转发时延是指需转发的数据包最后一比特进入路由器端口，到该数据包第一比特出现在端口链路上的时间间隔。该时间间隔是存储转发方式工作的路由器的处理时间。时延与数据包长度和链路速率都有关，通常在路由器端口吞吐量范围内测试。时延对网络性能影响较大，作为高速路由器，在最差情况下，要求对 1518 字节及以下的 IP 包时延都小于 1ms。这与上面的背板容量、吞吐量参数也是紧密相关的。转发时延当然是越短越好（以毫秒计）。

7. 时延抖动

时延抖动是指时延变化。数据业务对时延抖动不敏感，所以该指标通常不作为衡量高速路由器的重要指标。对 IP 上除数据外的其他业务，如语音、视频业务，该指标才有测试的必要性。

8. 丢包率

路由器作为数据转发的网络设备就存在一个丢包率的概念。丢包率就是在一定的数据流量下路由器不能正确进行数据转发的数据包在总的数据包中所占的比例。丢包率的大小会影响到路由器线路的实际工作速度，严重时甚至会使线路中断。小型企业一般来说网络流量不会很大，所以出现丢包现象的机会也很小，在此方面小型企业不必作太多考虑，而且一般来说路由器在此方面都还是可以接受的。但如果网络规模比较大，网络中的中心路由器就可能需要充分考虑这一指标。丢包率通常用作衡量路由器在超负荷工作时路由器的性能。丢包率与数据包长度以及包发送频率相关，在一些环境下，可以加上路由抖动或大量路由后进行测试模拟。

9. 路由表容量

路由器通常依靠所建立及维护的路由表来决定包的转发。路由表容量是指路由器运行中可以容纳的路由数量。一般来说越是高档的路由器路由表容量越大，因为它可能要面对非常庞大的网络。这一参数是受路由器自身所带的缓存大小有关，一般的路由器也不需太注重这一参数，因为一般来说都能满足网络需求。由于在 Internet 上执行 BGP 协议的路由器通常拥有数十万条路由表项，所以该项目也是路由器能力的重要体现。一般而言，高速路由器应该能够支持至少 25 万条路由，平均每个目的地址至少提供 2 条路径，系统必须支持至少 25 个 BGP 对等以及至少 50 个 IGP 邻居。

10. 可扩展性

可扩展性是考察路由器产品性能的一个关键指标。随着计算机网络应用的逐渐增加，现有的网络规模可能不能满足实际需要，会产生扩大网络规模的要求，因此可扩展性是一个网络在设计和建设过程中必须考虑的问题。网络规模的扩展对于路由器扩展方面的影响主要体现在路由器的子网连接能力上。当然用户数的支持也是路由器扩展能力方面的重要体现。还有一个就是企业与外部网络的连接上,由于各种原因限制,对方网络可能采用一些与当前路由器所支持的广域网连接方式不同的连接方式,这就要求路由器具有灵活的连接类型支持能力,通过扩展模块实现多种不同连接方式的支持。

11. 可靠性和可用性

(1)设备冗余

冗余可以包括接口冗余、插卡冗余、电源冗余、系统板冗余、时钟板冗余、设备冗余等。冗余用于保证设备的可靠性与可用性,设备冗余量的设计应当在设备可靠性要求与投资间折衷。路由器可以通过 VRRP 等协议来保证路由器的冗余。

(2)热插拔组件

由于路由器通常要求 24 小时工作,所以更换部件不应影响路由器工作。部件热插拔是路由器 24 小时工作的保障。

(3)无故障工作时间

该指标按照统计方式指出设备无故障工作的时间。一般无法测试,可以通过主要器件的无故障工作时间计算或者大量相同设备的工作情况计算。

(4)内部时钟精度

拥有 ATM 端口做电路仿真或者 POS 口的路由器互连通常需要同步。在使用内部时钟时,其精度会影响误码率。

在高速路由器技术规范中,高速路由器的可靠性与可靠性规定应达到以下要求:

1)系统应达到或超过 99.999％的可用性。

2)无故障连续工作时间:MTBF>10 万小时。

3)故障恢复时间:系统故障恢复时间<30min。

4)系统应具有自动保护切换功能,主备用切换时间应小于 50ms。

5)SDH 和 ATM 接口应具有自动保护切换功能,切换时间应小于 50ms。

6)要求设备具有高可靠性和高稳定性。主处理器、主存储器、交换矩阵、电源、总线仲裁器和管理接口等系统主要部件应具有热备份冗余。线卡要求 $m+n$ 备份并提供远端测试诊断功能。电源故障能保持连接的有效性。

12. 服务质量能力

(1)队列管理机制

队列管理控制机制通常指路由器拥塞管理机制及其队列调度算法。常见的方法有 RED、WRED、WRR、DRR、WFQ、WF2Q 等。

(2)排队策略

1)支持公平排队算法。

2)支持加权公平排队算法。该算法给每个队列一个权(weight),由它决定该队列可享用的链路带宽。这样,实时业务可以确实得到所要求的性能,非弹性业务流可以与普通(best-effort)业务流相互隔离。

3)在输入/输出队列的管理上,应采用虚拟输出队列的方法。

(3)拥塞控制

1)必须支持 WFQ、RED 等拥塞控制机制。

2)必须支持一种机制,由该机制可以为不符合其业务级别 CIR/Burst 合同的流量标记一个较高的丢弃优先级,该优先级应比满足合同的流量和尽力而为的流量的丢弃优先级高。

3)在有可能存在输出队列争抢的交换环境中,必须提供有效的方法消除头部拥塞。

(4)端口硬件队列数

通常路由器所支持的优先级由端口硬件队列来保证,每个队列中的优先级由队列调度算法控制。

13. 网络管理

网管是指网络管理员通过网络管理程序对网络上的资源进行集中化管理的操作,包括配置管理、计账管理、性能管理、差错管理和安全管理。设备所支持的网管程度体现设备的可管理性与可维护性,通常使用 SNMPv2 协议进行管理。在大型网络中,由于路由器有非常关键和重要的控制任务,因此随着网络规模的不断增大,其网络的维护和管理负担就会越来越重,所以在路由器这一层上支持标准的网管系统尤为重要。不过,一般的路由器厂商都会提供一些与之配套的网络管理软件,有些还支持标准的 SNMP 管理系统进行集中管理。在选择路由器时,务必要关注网络系统的监管和配置能力是否强大,设备是否可以提供统计信息和深层故障检测和诊断功能等。

网管粒度指示路由器管理的精细程度,如管理到端口、到网段、到 IP 地址、到 MAC 地址等粒度。管理粒度可能会影响路由器的转发能力。

5.5 防 火 墙

防火墙是一个或一组在不同安全策略的网络或安全域之间实施访问控制的系统。如图 5.34 所示,防火墙是指设置在不同网络(如可信任的企业内部网和不可信的公共网)或网络安全域之间的一系列部件的组合。它是不同网络安全区域间通信流的唯一通道,如果有第二条通道防火墙就不起任何作用。它能根据企业有关的安全策略控制(允许、拒绝、监视、记录)进出网络的访问行为。在逻辑上,防火墙是一个分离器,一个限制器,也是一个分析器,有效地监控了流经防火墙的数据,保证了内部网络和非军事区(demilitarized zone,DMZ)的安全。

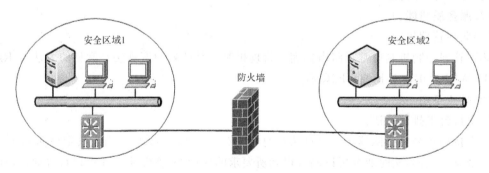

图 5.34 防火墙概念示意图

它是不同网络或网络安全域之间信息的唯一出入口,通过监测、限制、更改跨越防火墙的数据流,尽可能地对外部屏蔽网络内部的信息、结构和运行状况,有选择地接受外部访问,对内部强化设备监管、控制对服务器与外部网络的访问,在被保护网络和外部网络之间架起一道屏障,以防止发生不可预测的、潜在的破坏性侵入。防火墙可以是软件、硬件或软硬件的组合。

其中,软件形式的防火墙较少,具有安装灵活,便于升级扩展等优点,缺点是安全性受制于其支撑操作系统平台,性能不高;纯硬件防火墙基于特定用途集成电路(application specific integrated circuit,ASIC)开发,性能优越,但可扩展性、灵活性较差;软硬结合的防火墙大多基于网络处理器(network processor,NP)开发,性能较高,也具备一定的可扩展性和灵活性。

5.5.1　防火墙发展历程

综观防火墙产品近年内的发展,可将其分为四个阶段:

1. 第一代防火墙:基于路由器的防火墙

由于多数路由器本身就包含有分组过滤功能,故网络访问控制可通过路由控制来实现,从而使具有分组过滤功能的路由器成为第一代防火墙产品。基于路由器的防火墙特点如下:

(1)利用路由器本身对分组的解析,以访问控制表方式实现对分组的过滤。

(2)过滤判决的依据可以是:地址、端口号、IP 旗标及其他网络特征。

(3)只有分组过滤功能,且防火墙与路由器是一体的,对安全要求低的网络采用路由器附带防火墙功能的方法,对安全性要求高的网络则可单独利用一台路由器作为防火墙。

但基于路由器的防火墙也有许多不足之处:

(1)本身具有安全漏洞,外部网络要探寻内部网络十分容易。例如:在使用 FTP 协议时,外部服务器容易从 20 号端口上与内部网相连,即使在路由器上设置了过滤规则,内部网络的 20 端口仍可由外部探寻。

(2)分组过滤规则的设置和配置存在安全隐患。对路由器中过滤规则的设置和配置十分复杂,它涉及规则的逻辑一致性、作用端口的有效性和规则集的正确性,一般的网络系统管理员难以胜任,加之一旦出现新的协议,管理员就得加上更多的规则去限制,这往往会带来很多错误。

(3)攻击者可"假冒"地址,黑客可以在网络上伪造假的路由信息欺骗防火墙。

(4)由于路由器的主要功能是为网络访问提供动态的、灵活的路由,而防火墙则要对访问行为实施静态的、固定的控制,这是一对难以调和的矛盾,防火墙的规则设置会大大降低路由器的性能。

基于路由器的防火墙只是网络安全的一种应急措施,用这种权宜之计去对付黑客的攻击是十分危险的。

2. 第二代防火墙:用户化的防火墙

用户化的防火墙,也称防火墙工具套。特征如下:

(1)将过滤功能从路由器中独立出来,并加上审计和告警功能。

(2)针对用户需求,提供模块化的软件包。

(3)软件可通过网络发送,用户可自己动手构造防火墙。

(4)与第一代防火墙相比,不但安全性提高且价格降低了。

由于是纯软件产品,第二代防火墙产品无论在实现还是在维护上都对系统管理员提出了相当复杂的要求,所以说也存在如下问题:

(1)配置和维护过程复杂、费时。

(2)对用户的技术要求高。

(3)全软件实现、安全性和处理速度均有局限。

(4)实践表明,使用中出现差错的情况很多。

3. 第三代防火墙：建立在通用操作系统上的防火墙

基于软件的防火墙在销售、使用和维护上的问题迫使防火墙开发商很快推出了建立在通用操作系统上的商用防火墙产品，近年来在市场上广泛使用的就是这一代产品。这种产品的特点是：

(1)是批量上市的专用防火墙产品。

(2)包括分组过滤或借用了路由器的分组过滤功能。

(3)装有专用的代理系统，监控所有协议的数据和指令。

(4)保护用户编程空间和用户可配置内核参数的设置。

(5)安全性和速度大为提高。

第三代防火墙有以纯软件实现的，也有以硬件方式实现的。但随着安全需求的变化和使用时间的推延，仍表现出不少问题。它存在的隐患主要表现在如下两个方面：

(1)作为基础的操作系统，其内核往往不为防火墙管理者所知，由于原码的保密，其安全性无从保证。

(2)大多数防火墙厂商并非通用操作系统的厂商，通用操作系统厂商不会对操作系统的安全性负责。

上述问题在基于 Windows NT 开发的防火墙产品中表现得十分明显。

4. 第四代防火墙：具有安全操作系统的防火墙

这是目前防火墙产品的主要发展趋势。具有安全操作系统的防火墙本身就是一个操作系统，因而在安全性上较第三代防火墙有质的提高。获得安全操作系统的办法有两种：一种是通过许可证方式获得操作系统的源码，另一种是通过固化操作系统内核来提高可靠性。其特点为：

(1)防火墙厂商具有操作系统的源代码，并可实现安全内核。

(2)对安全内核实现加固处理，即去掉不必要的系统特性，加上内核特性，强化安全保护。

(3)对每个服务器、子系统都作了安全处理，一旦黑客攻破了一个服务器，它将会被隔离在此服务器内，不会对网络的其他部分构成威胁。

(4)在功能上包括了分组过滤、应用网关、电路级网关，且具有加密与鉴别功能。

(5)透明性好，易于使用。

5.5.2　防火墙体系结构

防火墙通常使用的安全控制手段主要有包过滤、状态检测、代理服务。下面，我们将介绍这些手段的工作机理及特点。

包过滤技术是一种简单、有效的安全控制技术，它通过在网络间相互连接的设备上加载允许、禁止来自某些特定的源地址、目的地址、TCP 端口号等规则，对通过设备的数据包进行检查，限制数据包进出内部网络。包过滤的最大优点是对用户透明，传输性能高。但由于安全控制层次在网络层、传输层，安全控制的力度也只限于源地址、目的地址和端口号，因而只能进行较为初步的安全控制，对于恶意的拥塞攻击、内存覆盖攻击或病毒等高层次的攻击手段，则无能为力。

状态检测是比包过滤更为有效的安全控制方法。对新建的应用连接，状态检测检查预先设置的安全规则，允许符合规则的连接通过，并在内存中记录下该连接的相关信息，生成状态表。对该连接的后续数据包,只要符合状态表,就可以通过。这种方式的好处在于:由于不需要对每个数据包进行规则检查,而是一个连接的后续数据包(通常是大量的数据包)通过散列算法,直接进行状态检查,从而使得性能得到了较大提高;而且,由于状态表是动态的,因而可以有选择地、动态地开通 1024 号以上的端口,使得安全性得到进一步地提高。

代理服务设备(可能是一台专属的硬件,或只是普通机器上的一套软件)也能像应用程序一样回应输入封包(如连接要求),同时封锁其他的封包,达到类似于防火墙的效果)。

代理使得由外部网络窜改内部系统更加困难,并且一个内部系统误用也不会导致一个安全漏洞产生。

1. 简单包过滤防火墙

简单包过滤防火墙一般在路由器上实现,用以过滤用户定义的内容,如 IP 地址。包过滤防火墙的工作原理是:只检查报头,不检查数据区。系统在网络层检查数据包,与应用层无关。这样系统就具有很好的传输性能,可扩展能力强。但是,包过滤防火墙的安全性有一定的缺陷,因为系统对应用层信息无感知,也就是说,防火墙不理解通信的内容,所以可能被黑客所攻破。参见图 5.35,包过滤防火墙不检查数据区,不建立连接状态表,前后报文无关,应用层控制很弱。

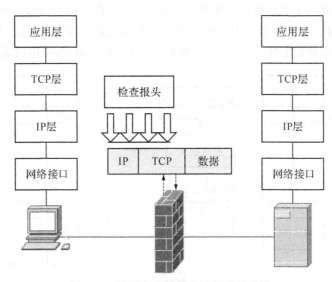

图 5.35 简单包过滤防火墙原理示意图

2. 应用代理防火墙

应用代理防火墙不检查 IP、TCP 报头,不建立连接状态表,网络层保护比较弱。通过检查所有应用层的信息包,并将检查的内容信息放入决策过程,从而提高网络的安全性。然而,应用网关防火墙是通过打破客户机/服务器模式实现的。每个客户机/服务器通信需要两个连接:一个是从客户端到防火墙,另一个是从防火墙到服务器。另外,每个代理需要一个不同的应用进程,或一个后台运行的服务程序,对每个新的应用必须添加针对此应用的服务程序,否则不能使用该服务。所以,应用代理防火墙具有可伸缩性差的缺点。参见图 5.36。

3. 状态检测防火墙

状态检测防火墙基本保持了简单包过滤防火墙的优点,性能比较好,同时对应用是透明的,在此基础上,安全性有了大幅提升。这种防火墙摒弃了简单包过滤防火墙仅仅考察进出网络的数据包,不关心数据包状态的缺点,在防火墙的核心部分建立状态连接表,维护了连接,将

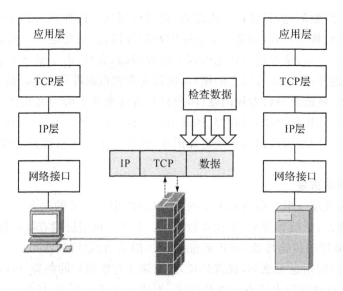

图 5.36   应用代理防火墙原理示意图

进出网络的数据当成一个个的事件来处理。可以这样说,状态检测包过滤防火墙规范了网络层和传输层行为,而应用代理型防火墙则是规范了特定的应用协议上的行为。参见图 5.37,状态检测防火墙不检查数据区,但建立连接状态表,前后报文相关,应用层控制很弱。

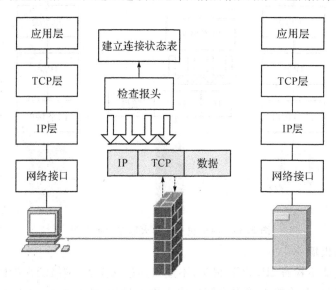

图 5.37   状态检测防火墙原理示意图

4. 复合型防火墙

复合型防火墙检查整个数据包内容,并建立连接状态表。复合型防火墙是指综合了状态检测与透明代理的新一代的防火墙,进一步基于 ASIC 架构,把防病毒、内容过滤整合到防火墙里,其中还包括 VPN、IDS 功能,多单元融为一体,是一种新突破。常规的防火墙并不能防止隐蔽在网络流量里的攻击,在网络界面对应用层扫描,把防病毒、内容过滤与防火墙结合起来,体现了网络与信息安全的新思路。它在网络边界实施 OSI 第七层的内容扫描,实现了实时在网络边缘布署病毒防护、内容过滤等应用层服务措施。参见图 5.38,可以检查整个数据包内容,根据需要建立连接状态表,网络层保护强,应用层控制细,会话控制较弱。

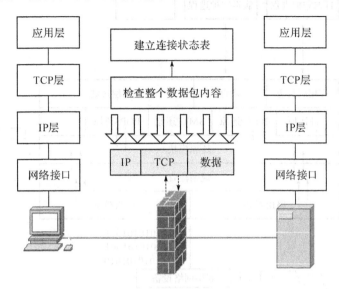

图 5.38 复合型防火墙原理示意图

5. 核检测防火墙

核检测技术是一种基于操作系统内核的会话检测技术。如图 5.39 所示为核检测防火墙原理示意图,如图 5.40 所示为实现核检测技术防火墙的体系结构。来自网络的数据包经底层网络设备到达本地主机后,在操作系统内核进行了高层应用协议的还原。在会话检测方面,当客户端发起一个访问请求提交给防火墙以后,防火墙可以模拟成服务器端,在必要的时候利用内核对高层协议进行还原,并与预先制定的安全策略进行匹配,如果符合就将数据重新封包转发给服务器,同样对于服务器返回的数据信息也是经过上述过程转发给客户端。由此看来,应用核检测技术的防火墙在操作系统内核模拟出典型的应用层协议,在内核实现了对应用层协议的过滤。

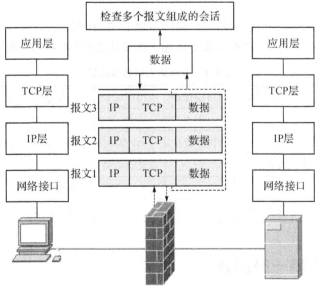

图 5.39 核检测防火墙原理示意图

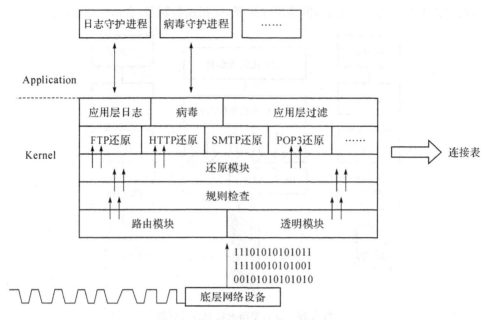

图 5.40　核检测防火墙体系结构

　　那么与传统防火墙的核心技术相比,核检测技术的优点体现在哪里呢? 对于应用传统技术的防火墙,每当接收到数据包将其传给系统核心,系统核心再将其传递给应用层的防火墙程序进行检查和还原,如果符合安全策略,则将数据又转发给系统核心,由系统核心再将其转发出去。在这个过程中,要在系统核心和应用层之间进行频繁的数据拷贝和进程切换,耽误了时间,如果此时存在大量的并发连接(会话),就会生成很多进程,这样就会消耗掉宝贵的系统资源,极大影响了防火墙的性能。而对于核检测技术防火墙接收到数据包以后,由操作系统核心的还原模块和高层的过滤模块对数据进行处理,完毕后再由系统核心对其进行转发。这样就省下了频繁的数据拷贝与进程切换的时间,尤其在存在大量并发连接的情况下也不会产生大量进程,与传统技术相比极大提高了系统性能。

　　通过前面对使用不同核心技术的防火墙的简单介绍,在此总结了一个这几类防火墙在综合安全性、网络层保护、应用层保护等几个指标上的对比表格(如表 5.1 所示),供大家参考。

表 5.1　五种防火墙性能比较

	综合安全性	网络层保护	应用层保护	应用层透明	整体性能	处理对象
简单包过滤防火墙	☆	☆☆☆	☆	☆☆☆☆☆	☆☆☆☆	单个包报头
状态检测包过滤防火墙	☆☆	☆☆☆☆	☆☆	☆☆☆☆☆	☆☆☆☆☆	单个包报头
应用代理防火墙	☆☆☆	☆	☆☆☆☆☆	☆	☆	单个包数据
复合型防火墙	☆☆☆☆	☆☆☆☆	☆☆☆☆☆	☆☆☆	☆☆	单个包全部
核检测防火墙	☆☆☆☆☆	☆☆☆☆☆	☆☆☆☆☆	☆☆☆☆☆	☆☆☆☆☆	一次会话

5.5.3　防火墙一般部署

　　防火墙通常将网络划分为若干个区域,通过定义区域之间的访问控制策略来保护内部网络和 DMZ 的安全,抵御来自外部网络的各种非法网络攻击。图 5.41 是一个典型的防火墙应用环境。它将网络分为内部网络、外部网络和 DMZ 三个区域。内部网络是一个可信区域,外部网络是一个不可信区域,DMZ 中的服务器可以向外部网络和内部网络用户提供应用服务。

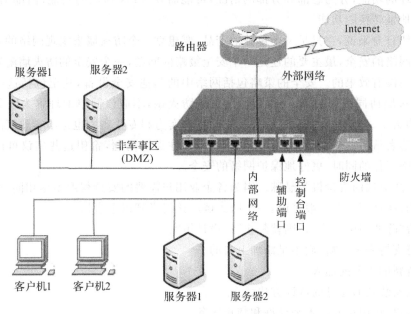

图 5.41　一个典型的防火墙应用环境

5.5.4　防火墙性能与选购

随着以 Internet 为代表的全球性信息化浪潮迅猛发展,网络安全也成为影响网络效能的重要问题。网络防火墙作为防止黑客入侵的主要手段,也已经成为网络安全建设的必选设备。目前来说市面上的网络防火墙产品很多,那么如何选择能够适应自己企业的需要,达到最大的安全效果的产品呢? 这里笔者认为,主要应该从以下几个方面进行考虑:

首先,作为安全设备,防火墙具有其本身的敏感性。就是说我们所选择的防火墙产品,必须经过国家相关权威部门的认证和销售许可,这些认证包括公安部和信息产业部的销售许可,国家测评中心的认证等。

其次,防火墙作为一种网络设备,性能是必须首先考虑的问题。如果防火墙对原有网络带宽影响过大,无疑就是对原有投资的巨大浪费。目前来说防火墙在类型上基本上都实现了从软件到硬件的转换,算法上也有了很大的优化,一部分防火墙的性能完全可以做到对原有网络的性能影响很小。具体到用户来说,辨别一款防火墙的性能优劣,主要可以看看权威测评机构或媒体的性能测试结果,这些结果都是以国际标准 RFC2544 标准来衡量的,主要包括:网络吞吐量、丢包率、延迟、连接数等,其中吞吐量又是重中之重。另外防火墙的加入应该以不影响单位已有的业务为前提,如果您原来的业务有一些特殊的服务,比如视频会议、IP 电话等,那可能就要当心了,一定要选择支持这些协议的防火墙。

防火墙的功能是现在的用户最为看重的部分。现在的防火墙的技术进步很快,功能上也做的五花八门,用户选择上也比较困难。个人认为,防火墙作为安全设备,安全性尤其是防攻击和抗攻击能力还是应该放在第一位上。访问控制的粒度和强度也很重要,目前各个厂商采用的基本上都是基于状态检测包过滤功能,其他的一些附加功能可以视实际的需要而定。例如,对于大家都没有固定主机的单位,可能需要身份认证的功能;对网络资源的合理控制,可能需要带宽管理的功能,分为总部和分部的情况,可能需要 VPN 通讯的功能;内部 IP 地址不足的可能需要地址转换的功能。

就防火墙自身来说,它只是一个单独的产品,要想靠一个防火墙来实现网络的安全是不现实的。实现网络的安全,最主要的还是一个安全策略的问题,一个安全的防火墙配置一套不安全的策略也是没有效果的。安全的策略包括网络中的其他安全设备,甚至包括这些安全设备是怎样同防火墙协同工作的等。所以说,购买了防火墙,不应该简单地理解为购买了一个产品,应该是购买了一套安全的服务,因此厂家的技术实力和专业实力也是不容忽视的问题。

以上是笔者认为在购买防火墙产品时应该主要注意的问题,希望这些建议可以帮助用户在不影响网络工作的同时,更好地保护网络的安全。

市场上,防火墙的售价极为悬殊。因为各企业用户需要的安全程度不尽相同,所以厂商推出的产品也有所区别。但一般来说,一个防火墙应该能做到以下事情:

(1)支持"除非明确允许,否则就禁止"的设计策略。

(2)本身支持安全策略,而不是添加上去的。

(3)支持新的服务的加入。

(4)可以安装新的先进的认证方法。

(5)如需要,运用过滤技术来允许和禁止服务。

(6)可以使用各种服务代理,以便新的认证方法可以安装并运行在防火墙上。

(7)拥有界面友好、易于编程的 IP 过滤语言,并可以根据数据包的性质进行包过滤。数据包的性质包括源和目的地址、协议类型、源和目的端口、TCP 包的 ACK 位、出站和入站网络接口等。

在选购防火墙时,不要把防火墙的等级看得过重。因为在等级评选中,防火墙的速度占有很大的比重,但是对于中小型企业而言,站点连接到 Internet 上的速度不会很快,因此大多数的防火墙都能完全满足站点需要的。那么,在选购防火墙时,更多的是关注下面的一些因素:

1. 防火墙自身的安全性

大多数企业在选择防火墙时都将注意力放在防火墙如何控制连接以及防火墙支持多少种服务上,但往往忽略了最重要的一点,防火墙也是网络上的主机之一,也可能存在安全问题,防火墙如果不能确保自身安全,则防火墙的控制功能再强,也终究不能完全保护内部网络。谈到防火墙的安全性就不得不提一下防火墙的部署。防火墙部署有三种:Dual-homed 方式、Screened-host 方式和 Screened-subnet 方式。Dual-homed 方式最简单。Dual-homed Gateway 放置在两个网络之间,这个 Dual-homed Gateway 又称为 Bastionhost。这种结构成本低,但是它有单点失败的问题。这种结构没有增加网络安全的自我防卫能力,而往往是受黑客攻击的首选目标,它自己一旦被攻破,整个网络也就暴露了。Screened-host 方式中的 Screeningrouter 为保护 Bastionhost 的安全建立了一道屏障。它将所有进入的信息先送往 Bastionhost,并且只接受来自 Bastionhost 的数据作为出去的数据。这种结构依赖 Screeningrouter 和 Bastionhost,只要有一个失败,整个网络就暴露了。Screened-subnet 包含两个 Screeningrouter 和两个 Bastionhost。在公共网络和私有网络之间构成了一个隔离网,称之为"非军事区"Bastionhost 放置在"非军事区"内。这种结构安全性好,只有当两个安全单元都被破坏后,网络才被暴露,但是成本也很昂贵。

2. 防火墙的稳定性和可靠性

最好的办法是通过专业人士或测评机构了解防火墙是否如宣传所说的那样稳定。对于防火墙来说,其可靠性直接影响受控网络的可用性,它在重要行业及关键业务系统中的重要作用是显而易见的。提高防火墙的可靠性通常是在设计中采取措施,具体措施是提高部件的强健性、增大设计阀值和增加冗余部件。此外防火墙应对操作系统提供安全强化功能,最好完全不需要人为操作,就能确实强化操作系统。这项功能通常会暂时停止不必要的服务,并修补操作系统的安全弱点,虽然不是百分之百有效,但起码能防止外界一些不必要的干扰。

3. 防火墙的高效性

防火墙不仅能更好地保护防火墙后面的内部网络的安全,而且应该具有更优良的整体性能。不一定速度越高越好,像有的小型的局域网出口速率不到 1M/s,选用 100M/s 的防火墙就是多余的。好的防火墙还应该向使用者提供完整的安全检查功能,但是一个安全的网络仍必须依靠使用者的观察及改进,因为防火墙并不能有效地杜绝所有的恶意封包,企业想要达到真正的安全仍然需要内部人员不断记录、改进、追踪。防火墙可以限制唯有合法的使用者才能进行连接,但是否存在利用合法掩护非法的情形仍需依靠管理者来发现。防火墙与代理服务器最大的不同在于防火墙是专门为了保护网络安全而设计的,而一个好的防火墙不但应该具备包括检查、认证、警告、记录的功能,并且能够为使用者可能遇到的困境,事先提出解决方案,如 IP 不足形成的 IP 转换的问题,信息加密/解密的问题,大企业要求能够透过 Internet 集中管理的问题等,这也是选择防火墙时必须考虑的问题。

4. 配置的方便性

一个好的防火墙应该是具有强大的功能,但配置起来却非常方便。选购防火墙时,一定要看它的配置是否容易掌握,否则,复杂的配置对于网络管理员将是一场噩梦。硬件防火墙系统具有强大的功能,但是其配置安装也较为复杂,需要网管员对原网络配置进行较大的改动。支持透明通信的防火墙在安装时不需要对网络配置作任何改动。目前在市场上,有些防火墙只能在透明方式下或者网关方式下工作,而另外一些防火墙则可以在混合方式下工作。能工作于混合方式的防火墙显然更具方便性。配置方便性还表现为管理方便,用户在选择防火墙时也应该看其是否支持串口终端管理。如果防火墙没有终端管理方式,就不容易确定故障所在。一个好的防火墙产品必须符合用户的实际需要。对于国内用户来说,防火墙最好是具有中文界面,既能支持命令行方式管理,又能支持 GUI 和集中式管理。

5. 是否可针对用户身份进行过滤

这样做有两个好处:一是用户可以随便找一台机器,向防火墙登陆,防火墙就可以根据它的权限进行合适的过滤;二是用户出差时可以登陆回公司内部自己的服务器,在没有加密手段或者加密成本比较高时,这样做是比较实用的。

6. 可扩展性和可升级性

对于一个好的防火墙系统而言,它的规模和功能应该能够适应网络规模和安全策略的变化。理想的防火墙系统应该是一个可随意伸缩的模块化解决方案,包括从最基本的包过滤器到带加密功能的 VPN 型包过滤器,直至一个独立的应用网关,使用户有充分的余地构建自己所需要的防火墙体系。目前的防火墙一般标配三个网络接口,分别连接外部网、内部网和 SSN。用户在购买防火墙时必须弄清楚是否可以增加网络接口,因为有些防火墙无法扩展。

7. 有用的日志

防火墙日志对网络管理员来说是至关重要的。防火墙日志应具有可读性,防火墙应具有精简日志的能力,帮助管理员从日志中快速检索到有用的信息。

8.扫毒功能

大部分的防火墙都可以与防毒软件搭配实现扫毒的功能。

5.6 负载均衡器

负载均衡(load balance)建立在现有网络结构之上,它提供了一种廉价、有效、透明的方法来扩展网络设备和服务器的带宽、增加吞吐量、加强网络数据处理能力、提高网络的灵活性和可用性。负载均衡有两方面的含义:首先,大量的并发访问或数据流量分担到多台节点设备上分别处理,减少用户等待响应的时间;其次,单个重负载的运算分担到多台节点设备上做并行处理,每个节点设备处理结束后,将结果汇总,返回给用户,系统处理能力得到大幅度提高。总而言之,负载均衡技术的应用可解决如下问题:

(1)解决网络拥塞问题,就近提供服务,实现地理位置无关性。

(2)为用户提供更好的访问质量。

(3)提高服务器响应速度。

(4)提高服务器及其他资源的利用效率。

5.6.1 负载均衡技术分类

目前有许多不同的负载均衡技术用以满足不同的应用需求,如软/硬件负载均衡、本地/全局负载均衡、更高网络层负载均衡,以及链路聚合技术。

1.软/硬件负载均衡

软件负载均衡解决方案,是指在一台或多台服务器相应的操作系统上,安装一个或多个附加软件来实现负载均衡,如DNS负载均衡等。它的优点是基于特定环境、配置简单、使用灵活、成本低廉,可以满足一般的负载均衡需求。硬件负载均衡解决方案,是直接在服务器和外部网络间安装负载均衡设备,这种设备我们通常称之为负载均衡器。由于专门的设备完成专门的任务,独立于操作系统,整体性能得到大幅度提高,加上多样化的负载均衡策略、智能化的流量管理,可达到最佳的负载均衡需求。一般而言,硬件负载均衡在功能、性能上优于软件方式,不过成本昂贵。

2.本地/全局负载均衡

负载均衡从其应用的地理结构上,分为本地负载均衡和全局负载均衡。本地负载均衡是指对本地的服务器群做负载均衡,全局负载均衡是指在不同地理位置、有不同网络结构的服务器群间做负载均衡。本地负载均衡能有效地解决数据流量过大、网络负荷过重的问题,并且不需花费昂贵开支购置性能卓越的服务器,可充分利用现有设备,避免服务器单点故障造成数据流量的损失;有灵活多样的均衡策略,可把数据流量合理地分配给服务器群内的服务器,来共同负担;即使是再给现有服务器扩充升级,也只是简单地增加一个新的服务器到服务群中,而不需改变现有网络结构、停止现有的服务。全局负载均衡,主要用于在一个多区域拥有自己服务器的站点,可使全球用户只以一个IP地址或域名就能访问到离自己最近的服务器,从而获得最快的访问速度,也可用于子公司分散站点分布广的大公司通过 Intranet(企业内部互联网)来达到资源统一、合理分配的目的。

3. 更高网络层负载均衡

针对网络上负载过重的不同瓶颈所在,从网络的不同层次入手,我们可以采用相应的负载均衡技术来解决现有问题。更高网络层负载均衡,通常操作于网络的第四层或第七层。第四层负载均衡将一个 Internet 上合法注册的 IP 地址,映射为多个内部服务器的 IP 地址,对每次 TCP 连接请求动态使用其中一个内部 IP 地址,达到负载均衡的目的。第七层负载均衡控制应用层服务的内容,提供了一种对访问流量的高层控制方式,适合对 HTTP 服务器群的应用。第七层负载均衡技术通过检查流经的 HTTP 报头,根据报头内的信息来执行负载均衡任务。

5.6.2　负载均衡的优点

(1)网络负载均衡允许你将传入的请求传播到最多达 32 台的服务器上,即可以使用最多 32 台服务器共同分担对外的网络请求服务。网络负载均衡技术保证即使是在负载很重的情况下它们也能作出快速响应。

(2)网络负载均衡对外只需提供一个 IP 地址(或域名)。

(3)如果网络负载均衡中的一台或几台服务器不可用时,服务不会中断。网络负载均衡自动检测到服务器不可用时,能够迅速在剩余的服务器中重新指派客户机通讯。此保护措施能够帮助你为关键的业务程序提供不中断的服务,并可以根据网络访问量的增多来增加网络负载均衡服务器的数量。

(4)网络负载均衡可在普通的计算机上实现。在 Windows Server 2003 中,网络负载均衡的应用程序包括 Internet 信息服务(IIS)、ISA Server 2000 防火墙与代理服务器、VPN 虚拟专用网、终端服务器、Windows Media Services(Windows 视频点播、视频广播)等服务。同时,网络负载均衡有助于改善你的服务器性能和可伸缩性,以满足不断增长的基于 Internet 客户端的需求。

网络负载均衡可以让客户端用一个逻辑 Internet 名称和虚拟 IP 地址(又称群集 IP 地址)访问群集,同时保留每台计算机各自的名称。

5.6.3　负载均衡的实现方法

1. 负载均衡技术的引入

信息系统的各个核心部分随着业务量的提高、访问量和数据流量的快速增长,其处理能力和计算强度也相应增大,使得单一设备根本无法承担,必须采用多台服务器协同工作,提高计算机系统的处理能力和计算强度,以满足当前业务量的需求。而如何在完成同样功能的多个网络设备之间实现合理的业务量分配,使之不会出现一台设备过忙而其他设备却没有充分发挥处理能力的情况。要解决这一问题,可以采用负载均衡的方法。

对一个网络的负载均衡应用,可以从网络的不同层次入手,具体情况要看对网络瓶颈所在之处的具体情况进行分析。一般来说,企业信息系统的负载均衡大体上都从传输链路聚合、采用更高层网络交换技术和设置服务器集群策略三个角度实现。

2. 链路聚合

为了支持与日俱增的高带宽应用,越来越多的 PC 机使用更加快速的方法连入网络。而网络中的业务量分布是不平衡的,一般表现为网络核心的业务量高,而边缘比较低,关键部门的业务量高,而普通部门低。伴随计算机处理能力的大幅度提高,人们对工作组局域网的处理能力有了更高的要求。当企业内部对高带宽应用需求不断增大时(例如 Web 访问、文档传输及内部网连接),局域网核心部位的数据接口将产生瓶颈问题,因此延长了客户应用请求的响应时间。并且局域网具有分散特性,网络本身并没有针对服务器的保护措施,一个无意的动作,像不小心踢掉网线的插头,就会让服务器与网络断开。

通常,解决瓶颈问题采用的对策是提高服务器链路的容量,使其满足目前的需求。例如可以由快速以太网升级到千兆以太网。对于大型网络来说,采用网络系统升级技术是一种长远的、有前景的解决方案。对于拥有许多网络教室和多媒体教室的普通中学和职业中学,在某些课程的教学期间(比如上传学生制作的网页等),将产生大量访问 Web 服务器或进行大量的文档传输;或在县区级的网络信息网上举行优秀老师示范课教学、定期的教学交流等教学活动时,这种情况尤为突出。在这种情况下,链路聚合技术为消除传输链路上的瓶颈与不安全因素提供了成本低廉的解决方案。链路聚合技术将多个线路的传输容量融合成一个单一的逻辑连接,当原有的线路满足不了需求,而单一线路的升级又太昂贵或难以实现时,就可采用多线路的解决方案。

链路聚合系统增加了网络的复杂性,但也提高了网络的可靠性,使人们可以在服务器等关键局域网段的线路上采用冗余路由。对于计算机局域网系统,可以考虑采用虚拟路由冗余协议(VRRP)。VRRP 可以生成一个虚拟缺省的网关地址,当主路由器无法接通时,备用路由器就会采用这个地址,使局域网通信得以继续。总之,当必须提高主要线路的带宽而又无法对网络进行升级时,便可以采用链路聚合技术。

3. 高层交换

大型的网络一般都是由大量专用技术设备组成的,如包括防火墙、路由器、第 2 层/3 层交换机、负载均衡设备、缓冲服务器和 Web 服务器等。如何将这些技术设备有机地组合在一起,是一个直接影响到网络性能的关键性问题。大型网络的核心交换机一般采用高端的机柜式交换机,现在这类交换机一般都提供第四层交换功能,可以将一个外部 IP 地址映射为多个内部 IP 地址,对每次 TCP 连接请求动态使用其中一个内部地址,达到负载均衡的目的。有的协议内部支持与负载均衡相关的功能,例如 HTTP 协议中的重定向能力。

Web 内容交换技术,即 URL 交换或七层交换技术,提供了一种对访问流量的高层控制方式。Web 内容交换技术检查所有的 HTTP 报头,根据报头内的信息来执行负载均衡的决策,并可以根据这些信息来确定如何为个人主页和图像数据等内容提供服务。它不是根据 TCP 端口号来进行控制的,所以不会造成访问流量的滞留。如果 Web 服务器已经为诸如图像服务、SSL 对话和数据库事务服务之类的特殊功能进行了优化,那么,采用这个层次的流量控制将可以提高网络的性能。目前,采用高层交换技术的产品与方案,有许多专用的设备,如 3Com 公司的 3Com Super Stack3 服务器负载均衡交换机和 Cisco 系统公司的 CSS 交换机产品等,国内的服务器厂商如联想和浪潮等也都有专用的负载均衡产品。

4. 带均衡策略的服务器群集

随着电子商务和电子政务的开展,网上交易和访问量会明显增加。企业的日常经营和各种办公业务都往上迁移,所传送的不仅有一般的文本信息,还有很多视频和语音。如远程教学方兴未艾,不少院校都在全国各地设立网络教学点,进行远程教学和在线辅导,各个站点都必须能够同网络教学中心进行实时交流,在这种情况下,势必也会产生大量并发访问,因此要求网络中心服务器必须具备提供大量并发访问服务的能力。这样,网络中心服务器的处理能力和 I/O 能力已经成为提供服务的瓶颈。如果客户的增多导致通信量超出了服务器所能承受的范围,那么其结果必然是宕机。显然,单台服务器有限的性能不可能解决这个问题,一台普通服务器的处理能力只能达到每秒几万个到几十万个请求,无法在一秒钟内处理上百万个甚至更多的请求。但若能将 10 台这样的服务器组成一个系统,并通过软件技术将所有请求平均分配给所有服务器,那么这个系统就完全拥有每秒钟处理几百万个甚至更多请求的能力。这就是利用服务器群集实现负载均衡的优点。早期的服务器群集通常以光纤镜像卡进行主从方式备份。令服务运营商头疼的是关键性服务器或应用较多、数据流量较大的服务器一般档次不会太低,而服务运营商花了 2 台服务器的钱却常常只得到一台服务器的性能。通过 LSANT(load sharing network address transfer)将多台服务器网卡的不同 IP 地址翻译成一个虚拟 IP 地址,使得每台服务器均时刻处于工作状态。原来需要用小型机来完成的工作改由多台 PC 服务器完成,这种弹性解决方案对投资保护的作用是相当明显的,既避免了小型机刚性升级所带来的巨大设备投资,又避免了人员培训的重复投资。同时,服务运营商可以依据业务的需要随时调整服务器的数量。

网络负载均衡提高了诸如 Web 服务器、FTP 服务器和其他关键任务服务器上的 Internet 服务器程序的可用性和可伸缩性。单一服务器可以提供有限级的可靠性和可伸缩性。但是,通过将 2 个或 2 个以上高级服务器的主机连成群集,网络负载均衡就能够提供关键任务服务器所需的可靠性和性能。

为了建立一个高负载的 Web 站点,必须使用多服务器的分布式结构。如使用代理服务器和 Web 服务器相结合,或者 2 台 Web 服务器相互协作,这种方式也属于多服务器的结构。但在这些多服务器的结构中,每台服务器所起到的作用是不同的,属于非对称的体系结构。非对称的服务器结构中每个服务器起到的作用是不同的,例如一台服务器用于提供静态网页,而另一台用于提供动态网页,等等。这样就使得网页设计时就需要考虑不同服务器之间的关系。一旦要改变服务器之间的关系,就会使得某些网页出现连接错误,不利于维护,可扩展性也较差。

能进行负载均衡的网络设计结构为对称结构,在对称结构中每台服务器都具备等价的地位,都可以单独对外提供服务,而无需其他服务器的辅助。然后,可以通过某种技术,将外部发送来的请求均匀分配到对称结构中的每台服务器上,接收到连接请求的服务器都独立回应客户的请求。在这种结构中,由于建立内容完全一致的 Web 服务器并不困难,因此负载均衡技术就成为建立一个高负载 Web 站点的关键性技术。

综上所述,在客户端对操作系统进行优化,改善网络环境,虽然可以最大限度地提高客户端的信息传输速率,但是,在网络中,当众多工作站同时向同一服务器发出请求或同时访问同一个文件时,对所产生的信息传输阻塞现象却是无能为力的。为此在服务器端采用负载均衡这种策略,它能让多台服务器或多条链路共同承担一些繁重的计算或 I/O 任务,从而以较低成本消除网络瓶颈,避免了单机拥塞或单机故障造成的不良影响,便于扩展,保证服务需要,提高网络的灵活性和可靠性。而且负载均衡是建立在现有网络结构之上的,提供了一种廉价有效的方法扩展服务器带宽和增加吞吐量,加强网络数据处理能力,提高网络的灵活性和可用性。

5.6.4　负载均衡器部署方式

负载均衡有三种部署方式:路由模式、桥接模式、服务器直接返回模式。路由模式部署灵活,约 60% 的用户采用这种方式部署;桥接模式不改变现有的网络架构;服务器直接返回比较适合吞吐量大特别是内容分发的网络应用,约 30% 的用户采用这种模式。

1. 路由模式

路由模式的部署方式如图 5.42 所示。服务器的网关必须设置成负载均衡机的 LAN 口地址,且与 WAN 口分署不同的逻辑网络。因此所有返回的流量也都经过负载均衡。这种方式对网络的改动小,能均衡任何下行流量。

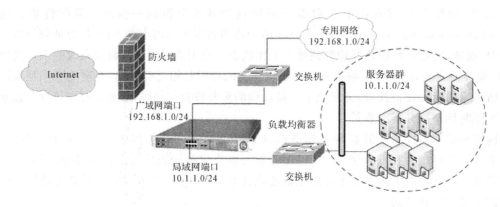

图 5.42　负载均衡的路由模式

2. 桥接模式

桥接模式配置简单,不改变现有网络。负载均衡的 WAN 口和 LAN 口分别连接上行设备和下行服务器。LAN 口不需要配置 IP(WAN 口与 LAN 口是桥连接),所有的服务器与负载均衡均在同一逻辑网络中,参见图 5.43。

由于这种安装方式容错性差,网络架构缺乏弹性,对广播风暴及其他生成树协议循环相关联的错误敏感,因此一般不推荐这种安装架构。

3. 服务器直接返回模式

如图 5.44 所示,这种部署方式负载均衡器的 LAN 端口不使用,WAN 端口与服务器在同一个网络中,互联网的客户端访问负载均衡器的虚 IP(VIP),虚 IP 对应负载均衡器的 WAN 端口,负载均衡根据策略将流量分发到服务器上,服务器直接响应客户端的请求。因此对客户端而言,响应它的 IP 不是负载均衡器的虚 IP(VIP),而是服务器自身的 IP 地址。也就是说返回的流量是不经过负载均衡器的。因此这种方式适用于大流量高带宽要求的服务。

5.6.5　负载均衡器选购

对一个网络的负载均衡应用,可以从网络的不同层次入手,具体情况要看对网络瓶颈所在之处的具体分析,大体上不外乎从传输链路聚合、采用更高层网络交换技术和设置服务器集群策略三个角度实现。大型的网络一般都是由大量专用技术设备组成的,如包括防火墙、路由器、第 2 层/3 层交换机、负载均衡设备、缓冲服务器和 Web 服务器等。如何将这些技术设备

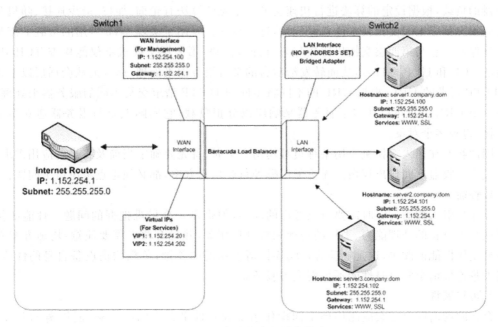

图 5.43　负载均衡的桥接模式

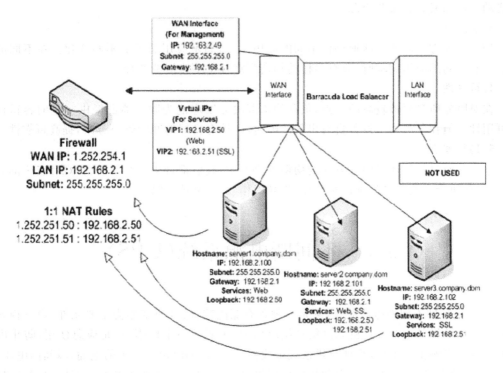

图 5.44　负载均衡的服务器直接返回模式

有机地组合在一起，是一个直接影响到网络性能的关键性问题。基于四层交换技术的负载均衡，这种技术是在第四层交换机上设置 Web 服务的虚拟 IP 地址，这个虚拟 IP 地址是 DNS 服务器中解析到的 Web 服务器的 IP 地址，对客户端是可见的。当客户访问此 Web 应用时，客户端的 HTTP 请求会先被第四层交换机接收到，它将基于第四层交换技术实时检测后台 Web

服务器的负载,根据设定的算法进行快速交换。常见的算法有轮询、加权、最少连接、随机和响应时间等。基于七层交换技术的负载均衡,这种技术主要用于实现 Web 应用的负载平衡和服务质量保证。它与第四层交换机比较起来有许多优势:第七层交换机不仅能检查 TCP/IP 数据包的 TCP 和 UDP 端口号,从而转发给后台的某台服务器来处理,而且能从会话层以上来分析 HTTP 请求的 URL,根据 URL 的不同将不同的 HTTP 请求交给不同的服务器来处理,其至同一个 URL 请求可以让多个服务器来响应以分担负载,它实际上要与服务器建立多个会话连接,得到多个对象。

因此我们在引入交换机应用某种负载均衡方案时,首先要确定当前及将来的应用需求,然后在成本与收益之间作出权衡。无论采用哪种负载均衡方案,都必须重点考虑以下问题:

1. 性能

性能是引入均衡方案时需要重点考虑的问题,但也是一个最难把握的问题。性能的优劣与负载均衡设备的处理能力、采用的均衡策略息息相关,并且有两点需要注意:均衡方案对服务器群整体性能的改善,这是响应客户端连接请求速度的关键;负载均衡设备自身的性能,避免有大量连接请求时自身性能不足而成为服务瓶颈。

2. 可扩展性

合适的均衡解决方案应能均衡不同操作系统和硬件平台之间的负载,能均衡 HTTP、邮件、新闻、代理、数据库、防火墙和 Cache 等不同服务器的负载,并且能以对客户端完全透明的方式动态增加或删除某些资源。

3. 灵活性

均衡解决方案应能灵活地提供不同的应用需求,满足应用需求的不断变化。在不同的服务器群有不同的应用需求时,应有多样的均衡策略提供更广泛的选择。

4. 可靠性

在对服务质量要求较高的站点,负载均衡解决方案应能为服务器群提供完全的容错性和高可用性。但在负载均衡设备自身出现故障时,应该有良好的冗余解决方案,提高可靠性。

5. 易管理性

不管是通过软件还是硬件方式的均衡解决方案,我们都希望它有灵活、直观和安全的管理方式,这样便于安装、配置、维护和监控,提高工作效率,避免差错。

5.7　不间断电源系统(UPS)

UPS 系统即不间断电源系统,它是一种含有储能装置、以逆变器为主要元件、稳压稳频输出的电源保护设备。在计算机和网络系统应用中,主要起两个作用:一是应急使用,防止电网突然断电而影响正常工作,给计算机系统造成损害;二是消除市电网上的电涌、瞬间高电压、瞬间低电压、暂态过电压、电线噪声和频率偏移等"电源污染",改善电源质量,为计算机系统提供高质量的电源。

5.7.1　UPS 分类

(1)后备式(off line)UPS。过去,后备式 UPS 使用较为普遍。在市电正常供电时,市电经

UPS 分路直接输出或经变压器耦合输出,逆变器并不工作。此时,UPS 相当于一台稳压性能较差、无交流稳压功能的稳压器,仅对市电电压幅度波动有所改善,对电网上出现的频率不稳、波形畸变等"电污染"不作任何调整。当市电异常或中断时,UPS 切换为蓄电池供电状态,电池直流电经逆变器逆变为 220V 的稳定交流电输出。后备式 UPS 电源的逆变器总是处于后备供电状态,它具有利用率高、噪声低、价格便宜等特点,但供电质量较差。

(2)在线式(on line)UPS。目前,在线式 UPS 使用得较为普遍。无论市电正常与否,在线式 UPS 电源的逆变器始终处于工作状态。逆变器具有稳压和调压作用,因此在线式 UPS 能对电网供电起到"净化"作用,同时具有过载保护功能和较强的抗干扰能力,供电质量稳定可靠,但其价格较贵。

(3)在线互动式(line interactive)UPS。在线互动式 UPS 是基于在线式 UPS 发展起来的一种新技术,其电池、逆变器和输出始终处于连通状态。在市电供电状态下,逆变器反相工作,为蓄电池充电;市电异常时,转换开关断开,由蓄电池提供输出。该 UPS 的逆变器和输出总是处于连通状态,对电源起到滤波及削波作用,具有优越的电源保护功能。在线互动式 UPS 具有稳压精密、运行稳定、智能化和安全保护等特点。

5.7.2 UPS 使用

科学合理地使用 UPS,使 UPS 处于良好的工作状态,可延长其使用寿命,降低运行故障率。

(1)市电电压的波动范围应符合 UPS 输入电压变化范围的要求。如市电电压波动较大,应在 UPS 前极增加其他保护措施(如稳压器等)。

(2)为防止寄生电容耦合干扰,保护设备及人身安全,UPS 必须接地,且接地电阻不大于 4Ω。

(3)UPS 的工作环境应保持清洁,以避免有害灰尘对 UPS 内部器件的腐蚀。工作时,环境温度要求为 0~40℃,湿度为 10%~90%。

(4)UPS 电源在初次使用或久放一段时间后再用时,必须先接入市电,利用 UPS 自身的充电电路,对 UPS 蓄电池进行浮充电,充电时间一般在 10 小时以上(大型 UPS 需要的充电时间更长)。待蓄电池电压达到饱和后,方可投入正常使用。

(5)UPS 开机步骤必须正确。UPS 内部的功率元件都有一定的额定工作电流,冲击电流过大,会使功率元件寿命缩短甚至烧毁。因此,开机时,应先开启 UPS 的市电开关,再逐一打开负载。先开冲击电流大的负载(如显示器、打印机等),再开冲击电流小的负载,最后开启 UPS 前面板开关,使 UPS 处于逆变工作状态。开机时,绝不能将所有负载同时开启,更不能带载开机。

(6)UPS 关机顺序必须正确。关机时,先逐个关闭负载,再关闭 UPS 前面板开关,最后关闭 UPS 市电开关,不能带载关机。

(7)注意后备式 UPS 的使用。在市电工作状态下,UPS 通过旁路供电,逆变器不工作,UPS 仅靠电源保险丝保护设备。如果 UPS 过载运行,当市电异常而转变为蓄电油供电时,由于逆变器的过载保护功能,UPS 会因过载而中断输出,从而造成不必要的损失。因此,要尽量避免后备式 UPS 过载运行。

(8)对于标准型 UPS,当市电异常而转为 UPS 供电时,应及时关闭负载;不能外接电池组延长使用时间,以免损坏机器和电池。

(9)UPS 适合带电容性负载,而不适合带电感性负载。在特殊情况下,在线式 UPS 可带适当的电感性负载,但要适当加大 UPS 的容量。

(10)UPS 不宜长期处于满载或轻载状态下运行,前者会造成 UPS 逆变器及整流滤波器的损坏,后者易损坏 UPS 蓄电池。其适当的带载量应为 UPS 额定容量的 $50\% \sim 80\%$。3 蓄电池的使用及维护前使用的 UPS 蓄电池主要是免维护密封式铅酸蓄电池。在实际应用中,因电池故障而导致 UPS 不能正常工作的比例达 30% 以上。

5.7.3　UPS 注意事项

(1)每 $4 \sim 6$ 个月检查一次蓄电池组中各电池的端电压和内阻,若单个电池的端电压低于其最低临界电压或电池内阻大于 $80\mathrm{m}\Omega$ 时,应及时更换或进行均衡充电。

(2)避免过电流充电和过电压充电。前者会损坏电池内部正负极板,使电池电量下降;后者会使电池中电解液的水大量电解,使电解液浓度增大,导致蓄电池寿命缩短,甚至烧坏。

(3)避免用快速充电器充电,否则会使蓄电池处于"瞬时过流充电"和"瞬时过压充电"状态,造成蓄电池可供使用电量下降甚至损坏蓄电池,应使用具有衡流和衡压作用的充电器充电。

(4)避免短路放电或过度放电,否则,会严重损坏蓄电池的再充电能力和蓄电能力,缩短使用寿命。电池放电后,要及时进行再充电。

(5)UPS 长期处于市电供电状态时,应每隔一段时间对 UPS 电源进行一次人为断电,使 UPS 电源在逆变状态下工作一段时间,以激活蓄电池的充放电能力,延长其使用寿命。

(6)UPS 长期不用时,每隔一段时间须充电一次。蓄电池的充电间隔时间与环境温度密切相关,温度越高,充电时间间隔越短。

(7)蓄电池应在 $0 \sim 30℃$ 的环境温度下使用。环境温度过高,会缩短其使用寿命;过低,释放的电量会大大减少。

(8)UPS 在电池供电状态下,因电池电压过低而自动关机,此时不能再开机继续使用,以免电池因过度放电而损坏。

(9)UPS 处于电池供电状态下,电池放电电流不宜过小,否则会造成电池使用寿命的快速缩短和电池内阻反常增大。

5.7.4　UPS 选购

(1)确认所需 UPS 的类型。对于金融、证券、电信、交通等重要行业,应选择性能优异、安全性高的在线式 UPS;对于网络用户,除考虑选择在线式 UPS 外,还可选择在线互动式 UPS;对于家庭用户,可选择后备式 UPS。

(2)确定所需 UPS 的功率。计算 UPS 功率的方法是:UPS 功率＝实际设备功率×安全系数。其中,安全系数是指大设备的启动功率,一般选 1.5。

(3)考虑发展余量。除考虑实际负载以外,还要考虑今后设备的增加所带来的增容问题,因此 UPS 的功率应在现有负载的基础上再增加 15% 的余量。

(4)选择品牌和售后服务。最好选择保修期长,售后服务及时周到的 UPS。这样,产品供应商可以方便地对其产品及时进行维护和维修,从而保证用户的正常使用。

5.7.5　UPS 电池计算方法

(1)计算蓄电池的最大放电电流值:

$$I_{最大} = Pcos\phi/(\eta \times E_{临界} \times N)$$

式中:P 为 UPS 电源的标称输出功率;$cos\phi$ 为 UPS 电源的输出功率因数(UPS 一般为 0.8);η 为UPS逆变器的效率,一般为 $0.88 \sim 0.94$(实际计算中可以取 0.9);$E_{临界}$ 为蓄电池组的临界放电电压(12V 电池约为 10.5V,2V 电池约为 1.7V);N 为每组电池的数量(由各品牌各系列产品而定)。

(2)根据所选的蓄电池组的后备时间,查出所需的电池组的放电速率值 C,然后根据:

$$电池组的标称容量 = I_{最大}/C$$

(3)时间与放电速率 C:

表 5.2　时间与放电速率 C 的关系

t/min	30	60	90	120	180
C	0.92	0.61	0.5	0.42	0.29

(4)以柏克电源 MTT 系列 300kVA 延时 30min 为例:

已知:柏克 UPS 电源 MTT 系列 UPS 电源电池节数 N 为 32 节,每节电池为 12V,功率因素 $cos\phi$ 为 0.8,逆变器效率 η 为 0.9,根据:$I_{最大} = Pcos\phi/(\eta \times E_{临界} \times N)$,则

　　最大放电电流=标称功率 300000VA $\times$ 0.8 $\div$ (0.9 效率 $\times$ 32 节 $\times$ 10.5V 每节电池放电电压)
　　　　　　　=794AH

又知 30min 电池的放电速率 C 为 0.92,根据:电池组的标称容量=$I_{最大}/C$

电池组的标称容量=794 $\div$ 0.92=863AH

电池组的总容量=863AH $\times$ 32 节 $\times$ 12V=331392AH

由此可得需要用电池 150AH32 节 6 组

结构化综合布线工程设计

6.1 结构化综合布线工程设计综述

建筑物综合布线是建筑技术和信息技术相结合的产物,是计算机网络工程的基础。由于建筑物布线系统的英文名称为 premises distribution system,因此称为 PDS 系统。回顾历史,综合布线的发展与建筑物自动化系统密切相关。传统布线如电话、计算机局域网都是各自独立的。各系统分别由不同的厂商设计和安装,传统布线采用不同的线缆和不同的终端插座,而且,连接这些不同布线的插头、插座及配线架均无法互相兼容。办公布局及环境改变的情况是经常发生的,需要调整办公设备或随着新技术的发展需要更换设备时,就必须更换布线系统。这样因增加新电缆而留下不用的旧电缆,天长日久,导致了建筑物内一堆堆杂乱的线缆,造成很大的隐患。

所谓的"综合布线系统(generic cabling system,GCS)"是指将所有电话、数据、图文、图像及多媒体设备的布线组合成一套标准的布线系统,并且采用统一的传输介质,统一插座。当终端设备的位置需要改变时,只需将插头拔起,然后再将其插入新地点的插座上,再作一些简单的跳线,这项工作就完成了,不需要再布放新的电缆以及安装新的插座。也就是说综合布线系统有非常好的兼容性。其开放的结构可以作为各种不同工业的标准,不再需要为不同的设备准备不同的配线零件以及复杂的线路标志与管理线路图表。最重要的是配线系统将具有更大的适用性、灵活性,而且可以用最低的成本在最小的干扰下进行工作地点上终端事务的重新安排与规划。

综合布线系统以一套单一的配线系统,可以综合几个通信网络,可以协助解决所面临的有关电话、数据、图文、图像及多媒体设备的配线上的不便,并为未来的综合业务数字网络打下基础。

目前 PDS 系统往往采用结构化布线系统(structured cabling system,SCS)。那么"结构化"是怎么一回事呢? 结构化布线一般采用模块化设计思想,物理上采用层次化星型连接方案以利于信息的采集和传递,并使用各配线设备完成线缆的物理连接,因此系统配置的修改和扩充能力非常强。该结构下的每个分子系统都是相对独立的单元,对每个分支单元系统改动都不影响其他系统。只要改变节点连接就可使网络的星型、总线、环型等各种类型网络之间进行转换。结构化综合布线系统采用开放式的结构,应能支持当前普遍采用的各种计算机网络,它是一种灵活性极高的智能建筑布线网络。结构化综合布线系统采用标准化措施,实现了统一材料、统一设计、统一安装施工,使结构清晰、便于集中管理和维护。

现代化工业企业及城市建设的计算机网络与通信网络,迫切需要综合布线系统为之服务,有极其广阔的使用前景。

在 20 世纪 90 年代,综合布线工程设计几乎都是计算机网络系统工程公司设计的,现在各个建筑设计院都成立弱电设计室或智能建筑设计研究所,新建大楼的综合布线大多由建筑设计院统一设计。考虑到施工和网络系统集成都要涉及综合布线系统,所以还是要叙述一下综合布线的工程设计。掌握这方面的知识,其用途还是很广的,因为新建、扩建、改建建筑与建筑群都需要进行综合布线系统工程设计。

综合布线系统的工程设计是智能建筑、商住楼、办公楼、综合楼以及智能住宅小区建筑智能化的楼宇管理、办公自动化、通信网络等各系统中所要设计的一项独立内容,是为了适应经济建设的高速发展和改革开放的社会需求,信息通信网向数字化、综合化、智能化方向发展,搞好电话、图文、数据、图像等多媒体综合网络建设,解决接入网到用户终端的最后一段传输网络问题。

1. 设计原则

综合布线系统工程设计时,应根据工程项目的性质、功能、环境条件和近、远期用户需求进行设计,并应考虑施工和维护方便,确保综合布线系统工程的质量和安全,做到技术先进、经济合理。其设计原则初步归纳有下列内容:

(1)综合布线系统的设施及管线的建设,应纳入建筑与建筑群相应的规划中。在土建、结构的工程设计中对综合布线信息插座的安装、配线子系统的安装、交接间、设备间都要有所规划。

(2)综合布线工程设计对建筑与建筑群的新建、扩建、改建项目要区别对待。

(3)综合布线系统应与大楼通讯自动化(communication automation,CA)、办公自动化(office automation,OA)、大楼管理自动化(building management automation,BA)等系统统筹规划,按照各种信息的传输要求,做到合理使用,并应符合相关的标准。

(4)工程设计时,应根据工程项目的性质、功能、环境条件和近、远期用户需求,进行综合布线设施和管线的设计。

工程设计必须保证综合布线系统质量和安全,考虑施工和维护方便,做到技术先进、经济合理。

设计工作开始到投入运行有一段时间,短则 1～2 年,有的 7～8 年,通信技术发展很快,按摩尔定律,每 18 个月,计算机运行速度翻一番,因此综合布线系统所用的器材适度超前是需要的。

(5)工程设计中必须选用符合国家或国际有关技术标准的定型产品。未经国家认可的产品质量监督检验机构鉴定的设备及主要材料,不得在工程中使用。

(6)综合布线系统的工程设计,除应符合《综合布线系统工程设计规范》(GB 50311—2007)外,还应符合国家现行的相关强制性和推荐性标准规范的规定。

2. 综合布线系统设计步骤

设计一个合理的综合布线系统一般包含 7 个主要步骤：

(1) 分析用户需求。

(2) 获取建筑物平面图。

(3) 系统结构设计。

(4) 布线路由设计。

(5) 可行性论证。

(6) 绘制综合布线施工图。

(7) 编制综合布线用料清单。

在分析用户需求的基础上，获取了建筑物平面图后，我们如何着手开始设计？我们在第 2 章设计方法学就提到设计的方法和人家设计好我们看图纸的方法是相反的。在设计每个部分之前先考虑系统结构设计，然后按下列 7 个部分分别进行设计：

(1) 工作区：一个独立的需要设置终端设备(TE)的区域宜划分一个工作区。工作区应有配线子系统的信息插座模块(TO)延伸到终端设备处的连接线缆及适配器组成。

(2) 配线子系统：配线子系统应由工作区的信息插座模块、信息插座模块至电信间配线架(FD)的配线电缆和光缆、电信间的配线架及设备线和跳线等组成。

(3) 干线子系统：干线子系统应由设备间至电信间的干线电缆和光缆、安装在设备间的建筑物配线架(BD)及设备线缆和跳线组成。

(4) 建筑群子系统：建筑群子系统应由连接多个建筑物之间的干线电缆和光缆、建筑群配线架(CD)及设备线缆和跳线组成。

(5) 设备间：设备间是在每幢建筑物的适当地点进行网络管理和信息交换的场地。对于综合布线系统工程设计，设备间主要安装建筑物配线设备、电话交换机、计算机主机设备和网络设备及入口设施设备。

(6) 进线间：进线间是建筑物外部通信和信息管线的入口部位，并可作为入口设施和建筑群配线设备的安装场地。

(7) 管理：管理应对工作区、电信间、设备间、进线间的配线设备、线缆、信息插座模块等设施按一定的模式进行标识和记录。

6.2　综合布线系统结构设计

1. 综合布线系统基本结构

综合布线系统的结构是开放式的，它由各个相对独立的部件组成，如图 6.1 所示，改变、增加或重组其中一个布线部件并不会影响其他系统。综合布线系统的主要布线部件有下列几种：

(1) 建筑群配线架(CD)。

(2) 建筑群子系统(可以是建筑群干线电缆或光缆)。

(3) 建筑物配线架(BD)。

(4) 干线子系统(可以是干线电缆，也可以是干线光缆)。

(5) 楼层配线架(FD)。

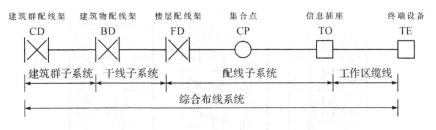

图 6.1　综合布线系统基本结构

(6)配线子系统(电缆或光缆)。

(7)集合点(CP)(可以选用,也可以不选,不用 CP 时就一根水平缆线拉到信息插座)。

(8)信息插座。

建筑群配线架主要在考虑建筑群之间干线电缆或光缆配线时用。对于一幢建筑内的布线系统,主要由建筑群配线架(BD)、楼层配线架(FD)和信息插座等基本单元经线缆连接组成。一般建筑物配线架放在设备间,楼层配线架放在电信间(楼层配线间),信息插座安装在工作区。连接建筑物配线架和楼层配线架的线缆称为干线子系统,连接楼层配线架和信息插座的线缆称为配线子系统。

集合点(CP)是楼层配线架与信息插座之间水平线缆路由中的连接点。配线子系统中可以设置集合点,也可以不设置集合点。

参看图 6.1,如上所述,标准规范的设备配置,就分为建筑物 FD-BD 一级干线布线系统结构和建筑群 FD-BD-CD 两级干线系统结构两种形式,参见图 6.2 和图 6.3。但在实际工程中,往往会根据管理要求、设备间和电信间空间要求、信息点分布等多种情况将建筑物综合布线系统进行灵活的设备配置,形成多种多样的变化。

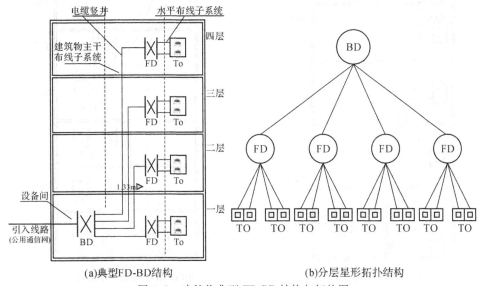

(a)典型FD-BD结构　　　　(b)分层星形拓扑结构

图 6.2　建筑物典型 FD-BD 结构与拓扑图

如当建筑物较小,信息点数量较少,而且水平电缆长度最长不超过 90m 时,可以不设楼层电信间,将 BD 和 FD 都放在设备间。这种结构称为 FD/BD 结构,见图 6.4(a)。又如果建筑物的楼层面积不大,楼层的信息点少于 400 个,为了简化布线系统结构和减少接续设备,可以采用几层楼合用一个楼层电信间中的配线架(FD),在连接中,信息插座到中间楼层配线架之间

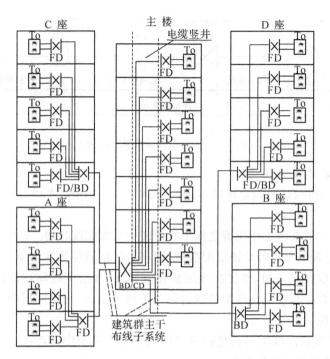

图 6.3 FD-BD-CD 结构

水平电缆的最大长度不应超过 90m。这种结构称为 FD-BD 共用楼层电信间结构，见图 6.4(b)。

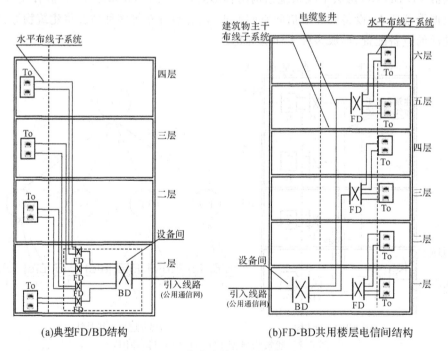

图 6.4 综合布线系统结构变化

2. 综合布线的链路与信道

（1）综合布线的链路

综合布线每个子系统的端部都有相应的接口，用于连接有关设备。例如，配线架上有接口可以与外部业务电缆、光缆相连。

布线链路的性能规定为接口间链路的性能,两端的接口也应包括在内。布线链路只包括电缆、光缆、连接硬件和接插软线(跳线)等布线部件,不包括应有系统的有源硬件和无源硬件。

图 6.5 所示是水平布线系统永久链路的定义,永久链路由水平缆线和一个接头,必要再在加一个可选的集合点组成,这样永久链路则由水平缆线和 CP 缆线及三个连接器件组成。CP 链路是指楼层配线架与集合点之间的连线,包括各端的连接器件在内的永久性链路。CP 缆线是连接集合点至工作区信息点的缆线。

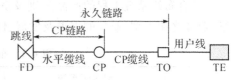

图 6.5　综合布线的永久链路

(2)综合布线的信道

综合布线的信道是指连接两个应用设备的端到端的传输通道,即是从发送设备的输出端到接收设备输入端之间传输信息的通道,包括设备缆线、水平缆线和工作区缆线(用户线)等。

综合布线系统信道应由最长 90m 水平缆线、最长 10m 跳线和设备缆线及最多 4 个连接器件组成,其范围如图 6.6 所示。配线子系统信道的最大长度不应大于 100m,信道不包括两端的设备。配线子系统永久链路与信道的不同在于,永久链路比信道的范围小,既不包括两端的设备,也不包括设备缆线、用户线和跳线。

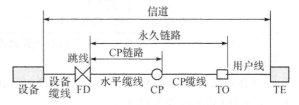

图 6.6　综合布线的信道

3.综合布线系统的分级

根据综合布线的应用分类,可将综合布线系统分成 7 个应用级别:

A 级:话音带宽和低频应用。电缆布线信道支持的 A 级应用,频率为 100kHz 以下。

B 级:中比特数字应用。电缆布线信道支持的 B 级应用,频率为 1MHz 以下。

C 级:高比特数字应用。电缆布线信道支持的 C 级应用,频率为 16MHz 以下。

D 级:甚高比特数字应用。电缆布线信道支持的 D 级应用,频率为 100MHz 以下。

E 级:超高速数字应用。电缆布线信道支持的 E 级应用,频率为 250MHz 以下。

F 级:超高速数字应用。电缆布线信道支持的 F 级应用,频率为 600MHz 以下

光缆级:高速和超高速率数字应用。光缆布线信道支持的应用,频率为 10MHz 以上。

光纤信道分为 OF-300、OF-500 和 OF-2000 三个等级,各等级光纤信道应支持的应用长度不应小于 300m、500m 及 2000m。

根据综合布线系统的信道分类,也有 7 个级别:

A 级:对称电缆布线信道——支持 A 级应用,为最低级别的信道。

B 级:对称电缆布线信道——支持 B 级和 A 级应用。

C 级:对称电缆布线信道——支持 C 级、B 级和 A 级应用。

D 级:对称电缆布线信道——支持 D 级、C 级、B 级和 A 级应用。

E 级:对称电缆布线信道——支持 E 级、D 级、C 级、B 级和 A 级应用。

F 级:对称电缆布线信道——支持 F 级、E 级、D 级、C 级、B 级和 A 级应用

光缆布线链路——支持传输频率 10MHz 及以上的各种应用。光缆布线信道按光纤有单模或多模,分别规定光参数。

在综合布线的工程设计中,可根据建筑物的类别、业务性质、功能要求和实际条件以及今后发展诸多因素,综合考虑选用相应的应用级别。

特别指出,同一布线信道和链路的缆线和连接器件应保持系统等级与阻抗的一致性。

综合布线系统工程的产品类别及链路、信道等级确定应综合考虑建筑物的功能、应用网络、业务终端类型、业务的需求及发展、性能价格、现场安装条件等因素,应符合表 6.1 要求。

表 6.1　布线系统等级与类别的选用

业务种类	配线子系统		干线子系统		建筑群子系统	
	等级	类别	等级	类别	等级	类别
语　音	D/E	5e/6	C	3(大对数)	C	3(室外大对数)
数　据	D/E/F	5e/6/7	D/E/F	5e/6/7(4 对)	—	—
	光　纤	62.5μm 或 50μm 多模<10μm 单模	光　纤	62.5μm 或 50μm 多模<10μm 单模	光　纤	62.5μm 或 50μm 多模<10μm 单模
其他应用	可采用 5e/6 类 4 对双绞线电缆和 62.5μm 或 50μm 多模光缆或<10μm 单模光缆					

注:其他应用指数字监控摄像头、楼宇自控现场控制器(DDC)、门禁系统等采用网络端口传送数字信息时的应用。

综合布线光纤信道应采用标称波长为 850nm 和 1300nm 的多模光纤及标称波长为 1310nm 和 1550nm 的单模光纤。

单模和多模光缆的选用应符合网络的构成方式、业务的互通互连方式及光纤在网络中的应用传输距离。楼内宜采用多模光缆,建筑物之间宜采用多模或单模光缆。

4. 综合布线系统缆线长度划分

综合布线系统的各个布线子系统电缆、光缆最大长度如图 6.7 所示。

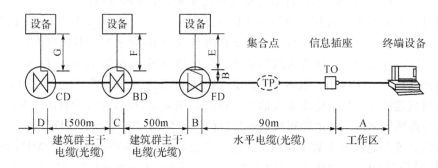

图 6.7　综合布线系统缆线长度划分

综合布线系统水平线缆与建筑物主干线缆及建筑群主干线缆之和所构成的总长度不应大于 2000m。

建筑物或建筑群配线设备之间(FD 与 BD、FD 与 CD、BD 与 BD、BD 与 CD 之间)组成的信道出现 4 个连接器件时,主干缆线的长度不应小于 15m。

配线子系统信道的最大长度不应大于 100m。

工作设备缆线、电信间配线设备的跳线和设备缆线之和不应大于 10m,当大于 10m 时,水平缆线长度(90m)应适当减少。

楼层配线设备(FD)跳线、设备缆线及工作区设备缆线各自的长度不应大于 5m。

参看图 6.7,还要注意:

(1)A+B+E≤10m 为水平子系统中工作区电缆、工作区光缆设备线缆和接插软线或跳线的总长度。

(2)C+D≤20m 为建筑物配线架或建筑群配线架中的接插软线或跳线长度。

(3)F+G≤30m 为在建筑物配线架或建筑群配线架中的设备电缆、设备光缆长度。

(4)接插软线应符合设计指标的有关要求。

5.开放型办公室布线系统

对于办公大楼、综合楼、会展中心等商用建筑物或公共区域大开间的场地,由于其使用对象数量的不确定性和流动性等因素,宜按开发办公室综合布线系统要求进行设计。

随着时代的发展,人们的办公环境发生了巨大变化。统计表明,每年约有 40%至 50%的办公人员要移动办公地点。一改往日的独立房间式的结构,越来越多的公司愿意在开放办公环境中工作。为了适应这一发展趋势,最近几年人们又开发完善了其独具特色的开放办公室布线系统的规范要求。TIA 于 1996 年 6 月颁布了"开放办公室的附加水平布线惯例(additional horizontal cabling practices for open offices)",称为 TIA/EIA TSB 75。开放办公室是指由办公家具、可移动的隔断或其他设施来代替建筑墙面而组成的分隔式办公环境。TSB 75提供了两套改进的电缆布线方案,帮助在需要频繁移动、增加和改变的环境中简化水平布线。将合适的电缆和连接硬件配合使用,就会有很强的设计替代性,节省安装时间和费用。

在开放办公室中,混合电缆、集合点和多用户信息插座是其中重要的组成部分。

(1)混合电缆(hybrid cable)

混合电缆是指两根或两根以上(相同或不同种类或级别)包于同一外套内的电缆集合。和其他电缆相比,它的主要特点是其内部电缆的种类和尺寸可能有很大的差别。混合电缆主要有两种形式:功率相加模式(power sun model)和混合模式(hybrid model),它们在性能和所支持的连接方案及应用上是不同的。

功率相加模式是为消除同一组电缆中同种信号的串扰而设计的,这些干扰信号的特性基本相同,但不能在同一组中既有 10Base-T 信号或 IBM-3270 类信号,它们的电气特性不同,串扰大小也不同。这种模式一般在楼间和楼内作为通信间(telecommunications closet)、引入设施间(entrance facilities)和设备间(equipment rooms)互连的主干电缆上常常采用。由于功率相加模式不能确保消除同组电缆中不同应用间的干扰,所以 TIA 建议"不同信号等级的服务或对脉冲干扰敏感的服务都应该在不同的电缆中加以区分"。如果说在主干电缆中实现这种区分还是比较容易的话,那么在水平布线中实现这种区分却是非常困难的。混合电缆就是为解决这一问题应运而生的。采用混合模式后,同一外护套内可容纳多种干扰信号,它在电缆间提供了附加的隔离层,使得同一根混合电缆中可以支持信号等级差别很大的不同种应用。这一特点为混合电缆在水平布线中的应用打开了方便之门,同时也促使我们从一个新的角度去看待水平布线的整体性。

(2)多用户信息插座(multi-user telecommunications outlet,MUTO)

多用户信息插座(MUTO)是同一位置几个信息插座组合的水平终节点,IBDN 系统将它称为多用户信息插座组(multi-user telecommunications outlet assembly,MUTOA)。它为在一个家具组合空间中办公的多用户提供了一个单一的工作区信息插座集合。模板线路无中继,直接连接 MUTO 组件和终端设备。用快接线通过家具内部线槽把设备直接连至 MUTO。MUTO 应该放在像立柱或墙面这样永久性位置,而且应该保证水平布线在家具重新组合时保持完整性。MUTO 适合那些重新组合非常频繁的办公区域使用,如图 6.8 所示。

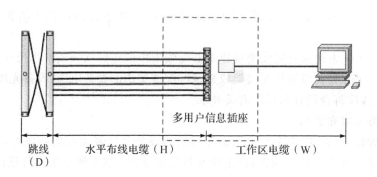

图 6.8　多用户信息插座组件

在安装 MUTO 时应注意如下问题：

1）MUTO 组件不要安装在吊顶上。

2）无中继，直接连接 MUTO 组件和终端设备的模板线路线两端要特别标识。

3）采用多用户信息插座时，每一个用户插座包括适当的备用量在内，宜能支持 12 个工作区所需的 8 位模块通用插座。

4）各段缆线长度可按下式计算：

$$C = (102 - H)/1.2$$

$$W = C - 5$$

式中：$C = W + D$——工作区电缆、电信间跳线和设备电缆长度之和；

　　　D——电信间跳线和设备电缆的总长度；

　　　W——工作区电缆的长度，且 $W \leqslant 22\text{m}$；

　　　H——水平电缆的长度。

5）各段缆线的长度也可按表 6.2 选用。

表 6.2　各段缆线长度限值

电缆总长度/m	水平布线电缆/m	工作区电缆/m	跳线和设备电缆/m
100	90	5	5
99	85	9	5
98	80	13	5
97	75	17	5
97	70	22	5

（3）集合点（consolidation point，CP）

集合点又称为临时接入点或固点，它是水平布线的内部连接点，是水平布线内，连接从水平配线室引出的水平线到达 MUTO 的水平线或工作区的信息插座的中继，不需要交叉连接。集合点和 MUTO 的区别在于 CP 是水平布线中的一个互连点，它将水平布线延长至单独的办公区，而 MUTO 是水平布线的一个逻辑终接点（从这里连接工作区电缆）。和 MUTO 一样，CP 也紧靠办公家具，这样重组家具的时候能够保持水平布线的完整。在 CP 和电信插座之间铺设很短的水平电缆，服务于专有区域。

CP 和 MUTO 的相似之处是它也位于建筑槽道（来自通信间）和开放办公区的转接点，这个转接点的设置使得在办公区重组时能够减少对建筑槽道内电缆的破坏。设置 CP 的目的是针对那些偶尔进行重组的场合,不像 MUTO 所针对的是重组非常频繁的办公区。CP 应该容纳尽量多的工作区。

随着竞争的日益激烈,一方面缩减开支尤为重要,另一方面又要频繁重组办公空间,改变合作结构以适应市场的变化,多用户插座(MUTO)和集合点(CP)在这时出现无疑为用户提供了一个两全其美的解决办法。用户在办公室布局尚未定型时选用开放办公室产品,可先不安装工作区插座,这样可以节省大量投资。

设置集合点时要遵循以下原则:

1)线槽的总长要低于 100m。

2)集合点的线缆要确保无损坏端接。

3)采用集合点时,集合点配线设备与 FD 之间水平线缆的长度应大于 15m。

4)集合点配线设备容量以满足 12 个工作区信息点需求设计。

5)同一个水平电缆路由不允许超过一个集合点(CP)。

6)从集合点引出的 CP 线缆应终接于工作区的信息插座或多用户信息插座上。

7)多用户信息插座和集合点的配线设备应安装于墙体或柱子等建筑物固定的位置。

综合布线系统在网络的应用中,可选择不同类型的电缆和光缆,因此,在相应的网络中所能支持的传输距离是不相同的。在 IEEE802.3an 标准中,综合布线系统中 6 类布线系统在 10G 以太网中所支持的长度应不大于 55m,但 6A 类和 7 类布线系统支持长度仍可达到 100m。为了更好地认识综合布线系统对缆线长度的限制,现将相关标准对于布线系统在网络中的应用情况列于表 6.3 和 6.4 中,表 6.3 列出光纤在 100M、1G 以太网中支持的传输距离,表 6.4 列出光纤在 10G 以太网支持的传输距离。

表 6.3　100M、1G 以太网中光纤的应用传输距离

光纤类型	应用网络	光纤直径/μm	波长/nm	带宽/MHz	应用距离/m
多　模	100Base-FX	—	—	—	2000
	1000Base-SX			160	220
	1000Base-LX	62.5/125	850	200	275
				500	550
多　模	1000Base-SX		850	400	500
		50/125		500	550
	1000Base-LX		1300	400	550
				500	550
单模	1000Base-LX	<10	1310	—	5000

注:上述数据可参见 IEEE802.3—2002。

表 6.4　10G 以太网中光纤的应用传输距离

光纤类型	应用网络	光纤直径(μm)	波长(nm)	模式带宽 （MHz·km）	应用范围(m)
多　模	10GBase-S	62.5/125	850	160/150	26
				200/500	33
				400/400	66
		50/125		500/500	82
				2000/—	300
	10GBase-LX4	62.5/125	1300	500/500	300
		50/125		400/400	240
				500/500	300
单　模	10GBase-S	<10	1310	—	1000
	10GBase-E		1550	—	30000～40000
	10GBase-LX4		1300	—	1000

注：上述数据看参见 IEEE802.3ac—2002。

　　表 6.3 和 6.4 都有一项光纤模式带宽,那么什么是光纤的模式带宽呢? 我们知道光纤传输的载波是光,虽然频带极宽,但并不能充分利用,这是由于光在光纤中传输有色散(模间色散、材料色散和波导色散)的缘故。虽然光纤采用了渐变折射技术,但在光纤中模态散射依然存在,仅仅是程度有所不同。即便是单模光纤,在光纤的拐弯处也会有反射,一旦有反射就涉及路径的不同,从而发生散射。所以,光脉冲经过光纤传输之后,不但幅度会因衰减而减小,波形也会出现愈来愈大的失真,发生脉冲宽度随时间而展宽的现象,形成光纤的模式带宽。

　　模间色散是由于不同模式的光线在芯—包界面上的全反射角不同,曲折前进的路程长短不一。因而,一束光脉冲入射光纤后,它所含的各模式经一定距离传输到达终点的时间会有先后,因而引起脉冲展宽。它可使一束窄脉冲展宽达 20ns/km 左右,光纤的相应带宽约为 20MHz·km。

　　材料色散是一种模内色散。光纤所传输的光即使是激光,也包含有一定谱宽的不同波长的光分量。例如,GaAlAs 半导体激光器发出的激光谱宽约为 2nm。光在介质中的传输速度与折射率 n 有关,而石英介质的折射率随波长变化,因此当一束光脉冲入射光纤后,即使是同一模式,传输群速也会因光波长不同而有差异,致使到达终点后的脉冲展宽,这就是材料色散。在 $1.3\mu m$ 附近,折射率随波长的变化极小,因此,材料色散很小(例如 3p/km·nm)。消除模间色散可使光纤带宽大大提高。纯石英在 $1.27\mu m$ 波长上具有零色散特性。

　　波导色散也是一种模内色散,是由于模式传播常数随波长变化引起群速差异而造成的。波导色散更小。在 $1.3\mu m$ 波长附近,材料色散显著减小,以致两者大致相同,并有可能相互抵消。光纤的种类按使用的材料分,有石英光纤、多组分玻璃光纤、塑料包层光纤和塑料光纤等几大类。其中石英光纤以高纯 SiO_2 玻璃作光纤材料,具有衰减低、频带宽等优点,在研究及应用中占主要地位。如按纤芯折射率分类主要有突变型光纤和渐变型光纤;按传输光的模式分,有多模光纤和单模光纤。

　　如果这种扩散太大,展宽的脉冲可能对某一端的脉冲造成干扰,进而在传输系统中导致码间干扰和高比特差错率,使两个原本有一定间隔的光脉冲,经过光纤传输之后产生部分重叠。为避免重叠的发生,对输入脉冲应有最高速率的限制。

若定义相邻两个脉冲虽然重叠但仍能区分开来的最高脉冲速率为该光纤链路的最大可用光纤的模式带宽,则脉冲的展宽不仅与脉冲的速率有关,也与光纤的长度有关。所以,通常用光纤传输信号的速率与其传输长度的乘积来描述光纤的模式带宽特性,用 B·L 表示,单位为 MHz·km。显然,对某个 B·L 值而言,当距离增长时,允许的模式带宽就需要相对减小。例如,在 850nm 波长的情况下,某一根光纤最小模式带宽是 160MHz·km,则意味着当这根光纤长 1km 时,可以传输最大频率为 160MHz 的信号;而当长度是 500m 时,最大可传输 320MHz (160MHz·1km/0.5km=320MHz)的信号,其余情况依次类推。

对于 50/125μm 光纤,在 850nm 的波长下,最小信息传输能力是 500MHz·1km。

最小模式带宽意味着光纤所应有的信息传输能力的最小值应当是 160MHz·1km 或 500MHz·1km。

为什么当速率为 100Mb/s 时可以支持 2000m 的多模光纤,而当速率为 1Gb/s 时只能支持 550m 的多模光纤呢? 其主要原因是多模光纤的不同模式延迟(differential mode delay, DMD)造成的。经过测试发现,多模光纤在传送光脉冲时,光脉冲在传输过程中会发散展宽。当这种发散情况严重到一定程度后,前后脉冲之间会相互叠加,使得接收端根本无法准确分辨每一个光脉冲信号,这种现象被称为微分模式延迟。产生微分模式延迟的主要原因在于,多模光纤中同一个光脉冲包含多个模态分量,从光传输的角度看,每一个模态分量在光纤中传送的路径不同。例如,沿光纤中心直线传送的光分量,与通过光纤层反射传送的光分量具有不同的路径。从电磁波角度看,在多模光纤芯径中的三维空间内包含着很多模态(300~1100)分量,其构成相当复杂。

6.综合布线接口

(1)综合布线的接口方式

在综合布线系统的设备间、电信间和工作区,各布线子系统两端端部都有相应的接口,用以连接相关设备。其连接有互连和交接两种方式,各配线架和信息插座处可能具有的接口如图 6.9 所示。布线系统的主配线架上有接口与外部业务电缆、光缆相连,提供数据或语音通信。

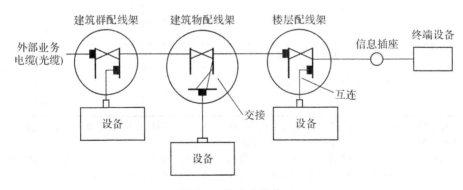

图 6.9　综合布线接口

外部业务引人点到建筑物配线架的距离与设备间或用户程控交换机放置的位置有关。在应用系统设计时宜将这段电缆、光缆的特性考虑在内。

(2)公用网接口

为使用公用电信业务,综合布线应与公用网接口相连接。公用网接口的设备及其放置的位置应由有关主管部门确认。如果公用数据网的接口未直接连到综合布线的接口,则在设计时应把这段中继线的性能考虑在内。

程控用户交换机或远端模块与公用数据网的接口,以及帧中继(DDN)专线、综合业务数字网(ISDN)或分组交换与公用网的接口应符合有关标准的规定。

6.3 工作区子系统设计

工作区子系统又称为服务区子系统(corerage area)。工作区子系统是电话、计算机、电视机等设备的办公室、写字间、技术室等区域和相应设备的统称。它由水平子系统的信息插座延伸到工作站终端设备的连接电缆及适配器组成。它包括装配软线、连接器和连接扩展软线,并在终端设备和输入/输出(I/O)之间搭配,起到工作区的终端设备与信息插座插入孔之间的连接匹配作用。

工作区子系统设计主要是确定信息点(信息插座)的数量、位置等信息,可参照如下步骤进行:

1. 确定工作区面积大小

国外标准规定工作区的面积一般为 $10m^2$ 大小。我国标准规定每个工作区的服务面积,应按不同的应用功能确定。

目前建筑物的功能类型较多,大体上可以分为商业、文化、媒体、体育、医院、学校、交通、住宅、通用工业等类型,因此,对工作区面积的划分应根据不同的场合作具体的分析后确定,工作区面积需求可参照表 6.5 所示内容。

表 6.5 工作区面积划分表

建筑物类型及功能	工作区面积(m^2)
网管中心、呼叫中心、信息中心等终端设备较为密集的场地	3～5
办公区	5～10
会议、会展	10～60
商场、生产机房、娱乐场所	20～60
体育场馆、候机室、公共设施区	20～100
工业生产区	60～200

注:(1)对于应用场合,如果终端设备的安装位置和数量无法确定时,或使用场地为大客户租用并考虑自设置计算机网络时,工作区的面积可按区域(租用场地)面积确定。

(2)对于 IDC 机房(为数据通信托管业务机房或数据中心机房)可按生产机房每个机架的设置区域考虑工作区面积。对于此类项目,涉及数据通信设备安装工程设计,应单独考虑实施方案。

2. 确定信息点的配置

每一个工作区信息点数量的确定范围比较大,从现有的工程情况分析,从设置 1 个至 10 个信息点的现象都存在,并预留了电缆和光缆备份的信息插座模块。因为建筑物用户性质不一样,功能要求和实际需求不一样,信息点数量不能仅按办公楼的模式确定,尤其是对于专用建筑(如电信、金融、体育场馆、博物馆等建筑)及计算机网络存在内、外网等多个网络时,更应加强需求分析,作出合理的配置。

每个工作区信息点数量可按用户的性质、网络构成和需求来确定,表 6.6 作了一些分类,仅供设计时参考。

表 6.6　信息点数量配置

建筑物功能区	信息点数量(每一个工作区)			备　注
	电　话	数　据	光纤(双工端口)	
办公区(一般)	1 个	1 个	一	一
办公区(重要)	1 个	2 个	1 个	对数据信息有较大的需求
出租或大客户区域	2 个或 2 个以上	2 个或 2 个以上	1 个或 1 个以上	指整个区域的配置量
办公区(政务工程)	2~5 个	2~5 个	1 个或 1 个以上	涉及内、外网络时

注:大客户区域也可以为公共实施的场地,如商场、会议中心、会展中心等。

3. 确定信息插座类型

用户可根据实际需要选用不同级别的信息插座和安装方式。工作区的信息插座可以端接各类终端设备,如电话、电视、计算机及打印机,也可以是检测仪表、各种传感器等。考虑到综合布线系统的兼容性、开放性,信息插座应选择超 5 类以上的级别,以便支持不同的应用系统。当然选择时要考虑到线缆、接插件、配线架以及插座模块级别一致。在安装方式的选择上,新建筑物采用嵌入式信息插座,现有建筑物则采用明装方式。此外,还有固定式地板插座、活动式地板插座等,用户可根据需要灵活选用。要注意,安装在地面的信息插座应能防水和抗压。选择时还得考虑插座盒的机械特性等。

特别指出,1 根 4 对双绞线电缆应全部固定终接在 1 个 8 位模块通用插座上。不允许将 1 根 4 对双绞线终接在 2 个或 2 个以上 8 位模块通用插座。

4. 电源配置要求

综合布线工程中对工作区子系统设计时,同时要考虑终端设备的用电需求。每组信息插座附近宜配备 220V 电源三孔插座,为设备供电。安装信息插座时与其旁边电源插座应保持 200mm 的距离,且保护接地线与零线严格分开。信息插座底盒和电源插座底盒齐平,底部离地面高度宜为 300mm。如图 6.10 所示。

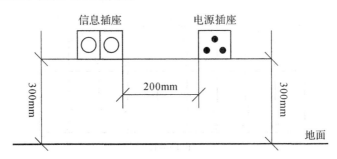

图 6.10　信息插座与电源插座布局图

5. 确定其他辅材

底盒数量应以插座盒面板设置的开口数来确定,每一个底盒支持安装的信息点数量不宜大于 2 个。

　　光纤信息插座模块安装的底盒大小应充分考虑到水平光缆(2 芯或 4 芯)终接处的光缆盘留空间和满足光缆对弯曲半径的要求。

　　工作区的信息插座模块应支持不同的终端设备接入,每一个 8 位模块通用插座应连接 1 根4 对双绞线电缆;对每一个双工或 2 个单工光纤连接器及适配器连接 1 根 2 芯光缆。

　　从电信间(配线间)至每一个工作区水平光缆宜按 2 芯光缆配置。

　　信息模块材料预算方式如下:

$$m＝n＋n×3\%$$

式中:m——信息模块的总需求量;

　　　　n——信息点的总量;

　　　　$n×3\%$——富余量。

　　工作区连接信息插座和计算机间的跳接软线(称为用户线或工作区电缆)应小于 5m。对整个信道而言还有 1 根跳线,那就是从配线架跳接至交换机或集线器的跳线。以前大多以 5 类或超 5 类双绞线和 RJ-45 插头(水晶头)现场压接而成。RJ-45 水晶头材料预算如下:

$$m＝n×4＋n×4×5\%$$

式中:m——RJ-45 水晶头的总需求量;

　　　　n——信息点的总量;

　　　　$n×4×5\%$——富余量。

　　现场压接时要注意压脚的脚位标准,这个标准是参照美国标准 ANSI/TIA/EIA－568A(B)排列的。工作区信息模块的压接和跳线的制作都要按此标准实施。值得指出,T568A 和 T568B 线缆排列是不同的,参看图 6.11。

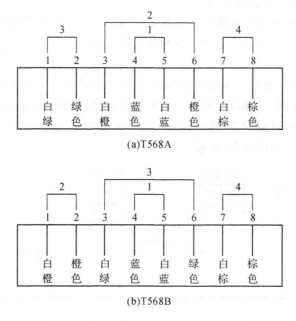

图 6.11　T568A 与 T568B 脚位图区别

　　我们知道 4 对双绞线,分别有蓝色、橙色、绿色和棕色 4 种颜色,与之对绞的一根线为了区分和那根线对绞,分别加工成白蓝、白橙、白绿和白棕。蓝色和白蓝对绞,橙色和白橙对绞,绿色和白绿对绞,棕色和白棕对绞,将它们排序为 1、2、3、4 对线。从图 6.11 可见 T568A 和

T568B 的区别就是将 2 对线和 3 对线对调了一下,其他线对压接方法都没有改变。特别指出,在一个综合布线工程中,只允许一种连接方式,我国一般采用 T568B 标准连接的较多。

现在采用的跳线大多为厂家成品制作的跳线,特别是 6 类跳线。因为普通布线用的双绞线和软跳线还是有区别的。用于制作跳线的双绞线是多股导体绞合电缆,即导体由绞在一起的许多细电线来构成一整条导线。这些细小的导线股可以使电缆具有更好的柔韧性和抗由于金属疲劳而引起的断线。多股导体制成的双绞线会使电缆的衰减增大,约高出单芯电缆衰减的 20%,因而布线长度范围有最低限度。美国标准 ANSI/TIA/EIA－568－A 标准规定电信间跳线电缆的长度为 6m,工作区跳线电缆的长度为 3m。

对于跳线来说,一个重要的性能就是弯曲时的性能问题,由于非屏蔽双绞线一般为实线芯,所以管理性能很差。一根是缆线比较硬,不利于弯曲;二是实线芯的电缆在弯曲时会有很明显的回波损耗出现,导致缆线的性能下降,所以对于实线芯的电缆一般有弯曲半径上的明确要求。厂家生产的跳线工艺严谨,采用多股软线设计,可承受反复插拔。而专门用于管理跳线的多股线芯的软电缆就没有这些问题。

在 6 类标准里,这个跳线问题得到了解决。这是因为 6 类标准里有关于跳线的严格规范,用户/施工队没法在现场做跳线,只能使用厂家产品。其原因是 6 类标准的接头与线缆是热塑成型的,不再是 5 类标准的压接方式,8 根线芯不是分布在一个平面上,手工制作很难达到要求。

光纤跳线是两端带有光纤连接器的光纤软线,又称为互连光缆,有单芯和双芯、多模和单模之分。光纤跳线主要用于光纤配线架到交换设备或光纤信息插座到计算机的跳接,根据需要,跳线两端的连接器可以是同类型的,也可以是不同类型的,其长度在 5m 以内。

6.4　配线子系统设计

配线子系统又称为水平子系统。它的范围由楼层电信间至工作区的信息点,配线(水平)子系统电缆从楼层电信间内的配线架(FD)连接至信息插座。即由工作区用的信息插座、水平电缆、楼层配线设备和跳线等组成。

配线子系统设计时要根据工程提出的近期和远期终端设备的设置要求,用户性质、网络构成及实际需要确定建筑物各层需要安装的信息插座模块的数量及其位置,配线应留有扩展余地。充分考虑终端设备的移动、改变和重新安排,进行一次性建设和分期建设方案的比较。

配线子系统具有面积广、数量多等特点。水平布线遍布各个楼层,与建筑结构、内部装修和管线布置等都有密切关系,缆线布好后更改较为困难。因此,配线子系统设计时要综合考虑,应以远期需要为主,尽量一步到位,确定最佳方案。

1. 配线子系统拓扑结构

配线子系统常采用星形拓扑结构,如图 6.12 所示。一般建筑物的每层设置一个楼层电信间,电信间放置配线架(FD)和有源设备(交换机),FD 通过水平电缆(光缆)与信息插座连接,构成如图 6.12 所示的以 FD 为中心向工作区信息插座辐射的物理星形拓扑结构。

水平布线不能有接续点,也不可以有分接点。接续点和分接点会在电缆布线线路中增加损失,造成信号反射。可以是同一类型干线电缆的配线架上不同形式的转接。如果工作区一

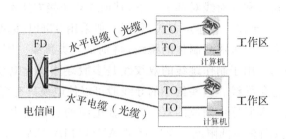

图 6.12　配线子系统的拓扑结构

个面板上安装了 2 个信息插座,在连接时,不允许用水平电缆中的线对来端接多个信息插座模块,一根水平电缆只能对应安装一个信息插座。

从电信间至每一个工作区水平光缆宜按 2 芯光缆配置。光纤至工作区域满足用户群或大客户使用时,光纤芯数至少应有 2 芯备份,按 4 芯水平光缆配置。

电信间 FD 采用的设备缆线和各类跳线宜按计算机网络设备的使用端口容量和电话交换机的实装容量、业务的实际需求或信息点总数的比例进行配置,比例范围为 25%～50%。

2. 配线子系统缆线的选择

选择配线子系统的缆线,要根据建筑物信息的类型、容量、带宽和传输速率等来确定,以满足话音、数据和图像等信息的传输要求。综合布线系统设计时,应将传输介质与连接部件综合考虑,从而选用合适的传输缆线和相应的连接硬件。

在配线子系统中推荐采用的双绞线电缆和光纤形式有以下几种:

(1)100Ω 双绞线。

(2)8.3μm/125μm 单模光纤。

(3)62.5μm/125μm 多模光纤。

在配线子系统中允许采用的双绞线电缆和光纤形式有以下几种:

(1)150Ω 双绞线。

(2)10μm/125μm 单模光纤。

(3)50μm/125μm 多模光纤。

双绞线(twisted pair,TP)是由两根具有绝缘保护层的铜导线按一定密度绞缠在一起形成的线对组成。每对双绞线合并作一根通信线使用,扭绞的作用有助于消除在导线内高速数据通信所产生的电磁干扰(EMI)。常用的是 4 对双绞线电缆,颜色标志为蓝、橙、绿、棕,标号为 1、2、3、4 对线。这 4 对线中不同的线对具有不同的扭绞长度,有的对线在每英尺(ft)内被互相缠绕起来或互相扭绞起来的次数为 2 次到 12 次不等,有时甚至在每英尺内超过 12 次,一般扭绞得越密其抗干扰能力就越强。值得指出,双绞线电缆 4 对线缆的绞距(lays)不同,施工中不要随意改变。互绞的目的是用来消除来自相邻双绞线和外界设备的电子噪音。这也充分说明在压接信息插座模块和做跳线压接水晶头时,一定要按 ANSI/TIA/EIA－568－A 或 ANSI/TIA/EIA－568－B 标准脚位正确对号入座,不能随意改变。

把一对或多对双绞线放在一个绝缘套管中,就形成了一条双绞线电缆。电缆户套外皮有非阻燃(CMR)、阻燃(CMP)和低烟无卤(LSZH)3 种材料。双绞线和双绞线电缆示意如图 6.13 所示。

双绞线电缆是最普通的传输介质,可用来传输模拟信号和数字信号,用于近距离、电磁干

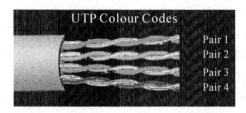

图 6.13　双绞线与双绞线电缆示意图

扰小的局域网系统。与其他传输介质相比,双绞线的传输距离、信道宽度和数据传输速度等方面均受到一定限制,但其价格较为低廉,布线成本低,在网络布线中得到广泛应用。

(1)双绞线电缆的分类

1)按结构分

常用的双绞线电缆是由 4 对双绞线组成,其外部包裹金属层或塑像外皮。双绞线电缆按其外部包裹可以分非屏蔽双绞线电缆(unshielded twisted pair,UTP)和屏蔽双绞线电缆(shielded twisted pair,STP)。

UTP 中不存在物理的电气屏蔽,既没有金属箔,也没有金属带绕在 UTP 缆线上;它得到的保护全部来自双绞线的扭绞相互抵消作用。相互的抵消作用减少了线对间的串扰和 EMI/RMI 噪声。

STP 是在绝缘护套内增加了金属层。金属层对线对的屏蔽作用使其免受外界电磁干扰。按增加金属层的数量和金属屏蔽层缠绕的方式,可分为 F/UTP、SF/UTP、U/FTP 和 S/FTP4 种。

①F/UTP 是在双绞线电缆外包金属箔,4 对双绞线电缆结构。

②SF/UTP 是在双绞线电缆外包金属箔,再加金属编织网,4 对双绞线电缆结构。

③U/FTP 是在每对双绞线对外包金属箔,4 对双绞线电缆结构。

④S/FTP 是在每对双绞线对外包金属箔,再将电缆外加金属编织网,4 对双绞线电缆结构。

不同的屏蔽电缆产生的屏蔽效果不同,一般认为金属箔对高频、金属编织网对低频的电磁屏蔽效果为佳。如果采用双重屏蔽则效果更理想,可以同时抵御线对之间的来自外部的电磁辐射干扰,减少线对之间及线对对外部的电磁辐射干扰。

屏蔽双绞线电缆还有一根漏电线,把它连接到接地装置上,可泄漏金属屏蔽层上的电荷,消除线间的静电感应。使用 STP 电缆必须具有良好的接地,并应符合下列规定:

①屏蔽层在整个链接处必须是连续的。

②所有部件都应该屏蔽,包括连接器和配线架。

③屏蔽层沿链路必须保持连续性,保证导线相对位置不变。

④屏蔽在链路的两端必须接地,其接地系统必须符合接地标准。

以上每一个环节不可忽视,否则将降低屏蔽效果。从以上分析可知,屏蔽双绞线电缆具有极好的屏蔽效果,保护所传输的数据免受干扰。但是采用屏蔽双绞线电缆,施工工艺要复杂得多。而且如果不按上述要求实施,其效果比不屏蔽的效果还要差,即有的地方采用屏蔽,而有的地方采用非屏蔽,其效果比全部采用非屏蔽的还要差。所以没有特别需求,还是采用非屏蔽双绞线电缆为好。

2)按电气角度分

①100Ω 特性阻抗双绞线电缆。

②120Ω 特性阻抗双绞线电缆。

③150Ω 特性阻抗双绞线电缆。

特性阻抗是通信电缆中电流受到的阻碍，用欧姆来衡量，描述了电缆的传输特性。所有电缆的特性阻抗是一常数，电缆通道的特性阻抗有 100Ω、120Ω、150Ω 几种，在一个链路中不应混用标称特性阻抗不同的电缆。

目前，市场上主要是 100Ω 特性阻抗的双绞线电缆，120Ω 特性阻抗的双绞线电缆我国不使用。

3）按电缆线对数分

①8 芯 4 对双绞线电缆。

②50 芯 25 对双绞线电缆。

③100 芯 50 对双绞线电缆。

⑤200 芯 100 对双绞线电缆。

4 对双绞线电缆主要应用于配线子系统连接信息插座和楼层配线架，也可用于干线子系统中传递数据信息。大于 4 对的双绞线电缆统称为大对数双绞线电缆，主要用于干线子系统中传递话音信息。

4）按级别划分（按频率划分）

①1 类。

②2 类。

③3 类（16M）。

④4 类（20M）。

⑤5 类（100M）。

⑥超 5 类（150M）。

⑦6 类（250M）。

⑧7 类（600M）。

其中 1、2 类双绞线电缆是话音电缆，只适合于话音和低速数据的传输，在实际中已很少使用。在现在的综合布线系统中，话音应用使用 3 类双绞线电缆，数据应用使用 3 类以上的级别。

特性阻抗为 100Ω 的双绞线电缆有 3 类、5 类、超 5 类、6 类和 7 类，特性阻抗为 150Ω 的数字通信用的双绞线电缆只有 5 类一种。在同一布线通道中使用了不同类别的电缆，该通道的传输特性由最低类别的器件决定，这就是布线系统的"木桶效应"。

5）其他分类

双绞线电缆还有其他分类方式，比如，按照使用场合的不同可分为室内和室外双绞线电缆；按照外护套使用材料的不同分为阻燃电缆和非阻燃电缆；按照填充材料的不同又可以分为实芯电缆和非实芯电缆。

电缆类型的选择是由布线环境决定的。配线子系统一般选用 4 对双绞线电缆，而 4 对双绞线电缆可分为 UTP 和 STP、阻燃和非阻燃、实芯和非实芯电缆等，要根据应用系统的级别、电磁兼容性要求、防火等方面综合考虑。大多数设计中，水平缆线都是被封闭在吊顶、墙面或地面中，一般不易更改，因此选择水平缆线时应做到一步到位，配置较高规格的 4 对双绞线电缆，以考虑用户的长远需求。

（2）光缆

光纤通信具有传输频带宽、信息容量大、不受电磁干扰、损耗低等一系列的优点，为构建信息高速公路打下了基础。光纤通信必须以光导纤维作为传输媒介,为了使光纤(光导纤维的简称)能够在工程中实用化,承受工程中的各种外力作用,具备一定的机械强度,要将光纤制成光缆。

在综合布线干线子系统和建筑群子系统的布线中,以及光纤到桌面,越来越多地采用光缆作为传输介质。使用光缆不但可以传递高速的数据信息,而且不受电磁干扰的影响。但相比较双绞线电缆而言,光缆的造价比较高,安装比较困难。另外,现在的终端大多数为电终端,如果采用光缆作为传输介质,就必须要有电/光和光/电转换设备。

光纤是光导纤维的简称,是由一组光导纤维织成的用于传播光束的细小而柔韧的传输介质。它是用石英玻璃或者特制塑料拉成的柔软细丝,直径在几个 μm(光波波长的几倍)到 $120\mu m$。就像水流过管一样,光能沿着这种细丝在内部传输。光纤的构造一般由 3 个部分组成,涂覆层、包层和纤芯,如图 6.14 所示。光纤是由纤芯和外围的包层同轴组成的双层同心圆柱体。纤芯的作用是导光,包层的作用是将光封闭在纤芯内并保护纤芯。纤芯折射率为 n_1,包层的折射率为 n_2。且 $n_1 > n_2$。按几何光学的全反射原理,其目的是将光束缚在光纤纤芯内传播。这种由纤芯和包层组成的光纤,未经涂覆和套塑时称为裸光纤。一般纤芯的直径为 8 $\sim 100\mu m$,包层的直径为 $125 \sim 140\mu m$。例如图 6.14 所示的规格为 $62.5\mu m/125\mu m$,表示芯径尺寸为 $62.5\mu m$,包层直径尺寸是 $125\mu m$。

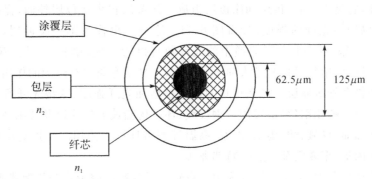

图 6.14　光纤的结构示意图现象

最常见的划分光纤类型的方式是按传导模数分类的,分为单模光纤和多模光纤。模(mode)一词是指进入光纤的光束数。光纤中光线通过的部分被称为光纤的纤芯,并不是任何角度的光都能进入纤芯的,要进入纤芯,光线的入射角必须在光纤的数值孔径范围内。一旦光纤进入了纤芯,其在纤芯中可以使用的光路数也是有限的,这些光路被称为模式。如果光纤的纤芯很大,光线穿越光纤时可以使用的路径很多,光纤就称为多模光纤。如果光纤的纤芯很小,光线穿越光纤时只允许光线沿一条路径通过,这类光纤就称为单模光纤。

①单模光纤。如图 6.15(a)所示,所谓单模光纤(single mode fiber),就是指在给定的工作波长上只能传输一种模态,即只能传输主模态,其内芯很小,约 $8 \sim 10\mu m$。通常用于工作波长在 1310nm 或 1550nm 的激光发射器中。由于只能传输一种模态,就可以完全避免模态色散,使得传输频带很宽,传输容量很大。这种光纤适用于大容量、长距离的光纤通信。它是未来光纤通信和光波技术发展的必然趋势。常用的单模光纤是 $8.3\mu m/125\mu m$。

②多模光纤。如图 6.15(b)所示,所谓多模光纤(multi mode fiber)就是指在给定的工作波长上,能以多个模态同时传输的光纤,多模光纤能承载成百上千种的模态。由于不同的传输模式具有不同传输速度和相位,因此在长距离的传输之后会产生延时,导致光脉冲变宽,这种

现象就是光纤模间色散(或模态色散)。由于多模光纤具有模间色散的特性,使得多模光纤的带宽变窄,降低其传输的容量,因此仅适用于较小容量的光纤通信。

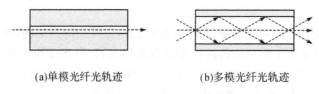

(a)单模光纤光轨迹　　　　　(b)多模光纤光轨迹

图 6.15　单模与多模光纤的光轨迹

多模光纤能够同时传输超过一路的光信号,这是因为它们的光纤纤芯直径要大一些,芯径为 $50\sim75\mu m$,工作波长为 850nm 或 1300nm。可以有很多路信号通过一个多模光纤传输,但是有一个带宽的上限。多模光纤中每增加一路信号都会使光纤的可用带宽减小。这主要是因为信号会因此而不再那么集中在光纤芯层中央的缘故。常用的多模光纤是 $62.5\mu m/125\mu m$。

多模光纤频带窄,传输衰减大,无中继传输距离较短,适用于构建中、短距离数据传输网络和局域网。多模光纤与光源耦合损失小,易于连接,特别是所需光源是普通发光二极管,比激光光源价格便宜,所以局域网建设中还是比较多采用的。

光缆是由涂覆光纤、缓冲层、加强材料和外护套组成的。涂覆光纤是光缆的核心,决定着光缆的传输特性,它是由纤芯、包层和涂覆层组成。涂覆层包裹在包层外面,保护芯层和包层不受损伤,且可以增加光纤的强度,参看图 6.14。涂覆层也称为第一缓冲层,其厚度为 $5\sim40\mu m$,是环氧树脂或硅橡胶材料。光缆中的光纤数可以为 1 根(单芯)、2 根(双芯)、多根(多芯)等。加强材料的作用是保护光纤表面不受损伤,不易受弯曲并有防潮的作用。缓冲层分为紧套管缓冲层和松套管缓冲层。加强材料的作用是增加光纤强度、减缓光纤所受的张力。常用的增加强度材料有磷花钢丝(最常用)、钢绞线、环氧树脂玻璃丝棒以及芳纶纱。外护套的作用是保护光纤在如油、臭氧、酸、雨水、潮湿、高温等恶劣环境中使用。外护套所使用的材料有PVC、聚乙烯、聚丙烯、聚亚安酯、尼龙、特弗龙等。

按照光缆的结构分类,可将光缆分为中心束管式、层绞式、叠带式和骨架式光缆。

1)如图 6.16(a)所示,中心束管式光缆,将光纤或光纤束或光纤带无绞合直接放到光缆中心位置而制成的光缆。加强件配置在套管周围而构成,这种结构的加强件同时起着护套的部分作用,有利于减轻光缆的重量。

2)如图 6.16(b)所示,层绞式光缆,将几根至十几根或更多根光纤或光纤带子单元围绕中心加强件螺旋绞合(S 绞合 SZ 绞)而构成,纤芯根数可达 144 芯。这种光缆的结构简单,工艺成熟,易于分叉,得到广泛应用。

3)如图 6.16(c)所示,叠带式光缆,其缆心由带状光纤层叠而成,将 $4\sim12$ 根光纤排列成行。构成一带状光纤单元,光缆可由若干个带状光纤单元组成,把带状光纤放在大套管中,宜在光纤数目多的情况下采用。这种光缆在接续时,易于实现"多根光纤同时接续"。这种光缆已广泛应用于接入网中。

4)如图 6.16(d)所示,骨架式光缆,其缆芯为一具有若干凹槽的用硬塑料制成的支架,槽 2的横截面可以是 V 形、U 形或其他合理的形状,槽的纵向呈螺旋形或正弦形,光纤就放在凹槽中,一个空槽可放置 $5\sim10$ 根一次涂覆光纤,加强件就放在缆芯的中央。这种光缆抗侧压性好,有利于保护光纤。

当然光缆还可以敷设方式分类,分为架空光缆、直埋光缆、管道光缆和水底光缆。除此之外,根据使用环境的不同,可分为室内光缆和室外光缆。

　　光纤一般是单向传输信号,因此要双向传输信号必须使用两根光纤。为了扩大传输容量,光缆一般含多根光纤且为偶数,例如,4 芯、6 芯、8 芯、12 芯、24 芯和 48 芯光缆等。一根光缆甚至可容纳上千根光纤。

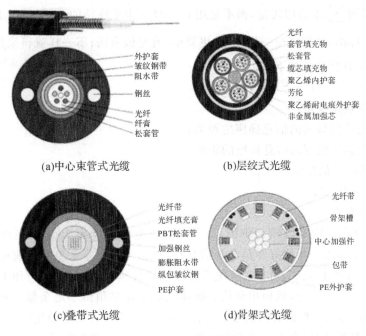

　　　　　　(a)中心束管式光缆　　　　　　　　　(b)层绞式光缆

　　　　　　(c)叠带式光缆　　　　　　　　　　(d)骨架式光缆

图 6.16　光缆的结构

3. 配线子系统设计步骤

（1）确定路由

　　水平布线的设计要根据建筑物的结构、用途,并从路由的距离、造价的高低、施工的难易程度、布线规范和扩充简便等几个方面综合考虑。由于建筑物中的管线比较多,施工设计时往往会遇到一些实际问题,因此进行配线子系统布线设计时,要考虑其他施工系统的设计情况。这样在全面考虑的基础上就可以选择出最切合实际而又合理的最佳布线方案。

　　根据布线对象的不同,一般有 3 种不同的路由布线方案:新建的建筑物布线方案、已建成的旧建筑物综合布线改造布线方案及一些特殊区域的布线方案。

　　新建筑物的施工设计图完成后,就可按照施工图来进行水平布线。档次高的建筑物一般都有吊顶,水平走线可在吊顶内进行。没有吊顶的建筑物,水平布线可采用地板管道布线方案。旧式建筑物应到现场了解建筑结构、装修状况、管槽路由,然后再确定合适的布线路由。

（2）确定电缆长度

电缆长度的确定要考虑以下几点:

①确定布线方法和走向。

②确立每个楼层电信间或二级交接间所要服务的区域。

③确认各楼层离电信间最远的信息插座的距离（L）。

④确认各楼层离电信间最近的信息插座的距离（S）。

电缆长度的估算,可以先计算出每层楼的用线量,再计算出整座楼的用线量。如果每层楼

用线量是 C，那么整座楼用线量计算公式是：

$$W = \sum MC$$

式中：W—— 整座楼所需总用线量；

M— 楼层数。

这里之所以用 $\sum$ 求总用线量，而不是用 $C \times M$ 来求整座楼的总用线量，主要是考虑每层楼并不是完全一样的，如果完全一样，那就更简单，就是做乘法；不一样就得采用 $\sum$ 求和的方法。每层楼用线量计算公式如下：

$$C = [0.55 \times (L + S) + 6] \times n$$

式中：C—— 每层楼用线量；

L—— 离电信间最远的信息插座的距离；

S—— 离电信间最近的信息插座的距离；

n—— 本楼层的信息插座总数；

0.55—— 备用系数；

6—— 端接容差。

4 对双绞线电缆订购时以箱为单位，每箱双绞线电缆长度为 1000ft，换算成米为 305m。而且一箱双绞线电缆不一定刚好布放几个信息点，每箱可能有零头电缆。前面已讲过布线时不能有接续，要一根线拉到底，可见零头电缆是不能够接续在一起复用，再加上连接配线架和信息插座时还要剥去一部分，机柜里和信息插座底盒里还要预留一定余量。所以计算时要加上一个 6m 的端接容差。根据我国的施工工艺，留 6m 的端接容差已经足够了，但许多书上还指出要分别考虑各种情况，个人觉得没有必要，是否正确要靠实践验证。

上述公式计算时，一般都以米为单位。而订购双绞线电缆时，以箱为单位。所以总用线量求得后，还要除以 305m，才是所需电缆的箱数。这里要注意，如果除 305m 不是整数，出现小数时，不能四舍五入，而是向上取整，原因是双绞线电缆以整箱计算。

（3）管线设计和布线方法

水平布线是将电缆线从管理间子系统的电信间接到每一楼层的工作区的信息输入/输出（I/O）插座上。设计者要根据建筑物的结构特点，从路由（线）最短、造价最低、施工方便、布线规范等几个方面考虑。由于建筑物中的管线比较多，往往要遇到一些矛盾，所以，设计水平子系统时必须折中考虑，选择最佳的水平布线方案。一般可采用如下方式：

①直接埋管式：是由一系列密封在现浇混凝土里的金属布线管道或金属馈线走线槽组成的。这些金属管道或金属线槽从水平间向信息插座的位置辐射。根据通信和电源布线的要求、地板厚度和占用的地板空间等条件，直接埋管布线方式可能要采用厚壁镀锌管或薄型电线管。这种方式在老式的设计中非常普遍。现代楼宇不仅有较多的电话语音点和计算机数据点，而且语音点与数据点可能还要求互换，以增加综合布线系统使用的灵活性。因此综合布线的水平线缆比较粗，如 3 类 4 对非屏蔽双绞线外径 1.7mm，截面积 17.34mm²，5 类 4 对非屏蔽双绞线外径 5.6mm，截面积 24.65mm²，对于目前使用较多的 SC 镀锌钢管及阻燃高强度 PVC 管，建议容量为 70%。

②先走吊顶内线槽，再走支管到信息出口的方式：线槽由金属或阻燃高强度 PVC 材料制成，有单件扣合方式和合式两种类型。线槽通常悬挂在天花板上方的区域，用在大型建筑物或布线系统比较复杂而需要有额外支持物的场合。用横梁式线槽将电缆引向所要布线的区域。

由弱电井出来的缆线先走吊顶内的线槽,到各房间后,经分支线槽从横梁式电缆管道分叉后将电缆穿过一段支管引向墙柱或墙壁,贴墙而下到本层的信息出口(或贴墙而上,在上一层楼板钻一个孔,将电缆引到上一层的信息出口),最后端接在用户的插座上。

在设计、安装线槽时应多方考虑,尽量将线槽放在走廊的吊顶内,并且去各房间的支管应适当集中至检修孔附近,便于维护。如果是新楼宇,应赶在走廊吊顶前施工,这样不仅减少布线工时,还利于已穿线缆的保护,不影响房内装修;一般走廊处于中间位置,布线的平均距离最短,节约线缆费用,提高综合布线系统的性能(线越短传输的质量越高),尽量避免线槽进入房间,否则不仅费钱,而且影响房间装修,不利于以后的维护。

弱电线槽能走综合布线系统、公用天线系统、闭路电视系统(24V 以内)及楼宇自控系统信号线等弱电线缆,这可以降低工程造价。同时由于支管经房间内吊顶贴墙而下至信息出口,在吊顶与其他系统管线交叉施工,减少了工程协调量。

③适合大开间及后打隔断的地面线槽方式:地面线槽方式就是弱电井出来的线走地面线槽到地面出线盒或由分线盒出来的支管到墙上的信息出口。由于地面出线盒或分线盒或柱体直接走地面垫层,因此这种方式适用于大开间或需要打隔断的场合。地面线槽方式就是将长方形的线槽打在地面垫层中,每隔 4～8m 拉一个过线盒或出线盒(在支路上出线盒起分线盒的作用),直到信息出口的出线盒。线槽有两种规格:70 型外型尺寸 70mm×25mm,有效截面 1470mm^2,占空比取 30%,可穿 24 根水平线(3、5 类混用);50 型外形尺寸 50mm×25mm,有效截面积 960mm^2,可穿插 15 根水平线。分线盒与过线盒均有两槽或三槽分线盒拼接。

6.5　干线子系统设计

干线子系统又称为垂直干线子系统,它由设备间的配线设备和跳线以及设备接至楼层电信间的连接缆线组成。建筑物综合布线系统中的干线子系统是建筑物内的主馈缆线,是楼层之间垂直缆线的统称。干线子系统包括以下部分:

(1)电信间与设备间的竖向或横向的缆线走线用的通道。

(2)设备间与二级交接间之间的连接缆线。

(3)主设备间和计算机机房之间的干线缆线等。

干线子系统的主要功能是把来自设备间的信号传送到楼层电信间或二级交接间,直至传送到最终接口。进行干线子系统设计时,应遵循如下原则:

(1)干线子系统中不允许有转接点。

(2)要将话音与数据骨干电缆分开。

(3)为了便于布线的路由管理,干线缆线的交接不应超过两次。

(4)电缆的限制距离和带宽不能满足要求时,应使用光缆。

在建筑物综合布线系统中,主干线必须支持和满足当前的需要,同时又要能够适应未来的发展。

1. 干线子系统布线距离

干线子系统的布线距离包括从建筑群配线架(CD)到楼层配线架(FD)间的距离(A 段)、从建筑物配线架(BD)到楼层配线架(FD)的距离(B 段)和建筑群配线架(CD)到建筑物配线架

（BD）的距离（C 段），如图 6.17 所示。

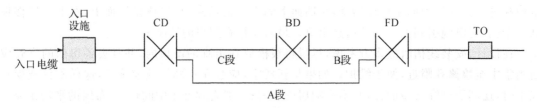

图 6.17　干线子系统布线距离

干线子系统布线最大距离会受到信息传输速率、信息编码技术、选用的传输介质类型等因素的影响，表 6.7 列出了各类传输介质的布线最大距离。

表 6.7　各类传输介质的布线最大距离

介质类型	A 段[CD—FD 间的 距离(m)]	B 段[BD—FD 间的 距离(m)]	C 段[CD—BD 间的 距离(m)]
100Ω 双绞线	800	300	500
62.5μm 多模	2000	300	1700
50μm 多模	2000	300	1700
<10μm 单模	3000	300	2700

通常将设备间的主配线架放在建筑物的中部，使干线电缆距离最短。当超出上述距离时可分成几个区域布线，使每个区域满足规定的距离。

如果表 6.7 中，B 段的距离小于最大距离时，C 段为双绞线电缆的距离可相应增加，但 A 段的总长度不能大于 800m。

表 6.7 中 100Ω 双绞线电缆是作为话音的传输介质，如传输数据，B 段的距离不宜超过90m，否则宜选用光缆。

采用单模光缆时，建筑群配线架到楼层配线架的最大距离可以延伸到 3000m。单模光纤的传输距离在主干链路时允许达 60km，但被认可至 GB 50311—2007 规定以外范围的内容。

在总距离中可以包括入口设施至 CD 之间的缆线长度。在建筑群配线架和建筑物配线架上，接插软线和跳线长度不宜超过 20m，超过 20m 的长度应从允许的干线最大长度中扣除。建筑群与建筑物配线架连至设备的缆线不应大于 30m，如超过 30m 时主干长度应相应减少。

2. 干线子系统缆线类型

可根据建筑物的楼层面积、建筑物的高度和建筑物的用途来选择干线子系统线缆的类型。常用于干线子系统的缆线有以下几种：

（1）100Ω 双绞线电缆。

（2）8.3μm/125μm 单模光缆。

（3）62.5μm/125μm 多模光缆。

在干线子系统中，话音传输常用的缆线是大对数非屏蔽双绞线电缆，数据传输多选用 4 对双绞线和 62.5μm/125μm 多模光缆或 8.3μm/125μm 单模光缆。

3. 干线子系统设计步骤

（1）确定干线通道和电信间

干线子系统是建筑物内的主馈电缆，确定干线通道和电信间的数目时，主要从所需服务的可用楼层空间来考虑。如果在给定楼层所要服务的所有终端设备都在电信间的 90m 范围之内，则采用单干线接线系统，即采用一条垂直干线通道，每层只设置一个电信间(楼层配线间)。凡不符合这一要求的，则要采用双通道干线子系统，或者采用经分支电缆与楼层电信间相连接的二级交接间。

　　确定从电信间到设备间的干线路由，应选择干线段最短、最安全和最经济的路由。在大型的建筑物内通常有两大类型的通道：封闭型和开放型。开放型通道通常是指建筑物的地下室到楼顶的一个开放空间，中间没有任何楼板隔开，例如，通风通道或电梯通道。封闭型通道是指一连串上下对齐的弱电间，电缆可以利用电缆孔、管道或电缆井穿过每层楼板。图 6.18 所示为穿过弱电间地板的电缆井和电缆孔。每个弱电间通常还有一些固定电缆的设施和消防装置。

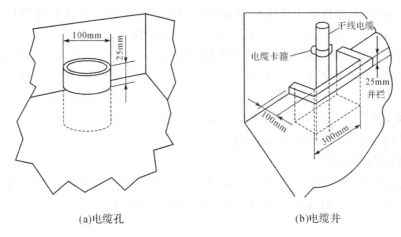

(a)电缆孔　　　　　　　　　　　(b)电缆井

图 6.18　穿过弱电间的电缆孔和电缆井

　　综合布线规定要使用安全得多的封闭型通道。干线子系统通道就是由一连串弱电间地板垂直对准的电缆孔或电缆井组成。弱电间的每层封闭型房间可作为楼层电信间，用于放置配线架和交换设备。

　　在楼层电信间里，要将电缆孔或电缆井设置在靠近支持电缆的墙壁附近，但电缆孔或电缆井并不妨碍端接空间。

　　1)电缆孔方法：干线通道中所用的电缆孔是很短的管道，通常用直径为 10cm 的钢性金属管做成。它们嵌在混凝土地板中，这是在浇注混凝土地板时嵌入的，比地板表面高出 2.5～10cm。电缆往往捆在钢绳上，而钢绳又固定到墙上已铆好的金属条上。当电信间上下都对齐时，一般采用电缆孔方法。

　　2)电缆井方法：电缆井方法常用于干线通道。电缆井是指在每层楼板上开出一些方孔，使电缆可以穿过这些电缆并从某层楼伸到相邻的楼层。电缆井的大小依所用电缆的数量而定。与电缆孔方法一样，电缆也是捆在或箍在支撑用的钢绳上，钢绳靠墙上金属条或用地板三角架固定住。离电缆井很近的墙上立式金属架可以支撑很多电缆。电缆井的选择性非常灵活，可以让粗细不同的各种电缆以任何组合方式通过。电缆井方法虽然比电缆孔方法灵活，但在原有建筑物中开电缆井安装电缆造价较高，它的另一个缺点是使用的电缆井很难防火。如果在安装过程中没有采取措施去防止损坏楼板支撑件，则楼板的结构完整性将受到破坏。

　　在多层楼房中，经常需要使用干线电缆的横向通道才能从设备间连接到干线通道，以及在各个楼层上从二级交接间连接到任何一个电信间。请记住,横向走线需要寻找一个易于安装的方便通道,因而两个端点之间很少是一条直线。

(2)确定干线电缆类型和数量

在确定每层楼的干线缆线类型和数量需求时,应根据配线子系统所有的话音和数据缆线需求进行推算。整座建筑物的干线缆线类别、数量与配线子系统的缆线数量有关。在确定了各楼层干线的规模后,将所有楼层的干线分类相加,就可确定整座建筑物的干线缆线类别和数量。

话音传输一般采用 3 类大对数双绞线电缆,数据、图像采用多模光缆或超 5 类及以上(如 6 类、7 类)双绞线电缆。

干线缆线的设计以满足近期需要为主,可用以下的应用来进行干线缆线的数量计算。

对于话音业务,大对数主干电缆的对数应按照每一个电话 8 位模块通用信息插座配置 1 对线,并在总需求线对的基础上至少预留约 10% 的备用线对。

对于数据业务应以集线器(HUB)或交换机(SW)群(按 4 个 HUB 或 SW 组成 1 群),或以每个 HUB 或 SW 设备设置 1 个主干端口配置。每 1 群网络设备或每 4 个网络设备宜考虑 1 个备份端口。主干端口为电端口时,应按 4 对线容量,为光端口时按 2 芯光纤容量配置。

当工作区至电信间的水平光缆延伸至设备间的光配线设备(BD/CD)时,主干光缆的容量应包括所延伸的水平光缆光纤的容量在内。

(3)确定管槽系统的大小

干线电缆的数量已经确定。确定了干线规模之后,选定干线缆线型号,然后根据管道安装及抗伸要求,选择相应的电缆孔或管道方式。孔和管道截面利用率为 30%～50%。计算公式为:

$$S_1/S_2 \leqslant 50\%$$

式中:S_1 为缆线所占面积,它等于每根缆线面积乘缆线根数;S_2 为所选管道孔的可用面积。

通常,管道内同时穿过的缆线根数愈多,孔和管道截面利用率愈大。一般为 30%～55%,设计时可查表 6.8。

表 6.8　管道面积和管道利用率

管　　道		管道面积(推荐的最大占用面积/mm²)		
管径 D/mm	管道截面积 S/mm²	A 布放 1 根电缆截面 利用率为 53%	B 布放 2 根电缆截面 利用率为 31%	C 布放 3 根(3 根以上)电缆 截面利用率为 40%
20	314	166	97	126
25	494	262	153	198
32	808	428	250	323
40	1264	670	392	506
50	1975	1047	612	790
70	3871	2052	1200	1548

注:$S = 0.79D^2$。

如果有必要增加电缆孔、管道或电缆井,也可利用直径/面积换算公式来决定其大小。首

先计算缆线所占面积,即每根缆线面积乘缆线根数。在确定缆线所占面积后,按管道截面利用率公式,管径计算公式为:

$$S = \pi R^2 = (\pi/4)D^2$$

式中:D ——管道直径。

6.6　设备间设计

设备间是大楼的电话交换机和计算机网络设备,以及建筑物配线设备(BD)安装的地点,也是进行网络管理有综合布线及其应用系统管理和维护的场所。设备间可放置综合布线的进出线配线硬件及话音、数据、图像、楼宇控制等应用系统的设备。对综合布线工程设计而言,设备间主要安装总配线设备。

每幢建筑物内至少设置 1 个设备间,如果电话交换机和计算机网络设备分别安装在不同的场地或根据安全需要,也可设置 2 个或 2 个以上设备间,以满足不同业务的设备安装需要。

设备间的位置及大小应根据建筑物的结构、综合布线规模和管理方式以及应用系统设备的数量等进行综合考虑。在高层建筑物内,设备间宜设置在中间位置。

一般在较大型的综合布线中,将计算机主机、数字程控交换机、楼宇自动化控制设备分别设置在机房;把与综合布线密切相关的硬件或设备放在设备间。当信息通信设施与配线设备分别设置时,考虑到设备电缆有长度限制的要求,安装总配线架的设备间与安装电话程控交换机及计算机主机的设备间之间的距离不宜太远。

1.设备间位置与建筑结构

设备间的位置大小应根据进出线设备的数量、规模、网络结构和最佳管理等,进行综合考虑后确定。

(1)设备间应处于主干路径综合体的中间位置,并考虑主干缆线的传输距离与数量。

(2)应尽量靠近建筑物引入设施间和尽可能靠近建筑物缆线竖井位置,有利于主干缆线的引入。

(3)设备间的位置宜便于接地。

(4)设备间应靠近服务电梯附近,以便装运笨重的设备。

(5)尽量远离存放易燃烧易爆炸危险物品的场所和电磁干扰源(如发射机和电动机)。

(6)应尽量避免设在建筑物的高层或地下室,以及用水设备的下层。

(7)设备间室温度应为 10~35℃,相对湿度应为 20%~80%,并有良好的通风。

(8)设备间应防止有害气体(如氯、碳水化合物、硫化氢、氮氧化物、二氧化碳等)的侵入,并应有良好的防尘措施。

(9)设备间梁下净高不应小于 2.5m,采用外开双扇门,门宽不应少于 1.5m。

(10)楼板荷重依设备而定,一般分为两级:

A 级:≥500kg/m²;

B 级:≥300kg/m²。

这是以前定的标准,现在有些设备间要放置 UPS 电池和大型服务器,特别是存储设备单位面积比重特别大,所以很多设备间楼板负荷载重已设计成≥800kg/m²,甚至每平方米大于 1000kg。

在地震区域,设备安装应按规定进行抗震加固。

2. 设备间面积

设备间内应有足够的设备安装空间,其使用面积可按照下述两种方法之一确定:

第一种方法为:

$$S = (5 \sim 7)\sum S_b$$

式中:S—— 设备间的使用面积(m^2);

S_b—— 指与综合布线系统有关的并在设备间平面布置图中占有位置的设备的面积(m^2);

$\sum S_b$—— 指设备间内所有设备占地面积的总和(m^2)。

第二种方法为:

$$S = KA$$

式中:S—— 设备间的使用面积(m^2);

A—— 设备间的所有设备的总台(架)数;

K ——系数,取值(4.5~5.5)m^2/台(架)。

设备间最小使用面积不得小于 $10m^2$。该面积不包括程控交换机、计算机网络设备等设施所需要的面积在内。一个设备间以 $10m^2$ 计,大约能安装 5 个 19 英寸的机柜。在机柜中安装语音用大对数电缆多对卡接式模块、数据主干缆线配线设备模块,大约能支持总量为 6000 个信息点所需(其中电话和数据信息点各占 50%)的建筑物配线设备安装空间。

设备安装宜符合下列规定,机架或机柜前面的净空不应小于 800mm,后面的净空不应小于 600mm。壁挂式配线设备底部离地面的高度不宜小于 300mm。

3. 设备间环境条件

(1)温、湿度

根据综合布线有关的设备和器件对温、湿度的要求,可将温、湿度分为 A、B、C 三级,见表 6.9。设备间可按某一级执行,也可按某些级综合执行。

表 6.9　设备间对温度、湿度要求

级别 项目	A 级		B 级	C 级
	夏季	冬季		
温度/℃	24±4	18±4	12~30	8~35
相对湿度/%	40~65		35~70	30~80
温度变化率/℃/h	<5 不凝露		<10 不凝露	<15 不凝露

(2)尘埃

设备间内尘埃依存放在设备间内的设备和器件要求而定,一般可分为 A、B 两级,见表 6.10。

表 6.10　设备间内尘埃等级

项　目	级　别	A　级	B　级
粒度/μm		>0.5	>0.5
个数/粒/dm³		<10000	<18000

为了防止有害气体(如 SO_2、H_2S、NH_3 和 NO_2 等)的侵入,设备间内应有良好的防尘措施。尘埃依据存放在设备间内的设备要求而定。尘埃含量限值宜符合表 6.11 的规定。

表 6.11　设备间尘埃限值

尘埃颗粒的最大直径/μm	0.5	1	3	5
尘埃颗粒的最大浓度/(粒子数/m³)	1.4×10^7	7×10^5	2.4×10^5	1.3×10^5

注:灰尘粒子应是不导电、非铁磁性和非腐蚀性的。

要降低设备间的尘埃度关键在于定期的清扫灰尘,工作人员进入设备间应更换干净的鞋具。

设备间的温度、湿度和尘埃对微电子设备的正常运行及使用寿命都有很大的影响。过高的室温会使元件失效率急剧增加,使用寿命下降;过低的室温又会使磁介质等发脆,容易断裂。温度的波动会产生"电噪音",使微电子设备不能正常运行。相对湿度过低,容易产生静电,对微电子设备造成干扰;相对湿度过高会使微电子设备内部焊点和插座的接触电阻增大。尘埃或纤维性颗粒积聚,微生物的作用还会使导线腐蚀断掉。所以在设计设备间时,除了按GB2887—89《计算站场地技术条件》执行外,还应根据具体情况选择合适的空调系统。

热量主要考虑如下几个方面:设备发热量,设备间外围结构热量,室内工作人员发热量,照明灯具发热量,室外补充新风带入热量。

计算出上列总发热量再乘以系数 1.1,就可以作为空调负荷,据此选择空调设备。

空调设备的选择:在我国南方及沿海地区,主要应考虑降温和去湿;在我国北方及内地,则既要降温、去湿,又要加温、加湿。

降温、去湿的空调机通常选用窗式、顶棚式及挂壁柜式几种。具有降温、加温、去湿及加湿功能的空调机就是柜式恒温恒湿空调机,其制冷量一般在 3100～12000 大卡/小时。

设备间(机房)安装架空地板面积较大,可采用下送风、上回风恒温恒湿空调机。设备间(机房)难以安装架空地板或面积较小,可采用上送风恒温恒湿空调机。

设备间外新风的补充应经过中效过滤器,大多选用 M-A-D 及 M-Ⅱ泡沫塑料过滤器。如果空调机余压太小,新风补充口应加设轴流风扇。为避免室外新风影响室内参数,补充新风口应与空调回风口相接,或安装在靠近回风口的位置。

紫外线杀菌灯作用:从经济角度出发,设备间的空调系统不可能大量补充新风,这就导致设备间内有时空气比较浑浊。浑浊的空气中含有病菌和病毒,对人体不利。为此,可以在空调送风口或室内吊顶下安装一定数量的紫外线杀菌灯。当工作人员不在设备间(机房)时,也应将紫外线杀菌灯继续开着,即可杀伤设备间空气中的病菌和病毒。

(3)照明

设备间内在距离地面 0.8m 处,照度不应低于 200lx。

还应设事故照明,在距地面 0.8m 处,照度不应低于 5lx。

（4）噪音

设备间的噪音，应小于70dB。

如果长时间在70～80dB噪音的环境下工作，不但影响人的身心健康和工作效率，还可能造成人为的操作事故。

（5）电磁场干扰

设备间无线电干扰场强，在频率为0.15M～1000MHz范围内不大于120dB。

设备间内磁场干扰场强不大于800A/m（相当于10Oe）。

（6）供电

设备间供电电源应满足下列要求：

1）频率：50Hz。

2）电压：380V/220V。

3）相数：三相五线制或三相四线制/单相三线制。

设备间供电电源依据设备的性能允许以上参数的变动范围，见表6.12。

表 6.12　供电电源等级参数

级　别 项　目	A　级	B　级	C　级
电压变动/%	$-5\sim+5$	$-10\sim+7$	$-15\sim+10$
频率变化/Hz	$-0.2\sim+0.2$	$-0.5\sim+0.5$	$-1\sim+1$
波形失真率/%	$<\pm5$	$<\pm7$	$<\pm10$

按照应用设备的用途，其供电方式可分为三类：

一类供电：需建立不间断供电系统。

二类供电：需建立带备用的供电系统。

三类供电：按一般用途供电考虑。

设备间内供电可采用直接供电和不间断电源供电相结合的方式。

设备间内供电容量：将设备间内存放的每台设备用电量的表称值相加后，再乘以系数$\sqrt{3}$。

从电源室（房）到设备间使用的电缆，除应符合GBJ232—82《电气装置安装工程规范》中配线工程中的规定外，载流量应减少50%。设备间内设备用的配电柜应设置在设备间内，并应采取防触电措施。

设备间内的各种电力电缆应为耐燃铜芯屏蔽的电缆。各电力电缆如空调设备、电源设备等供电电缆不得与双绞线走线平行。交叉时，应尽量以接近于垂直的角度交叉，并采取防延燃措施。各设备应选用铜芯电缆，严禁铜、铝混用；若不能避免时，应采用铜铝过渡头连接。

设备间电源系统的所有接头均应镀锡处理或冷压连接。

设备间供电电源，若采用三相五线制不间断电源（UPS），电源中性线的线径应大于相线的线径。

应根据接线间内放置设备的供电需求，配有另外的带4个AC双排插座的20A专用线路。此线路不应与其他大型设备并联，并且最好先连接到UPS，以确保对设备的供电及电源的质量。

UPS最好选用智能化的。每个电源插座的线径和容量，应按设备间的设备容量来定。

设备间应提供不少于两个220V带保护接地的单相电源插座，但不作为设备供电电源。

设备间如果安装电信设备或其他信息网络设备时,设备供电应符合相应的设计要求。

设备间接地线非常重要,这将在电源及电源接地一节中介绍。

(7)安全

设备间的安全分为 A 类、B 类、C 类三个基本类型。

1)A 类:对设备间的安全有严格的要求,有完善的设备间安全措施。

2)B 类:对设备间的安全有较严格的要求,有较完善的设备间安全措施。

3)C 类:对设备间有基本的要求,有基本的设备间安全措施。

根据设备间的要求,设备间安全可按某一类执行,也可按某些类综合执行。如某设备间按照安全要求可选:电磁波防护 A 类,火灾报警及消防设施 C 类。设备间的安全要求详见表 6.13。

表 6.13　设备间安全要求

安全项目 ＼ 安全类型	A 类	B 类	C 类
场地选择	△	△	—
防火	△	△	△
内部装修	★	△	—
供配电系统	★	△	△
空调系统	★	△	△
火灾报警及消防设施	★	△	△
防水	★	△	—
防静电	★	△	—
防雷击	★	△	—
防鼠害	★	△	—
电磁波的防护	△	△	—

表中符号说明:—表示无要求;△表示有要求或增加要求;★表示严格要求。

(8)结构防火

C 类,其建筑物的耐火等级应符合 TJ16—74《建筑设计防火规范》中规定的二级耐火等级。与 C 类设备间相关的其余基本工作房间及辅助房间,其建筑物的耐火等级不应低于 TJ16 中规定的三级耐火等级。

B 类,其建筑物的耐火等级必须符合 GBJ45—82《高层民用建筑设计防火规范》中规定的二级耐火等级。

A 类,其建筑物的耐火等级必须符合 GBJ45 中规定的一级耐火等级。

与 A、B 类安全设备相关的其余基本工作房间及辅助房间,其建筑物的耐火等级不应低于 TJ16 中规定的二级耐火等级。

(9)内部装修

设备装饰材料应符合 TJ16—74《建筑设计防火规范》中规定的难燃材料或非燃材料,应能防潮、吸音、不起尘、抗静电等。

1）地面

为了方便敷设电缆线和电源线，设备间的地面最好采用抗静电活动地板，其系统电阻应在 $1 \times 10^5 \Omega$ 至 $1 \times 10^{10} \Omega$ 之间。具体要求应符合 GB6650—86《计算机机房用地地板技术条件》标准。

带有走线口的活动地板称为异形地板。走线口应做到光滑，防止损伤电线、电缆。设备间地板所需异形地板的块数是根据设备间所需引线的数量确定。

设备间地面切忌铺设地毯。其原因：一是容易产生静电；二是容易积灰。

放置活动地板的设备间的建筑地面应平整、光洁、防潮、防尘。

2）墙面

墙面应选择不易产生尘埃，也不易吸附尘埃的材料。目前大多数是在平滑的墙壁涂阻燃漆，或在平滑的墙壁覆盖耐火的胶合板。

3）顶棚

为了吸音及布置照明灯具，设备间顶棚一般在建筑物梁下加一层吊顶。吊顶材料应满足防火要求。目前，我国大多数采用铝合金或轻钢龙骨，安装吸音铝合金板、难燃铝塑板、喷塑石英板等。

4）隔断

根据设备间放置的设备及工作需要，可用玻璃将设备间隔成若干个房间。隔断可以选用防火的铝合金或轻钢龙骨，安装 10mm 厚玻璃。或从地面板面至 1.2m 安装难燃双塑板，1.2m 以上安装 10mm 厚玻璃。

（10）火灾报警及灭火设施

A、B 类设备间应设置火灾报警装置。在机房内、基本工作房间、活动地板下、吊顶上方、主要空调管道中易燃物附近部位应设置烟感和温感探测器。

A 类设备间内设置卤代烷 1211、1301 自动灭火系统，并备有手提式卤代烷 1211、1301 灭火器。

C 类设备间应配置手提式卤代烷 1211 或 1301 灭火器。

A、B、C 类设备间除纸介质等易燃物质外，禁止使用水、干粉或泡沫等易产生二次破坏的灭火剂。

计算机的主配线架设在设备间。因此，设备间设计时，必须把握下述要素：最低高度，房间大小，照明设施，地板负重，电气插座，配电中心，管道位置，楼内温度，楼内湿度，房间大小、方向与位置，端接空间，接地要求，备用电源，保护设施，消防设施。

6.7　电信间设计

电信间主要为楼层安装配线设备（为机柜、机架、机箱等安装方式）和楼层计算机网络设备（HUB 或 SW）的场地，并可考虑在该场地设置缆线竖井、等电位接地体、电源插座、UPS 配电箱等设施。在场地面积满足的情况下，也可设置建筑物诸如安防、消防、建筑设备监控系统、无线信号覆盖等系统的布线线槽和功能模块的安装。如果综合布线系统与弱电系统设备合设于同一场地，从建筑的角度出发，称为弱电间。

电信间的数量应按所服务的楼层范围及工作区面积来确定。如果该层信息点数量不大于 400 个,水平缆线长度在 90m 范围以内,宜设置一个电信间;当超出这一范围时宜设两个或多个电信间;每层的信息点数量数较少,且水平缆线长度不大于 90m 的情况下,宜几个楼层合设一个电信间。

电信间应与强电间分开设置,电信间内或其紧邻处应设置缆线竖井。

电信间的使用面积不应小于 5m²,也可根据工程中配线设备和网络设备的容量进行调整。一般情况下,综合布线系统的配线设备和计算机网络设备采用 19 英寸标准机柜安装。机柜内可安装光纤连接盘(光纤终端盒)、RJ-45(24 口)配线模块、多线对卡接模块(100 对)、理线架、计算机 HUB/SW 设备等。如果按建筑物每层电话和数据信息点各为 200 个考虑配置上述设备,大约需要有 2 个 19 英寸(42U)的机柜空间,依此测算电信间面积至少应为 5m²(2.5m× 2.0m)。对于涉及布线系统设置内外网或专用网时,19 英寸机柜应分别设置,在保持一定间距的情况下可预测电信间的面积。

如果端接的工作超过 400 个,则在该楼层增加一个或多个二级交接间。其面积要求应符合表 6.14 的规定,也可根据设计需要确定。

表 6.14　电信间、二级交接间的面积

工作区数量/个	电信间		二级交接间	
	数　量	面积/m²	数　量	面积/m²
≤400	1	2.5×2.0	0	0
401~600	1	2.5×2.0	1	1.5×1.2

凡工作区数量超过 600 个的地方,则需要增加一个电信间。因此,任何一个电信间最多可支持两个二级交接间。二级交接间可通过水平子系统缆线与楼层电信间或通过干线子系统缆线直接与设备间相连。电信间的设计方法与设备间的设计方法相同,只是使用面积比设备间小。电信间兼作设备间时,其面积不小于 10m²。

电信间通常还放置各种不同的电子传输设备、网络互连设备等。这些设备的用电要求质量高,最好由设备间的 UPS 供电或设置专用 UPS。其容量与电信间内安装的设备数量有关。

电信间温、湿度按配线设备要求提出,如在机柜中安装计算机网络设备(HUB 或 SW)时的环境应满足设备提出的要求,温、湿度的保证措施由空调专业负责解决。

电信间应采用外开丙级防火门,门宽大于 0.7m。电信间内温度应为 10~35℃,相对湿度宜为 20%~80%。如果安装信息网络设备时,应符合相应的设计要求。

6.8　进线间设计

进线间在一幢建筑物宜设置 1 个,一般位于地下层,进线间应设置管道入口,外线宜从两个不同的路由引入进线间,有利于与外部管道沟通。进线间与建筑物外线范围内的入孔或手孔采用管道或通道的方式互连。进线间因涉及因素较多,难以统一提出具体所需面积,可根据建筑物实际情况,并参照通信行业和国家的现行标准要求进行设计。

进线间应满足缆线的敷设路由、成端位置及数量、光缆的盘长空间和缆线的弯曲半径、充气维护设备、配线设备安装所需要的场地空间和面积。

进线间的大小应按进线间的进局管道最终容量及入口设施的最终容量设计。同时应考虑满足多家电信业务经营者安装入口设施等设备所需的场地空间和面积。

进线间宜靠近外墙和地下设置，以便于缆线引入。进线间设计应符合下列规定：

(1)进线间应防止渗水，宜设有抽排水装置。

(2)进线间应与布线系统垂直竖井沟通。

(3)进线间应采用相应防火级别的防火门，门向外开，宽度不小于1000mm。

(4)进线间应设置防有害气体措施和通风装置，排风量按每小时不小于5次容积计算。

与进线间无关的管道不宜通过。

进线间入口管道口所有布放缆线和空闲的管孔应采取防火材料封堵，作好防水处理。

进线间如安装配线设备和信息通信设施时，应符合设备安装设计的要求。

6.9 管理子系统设计

管理子系统由交连/互连连接的配线架、相关跳线和管理标识组成，提供与其他子系统连接的手段，使整个综合布线系统及其连接的应用系统设备、器件等构成一个有机的应用系统。当终端设备位置或局域网的结构变化时，只要在管理区的配线架通过改变跳线、调整交接方式而不需要重新布线就可实现，管理整个应用系统终端设备，从而实现了综合布线的灵活性、开放性和扩展性。

管理是针对设备间、电信间和工作区的配线设备、缆线等设施的，按统一的模式进行标识和记录。管理子系统的工作区域主要分布在楼层电信间、设备间，也包括工作区信息插座的标识管理，内容包括：管理方式、标识、色标、连接等。这些内容的实施，将给今后维护和管理带来很大的方便，有利于提高管理水平和工作效率。特别是较为复杂的综合布线系统，如采用计算机进行管理，其效果将十分明显。目前，市场上已有商用的管理软件可供选用。

管理子系统的设计是根据信息点的分布、数量和管理方式确定楼层配线架的位置和数量。设计时应留有一定的余量满足未来交接设备扩充的需要。管理子系统包括管理连接方案、管理连接硬件和管理标记。管理子系统的设计主要有以下几点：

(1)决定配线架的类别。①快接式配线架适用于信息点数较少，以计算机为主要使用对象，用户经常对楼层的线路进行修改、移位或重组的情况。②多对数配线架适用于信息点数较多，以电话和计算机为主要使用对象，用户经常对楼层的线路进行修改、移位或重组的情况。

(2)计算配线架数量的原则。①话音(电话)配线架与数据(计算机)配线架分开。②进线与出线分开。③用于水平双绞线缆线(包括数据与话音)的所有8芯线都要打在配线架上。

(3)列出管理接线间墙面全部材料清单，并画出详细的墙面结构图。

1.管理连接方案

管理连接方案指线路通过跳线进行交连管理，交连管理有单点管理和双点管理两种。用于构造交接场的硬件所处的地点、结构和类型决定综合布线的管理方式。交接场的结构取决于综合布线规模和选用的连接硬件。一般来说，单点管理交接方案应用于综合布线系统规模较小的场合,而双点管理交接方案应用于综合布线系统规模较大的场合。

（1）连接管理方式

在配线架连接区域,有两类连接方式,交叉连接(简称交连)和互相连接(简称互连)。对配线架上相对固定的线路,宜采用互连方式接线方法;对配线架上经常需要调整或重新组合的线路,宜采用交连方法。

1）交连方式

交连方式是通过两端都有连接器的接插软线将单元一端的缆线连接到单元另一端缆线或设备,是一种非永久性连接。在使用跨接线或接插线时,交叉连接允许将端接在单元一端的电缆上的主线路连接在单元另一端的电缆上的线路。跨接线是一根很短的单根导线,可将交叉连接处的两条导线端点连接起来;接插线包含几根导线,而且每根线末端均有一个连接器。接插线为重新安排线路提供一种简易的方法,而且不需要像安排跨接线时,使用专用工具。

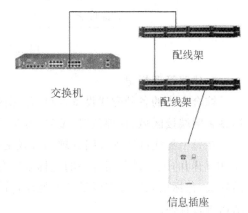

图 6.19　交连方式

交连方式用于经常需要调整或重新组合的线路,比较灵活。交连方式如图 6.19 所示。

2）互连方式

互连是一种结构简单的连接方式,互连完成交叉连接相同的目的,但不使用跨接线或接插线,只使用带插头的导线、插座和适配器。连接器直接把一根输入线缆与另一根输出缆线或设备连接,不用接插软线。宜用于不经常改接线的地方。互连方式见图 6.20。

虽然交连方式比起互连方式灵活,但由于有两次连接,它的连接损耗较大,会增加 1 倍。

互连和交连也适用于光纤。光纤交连要求使用光纤跳线,即在两端都有光纤连接器的短光纤。

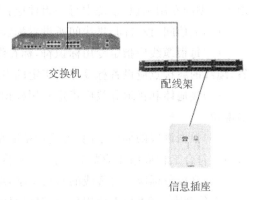

图 6.20　互连方式

在网络规模较小的场合,经常用单点管理方案,单点管理位于设备间的交接设备或互连设备附近,属于集中型管理,即在网络系统中只有一个"点"可以进行线路跳线连接,其他连接点采用直接连接。单点管理还可分为单点管理单交连和单点管理双交连两种方式。

在综合布线规模较大时,可设置双点管理双交连,属于集中分散型管理,即网络系统中有两个"点"可以进行线路跳线连接,其他连接点采用直接连接。这是管理子系统普遍采用的方法。

双点管理除了在设备间里 BD 有一个管理点之外,在电信间 FD 采用跳线连接或用户房间的墙壁上还有第二个可管理的交接区。双交连要经过二级交接设备。双点管理有双点管理双交连,如图 6.21 所示。如果建筑物的规模很大,而且计算机房和设备间不在一处,可以采用双点管理三交连,甚至采用双点管理四交连方式。综合布线中使用的电缆,一般不超过 4 次连接。

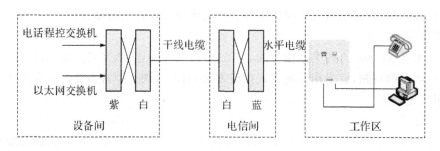

图 6.21　双点管理双交连

2. 线路管理标记

综合布线的各种配线设备,应用色标区分干线电缆、水平电缆或设备端点,同时,还应采用标签表明端接区域、物理位置、编号、容量、规格等,以便维护人员在现场一目了然地加以识别。

在每个配线区实现线路管理的方式是在各色标区域按应用的要求,采用跳线连接。设备间、电信间的配线设备用统一的色标来区分各类用途的配线区,各色标场之间接上跨接线或接插软线,色标用来区分配线设备的性质,分别由按性质划分的配线模块组成,且按垂直或水平结构进行排列。

综合布线管理系统的标识与标签的设置应符合下列要求:

(1)标识符应包括安装场地、缆线终端位置、缆线管道、水平连路、主干缆线、连接器件、接地等类型的专用标识,系统中每一组件应指定一个唯一标识符。

(2)电信间、设备间、进线间所设置配线设备及信息点处均应设置标签。

(3)每根缆线应指定专用标识符,标在缆线的护套上或在距每一端护套 300mm 内设置标签,缆线的终接点应设置标签标记指定的专用标识符。

(4)接地体和接地导线应指定专用标识符,标签应设置在靠近导线和接地体的连接处的明显部位。

(5)根据设置的部位不同,可使用粘贴型、插入型或其他类型标签。标签表示内容应清晰,材料应符合工程应用环境要求具有耐磨、抗恶劣环境、附着力强等性能。

(6)终接色标应符合缆线的布放要求,缆线两端终接点的色标颜色应一致。

在管理点,可以根据应用环境用标记插入条来表出各个端接场。下述几种线路可用相应的色标来代表:

1)在设备间

绿色表示网络接口的进线侧,即电话局线路;

绿色表示网络接口的设备侧,即中继/辅助场的总机中继线;

紫色表示来自系统公用设备(如分组交换机的线路);

黄色表示交换机的用户引出线;

白色表示干线电缆和建筑群电缆;

蓝色表示设备间至工作区(I/O)或用户终端的线路;

橙色表示来自电信间多路复用器的线路。

2)电信间

白色表示来自设备间的干线电缆端接点;

蓝色表示连接电信间输入/输出服务的站线路;

灰色表示至二级交接间连接电缆；

橙色表示来自电信间多路复用器的线路；

紫色表示来自系统公用设备(如分组交换集线器)的线路。

3)二级交接间

白色表示来自设备间的干线电缆的点对点端接；

蓝色表示连接电信间输入/输出服务的站线路；

灰色表示连接电信间的连接电缆端接；

橙色/紫色与电信间所述线路类型相同。

3. 标识管理

标识管理是综合布线的一个重要组成部分。在综合布线中,应用系统的变化会导致连接点经常移动或增加。无标识或标识使用不当,都会给管理带来不便,在大多数情况下,由用户、系统管理员或通信管理员提供方案。所有的标记方案都应提供各种参数和识别步骤,对交连场的各种线路和设备端接点都有一个清楚的说明。标记方案必须作为技术文档存档,并随时做好线路移动和重新安排的各种记录。

综合布线没有统一的标记方案,不同的应用系统标记方案有所不同。综合布线系统使用的标签可采用粘贴型和插入型。电缆和光缆的两端应采用不易脱落和磨损的不干胶条标明相同的编号。目前市场上已有配套的打印机和标签纸供应。

标识系统提供如下的信息:

(1)建筑物名称(如果是建筑群系统)。

(2)建筑物的位置、区号、起始点和功能。

标识系统能使系统管理员方便地经常改变标识,并且能够随着通信要求的扩大而扩充。建筑物综合布线系统的标记使用三种标记:电缆标记、场标记、插入标记。

(1)电缆标记。电缆标记由背面为不干胶的白色材料制作,可以直接粘贴在各种电缆表面上。电缆标记主要用于交连硬件安装之前标识电缆的起始点和电缆的终止点。

(2)场标记。场标记用于设备间、电信间和二级交接间中继线/辅助场以及建筑物的分布场。场标记是由背面不干胶材料制作,可粘贴在设备间、二级交接间接线区、中继线/辅助场和建筑物布线场的平整表面上。

(3)插入标记。其中插入标记最常用,这些标记通常是硬纸片,由按照人员在需要时取下来使用。插入标记用于设备间和电信间的管理场,它是用颜色来标识端接电缆的起始点。插入标记也用数字与字母的组合作为进一步详细的说明。与色标一样,这种信息也依赖于起始点。某些信息可以预先印刷在标记位置上,另一些信息由安装人员填写。如果设计人员希望有空白标记,也可以订购空白标记带。

4. 电缆管理系统

电缆管理系统的记录文档应详细完整并汉化,包括每个标识符相关信息、记录、报告、图纸等。不同级别的管理系统可以采用通用电子表格、专用管理软件或电子配线设备等进行维护管理。

电缆管理系统是利用计算机管理和记录建筑物布线系统的编制。该电缆管理系统除了记录建筑物接线的情况外,还需记录站设备、站服务项目以及对系统管理人员有用的报表。通常,一个电缆管理系统应具有如下功能:

(1)预制的现场调查表格。

（2）传输介质部件清单。

（3）交叉连接硬件编制明细表。

（4）交换机端口和目录号码明细清单。

（5）主计算机端口明细表。

（6）连接系统的设备清单。

（7）交换机端口、电缆分配以及其他设备的状态。

（8）填写发放施工单并跟踪施工状况。

（9）通路、设备和分配的情况报告。

（10）不符合参数要求的配置。

（11）不符合共享电缆护套参数报告。

（12）线对分配方案。

（13）产生各种标记。

除上述内容外，根据具体的实际情况设计功能。还有电子配线设备目前应用的技术有多种，在工程设计中应考虑到电子配线设备的功能，在管理范围、组网方式、管理软件、工程投资等方面，合理地加以选用。

6.10　建筑群子系统设计

建筑群子系统是在相邻建筑物或不相邻建筑物上的园区彼此之间有相关的话音、数据、图像和监控系统传输，类似于校园式环境。其连接各建筑物之间的传输介质和相关的支持设备组成了综合布线建筑群子系统。

1. 设计要求

一个企业或某政府机关可能分散在几幢相邻建筑物或不相邻建筑物内办公，但彼此间有联系的语言、数据、图像和监控等系统可用传输介质和各种设备（硬件）连接在一起。其连接各建筑物之间的传输介质和各种支持设备（硬件），组成一个建筑物综合布线系统。其连接各建筑物之间的缆线，组成建筑群子系统。

建筑群之间还可采用无线通信手段，如微波、无线电通信方式等。我们这里只介绍有线通信方式。

建筑群子系统的设计，首先要有一个总体考虑。对于园区网来说，现在大多是采用星型拓扑结构。但有些园区比较大，像浙江大学新校区占地 8500 余亩，如果每栋楼都直接拉一根光缆到校园网络中心，机房无聚点光缆根数太多。拟采用现在大都市建设普遍采用的观点——用卫星城的发展思路解决主干布线问题。校网中心作为主城市（中心节点），分几个楼群作为卫星城（分节点），用几根多芯光缆将卫星城和主城连接起来，其他各栋楼就近连接到卫星城，如图 6.22 所示。大都市这样布局是为了解决交通拥塞问题。布线系统这样设计的目的也是如此，要不然为什么把布线叫建设信息高速公路呢！

在这种校园式建筑群环境中，若要把两个或更多的建筑物互连起来，通常要在楼与楼之间敷设光缆。建筑群之间的布线是在室外敷设光缆。这部分布线系统可以用来架空光缆、直埋光缆或地下管道光缆，或者是这三种的任何组合，具体取决于现场环境。

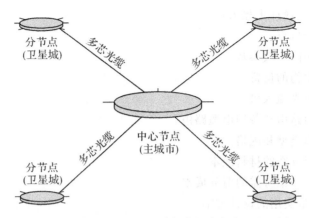

图 6.22　建筑群子系统设计与构筑大都市理念一样

架空光缆需要有电线杆,而且沿线的每两根电线杆之间通常需用钢丝绳把光缆拉住。某些光缆的凯皮中就有强力钢丝绳,这种电缆叫做支撑光缆。

直埋式光缆是把光缆直接埋入地里,可以用专用设备进行,也可以先挖一沟,再放光缆,最后填土来完成。如果在同一沟内埋入了其他的图像、监控光缆,应设立明显的共用标记。

地下管道内穿光缆需要把光缆拉入管道内和人孔里,在人孔里完成建筑物之间的光缆互连。管道内敷设的铜缆或光缆应遵循电话管道和人孔的各项设计规定。此外安装时至少应预留 1~2 个备用管孔,以供扩充之用。

楼与楼之间支撑结构(架空光缆用的电线杆和地下光缆用的管道系统)可能原先就有,也可能新建,即成为布线工作的一部分。如果原先就有,它可能属用户所有,或者用户只需向当地的公共设施管理部门租用即可;如果必须新建,则公用通道牵涉的问题可能会带来麻烦。

要敷设楼与楼之间的电缆,首先就是估计可能有哪些路由可以把有关的建筑物互连起来。如果已经有合适的支撑结构,而且空间够用,则只需与该结构的拥有人签订所需的协议,再选择合适的光缆并安装起来。反之,如果在所需要的路线上没有现成的电缆安装手段,而必须新建管道系统或电线杆,或者必须采用直埋式光缆结构,则建筑群子系统的规划内容全都是从零开始,其工程造价和复杂性大为增加。表 6.15 为建筑群子系统电缆方法优缺点的比较。

表 6.15　三种线缆敷设优缺点比较

方　法	优　点	缺　点
管　道	提供最佳的机械保护,任何时候都可敷设电缆,电缆的敷设、扩充和加固都较容易,能保持建筑物的外貌整齐	挖沟、开管道和建人孔的初次投资较高
直　埋	提供某种程度的机械保护,保持道路和建筑物外貌整齐,初次投资较低	扩容或更换电缆,会破坏道路和建筑物外貌
架　空	如果本来就有电线杆,则工程造价最低	不能提供机械保护,安全性差,影响建筑物的美观

值得指出,考虑到美观,现在城市里和园区的建筑群子系统布线,即室外布线,一般都采用管道方式。原先是架空的光缆,现在都改建到地下,叫线缆入地工程。架空和直埋敷设只有长距离野外才采用。

2. 设计步骤

本节重点对建筑群子系统的设计与施工手段作简要介绍。

建筑群子系统布线设计步骤为：

(1)确定敷设现场特点。

(2)确定光缆系统的一般参数。

(3)确定明显障碍物的位置。

(4)确定建筑物的光缆入口。

(5)确定主干光缆路由和备用电缆路由。

(6)选择所需电缆类型和规格。

(7)确定每种选择方案的材料成本。

(8)确定每种选择方案所需的劳务成本。

(9)选择最经济、最实用的设计方案。

6.11　综合布线系统的保护和接地设计

1.综合布线系统保护

随着信息时代的高速发展，各种高频的通信设备不断出现，电气设备、电子设备的运转大都伴随着电磁能的转换，高密度、宽频谱的电磁信号及电磁能充满了整个人类生活的空间，形成了电磁干扰，构成了极其复杂的电磁环境。

电磁兼容(EMC)是指在同一电磁环境中，设备能够不因为其他设备的干扰而影响正常工作，同时也不对其他设备产生影响工作的干扰。电磁干扰环境会不同程度地影响综合布线系统的正常有序的工作。

电磁干扰主要通过辐射、传导、感应三种途径传播。综合布线网络信息设备的电磁干扰主要来自以下几个方面。

(1)在大楼内部存在的干扰源：①配电箱和配电网产生的高频干扰；②大功率电动机电火花产生的谐波干扰；③荧光灯管、电子启动器；④开关电源；⑤电话网的振铃电流；⑥信息处理设备产生的周期性脉冲；⑦办公设备(复印件、打印机、计算机等)影响。

(2)在大楼外部存在的干扰源且处于较高电磁强度的环境：①雷达；②无线电发射设备；③移动电话基站；④高压电线；⑤电气化铁路；⑥雷击区。

这些现象会对发送或接收很高传输频率(100MHz)的设备产生很大的干扰。布线系统是由一些与有源设备相结合的无源产品构成的。存在着强力的外来和自身传导的电磁场，对于计算机局域网，当干扰信号在 $10k\sim600MHz$ 范围内，属于同频干扰，其场强为 $1V/m$；$600MHz$ 以上的干扰信号，则属于杂声干扰，相对影响小一些，其场强为 $5V/m$。综合布线区域内存在的电磁干扰场强大于 $3V/m$ 时，应采取防护措施。

电缆既是电缆干扰的主要发生器，也是主要的接收器。作为发生器，它向空间辐射电磁噪声场；作为接收器，它也能敏感地接收从其他邻近干扰源所发射的相同"噪声"。干扰影响综合布线系统的正常工作，降低数据传输的可靠性，增加误码率，使图像扭曲变形，控制信号误动作等。电磁辐射则涉及综合布线系统在正常运行情况下被无关人员窃取的安全问题，或者造成电磁污染。

当发生下列任何一种情况时，线路均处在危险的环境之中，都应对其进行过压、过流保护。

①雷击所引起的干扰;

②工作电压超过 300V 的电源线碰地;

③感应电压上升到 300V 以上而引起的电源故障。

满足下述的任何一个条件,可认为电缆遭到雷击的危险性可以忽略不计:

①该地区年雷暴日不超过 5 天,而且土壤电阻率小于 $100\Omega \cdot m$;

②建筑物之间的直埋电缆小于 42m,而且电缆的连续屏蔽层在电缆的两端处接地;

③电缆处于已接地的保护伞之内,而此保护伞是由邻近的高层建筑物或其他的高层结构所提供。

2. 电磁防护设计

对电磁辐射进行抑制和防护比较有效的技术措施有很多,例如,通过优化路由设计,配线分离;采用屏蔽技术,包括设备外壳屏蔽,电缆屏蔽;接地线的线路板设计等。

(1)布线路由设计

为了防护电磁干扰,首先应该了解的是建筑物附近的干扰源,然后根据干扰源选择合适的防干扰措施。需尽可能地远离干扰源,减少其对系统正常运行的影响,以提高自身的抗干扰、防辐射能力,提高设备、系统的可靠性;使综合布线系统在智能建筑中真正成为标准、灵活无误的布线系统。综合布线系统与其他干扰源的间距应符合表 6.16 的要求。

表 6.16　综合布线与其他干扰源的间距表

其他干扰源	与综合布线接近状况	最小间距/mm
380V 以下电力电缆<2kV・A	与缆线平行敷设	130
	有一方在接地的线槽中	70
	双方都在接地的线槽中②	10①
380V 以下电力电缆 2kV・A～5kV・A	与缆线平行敷设	300
	有一方在接地的线槽中	150
	双方都在接地的线槽中	80
380V 以下电力电缆>5kV・A	与缆线平行敷设	600
	有一方在接地的线槽中	300
	双方都在接地的线槽中②	150
荧光灯、氩灯、电子启动器或交感性设备	与缆线接近	150～300
无线电发射设备(如天线、传输线、发射机等)、雷达设备、其他工业设备(如开关电源、电磁感应炉、绝缘测试仪等)	与缆线接近	≥1500
配电箱	与配线设备接近	≥1000
电梯、变电室、电梯机房、空调机房	尽量远离	≥2000

注:①双方都在接地的线槽中,且平行长度≤10m 时,最小间距可以是 1cm;

②双方都在接地的线槽中,系指两个不同的线槽,也可在同一线槽中用金属板隔开;

③电话用户存在振铃电流时,不能与计算机网络在同一根双绞线电缆中一起运行。

综合布线系统电缆、光缆与其他管线的间距应符合表 6.17 的要求。

表 6.17　综合布线系统电缆、光缆与其他管线的间距

其他管线	电缆、光缆或管线最小平行净距/mm	电缆、光缆或管线最小交叉净距/mm
避雷引下线	1000	300
保护地线	50	20
给水线	150	20
压缩空气管	150	20
热力管线(不包封)	500	500
热力管线(包封)	300	300
煤气管	300	20

当墙壁电缆敷设高度超过 6000mm 时，与避雷引下线的交叉间距应按下式计算：

$$S \geqslant 0.05L$$

式中：S——交叉间距(mm)；

　　　L——交叉处避雷引下线距地面的高度(mm)。

(2)布线系统与缆线的选用

综合布线系统应根据环境条件选用相应的缆线和配线设备，加强布线系统内在的结构及材料的抗干扰性，各种缆线和配线设备的选用原则符合下列要求：

1)当周围环境的干扰场强度或综合布线系统的噪声电平低于 3V/m 时，可采用非屏蔽缆线系统和非屏蔽配线设备。

2)当周围环境的干扰场强度或综合布线系统的噪声电平高于 3V/m 时，或用户对电磁兼容性有较高要求时，可分别选用 F/UTP、SF/UTP、U/FTP、S/FTP 等不同屏蔽缆线系统和屏蔽配线设备。另外，综合布线缆线与其他干扰源要求的间距不能保证时，应采取适当的保护措施。

3)当周围环境的干扰场强度很高，采用屏蔽系统已无法满足各项标准的规定时，应采用光缆系统。

各种缆线和配线设备的抗干扰能力可参考表 6.18 中的数值。

表 6.18　各种缆线和配线设备的抗干扰能力

电缆类型	抗干扰能力/dB
UTP 电缆(非屏蔽)	40
FTP 电缆(纵包铝箔)	85
SFTP 电缆(纵包铝箔，加铜编织网)	90
STP 电缆(每对芯线和电缆绕包铝箔，加铜编织网)	98

综合布线系统屏蔽的作用是在干扰环境下保证信号的传输性能。一方面减少综合布线系统本身向外辐射能量，既减少了电磁干扰，又增强了保密性；另一方面提高了抵抗电磁干扰的能力。

国外曾对非屏蔽双绞线(UTP)与金属箔双绞线(FTP)的屏蔽效果作过比较，以相同的干扰线路和被测双绞线长度，调整不同的平行间距和不同的接地方式，以误码率百分比作为比较

结果,列于表 6.19 中,供参考。

表 6.19　非屏蔽和屏蔽效果比较表

双绞线型号	平行间距和接地方式	误码率/%
UTP	0 间距	37
FTP	0 间距,不接地	32
FTP	0 间距,发送端接地	30
UTP	20cm 间距	6
UTP	50cm 间距	4
UTP	100cm 间距	1
FTP	0 间距,排流线两端接地	1
FTP	0 间距,排流线屏蔽层两端接地	0

上述结果足以说明屏蔽效果与接地系统有着密切相关的联系,应重视接地系统的每一环节。

通常使用的非屏蔽双绞线对外界电磁干扰的防护是依靠双绞线的平衡特性,线对之间的距离绞合越短,抗电磁干扰的效果越好。一般 UTP 只适合抵抗 0～30MHz 的电磁干扰,适用于 30MHz 以下的信号传输。

屏蔽双绞线有较强的抗电磁干扰能力。屏蔽系统可屏蔽 100～300MHz 以上的电磁干扰,采用屏蔽后的综合布线系统平均可减少噪声 20dB。对屏蔽系统而言,屏蔽接线还要注意以下几个主要问题:

第一是应保证全系统所有部件都选用带屏蔽的硬件,例如,配线架和信息插座均应采用屏蔽的,做到全程屏蔽,并保持屏蔽层的导通性能,这样才能保证屏蔽效果。

第二是只有一层金属屏蔽层是不够的,更重要的得有正确、良好的接地系统。屏蔽系统的屏蔽层应接地。在频率低于 1MHz 时,一点接地即可。当频率高于 1MHz 时,EMC 认为最好在多个位置接地。通常的做法是在每隔波长 1/10 的长度处接地,接地线的长度应小于波长的 1/12,并且每一个部位的配线柜都应采用适当截面的导线,单独布线至接地体。对于单独设置接地体时,接地电阻不应大于 4Ω;采用联合接地体时,不应大于 1Ω。综合布线系统的所有屏蔽应保持连续性,且宜两端接地。若存在两个接地体,其接地电位差不应大于 1V(有效值)。如果接地不良(接地电阻过大、接地电位不均衡等),就会产生电势差,这样,将破坏屏蔽系统的性能。

计算机设备、通信、电子等设备产品的外形结构,应该采用金属材料制成的箱、盒、柜、架,使其成为法拉第形式,加上接地端子作良好的接地,这在某种程度上使设备加强了抗干扰和防辐射的能力。

值得注意的是,屏蔽电缆不能决定系统的整体 EMC 性能。屏蔽系统的整体性能取决于系统中最弱的元器件,在综合布线系统中,屏蔽最薄弱的环节是配线架、信息插座和插头接触处。屏蔽线在安装过程中倘若出现裂缝,则构成子屏蔽系统中最危险的环节,这些是在安装过程中值得重点注意的。

3. 电气保护

电气保护的目的是为了尽量减少电气故障对综合布线的缆线、相关硬件和终端设备的损坏。当缆线从建筑物外部引入建筑物内部时,在入口处应加电气保护设备,避免因电缆受到雷击、电源碰地、电源感应电压或地电上升而给用户设备带来的损坏。

电气保护分为两种:过压保护和过流保护。这些电气保护装置通常安装在建筑物的入口专用房间或墙面上。在大型建筑物中,需要设专用房间。现代通信系统的通信线路在进入建筑物时,一般多采用过压和过流双重保护。

(1)过压保护

在综合布线系统中过压保护采用气体保护器或固体保护器。

气体保护器使用断开或放电空隙来限制导体和地之间的电压。放电空隙介于粘在陶瓷或玻璃密封壳内部的两个金属电极之间,其间有放电间隙,密封壳内部充有一些减压气体。当两极之间电位差超过250V交流电或700V雷电浪涌电压时,气体放电管开始放电,为导体和地之间提供一条导电通路。

固体保护器是一种电子开关,它适应较低的击穿电压(60~90V),而且它的电路不可有较高的振铃电压。当未达到其击穿电压时可进行快速、稳定、无噪声、绝对平衡的电压箝位,一旦超过击穿电压,便将过压引入地,然后自动恢复原来状态。它对数据或特殊线路提供了最佳的保护。

(2)过流保护

如果连接设备提供一种对地的低阻通路,它还不足以使过压保护器动作,但所产生的电流可能会损坏设备。所以,对地有低阻通路的设备(通常是程控交换机的中继线路)必须给予过流保护。

过流保护器串接在线路中,当发生过电流时,就切断线路。为了方便维护,可采用自动恢复的过流保护。过流保护可以由加热线圈或熔丝提供,这两种保护器具有相同的电气特性,但其工作原理是不同的。加热线圈是在动作时将导体接地。

一般过流保护装置的动作电流值在350~500mA。在建筑物综合布线系统中,由于只有极少数线路需要过流保护,因此一般选用自动恢复的保护电气,传输速率较低的话音线路,使用熔丝比较容易管理。

4.防火保护

防火安全保护是指发生火灾时,系统能够有一定的屏障作用,防止火或烟的扩散。建筑物的耐火等级必须符合《高层民用建筑设计防火规范》中规定的耐火等级。防火安全的保护包括缆线穿越楼板及墙体的防火措施,选用阻燃防毒的缆线材料两个方面的问题。

在综合布线系统中,在易燃的区域和大楼竖井内布放电缆或光缆,宜采用防火和防毒的电缆,穿越墙体及大楼竖井内楼板的铜缆或光缆必须有阻燃护套。每个楼层若采用了隔火措施,则可以没有阻燃护套。

设备间相关的其余基本工作房间及辅助房间,其建筑物的耐火等级不低于TJ16中的规定。设备间应设置火灾报警装置。在机房内、基本工作房间、活动地板下、吊顶上方、主要控调管道中及易燃物附近都应设置烟感和温感探测器。

设备间内设置二氧化碳自动灭火系统,并备有手提式二氧化碳灭火器。设备间除低介质等易燃物质外,禁止使用水、干粉或泡沫等易产生二次破坏的灭火剂。

关于防火和防毒电缆的推广应用,考虑到工程造价的原因没有大面积推广,只是限定在易燃区域和大楼竖井内采用,配线设备也应采用阻燃型。如果将来防火和防毒电缆价格下降,适当扩大一些使用面积也未必不可以,万一着火,这种电缆对于减少散发有害气体、疏散人流会起到很好的作用。

5.接地系统设计

综合布线系统作为建筑智能化不可缺少的基础设施，其接地系统的好坏将直接影响到综合布线系统的运行质量，故而显得尤为重要。

接地是使所有电气和电子系统在任何时候都能通过提供的低阻抗途径，均衡整个系统的能量，保持同一电位，同时将多余能量排泄入地。综合布线与相关连接硬件接地是提高应用系统的可靠性、抑制噪声、保障安全的重要手段。在进行设备间的设计前，要弄清楚应用系统设备接地要求及地线与地线之间的相互关系。如应用系统接地不当，将会影响应用系统设备的稳定工作，引起故障。

机房和设备间的接地，按其不同的作用分为直流工作接地、交流工作接地、安全保护接地。此外，还有为了防止雷电的危害的防雷保护接地，还有防电磁干扰的屏蔽接地，防静电的接地。

（1）直流工作接地。直流工作接地也称为信号接地，是为了确保电子设备的电路具有稳定的零电位参考点而设置的接地。

（2）交流工作接地。交流工作接地是为了保证电力系统和电气设备达到正常工作要求而进行的接地，220V/380V交流电源中性点的接地即为交流工作接地。

（3）防雷保护接地。防雷保护接地是为了防止电气设备受到雷电的危害而进行的接地。通过接地装置可以将雷电产生的瞬间高电压泄放到大地中，从而保护设备的安全。

（4）防静电保护接地。防静电保护接地是为了防止可能产生或聚集静电电荷而对用电设备等所进行的接地。为了防静电，设备间一般均敷设了防静电地板，地板的金属支撑架均连接了地线。

（5）屏蔽接地。为了取得良好的屏蔽效果，屏蔽系统要求屏蔽电缆及连接器件的屏蔽层连接地线。屏蔽电缆或非屏蔽电缆敷设在金属线槽或管道时，金属线槽或金属管道也要连接地线。

（6）保护接地。为了保障人身安全、防止间接触电而将设备的外壳部分接地处理。通常情况下，设备外壳是不带电的，但发生故障时可能造成电源的供电火线与外壳等导电金属部件短路时，这些金属部件或外壳就形成了带电体，如果没有良好的接地，则带电体和地之间就会产生很高的电位差。如果人不小心触到这些带电的外壳，就会通过人身形成电流通道，产生触电危险。因此，必须将金属外壳和大地之间作良好的电气连接，使设备的外壳和大地等电位。

接地系统是由接地体、引下线、接闪口、接地线等组成。埋入土壤中或混凝土基础中做散流的导体称为接地体。从引下线至接地体的导体称为接地线。接地体和接地线统称为接地装置。在接地装置中，用接地电阻来衡量接地装置与大地结合良好的指标。接地是以接地电流易于在地中扩散为目标，因此希望接地电阻越小越好。在国家标准中规定：直流工作接地电阻不应大于4Ω；交流工作接地电阻不应大于4Ω；安全保护接地电阻不应大于4Ω；防雷保护接地电阻不应大于10Ω。

1）综合布线系统接地的结构组成

根据商业建筑物接地和接线要求的规定：综合布线系统接地的结构包括接地线、接地母线（层接地端子）、接地干线、主接地母线（总接地端子）、接地引入线、接地体6部分，在进行系统接地的设计时，可按上述6个要素分层次地进行设计。

①接地线。是指综合布线系统各种设备与接地母线之间的连线。所有接地线均为铜质绝缘导线，其截面应不小于 $4mm^2$。当综合布线系统采用屏蔽电缆布线时，信息插座的接地可利用电缆屏蔽层作为接地线连至每层的配线柜。若综合布线的电缆采用穿钢管或金属线槽敷设

时,钢管或金属线槽应保持连续的电气连接,并应在两端具有良好的接地。

②接地母线(层接地端子)。是水平布线与系统接地线的公用中心连接点。

每一层的楼层配线柜应与本楼层接地母线相焊接与接地,母线同一电信间的所有综合布线用的金属架及接地干线均应与该接地母线相焊接。接地母线应为铜母线,其最小尺寸为6mm 厚×50mm 宽,长度视工程实际需要来确定。接地母线应尽量采用电镀锡以减小接触电阻,如不是电镀,则在将导线固定到母线之前,须对母线进行清理。

③接地干线。是由总接地母线引出,连接所有接地母线的接地导线。

在进行接地干线的设计时,应充分考虑建筑物的结构形式、建筑物的大小以及综合布线的路由与空间配置,并与综合布线电缆干线的敷设相协调。接地干线应安装在不受物理和机械损伤的保护处,建筑物内的水管及金属电缆屏蔽层不能作为接地干线使用。当建筑物中使用两个或多个垂直接地干线时,垂直接地干线之间每隔三层及顶层需用与接地干线等截面的绝缘导线相焊接。接地干线应为绝缘铜芯导线,最小截面应不小于 16mm²。当在接地干线上,其接地电位差大于 1V(有效值)时,楼层电信间应单独用接地干线接至主接地母线。

④主接地母线(总接地端子)。一般情况下,每栋建筑物有一个主接地母线。主接地母线作为综合布线接地系统中接地干线及设备接地线的转接点,其理想位置宜设于外线进线间或建筑物电信间。主接地母线应布置在直线路径上,同时考虑从保护器到主接地母线的焊接导线不宜过长。接地引入线、接地干线、直流配电屏接地线、外线进线间的所有接地线以及与主接地母线同一电信间的所有综合布线用的金属架均应与主接地母线良好焊接。当外线引入电缆配有屏蔽或穿金属保护管时,此屏蔽和金属管应焊接至主接地母线。主接地母线应采用铜母线,其最小截面尺寸为 6mm×100mm,长度可视工程实际需要而定。和接地母线相同,主接地母线也应尽量采用电镀锡以减小接触电阻。如不是电镀,则主接地母线在固定到导线前必须进行清理。

⑤接地引入线。是指主接地母线与接地体之间的接地连接线,宜采用 40mm×100mm 或50mm×100mm 的镀锌扁钢。接地引入线应作绝缘防腐处理,在其出土部位应有防机械损伤措施,且不宜与暖气管道同沟布放。

⑥接地体。分为自然接地体和人工接地体两种。当综合布线采用单独接地系统时,接地体一般采用人工接地体,并应满足以下条件:

◆ 距离工频低压交流供电系统的接地体不宜小于 10m。

◆ 距离建筑物防雷系统的接地体不应小于 2m。

◆ 接地电阻不应大于 4Ω。

当综合布线采用联合接地系统时,接地体一般利用建筑物基础内钢筋网作为自然接地体,其接地电阻应小于 1Ω。

在实际应用中通常采用联合接地系统,这是因为与前者相比,联合接地方式具有以下几个显著的优点:

◆ 当建筑物遭受雷击时,楼层内各点电位分布比较均匀,工作人员及设备的安全能得到较好的保障。同时,大楼的框架结构对中波电磁场能提供 10~40dB 的屏蔽效果。

◆ 容易获得较小的接地电阻。

◆ 可以节约金属材料,占地少。

联合接地的连接最理想是在地面下进行连接,并引出等电位连接带作为接地棒,其次是在地面上连接各接地棒,一般不要在系统内部进行连接。

虽然在外部实现了联合接地,但在信息系统所处的场所内,在设置采用了两个或两个以上的接地排时,如果接地馈线长度过长(超过 20m),则应在机房内使用等电位连接器连接以实现连接。等电位连接器连接一般也应分两级以上,连接第一级埋设地下或底层,第二级安装于各楼层或机房内。

通信机房内应敷设均压带并围绕机房敷设环行接地母线

微电子设备接地时,信号电路和电源电路、高电平电路和低电平电路不应使用共地回路。灵敏电路的接地,应各自隔离或屏蔽,以防地回流或静电感应而产生干扰。

直流工作接地、交流工作接地、安全保护接地、防雷保护接地宜用一组接地装置,其接地电阻按最小值确定。为了防止雷击对综合布线及其连接设备产生反击,要求防雷装置与其他接地体之间保持足够的安全距离。如不能满足距离要求,要将建筑物内各种金属物体及进出建筑物的各种管线,进行严格接地,而且所有接地装置都必须共用。

2)进行综合布线系统的接地设计应注意的几个问题

综合布线接地要与设备间、电信间放置的应用设备接地系统一并考虑,符合应用设备要求的接地系统也一定满足综合布线的要求。

①综合布线系统采用屏蔽措施时,所有屏蔽层应保持连续性,并应注意保证导线间相对位置不变。屏蔽层的配线设备(FD 或 BD)端应接地,用户(终端设备)端视具体情况接地,两端的接地:应尽量连接至同一接地体。当接地系统中存在两个不同的接地体时,其接地电位差应不大于 1V(有效值)。

②当电缆从建筑物外面进入建筑物内部容易受到雷击。电源碰地、电源感应电势或地电势上浮等外界因素的影响时,必须采用保护器。

③当线路处于以下任何一种危险环境中时,应对其进行过压过流保护。

◆ 雷击引起的危险影响。

◆ 工作电压超过 250V 的电源线路碰地。

◆ 地电势上升到 250V 以上而引起的电源故障。

◆ 交流 50Hz 感应电压超过 250V。

④综合布线系统的过压保护宜选用气体放电管保护器。固为气体放电管保护器的陶瓷外壳内密封有两个电极,其间有放电间隙,并充有惰性气体。当两个电极之间的电位差超过 250V 交流电源或 700V 雷电浪涌电压时,气体放电管开始出现电弧,为导体和地电极之间提供了一条导电通路。

⑤综合布线系统的过流保护宜选用能够自复的保护器。由于电缆上可能出现这样或那样的电压,如果连接设备为其提供了对地的低阻通路,则不足以使过压保护器动作,而其产生的电流却可能损坏设备或引起着火。例如:20V 电力线可能不足以使过压保护器放电,但有可能产生大电流进入设备内部造成破坏,因此在采用过压保护的同时必须采用过流保护。要求采用能自复的过流保护器,主要是为了方便维护。

3)电缆接地

①建筑物主干电缆的屏蔽层用 6 号铜线焊接到入口附近的接地线,电缆屏蔽层接地点应尽可能接近入口处,电气保护器也应尽量紧靠入口处,离入口处的距离不要超过 15m。

②建筑物主干电缆屏蔽层使用 6 号铜线把屏蔽层焊接到允许的楼层接地端。线对进入或离开电缆反馈到上面或下面几个楼层时,线对原所在的楼层干线电缆屏蔽层应接地,线对到达的楼层也要增加屏蔽层接地。在电信间里必须把该电缆的屏蔽层连接到允许的楼层接地。具

体做法是把屏蔽层连接到二级交接间或干线电信间里的接地端,然后,再把该接地端直接连接至下列任何一个允许的楼层接地端。

◆ 建筑物钢结构。

◆ 金属型水管。

◆ 该楼层上的配电板供电的电源馈线所在的金属管道。

◆ 供该层楼的电源变压器次级用的接地线(如果选择这种办法,应请持有合格证书的电工来连接接地线)。

◆ 在建筑物中专门为此而设置的接地点。如果只有专用的电源设备间里才有可用的允许接地(或允许楼层的接地点),必须请持有合格证书的电工来进行接地连接。

③如果使用屏蔽的干线电缆不太经济,在每一条非屏蔽的干线电缆的路由中放一条靠近电缆的 6 号铜线的接地干线。接地干线所起的作用与电缆层屏蔽相同。接地干线应当像电缆层屏蔽那样接地。

④干线电缆应尽量靠近垂直的地导体,如建筑物的钢结构,并且要求其位置在建筑物的中央部分。在建筑物的中央部分的附近,雷电的电流最小,干线电缆与垂直的导体间的互激作用大大减小通信线对上的感应电压。应避免把干线安排在外墙,特别是墙角,因为在这些地方雷电的电流最大。

4)配线架接地

配线架接地应符合如下要求:

①每一楼层的配线架都应单独布线至设备间、电信间或二级交接间接地装置上,接地导线的选择应符合表 6.20 的规定。

表 6.20　接地导线选择表

名　称	接地距离≤30m	接地距离≤100m
接入自动交换机的工作站数量/个	≤50	>50,≤300
专线的数量/条	≤15	>15,≤80
信息插座的数量/个	≤75	>75,≤450
工作区的面积/m^2	≤750	>750,≤4500
电信室或电脑室的面积/m^2	10	15
选用绝缘铜导线的截面/m^2	6～16	16～50

②综合布线系统采用屏蔽措施时,综合布线系统的所有屏蔽层应保持连续性,并应注意保证导线相对位置不变。配线设备(FD 或 BD)的屏蔽层应接地,用户(终端设备)端视具体情况接地,两端的接地应尽量连接同一接地体。

③信息插座的接地可利用电缆屏蔽层连至每层的配线柜上。工作站的外壳接地应单独布线连接至接地体,一个办公室的几个工作站可合用一条接地导线,应选用截面不小于 2.5mm^2的绝缘铜导线。

④综合布线的电缆采用金属线槽或钢管敷设时,槽道或钢管应保持连续的电气连接,并在两端应有良好的接地。

总之,随着智能建筑的不断发展,人们必将对其接地系统提出更为严格的要求。对于广大工程技术人员而言,提高综合布线接地系统的稳定性和可靠性将是一项长期而艰巨的任务。

第 7 章

从虚拟化到云计算

顾名思义,"虚"总是相对"实"而言的。在 IT 行业,所谓的"实",也就是指看得见、摸得着的服务器、CPU 等硬件产品以及部分可视化软件等,用虚的软件来代替或者模拟这些实际存在的东西,就是虚拟化。

虚拟化的本质就是把软件变成可以按需递交的动态服务,从而降低 IT 管理的成本,同时大大提升 IT 服务的响应速度。当前的虚拟化技术有:服务器虚拟化、CPU 虚拟化、存储虚拟化、数据中心虚拟化、网络虚拟化、程序虚拟化、操作系统虚拟化、硬件虚拟化、完全虚拟化、超虚拟化、桌面虚拟化、操作系统级的虚拟化等。其中比较简单的是操作系统虚拟化,即其中一台计算机可以运行相同类型的多个操作系统。这种虚拟化可以将一个操作系统的多个服务器隔离开来。通过这种虚拟化可以减少服务器的数量,提高服务器的使用效率,可以在一定程度上摆脱物理上的空间限制,实现随时随地随需的自由掌控。

当前,最复杂的虚拟化是硬件虚拟化,即硬件仿真。它通过在宿主系统上创建一个硬件虚拟机来仿真所需要的硬件,这种技术的缺陷是速度非常慢。其次,还有完全虚拟化、超虚拟化、桌面虚拟化等虚拟化技术。

虚拟化(virtualization)对于不同的人来说可能意味着不同的东西,这取决于他们所从事的工作领域的环境。通用的解释是它包含许多使服务器得到加强的虚拟机。有经验的程序员可能还记得,曾有一段时间他们担心是否有可用内存来存放自己的程序指令和数据。现在最基本的操作系统都提供了虚拟内存的功能,这样程序员就不用再考虑这个问题了。IBM 对大型机使用的虚拟机(virtual machine,VM)可以允许多个用户和应用程序共享同一台机器,相互之间不会产生任何干扰。我们发现在很多计算平台上都实现了这种概念,或者通过软件来提供这种概念。虚拟机是一个由软件实现,完全隔离的客操作系统(guest OS),运行于原本的主操作系统(host OS)中,并有独立的计算环境。虚拟机就像物理机一样,包含它自己的CPU、内存(RAM)、外存(DISK)和网络卡(NIC)等。虚拟机完全由软件构成,就是一个或多个文件组成的,完全没有硬件组件。因此,虚拟机为企业 IT 环境提供了更多的弹性与好处,尤其是更快的服务维护及部署,和更简单的备份管理(只是单纯的文件复制)。

然而,虚拟化技术的内涵远远不止于虚拟内存和虚拟服务器。目前,我们已经有了网络虚拟化、微处理器虚拟化、文件虚拟化和存储虚拟化等技术。如果我们在一个更广泛的环境中或从更高级的抽象(如任务负载虚拟化和信息虚拟化)来思考虚拟化技术,那么其就变成了一个非常强大的概念,可以为最终用户、应用程序和企业提供很多优点。

虚拟化技术有很多定义,下面就给出了其中一些定义:

"虚拟化是以某种用户和应用程序都可以很容易从中获益的方式来表示计算机资源的过程,而不是根据这些资源的实现、地理位置或物理包装的专有方式来表示它们。换句话说,它为数据、计算能力、存储资源以及其他资源提供了一个逻辑视图,而不是物理视图。"——Jonathan Eunice, Illuminate Inc.

"虚拟化是表示计算机资源的逻辑组(或子集)的过程,这样就可以用从原始配置中获益的方式访问它们。这种资源的新虚拟视图并不受现实、地理位置或底层资源的物理配置的限制。"——Wikipedia

"虚拟化:对一组类似资源提供一个通用的抽象接口集,从而隐藏属性和操作之间的差异,并允许通过一种通用的方式来查看并维护资源。"——Open Grid Services Architecture Glossary of Terms

"虚拟化是资源的逻辑表示,它不受物理限制的约束。"——IBM 公司

虚拟化是一个广义的术语,在计算机方面通常是指计算元件在虚拟的基础上而不是真实的基础上运行的。虚拟化技术可以扩大硬件的容量,简化软件的重新配置过程。CPU 的虚拟化技术可以单 CPU 模拟多 CPU 并行,允许一个平台同时运行多个操作系统,并且应用程序都可以在相互独立的空间内运行而互不影响,从而显著提高计算机的工作效率。

虚拟化技术与多任务以及超线程技术是完全不同的。多任务是指在一个操作系统中多个程序同时并行运行,而在虚拟化技术中,则可以同时运行多个操作系统,而且每一个操作系统中都有多个程序运行,每一个操作系统都运行在一个虚拟的 CPU 或者是虚拟主机上;而超线程技术只是单 CPU 模拟双 CPU 来平衡程序运行性能,这两个模拟出来的 CPU 是不能分离的,只能协同工作。

虚拟化技术也与目前 VMware Workstation 等同样能达到虚拟效果的软件不同,是一个巨大的技术进步,具体表现在减少软件虚拟机相关开销和支持更广泛的操作系统方面。

纯软件虚拟化解决方案存在很多限制。"客户"操作系统很多情况下通过 VMM(virtual machine monitor,虚拟机监视器)来与硬件进行通信,由 VMM 来决定其对系统上所有虚拟机的访问(注意,大多数处理器和内存访问独立于 VMM,只在发生特定事件时才会涉及 VMM,如页面错误)。在纯软件虚拟化解决方案中,VMM 在软件套件中的位置是传统意义上操作系统所处的位置,而操作系统的位置是传统意义上应用程序所处的位置。这一额外的通信层需要进行二进制转换,以通过提供到物理资源(如处理器、内存、存储、显卡和网卡等)的接口,模拟硬件环境。这种转换必然会增加系统的复杂性。此外,客户操作系统的支持受到虚拟机环境的能力限制,这会阻碍特定技术的部署,如 64 位客户操作系统。在纯软件解决方案中,软件堆栈增加的复杂性意味着这些环境难以管理,因而会加大确保系统可靠性和安全性的困难。

而 CPU 的虚拟化技术是一种硬件方案,支持虚拟技术的 CPU 带有特别优化过的指令集来控制虚拟过程,通过这些指令集,VMM 会很容易提高性能,相比软件的虚拟实现方式在性能上会有很大程度提高。虚拟化技术可提供基于芯片的功能,借助兼容 VMM 软件能够改进纯软件解决方案。由于虚拟化硬件可提供全新的架构,支持操作系统直接在上面运行,从而无需进行二进制转换,减少了相关的性能开销,极大简化了 VMM 设计,进而使 VMM 能够按通

用标准进行编写,性能更加强大。另外,在纯软件 VMM 中,目前缺少对 64 位客户操作系统的支持,而随着 64 位处理器的不断普及,这一严重缺点也日益突出。而 CPU 的虚拟化技术除支持广泛的传统操作系统外,还支持 64 位客户操作系统。

下面叙述几种常用的虚拟化技术。

7.1 虚拟化的主要类型

7.1.1 网络虚拟化

网络虚拟化(network virtualization)是结合网络中可用资源的一种方法,通过把可用带宽分散到各个信道,每一个信道彼此独立,每个信道可实时分配给特定的服务器或设备,且每一个信道是被独立防护的。每一个订制者能够在一台计算机上分享接入网络的所有资源。

网络管理对人工管理员来说是单调乏味和费时间的,网络虚拟化的目的在于通过自动执行多个任务,提高管理员的生产率、效率和对工作的满意程度。因此伪装了网络的真实复杂性,文件、图像、程序和文件夹能够从一个物理地点进行集中管理,存储介质如硬盘和磁带驱动器可简单地进行添加和移除,存储空间能够在服务器之间进行分享和重新分配。

网络虚拟化的目地在于优化网络速度、可靠性、灵活性、可测量性和安全性。网络虚拟化在网络经历突然地、大型地和不可预见地动荡时特别有效。

虚拟化技术可以适用于企业网络核心或是边缘的交换机。如果把一个企业网络分隔成多个不同的子网络——它们使用不同的规则和控制,用户就可以充分利用交换机的虚拟化路由功能,而不是购买及插入新的机架或者设备来实现这种分隔机制。

网络虚拟化网络概念并不是什么新概念,因为多年来,虚拟局域网(virtual local area network,VLAN)技术作为经实践证明切实可靠的一种方法,历来用于在一个以太网交换上或者跨多个交换机来构建安全、独立的局域网网段。而核心机架交换机里面的虚拟化路由功能是可以在第三层分隔企业网络,对内、外网络流量提供更多安全和控制的一种类似工具。通过虚拟路由和转发(VRF)进行隔离,在多协议标记交换(MPLS)的运营商网络,虚拟路由和转发(VRF)被用于把客户流量分割成独立路由转发的几段流量,这步操作有时在同一个设备上进行。针对企业应用,精简版 VRF(一种规模比较小的 VRF,不需要 MPLS)可以把一个交换机划分成多个虚拟化设备。

把局域网划分为多个虚拟网络的技术是 IEEE 在 20 世纪 90 年代开发并且制定标准的。这些技术已经被广泛应用。

IEEE 802.1q 标准定义了单个的局域网如何划分为多个虚拟局域网。IEEE 802.1p 标准是与 IEEE 802.1q 标准一起使用的。这个标准规定了通讯的 8 个优先等级。网络管理员为通讯分配合适的优先等级以便为每一个应用提供充分的带宽。

但是,虚拟局域网是一种 2 层技术。把 2 层网络扩展到更广泛的领域的技术确实存在,但是,虚拟局域网是一种广播域。随着装载太多的节点和太多的通讯,广播域有效的吞吐量将缩小。一个大型虚拟局域网必须使用 3 层路由协议分成若干网段以便保持可管理性。

　　VRF把一个路由器或者3层交换机细分为多个独立的虚拟设备,每一个虚拟路由器支持一个单个的虚拟网络。

　　虚拟路由器支持OSPF或者BGP等标准的路由协议。每一个虚拟路由器上的路由协议操作与同一个物理设备上的其他虚拟路由器上的路由操作都是互不相干的。每一个虚拟路由器都有一套单独的路由和转发表,没有必要让所有的虚拟路由器都支持同一套路由协议。

　　由于单个的虚拟网络完全是独立的,因此网络地址解析和防火墙等功能必须要为每一个虚拟网络独立操作。配置VRF功能的路由器中的网络地址解析和防火墙功能在一个虚拟路由器中运行。因此,每一个虚拟网络都能够有自己的防火墙政策和保持一个独立的IP地址空间。

　　术语"网络虚拟化"表达的内容非常丰富。一般指虚拟专用网络(VPN)。VPN对网络连接的概念进行了抽象,允许远程用户访问组织的内部网络,就像物理上连接到该网络一样。网络虚拟化可以帮助保护IT环境,防止来自Internet的威胁,同时使用户能够快速安全地访问应用程序和数据。

　　基于网络的虚拟化方法是在网络设备之间实现存储虚拟化功能,具体有下面几种方式:

1. 基于互连设备的虚拟化

　　基于互连设备的方法如果是对称的,那么控制信息和数据走在同一条通道上;如果是不对称的,控制信息和数据走在不同的路径上。在对称的方式下,互连设备可能成为瓶颈,但是多重设备管理和负载平衡机制可以减缓瓶颈的矛盾。同时,多重设备管理环境中,当一个设备发生故障时,也比较容易支持服务器实现故障接替。但是,这将产生多个存储区域网络(storage area network,SAN)孤岛,因为一个设备仅控制与它所连接的存储系统。非对称式虚拟存储比对称式更具有可扩展性,因为数据和控制信息的路径是分离的。

　　基于互连设备的虚拟化方法能够在专用服务器上运行,使用标准操作系统,例如Windows、Sun Solaris、Linux或供应商提供的操作系统。这种方法运行在标准操作系统中,具有基于主机方法的诸多优势——易使用、设备便宜。许多基于设备的虚拟化提供商也提供附加的功能模块来改善系统的整体性能,能够获得比标准操作系统更好的性能和更完善的功能,但需要更高的硬件成本。

　　但是,基于设备的方法也具有基于主机虚拟化方法的一些缺陷,因为它仍然需要一个运行在主机上的代理软件或基于主机的适配器,任何主机的故障或不适当的主机配置都可能导致访问到不被保护的数据。同时,在异构操作系统间的互操作性仍然是一个问题。

2. 基于路由器的虚拟化

　　基于路由器的方法是在路由器固件上实现存储虚拟化功能。供应商通常也提供运行在主机上的附加软件来进一步增强存储管理能力。在此方法中,路由器被放置于每个主机到存储网络的数据通道中,用来截取网络中任何一个从主机到存储系统的命令。

　　首先了解一下,微软开发的媒体中心版(media center edition,MCE即精简版VRF)的原理,如图7.1所示,根据VPN用户,将MCE路由表划分成几个独立的逻辑实体路由表(virtual route table);然后根据不同VPN用户占用不同的路由表,并根据独立的路由协议实例在不同的路由表中生成路由项。交换机转发引擎根据报文的vpn-id(如ACL或VLAN+端口)索引不同的路由表,并根据目的IP在其内进行查找,然后将报文加上VPN的标识后经过上行链路转发出去。

　　虚拟系统已经变得很流行了,因为它们能够带来如下灵活性和节省成本的好处:

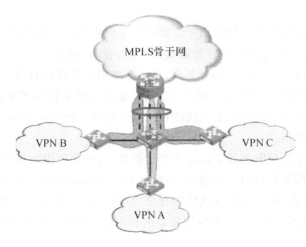

图 7.1 MCE 原理图

（1）虚拟网络能够让管理员把一个物理连接分为多个虚拟连接，每一个虚拟连接都完全是相互独立的。一般来说，一个虚拟网络将专门用于一个具体位置的通讯或者专门用于一组用户的通讯。

（2）由于这种应用组合有很多变化并且能处理一天的工作量，网络通讯的方式就改变了。虚拟网络管理员能够对在一个连接上的每一个应用分配不同的带宽。此外，多个物理连接结合在一起能够提供没有一个单个的物理连接能够提供的充足的带宽。

7.1.2 计算虚拟化

计算虚拟化有三种类型：

（1）虚拟主机。虚拟主机是大拆小的思想，将一个独立硬件服务器虚拟成多个逻辑服务器。目前市场上主要产品有威睿（VM Ware）软件，这是业界主流产品，威睿是全球桌面到数据中心虚拟化解决方案的领导厂商。全球不同规模的客户依靠 VM Ware 来降低成本和运营费用、确保业务持续性、加强安全性并走向绿色。其拥有逾 150000 的用户和接近 22000 多家合作伙伴，是增长最快的上市软件公司之一。另外一种是 XEN 软件，它是一个开放源代码虚拟机监视器，由剑桥大学开发。它打算在单个计算机上运行多达 100 个满特征的操作系统。操作系统必须进行显式地修改（"移植"）以在 Xen 上运行（但是提供对用户应用的兼容性）。这使得 Xen 无需特殊硬件支持，就能达到高性能的虚拟化。虚拟主机主要应用于想提高服务器资源利用率的场合。

（2）虚拟对称多处理。虚拟对称多处理是小并大的思想，将多个物理机器组成一个易于管理的高性能服务器。目前市场上主要产品有 Virtual Iron、Qlusters、VMware SMP。显而易见，利用这些软件的目的就是想充分利用一些便宜的性能低的机器，组合成高性能的计算工具。

（3）物理计算虚拟化。物理计算虚拟化是实现服务器的无状态化，服务器只被看成一个 CPU＋内存的资源，服务器与操作系统（OS）、输入输出（IO）设备、存储设备无关，可以实现任意组合。主要产品有 Cisco VFrame 和美国捷易公司 Egenera，它是个致力于推广虚拟化 2.0 的厂商，在美国金融、电信等行业的确很有名气。主要在意图实现在异构环境下，计算资源的快速变更与快速部署场合使用。

1. 虚拟主机

虚拟主机是在网络服务器上划分出一定的磁盘空间供用户放置站点、应用组件等,提供必要的站点功能、数据存放和传输功能。所谓虚拟主机,也叫"网站空间",就是把一台运行在互联网上的服务器划分成多个"虚拟"的服务器,每一个虚拟主机都具有独立的域名和完整的Internet服务器(支持WWW、FTP、E-mail等)功能。虚拟主机是网络发展的福音,极大地促进了网络技术的应用和普及。同时虚拟主机的租用服务也成了网络时代新的经济形式。虚拟主机的租用类似于房屋租用。

简单地讲就是一个物理服务器上运行多个虚拟机,这些虚拟机共享底层硬件,从应用的角度看就像是一个物理服务器,有自己的操作系统、CPU、memory、nic、storage,虚拟的资源。其实,也就是将物理服务器、操作系统及其应用程序"打包"为一个档案,称为虚拟机(VM),如图7.2所示。虚拟机是可移动的,可以提高服务器的利用率;用虚拟机支持操作系统的和数据的备份、实施更加灵活。

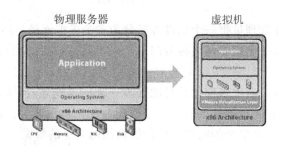

图 7.2　计算虚拟化——虚拟主机

虚拟主机是使用特殊的软硬件技术,把一台真实的物理电脑主机分割成多个逻辑存储单元,每个单元都没有物理实体,但是每一个物理单元都能像真实的物理主机一样在网络上工作,具有单独的域名、IP地址(或共享的IP地址)以及完整的Internet服务器功能。

虚拟主机的关键技术在于,即使在同一台硬件、同一个操作系统上,也运行着为多个用户打开的不同的服务器程式,互不干扰,而各个用户拥有自己的一部分系统资源(IP地址、文档存储空间、内存、CPU时间等)。虚拟主机之间完全独立,在外界看来,每一台虚拟主机和一台单独的主机的表现完全相同。

由于多台虚拟主机共享一台真实主机的资源,每个用户承受的硬件费用、网络维护费用、通信线路费用均大幅度降低,Internet真正成为人人用得起的网络。现在,几乎所有的美国公司(包括一些家庭)均在网络上设立了自己的Web服务器,其中有相当的部分采用的是虚拟主机。

一台服务器上的不同虚拟主机是各自独立的,并由用户自行管理。但一台服务器主机只能够支持一定数量的虚拟主机,当超过这个数量时,用户将会感到性能急剧下降。

虚拟主机技术是互联网服务器采用的节省服务器硬件成本的技术,虚拟主机技术主要应用于HTTP服务,将一台服务器的某项或者全部服务内容逻辑划分为多个服务单位,对外表现为多个服务器,从而充分利用服务器的硬件资源。如果划分是系统级别的,则称为虚拟服务器。

虚拟主机技术上现在联有近亿台的计算机,这些计算机不管它们是什么机型、运行什么操作系统、使用什么软件,都可以归结为两大类:客户机和服务器。

客户机是访问别人信息的机器。通过电信部门或别的ISP拨号上网时,电脑就被临时分配了一个 IP 地址,利用这个临时身份证,就可以在 Internet 的海洋里获取信息,网络断线后,电脑就脱离了 Internet,IP 地址也被收回。

服务器则是提供信息让别人访问的机器,通常又称为主机。由于人们任何时候都可能访问到它,因此作为主机必须每时每刻都连接在 Internet 上,拥有自己永久的 IP 地址。因此不仅要设置专用的电脑硬件,还要租用昂贵的数据专线,再加上各种维护费用如房租、人工、电费等,绝不是好承受的。为此,人们开发了虚拟主机技术。

虚拟主机优点:

(1)相对于购买独立服务器,网站建设的费用大大降低,为普及中小型网站提供了极大便利。

(2)利用虚拟主机技术,可以把一台真正的主机分成许多"虚拟"的主机,每一台虚拟主机都具有独立的域名和 IP 地址,具有完整的 Internet 服务器功能。虚拟主机之间完全独立,在外界看来,每一台虚拟主机和一台独立的主机完全一样。效果一样,但费用却大不一样了。由于多台虚拟主机共享一台真实主机的资源,每个虚拟主机用户承受的硬件费用、网络维护费用、通信线路费用均大幅度降低,Internet 真正成为人人用得起的网络。目前,许多企业建立网站都采用这种方法,这样不仅大大节省了购买机器和租用专线的费用,网站服务器管理简单,诸如软件配置、防病毒、防攻击等安全措施都由专业服务商提供,大大简化了服务器管理的复杂性,同时也不必为使用和维护服务器的技术问题担心,更不必聘用专门的管理人员。

(3)网站建设效率提高,自己购买服务器到安装操作系统和应用软件需要较长的时间,而租用虚拟主机通常只需要几分钟的时间就可以开通,因为现在主要的服务商都已经实现了整个业务流程的电子商务化,选择适合自己需要的虚拟主机,在线付款之后马上就可以开通了。

(4)虚拟主机技术的出现,是对 Internet 技术和网络发展的重大贡献,由于多台虚拟主机共享一台真实主机的资源,大大增加了服务器和通讯线路的利用率,使得一台服务器上能够毫无冲突地配置多个网络 IP 地址,这意味着人们能够利用虚拟主机把若干个带有单独域名的站点建置在一台服务器上,不必再为建立一个站点而购置单独的服务器和用巨资申请专线作为网络信息出口。现在,大部分国内外企业建站都采用这种服务器硬盘空间租用的方式(即虚拟主机),虚拟主机的好处在于不但大大节省了购买服务器和租用专线的费用,同时也不必为使用和维护服务器的技术问题担心,另外也不必拥有专门的服务器管理人员。

虚拟主机缺点:

(1)某些功能受到服务商的限制,比如可能耗用系统资源的论坛程序、流量统计功能等。

(2)网站设计需要考虑服务商提供的功能支持,比如数据库类型、操作系统等。

(3)某些虚拟主机网站访问速度过慢,这可能是由于主机提供商将一台主机出租给数量众多的网站,或者服务器配置等方面的原因所造成的。这种状况网站自己无法解决,对于网站的正常访问会产生不利影响。

(4)有些服务商对网站流量有一定限制,这样当网站访问量较大时将无法正常访问。

可见,网站是采用虚拟主机还是专用服务器,需要根据网站的情况和预期发展状况进行综合考虑。

(5)一般虚拟主机为了降低成本是没有独立 IP 地址的,也就是说用 IP 地址直接访问不了网站的(因为同一个 IP 地址有多个网站)。

虚拟主机的性能主要和以下几方面有关:

(1)服务器的稳定性和速度。

虚拟主机作为网络服务,最重要的就是系统的稳定性。稳定性左右着虚拟主机的在线率,直接关系到网站是否能够被访问的问题。虚拟主机性能的好坏又取决于服务器的配置及所使用操作系统、软件本身因素外在一定程度上还和机房所处的外界环境有关。带宽是速度的保证,服务器的速度,取决于带宽。而带宽指的是虚拟主机连接到每台服务器上的带宽,很多服务商在宣传时经常只宣传连接入机房的带宽值,却没有说明每台服务器的可用带宽。作为消费者应该格外小心。而作为影响服务器稳定的外在因素而言,机房的温度、湿度、人为管控也显得格外重要,这就与服务商机房的管理维护成本投入有关。优质的服务商他的机房内的温度、湿度、人为管控极其严格,这就减少了服务器的不稳定率。所以一般所谓的品牌主机的价格都是比较高的,这部分价格就是服务商用来维护机房的,所以也是情理之中。

(2)服务器的均衡负载

虚拟主机技术使得在一台物理服务器上创建多个站点成为可能;虚拟主机的确降低了企业上网建站的费用,但凡事都有个限度。根据经验来看,当一台虚拟主机上的站点超过一定数量(200个)以后,服务器的性能将明显下降,如果其中某些站点还要提供数据库查询服务,则服务器性能下降更为剧烈。有些国际著名的大型虚拟主机提供商甚至将每台服务器上的用户数量强行限制在100个以内。而有一些服务商为了吸引客户,居然敢把一个几十元的虚拟主机标注成数百人同时在线,更有甚者能够说不限制任何资源。这样的承诺大家可想而知,一台物理服务器最多能支持的同时在线人数一般是2000~3000人,一台普通服务器的成本在1万元/年左右,仔细想想,服务商为了赚回成本,要放多少个这样的站点在服务器上运行,这样的服务器能用吗?

(3)强有力的技术支持

企业或个人利用虚拟主机将站点建立在别人的服务器上,就像把孩子寄养在别人家里,虽然有吃有喝,可担心还是难免的。作为虚拟主机提供商应该充分理解用户的心情,同时提供及时的应急处理和相关的技术解答和服务,更应以雄厚的技术基础和超凡的责任心做好虚拟主机站点的建设和维护,以及与之相关的增值服务。事实上提供虚拟主机服务是有相当高的技术门槛的,据业内人士介绍,虚拟主机服务提供者除了必须掌控各种操作系统及相关操作系统的管理、优化,并具备在这些操作系统上进行系统级及应用级研发的能力(比如各种Web服务器、邮件服务器、DNS服务器、负载均衡等)外,还必须具备广域网、局域网等网络管理能力(比如理解路由、交换等原理),以及电脑硬件的管理级配置数据库处理能力等。如果虚拟主机服务商没有专业的技术队伍提供如上所述的技术支持,则虚拟主机服务商不但只能提供贫乏的服务,而且服务的稳定性也无从确保。

2. 虚拟对称多处理

虚拟对称多处理(virtual symmetric multiprocessing,VSMP)是对称多处理(symmetric multiprocessing, SMP)的一种方法,它可以将两个或两个以上的虚拟处理器分配到一个单一的虚拟机或分区,这样就可以在至少有两个逻辑处理器的主机上给虚拟机分配多个虚拟处理器。虚拟对称多处理(VSMP)可用于连接多线程,这是一个项目同时管理多个用户请求的能力。

在对称多处理(SMP)中,由两个或两个以上分享共同的操作系统(OS)和内存的处理器来运行多个程序。操作系统的拷贝版本负责所有的处理器。在网上交易方面,对称多处理系统被认为是优于大规模并行处理(massively parallel processing,MPP)系统的,因为许多用户可以同时访问某一数据库。

SMP技术是指在一个计算机上汇集了一组处理器(多CPU),各CPU之间共享内存子系统以及总线结构。它是相对非对称多处理技术而言的,应用十分广泛的并行技术。在这种架构中,一台电脑不再由单个 CPU 组成,而同时由多个处理器运行操作系统的单一复本,并共享内存和一台计算机的其他资源。虽然同时使用多个 CPU,但是从管理的角度来看,它们的表现就像一台单机一样。系统将任务队列对称地分布于多个 CPU 之上,从而极大地提高了整个系统的数据处理能力。所有的处理器都可以平等地访问内存、I/O 和外部中断。在对称多处理系统中,系统资源被系统中所有 CPU 共享,工作负载能够均匀地分配到所有可用处理器之上。

我们平时所说的双 CPU 系统,实际上是对称多处理系统中最常见的一种,通常称为“2 路对称多处理”。它在普通的商业、家庭应用之中并没有太多的实际用途,但在专业制作,如 3DMax Studio、Photoshop 等软件应用中获得了非常良好的性能表现,是组建廉价工作站的良好伙伴。随着用户应用水平的提高,只使用单个的处理器确实已经很难满足实际应用的需求,因而各服务器厂商纷纷通过采用对称多处理系统来解决这一矛盾。在国内市场上这类机型的处理器一般以 4 个或 8 个为主,有少数是 16 个处理器。但是一般来讲,SMP 结构的机器可扩展性较差,很难做到 100 个以上多处理器,常规的一般是 8 个到 16 个,不过这对于多数的用户来说已经够用了。这种机器的好处在于它的使用方式和微机或工作站的区别不大,编程的变化相对来说比较小,原来用微机工作站编写的程序如果要移植到 SMP 机器上使用,改动起来也相对比较容易。SMP 结构的机型可用性比较差,因为 4 个或 8 个处理器共享一个操作系统和一个存储器,一旦操作系统出现了问题,整个机器就完全瘫痪掉了。而且由于这个机器的可扩展性较差,不容易保护用户的投资。但是这类机型技术比较成熟,相应的软件也比较多,因此现在国内市场上推出的并行机大量都是这一种。PC 服务器中最常见的对称多处理系统通常采用 2 路、4 路、6 路或 8 路处理器。目前 UNIX 服务器可支持最多 64 个 CPU 的系统,如 Sun 公司的产品 Enterprise 10000。SMP 系统中最关键的技术是如何更好地解决多个处理器的相互通讯和协调问题。

要组建 SMP 系统,最关键的一点就是需要合适的 CPU 相配合。我们平时看到的 CPU 都是单颗使用,所以看不出它们有什么区别,但是,实际上,支持 SMP 功能并不是没有条件的,随意拿几块 CPU 来就可以建立多处理系统那简直是天方夜谭。要实现 SMP 功能,我们使用的 CPU 必须具备以下要求:

(1)CPU 内部必须内置高级可编程中断控制器(advanced programmable interrupt controllers,APIC)。Intel 多处理规范的核心就是 APIC 的使用。CPU 通过彼此发送中断来完成它们之间的通信。通过给中断附加动作(actions),不同的 CPU 可以在某种程度上彼此进行控制。每个 CPU 有自己的 APIC(成为那个 CPU 的本地 APIC),并且还有一个 I/O APIC 来处理由 I/O 设备引起的中断,这个 I/O APIC 是安装在主板上的,但每个 CPU 上的 APIC 则不可或缺,否则将无法处理多 CPU 之间的中断协调。

(2)相同的产品型号,同样类型的 CPU 核心。例如,虽然 Athlon 和 Pentium Ⅲ 各自都内置有 APIC 单元,但要让它们一起建立 SMP 系统是不可能的。当然,即使是 Celeron 和 Pentium Ⅲ,那样的可能性也为 0,甚至 Coppermine 核心的 Pentium Ⅲ 和 Tualatin 的 Pentium Ⅲ 也不能建立 SMP 系统——这是因为它们的运行指令不完全相同,APIC 中断协调差异也很大。

(3)完全相同的运行频率。如果要建立双 Pentium Ⅲ 系统,必须要有两颗 866MHz 或者两颗 1000MHz 处理器,不可以用一颗 866MHz,另一颗 1000MHz 来组建,否则系统将无法正常运行。

(4)尽可能保持相同的产品序列编号。即使是同样核心的相同频率处理器,由于生产批次不同也会造成不可思议的问题。两个生产批次的 CPU 作为双处理器运行的时候,有可能会发生一颗 CPU 负担过高,而另一颗负担很少的情况,无法发挥最大性能,更糟糕的是可能导致死机。因此,应该尽可能选择同一批生产的处理器来组建 SMP 系统。

3. 物理计算虚拟化

关于物理计算虚拟化最典型的产品之一是 Csico 的 VFrame,它能够将服务器转变成可以重复配置的无磁盘服务器池,因而能够快速部署服务。VFrame 的核心是基于 InfiniBand 的可编程交换平台——思科服务器阵列交换机(SFS)。这种服务器交换机能够将所有服务器都连接到一个高速统一阵列上,然后将物理服务器(现在仅由 CPU 和内存复用结构组成)映射到远程虚拟 I/O 子系统和保存在 SAN 存储设备内的服务器映像。VFrame 可以对服务器进行编程,实时修改服务器映射,让某台物理设备快速为另一用户提供服务。物理设备可以按时间、故障切换要求或负载类型等业务策略执行操作,而且可以由物理 I/O 要求各不相同的多组服务器共享,其中物理 I/O 要求包括不同的带宽级别、存储局域网(SAN)分区或 VLAN。

VFrame 是一种网络配置方法,即从集中管理的网络的角度配置,而不是从独立设备的角度配置。将服务器转变成无磁盘、无状态的设备之后,服务器精简为 CPU 和内存这两个必要组件。以及硬集成在硬件上的其他组件,例如全局节点名称(WWNN)或 MAC 地址等,都转移到了阵列上,以便于移植、共享和提高可用性。配置时,首先将物理 CPU 映射到其 LAN 和 SAN,即实时组装出一台服务器。这样,企业管理员就能够更充分地发挥商用服务器的优势。

服务器变成无状态服务器之后,管理员不再依赖其他部门,从而能实现快速修改。物理硬件的移动也不再依赖网络其余部分的改变。例如,如果某个服务器硬件发生故障,VFrame 可以对服务器交换机编程,让它在保持服务器映像、网络和存储设置不变的情况下完成硬件更换。实现的具体方法是激活池中的另一台物理服务器,让它接管故障设备的配置。服务器组可以共享通用硬件池,而且不需要呼叫上游管理员就能快速更改物理映射,使这些管理员能够腾出精力去完成更复杂的任务。例如,SAN 管理员可以允许服务器管理员在规定的范围内使用 WWNN 池,这样,服务器管理员不需要与上游管理员协调就能分配和重新分配这些资源。类似地,网络管理员也可以从修改 VLAN 和 MAC 地址映射的繁琐工作中解脱出来,去完成更有助于生产率提高的任务。通过这些,可实现业务策略的自动执行,减轻管理员的负担。

4. 计算虚拟化特性

(1)分区,在单一物理服务器上同时运行多个虚拟机。

(2)隔离,在同一服务器上的虚拟机之间相互隔离。

(3)封装,整个虚拟机都保存在文件中,而且可以通过移动和复制这些文件的方式来移动和复制该虚拟机。

(4)相对于硬件独立,无需修改即可在任何服务器上运行虚拟机。

计算虚拟化前后比较如表 7.1 所示。

表 7.1　计算虚拟化的优势

虚拟化前	虚拟化后
每台主机一个操作系统; 软件硬件紧密地结合; 在同一主机上运行多个应用程序通常会遭遇冲突; 系统的资源利用率低; 硬件成本高昂而且不够灵活	打破了操作系统和硬件的互相依赖; 通过封装到虚拟机的技术,管理操作系统和应用程序为单一的个体; 强大的安全和故障隔离; 虚拟机是独立于硬件的,它们能在任何硬件上运行

7.1.3　存储虚拟化

其实虚拟化技术并不是一件很新的技术,它的发展,应该说是随着计算机技术的发展而发展起来的,最早始于 20 世纪 70 年代。由于当时的存储容量,特别是内存容量成本非常高,容量又很小,对于大型程序应用或多程序应用就受到了很大的限制。为了克服这样的限制,人们就采用了虚拟存储的技术,最典型的应用就是虚拟内存技术。

随着计算机技术以及相关信息处理技术的不断发展,人们对存储的需求越来越大。这样的需求刺激了各种新技术的出现,比如磁盘性能越来越好、容量越来越大。但是在大量的大中型信息处理系统中,单个磁盘是不能满足需要的,这样的情况下存储虚拟化技术就发展起来了。在这个发展过程中也有几个阶段和几种应用。首先是磁盘阵列(redundant array of independent disks,RAID)技术,将多个物理磁盘通过一定的逻辑关系集合起来,成为一个大容量的虚拟磁盘。而随着数据量不断增加和对数据可用性要求的不断提高,又一种新的存储技术应运而生,那就是存储区域网络(storage area networking,SAN)技术。它是一种通过光纤交换机、光纤路由器等连接设备将磁盘阵列、磁带等存储设备与相关服务器连接起来的高速专用子网。

SAN 的广域化旨在将存储设备实现成为一种公用设施,任何人员、任何主机都可以随时随地获取各自想要的数据。目前讨论比较多的包括 iSCSI、FC Over IP 等技术,虽然一些相关的标准还没有最终确定,但是存储设备公用化、存储网络广域化是一个不可逆转的潮流。

1. 虚拟存储的概念

所谓虚拟存储,就是把多个存储介质模块(如硬盘、RAID)通过一定的手段集中管理起来,所有的存储模块在一个存储池(storage pool)中得到统一管理。从主机和工作站的角度看到的就不是多个硬盘,而是一个分区或者卷,就好像是一个超大容量(如 1T 以上)的硬盘。这种可以将多种、多个存储设备统一管理起来,为使用者提供大容量、高数据传输性能的存储系统,就称之为虚拟存储。

2. 虚拟存储的分类

目前虚拟存储的发展尚无统一标准,从虚拟化存储的拓扑结构来讲主要有两种方式,即对称式与非对称式。对称式虚拟存储技术是指虚拟存储控制设备与存储软件系统、交换设备集成为一个整体,内嵌在网络数据传输路径中;非对称式虚拟存储技术是指虚拟存储控制设备独立于数据传输路径之外。从虚拟化存储的实现原理来讲也有两种方式,即数据块虚拟与虚拟文件系统。具体如下:

(1)对称式虚拟存储

高速存储控制器(high speed traffic directors,HSTD)与存储池子系统集成在一起,组成 SAN Appliance。可以看到在该方案中高速存储控制器(HSTD)在主机与存储池数据交换的过程中起到核心作用。该方案的虚拟存储过程是这样的:由 HSTD 内嵌的存储管理系统将存储池中的物理硬盘虚拟为逻辑存储单元号(logic unit number,LUN),并进行端口映射(指定某一个 LUN 能被哪些端口所见),主机端将各可见的存储单元号映射为操作系统可识别的盘符。当主机向 SAN Appliance 写入数据时,用户只需将数据写入位置指定为自己映射的盘符(LUN),数据经过 HSTD 的高速并行端口,先写入高速缓存,HSTD 中的存储管理系统自动完成目标位置由 LUN 到物理硬盘的转换,在此过程中用户见到的只是虚拟逻辑单元号,而不关心每个 LUN 的具体物理组织结构。该方案具有以下主要特点：

1）采用大容量高速缓存，显著提高数据传输速度。缓存是存储系统中广泛采用的位于主机与存储设备之间的 I/O 路径上的中间介质。当主机从存储设备中读取数据时，会把与当前数据存储位置相连的数据读到缓存中，并把多次调用的数据保留在缓存中；当主机读数据时，在很大几率上能够从缓存中找到所需要的数据，直接从缓存上读出。而从缓存读取数据时的速度只受到电信号传播速度的影响（等于光速），因此大大高于从硬盘读数据时盘片机械转动的速度。当主机向存储设备写入数据时，先把数据写入缓存中，待主机端写入动作停止，再从缓存中将数据写入硬盘，同样高于直接写入硬盘的速度。

2）多端口并行技术，消除了 I/O 瓶颈。传统的 FC 存储设备中控制端口与逻辑盘之间是固定关系，访问一块硬盘只能通过控制它的控制器端口。在对称式虚拟存储设备中，SAN Appliance 的存储端口与 LUN 的关系是虚拟的，也就是说多台主机可以通过多个存储端口（最多 8 个）并发访问同一个 LUN；在光纤通道 100Mb/s 带宽的大前提下，并行工作的端口数量越多，数据带宽就越高。

3）逻辑存储单元提供了高速的磁盘访问速度。在视频应用环境中，应用程序读写数据时以固定大小的数据块为单位（从 512byte 到 1MB 之间）。而存储系统为了保证应用程序的带宽需求，往往设计为只有传输 512byte 以上的数据块大小时才能达到其最佳 I/O 性能。在传统 SAN 结构中，当容量需求增大时，唯一的解决办法是多块磁盘（物理或逻辑的）绑定为带区集，实现大容量 LUN。在对称式虚拟存储系统中，为主机提供真正的超大容量、高性能 LUN，而不是用带区集方式实现的性能较差的逻辑卷。与带区集相比，Power LUN 具有很多优势，如大块的 I/O block 会真正被存储系统所接受，有效提高数据传输速度；并且由于没有带区集的处理过程，主机 CPU 可以解除很大负担，提高了主机的性能。

4）成对的 HSTD 系统的容错性能。在对称式虚拟存储系统中，HSTD 是数据 I/O 的必经之地，存储池是数据存放地。由于存储池中的数据具有容错机制保障安全，因此用户自然会想到 HSTD 是否有容错保护功能。像许多大型存储系统一样，在成熟的对称式虚拟存储系统中，HSTD 是成对配制的，每对 HSTD 之间是通过 SAN Appliance 内嵌的网络管理服务实现缓存数据一致和相互通信的。

5）在 SAN Appliance 之上可方便的连接交换设备，实现超大规模 Fabric 结构的 SAN。因为系统保持了标准的 SAN 结构，为系统的扩展和互连提供了技术保障，所以在 SAN Appliance 之上可方便地连接交换设备，实现超大规模 Fabric 结构的 SAN。

（2）非对称式虚拟存储系统

网络中的每一台主机和虚拟存储管理设备均连接到磁盘阵列，其中主机的数据路径通过 FC 交换设备到达磁盘阵列；虚拟存储设备对网络上连接的磁盘阵列进行虚拟化操作，将各存储阵列中的 LUN 虚拟为逻辑带区集（Strip），并对网络上的每一台主机指定对每一个 Strip 的访问权限（可写、可读、禁止访问）。当主机要访问某个 Strip 时，首先要访问虚拟存储设备，读取 Strip 信息和访问权限，然后再通过交换设备访问实际的 Strip 中的数据。在此过程中，主机只会识别到逻辑的 Strip，而不会直接识别到物理硬盘。这种方案具有如下特点：

1）将不同物理硬盘阵列中的容量进行逻辑组合，实现虚拟的带区集，将多个阵列控制器端口绑定，在一定程度上提高了系统的可用带宽。

2）在交换机端口数量足够的情况下，可在一个网络内安装两台虚拟存储设备，实现 Strip 信息和访问权限的冗余。

但是该方案存在如下一些不足：

1）该方案本质上是带区集——磁盘阵列结构，一旦带区集中的某个磁盘阵列控制器损坏，或者这个阵列到交换机路径上的铜缆、GBIC 损坏，都会导致一个虚拟的 LUN 离线，而带区集本身是没有容错能力的，一个 LUN 的损坏就意味着整个 Strip 里面数据的丢失。

2）由于该方案的带宽提高是通过阵列端口绑定来实现的，而普通光纤通道阵列控制器的有效带宽仅在 40Mb/s 左右，因此要达到几百兆的带宽就意味着要调用十几台阵列，这样就会占用几十个交换机端口。在只有一两台交换机的中小型网络中，这是不可实现的。

3）由于各种品牌、型号的磁盘阵列其性能不完全相同，如果出于虚拟化的目的将不同品牌、型号的阵列进行绑定，会带来一个问题：即数据写入或读出时各并发数据流的速度不同，这就意味着原来的数据包顺序在传输完毕后被打乱，系统需要占用时间和资源去重新进行数据包排序整理，这会严重影响系统性能。

3. 数据块虚拟与虚拟文件系统

以上从拓扑结构角度分析了对称式与非对称式虚拟存储方案的异同，实际从虚拟化存储的实现原理来讲也有两种方式：即数据块虚拟与虚拟文件系统。

数据块虚拟存储方案着重解决数据传输过程中的冲突和延时问题。在多交换机组成的大型 Fabric 结构的 SAN 中，由于多台主机通过多个交换机端口访问存储设备，延时和数据块冲突问题非常严重。数据块虚拟存储方案利用虚拟的多端口并行技术，为多台客户机提供了极高的带宽，最大限度地减少了延时与冲突的发生。在实际应用中，数据块虚拟存储方案以对称式拓扑结构为表现形式。

虚拟文件系统存储方案着重解决大规模网络中文件共享的安全机制问题。通过对不同的站点指定不同的访问权限，保证网络文件的安全。在实际应用中，虚拟文件系统存储方案以非对称式拓扑结构为表现形式。

4. 虚拟存储技术的实现方式

目前实现虚拟存储主要分为如下几种：

（1）在服务器端的虚拟存储

服务器厂商会在服务器端实施虚拟存储，同样软件厂商也会在服务器平台上实施虚拟存储。这些虚拟存储的实施都是通过服务器端将镜像映射到外围存储设备上，除了分配数据外，对外围存储设备没有任何控制。服务器端一般是通过逻辑卷管理来实现虚拟存储技术的。逻辑卷管理为从物理存储映射到逻辑上的卷提供了一个虚拟层，服务器只需要处理逻辑卷，而不用管理存储设备的物理参数。

用这种方式构建虚拟存储系统，服务器端是一性能瓶颈，因此在多媒体处理领域几乎很少采用。

（2）在存储子系统端的虚拟存储

另一种实施虚拟的地方是存储设备本身。这种虚拟存储一般是存储厂商实施的，但是很可能使用厂商独家的存储产品。为避免这种不兼容性，厂商也许会和服务器、软件或网络厂商进行合作。当虚拟存储实施在设备端时，逻辑（虚拟）环境和物理设备同在一个控制范围中，这样做的益处在于：虚拟磁盘高度有效地使用磁盘容量，虚拟磁带高度有效地使用磁带介质。

在存储子系统端的虚拟存储设备主要通过大规模的 RAID 子系统和多个 I/O 通道连接到服务器上，智能控制器提供 LUN 访问控制、缓存和其他如数据复制等的管理功能。这种方式的优点在于存储设备管理员对设备有完全的控制权，而且通过与服务器系统分开，可以将存储的管理与多种服务器操作系统隔离,并且可以很容易地调整硬件参数。

(3)在网络设备端的虚拟存储

网络厂商会在网络设备端实施虚拟存储,通过网络将逻辑镜像映射到外围存储设备,除了分配数据外,对外围存储设备没有任何控制。在网络端实施虚拟存储具有其合理性,因为它的实施既不是在服务器端,也不是在存储设备端,而是介于两个环境之间,可能是最"开放"的虚拟实施环境,最有可能支持任何的服务器、操作系统、应用和存储设备。从技术上讲,在网络端实施虚拟存储的结构形式有以下两种:即对称式与非对称式虚拟存储。

从目前的虚拟存储技术和产品的实际情况来看,基于主机和基于存储的方法对于初期的采用者来说魅力最大,因为它们不需要任何附加硬件,但对于异构存储系统和操作系统而言,系统的运行效果并不是很好。基于互连设备的方法介于两者之间,它回避了一些安全性问题,存储虚拟化的功能较强,能减轻单一主机的负载,同时可获得很好的可扩充性。

不管采用何种虚拟存储技术,其目的都是为了提供一个高性能、安全、稳定、可靠、可扩展的存储网络平台,满足网络系统的苛刻要求。根据综合的性价比来说,一般情况下,在基于主机和基于存储设备的虚拟存储技术能够保证系统的数据处理能力要求时,优先考虑,因为这两种虚拟存储技术构架方便、管理简单、维护容易、产品相对成熟、性价比高。在单纯的基于存储设备的虚拟存储技术无法保证存储系统性能要求的情况下,我们可以考虑采用基于互连设备的虚拟存储技术。

5.虚拟存储的特点

虚拟存储具有如下特点:

(1)虚拟存储提供了一个大容量存储系统集中管理的手段,由网络中的一个环节(如服务器)进行统一管理,避免了由于存储设备扩充所带来的管理方面的麻烦。例如,使用一般存储系统,当增加新的存储设备时,整个系统(包括网络中的诸多用户设备)都需要重新进行繁琐的配置工作,才可以使这个"新成员"加入到存储系统之中。而使用虚拟存储技术,增加新的存储设备时,只需要网络管理员对存储系统进行较为简单的系统配置更改,客户端无需任何操作,感觉上只是存储系统的容量增大了。

(2)虚拟存储对于视频网络系统最有价值的特点是:可以大大提高存储系统整体访问带宽。存储系统是由多个存储模块组成,而虚拟存储系统可以很好地进行负载平衡,把每一次数据访问所需的带宽合理地分配到各个存储模块上,这样系统的整体访问带宽就增大了。例如,一个存储系统中有 4 个存储模块,每一个存储模块的访问带宽为 50Mbps,则这个存储系统的总访问带宽就可以接近各存储模块带宽之和,即 200Mbps。

(3)虚拟存储技术为存储资源管理提供了更好的灵活性,可以将不同类型的存储设备集中管理使用,保障了用户以往购买的存储设备的投资。

(4)虚拟存储技术可以通过管理软件,为网络系统提供一些其他有用功能,如无需服务器的远程镜像、数据快照(Snapshot)等。

6.虚拟存储的应用

由于虚拟存储具有上述特点,虚拟存储技术正逐步成为共享存储管理的主流技术。其应用具体如下:

(1)数据镜像

数据镜像就是通过双向同步或单向同步模式在不同的存储设备间建立数据复本。一个合理的解决方案应该能在不依靠设备生产商及操作系统支持的情况下,提供在同一存储阵列及不同存储阵列间制作镜像的方法。

（2）数据复制

通过 IP 地址实现的远距离数据迁移（通常为异步传输）对于不同规模的企业来说，都是一种极为重要的数据灾难恢复工具。好的解决方案不应当依赖特殊的网络设备支持，同时，也不应当依赖主机，以节省企业的管理费用。

（3）磁带备份增强设备

过去的几年，在磁带备份技术上鲜有新发展。尽管如此，一个网络存储设备平台亦应能在磁带和磁盘间搭建桥路，以高速、平稳、安全地完成备份工作。

（4）实时复本

出于测试、拓展及汇总或一些别的原因，企业经常需要制作数据复本。

（5）实时数据恢复

利用磁带来还原数据是数据恢复工作的主要手段，但常常难以成功。数据管理工作其中一个重要的发展新方向是将近期内的备分数据（可以是数星期前的历史数据）转移到磁盘介质，而非磁带介质。用磁盘恢复数据就像闪电般迅速（所有文件能在 60 秒内恢复），并远比用磁带恢复数据安全可靠。同时，整卷（volume）数据都能被恢复。

（6）应用整合

存储管理发展的又一新方向是，将服务贴近应用。没有一个信息技术领域的管理人员会单纯出于对存储设备的兴趣而去购买它。存储设备是用来服务于应用的，比如数据库、通讯系统等。通过将存储设备和关键的企业应用行为相整合，能够获取更大的价值，同时，大大减少操作过程中遇到的难题。

（7）虚拟存储在数字视频网络中的应用

从拓扑结构来讲，对称式的方案具有更高的带宽性能，更好的安全特性，因此比较适合大规模视频网络应用。非对称式方案由于采用了虚拟文件原理，因此更适合普通局域网（如办公网）的应用。

虚拟存储技术将底层存储设备进行抽象化统一管理，向服务器层屏蔽存储设备硬件的特殊性，而只保留其统一的逻辑特性，从而实现了存储系统集中、统一而又方便的管理。对比一个计算机系统来说，整个存储系统中的虚拟存储部分就像计算机系统中的操作系统，对下层管理着各种特殊而具体的设备，而对上层则提供相对统一的运行环境和资源使用方式。

存储网络工业协会（Storage Networking Industry Association，SNIA）对存储虚拟化是这样定义的：通过将一个或多个目标（target）服务或功能与其他附加的功能集成，统一提供有用的全面功能服务。

7. 存储网络虚拟化

在存储网络层面进行虚拟化的方法已经成为虚拟化的明确方向，这种虚拟化工作需要使用相应的专用虚拟化引擎来实现。目前市场上的 SAN Appliances 专用存储服务器，或是建立在某种专用的平台上，或是在标准的 Windows、Unix 和 Linux 服务器上配合相应的虚拟化软件而构成。在这种模式下，因为所有的数据访问操作都与 SAN Appliances 相关，所以必须消除它的单点故障。在实际应用中，SAN Appliance 通常都是冗余配置的。

SAN Appliances 可以两种形式来控制存储的虚拟化：直接位于主机服务器和存储设备的数据通道中间（带内，in-band）；或者位于数据通道之外（带外，out-of-band），仅仅向主机服务器传送一些控制信息（metadata），来完成物理设备和逻辑卷之间的地址映射。

（1）带内虚拟化

如图7.3所示，带内虚拟化引擎位于主机和存储系统的数据通道中间，控制信息和用户数据都会通过它，而它会将逻辑卷分配给主机，就像一个标准的存储子系统一样。因为所有的数据访问都会通过这个引擎，它就可以实现很高的安全性。就像一个存储系统的防火墙，只有它允许的访问才能够通行，否则就会被拒绝。

图7.3　带内虚拟化引擎

带内虚拟化的优点是：可以整合多种技术的存储设备，安全性高。此外，该技术不需要在主机上安装特别的虚拟化驱动程序，比带外的方式易于实施。其缺点为：当数据访问量异常大时专用的存储服务器会成为瓶颈。

目前市场上使用该技术的产品主要有，IBM的TotalStorage SVC，HP的VA、EVA系列，HDS的TagmaStore，NetApp的V—Series及H3C的Ⅳ5000。

（2）带外虚拟化

带外虚拟化引擎是一个数据访问必须经过的设备，通常利用Caching技术来优化性能。

带外虚拟化引擎物理上不位于主机和存储系统的数据通道中间，而是通过其他的网络连接方式与主机系统通讯。于是，在每个主机服务器上，都需要安装客户端软件，或者特殊的主机适配卡驱动，这些客户端软件接收从虚拟化引擎传来的逻辑卷结构和属性信息，以及逻辑卷和物理块之间的映射信息，在SAN上实现地址寻址。存储的配置和控制信息由虚拟化引擎负责提供。

该方式的优点为：能够提供很好的访问性能，并无需对现存的网络架构进行改变。其缺点是：数据的安全性难以控制。此外，这种方式的实施难度大于带内模式，因为每个主机都必须有一个客户端程序。也许就是这个原因，目前大多数的SAN Appliances都是采用带内的方式。

目前市场上使用该技术的产品主要有，EMC的InVista和StoreAge的SVM。

8. 虚拟存储的意义

总体来说，存储虚拟化可以表现出三个优势：

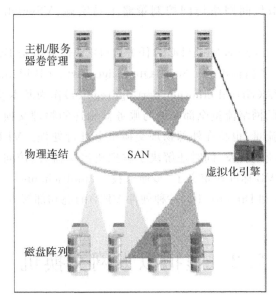

图 7.4 带外虚拟化引擎

(1)存储管理的自动化与智能化

在虚拟存储环境下,所有的存储资源在逻辑上被映射为一个整体,对用户来说是单一视图的透明存储,而单个存储设备的容量、性能等物理特性却被屏蔽掉了。无论后台的物理存储是什么设备,服务器及其应用系统看到的都是客户非常熟悉的存储设备的逻辑映像。系统管理员不必关心自己的后台存储,只要专注于管理存储空间本身,所有的存储管理操作,如系统升级、改变 RAID 级别、初始化逻辑卷、建立和分配虚拟磁盘、存储空间扩容等比从前的任何存储技术都更容易,存储管理变得轻松无比。与普通的 SAN 相比,存储管理的复杂性大大降低了。

(2)提高存储效率

提高存储效率主要表现在释放被束缚的容量,整体使用率达到更高的水平。虚拟化存储技术解决了这种存储空间使用上的浪费问题,它把系统中各个分散的存储空间整合起来,形成一个连续编址的逻辑存储空间,突破了单个物理磁盘的容量限制,客户几乎可以 100% 地使用磁盘容量,而且由于存储池扩展时能自动重新分配数据和利用高效的快照技术降低容量需求,从而极大地提高了存储资源的利用率。

(3)减少成本,增加投资回报

由于历史的原因,许多企业不得不面对各种各样的异构环境,包括不同操作平台的服务器和不同厂商不同型号的存储设备。采用存储虚拟化技术,可以支持物理磁盘空间动态扩展,这样用户不必抛弃现有的设备,可以融入系统,保障了用户的已有投资,从而降低了用户的 TCO(total cost of ownership,总拥有成本),实现了存储容量的动态扩展,增加了用户的 ROI(return on investment,投资回报)。

虚拟化技术没有那么深奥,但是真正用好虚拟化技术却不是一件容易的事情。

虚拟机的出现使数据中心网络接入层出现了 VEB(virtual ethernet bridge,虚拟以太网交换机)概念。在服务器虚拟化环境中最常见的"VSwitch"就是一种软件 VEB。VSwitch 的技术兼容性好,但也面临诸多问题,如 VSwitch 占用 CPU 资源导致虚拟机性能下降、虚拟机间网络流量不易监管、虚拟机间网络访问控制策略不易实施、VSwitch 存在管理可扩展性问题等。

为此，IEEE Data Center Bridging(DCB)任务组(DCB 任务组是 IEEE 802.1 工作组的一个组成部分)正在制定一套新标准——802.1Qbg Edge Virtual Bridging(EVB)。该标准将虚拟以太网端口聚合 VEPA(virtual ethernet port aggregator)作为基本实现方案。VEPA 的核心思想是将虚拟机产生的网络流量全部交给与服务器相连的物理交换机进行处理，即使同一台服务器上的虚拟机间流量，也将在外部物理交换机上进行处理。VEPA 方式不仅借助物理交换机实现了虚拟机间流量转发，同时还解决了虚拟机流量监管、访问控制策略部署、管理可扩展性等问题。另外，EVB 标准还定义了"多通道技术(multichannel technology)"，目的是实现传统 VSwitch、VEPA 和 Director IO(一种硬件 VEB)的混和部署方案。

7.2　虚拟以太网交换机

7.2.1　虚拟化运行环境

服务器虚拟化是在物理服务器上借助虚拟化软件(如 VM Ware ESX、Citrix XEN)实现多个虚拟机(virtual machine，VM)的虚拟化运行环境。安装在服务器上实现虚拟化环境的软件层被称为 VMM(virtual machine monitor)。VMM 为每个虚拟机提供虚拟化的 CPU、内存、存储、I/O 设备(如网卡)以及以太网交换机等硬件环境，如图 7.5 所示。

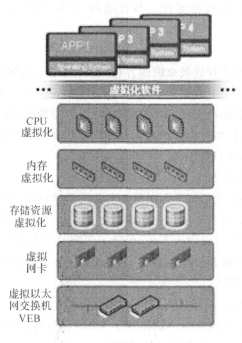

图 7.5　虚拟化运行环境

在虚拟化运行环境中,虚拟交换机提供了虚拟机之间,以及虚拟机与外部网络之间的通讯能力。IEEE 的 802.1 标准文档中,"虚拟以太网交换机"正式名称为"Virtual Ethernet Bridge",简称 VEB(或称 VSwitch)。VEB 可以在 VMM 中采用纯软件方式实现,也可以借助支持 SR-IOV 特性的网卡通过全硬件方式实现。常见的虚拟化软件有 VM Ware ESX、Citrix XEN,一般采用软件 VEB 方案,而硬件 VEB 的应用场景较少,因此主要讨论软件 VEB 的技术特性。

7.2.2　VSwitch 的技术特性

在虚拟化运行环境中,VMM 为每个虚拟机创建一个虚拟网卡,对于在 VMM 中运行的 VSwitch,每个虚拟机的虚拟网卡对应到 VSwitch 的一个逻辑端口上,服务器的物理网卡对应于 VSwitch 与外部物理交换机相连的端口,如图 7.6 所示。

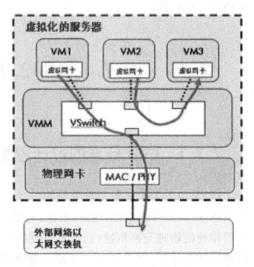

图 7.6　VSwitch 方案架构

虚拟机的报文接收流程:VSwitch 从物理网卡接收以太网报文,之后根据 VMM 下发的虚拟机 MAC 与 VSwitch 逻辑端口对应关系表(静态 MAC 表)来转发报文。

虚拟机报文发送流程:当报文的 MAC 地址在外部网络时,VSwitch 直接将报文从物理网卡发向外部网络;当报文目的 MAC 地址是连接在相同 VSwitch 上的虚拟机时,则 VSwitch 通过静态 MAC 表来转发报文。如图 7.6 所示。

1. VSwitch 方案的优点

(1)虚拟机间报文转发性能好。VSwitch 实现虚拟机之间报文的二层软件转发,对报文的转发能力只受限于 CPU 性能、内存总线带宽,因此虚拟机间报文的转发性能(带宽、延迟)非常好。

(2)节省接入层物理交换机设备。例如,数据中心需要部署 Web 服务器,且 Web 服务器网关指向防火墙。这里可将一台服务器虚拟化成多个虚拟机,每个虚拟机作为一个 Web 服务器,将 VSwitch 作为 Web 服务器的网络接入层设备,将服务器物理网卡与防火墙端口互连即可完成组网,无需额外的物理交换机。

(3)与外部网络的兼容性好。VSwitch 采用软件实现,对现有网络标准的兼容性好,所以 VSwitch 与外部网络设备不存在互联兼容性问题。

2. VSwitch 方案的缺点

(1)消耗 CPU 资源。虚拟机产生的网络流量越高,则基于软件实现的 VSwitch 就需要占用越多的 CPU 资源用于报文的转发处理,从而减弱了服务器支持更多虚拟机的能力。特别是在虚拟机到外部网络的流量很大时,CPU 的开销会更大。

(2)缺乏网络流量的可视性。VSwitch 缺少内部流量监管能力,例如端口报文统计、端口流镜像、Netstream 等特性。上述特性的缺失,一方面导致虚拟机之间的流量无法被网管系统所监管。另一方面也使得网络发生故障,难以定位问题原因。

(3)缺乏网络控制策略的实施能力。当前数据中心接入交换机都具有很多实现网络控制策略的特性,例如端口安全、QOS、ACL 等。而 VSwitch 因顾及到 CPU 开销问题,通常不支持上述特性。因此限制了数据中心的端到端的网络控制策略(如端到端的 QoS、整网安全部署策略等)的部署能力。

(4)缺乏管理可扩展性。随着数据中心虚拟机数量的增加,VSwitch 的数量随之增加,而传统的 VSwitch 必须被单独的配置管理,由此增加了网络的管理工作量。VMWare 公司推出了"分布式交换机(DVW)"技术,可以将最多 64 个 VSwitch 作为一个统一的设备进行管理。但这种技术只有限地改善了管理扩展性问题,并未从根本上解决外部网络管理与 VSwitch 管理的统一性问题。

7.3　802.1Qbg EVB 标准

7.3.1　EVB 标准的设计思想

IEEE 802.1 工作组正着手制定一个新标准 802.1Qbg Edge Virtual Bridging(EVB),以解决 VSwtich(软件 VEB)的局限性。其核心思想是,将虚拟机产生的网络流量全部交给与服务器相连的物理交换机进行处理,即使同一台服务器的虚拟机间流量,也将发往外部物理交换机进行查表处理,之后再 180 度掉头返回到服务器上,形成了所谓的"发卡弯"转发模式,如图 7.7 所示。

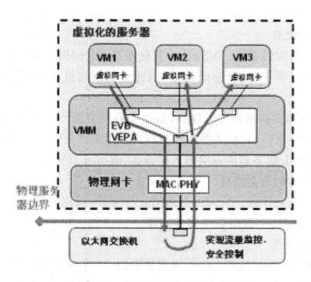

图 7.7　EVB/VEPA 基本架构

EVB 改变了传统的 VEB 对报文的转发方式,使得大多数报文在外部网络交换机被处理。EVB 可通过软件方式实现(类似在 VMM 中的 VSwitch 软件模块)。由于将所有流量都引向外部交换机,因此与虚拟机相关的流量监管、控制策略和管理可扩展性问题得以很好的解决。但是,由于流量被从虚拟机上引入外部网络,使 EVB 技术也带来了更多网络带宽开销的问题。例如,从一个虚拟机到另一个虚拟机的报文,占用的网络带宽是传统的报文转发的两倍,其中一半带宽用于从源虚拟机向外网交换机传输,另一半带宽用于从外部交换机向目的虚拟机传输。EVB 的出现并不是完全去替换 VEB 方案,但是 EVB 对于流量监管能力、安全策略部署能力要求较高的场景(如数据中心)而言,是一种优选的技术方案。

以太网交换机在处理报文转发时,对于从一个端口上收到的报文不会再将该报文从该端口发回(将破坏生成树协议的实现)。因此,如果使具有 EVB 特性的服务器接入一个外网交换机上时,这台交换机的相应端口必须支持上述"发卡弯"转发方式。当前大多数交换机的硬件芯片都能支持这种"发卡弯"转发,只要改动驱动程序即可实现,不必为支持"发卡弯"方式而增加新的硬件芯片。

另一个由 EVB 技术引起的变化是服务器对从外部网络接收到组播或广播报文的处理方式。由于 EVB 从物理网卡上收到的报文可能是来自外部交换机的发卡弯报文,也就是说报文源 MAC 是虚拟化服务器上的虚拟机的 MAC,这种报文必须进行过滤处理,以避免发送该报文的虚拟机再次从网络上收到自己发出的组播或广播报文。因此,当前的操作系统或网卡驱动都需要作相应的修改。

EVB 标准具有如下的技术特点:

(1)借助发卡弯转发机制将外网交换机上的众多网络控制策略和流量监管特性引入虚拟机网络接入层,简化了网卡的设计,减少了虚拟网络转发对 CPU 的开销。

(2)使用外部交换机上的控制策略特性(ACL、QOS、端口安全等)实现整网端到端的策略统一部署。

(3)使用外部交换机增强了虚拟机流量监管能力,如各种端口流量统计,Netstream、端口镜像等。

以上仅描述了 EVB 的设计思路以及实现 EVB 方案带来的好处。实际上 EVB 定义了两种报文转发方案:虚拟以太网端口聚合(virtual ethernet port aggregator,VEPA)和多通道(multichannel technology)。VEPA 是 EVB 标准定义的基本实现方案,不需要对虚拟机发出的以太网报文作改动即可实现发卡弯转发。多通道技术则定义了通过标签机制实现 VEB、Director IO(硬件 VEB)和 VEPA 混和方案。多通道技术为管理员提供了一种选择实现虚拟机与外部网络连接的技术手段。

7.3.2 EVB 的基本实现方案——VEPA

IEEE 802.1 工作组在 VEPA 技术基础上实现 IEEE 802.1Qbg EVB 标准,是因为 VEPA 技术对当前网卡、交换机、现有以太网报文格式和标准影响最小。

VEPA 的实现基于现在的 IEEE 标准,不必为报文增加新的二层标签,只要对 VMM 软件和交换机的软件升级就可支持 VEPA 的发卡弯转发。为了评估开发 VEPA 特性的工作量,HP 公司的某新技术实验室开发了一种支持 VEPA 功能的原型软件,和一个支持发卡弯转发的外部以太网交换机原型。VEPA 软件原型是在 Linux 内核的桥模块基础上,只作了很少代码修改即实现了发卡弯特性,即使在未对代码作优化的情况下,VEPA 方案对报文的转发性能也比传统 VSwitch 提高了 12%。

与 VEB 方案类似,VEPA 方案可以采用纯软件方式实现,也能够通过支持 SR-IOV 的网卡实现硬件 VEPA。其实,只要是 VEB 能安装和部署的地方,就都能用 VEPA 来实现,但 VEB 与 VEPA 各有所长,并不存在替代关系。

VEPA 的优点:

(1)完全基于 IEEE 标准,没有专用报文格式。

(2)容易实现。通常只需要对网卡驱动、VMM 桥模块和外部交换机的软件作很小的改动,就可实现低成本的方案目标。

7.3.3 对 VEPA 的增强——多通道技术

多通道技术是通过给虚拟机报文增加 IEEE 标准报文标签,以增强 VEPA 功能的一种方案,由 HP 公司提出,最终被 IEEE 802.1 工作组接纳为 EVB 标准的一种可选方案。

多通道技术方案将交换机端口或网卡划分为多个逻辑通道,并且各通道间逻辑隔离。每个逻辑通道可由用户根据需要定义成 VEB、VEPA 或 Dircetor IO 的任何一种。每个逻辑通道作为一个独立的到外部网络的通道进行处理。多通道技术借用了 802.1ad S-TAG(Q-IN-Q)标准,通过一个附加的 S-TAG 和 VLAN-ID 来区分网卡或交换机端口上划分的不同逻辑通道。如图 7.8 所示,多个 VEB 或 VEPA 共享同一个物理网卡。管理员可能需要特定虚拟机使用 VEB,以获得较好的交换性能;也可能需要其他的应用使用 VEPA,以获得更好的网络控制策略可实施性和流量可视性,并要求上述使用的 VEB 或 VEPA 的虚拟机同时部署在一个物理服务器上。对于这些情况,管理员通过多通道技术即可解决 VEB 与 VEPA 共享一个外部网络(网卡)的需求。

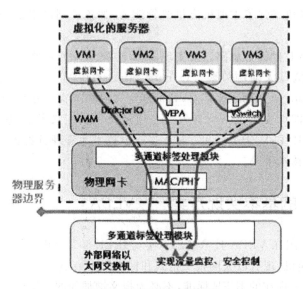

图 7.8 多通道技术的架构

多通道技术需要网卡和外部交换机支持 S-TAG 和 Q-IN-Q 操作。所以在某些情况下,可能要求网卡或交换机做硬件升级,而 VEPA 方案对设备硬件没有要求,几乎在所有的 VMM 和外部物理交换机上都能实现。部署多通道技术时,并不必须同时部署 VEPA,多通道技术只是为管理员提供了一种选择实现虚拟机与外部网络连接的技术手段。

7.3.4　关于 802.1Qbh Bridge Port Extension 标准

端口扩展(PE)设备是一种功能有限的物理交换机,通常作为一个上行物理交换机的线卡使用。端口扩展技术需要为以太网报文增加标签(TAG),而端口扩展设备借助报文 TAG 中的信息,将端口扩展设备上的物理端口映射成上行物理交换机上的一个虚拟端口,并且使用 TAG 中的信息来实现报文转发和策略控制。

当前市场上已有端口扩展设备,如 Cisco 的 Nexus 2K 就是 Nexus 5K 的端口扩展器。VN−TAG 是 Cisco 为实现端口扩展而定义的一种私有以太网报文标签格式,这种报文格式不是建立在 IEEE 已定义的各种标准之上。VN−TAG 为报文定义了虚拟机源和目的端口,并且标明了报文的广播域。借助支持 VN−TAG 技术的 VSwitch 和网卡,也能够实现类似 EVB 多通道的方案,但是 VN−TAG 技术有以下一些缺点:

(1)VN−TAG 是一种新提出的标签格式,没用沿用现有的标准(如 IEEE 802.1Q、IEEE 802.1ad、IEEE 802.1X tags)。

(2)必须要改变交换机和网卡的硬件,而不能只是简单地对现有的网络设备软件进行升级。也就是说,VN−TAG 的使用需要部署支持 VN−TAG 的新网络产品(网卡、交换机、软件)。

最初 IEEE 802.1 工作组曾考虑将"端口扩展"特性作为 EVB 标准的一部分,但是工作组最终决定将端口扩展发展成一个独立的标准,即 802.1 Bridge Port Extension。Cisco 曾向 802.1Q 工作组建议,将 VN−TAG 技术作为实现 EVB 的一种可选方案,但 IEEE 802.1 工作组最终没有接纳这个提案。此后,Cisco 修改了 VN−TAG 技术草案,修改后的草案称为 M−TAG,该方案的主要目标仍是为了实现端口扩展设备与上行交换机之间的通信标准化。

7.3.5　802.1Qbg EVB 的标准化进程

IEEE 802.1 选择 VEPA 技术草案作为 EVB 标准的基础,因其使用现有的技术标准,并对现有的网络产品和设备产生最小的影响。多通道技术作为一种可选项,也在 EVB 标准中定义。多通道技术提出了一种标准化 TAG 机制,以实现 VEPA、VEB 及 Director IO 的灵活部署。同样的情况,IEEE 802.1 工作组已接受 Cisco 提出的 M−TAG 技术草案作为端口扩展标准 802.1gbh,并且标准化过程也在进行中,但其成为正式标准的时间要晚于 802.1Qbg。表 7.2 所示为 VEB 方案与 EVB 方案的综合对比情况。

表 7.2　VEB 方案与 EVB 方案的综合对比

	VSwitch	802.1Qbg EVB
虚拟机间报文转发性能	5	3
虚拟机与外部网络报文转发性能	2	4
对服务器 CPU 的开销	1	3
虚拟机间流量的可视性	1	5
虚拟机流量的网络控制策略部署能力	1	5
管理可扩展性	4	5
在现有网络环境上实现的难易程度	4	4

＊注:满分为 5,分值越接近 5,表示该项技术参数越优良。

　　"方案没有最好的,只有最适合的。"VEB 的优点是虚拟机之间的报文转发性能高,而且软件 VEB(VSwitch)的兼容性好,易于实现。而 EVB 的优点在于虚拟机流量的监管能力、网络策略部署能力以及管理可扩展性。EVB 与 VEB 各有所长,并不存在绝对替代关系,也正因为这个原因,EVB 标准又定义了"多通道技术"。建议用户在设计虚拟服务器接入层网络时,根据实际需求选择合适的技术方案。

　　另外,市场上现存的一些与虚拟服务器接入层网络相关的产品,采用的方案并不是 802.1 工作组承认的标准技术。建议用户在评估设备的过程中,从保护现有设备投资角度出发,充分评估特定厂商产品的技术特性,确认其是否能在将来与当前正在标准化进程中的 EVB 标准充分兼容。

7.4　数据中心虚拟化解决方案

7.4.1　数据中心概念

　　数据中心是信息系统的中心,通过网络向企业或公众提供信息服务。具体来说,数据中心是在一幢建筑物内,以特定的业务应用中的各类数据为核心,依托 IT 技术,按照统一的标准,建立数据处理、存储、传输、综合分析的一体化数据信息管理体系。信息系统为企业带来了业务流程的标准化和运营效率的提升,数据中心则为信息系统提供稳定、可靠的基础设施和运行环境,并保证可以方便地维护和管理信息系统。

　　图 7.9 展示了数据中心的逻辑示意图。一个完整的数据中心在其建筑之中,由支撑系统、计算设备和业务信息系统这三个逻辑部分组成。支撑系统主要包括建筑、电力设备、环境调节设备、照明设备和监控设备,这些系统是保证上层计算机设备正常、安全运转的必要条件。计算设备主要包括服务器、存储设备、网络设备、通信设备等,这些设施支撑着上层的业务信息系统。业务信息系统是为企业或公众提供特定信息服务的软件系统,信息服务的质量依赖于底层支撑系统和计算机设备的服务能力。只有整体统筹兼顾,才能保证数据中心的良好运行,为用户提供高质量、可信赖的服务。

　　可见,数据中心的概念既包括物理的范畴,也包括数据和应用的范畴。数据中心容纳了支撑业务系统运行的基础设施,为其中的所有业务系统提供运营环境,并具有一套完整的运行、维护体系以保证业务系统高效、稳定、不间断地运行。

7.4.2　数据中心的分类与分级

　　依据业务应用系统在规模类型、服务对象、服务质量的要求等各方面的不同,数据中心的规模、配置也有很大的不同。

　　数据中心按照服务对象来分,可以分为企业数据中心和互联网数据中心。企业数据中心指由企业或机构构建并所有,服务于企业或机构自身业务的数据中心,它为企业、客户及合作伙伴提供数据处理、数据访问等信息服务。企业数据中心的服务器可以自己购买,也可以从电

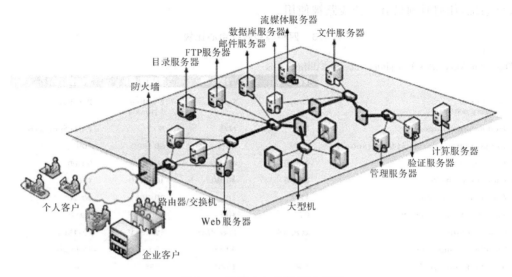

图 7.9　数据中心的逻辑示意图

信级机房中租用,运营维护的方式也很自由,既可以由企业内部的 IT 部门负责运营维护,也可外包给专业的 IT 公司运营维护。互联网数据中心由服务提供商所有,通过互联网向客户提供有偿信息服务。相对于企业数据中心来讲,互联网数据中心的服务对象更广,规模更大,设备与管理更为专业。

　　长期以来,业界采用等级划分的方式来规划和评估数据中心的可用性和整体性能。采用这种方法可以明确设计者的设计意图,帮助决策者理解投资效果。美国 Uptime Institute 提出的等级分类系统已经被广泛采用,成为设计人员在规划数据中心时的重要参考依据。在该系统中,数据中心按照其可用性的不同,被分为四个等级(tier),如表 7.3 所示。

　　第一等级(tier Ⅰ)为无冗余设置的、最基础的数据中心。数据中心只有一个通信通道、一个供电入口、一套暖通空调系统,即使有架空的防静电地板也仅能满足最小承重标准。第一级的数据中心一般每年都需要停机维护,最好的情况下能达到 99.67％的正常运行时间,也就是说,每年会有至少 29 小时的中断时间。

　　第二等级(tier Ⅱ)被称为“具冗余设备级”(redundant capacity components siteInfrastructure),在多种基础设施方面引入了冗余组件,以获得较第一级数据中心稍高的设计正常运行时间。这些冗余组件包括第二个通信通道、UPS 与后备柴油发电机,以及第二套暖通空调系统。二级数据中心也需要每年停机一次进行维护,最好的情况下能达到 99.75％的正常运行时间,也就是说,每年中断时间低于 22 小时。该级别数据中心具有冗余设备,但是所有设备仍由一套线路系统相连通。

　　第三等级(tier Ⅲ)被称为“可并行维护级”(concurrently maintainable siteInfrastructure),即可以不停机维护的数据中心——任何主要基础设施的停机均不会引起数据中心内主机的操作中断。这需要在通信、电气、暖通空调方面同时具备冗余的组件和冗余路径。地板的承重能力更高,数据中心所在建筑的访问控制也更为严格。第三级的数据中心要求在各种主机正常工作的情况下也可对数据中心进行维护和操作。最好的情况是正常运行时间跳升到99.98％,也就是说,每年中断时间低于 105 分钟。该级别数据中心具有冗余设备,所有计算机设备都具备双电源并按照数据中心的建筑结构合理安装。此外,Tier Ⅲ 要求数据中心拥有多套线路系统,任何时刻只有一套线路被使用。

表 7.3　四种等级数据中心比较

This chart illustrates Tier similarities and differences

	TIER I	TIER II	TIER III	TIER IV
Number of delivery paths	Only 1	Only 1	1 active 1 passive	2 active
Redundant components	N	N+1	N+1	2 (N+1) or S+S
Support space to raised floor ratio	20%	30%	80-90%	100%
Initial watts/ft²	20-30	40-50	40-60	50-80
Ultimate watts/ft²	20-30	40-50	100-150	150+
Raised floor height	12"	18"	30-36"	30-36"
Floor loading pounds/ft²	85	100	150	150+
Utility voltage	208, 480	208, 480	12-15kV	12-15kV
Months to implement	3	3 to 6	15 to 20	15 to 20
Year first deployed	1965	1970	1985	1995
Construction $/ft² raised floor*	$450	$600	$900	$1,100+
Annual IT downtime due to site	28.8 hrs	22.0 hrs	1.6 hrs	0.4 hrs
Site availability	99.671%	99.749%	99.982%	99.995%

*Excludes land and abnormal civil costs. Assumes minimum of 15,000 ft² of raised floor, architecturally plain one story building fitted out for the initial capacity, but with the backbone designed to reach the ultimate capacity with the installation of additional components. Make adjustments for NYC, Chicago, and other high cost areas.

© 2001 The Uptime Institute

第四等级(tier Ⅳ)被称为"容错级"(fault tolerant site infrastructure),该级别的数据中心具备多路径与多设备备份,可以实现在任何基础设施有计划的停机时维持正常运作的高容错性数据中心。它还具备对至少一种最坏的计划外事件的抵御能力。所有设备均具有不同路由的冗余数据与电源线,分割出不同的分配区域可以准确反映各种处理事件。能够防止地震破坏是最低要求,还需要有抵御飓风、洪水,甚至恐怖袭击的能力。第四级数据中心需要达到99.995%甚至更高的正常运行时间,中断只有在计划中的防火演习或者紧急停电的情况下才会发生,每年的中断时间不超过数十分钟。

该级别数据中心具有多重的、独立的、物理上相互分隔的冗余设备,所有计算机设备都具备双电源并按照数据中心的建筑结构合理安装。此外,Tier Ⅳ 要求数据中心拥有动态分布的多套线路系统来同时连通计算机设备。

可见,随着等级的提高,数据中心具有了更强的可用性和整体性能。目前,已落成的数据中心在进行升级改造时都在力争达到 Tier Ⅳ 的要求。而面向云计算的下一代数据中心在设计时更是以 Tier Ⅳ 作为建设的标准。

7.4.3　数据中心的设计和构建

数据中心的设计和构建是一项系统工程,相关人员需要相互协作来完成总体设计、建筑和基础设施的构建,以及软硬件的采购和上线。本节将为读者介绍这些工作及其相关流程。

1. 总体设计

数据中心的设计是一个系统、复杂、迭代的过程。数据中心设计者要在特定预算的情况下,让数据中心能够满足单位现有及将来不断增长的业务需求。数据中心的设计过程需要各类参与者不断地协商,平衡多方面的因素,比如在预算的限制和数据中心的性能间进行平衡。

通常情况下,设计阶段决定了落成后数据中心的质量。合理的评估规划、全面周详的设计是构建数据中心关键的第一步。

从 20 世纪 60 年代初开始,世界各地的工程人员在构建数据中心的过程中不断总结,形成了系统的数据中心建设标准,如我国的国家标准《电子信息系统机房设计规范》(GB50174－2008)和美国的《数据中心电信基础设施标准》(TIA－942)。这些标准为数据中心的设计,尤其是建筑、机电、通风等基础设施的规划提供了基本的依据。除了有标准可以依据,设计人员还可以参考以往工程中积累下来的实践经验,以现实需求为基础,合理运用新技术,提高数据中心的管理效率和整体性能。

建设数据中心的目标是为了满足企业信息化建设中的各项信息服务的需求,为它们提供高性能、高可用、高可扩展的安全的基础设施及软件平台。建设数据中心包括建设机房环境,为数据中心提供可靠、易用的电力,环境控制、消防等辅助配套设施,提供高效的网络环境,构建高效、稳定的服务器系统和存储系统,并建立安全体系和灾备系统。

构建数据中心需要遵守一些核心设计理念,遵守这些理念可以使得数据中心的设计清晰、高效、有条理。简单的理念要求设计容易被理解和验证;灵活的理念保证数据中心能不断适应新的需求;可扩展的理念使数据中心系统机构和设备易于扩展,能够随着业务的增长而扩大;模块化的理念是将复杂的工程分解为若干个小规模任务,使设计工作可控而易管理;标准化的理念要求采用先进成熟的技术和设计规范,保证能够适应信息技术的发展趋势;经济性的理念要求选用性价比高的设备,系统可以方便地升级,充分利用原有投资。

2. 建筑的设计与构建

构建一个数据中心有多种方式,究竟采用什么方式取决于企业的发展战略和预算。租用机房对于资金较少的公司是一个不错的选择,这样可以节省建设机房及管理维护数据中心的成本。对于需要拥有独立数据中心的企业,可以选择利用现有的建筑构建数据中心或者设计修建一个新的建筑作为数据中心。数据中心的建筑在安全、高度和承重方面都有严格的标准,无论是利用现有的建筑还是修建新的建筑都需要考虑数据中心的构建标准。

构建数据中心,面临的第一个问题就是选址。选址要综合考虑多种因素,包括公司发展战略、预算、运营成本和安全等诸多因素,其中通信、电力和地理位置是选址的三个主要考虑因素。光纤通信技术的发展解决了信息的长距离、高带宽快速传递的问题,因此,数据中心的选址不存在服务半径的问题,只要能够方便地接入主干通信网,即可向全球提供服务。电力供应是构建数据中心需要考虑的另一个因素,数据中心所在位置必须能够提供充足、稳定的电力供应,并且电力成本足够低,因为电力是数据中心长期运营成本中的一大笔开销。为了提供可靠、稳定的服务,数据中心对可靠性和可用性都有严格的要求,所以选择地理位置时,安全是必须考虑的因素,应该尽量远离核电站、化工厂、飞机场、通信基站、军事目标和自然灾害频发的地带。

其次,构建数据中心需要考虑建筑要求,包括建筑的规模、布局、高度、地板的承重能力和室内布局等。数据中心可以小到一个房间,大到一层楼甚至是整幢楼房。数据中心的规模取决于企业的需求和预算,这直接关系到能承载多少服务器,以及将来可以扩展到多大的规模。从土建角度来讲,数据中心楼板的承重要求高于普通建筑,因为数据中心的服务器一般比较密集,大型机柜、网络设备的重量大于普通的家具和办公设备。因此在设计建筑的承重能力时需要综合考虑数据中心的容量,包括服务器的数量、制冷设备等相关辅助设备的数量。

数据中心对楼层的高度也有要求,设计时需要计算铺设地板和安装吊顶以后的净高。因为一般数据中心都采用下进线方式,地板下要敷设走线槽和通风通道,所以地板净高至少需要30~50厘米;而房顶吊顶中要留足灯具和消防设备暗埋高度,这样房间的净高至少累计减少70~80厘米;普通楼房的高度在机房装修后会显得较低,不利于设备的安装。所以数据中心的房间净高度最好在3.3米以上。布局的设计要考虑到各个房间的大小、分布、面积和功能等,比如要考虑如何设置配线间、服务器存放区域和管理员房间等。良好的布局能够提高制冷效率,降低制冷成本。此外,数据中心对室内环境要求较高,许多设备对温度、湿度和灰尘都有特定的要求,通常要避免室内设有窗户,要在屋顶布置照明、防火、安全监控等设施。

数据中心设计完成后,就进入了施工阶段,也就是根据设计实现数据中心的阶段。与建造其他建筑类似,施工阶段有许多繁琐的工作需要处理。为了保证工程质量,需要有专门的监管部门控制施工进度,并根据设定的标准进行阶段性验收,项目完成后还需要进行全面验收才能交付使用。

为了确保设备的正常运行,网络、电力和环境控制设施等基础设施是必不可少的。如图7.10所示,电力是数据中心运行的动力,网络保证了服务器及存储的互联和访问,环境控制设施为设备运行提供了合适的温度、湿度等环境条件。基础设施的设计同IT设备的规模是紧密相关的。比如服务器的数量直接影响所需要的电量,服务器数量越多,释放出来的热量会随之增长,制冷设备也需要相应增加。为了使IT设备相互连接,网络设施的设计建造同样是至关重要的。下面详细介绍上面三种基础设施的设计和构建。

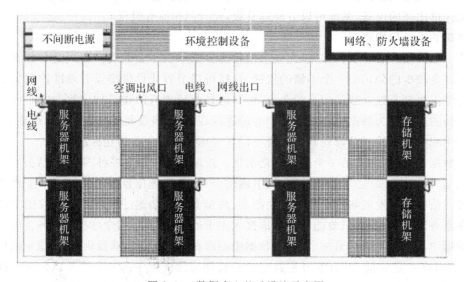

图7.10　数据中心基础设施示意图

电力系统的设计是数据中心基础设施设计中最为关键的部分,关系到数据中心能否持续、稳定地运行。电力系统的设计需要考虑数据中心的电力负荷限制、电力公司和冗余配备、电力设施的布局。数据中心内的电力负载主要有照明用电、消防应急系统用电、计算机设备用电和制冷设备用电。由于业务的重要性,以上各项电力负载均需要冗余来保证其可用性。在电力负荷确定后,数据中心的规划等级决定了电力冗余设备的配置。

举例来说,Tier Ⅳ 数据中心的电力系统可靠性需要达到99.99%,意味着平均每5年才会发生一次电力事故,平均每年电力事故引起的宕机时间为0.8小时。应对这样的可用性要求,数据中心需要采用市电双路供电,设置双总线 UPS(uninterruptible power supply,不间断电源)冗余,延时 15 分钟,同时配备柴油发电机作为第二重备份,在市电仍未恢复且 UPS 耗尽前及时接入。在数据中心的设计中,电力线路和插座的布局也是很重要的。数据中心内部 IT系统和环境控制设备等基础设施(比如服务器、交换机及空调等)的分布直接影响电力线路的布局。设计线路布局还需要考虑将来扩展的需求及支持设备的类型,不同国家的设备对电压、电流的要求也是有差异的。此外,数据中心的电力系统还需要进行机房接地系统和防雷接地系统的设计,保证数据中心的电力安全。

　　环境控制设施保证了数据中心的设备有一个适宜的运行环境,包括温度、湿度及灰尘的控制。设计环境控制设施需要考虑 IT 设施的规模、服务器的类型和数量等。温度控制作为环境控制中最为重要的问题已经被广泛研究,现在数据中心常采用的制冷方式有:风冷、水冷和机架内利用空气—水热交换制冷等。依据 Tier Ⅳ 标准,数据中心要求具有双路冷源和双冗余管路系统。如图 7.11 所示,为了布线方便,一般都将机房地板架空,利用这个空间铺设网络线路、电力线路,以及将冷气分发到数据中心的每个角落。精密空调通过循环吸收热空气,制造冷气。在机架的前方,通过镂空的地板,将冷气送入机架,冷气流经机架带走服务器的热量,转换成热空气从机架后面重新流入制冷装置的进风口。

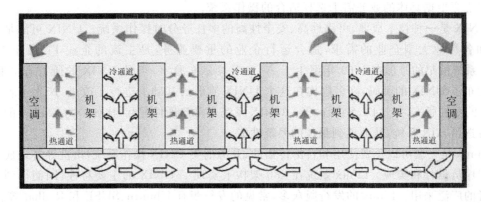

图 7.11　数据中心风冷示意图

　　风冷的设计有两个关键点:一是热通道和冷通道的设计,要避免热空气流入服务器机架中;二是单位时间送给每个机架的冷气必须能够满足整个机架的需求,否则机架下层的服务器排出的热空气就可能向上流动,使机架上层的服务器不能获得良好的制冷效果。风冷的一个主要问题是制冷能力有限,所以机架内服务器的密度不能太大。机架内空气、水交换制冷能有效提高机架内机器密度。随着绿色数据中心概念的推广,节能已经是数据中心设计的一个重要目标,水冷在节能和制冷效果方面都具有明显的优势,正被越来越多的数据中心采用。

　　如果数据是血液,网络就是血管。网络系统是信息的高速公路,在数据中心内及数据中心之间起着至关重要的作用。网络基础设施的设计与电力系统的设计类似,需要与企业的业务需求紧密结合,主要包括网络供应商的选择和内部网络拓扑的设计。现在多数业务都支持通过互联网进行访问,所以业务的可用性和服务质量在一定程度上取决于网络供应商的服务质量。如果业务对网络服务质量的要求比较高(比如银行 ATM 服务),则需要考虑多家网络供应商接入。一般数据中心的网络包含至少三级结构:网络供应商的网络接入连接到数据中心的核心交换机;二级交换机向上连接到核心交换机,向下和数据中心的机架互连;机架内部的服务器则通过机架内置的网络交换模块同二级交换机连接。每级交换机的性能和出口、入口的带宽选择都与数据中心内部的负载分布密切相关。

数据中心的网络设备主要有交换机和路由器。交换机是一种基于 MAC 地址识别的封装转发数据包功能的网络设备。与集线器共享带宽的广播方式不同,交换机可以识别数据帧的发送者和目标接收者,使数据帧直接从源地址到达目的地址。通过交换机的过滤和转发,可以有效地解决广播风暴问题,减少误包和错包的出现,避免共享冲突。

3. 数据中心上线

数据中心上线包括以下几个步骤:选择服务器、选择软件、机器上架及软件部署和测试。下面将分别介绍这些步骤:

选择服务器需要综合考虑多方面因素,比如数据中心支持的服务器数量及数据中心将来要达到的规模和服务器的性能等。由于服务器是主要的耗电设备,所以节能也是一个重要的考虑因素。数据中心的服务器按照类型可以分为塔式服务器、机架式服务器和刀片服务器这三大类。有关服务器的选择请参考第 4 章的服务器指标与选购。

数据中心的软件主要包括操作系统、数据中心管理监控软件和与业务相关的软件(中间件、邮件管理系统、客户关系管理系统等软件)。

目前数据中心服务器操作系统主要有三大类:UNIX 系统、Windows 系统和 Linux 系统。数据中心要根据具体的业务需求选择适合的操作系统。

UNIX 是一种技术成熟、可靠性高、安全性高的多任务分时操作系统。UNIX 可满足政府机构和各行业大型企业的需求,适合运行企业的重要业务,是主流的企业 IT 操作平台。UNIX 系统最早的雏形在 1969 年诞生于 AT&T 贝尔实验室,当时 UNIX 的所有者 AT&T 公司发布了 UNIX 的源码,许多机构在这个 UNIX 雏形的基础上进行了改进,产生了若干个 UNIX 的变种版本,如 AIX、Solaris 等。UNIX 系统常常与硬件配套,比如采购了 IBM 的小型机就应选用 AIX 系统,从而达到最佳的系统性能。

Linux 是一套可以免费使用和自由传播的、开源的类 UNIX 操作系统,由世界各地成千上万的程序员设计和实现。Linux 系统在 x86 架构上实现了 UNIX 的主要特性,因而得到众多爱好者的广泛采用。Linux 的发行版众多,常见的发行版有 Ubuntu、SUSE 和 Redhat 等。

Windows 是 Microsoft 公司开发的操作系统,用于服务器的操作系统有 Windows Server 2003 和 Windows Server 2008 等。

数据中心大多以 Web 的形式向外提供服务,Web 服务一般采用三层架构,从前端到后端依次为表现层、业务逻辑层和数据访问层。三层架构目前均有相关中间件的支持,如表现层的 HTTP 服务器,业务逻辑层的 Web 应用服务器,数据访问层的数据库服务器。主要产品有 IBM 公司的 WebSphere(HTTP 服务器、Web 应用服务器)和 DB2(数据库服务器),开源的产品有 Apache(HTTP 服务器)、Tomcat(Web 应用服务器)和 MySQL(数据库服务器)等。

数据中心的管理和监控软件种类繁多,功能涵盖系统部署、软件升级、系统、网络、中间件及应用的监控等。比如 IBM 的 Tivoli 系列产品和 Cisco 的网络管理产品等,用户可以根据自己的需要进行选择。

机器上架和系统初始化阶段主要完成服务器和系统的安装和配置工作。首先将机架按照数据中心设计的拓扑结构进行合理摆放,服务器组装完成后进行网络连接,最后安装和配置操作系统、相应的中间件和应用软件。这几个阶段都需要专业人员的参与,否则系统可能无法发挥最大的性能,甚至不能正常工作。举例来说,数据库软件安装完成后,需要根据服务器的硬件配置及应用的需求进行性能调优,这样才能最大程度地发挥数据库系统的性能。目前已经有了一些系统管理方案,支持自动地进行系统部署、安装和配置,这在一定程度上减少了技术人员的工作复杂度,简化了系统初始化的流程,提高了系统部署的效率。

服务器和软件安装配置完成后,就要开始对整个系统进行联合测试,检验软件是否正常运行、网络带宽是否足够,以及应用性能是否达到预期等。这个阶段需要参照设计阶段的文档逐条验证,测试系统是否满足设计要求。

7.4.4　数据中心的管理和维护

数据中心的管理和维护包含很多工作,涉及多种角色,包括系统管理员、应用管理员、硬件管理员、机房管理员、数据管理员和网络管理员等,每个角色都不可或缺。在中小规模的数据中心里,经常一人身兼若干角色。本节将介绍数据中心管理和维护的主要工作。

1. 硬件的管理和维护

硬件的管理和维护包括对硬件的升级、定期维护和更新等。业务规模的增长和系统负载的增加要求对服务器进行升级以适应业务发展的需要。系统运行一段时间后要定期对硬件进行检查和维护,保证硬件的稳定运行。当服务器发生硬件故障时,需要及时检测和定位故障,并更换发生故障的部件。

升级或者更换部件时,不但要考虑服务器内各种部件的兼容性,还要协调这些部件的性能,消除性能瓶颈。服务器的 CPU 频率、内存大小、磁盘容量、I/O 性能、网络带宽和电源供给能力等要达到均衡和协调,才能避免浪费并且使系统整体性能达到最优。在选取组件时,应尽量选取同一品牌和型号的组件,这样做一方面可以提高不同服务器组件之间的可替换性和兼容性,另一方面可以减少由于组件型号不同而对系统性能产生的影响。

灰尘是导致服务器故障的一个重要因素,服务器的散热风扇在运转时容易将尘土带入机箱,尘土中夹带的水分和腐蚀性物质附着在电子元件上,会影响散热或产生短路,增加系统的不稳定性。因此,定期清理除尘是必不可少的。

2. 软件的管理和维护

数据中心的常见软件包括操作系统、中间件、业务软件和相关的一些辅助软件,其管理和维护工作包括软件的安装、配置、升级和监控等。

操作系统的安装主要有两种方式:通过系统安装文件安装和克隆安装。安装文件的优势是支持多种安装环境和机器类型,但是安装中大多需要人工干预,容易出错,而且效率较低。对同一类服务器,则可以采用镜像克隆方式安装,避免手动安装引入的错误,减少人为原因引起的配置差异,提高部署效率。系统升级需要遵守严格的流程,包括新补丁的测试、验证及最后在整个数据中心进行规模分发和安装。补丁的分发有两种方式:一种是"推"方式,由中央服务器将软件包分发到目标机器上,然后通过远程命令或者脚本安装;另一种是"拉"方式,在目标机器上安装一个代理,定期从服务器上获取更新。

安全性是操作系统管理和维护的重要内容,常见的措施包括安装补丁、设置防火墙、安装杀毒软件、设置账号密码保护和检测系统日志等。遵循稳定优先的原则,服务器一旦运行在稳定的状态,应避免不必要的升级,以免引入诸如软件和系统不兼容等问题。中间件和其他软件的管理和维护工作与操作系统类似,包括软件的安装、配置、维护和定期升级等。虚拟化技术的发展简化了软件的安装和配置工作,这部分内容将在后面的章节中进行详细介绍。

3. 数据的管理和维护

数据是信息系统最重要的资产。事实上,构建信息系统的目标就是对数据的管理,保证数据安全、有效和可用。采用有效的数据备份和恢复策略能保证企业数据的安全,即使在灾难发生后,也能快速地恢复数据。数据中常常包含企业的商业机密,因此数据维护是数据中心维护工作的重中之重。随着信息技术的快速发展,数据量正在呈指数级增长。2003 年全球人均数据量仅为 0.8GB,2006 年即上涨至 24GB,在 2010 年已突破 300GB,如此快速的增长趋势给数据维护带来了更大的挑战。

数据管理和维护主要包括数据备份与恢复、数据整合、数据存档和数据挖掘等,下面将逐一介绍这些内容。

数据备份是指创建数据的副本,在系统失效或数据丢失时通过副本恢复原有数据。数据备份的种类包括文件系统备份、应用系统备份、数据库备份和操作系统备份等。数据库备份应用最为广泛,主流的数据库产品都提供数据备份和恢复功能,支持不同策略的数据备份机制,并在需要时将系统数据恢复到备份时刻。目前数据库技术已经相当成熟,商业数据库软件的功能也很强大,管理员可在数据库中设置定时备份,也可以通过某种事件触发备份或者手动备份,使用起来很方便。例如,IBM DB2 数据库支持完全备份和增量备份两种策略,实际使用中两者可以结合使用。为了保证数据安全,备份数据应存储在和原数据不同的物理介质上,以规避物理介质损坏所产生的风险。

数据整合通过将一种格式的数据转换成另一种格式,达到在多个系统之间共享数据和消除冗余的目的。一些企业由于历史原因拥有多个信息系统,各个系统承担不同的功能,在某种程度上又和其他系统有交叉,而数据整合可以满足这些系统间的数据共享需求。

数据归档是指将长期不用的数据提取出来保存到其他数据库的过程。数据挖掘是从归档数据库中分析寻找有价值的信息的过程。在业务系统运行过程中,会时刻产生新的业务数据,随着数据量的不断增大,数据库的规模越来越庞大,如果不能有效地处理这些数据,数据库的访问效率就会变差,进而影响业务系统的性能。归档的数据库也被称为数据仓库,可以为企业经营决策提供数据依据。保存在数据仓库中的数据一般只能被添加和查找,不能被修改和删除。归档时可按需对数据进行一些处理:首先清洗数据,去除错误或无效的数据;其次精简数据,将数据中可用于统计分析的信息抽取出来,将无用的信息删除,从而减少存档数据量,数据精简往往需要进行数据格式的转换。

4. 资源管理

负载均衡是资源管理的重要内容,数据中心管理和维护时应做到负载均衡,以避免资源浪费或形成系统瓶颈。系统负载不均衡主要体现在以下几个方面:

(1)同一服务器内不同类型的资源使用不均衡,例如内存已经严重不足,但 CPU 利用率仅为 10%。这种问题的出现多是由于在购买和升级服务器时没有很好地分析应用对资源的需求。对于计算密集型应用,应为服务器配置高主频 CPU;对于 I/O 密集型应用,应配置高速大容量磁盘;对于网络密集型应用,应配置高速网络。

(2)同一应用不同服务器间的负载不均衡。Web 应用往往采用表现层、应用层和数据层的三层架构,三层协同工作处理用户请求。同样的请求对这三层的压力往往是不同的,因此要根据业务请求的压力分配情况决定服务器的配置。如果应用层压力较大而其他两层压力较小,则要为应用层提供较高的配置;如果仍然不能满足需求,可以搭建应用层集群环境,使用多个服务器平衡负载。

(3)不同应用之间的资源分配不均衡。数据中心往往运行着多个应用,每个应用对资源的需求是不同的,应按照应用的具体要求来分配系统资源。

（4）时间不均衡。用户对业务的使用存在高峰期和低谷期，这种不均衡具有一定的规律，例如对于在线游戏来说，晚上的负载大于白天，白天的负载大于深夜，周末和节假日的负载大于工作日。此外，从长期来看，随着企业的发展，业务系统的负载往往呈上升趋势。与前述其他情况相比，时间不均衡有其特殊性：时间不均衡不能通过静态配置的方式解决，只能通过动态调整资源来解决，这给系统的管理和维护工作提出了更高的要求。

总之，有效的资源管理方式能提高资源利用率，合理的资源分配能够有效地均衡负载，减少资源浪费，避免系统瓶颈的出现，保障业务系统的正常运行。

5. 安全管理

作为企业信息系统的心脏，数据中心的安全问题尤为重要。数据中心的安全包括物理安全和系统安全。为了保证物理安全，数据中心需要配备完善的安保系统，该系统应实现 7×24 小时实时监控和录像、人员出入控制、人员远距离定位和联网报警功能。管理人员和授权用户可以随时随地接入系统获得相应的监控信息和回放资料。

系统安全主要是防止恶意用户攻击系统或窃取数据。系统攻击大致分为两类：一类以扰乱服务器正常工作为目的，如拒绝服务攻击等；另一类以入侵或破坏服务器为目的，如窃取服务器机密数据、修改服务器网页等，这一类攻击的影响更为严重。数据中心需要采取安全措施，有效地避免这两类攻击。常见的安全措施有以下几种：

（1）给服务器的账号设定安全的密码。账号和密码是保护服务器的最重要的一道防线，设定的密码要有足够的长度和强度，最好是数字、字母和符号的混合，大写和小写字母的混合，避免使用名字、生日等容易被猜中的密码，并且定期更换。

（2）采用安全防御系统，包括防火墙、入侵检测系统等。防火墙可以防止黑客的非法访问和流量攻击，将恶意的网络连接挡在防火墙之外。入侵检测系统可以监视服务器的出入口，通过与常见的黑客攻击模式匹配，识别并过滤入侵性质的访问。此外，网络管理员与安全防御系统配合可以进一步提高安全系数。管理员需要熟悉路由器、交换机和服务器等各种设备的网络配置，包括 IP 地址、网关、子网掩码、端口、代理服务器等，了解网络拓扑结构，在发现问题后迅速定位。网络管理员还要根据不同 IP 和端口的访问流量统计，识别出非正常使用的情况并加以封禁。

（3）定时升级，及时给系统打补丁。不存在没有漏洞的系统，系统中的漏洞很多都隐藏在深处，不易被发现。一旦某个系统漏洞被黑客发现，就会对此类系统进行攻击或开发针对此类系统的病毒。与此同时，系统的开发者也会尽快发布补丁。攻击与防御，是一场速度的比拼。系统使用者要争取在第一时间安装系统补丁，不给黑客和病毒可乘之机。

（4）关闭不必要的系统服务。黑客可能通过有漏洞的服务攻击系统，即使无法通过这些服务攻击，开启的服务也可以给黑客提供信息，因此应该关闭不必要的服务。

（5）保留服务器的日志。虽然保留日志无法直接防止黑客入侵，但管理员可以根据日志分析出黑客利用了哪些系统漏洞、在系统中安装了哪些木马程序，以便快速定位和解决问题。

7.4.5　新一代数据中心的需求

数据中心为信息服务提供运行平台，对新一代数据中心的需求从根本上源于对新一代信息服务的需求。随着信息服务在数量和种类上的快速增长，企业纷纷把核心业务和数据放到 IT 系统中运营。与此同时，用户数量也在不断攀升，用户对信息服务的依赖越来越强，企业和个人都需要更安全可靠、易于管理、成本低廉的信息服务。对信息服务的更高要求指明了新一代数据中心的发展方向,下面将从合理规划、流程化、可管理性、可伸缩性、可靠性这几个方面分别进行讨论。

1. 合理规划

数据中心的建设是一项系统工程,从规划到设计,从选址到建设,从计算机设备到制冷系统,从网络安全到灾难防备,无一不需要合理规划。一个数据中心通常可以运行 30 年左右,要使得数据中心在这 30 年的时间内始终保持经济的运行状态,有很多复杂的因素需要考虑。比如需要考虑各种设备的更新换代,计算机设备通常以 5 年为更换周期,制冷系统的寿命可达 10 年以上,更新时需要合理选择设备,使用过度超前的设备或迟迟不更新都不能达到最经济的效果。再比如需要考虑设备冗余量,设备冗余可以提升系统的可用性,保证个别设备出现故障时整个系统仍能正常运转。但是过多冗余会导致设备长期闲置、资源浪费,因此规划时需要具体分析,保证增加的冗余设备可以切实提高系统的可用性。

然而,由于企业难以预测 IT 系统的需求变化,有一些问题不能在设计数据中心时作出准确的规划。一方面,企业的整体运营越来越依赖于 IT 平台,而这些 IT 系统的负载并非长期不变,往往随着业务的发展而快速增长。有些企业甚至难以预见一年以后业务发展会带来怎样的系统负载变化。另一方面,IT 系统的触角正逐渐伸展到企业业务和管理的各个角落,新上线的系统层出不穷,很难预测旧的管理方式和系统何时会被新系统取代。此外,IT 系统本身越来越复杂,不可预见性也变得越来越强。这些变化的发生难以预测,一旦发生,数据中心的 IT 基础架构将无法支撑,急需扩容。同样,为难以预测的负载准备大量冗余也是不可取的。

综上所述,搭建数据中心需要合理规划各个环节,以保证数据中心在较为经济的状态下运营,然而业务的动态性和不确定性会给数据中心的准确规划带来挑战。

2. 流程化

通过合理规划和系统构建,落成后的数据中心需要为信息服务提供高效、可靠、稳定的运行环境和平台。因为信息服务的质量和成本是客户最关注的问题,信息服务管理自然成为数据中心的一项基本工作,其重要性不言而喻。信息服务管理的含义是以信息服务的形式为客户创造价值的一套组织能力,这种能力以流程的形式贯穿信息服务的整个生命周期。信息服务管理的核心是通过信息流程的标准化,帮助企业根据业务目标实现创新的、可视的、自动的、可控的信息服务,提高企业的运行效率和服务质量,为用户创造最大价值。

20 世纪 80 年代,英国政府认为行政机构的信息服务质量有待提高,于是任命英国中央计算机与电信局(Central Computer and Telecommunications Agency,CCTA)制定一套指导行政机构使用信息资源的方法。CCTA 将英国各行业在信息管理方面的最佳实践总结归纳起来,制定了信息技术基础构架库(information technology infrastructure library,ITIL)。这套信息服务管理流程库在英国各行业中得到了广泛认可和应用,并逐步延伸到全球。

ITIL 从出现至今经历了三个版本:最初版本 ITIL V1 总结了一系列关于信息资源使用的实践,形成了一套标准化、可计量的信息资源使用指导规范;ITIL V2 在 ITIL V1 的基础上进行了重新组织和完善扩充,形成了一套清晰的信息实践指导流程;ITIL V3 是目前最新的版本,是对 ITIL V1 和 ITIL V2 的重构和丰富,融入了新的时代元素,突出了服务的核心地位。ITIL V3 由三大部分组成:核心组件、补充组件和网络组件。核心组件涵盖了服务从创建到下线每个阶段的任务、目标及流程,由它们构成了通用的最佳实践。补充组件对不同行业领域的具体状况进行了深入探讨和剖析,并给出了专业的指导。网络组件是对前两个组件的扩充,提供了一个供用户学习、交流和发布信息的在线平台。

ITIL V3 以服务为核心,覆盖了服务管理的整个生命周期,包括服务战略、服务设计、服务转换、服务运营和服务改进五个阶段,形成了富有生命活力的信息服务管理实践框架。下面将分别介绍这五个阶段的主要任务和目标。

(1)服务战略的任务是了解现状、认清目标和设定规划。首先需要的是获取公司的资产、业务发展计划、职能部门和流程、市场和人员等信息,通过分析这些信息得到可以满足客户需求、为客户创造价值的服务目标,然后对贯穿整个服务生命周期的策略、指南和流程进行整体规划。

(2)服务设计是对服务战略的实现。该实现依据的是服务战略中对服务设计和开发的描述,以及相关服务管理的流程定义,包括服务组合管理、服务级别管理、服务连续性和可用性管理等方面。

(3)服务转换指的是采用有效的、低风险的方式将服务投入到运行环境中,还包括了对服务的变更、配置、测试、发布和评价等管理,同时将对整个过程中积累下来的知识进行组织和管理。

(4)服务运营将最终实现服务战略的目标,服务运营需要保证服务交付的效果和支持的效率,从而实现客户和服务供应商的价值。这个阶段要保证服务的稳定性和可靠性,能满足服务设计变更及业务不断发展的需求。

(5)持续的服务改进则是推动服务生命周期运转的源动力,通过在服务战略、设计、转换和运营方面进行改革创新,为客户提供更高质量的服务,在保证服务质量的前提下降低运营商的运营成本,从而达到客户和运营商双方的利益最大化。服务改进还涉及怎样将服务战略、服务设计、服务转换及服务运营同服务改进的效果有效关联,从而形成一个良性循环系统。

ITIL V3 生命周期的核心框架是以服务战略为指导,以服务改进为原动力,来推进设计、转换、运营三个阶段的迭代和螺旋上升,从而促进信息服务管理的改进,满足业务不断发展的需求。服务和业务在这种框架中结合得更为紧密,充分体现了以创造客户价值和降低运营成本为目标的理念,形成了一个不断发展、优化的信息服务管理生态系统。

ITIL 作为信息服务管理标准化的最佳实践,有效保证了信息服务质量。由于在信息服务管理方面的优势,它被广泛应用于世界各地的数据中心。实施 ITIL 有助于规范企业的流程,明确不同部门的角色和职责,增进业务部门与 IT 部门的沟通,提高信息服务的可靠性、可用性和灵活性,降低信息服务管理的风险,从而降低企业的管理成本。对用户而言,ITIL 贯彻了以用户为中心的理念,规范了明晰的服务标准和业务流程,不仅有利于保证服务质量,而且方便了用户使用信息服务,提高了用户的满意度。

3. 可管理性

可管理性(manageability)是指一个系统能够满足管理需求的能力及管理该系统的便利程度。系统管理是一个非常广泛的概念,包括全面深入地了解系统的运行状况、定期做系统维护以降低系统故障率、发现故障或系统瓶颈并及时修复、根据业务需求调整系统运行方式、根据业务负载增减资源,以及保证系统关键数据的安全等。大多数系统管理任务由系统管理员通过使用一系列管理工具来完成,少数管理任务需要领域专家的参与,另外一些任务可由管理系统自动完成。令人遗憾的是,很多数据中心由于没有管理工具而导致管理功能的缺失,还有一些管理系统或工具存在设计缺陷,导致系统的管理复杂繁琐。具体来说,数据中心的可管理性需求包含以下几个方面：

（1）完备性保障了数据中心可以提供完整的管理功能集。数据中心包含种类繁多的软件和硬件设备，每个设备都要有相应的工具提供全面的管理支持，例如网络流量监控、数据库软件的参数配置、服务器所处环境温度监测等。

（2）远程管理是指在远程控制台上通过网络对设备进行管理，免去了到设备现场进行管理的烦恼。

（3）集成控制台将多个设备的管理功能集成起来，管理员可以在控制台上定义集成化的任务，通过一个指令完成对若干设备的协调控制，简化了管理员的操作。

（4）快速响应保障了发出的管理指令能够被尽快执行，即便执行指令需要较长的时间，也能较准确地把当前状态告知管理员，例如数据备份时需要显示备份的进度。

（5）可追踪性保障了管理操作历史和重要的事务都能记录在案，以备查找。这些记录可以作为故障诊断的依据，帮助管理员或领域专家及时定位和解决问题。

（6）方便性保障了管理功能对于管理员来说是真正可操作的，不会烦琐到无法承受的地步。这一方面要求将重复性的机械化的管理任务用工具替代而非手动完成，另一方面需要提供统一、简洁、直观的界面，管理员可以容易地找到被管理对象并发出管理指令。

（7）自动化给可管理性提出了更高的要求，自动化程度越高，管理员的负担越小。自动化一般采用事件驱动模式，即当特定事件发生时采取特定的行动，若无法通过程序处理，则应立即发出警报通知管理员。很多管理系统都实现了一定程度的管理自动化，例如自动化故障诊断、定期自动检查磁盘空间、超过临界值时发出警报消息等。

4. 可伸缩性

可伸缩性（scalability）是指一个系统适应负载变化的能力，在负载变大的时候提高自身的能力以适应负载。例如，一个银行的营业厅可以在等候办理业务人数较多的时候开启更多的服务窗口，而人少的时候仅开启一两个窗口。一个可伸缩的算法可以容易地适应大规模的问题，一个可伸缩的计算机系统可以很容易地通过增加硬件来提高吞吐量。

数据中心需要具备高可伸缩性的 IT 基础架构，可伸缩性可以从"伸"和"缩"两个角度理解。"伸"在信息服务上线运行或需要更多资源的时候及时、适量地给予资源分配，保证业务的正常运行不受影响。"缩"在信息服务下线或资源需求减少的时候适时回收资源，保证系统的资源高效利用，从而节省运营成本。

高可伸缩性的需求主要源于以下几点：首先，用户对服务的使用呈现规律性的高峰期和低谷期，虽然这种规律在一定程度上可以预测，但仍然存在较大波动。其次，突发事件会对信息服务的负载造成难以预测的影响，例如一个网络上流行的新闻、图片或视频，可以使相关网站的负载达到平时的百倍甚至千倍以上。此外，信息服务的使用量会随着业务的发展而增长，长期来看呈现上升的趋势。最后，新的服务层出不穷，对资源的需求也难以预测。

新一代数据中心对高可伸缩性的要求是及时、适量、细粒度、自动化和预动性。及时讲求的是快速反应，一旦发出指令就能在较短时间完成伸缩；适量需要分配给信息服务合适的资源；细粒度要求能以 CPU、内存、磁盘为单位分配资源，而不是以物理服务器为单位，细粒度是适量分配的基础；自动化是指可以在一个控制台上，通过简单的操作完成为信息服务增加资源或服务器等工作，不需要人工进行准备机器、连接电缆、安装软件等烦琐的操作；预动性是指能有效预测出信息服务负载的变化趋势，并在负载增加之前就作好准备，以防负载变化后资源不足，对业务运行造成影响。

5.可靠性

可靠性(reliability)是指一个组件或系统执行其功能的能力,系统成功完成指定功能的概率是衡量系统可靠性的常用指标。系统的可靠性取决于组成系统的组件本身的可靠性及组件之间的连接关系。组件之间常见的连接方式有串联、并联、K/N 表决系统和混合连接,这几种连接方式构成了可靠性分析的基本模型。如果系统以串联方式连接,任意一个组件失效则整个系统失效;如果系统以并联方式连接,全部组件失效时整个系统才失效;K/N 表决系统包含 N 个组件,当且仅当不少于 K 个组件失效时整个系统失效;复杂系统一般以上述几种方式组合的形式连接。

可靠性对数据中心的重要性不言而喻,在设计数据中心时应尽早考虑。从理论上讲,数据中心各层组件之间呈串联关系,联合起来为信息服务提供支撑,一旦某一层的组件失效,就可能导致信息服务的失效。提高可靠性的主要方法有故障避免和故障容错。故障避免是指提高单个组件的可靠性,减小其失效的概率。要做到故障避免需要研究组件失效的机理,如寿命失效、设计失效等,并针对不同的失效机理分别应对。故障容错是指增加冗余组件,利用组件之间的并联关系提升系统的可靠性,例如增加备份电源等手段。

目前数据中心可靠性分析出现了一些新的趋势,对可靠性的认识也更加深刻。首先,将可靠性与可维护性结合起来考虑,对于可维修或容易维修的故障,分析其修复率、平均修复时间等指标。一般来讲,对容易修复的故障容忍程度要高于难修复或不可修复的故障。其次,要重视对故障系统的管理,因为发生故障时信息服务停止运行的总时间为等待维修时间与维修时间之和,等待维修时间则取决于故障管理水平,如果管理水平低下,停机时间将会大大超过维修时间。再次,考虑故障的可容忍性时要对故障引发的后果的严重程度进行综合分析,以区分致命故障、严重故障和轻度故障。最后,需要用多种指标从不同维度来衡量可靠性,例如目前普遍认为使用无维修连续工作时间比单纯用失效概率来衡量可靠性对数据中心的管理人员更有实际意义。

7.4.6　绿色数据中心

1.经济型数据中心

企业在 IT 系统上的投入逐年增多,20 世纪 70 年代,普通的美国公司大约用 10%的资本预算来购买信息技术,而 30 年以后这一比例已经上升到 45%。许多企业因此不堪重负,他们普遍希望 IT 部门减少开支和提升效率,降低成本已经成为当前面临的大问题。此外,IT 系统数量和规模的快速增长也使数据中心成本问题显得更为突出。

数据中心的成本构成分为一次性成本和运营成本。一次性成本主要包括建筑成本、服务器采购成本和其他设备采购成本;运营成本主要包括电力消耗和管理维护成本。服务器采购、电力消耗和管理维护成本是最主要的三项开支。20 世纪 60 年代,计算机是非常昂贵的设备,一台大型主机的月租金可达几万美金,相比之下,其他成本都显得微不足道。随着 IT 产业的发展,尤其是 x86 处理器广泛普及以后,计算机在几十年之间变成了廉价的设备。随着处理器频率的不断提高,单处理器的能耗不断增加,经历了时代的变迁,电力消耗和管理维护的成本占数据中心成本的比例越来越高。图 7.12 为数据中心的成本构成及发展趋势。一方面,在过去几年中,企业的服务器数量在快速增加。另一方面,虽然企业用于采购服务器的开销基本维持不变,但是数据中心装机规模的增长使得管理和维护工作的复杂度迅速增加,管理成本和能耗也随之增大。

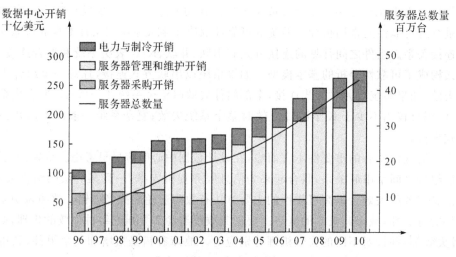

图 7.12　数据中心成本构成及发展趋势

　　降低服务器的采购成本需要合理规划服务器更新换代的周期。IT 设备更新换代很快,一旦服务器闲置,就会造成无形折旧,增加数据中心成本。因此规划时要结合业务需求,尽可能保证服务器的高利用率。平均每个管理员可管理的服务器数量是评价数据中心管理维护是否高效的重要标准。当数据中心规模较小时,少数管理员即可承担管理维护任务,对管理维护水平的要求也相对较低。随着数据中心规模的增大,这种人力密集型的管理手段难以应付,使用专业的数据中心管理软件、工具和科学的方法可以大幅提升管理效率。

　　2. 数据中心能效分析

　　美国环境保护署在 2007 年 8 月提交的一份报告中指出,全美数据中心的能源消耗在 2006 年占美国能耗的 1.5%,但是到 2011 年已增加一倍,节能环保已经成为 IT 基础设施建设中日益重要的话题。从经济角度来看,国际能源商品价格长期以来处于不断上涨的趋势中,随着企业对 IT 基础设施建设的投入不断加大,IT 系统的能耗也随之攀升,摆在企业首席信息官或信息主管(chief information officer,CIO)们面前的一大问题是如何打造绿色数据中心,通过节能减少开支。从环境角度来看,环保是每一个企业的社会责任,企业需要通过减少耗电量来减少碳排放量,从而减缓全球变暖的步伐。已经有一些政府对达到绿色节能环保标准的数据中心给予政策性补贴。然而令人遗憾的是,很多企业数据中心的耗电量、耗电结构仍然是一笔糊涂账,有的企业甚至将数据中心的电费账单和办公楼的电费账单混在一起,完全没有节能环保方面的考虑。

　　图 7.13 是一个典型的数据中心电力消耗的示意图。据美国能源部统计,电力输送到数据中心后,平均只有 45% 被 IT 设备使用,其他 55% 则用于冷却系统等耗电设备。用于 IT 设备的部分,只有 30% 被处理器所用,剩下的 70% 则用于电源、风扇、内存、磁盘等部件。处理器的平均负载只有 5%～20%,剩余部分都被浪费了。

　　电能利用率(power usage effectiveness,PUE)是在分析数据中心电力消耗时用到的重要概念,该标准由绿色网格联盟提出,已经成为国际上比较通行的衡量数据中心电力使用效率的指标。

　　电源利用率(PUE)＝总能耗/IT 设备能耗

从 PUE 的定义可以看出，PUE 是总能耗与 IT 设备能耗的比值，是一个大于 1.0 的数值，PUE 值越接近于 1.0 说明其他设备的能耗越小，效率也就越高。从这个角度来看，要想降低数据中心的总能耗，需要从降低 IT 设备能耗和降低 PUE 值两方面入手。

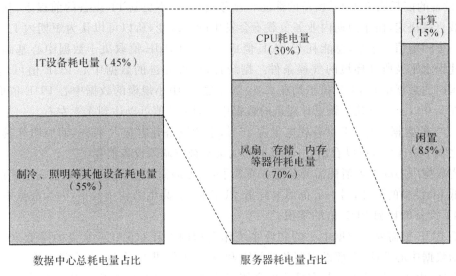

图 7.13　数据中心耗电比例示意图

首先来谈谈如何降低 IT 设备的能耗。降低 IT 设备的能耗需要定期更新设备，人们普遍存在这样一个误区，认为增加服务器的使用年限可以降低数据中心的成本，于是仍然使用一些早该淘汰的服务器。其实恰恰相反，落后的服务器能耗更高，占地面积更大，出现故障的几率也随之增大。刀片服务器是当前数据中心服务器发展的主流趋势。刀片服务器体积小，通常一个刀片服务器机架可以插入 8～16 个刀片服务器，这些刀片服务器共用一个系统背板和冗余电源、风扇、网络端口和其他外部设备，通过这种共享方式，单个刀片服务器的能耗大大降低，服务器电源的工作效率也得到提升。因此，刀片服务器与塔式服务器和机架式服务器相比性能更高，仅从单位性能耗电量一项指标考虑，改用刀片服务器节省的电能就可以抵过购买刀片服务器所增加的成本。

提高服务器资源利用率是降低 IT 设备能耗的另一个方法。目前数据中心服务器的利用率普遍很低，企业数据中心服务器资源平均利用率在 10%～30% 之间，很多 Windows 系统的服务器利用率不足 10%。无论如何这样的数据都让 CIO 们难以接受，他们不愿相信一半以上的 IT 投资都在被浪费。服务器的性能越来越强，而被有效利用部分的比例却越来越小。

要了解为什么提高服务器资源利用率可以省电，先来了解一下服务器利用率和能耗的关系。服务器的能耗通常可以分为两部分：一部分是 CPU 的能耗，这部分能耗和 CPU 的利用率直接相关，CPU 的利用率越高则能耗越高；另一部分是主板、内存、网络等其他部件的能耗，这一部分能耗基本为固定值，只与服务器是否开机有关。

举一个简单的例子，假设有三台服务器的 CPU 利用率都是 10%，如果把上面的应用迁移到一台服务器上，关掉剩下的两台就可以省下这两台服务器的固定能耗，而运行的服务器的 CPU 能耗也不会增加太多。电力使用效率是消耗单位电能可提供的计算力，大致是 CPU 频率和服务器功率的比值。虚拟化技术使得多个虚拟机可以共享同一台物理机，从而达到提升服务器资源利用率的目的。虚拟化技术正在被越来越多的企业广泛采纳，已有很多成功案例。

如果将 PUE 公式中的总能耗分解,可得:

PUE =总能耗/IT 设备能耗

=(IT 设备能耗+制冷设备能耗+供配电损耗+辅助系统能耗)/IT 设备能耗

IT 设备的能耗取决于 IT 设备的性能和业务负载,在不更新 IT 设备的前提下,其能耗由业务负载直接决定,由于短期内业务负载不会发生巨大改变,所以可以认为短期内 IT 设备的能耗是一个固定值。于是,总能耗与 PUE 值成正比,而 PUE 值取决于数据中心基础设施的设计和建设水平及所处环境的气候条件。据统计,国外先进的数据中心 PUE 值可达 1.6~1.8,而国内的数据中心 PUE 值平均在 2.0~2.5 之间,中小规模的数据中心 PUE 值更高,有的甚至在 3.0 以上。近几年新设计建造的数据中心,PUE 值可以达到 1.8 左右。一个典型的 PUE 为 2.2 的数据中心,IT 设备耗电量占 45%,空调设备耗电量占 45%,而照明等其他设备耗电量之和不过 10%,可以看出,一半以上的电量都被空调等设备消耗了。

节省数据中心的电力消耗需要从两方面着手:一方面需要在保证业务系统需求的前提下,尽量降低 IT 设备的能耗;另一方面需要降低 PUE 值,提高电力使用效率,因为数据中心的能耗等于 IT 设备能耗和 PUE 值的乘积。

降低 PUE 值需要对数据中心的制冷系统作合理的设计和优化。常见的降低 PUE 值的方法包括数据中心选址、合理设定服务器间隔和空调温度、集中冷却、水冷降温等。首先是数据中心选址,由于空调的能耗与室外温度密切相关,因此将数据中心建在温度较低的地区可以有效减少制冷系统的能耗。其次,需要合理设定服务器间隔和空调温度。服务器太密集不利于通风散热,服务器太稀疏会增大数据中心面积,从而影响制冷效果。设定空调温度的原则是够用即可,并非越低越好。再次,集中冷却方法是给机柜加上一个隔热门,将机柜内外的空气隔开,让空调的出风口直接将冷风送到机柜内部,这样做的好处是不需要对整个机房全部进行冷却。最后,水冷降温是比用空调降温更节能环保的方法,可以作为制冷系统的补充。例如 Google 公司在美国俄勒冈州 Dalles 的数据中心就建在一条河边,利用河水对数据中心进行冷却,冷水温度升高后被送到室外自然冷却,这一循环过程几乎不消耗电能。

数据中心是企业的信息中心,它通过网络向企业和公众提供信息服务。随着计算机产业和互联网的发展,数据中心作为信息服务的运行环境,在人们的生活中扮演着越来越重要的角色。设计和构建数据中心是一项复杂而专业的系统工程,涉及总体规划、建筑、电力、网络、制冷、服务器、管理软件及应用软件等各个方面,需要遵循一定的规范和标准,借鉴以往的成功经验,各类人员相互协作方可顺利完成。

数据中心上线后,管理和维护工作同样重要,尽管很多管理工具可以辅助完成这些复杂而专业的工作,但是随着数据中心规模的扩大及对服务质量要求的提高,数据中心的复杂性和管理开销逐年增加,这都给新一代数据中心提出了更高的要求。如果合理规划,可以提高其可管理性、可伸缩性、可靠性,并在降低成本的同时实现节能环保。本书的后续章节将介绍虚拟化和云计算,这两项技术将会在很大程度上解决新一代数据中心所面临的问题。

7.4.7　数据中心虚拟化

随着数据集中在企业信息化领域的展开,新一代的企业级数据中心的建设当前成为行业信息化的新热点。而数据中心建设过程中,随着应用的展开,服务器、存储、网络在数据中心内的不断增长、集中,引起较多的问题。如数据中心有限空间内物理设备数量不断增长,面临巨大的布线、空间压力,而持续增长的高密 IT 设备功耗、通风、制冷也不断对能耗提出更高要求。服务器、网络、存储等 IT 设备的性能与容量不断增强,但是总体系统利用率低下,统计显示当前服务器平均利用率为 15%,存储利用率在 30%～40%。而企业 IT 的投入仍在不断增加。

因此,对数据中心的资源进行整合、进而虚拟化,以提高数据中心的能效、资源利用率、降低总体运营费用,成为当前 IT 业内最为令人关注的技术领域。同时,虚拟化对 IT 基础设施进行简化、优化。它可以简化对资源以及对资源管理的访问,为新的应用提供更好的支撑。

美国咨询公司高德纳(Gartner)公司信息显示,从当前到未来几年,虚拟化应用将在大型企业 IT 基础设施和日常运营中发挥主导作用,从而给企业 IT 基础架构的部署、运营、管理带来变革。

1. 传统的应用孤岛式的数据中心

如图 7.14 所示,传统应用孤岛式数据中心存在许多不足之处:

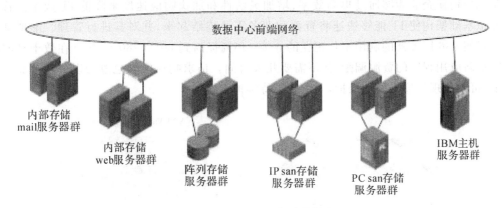

图 7.14　传统应用孤岛式数据中心

(1)扩展性差,当新业务扩展时需要部署专门的网络、计算、存储设施,形成了应用孤岛/竖井。

(2)资源缺少共享,导致资源利用率低,管理成本复杂。

(3)分离的环境排除了部署统一服务的可能性,每一套环境必须有分离的安全、优化、备份及容灾机制。

为了解决传统应用孤岛式数据中心不足之处,采用数据中心虚拟化方案。数据中心虚拟化的目的如下:

(1)降低运行成本。

(2)扩展性强,新应用的快速部署。

(3)提供业务的连续性保障。

(4)提供对资源的安全可靠的访问。

通过服务器整合,可以满足:

(1)数据大集中,将多个数据中心资源集中到少量数据中心。

(2)提供集中管理、规划和控制。

通过计算虚拟化,可以满足:

(1)改变每种应用资源孤岛模式,建立虚拟资源池,按需逻辑地分配给应用。

（2）简化管理，提供灵活性，优化资源利用率，降低维护成本。

（3）支持部署统一的部署策略。

数据中心虚拟化涉及各个方面，本节将从数据中心网络、计算、存储几个方面来描述数据中心虚拟化的 IT 基础架构。

2. 计算虚拟化

（1）计算虚拟化方案架构

当前对计算虚拟化的需求主要是"提高资源利用率"，在一台服务器中虚拟多台设备。这是"虚拟主机"类计算虚拟软机的主要应用场合。

VM Ware 通过为客户提供服务器整合和数量控制、业务连续性、测试/开发自动化、企业台式机管理等解决方案，实现降低成本、提高响应速度、实现零停机、灾难快速恢复等系列好处。如图 7.15 所示，通过虚拟架构整合服务器，可以控制 x86 服务器的蔓延，在一台服务器上运行多个操作系统和应用，并使新的硬件支持老的应用，数据中心撤退旧的硬件。VM Ware 虚拟基础架构使企业能够通过提高效率、增加灵活性和加快响应速度来降低 IT 成本。管理一个虚拟基础架构使 IT 能够快速将资源和业务需要连结起来，并对其进行管理。虚拟基础架构可以使 x86 服务器的利用率从现在的 $5\%\sim15\%$ 提高到 $60\%\sim80\%$，并且在数十秒的时间内完成新应用程序的资源调配，而不需要几天时间。请求响应时间也改为以分钟计算。在维护上，可以实现零停机硬件维护，不需要等待维护窗口。

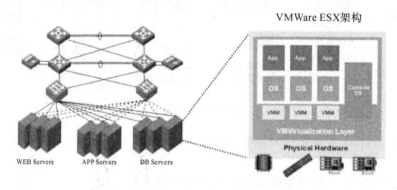

图 7.15　数据中心计算虚拟化方案

VM Ware ESX 是 VM Ware Infrastruture 数据中心虚拟化管理套件中的一个组成部分。承上启下，对上解决与网络虚拟化的对接问题，对下解决与存储服务器虚拟化的映射问题。

（2）计算虚拟化方案 VMware ESX Server 的网络组件

如图 7.16 所示，VM Ware ESX Server3 的网络架构主要分为 3 个部分：

1）Virtual Ethernet Adapters，ESX Server3 虚拟以太网卡，其作用就是一个以太网卡。

2）Virtual Switch，虚拟化交换机，是 ESX Server3 网络架构的核心部分。

3）Physical Ethernet Adapters，物理以太网卡，与外部物理网络连接。

计算虚拟化也即是服务器虚拟化。在服务器上部署虚拟化技术，可充分利用计算系统资源，整合服务器并提高整个数据中心的计算效率，降低能耗、节省 IT 开支。

虚拟化技术最早来自 IBM 大型机的分区技术，这种操作系统虚拟机技术使得用户可在一台主机上运行多个操作系统，同时运行多个独立的商业应用。

随着 x86 架构服务器使用越来越广泛，基于 x86 架构服务器的虚拟化技术一经问世，便开

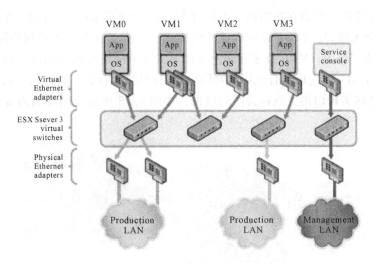

图 7.16　VM Ware ESX Server3 网络架构

始引导了通用服务器的虚拟化变革历程。VM Ware、XEN、微软等厂家在软件体系层面开始引领服务器虚拟化潮流。此前,虚拟化技术在 x86 架构上进展缓慢的主要原因有二:x86 架构本身不适合进行虚拟化,另一个原因则是 x86 处理器的性能不足。随着 Intel 和 AMD 在 x86 架构上的不断修改,x86 处理器在性能上的飞速提高,虚拟化的基本局限得到了解决。

如图 7.17 所示,服务器虚拟化的直接效果是促使数据中心具有更高的应用密度,在相同物理空间内逻辑服务器(虚拟机)数量比物理服务器大大增加。由此,服务器的总体业务处理量上升,使得服务器对外吞吐流量增大。

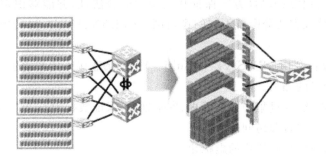

图 7.17　虚拟化促使高密逻辑服务器

3. 网络虚拟化

单独的实现数据中心的虚拟化是没有意义的,需要在客户机的接入侧、接入端到数据中心的整个数据路径及其数据中心内部均实现虚拟化(含计算虚拟化、存储虚拟化),3 个网络功能区域、5 个层次上配合,才能实现:数据大集中环境下的、不同业务的、端到端的数据中心应用及其访问的隔离,达到具有完整意义上的业务虚拟化。网络虚拟化技术也随着数据中心业务要求有不同的形式。

(1)基于访问隔离的虚拟化

如果把一个企业网络分隔成多个不同的子网络——它们使用不同的规则和控制,用户就可以充分利用基础网络的虚拟化路由功能,而不是部署多套网络来实现这种隔离机制。

网络虚拟化概念并不是什么新概念,因为多年来,虚拟局域网(VLAN)技术作为基本隔离技术已经被广泛应用。当前在交换网络上通过 VLAN 来区分不同业务网段,配合防火墙等安全产品划分安全区域,是数据中心基本设计内容之一。出于将多个逻辑网络隔离、整合的需要,MPLS-VPN、Multi-VRF 技术在路由环境下实现了网络访问的隔离。而针对终端准入的控制方式,如 EAD,则实现了合法用户对网络资源的授权访问,并通过认证的手段可实现在不同逻辑网络之间实现切换。或称为网间切换。如图 7.18 所示端到端隔离虚拟化的数据中心访问方式。

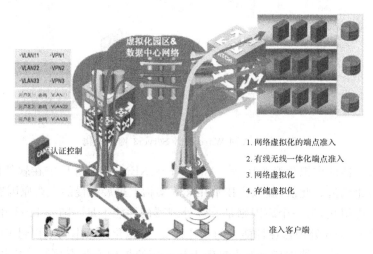

图 7.18 端到端虚拟化数据中心隔离网络

端到端虚拟化中,各层次网络的作用:

1)用户接入隔离:利用 EAD 方案保证接入用户的合法性,并能够识别用户的访问权限,可将用户通过认证授权方式分配置不同的逻辑网络(VLAN、VPN),屏蔽用户终端类别,实现统一接入。

2)中间网络隔离:利用 MPLS VPN/Multi-VRF 保证接入用户能够正确访问相应的资源,以及业务数据交换的隔离。

3)数据中心虚拟化:通过集中策略管理、安全划分,保证数据中心、服务器能为相应的合法用户提供服务,保证存储资源访问的隔离。

(2)数据中心简捷化统一架构的虚拟化

数据中心是企业 IT 架构的核心领域,不论是服务器部署、网络架构设计,都做到精细入微。因此,传统上的数据中心网络架构由于多层结构、安全区域、安全等级、策略部署、路由控制、VLAN 划分、二层环路、冗余设计等诸多因素,导致网络结构比较复杂,使得数据中心基础网络的运维管理难度较高。

使用智能弹性架构(intelligent resilient framework,IRF)虚拟化技术,用户可以将多台设备连接,"横向整合"起来组成一个"联合设备",并将这些设备看作单一设备进行管理和使用。多个盒式设备整合类似于一台机架式设备,多台框式设备的整合相当于增加了槽位,虚拟化整合后的设备组成了一个逻辑单元,在网络中表现为一个网元节点,管理简单化、配置简单化、可跨设备链路聚合,极大地简化了网络架构,同时进一步增强冗余可靠性,参看图 7.19。

网络虚拟交换技术为数据中心建设提供了一个新标准,定义了新一代网络架构,使得各种数据中心的基础网络都能够使用这种灵活的架构,能够帮助企业在构建永续和高度可用的状态化网络的同时,优化网络资源的使用。网络虚拟化技术将在数据中心端到端总体设计中发

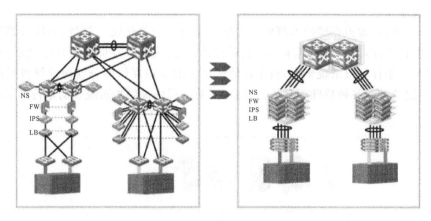

图 7.19　数据中心简捷化统一架构虚拟化

挥重要作用。

端到端虚拟化数据中心网络架构和传统的 L2/L3 网络设计相比,提供了多项显著优势(见图 7.20):

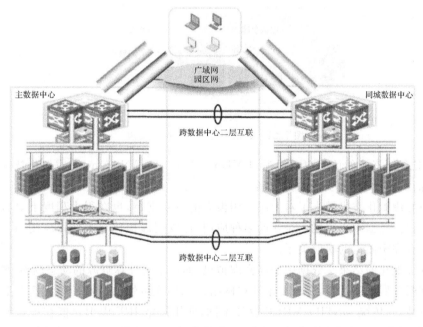

图 7.20　IDC 端到端虚拟化架构优势

1)运营管理简化。数据中心全局网络虚拟化能够提高运营效率,虚拟化的每一层交换机组被逻辑化为单管理点,包括配置文件和单一网关 IP 地址,无需虚拟路由器冗余协议(virtual router redundancy protocol,VRRP)。

2)整体无环设计。跨设备的链路聚合创建了简单的无环路拓扑结构,不再依靠生成树协议(spanning tree protocol,STP)。虚拟交换组内部经由多个万兆互联,在总体设计方面提供了灵活的部署能力。

3)进一步提高可靠性。虚拟化能够优化不间断通信,在一个虚拟交换机成员发生故障时,不再需要进行 L2/L3 重收敛,能快速实现确定性虚拟交换机的恢复。

4. 存储虚拟化

如图 7.21 所示,虚拟存储技术将底层存储设备进行抽象化统一管理,向服务器层屏蔽存储设备硬件的特殊性,而只保留其统一的逻辑特性,从而实现了存储系统集中、统一而又方便的管理。对比一个计算机系统来说,整个存储系统中的虚拟存储部分就像计算机系统中的操作系统,对下层管理着各种特殊而具体的设备,而对上层则提供相对统一的运行环境和资源使用方式。

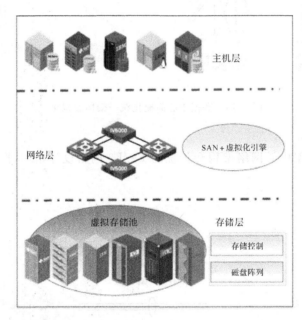

图 7.21　数据中心存储虚拟化架构

同时,对存储资源的访问也可以通过 VLAN、VRF、VSAN、Zone 等虚拟化技术进行分割与隔离,从而实现 SAN 的安全加强控制。

数据中心虚拟化技术带来了对上层应用极大的灵活支持,也在很大程度上对数据中心运营提供了简化。数据中心容纳了企业的多种应用,计算层虚拟化技术使得应用与具体物理服务器之间没有完全固定的映射关系。

计算资源池化的结果是数据中心高密虚拟机,而由于对计算资源的动态调整,要求虚拟机可以在物理服务器之间迁移,并且要求迁移网络是二层连接性的。基于极大简化数据中心的二层互联设计,与传统 MSTP+VRRP 设计不同,使用网络 IRF 虚拟化能在更短时间内完成确定性 L2 链路恢复,同时不影响 L3 链路。虚拟化能够在网络各层横向扩展,有利于数据中心的规模增大,设计更简单,完全不影响网络管理拓扑。基于虚拟化技术的二层网络在保证HA 的同时,消除了网络环路,便于更大范围的虚拟机迁移。

业务连续性,是企业 IT 运营的关键。目前基于容灾、负载分担的多数据中心是企业建设数据中心,保证业务连续性的重要话题。集群互联是关键应用连续性设计的主要技术(服务器集群也是计算虚拟化的技术),目前在同一数据中心内实现集群不是难事,一般的集群(Microsoft MSCS、Veritas Cluster Server(Local)、Solaris Sun Cluster Enterprise、Oracle RAC(Real Appl. Cluster)、HP MC/ServiceGuard、HP NonStop、IBM HACMP/HAGEO、EMS/Legato Automated Availability Mgr)以二层连接为主。但业务连续性要求跨数据中心的集群连接,传统的网络技术支撑要做到可用性与可靠性,必然带来复杂性,从而难以运营。而基于虚拟化网络的二层连接,简单地将集群扩展到多个数据中心,从而带来了应用设计上更大的灵活性。

对企业而言,由于应用访问控制需求,在虚拟机之间实现隔离,在不同用户群之间实现隔离,对存储资源访问的隔离(以及异构存储的虚拟化整合),在客户终端、数据中心形成了虚拟化的资源分离通道。这种虚拟化通道在用户接入层进行认证控制,在网络层进行虚拟化分离,在虚拟机之间隔离,存储通道分离,在不同资源类型之间存在公共标准化接口,通道化虚拟隔离强化了数据中心对外提供服务的安全策略。

5. 数据中心虚拟化典型方案

(1)典型组网

图 7.22 是数据中心虚拟化典型方案,主要包括以下几个部分:

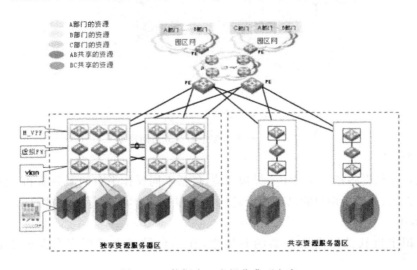

图 7.22　数据中心虚拟化典型方案

1)逻辑隔离服务器区(独享资源服务器区)

①政务外网或军工集团专网都是通过 MPLS VPN、GRE Tunnel 等方式将网络延伸到数据中心核心层交换机上,VPN 终结在数据中心核心交换机上。

②数据中心核心交换机作为 PE 设备。

③数据中心汇聚交换机具备 VRF 能力,作为 MCE,每个 VRF 实例与一个 VPN 对应。

④汇聚交换机服务器侧接入支持虚拟化的防火墙,为每一个逻辑隔离区提供安全保护。

⑤接入层交换机通过 VLAN 方式隔离不同逻辑区域的服务器。

2)共享业务服务器区

①为多个部门访问的服务器在核心交换机 PE 配置专用的共享服务器 VRF。

②共享服务器与有访问需求的 VPN 交换路由(要求服务器地址唯一)。

③为共享服务器区分配虚拟 FW,提供安全访问控制。

(2)数据中心虚拟化的应用

目前大中城市政府正在或将要建设城市政务行政中心,将市内大部分政府及相关部门统一迁入政府行政中心办公。在统一部署办公场所的同时需要在行政中心内建设电子政务数据中心,要求实现"不同部门对数据中心访问的逻辑隔离"。

其业务特点：

①内部独享数据中心，提供给某个部门的独享资源。

②内部共享数据中心，提供各部门共享资源或部门间的互访资源。

③外部数据中心，提供对公众业务，面向 Internet 提供服务。

数据中心的业务弹性：内部独享型数据中心业务、内部共享型数据中心业务的同时，按需部署要求政务中心内部独享数据中心、内部共享数据中心的业务访问模型如图 7.23 所示。

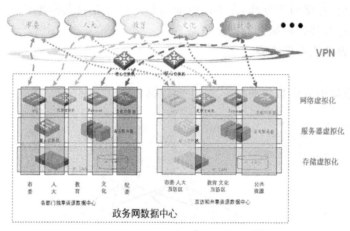

图 7.23　政务数据中心业务访问模型

（3）方案总结

通过虚拟存储设备整合数据中心异构环境，包括不同操作平台的服务器和不同厂商不同型号的存储设备，保障了用户的已有投资，降低了用户 TCO，实现存储容量的动态扩展，增加了用户的 ROI。

通过虚拟主机软件提高服务器的利用率，在单台设备上虚拟多台逻辑主机，降低用户 TCO。

通过 Mutil-VRF、虚拟防火墙实现对数据中心访问的逻辑隔离，提高资源利用率和系统安全性。

7.5　从虚拟化到云计算

云计算（cloud computing）是对分布式处理（distributed computing）、并行处理（parallel computing）和网格计算（grid computing）及分布式数据库的改进处理，其前身是利用并行计算解决大型问题的网格计算和将计算资源作为可计量的服务提供的公用计算，是在互联网宽带技术和虚拟化技术高速发展后萌生的。

许多云计算公司和研究人员对云计算采用各种方式进行描述和定义，基于云计算的发展和我们对云计算的理解，概括性给出云计算的基本原理为：利用非本地或远程服务器（集群）的分布式计算机为互联网用户提供服务（计算、存储、软硬件等服务）。这使得用户可以将资源切换到需要的应用上，根据需求访问计算机和存储系统。云计算可以把普通的服务器或者 PC 连接起来以获得超级计算机的计算和存储等功能，但是成本更低。云计算真正实现了按需计算,从而有效地提高了对软硬件资源的利用效率。云计算的出现使高性能并行计算不再是科学家和专业人士的专利,普通的用户也能通过云计算享受高性能并行计算所带来的便利,使人人都有机会使用并行机,从而大大提高了工作效率和计算资源的利用率。云计算模式中用户不需要了解服务器在哪里,不用关心内部如何运作,只要通过高速互联网就可以透明地使用各种资源。

云计算是全新的基于互联网的超级计算理念和模式,实现云计算需要多种技术结合,并且需要用软件实现将硬件资源进行虚拟化管理和调度,形成一个巨大的虚拟化资源池,把存储于个人电脑、移动设备和其他设备上的大量信息和处理器资源集中在一起,协同工作。

按照最大众化、最通俗理解云计算就是把计算资源都放到互联网上,互联网即是云计算时代的云。计算资源则包括了计算机硬件资源(如计算机设备、存储设备、服务器集群、硬件服务等)和软件资源(如应用软件、集成开发环境、软件服务)。

"按需索取,而且随时索取,这便出现了云计算。"云计算的出现,从计算技术的革新演变路线来看,可以说是必然的。在 IT 发展历史上,第一个阶段,人们希望个人电脑之间可以连接;第二个阶段,人们希望电脑之间可以互相分享,于是便出现了万维网(Web);第三个阶段,人们发现自己其实并不需要网上那么繁杂的信息,最终重要的只是结果或服务。从 20 世纪 40 年代第一台计算机被人类发明以来,到 70 年代互联网的出现,再到现在的云计算,合理地解释了计算节点由单点计算,发展到联网计算,再到现在的云计算,整个过程就是从量变到质变的飞跃。

云计算是网格计算、分布式计算、并行计算、效用计算(utility computing)、网络存储(network storage technologies)、虚拟化(virtualization)、负载均衡(load balance)等传统计算机和网络技术发展融合的产物。云计算包括了计算资源、存储资源、网络等。当传统的计算变革完成后,以数据中心网络(DCNet)为核心的新一轮变革也将粉墨登场。据此分析,云计算的本质是在构建一个智慧的数据中心,或者说下一代数据中心。

云计算的目标是将各种 IT 资源以服务的方式通过互联网交付给用户。计算资源、存储资源、软件开发、系统测试、系统维护和各种丰富的应用服务,都将像水和电一样方便地被使用,并可按量计费。虚拟化实现了 IT 资源的逻辑抽象和统一表示,在大规模数据中心管理和解决方案交付方面发挥着巨大的作用,是支撑云计算伟大构想的最重要的技术基石。虚拟化正在重组 IT 工业,同时它也正在支撑起云计算,如果把云计算单纯理解为虚拟化,其实也并为过,因为没有虚拟化的云计算,是不可能实现按需计算的目标的。云计算使得应用软件脱离已经成为一种可能。目前 Amazon 所提供的 Web 服务就是基于大规模云为基础的虚拟化应用。

这就是云计算所提出的,将计算作为一种服务,这也就是云计算火热的原因所在,所有用户关心的不是技术而是服务。云计算给出的答案是,你无论使用 PC、手机还是手持上网设备,只要你能通过互联网接入云端,你想的服务就可以由空中无数个云彩为你完成。云计算是多样化的,是依用户需求来发展的。这也促使云计算无所不包,有云乃大。

而得到这样的服务却不需要用户去安装复杂的软件,配置太多的参数。云计算还有一个重大话题还没有火起来,那就是云存储,介于目前审核机制的不安全性,无法让用户非常放心云存储的安全性,所以这市场略显冷淡。只要安全性得以真正的解决,想必,云计算+云存储=云世界。

前面说虚拟化已经觉得"虚无缥缈",现在又来个"云",更加是"云里雾里"。我们先看云计算的发展历程。

7.5.1　云计算发展简史

1983年,太阳电脑(sun microsystems)提出"网络是电脑"(the network is the computer),2006年3月,亚马逊(Amazon)推出弹性计算云(elastic compute cloud,EC2)服务。

2006年8月9日,Google首席执行官埃里克·施密特(Eric Schmidt)在搜索引擎大会上(SES San Jose,2006)首次提出"云计算"的概念。Google"云端计算"源于Google工程师克里斯托弗·比希利亚所做的"Google 101"项目。

2007年10月,Google与IBM开始在美国大学校园,包括卡内基梅隆大学、麻省理工学院、斯坦福大学、加州大学柏克莱分校及马里兰大学等,推广云计算的计划,这项计划希望能降低分布式计算技术在学术研究方面的成本,并为这些大学提供相关的软硬件设备及技术支持(包括数百台个人电脑及Blade Center与System x服务器,这些计算平台将提供1600个处理器,支持包括Linux、Xen、Hadoop等开放源代码平台)。而学生则可以通过网络开发各项以大规模计算为基础的研究计划。

2008年1月30日,Google宣布在中国台湾启动"云计算学术计划",并与台湾台大、交大等学校合作,将这种先进的大规模、快速计算技术推广到校园。

2008年2月1日,IBM(NYSE:IBM)宣布将在中国无锡太湖新城科教产业园为中国的软件公司建立全球第一个云计算中心(cloud computing center)。

2008年7月29日,雅虎、惠普和英特尔宣布一项涵盖美国、德国和新加坡的联合研究计划,推出云计算研究测试床,推进云计算。该计划要与合作伙伴创建6个数据中心作为研究试验平台,每个数据中心配置1400个至4000个处理器。这些合作伙伴包括新加坡资讯通信发展管理局、德国卡尔斯鲁厄大学Steinbuch计算中心、美国伊利诺伊大学香宾分校、英特尔研究院、惠普实验室和雅虎。

2008年8月3日,美国专利商标局网站信息显示,戴尔正在申请"云计算"商标,此举旨在加强对这一未来可能重塑技术架构的术语的控制权。

2010年3月5日,Novell与云安全联盟(CSA)共同宣布一项供应商中立计划,名为"可信任云计算计划(trusted cloud initiative)"。

2010年7月,美国国家航空航天局和包括Rackspace、AMD、Intel、戴尔等支持厂商共同宣布"OpenStack"开放源代码计划,微软在2010年10月表示支持OpenStack与Windows Server 2008 R2的集成,而Ubuntu已把OpenStack加至11.04版本中。

2011年2月,思科系统正式加入OpenStack,重点研制OpenStack的网络服务。

7.5.2　云计算体系结构

云计算平台是一个强大的"云"网络,连接了大量并发的网络计算和服务,可利用虚拟化技术扩展每一个服务器的能力,将各自的资源通过云计算平台结合起来,提供超级计算和存储能力。通用的云计算体系结构如图7.24所示。

(1)云用户端:提供云用户请求服务的交互界面,也是用户使用云的入口。用户通过Web浏览器可以注册、登陆及定制服务、配置和管理用户,打开应用实例与本地操作桌面系统一样。

(2)服务目录:云用户在取得相应权限(付费或其他限制)后可以选择或定制的服务列表,

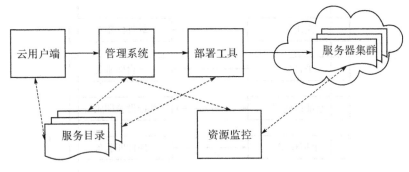

图 7.24　云计算体系结构

也可以对已有服务进行退订的操作,在云用户端界面生成相应的图标或列表的形式展示相关的服务。

(3)管理系统和部署工具:提供管理和服务,能管理云用户,能对用户授权、认证、登陆进行管理,并可以管理可用计算资源和服务,接收用户发送的请求,根据用户请求并转发到相应的相应程序,调度资源智能地部署资源和应用,动态地部署、配置和回收资源。

(4)资源监控:监控和计量云系统资源的使用情况,以便作出迅速反应,完成节点同步配置、负载均衡配置和资源监控,确保资源能顺利分配给合适的用户。

(5)服务器集群:虚拟的或物理的服务器,由管理系统管理,负责高并发量的用户请求处理、大运算量计算处理、用户 Web 应用服务,云数据存储时采用相应数据切割算法和并行方式上传和下载大容量数据。

用户可通过云用户端从列表中选择所需的服务,其请求通过管理系统调度相应的资源,并通过部署工具分发请求、配置 Web 应用。

7.5.3　云计算服务层次

根据美国国家标准与技术研究院(National Institute of Standards and Technology, NIST)的权威定义,云计算的标准作业指导(Standard Process Instruction,SPI),将云计算服务层次分为 3 个,即 SaaS、PaaS 和 IaaS 三大服务模式。这是目前被业界最广泛认同的划分。PaaS 和 IaaS 源于 SaaS 理念。PaaS 和 IaaS 可以直接通过 SOA/Web Services 向平台用户提供服务,也可以作为 SaaS 模式的支撑平台间接向最终用户服务。

在云计算中,根据其服务集合所提供的服务类型,整个云计算服务集合被划分成 4 个层次:应用层、平台层、基础设施层和虚拟化层。这 4 个层次每一层都对应着一个子服务集合,为云计算服务层次,如图 7.25 所示。

云计算的服务层次是根据服务类型即服务集合来划分的,与大家熟悉的计算机网络体系结构中层次的划分不同。在计算机网络中每个层次都实现一定的功能,层与层之间有一定关联。而云计算体系结构中的层次是可以分割的,即某一层次可以单独完成一项用户的请求而不需要其他层次为其提供必要的服务和支持。

在云计算服务体系结构中各层次与相关云产品对应。

(1)应用层对应 SaaS 软件即服务,如:Google APPS、SoftWare+Services。

(2)平台层对应 PaaS 平台即服务,如:IBM IT Factory、Google APPEngine、Force.com。

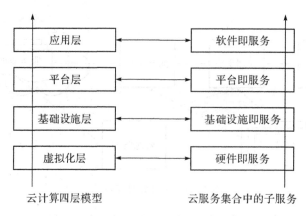

图 7.25　云计算服务层次

（3）基础设施层对应 IaaS 基础设施即服务，如：Amazo Ec2、IBM Blue Cloud、Sun Grid。

（4）虚拟化层对应硬件即服务，结合 PaaS 提供硬件服务，包括服务器集群及硬件检测等服务。

有些文献将云计算服务层次分的更细，如图 7.26 所示，分为 6 个层次，即软件即服务（SaaS）、平台即服务（PaaS）、基础设施即服务（IaaS）、数据即服务（DaaS）、通信即服务（CaaS）和硬件即服务（HaaS）。

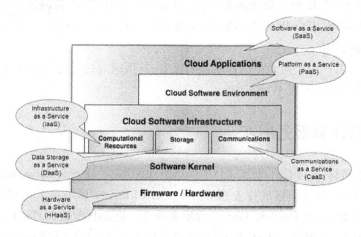

图 7.26　更细的云计算服务层次

1. 基础设施即服务（IaaS）

基础设施即服务（infrastructure as a service，IaaS），消费者通过 Internet 可以从完善的计算机基础设施获得服务。提供给消费者的服务是对所有设施的利用，包括处理、存储、网络和其他基本的计算资源，用户能够部署和运行任意软件，包括操作系统和应用程序。消费者不管理或控制任何云计算基础设施，但能控制操作系统的选择、储存空间、部署的应用，也有可能获得有限制的网络组件（如防火墙、负载均衡器等）的控制。

IaaS 分为两种用法：公共的和私有的。Amazon EC2 在基础设施云中使用公共服务器池。更加私有化的服务会使用企业内部数据中心的一组公用或私有服务器池。如果在企业数据中心环境中开发软件，那么这两种类型都能使用，而且使用 EC2 临时扩展资源的成本也很低，比方说测试。结合使用两者可以更快地开发应用程序和服务，缩短开发和测试周期。

　　同时,IaaS 也存在安全漏洞,例如服务商提供的是一个共享的基础设施,也就是说一些组件,例如 CPU 缓存,GPU 等,对于该系统的使用者而言并不是完全隔离的,这样就会产生一个后果,即当一个攻击者得逞时,全部服务器都向攻击者敞开了大门,即使使用了 hypervisor,有些客户机操作系统也能够获得基础平台不受控制的访问权。解决办法:开发一个强大的分区和防御策略,IaaS 供应商必须监控环境是否有未经授权的修改和活动。

2. 平台即服务(PaaS)

　　平台即服务(platform as a service,PaaS),就是把服务器平台作为一种服务提供的商业模式。所谓 PaaS 实际上是指将软件研发的平台(计世资讯定义为业务基础平台)作为一种服务,以 SaaS 的模式提交给用户。因此,PaaS 也是 SaaS 模式的一种应用。但是,PaaS 的出现可以加快 SaaS 的发展,尤其是加快 SaaS 应用的开发速度。在 2007 年,国内外 SaaS 厂商先后推出自己的 PaaS 平台。

　　PaaS 之所以能够推进 SaaS 的发展,主要在于它能够提供企业进行定制化研发的中间件平台,同时涵盖数据库和应用服务器等。PaaS 可以提高在 Web 平台上利用的资源数量。例如,可通过远程 Web 服务使用数据即服务(data as a service,DaaS),还可以使用可视化的API,甚至像 800app 的 PaaS 平台还允许你混合并匹配适合你应用的其他平台。用户或者厂商基于 PaaS 平台可以快速开发自己所需的应用和产品。同时,PaaS 平台开发的应用能更好地搭建基于 SOA 架构的企业应用。

　　此外,PaaS 对于 SaaS 运营商来说,可以帮助他进行产品多元化和产品定制化。例如Salesforce 的 PaaS 平台让更多的 ISV 成为其平台的客户,从而开发出基于他们平台的多种SaaS 应用,使其成为多元化软件服务供货商(multi application vendor),而不再只是一家CRM 随选服务提供商。而国内的 SaaS 厂商 800app 通过 PaaS 平台,改变了仅是 CRM 供应商的市场定位,实现了 BTO(built to order,按订单生产),和在线交付流程。使用 800app 的PaaS 开发平台,用户不再需要任何编程即可开发包括 CRM、OA、HR、SCM、进销存管理等任何企业管理软件,而且不需要使用其他软件开发工具并立即在线运行。

　　(1)PaaS 的特点

　　PaaS 能将现有各种业务能力进行整合,具体可以归类为应用服务器、业务能力接入、业务引擎、业务开放平台,向下根据业务能力需要测算基础服务能力,通过 IaaS 提供的 API 调用硬件资源,向上提供业务调度中心服务,实时监控平台的各种资源,并将这些资源通过 API 开放给 SaaS 用户。PaaS 主要具备以下三个特点:

　　1)平台即服务:PaaS 所提供的服务与其他的服务最根本的区别是 PaaS 提供的是一个基础平台,而不是某种应用。在传统的观念中,平台是向外提供服务的基础。一般来说,平台作为应用系统部署的基础,是由应用服务提供商搭建和维护的,而 PaaS 颠覆了这种概念,由专门的平台服务提供商搭建和运营该基础平台,并将该平台以服务的方式提供给应用系统运营商。

　　2)平台及服务:PaaS 运营商所需提供的服务,不仅仅是单纯的基础平台,而且包括针对该平台的技术支持服务,甚至针对该平台而进行的应用系统开发、优化等服务。PaaS 的运营商最了解他们所运营的基础平台,所以由 PaaS 运营商所提出的对应用系统优化和改进的建议也非常重要。而在新应用系统的开发过程中,PaaS 运营商的技术咨询和支持团队的介入,也是保证应用系统在以后的运营中得以长期、稳定运行的重要因素。

　　3)平台级服务:PaaS 运营商对外提供的服务不同于其他的服务,这种服务的背后是强大而稳定的基础运营平台,以及专业的技术支持队伍。这种"平台级"服务能够保证支撑 SaaS 或其他软件服务提供商各种应用系统长时间、稳定的运行。PaaS 的实质是将互联网的资源服务化为可编程接口,为第三方开发者提供有商业价值的资源和服务平台。有了 PaaS 平台的支撑,云计算的开发者就获得了大量的可编程元素,这些可编程元素有具体的业务逻辑,这就为开发带来了极大的方便,不但提高了开发效率,还节约了开发成本。有了 PaaS 平台的支持,Web 应用的开发变得更加敏捷,能够快速响应用户需求的开发能力,也为最终用户带来了实实在在的利益。

(2)APaaS 和 IPaaS

简单地说,PaaS 平台就是指云环境中的应用基础设施服务,也可以说是中间件即服务。PaaS 平台在云架构中位于中间层,其上层是 SaaS,其下层是 IaaS。在传统 On-Premise 部署方式下,应用基础设施即中间件的种类非常多,有应用服务器、数据库、ESBs、BPM、Portal、消息中间件、远程对象调用中间件等。对于 PaaS 平台,Gartner 把它们分为两类,一类是应用部署和运行平台(application platform as a service,APaaS),另一类是集成平台(integration platform as a service,IPaaS)。人们经常说的 PaaS 平台基本上是指 APaaS,如 Force 和 Google App Engine。

(3)公有云 PaaS 和企业级 PaaS

云计算起源于大型互联网企业。对于互联网企业,成本压力和指数级的业务增长压力使他们关注于物理资源的利用率和应用的可扩展性。在应用服务器这层,通过 Cluster Session 来实现水平扩展;在数据存储这层,采用基于 Base 模型的 NOSQL 数据存储来实现扩展。目前互联网企业主导面向公众服务的公有云 PaaS 平台,如 Google App Engine 和 Amazon Beanstalk。对于公有云 PaaS 平台,PaaS 就是云环境下的应用部署平台。

1)基于商业软件的部署方式:Application-Framework/Libs-Websphere/Weblogic+RMBMS。

2)基于开源软件的部署方式:Application-Frameworks/Libs-Tomcat/JBoss+RDBMS。

3)云环境下的部署方式:Application-Frameworks/Libs-PaaS(Goole App Engine,Amazon)。

这种情况下,PaaS 实质上就是一个预先装好的 Web Container 和一组公共服务,如数据存储服务(不一定是关系型数据库)、消息队列、集中式 session 及 cache 等。对于个人用户或者简单应用来说,公有云 PaaS 平台使得开发人员仅关注应用逻辑开发本身,不用把精力花费在基础实施和应用的扩展和维护上。

所谓企业级 PaaS 平台,主要包含两类,一是大型企业内部的私有云 PaaS 平台,另一类是面向 ISV 厂商的 PaaS 平台。然而对于企业级 PaaS 平台,PaaS 不仅仅是云环境下的应用部署平台。抛开安全问题不讲,私有云 PaaS 平台和公有云 PaaS 有如下核心区别:

1)复杂的多租户模型:对于公有云 PaaS 平台,其租户模型是(用户→应用→应用实例),一个用户可以部署多个应用,每个应用可以有多个运行时实例,应用实例共享资源池。对于一个大型企业,一个大部门可能是一个租户,大部门下面的子部门也是一个租户;或者一个 SaaS 应用系统的一个实例就是一个租户。对于租户的资源使用,大部门租户是共享资源池里面的资源,也可能某些关键租户需要独占一些资源以保证安全。

2)已有应用的兼容:企业的历史应用都是基于关系型数据库的,某些 PaaS 平台不支持关系型数据存储,即使是简单的已有应用都无法迁移到 PaaS 平台上。

3)复合应用的构建:企业 On-Premise 应用在很长一段时间内都是要存在的,私有云 PaaS 平台要成为 On-Premise 和公有云之间的桥梁。私有云 PaaS 平台除了是应用部署平台外,还需要提供集成和方便构建复合应用的能力,就是 Gartner 所提的 IPaaS 能力。企业级 PaaS 平台不仅仅是应用部署平台,而且是复杂多租户环境和复杂应用环境下的共享基础设施平台,是 On-Premise 部署通往公有云部署的必经之路。

PaaS 体验实例:CloudCC PaaS 平台。

PaaS 的理解有时候是基于 IT 技术层面的,因此给普通使用者一个直观的体验是理解 PaaS 的最好方式,通过沟通,我们获取了 CloudCC PaaS 平台的体验支持,只需要访问 Cloud-CC 云计算中国网,就能获取体验路径。

PaaS 实际上是指将软件研发的平台作为一种服务,以 SaaS 的模式提交给用户。因此,PaaS 也是 SaaS 模式的一种应用。但是,PaaS 的出现可以加快 SaaS 的发展,尤其是加快 SaaS 应用的开发速度。提供给消费者的服务是把客户采用提供的开发语言和工具(例如 Java,python,. Net 等)开发的或收购的应用程序部署到供应商的云计算基础设施上去。客户不需要管理或控制底层的云基础设施,包括网络、服务器、操作系统、存储等,但客户能控制部署的应用程序,也可能控制运行应用程序的托管环境配置。

3. 软件即服务(SaaS)

软件即服务(software as a service,SaaS)的中文名称为"软营"或"软件运营"。SaaS 是基于互联网提供软件服务的软件应用模式。作为一种在 21 世纪开始兴起的创新的软件应用模式,SaaS 是软件科技发展的最新趋势。它与"按需软件"(on-demand software)、应用服务提供商(the application service provider,ASP)、托管软件(hosted software)具有相似的含义。

它是一种通过 Internet 提供软件的模式,SaaS 提供商为企业搭建信息化所需要的所有网络基础设施及软件、硬件运作平台,并负责所有前期的实施、后期的维护等一系列服务,客户可以根据自己实际需求,通过互联网向厂商定购所需的应用软件服务,按定购的服务多少和时间长短向厂商支付费用,并通过互联网获得厂商提供的服务。用户不用再购买软件,而改用向提供商租用基于 Web 的软件,来管理企业经营活动,且无需对软件进行维护。服务提供商会全权管理和维护软件,软件厂商在向客户提供互联网应用的同时,也提供软件的离线操作和本地数据存储,让用户随时随地都可以使用其定购的软件和服务。对于许多小型企业来说,SaaS 是采用先进技术的最好途径,它消除了企业购买、构建和维护基础设施和应用程序的需要。就像打开自来水龙头就能用水一样,企业根据实际需要,从 SaaS 提供商租赁软件服务。

SaaS 是一种软件布局模型,其应用专为网络交付而设计,便于用户通过互联网托管、部署及接入。SaaS 应用软件的价格通常为"全包"费用,囊括了通常的应用软件许可证费、软件维护费以及技术支持费,将其统一为每个用户的月度租用费。对于广大中小型企业来说,SaaS 是采用先进技术实施信息化的最好途径。但 SaaS 绝不仅仅适用于中小型企业,所有规模的企业都可以从 SaaS 中获利。

2008 年前,IDC 将 SaaS 分为两大组成类别:托管应用管理(hosted AM)——以前称作应用服务提供(ASP),以及"按需定制软件",即 SaaS 的同义词。从 2009 年起,托管应用管理已作为 IDC 应用外包计划的一部分,而按需定制软件以及 SaaS 被视为相同的交付模式对待。

目前,SaaS 已成为软件产业的一个重要力量。只要 SaaS 的品质和可信度能继续得到证实,它的魅力就不会消退。例如中企云软基于 excel 平台和 excel 服务器,使这一服务云端化,支持在线定制、在线服务、在线使用,让用户无需自建服务器即可轻松拥有 SaaS+PaaS 的平台。

最早的应用服务提供商(application service provider, ASP)厂商是 Salesforce、

CloudCC.com和Netsuite,其后还有一批跟随企业,这些厂商创业时都专注于客户关系管理(CRM)的在线化,但是ASP厂商很快遭遇互联网泡沫破裂,风险资本撤离互联网企业,大批ASP厂商破产。其实ASP的批量破产也不仅仅是风险资本的撤离,其实ASP本身技术并不成熟,ASP CRM还都缺少定制功能、集成功能,而且网速在2000年前后也的确比较慢,因此ASP CRM只不过是CRM低价、低质的替代品。2003年Sun推出J2EE技术,微软推出.NET技术,以前只能通过桌面应用才能实现的功能可以通过基于网页的技术实现。以Salesforce为首的多个企业推出了功能强大、用户体验良好的企业级产品。公平地说,SaaS和ASP的差异一直就比较模糊,它们的区别有各种各样的说法,但现在提ASP概念的厂商已经不多了。其实概念倒还是次要的,最主要的是在线软件模式的技术已经变得成熟。

2003年后,随着美国Salesforce、WebEx Communication、Digital Insight等企业SaaS模式的成功,国内厂商也开始了追赶模仿之路。包括CloudCC、风云网络、鹏为、用友、金算盘、金蝶等,Microsoft、Google、IBM、Oracle等IT界巨头们也都已悄然抢占中国SaaS市场。同时,SaaS正在深入的细化和发展,除了CRM之外,ERP、eHR、SCM等系统也都开始SaaS化。2010年,阿里巴巴宣布放弃SaaS,意味着SaaS在中国的路并不平坦。

《易观国际》认为无论SaaS还是PaaS,它们所代表的云计算这种全新和领先的互联网应用交付模式终将走向未来,在5~10年里将成为互联网的主流应用形态,为互联网的移动化和企业化发展提供强大助力。

SaaS服务模式与传统许可模式软件有很大的不同,它是未来管理软件的发展趋势。相比较传统服务方式而言,SaaS具有很多独特的特征:SaaS不仅减少了或取消了传统的软件授权费用,而且厂商将应用软件部署在统一的服务器上,免除了最终用户的服务器硬件、网络安全设备和软件升级维护的支出,客户不需要除了个人电脑和互联网连接之外的其他IT投资就可以通过互联网获得所需要软件和服务。此外,大量的新技术,如Web Service,提供了更简单、更灵活、更实用的SaaS。

另外,SaaS供应商通常是按照客户所租用的软件模块来进行收费的,因此用户可以根据需求按需订购软件应用服务,而且SaaS的供应商会负责系统的部署、升级和维护。而传统管理软件通常是买家需要一次支付一笔可观的费用才能正式启动。

SaaS以势如破竹的趋势登入中国,快速的市场发展周期让应用出现了新特点,但也遇到了瓶颈,各企业在引入SaaS服务时如何选择一款真正适合自身企业发展的在线CRM产品已成为关键之举。企业用户如何选择SaaS模式的CRM产品呢?八百客资深软件工程师提出"五步定位法"旨在提升SaaS模式在线CRM选型满意度。

第一步,产品试用,宏观定位。

第二步:按需选择,综合定位。

第三步:数据保障,安全定位。

第四步:价格确认,预算定位。

第五步:合同确认,细节定位。

SaaS企业管理软件分成两大阵营:平台型SaaS和傻瓜式SaaS。平台型SaaS是把传统企业管理软件的强大功能通过SaaS模式交付给客户,有强大的自定制功能。傻瓜式SaaS提供固定功能和模块,简单易懂但不能灵活定制在线应用,用户也是按月付费的。

一般而言,平台型SaaS更适合企业的发展,因为它强大的自定制功能能满足企业的应用,当然,并非所有SaaS厂商的产品都具有自定制功能,所以企业在选择产品时要先考察清楚。

目前业内平台型做的较好的厂商有八百客、Salesfoece 等,自定制平台,无需编写代码,无需数据库知识,只要深刻理解企业业务,就能实现任何所需,且无需自行维护。其人性化的地方体现在:不同阶段会给企业提供相应的免费试用优惠,让企业真正做到"先使用、后付款",避免了盲目购买。

傻瓜式 SaaS 的功能是固定的,在某个阶段能适应企业的发展,一旦企业有了新的发展,它的无法升级和无自定制的缺点就会暴露出来,这时企业只能进行"二次购买"。平台型 SaaS 和傻瓜式 SaaS 的共同点是都能租赁使用。但是无论是平台型 SaaS 或傻瓜式 SaaS,SaaS 服务提供商都必须有自己的知识产权,所以企业在选择 SaaS 产品时应当了解服务商是否有自己的知识产权。

7.5.4　云计算技术层次

云计算技术层次和云计算服务层次不是一个概念,后者从服务的角度来划分云的层次,主要突出了云服务能给我带来什么。而云计算的技术层次主要从系统属性和设计思想角度来说明云,是对软硬件资源在云计算技术中所充当角色的说明。从云计算技术角度来分,云计算大概有 4 部分构成:物理资源、虚拟化资源、中间件管理部分和服务接口,如图 7.27 所示。

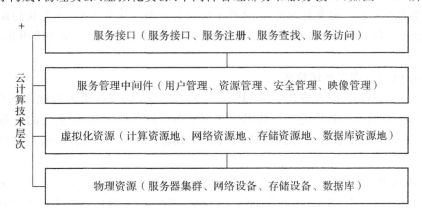

图 7.27　云计算技术层次

(1)服务接口:统一规定了在云计算时代使用计算机的各种规范、云计算服务的各种标准等,用户端与云端交互操作的入口,可以完成用户或服务注册,对服务的定制和使用。

(2)服务管理中间件:在云计算技术中,中间件位于服务和服务器集群之间,提供管理和服务即云计算体系结构中的管理系统。对标识、认证、授权、目录、安全性等服务进行标准化和操作,为应用提供统一的标准化程序接口和协议,隐藏底层硬件、操作系统和网络的异构性,统一管理网络资源。其用户管理包括用户身份验证、用户许可、用户定制管理;资源管理包括负载均衡、资源监控、故障检测等;安全管理包括身份验证、访问授权、安全审计、综合防护等;映像管理包括映像创建、部署、管理等。

(3)虚拟化资源:指一些可以实现一定操作具有一定功能,但其本身是虚拟而不是真实的资源,如计算池、存储池和网络池、数据库资源等,通过软件技术来实现相关的虚拟化功能包括虚拟环境、虚拟系统、虚拟平台。

(4)物理资源:主要指能支持计算机正常运行的一些硬件设备及技术,可以是价格低廉的PC,也可以是价格昂贵的服务器及磁盘阵列等设备,可以通过现有网络技术和并行技术、分布式技术将分散的计算机组成一个能提供超强功能的集群用于计算和存储等云计算操作。在云计算时代,本地计算机可能不再像传统计算机那样需要空间足够的硬盘、大功率的处理器和大容量的内存,只需要一些必要的硬件设备如网络设备和基本的输入输出设备等。

7.5.5　典型云计算平台

云计算的研究吸引了不同技术领域巨头,因此对云计算理论及实现架构也有所不同。如亚马逊利用虚拟化技术提供云计算服务,推出 S3(simple storage service)提供可靠、快速、可扩展的网络存储服务,而弹性可扩展的云计算服务器 EC2(elastic compute cloud)采用 Xen 虚拟化技术,提供一个虚拟的执行环境(虚拟机器),让用户通过互联网来执行自己的应用程序。IBM 将包括 Xen 和 PowerVM 虚拟的 Linux 操作系统镜像与 Hadoop 并行工作负载调度。下面以 Google 公司的云计算核心技术和架构作基本讲解。

云计算的先行者 Google 的云计算平台能实现大规模分布式计算和应用服务程序,平台包括 MapReduce 分布式处理技术、Hadoop 框架、分布式的文件系统 GFS、结构化的 BigTable 存储系统以及 Google 其他的云计算支撑要素。

现有的云计算通过对资源层、平台层和应用层的虚拟化以及物理上的分布式集成,将庞大的 IT 资源整合在一起。更重要的是,云计算不仅仅是资源的简单汇集,还为我们提供了一种管理机制,让整个体系作为一个虚拟的资源池对外提供服务,并赋予开发者透明获取资源、使用资源的自由。

1. MapReduce 分布式处理技术

MapReduce 是 Google 开发的 Java、Python、C++编程工具,用于大规模数据集(大于 1TB)的并行运算,也是云计算的核心技术。一种分布式运算技术,也是简化的分布式编程模式,适合用来处理大量数据的分布式运算,用于解决问题的程序开发模型,也是开发人员拆解问题的方法。

MapReduce 模式的思想是将要执行的问题拆解成 Map(映射)和 Reduce(化简)的方式,先通过 Map 程序将数据切割成不相关的区块,分配(调度)给大量计算机处理达到分布运算的效果,再通过 Reduce 程序将结果汇整,输出开发者需要的结果。

MapReduce 的软件实现是指定一个 Map(映射)函数,把键值对(key/value)映射成新的键值对(key/value),形成一系列中间形式的 key/value 对,然后把它们传给 Reduce(化简)函数,把具有相同中间形式 key 的 value 合并在一起。map 和 reduce 函数具有一定的关联性。

(1)map(k1,v1)—> list(k2,v2)

(2)reduce(k2,list(v2))—>list(v2)

其中 v1、v2 可以是简单数据,也可以是一组数据,对应不同的映射函数规则。在 Map 过程中将数据并行,即把数据用映射函数规则分开,而 Reduce 则把分开的数据用化简函数规则合在一起,也就是说 Map 是一个分的过程,Reduce 则对应着合。MapReduce 应用广泛,包括简单计算任务、海量输入数据、集群计算环境等,如分布 grep、分布排序、单词计数、Web 连接图反转、每台机器的词矢量、Web 访问日志分析、反向索引构建、文档聚类、机器学习、基于统计的机器翻译等。

2. Hadoop 架构

在 Google 发表 MapReduce 后,2004 年开源社群用 Java 搭建出一套 Hadoop 框架,用于

实现 MapReduce 算法,能够把应用程序分割成许多很小的工作单元,每个单元可以在任何集群节点上执行或重复执行。

此外,Hadoop 还提供一个分布式文件系统 GFS(Google file system),是一个可扩展、结构化、具备日志的分布式文件系统,支持大型、分布式大数据量的读写操作,其容错性较强。

而分布式数据库(BigTable)是一个有序、稀疏、多维度的映射表,有良好的伸缩性和高可用性,用来将数据存储或部署到各个计算节点上。Hadoop 框架具有高容错性及对数据读写的高吞吐率,能自动处理失败节点,如图 7.28 所示为 Google Hadoop 架构。

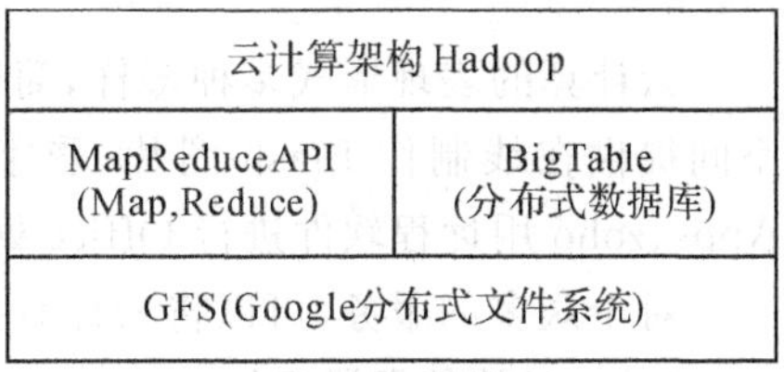

云计算架构 Hadoop	
MapReduceAPI (Map,Reduce)	BigTable (分布式数据库)
GFS(Google分布式文件系统)	

图 7.28 Hadoop 架构

在架构中 MapReduce API 提供 Map 和 Reduce 处理、GFS 分布式文件系统和 BigTable 分布式数据库提供数据存取。基于 Hadoop 可以非常轻松和方便完成处理海量数据的分布式并行程序,并运行于大规模集群上。

3. Google 云计算执行过程

云计算服务方式多种多样,通过对 Google 云计算架构及技术的理解,在此我们给出用户将要执行的程序或处理的问题提交云计算的平台 Hadoop,其执行过程如图 7.29 所示。

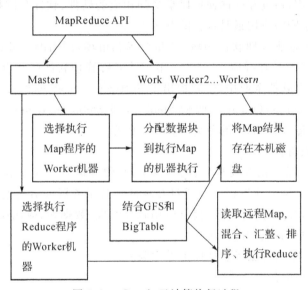

图 7.29 Google 云计算执行过程

如图 7.29 所示的 Google 云计算执行过程包括以下步骤:

(1)将要执行的 MPI 程序复制到 Hadoop 框架中的 Master 和每一台 Worker 机器中。

(2)Master 选择由哪些 Worker 机器来执行 Map 程序与 Reduce 程序。

(3)分配所有的数据区块到执行 Map 程序的 Worker 机器中进行 Map(切割成小块数据)。

(4)将 Map 后的结果存入 Worker 机器。

(5)执行 Reduce 程序的 Worker 机器,远程读取每一份 Map 结果,进行混合、汇整与排序,同时执行 Reduce 程序。

(6)将结果输出给用户(开发者)。

在云计算中为了保证计算和存储等操作的完整性,充分利用 MapReduce 的分布和可靠特性,在数据上传和下载过程中根据各 Worker 节点在指定时间内反馈的信息判断节点的状态是正常还是死亡,若节点死亡则将其负责的任务分配给别的节点,确保文件数据的完整性。

7.5.6 云计算应用

云计算的表现形式多种多样,简单的云计算在人们日常网络应用中随处可见,如腾讯 QQ 空间提供在线制作 Flash 图片,彩字秀提供的个性文字图片的处理,Google Doc 和 Google Apps、zoho 用远程软件进行 Office 处理。

对于众多的服务,可以将云计算提供的服务细分为以下 7 个类型:

1. SaaS(软件即服务)

软件厂商将应用软件统一部署在服务器或服务器集群上,通过互联网提供软件给用户。用户也可以根据自己实际需要向软件厂商定制或租用适合自己的应用软件,通过租用方式使用基于 Web 的软件来管理企业经营活动。软件厂商负责管理和维护软件,对于许多小型企业来说,SaaS 是采用先进技术的最好途径,它消除了企业购买、构建和维护基础设施和应用程序的需要。近年来,SaaS 的兴起已经给传统软件企业带来强劲的压力。

在这种模式下,客户不再像传统模式那样花费大量投资用于硬件、软件、人员,而只需要支出一定的租赁服务费用,通过互联网便可以享受到相应的硬件、软件和维护服务,享有软件使用权和不断升级,这是网络应用最具效益的营运模式。

SaaS 通常被用在企业管理软件领域、产品技术和市场,国内的厂商以八百客、沃利森为主,主要开发 CRM、ERP 等在线应用。用友、金蝶等老牌管理软件厂商也推出在线财务 SaaS 产品。国际上其他大型软件企业中,微软提出了 Software+SaaS 的模式,谷歌推出了与微软 Office 竞争的 Google Apps,Oracle 在收购 Sieble 升级 Sieble on-demand 后推出 Oracle On-demand,SAP 推出了传统和 SaaS 的杂交(hybrid)模式。

2. PaaS(平台即服务)

平台即服务 PaaS 是提供开发环境、服务器平台、硬件资源等服务给用户,用户可以在服务提供商的基础架构基础上开发程序并通过互联网和其服务器传给其他用户。PaaS 能够提供企业或个人定制研发的中间件平台,提供应用软件开发、数据库、应用服务器、试验、托管及应用服务,为个人用户或企业的团队协作。

在云计算服务中,平台即服务包括以下类型服务:

(1)提供集成开发环境

云服务提供商开发、测试、部署、维护应用程序等服务,满足不同用户需要的不同开发周期和集成开发环境,多用户互动测试,版本控制,部署和回滚。

(2)集成 Web 服务和数据库

支持 SOAP 和 REST 的接口,组成多个网络服务,支持多用户使用不同数据库的平台,协助用户实现云计算设计。

(3)支持团队协作

平台服务通过共享代码和预定义方式,可以界定、更新和跟踪设计人员,开发、测试、质量控制完成团队协作。

(4)提供实用设备

以租用方式提供相应设备(如大型集群系统、存储系统等)以端到端方式给用户。

平台系统比应用软件系统复杂,是一系列的软硬件协议的系统集合。把平台独立于软件外另立为单独的服务项目,能够让服务更具有目的化,易于管理和维护。PaaS 能给客户带来更高性能、更个性化的服务,也是 SaaS 今后发展的趋势。一个 SaaS 软件也能给客户在互联网上提供开发(自定义)、测试、在线部署应用程序的功能,那么这就叫提供平台服务 PaaS。Salesforce 的 force. com 平台和八百客的 800APP 是 PaaS 的代表产品。PaaS 厂商也吸引软件开发商在 PaaS 平台上开发、运行并销售在线软件。

3. 按需计算(utility computing)

按需计算,是将多台服务器组成的"云端"计算资源包括计算和存储,作为计量服务提供给用户,由 IT 领域巨头如 IBM 的蓝云、Amazon 的 AWS 及提供存储服务的虚拟技术厂商的参与应用与云计算结合的一种商业模式,它将内存、I/O 设备、存储和计算能力整合成一个虚拟的资源池为整个业界提供所需要的存储资源和虚拟化服务器等服务。

按需计算用于提供数据中心创建的解决方案,帮助企业用户创建虚拟的数据中心,诸如 3Tera 的 AppLogic,Cohesive Flexible Technologies 的按需实现弹性扩展的服务器。Liquid Computing 公司的 LiquidQ 提供类似的服务,能帮助企业将内存、I/O、存储和计算容量通过网络集成为一个虚拟的资源池提供服务。

按需计算方式的优点在于用户只需要低成本硬件,按需租用相应计算能力或存储能力,大大降低了用户在硬件上的开销。

4. MSP(管理服务提供商)

管理服务是面向 IT 厂商的一种应用软件,常用于应用程序监控服务、桌面管理系统、邮件病毒扫描、反垃圾邮件服务等。目前瑞星杀毒软件早已推出云杀毒的方式,而 Secure-Works、IBM 提供的管理安全服务属于应用软件监控服务类。

5. 商业服务平台

商业服务平台是 SaaS 和 MSP 的混合应用,提供一种与用户结合的服务采集器,是用户和提供商之间的互动平台,如费用管理系统中用户可以订购其设定范围的服务与价格相符的产品或服务。

6. 网络集成

网络集成是云计算的基础服务的集成,采用通用的"云计算总线",整合互联网服务类似的云计算公司,方便用户对服务供应商的比较和选择,为客户提供完整的服务。软件服务供应商 OpSource 推出了 OpSource Services Bus,使用的就是被称为 Boomi 的云集成技术。

7. 云端网络服务

网络服务供应商提供 API 能帮助开发者开发基于互联网的应用,通过网络拓展功能性。服务范围从提供分散的商业服务(诸如 Strike Iron 和 Xignite)到涉及 Google Maps、ADP 薪资处理流程、美国邮电服务、Bloomberg 和常规的信用卡处理服务等的全套 API 服务。

云计算在工作和生活中最重要的体现就是计算、存储与服务,当然计算和存储从某种意义上讲同属于云计算提供的服务,因此也印证了云计算即是提供的一种服务,是一种网络服务。

## 第 8 章

交换机与路由器配置

　　网络设备配置企业网络中,特别是在大中型网络管理中占据着重要的位置。它也是衡量一个网络管理员是否称职的一个重要依据。网络设备的配置主要是指交换机、路由器和防火墙的配置,交换机当然只有网管型才需要配置。那些低档的交换机,根本就无需任何配置,直接连接电缆,打开电源即可正常工作。但是这种"傻瓜"型交换机在中大型网络中很少采用,所以我们这一章要重点介绍交换机与路由器的配置。

　　交换机与路由器的详细配置过程比较复杂,而且具体的配置方法会因不同品牌、不同系列的交换机与路由器而有所不同,这里讲的只是通用配置方法,有了这些通用配置方法,我们就能举一反三,融会贯通。

8.1　交换机与路由器配置途径

　　如图 8.1 所示,可以通过多种途径配置交换机与路由器。

　　(1)通过交换机或路由器的控制台端口(console 端口)进行配置,这种方式属于本地配置。控制台端口也称"管理端口",它有 9 针 DB-9 或 25 针 DB-25 串口和 RJ-45 端口等多种类型。通过电缆将 console 端口连接到计算机的串口,利用超级终端对交换机与路由器进行配置,这是最常用和最基本的配置途径。值得指出的是,对交换机或路由器第一次配置必须经由此途径。因为只有通过本地配置才能为交换机或路由器配置 IP 地址,也只有配置了静态 IP 地址才能用其他远程方式进行配置,因为无论是 Web 方式,还是 Telnet 方式都需要用到 IP 地址。这一点同时适用于所有品牌的交换机或路由器配置。

　　(2)通过辅助端口(AUX 端口)连接 Modem 进行远程配置。

　　(3)通过 Telnet 方式进行配置。可以在网络中任一位置对路由器进行配置,只要你有足够的权力。当然,也需要您的计算机支持 Telnet。

　　(4)通过网管工作站进行配置,这就需要在您的网络中有至少一台运行 Ciscoworks 及

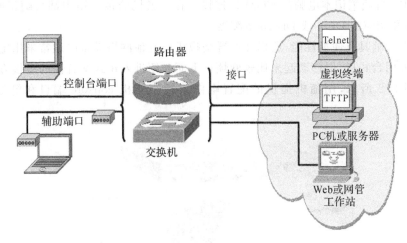

图 8.1　交换机与路由器配置途径

CiscoView 等的网管工作站。需要另外购买网管软件。

　　(5)通过 TFTP 服务器下载路由器配置文件或 IOS 操作系统升级文件。可以用任何没有特殊格式的纯文本编辑器编辑路由器配置文件,并将其存放在 TFTP 服务器的根目录下,采用手工方式或 Autoinstall 方式下载路由器配置文件。特别是将操作系统升级时往往用 TFTP 服务器实现。

　　(6)Web 配置方式是通过在 Web 浏览器中输入指定的交换机或路由器 IP 地址进入配置界面,就像 Windows 系统一样,比较容易掌握和操作,但配置功能较差,有些高级配置无法进行,适合于初级网管员进行基本的配置。许多家用的交换机或无线路由器大多采用这种配置方法,因为家用交换机或路由器在出厂时,都配有一个默认的私有 IP 地址。大家只要通过浏览器输入 IP 地址,就可以方便地进行配置。而 Telnet 配置方式则是在命令提示符下通过输入相关命令进行配置的,功能比界面方式更强大,但是不容易掌握,适合于有一定经验的网管员使用。

8.2　交换机基本配置

　　如上所述,交换机首次配置一定通过本地配置的方式。本地配置是通过操作系统的超级终端(HyperTerminal)进行的交换机配置。它也是最基本、最全面、功能最强大的配置方式,同时也是其他远程配置方式的基础。

　　在本地配置中首先遇到的是物理连接方式,这要根据具体交换机所提供的 console 端口类型而定。因为有多种常见 console 端口,如 DB-9(或 DB-25)公头或母头串口和 RJ-45 以太网口等。在交换机的包装箱中都会随机赠送一条 console 线和相应的 DB-9 或 DB-25 适配器。

　　一般的 PC 或者笔记本电脑中的 9 针 COM 串口是公头的(25 针的 DB-25 端口为母头的),所以如果交换机的 console 端口为 9 针 COM 串口的,则会随机提供一条两端都是串口的电缆(其中至少有一端为母头的)用于 PC 机或笔记本电脑连接。现在的交换机 console 端口大多是 RJ-45 端口,则会提供一条 RJ-45-to-DB-9 串口电缆,一端为 RJ-45 端口,另一端通过一个转接器与 PC 机或笔记本电脑的 COM 口连接。在交换机的包装箱中都会随机赠送这么一条 console 线和相应的 DB-9 或 DB-25 适配器。

因笔记本电脑具有便携性能,所以在配置交换机或其他网络设备时通常采用笔记本电脑。当然也可以采用台式机,但移动起来比较麻烦。下面介绍进入正式配置前的连接方法。

(1)按图 8.2 所示,用随机提供的配置电缆连接交换机 console 端口和笔记本电脑的COM 端口。

图 8.2　交换机 console 端口与笔记本电脑的 COM 端口的连接

可进行网络管理的交换机上一般都有一个"console"端口,它是专门用于对交换机进行配置和管理的。通过 console 端口连接并配置交换机,是配置和管理交换机必须经过的步骤。虽然除此之外还有其他若干种配置和管理交换机的方式(如 Web 方式、Telnet 方式等),但是,这些方式必须依靠通过 console 端口进行基本配置后才能进行。因为其他方式往往需要借助于 IP 地址、域名或设备名称才可以实现,而新购买的交换机显然不可能内置有这些参数,所以通过 console 端口连接并配置交换机是最常用、最基本也是网络管理员必须掌握的管理和配置方式。

(2)打开笔记本电脑电源,进入 Windows 系统(以 Windows XP 系统为例),我们使用Windows 系统附件中的超级终端仿真程序来实现完成与交换机的交互。首先要创建超级终端,步骤如下:

执行【开始】→【所有程序】→【附件】→【通信】→【超级终端】菜单操作,首先打开的是如图8.3 所示的"连接描述"对话框。在其中为该终端连接指定一个连接名称,也可以选择一个连接图标。

(3)单击【确定】按钮后,进入如图 8.4 所示的"连接到"对话框。在其中选择该连接中交换机设备所使用的计算机通信端口,在"连接到"对话框中,选择"连接时使用(N)"下拉列表中选择 COM1 即可,当然要与交换机连接的串口相同。

(4)单击【确定】按钮后进入如图 8.5 所示的"COM1 属性"对话框。在其中可以配置该连接的具体参数,只需要在"每秒位数(B)"下拉列表中选择 9600(串口连接速率),其他按默认即可。

(5)单击【确定】按钮,即正式进入超级终端界面。到此为止超级终端设置完成。

待终端通讯参数设置完毕后,物理连接好了,我们就要打开计算机和交换机电源进行软件配置了。下面我们以思科的一款网管型交换机"Catalyst 1900"来讲述这一配置过程。

图 8.3 "连接描述"对话框

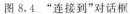

图 8.4 "连接到"对话框

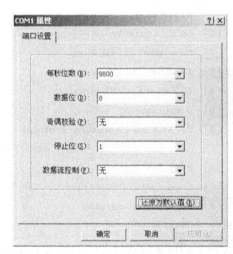

图 8.5 "COM1 属性"对话框

如果通信正常的话就会出现类似于如下所示的主配置界面,并会在这个窗口中显示交换机的初始配置情况。

```
Catalyst 1900 Management Console
Copyright (c) Cisco Systems, Inc。1993-1999
All rights reserved。
Standard Edition Software
Ethernet address: 00-E0-1E-7E-B4-40
PCA Number: 73-2239-01
PCA Serial Number: SAD01200001
Model Number: WS-C1924-A
System Serial Number: FAA01200001
User Interface Menu
[M]   Menus       //主配置菜单
[I]   IP Configuration    //IP 地址等配置
[P]   Console Password    //控制密码配置
```

```
Enter Selection： //在此输入要选择项的快捷字母,然后按回车键确认
```

【注】"//"后面的内容为笔者对前面语句的解释,下同。

至此就正式进入了交换机配置界面了,下面的工作就可以正式配置交换机了。

1. 交换机的基本配置

进入配置界面后,如果是第一次配置,则首先要进行的是 IP 地址配置,主要为后面进行远程配置而准备。IP 地址配置方法如下:

在前面所出现的配置界面"Enter Selection:"后输入"I"字母,然后单击回车键,则出现如下配置信息:

```
The IP Configuration Menu appears。
Catalyst 1900    -    IP Configuration
Ethernet Address : 00 - E0 - 1E - 7E - B4 - 40
[I]   IP address
[S]   Subnet mask
[G]   Default gateway
[B]   Management Bridge Group
[M]   IP address of DNS server 1
[N]   IP address of DNS server 2
[D]   Domain name
[R]   Use Routing Information Protocol
- - - - - - - - - - - - - - Actions - - - - - - - - - - - - - - - - - -
[P]   Ping
[C]   Clear cached DNS entries
[X]   Exit to previous menu
Enter Selection：
```

在以上配置界面最后的"Enter Selection:"后再次输入"I"字母,选择以上配置菜单中的"IP address"选项,配置交换机的 IP 地址,单击回车键后即出现如下所示配置界面:

```
Enter administrative IP address in dotted quad format   (nnn.nnn.nnn.nnn)：  //按"nnn.nnn.nnn.
nnn"格式输入 IP 地址
Current setting   = =>   0.0.0.0   //交换机没有配置前的 IP 地址为"0.0.0.0",代表任何 IP 地址
New setting   = =>   //在此处键入新的 IP 地址
```

如果你还想配置交换机的子网掩码和默认网关,在以上 IP 配置界面里面分别选择"S"和"G"项即可。

现在我们再来学习一下密码的配置:

在以上 IP 配置菜单中,选择"X"项退回到前面所介绍的交换机配置界面。

输入"P"字母后按回车键,然后在出现的提示符下输入一个 4～8 位的密码(为安全起见,在屏幕上都是以"＊"号显示),输入好后按回车键确认,重新回到以上登陆主界面。

在你配置好 IP 和密码后,交换机就能够按照默认的配置来正常工作。如果想更改交换机配置以及监视网络状况,你可以通过控制命令菜单,或者是在任何地方通过基于 Web 的 Catalyst 1900 Switch Manager 来进行操作。

如果交换机运行的是 Cisco Catalyst 1900/2820 企业版软件,你可以通过命令控制端口

(command-line interface CLI)来改变配置。当进入配置主界面后，就在显示菜单多了项"Command Line"，而少了项"Console Password"，它在下级菜单中进行。

```
1 user(s)  now active on Management Console。
User Interface Menu
[M]  Menus
[K]  Command Line
[I]  IP Configuration
Enter Selection：
```

在这一版本中的配置方法与前面所介绍的配置方法基本一样，不同的只是在这一版本中可以通过命令方式(选择"[K]Command Line"项即可)进行一些较高级配置。

2. 远程配置方式

我们上面就已经介绍过交换机除了可以通过 Console 端口与计算机直接连接外，还可以通过交换机的普通端口进行连接。如果是堆栈型的，也可以把几台交换机堆在一起进行配置，因为这时实际上它们是一个整体，一般只有一台具有网管能力。这时通过普通端口对交换机进行管理时，就不再使用超级终端了，而是以 Telnet 或 Web 浏览器的方式实现与被管理交换机的通信。因为我们在前面的本地配置方式中已为交换机配置好了 IP 地址，所以我们可通过IP 地址与交换机进行通信，不过要注意，同样只有是网管型的交换机才具有这种管理功能。因为这种远程配置方式中又可以通过两种不同的方式来进行，所以对其分别进行介绍。

(1)Telnet 方式

Telnet 协议是一种远程访问协议，可以用它登陆到远程计算机、网络设备或专用 TCP/IP网络。Windows 系统、UNIX/Linux 等系统中都内置有 Telnet 客户端程序，我们就可以用它来实现与远程交换机的通信。

在使用 Telnet 连接至交换机前，应当确认已经做好以下准备工作：

1)在用于管理的计算机中安装有 TCP/IP 协议，并配置好了 IP 地址信息。

2)在被管理的交换机上已经配置好 IP 地址信息。如果尚未配置 IP 地址信息，则必须通过 Console 端口进行设置。

3)在被管理的交换机上建立了具有管理权限的用户帐户。如果没有建立新的帐户，则Cisco 交换机默认的管理员帐户为"Admin"。

在计算机上运行 Telnet 客户端程序(这个程序在 Windows 系统中与 UNIX、Linux 系统中都有，而且用法基本是是兼容的，特别是在 Windows XP 系统中的 Telnet 程序)，并登陆至远程交换机。如果我们前面已经设置交换机的 IP 地址为：61.159.62.182，下面只介绍进入配置界面的方法，至于如何配置那是比较多的，要视具体情况而定，不作具体介绍。进入配置界面步骤很简单，只需简单的两步：

第 1 步：单击"开始"按钮选择"运行"菜单项，然后在对话框中按"Telnet 61.159.62.182"格式输入登陆(当然也可先不输入 IP 地址，在进入 Telnet 主界面后再进行连接，但是这样会多了一步，直接在后面输入要连接的 IP 地址更好些)，如图 8.6 所示。如果为交换机配置了名称，则也可以直接在"Telnet"命令后面空一个空格后输入交换机的名称。

Telnet 命令的一般格式如下：

telnet [Hostname/port]，这里要注意的是"Hostname"包括了交换机的名称，但更多的是指我们将在前面为交换机配置的 IP 地址。格式后面的"port"一般是不需要输入的，它是用来

图 8.6 "运行"对话框

设定 Telnet 通信所用的端口的,一般来说 Telnet 通信端口,在 TCP/IP 协议中有规定,为 23 号端口,最好不要改它,也就是说我们可以不接这个参数。

第 2 步:输入好后,单击"确定"按钮,或单击回车键,建立与远程交换机的连接。如图 8.7 所示为与计算机通过 Telnet 与 Catalyst 1900 交换机建立连接时显示的界面。

图 8.7 计算机与交换机建立连接的界面

在图中显示了包括两个菜单项的配置菜单:Menus、Command Line。然后,就可以根据实际需要对该交换机进行相应的配置和管理了。

(2)Web 浏览器的方式

当利用 Console 端口为交换机设置好 IP 地址信息并启用 HTTP 服务后,即可通过支持 Java 的 Web 浏览器访问交换机,并可通过 Web 通过浏览器修改交换机的各种参数并对交换机进行管理。事实上,通过 Web 界面,可以对交换机的许多重要参数进行修改和设置,并可实时查看交换机的运行状态。不过在利用 Web 浏览器访问交换机之前,应当确认已经做好以下准备工作:

1)在用于管理的计算机中安装 TCP/IP 协议,且在计算机和被管理的交换机上都已经配置好 IP 地址信息。

2)用于管理的计算机中安装有支持 Java 的 Web 浏览器,如 Internet Explorer 4.0 及以上版本、Netscape 4.0 及以上版本,以及 Oprea with Java。

3)在被管理的交换机上建立了拥有管理权限的用户帐户和密码。

4)被管理交换机的 Cisco IOS 支持 HTTP 服务,并且已经启用了该服务。否则,应通过 Console 端口升级 Cisco IOS 或启用 HTTP 服务。

通过 Web 浏览器的方式进行配置的方法如下:

第 1 步:把计算机连接在交换机的一个普通端口上,在计算机上运行 Web 浏览器。在浏览器的"地址"栏中键入被管理交换机的 IP 地址(如 61.159.62.182)或为其指定的名称。单击回车键,弹出如图 8.8 所示对话框。

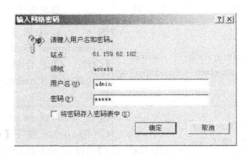

图 8.8　输入网络密码对话框

第 2 步:分别在"用户名"和"密码"框中,键入拥有管理权限的用户名和密码。用户名/密码对应当事先通过 Console 端口进行设置。

3. 交换机命令行界面(CLI)的常见命令

在交换机的高级配置中,通常是利用以上配置菜单中的"[K]Command Line"项进行的。

Cisco 交换机所使用的软件系统为 Catalyst IOS。CLI(command-line interface,命令行界面)是一个基于 DOS 命令行的软件系统模式,对大小写不敏感(即不区分大小写)。不仅交换机、路由器、防火墙都有这种模式,其实就是一系列相关命令,但它与 DOS 命令不同,CLI 可以缩写命令与参数,只要它包含的字符足以与其他当前可用的命令和参数区别开来即可。虽然对交换机的配置和管理也可以通过多种方式实现,既可以使用纯字符形式的命令行和菜单(menu),也可以使用图形界面的 Web 浏览器或专门的网管软件(如 Cisco Works 2000)。相比较而言,命令行方式的功能更强大,但掌握起来难度也更大些。下面把交换机的一些常用的配置命令介绍如下:

Cisco IOS 共包括 6 种不同的命令模式:User Exec 模式、Privileged Exec 模式、VLAN Database 模式、Global Configuration 模式、Interface Configuration 模式和 Line Configuration 模式。当在不同的模式下,CLI 界面中会出现不同的提示符。为了方便大家的查找和使用,表 8.1 列出了 6 种 CLI 命令模式的用途、提示符、访问及退出方法。

表 8.1　CLI 命令模式特征表

模　　式	访问方法	提示符	退出方法	用　　途
User Exec	开始一个进程	switch>	键入 logout 或 quit	改变终端设置,执行基本测试,显示系统信息
Privileged Exec	在 User Exec 模式中键入 enable	switch#	键入 disable	校验键入的命令,该模式由密码保护
VLAN Database	在 Privileged Exec 模式中键入 vlan database	switch (vlan)#	键入 exit,返回到 Privileged Exec 模式	配置 VLAN 参数
Global Configuration	在 Privileged Exec 模式中键入 configure	switch (config)#	键入 exit 或 end 或按下【Ctrl＋Z】组合键,返回至 Privileged Exec 状态	将配置的参数应用于整个交换机

续表

模　式	访问方法	提示符	退出方法	用　途
Interface Configuration	在 Global Configuration 模式中,键入 interface	switch (config-if) ♯	键入 exit 返回至 Global Configuration 模式,按下【Ctrl＋Z】组合键或键入 end,返回至 Privileged Exec 模式	为 Ethernet interfaces 配置参数
Line Configuration	在模式 Global Configuration 模式中,键入 line console 命令指定一行	switch (config-line) ♯	键入 exit 返回至 Global Configuration 按下【Ctrl＋Z】或键入 end,返回至 Privileged Exec 模式	为 terminal line 配置参数

　　Cisco IOS 命令需要在各自的命令模式下才能执行,因此,如果想执行某个命令,必须先进入相应的配置模式。例如"interface type-number"命令只能在"Global Configuration"模式下执行,而"duplex full-flow-control"命令却只能在"Interface Configuration"模式下执行。

　　在交换机 CLI 命令中,有一个最基本的命令,那就是帮助命令"?",在任何命令模式下,只需键入"?",即显示该命令模式下所有可用到的命令及其用途,这就为交换机的帮助命令。另外,还可以在一个命令和参数后面加"?",以寻求相关的帮助。

　　例如,我们想看一下在"Privileged Exec"模式下在哪些命令可用,那么,可以在"♯"提示符下键入"?",并回车。再如,如果想继续查看"Show"命令的用法,那么,只需键入"show?"并回车即可。另外,"?"还具有局部关键字查找功能。也就是说,如果只记得某个命令的前几个字符,那么,可以使用"?"让系统列出所有以该字符或字符串开头的命令。但是,在最后一个字符和"?"之间不得有空格。例如,在"Privileged Exec"模式下键入"c?",系统将显示以"c"开头的所有命令。

　　还要说明的一点是:Cisco IOS 命令均支持缩写命令,也就是说,除非您有打字的癖好,否则根本没有必要键入完整的命令和关键字,只要键入的命令所包含的字符长到足以与其他命令区别就足够了。例如,可将"show configure"命令缩写为"sh conf",然后回车执行即可。

8.3　交换机高级配置

　　我们以 Cisco Catalyst 6509 交换机为例说明交换机的高级配置。Cisco Catalyst 6500 系列交换机提供 3 插槽、6 插槽、9 插槽和 13 插槽的机箱,以及多种集成式服务模块,包括数千兆位网络安全性、内容交换、语音和网络分析模块。Catalyst 6500 系列中的所有型号都使用了统一的模块和操作系统软件,形成了能够适应未来发展的体系结构,由于能提供操作一致性,因而能提高 IT 基础设施的利用率,并增加投资回报。从 48 端口到 576 端口的 10/100/1000M 以太网布线室到能够支持 192 个 1Gbps 或 32 个 10Gbps 骨干端口,提供每秒数亿个数据包处理能力的网络核心,Cisco Catalyst 6500 系列能够借助冗余路由与转发引擎之间的故障切换功能提高网络正常运行时间,提高网络弹性。提供数据包丢失保护,能够从网络故障中快速恢复,能够在冗余控制引擎间实现快速的 1～3 秒状态故障切换。

　　提供可选的高性能 Cisco Catalyst 6500 系列 Supervisor Engine 720、无源背板、多引擎的

冗余;并可利用 Cisco Ether Channel 技术、IEEE 802.3ad 链路汇聚、IEEE802.1s/w 和热备份路由器协议/虚拟路由器冗余协议(HSRP/VRRP)达到高可用性,不需要部署外部设备,直接在 6500 机箱内部署集成式的千兆位的网络服务模块,以简化网络管理,降低网络的总体成本。这些网络服务模块包括:

(1)千兆位防火墙模块——提供接入保护。

(2)高性能入侵检测系统(IDS)模块——提供入侵检测保护。

(3)千兆位网络分析模块——提供可管理性更高的基础设施和全面的远程超级(RMON)支持。

(4)高性能 SSL 模块——提供安全的高性能电子商务流量。

(5)千兆位 VPN 和基于标准的 IP Security(IPSec)模块——降低的互联网和内部专网的连接成本。

(6)集成式内容交换模块(CSM)能够为 Cisco Catalyst 6500 系列提供功能丰富的高性能的服务器和防火墙网络负载平衡连接,以提高网络基础设施的安全性、可管理性和强大控制。

(7)基于网络的应用识别(NBAR)等软件特性可提供增强网络管理和 QoS 控制机制。

(8)利用分布式 Cisco Express Forwarding dCEF720 平台提供 400Mbps 交换性能。支持多种 Cisco Express Forwarding(CEF)实现方式和交换矩阵速率。

(9)多协议第 3 层路由支持满足了传统的网络要求,并能够为企业网络提供平滑的过渡机制。支持 IPv6,并提供高性能的 IPv6 服务。提供 MPLS 及 MPLS/VPN 的支持,并具有丰富的 MPLS 服务。增强的数据、语音和视频服务。

(10)提供 10/100M 和 10/100/1000M 接口模块,借助在接口模块内增加电源子卡就可让这些接口模块提供在线的电源,提供 IEEE 802.3af 的支持,保护今天的投资。

(11)每台设备可提供 576 个支持语音的、具有在线电源的 10/100/1000M 铜线接口,提供 192 个 GBIC 千兆位以太网接口,并可提供高密度的 OC−3 POS 接口的通道化的 OC−48 接口。

第一次对 Cisco Catalyst 6509 交换机进行配置时,必须从 Console 端口进行本地配置,不过它的 Console 端口是一个 RJ-45 端口。首先将 Cisco Catalyst 6509 交换机上架,按要求接好电源,然后用随机附带的 Console 线和转接头将交换机的 console 端口(一般交换机 console 端口在 Supervisor Engine 720 模块上)与 PC 机或笔记本电脑的串口相连即可。当然此时 PC 机或笔记本电脑已经设置好超级终端。

检查电源无误后,开电,可能会出现类似下面的显示,按黑粗体字回答:

```
System Bo otstrap, Version 7.7(1)
Copyright (c) 1994 - 2003 by cisco Systems, Inc.
Cat6k - Sup720/SP processor with 524288 Kbytes of main memory
Autoboot Executing command: "boot bootflash:"
Self decompressing the image:
  ################################################
################################
  ################################################
################################
  ################################################
################################
```

[OK]

Restricted Rights Legend

Use, duplication, or disclosure by the Government is

subject to restrictions as set forth in subparagraph

(c) of the Commercial Computer Software - Restricted

Rights clause at FAR sec. 52. 227 - 19 and subparagraph

(c) (1) (ii) of the Rights in Technical Data and Computer

Software clause at DFARS sec. 252. 227 - 7013.

cisco Systems, Inc.

170 West Tasman Drive

San Jose, California 95134 - 1706

Cisco Internetwork Operating System Software

IOS (tm) s72033_sp Software (s72033_sp - SP - M), Version 12. 2(17a)SX1, EARLY

DEPLOYMENT RELEASE SOFTWARE (fc1)

TAC Support: http://www.cisco.com/tac

Copyright (c) 1986 - 2003 by cisco Systems, Inc.

Compiled Wed 29 - Oct - 03 08 : 20 by cmong

Image text - base: 0x40020FBC, data - base: 0x40D32000

00 : 00 : 03: % PFREDUN - 6 - ACTIVE: Initializing as ACTIVE processor

00 : 00 : 03: % OIR - 6 - CONSOLE: Changing console ownership to route processor

System Bo otstrap, Version 12. 2(14r)S9, RELEASE SOFTWARE (fc1)

TAC Sup port: ht tp://w w w.cisco.com/tac

Copyright (c) 20 03 by cisco Systems, Inc.

Cat6k - Sup720/RP platform with 524288 Kbytes of main memory

Download Start

!!

!!

!!

!!

!!

Download Completed! Booting the image.

Self decompressing the image:

##
######################################

##
################################[OK]

Restricted Rights Legend

Use, duplication, or disclosure by the Government is

subject to restrictions as set forth in subparagraph

(c) of the Commercial Computer Software - Restricted

Rights clause

at FAR sec. 52. 227 - 19 and subparagraph

(c) (1) (ii) of the Rights in Technical Data and Computer

Software clause at DFARS sec. 252. 227 - 7013.

cisco Systems, Inc.

170 West Tasman Drive

San Jose, California 95134 - 1706

Cisco Internetwork Operating System Software

IOS (tm) s72033_rp Software (s72033_rp - PK9S - M), Version 12. 2(17a)SX1, EARLY

DEPLOYMENT RELEASE SOFTWARE (fc1)

TAC Support: http://www.cisco.com/tac

Copyright (c) 1986 - 2003 by cisco Systems, Inc.

Compiled Wed 29 - Oct - 03 08 : 16 by cmong

Image text - base: 0x40008FBC, data - base: 0x41E50000

This product contains cryptographic features and is subject to United

States and local country laws governing import, export, transfer and

use. Delivery of Cisco cryptographic products does not imply

third - party authority to import, export, distribute or use encryption.

Importers, exporters, distributors and users are responsible for

compliance with U. S. and local country laws. By using this product you

agree to comply with applicable laws and regulations. If you are unable

to comply with U. S. and local laws, return this product immediately.

A summary of U. S. laws governing Cisco cryptographic products may be found

at: http://www.cisco.com/wwl/export/crypto/tool/stqrg.html

If you require further assistance please contact us by sending email to

export@cisco.com.

cisco WS - C6509 (R7000) processor (revision 3. 0) with 458752K/65536K bytes of

memory.

Processor board ID SAL0743NKW8

SR71000 CPU at 600Mhz, Implementation 0x504, Rev 1. 2, 512KB L2 Cache

Last reset from power - on

X. 25 software, Version 3. 0. 0.

Bridging software.

1 Virtual Ethernet/IEEE 802. 3 interface(s)

48 FastEthernet/IEEE 802. 3 interface(s)

36 Gigabit Ethernet/IEEE 802. 3 interface(s)

1917K bytes of non - volatile configuration memory.

8192K bytes of packet buffer memory.

65536K bytes of Flash internal SIMM (Sector size 512K).

Logging of % SNMP - 3 - AUTHFAIL is enabled

以上显示了一大批,是交换机的基本信息及使用协议内容,最后显示如下:

Press RETURN to get started!

－－－System Configuration Dialog－－－

Would you like to enter the initial dialog? ［yes］：no

回答:no,进入手工配置,在 Switch＞下,输入 enable,回车,进入特权模式(Privileged Exec),提示符为 Switch♯。

1. 基本信息配置

Cisco 的 65xx 交换机支持两种版本的系统软件,分别称为 Native IOS 版本和 Cat OS 版本的系统软件。Cat OS 版本的软件是为了兼容之前的 65xx 系列交换机的命令而沿袭下来的。Native IOS 版本软件是 Cisco 公司为了统一其交换机及路由器的软件风格而研发出来的新一代 IOS 系统软件,Cisco 所有的交换机版本都在整体向 Native IOS 版本过渡。目前来说,Native IOS 版本的软件功能和 Cat OS 版本的软件功能相差不多,但是今后都会向 Native IOS 版本软件发展。本项目中所使用的 6509 交换机采用的是 Native IOS 版本。

(1)查看交换机基本配置

show version 　　//查看系统版本,内存配置,寄存器等基本信息

show module all 　　//查看交换机配置模块

show catalyst6500 chassis－mac－address 　　//查看交换机 MAC 地址

Switch ♯ show version

确认回车后,输出信息如下:

Cisco Internetwork Operating System Software

IOS (tm) s72033_rp Software (s72033_rp－PK9S－M), Version 12. 2(17a)SX1, EARLY

DEPLOYMENT RELEASE SOFTWARE (fc1)

TAC Support：http://www.cisco.com/tac

Copyright (c) 1986－2003 by cisco Systems, Inc.

Compiled Wed 29－Oct－03 08：16 by cmong

Image text－base：0x40008FBC, data－base：0x41E50000

ROM：System Bootstrap, Version 12. 2(14r)S9, RELEASE SOFTWARE (fc1)

BOOTLDR：s72033_rp Software (s72033_rp－PK9S－M), Version 12. 2(17a)SX1, EARLY

DEPLOYMENT RELEASE SOFTWARE (fc1)

Switch uptime is 29 minutes

Time since Switch switched to active is 29 minutes

System returned to ROM by power－on (SP by power－on)

System restarted at 12：57：08 PST Sat Jan 31 2004

System image file is "sup－bootflash：s72033－pk9s－mz. 122－17a. SX1. bin"

This product contains cryptographic features and is subject to United

States and local country laws governing import, export, transfer and

use. Delivery of Cisco cryptographic products does not imply

third－party authority to import, export, distribute or use encryption.

Importers, exporters, distributors and users are responsible for
compliance with U.S. and local country laws. By using this product you
agree to comply with applicable laws and regulations. If you are unable
to comply with U.S. and local laws, return this product immediately.

A summary of U.S. laws governing Cisco cryptographic products may be found
at：
http://www.cisco.com/wwl/export/crypto/tool/stqrg.html

If you require further assistance please contact us by sending email to
export@cisco.com.

cisco WS－C6509 (R7000) processor (revision 3.0) with 458752K/65536K bytes of
memory.
Processor board ID SAL0743NKW8
SR71000 CPU at 600Mhz, Implementation 0x504, Rev 1.2, 512KB L2 Cache
Last reset from power－on
X.25 software, Version 3.0.0.
Bridging software.
1 Virtual Ethernet/IEEE 802.3 interface(s)
48 FastEthernet/IEEE 802.3 interface(s)
36 Gigabit Ethernet/IEEE 802.3 interface(s)
1917K bytes of non－volatile configuration memory.
8192K bytes of packet buffer memory.
65536K bytes of Flash internal SIMM (Sector size 512K).
Standby is up
Standby has 458752K/65536K bytes of memory.

Configuration register is 0x2102

Switch # show module all 查看交换机配置模块
Mod Ports Card Type Model Serial
No.
－ －
2　16 port 1000mb GBIC ethernet WS－X6416－GBIC SAL0750QNJP
3　16 port 1000mb GBIC ethernet WS－X6416－GBIC SAL0750QNFV
5　2 Supervisor Engine 720(Active) WS－SUP720－Base SAD075000YF
6　2 Supervisor Engine 720 (Warm) WS－SUP720－Base SAD075109SZ
7　48 port 10/100 mb RJ45 WS－X6348－RJ－45 SAL0752R3E6

Mod MAC
addresses　　　　　　　Hw　Fw　Sw　　Status
－ －
2　000e.8442.4850 to 000e.8442.485f　2.5　5.4(2)　8.2(0.56)TET　Ok

```
3   000e.8442.48f0 to 000e.8442.48ff   2.5   5.4(2)   8.2(0.56)TET   Ok
5   000d.290f.fd08 to 000d.290f.fd0b   3.0   7.7(1)   12.2(17a)SX1   Ok
6   000e.3838.1a8c to 000e.3838.1a8f   3.0   7.7(1)   12.2(17a)SX1   Ok
7   000e.84c8.54f0 to 000e.84c8.551f   6.8   5.4(2)   8.2(0.56)TET   Ok


ModSub - Module Model Serial Hw Status
- - - - - - - - - - - - - - - - - - - - - - - - - - - - - - - - - - - - - - - -

5   Policy Feature Card 3 WS - F6K - PFC3A SAD0752009D 2.0 Ok
5   MSFC3 Daughterboard WS - SUP720 SAD075109HX 2.0 Ok
6   Policy Feature Card 3 WS - F6K - PFC3A SAD0751085J 2.0 Ok
6   MSFC3 Daughterboard WS - SUP720 SAD0751077C 2.0 Ok
7   Inline Power Module WS - F6K - PWR 0.0 Ok


Mod Online Diag Status
- - - - - - - - - - - - - - - - - - - - - - - - -

2 Pass
3 Pass
5 Pass
6 Pass
7 Pass
```

(2)配置机器名、telnet、密码

在特权模式下,用 conf t 命令,进入配置模式,并进行以下配置:

```
# conf t
# clock timezone GMT 8    //配置时区
# clock set 13∶30∶21 31 JAN 2011    //配置交换机时间
# clock calendar - valid     //使能硬件时钟同步
# service timestamps debug datetime localtime   //配置系统 debug 记录时间格式
# service timestamps log datetime localtime   //配置系统日志记录时间格式
# service password - encryption    //配置使用加密服务,主要针对口令加密
# hostname xxxx   //配置交换机名称(例如将交换机名称叫 Switch)
# enable secret 0 xxxxx   //配置 enable 口令
# copy run start     //将配置信息保存到 NVRAM 中,重启动不会丢失
# line vty 0 4   //配置 telnet
# Exec - timeout 30 0
# password 0   xxxx
# login
```

(3)配置 snmp

```
# conf t     //进入配置模式
# snmp - server community cisco ro(只读)   //配置只读通信字符串
# snmp - server community secret rw(读写)   //配置读写通信字符串
# snmp - server enable traps   //配置网关 SNMP TRAP
# snmp - server host 10.254.190.1 rw   //配置网关工作站地址
```

（4）启动三层功能

♯ ip routing　//启动路由功能

（5）查看和配置系统环境变量

使用 show bootvar 命令查看系统启动环境变量,包括 BOOT,BOOTLDR 和 CONFIG_
FILE 参数：

```
Switch ♯ show bootvar
BOOT variable = slot0：c6sup22 - jsv - mz.121 - 5c.EX.bin,1;
CONFIG_FILE variable does not exist
BOOTLDR variable = bootflash：c6msfc2 - boot - mz.121 - 3a.E4
Configu
```

2. 端口设置

（1）端口基本设置

Cisco 65xx 系列交换机的端口缺省都是路由模式,一般都会配置为交换端口使用,进入端口配置模式。

对于单一端口,在配置模式下输入：interface Ethernet,Fast Ethernet,Gigabit Ethernet x/y, x 为槽位号,y 为端口号。

对于一组端口,可以使用以下的命令进入,例如：

```
Switch(config)♯ interface range fastethernet 5/1 - 5 或：
Switch(config - if)♯ interface range gigabitethernet 2/1 - 2, gigabitethernet 3/1 - 2
```

进行端口配置模式后,可以 shutdown,或 no shutdown 端口,并可以对端口进行配置,快速以太端口有全双工、半双工和自动协商模式,如果知道对端连接的设备是采用何种方式,最好采用手工设置方式固定端口的模式和速率。缺省是自动协商模式。

快速以太端口的速率可以设置为 100M,也可以设置为 10M 和自动协商。缺省是自动协商方式。如：

```
Switch(config - if)♯ speed [10 | 100 | auto](速度)
Switch(config - if)♯ duplex [auto | full | half](双工)
```

或添加注释,如：

```
Switch(config - if)♯ description Channel - group to "Marketing"
```

（2）配置二层交换接口（以 fastethernet 为例,gigabitethernet 方法一样）

```
Switch(config)♯ interface fastethernet x/y
Switch(config - if)♯ shutdown
Switch(config - if)♯ switchport        //6500 上缺省端口为路由端口,需要写 switchport 将端口设置
为交换端口
Switch(config - if)♯ switchport mode access
Switch(config - if)♯ switchport access vlan x
Switch(config - if)♯ no shutdown
Switch(config - if)♯ end
```

清除二层接口配置：（以 fastethernet 为例,gigabitethernet 方法一样）

```
Switch(config)# interface fastethernet x/y
Switch(config-if)# no switchport
Switch(config-if)# end
```

注:使用 default interface {ethernet | fastethernet | gigabitethernet} slot/port,使端口回到原来的缺省配置。

(3)配置三层端口

6500 系列交换机的端口缺省就是具有三层交换的端口,用来跟其他设备的连接,当将一个端口配置成三层端口之后,就可以在此端口上分配 IP 地址了。

```
Switch(config)# interface fastethernet x/y
Switch(config)# ip add x.x.x.x   x.x.x.x
Switch(config)# no shutdown
```

(4)配置端口 Trunk

将一个二层端口配置为 Trunk 模式:(以 fastethernet 为例,gigabitethernet 方法一样)

```
Switch(config)# interface fastethernet x/y
Switch(config-if)# shutdown
Switch(config-if)# switchport
Switch(config-if)# switchport trunk encapsulation dot1q
Switch(config-if)# switchport mode trunk
Switch(config-if)# no shutdown
Switch(config-if)# end
Switch# exit
```

如果要配置两台 Cisco Catalyst 6509 交换机之间的 Trunk 连接,首先要将两台 Cisco Catalyst 6509 交换机用千兆位光纤连接好,然后分别配置两个相连端口的 Trunk,可以是只用一对光纤,或用两对光纤做 port channel。具体配置如下:

一对光纤相连时,要分别在两台交换机上进行以下的配置:

```
Switch(config)# interface Gigabitethernet 1/1
Switch(config-if)# no   ip address
Switch(config-if)# switchport
Switch(config-if)# switchport trunk encapsulation dot1q
Switch(config-if)# switchport trunk native vlan 1
```

两对光纤做 port channel 时,要分别在两台交换机上进行以下配置:

```
Switch(config-if)# interface port-channel
Switch(config-if)# no ip address
Switch(config-if)# switchport
Switch(config-if)# switchport trunk encapsulation dot1q
Switch(config-if)# switchport trunk native vlan 1
Switch(config-if)# !
Switch(config)# interface Gigabitethernet 1/1
Switch(config-if)# no ip address
Switch(config-if)# switchport
```

```
Switch(config - if) ♯ switchport trunk encapsulation dot1q
Switch(config - if) ♯ switchport trunk native vlan 1
Switch(config - if) ♯ channel - group 1 mode on
Switch(config - if) ♯ !
Switch(config) ♯ interface Gigabitethernet 1/2
Switch(config - if) ♯ no ip address
Switch(config - if) ♯ switchport
Switch(config - if) ♯ switchport trunk encapsulation dot1q
Switch(config - if) ♯ switchport trunk native vlan 1
Switch(config - if) ♯ channel - group 1 mode on
Switch(config - if) ♯ !
```

(5)Ethernaet Channel

```
Switch(config) ♯ interface range gigabitethernet1/1 - 2
Switch(config - if) ♯ no ip address
Switch(config - if) ♯ switchport
Switch(config - if) ♯ switchport trunk encapsulation dot1q
Switch(config - if) ♯ switchport mode trunk
Switch(config - if) ♯ switchport trunk native vlan 1
Switch(config - if) ♯ channel - group 1 mode on
R>interface Port - channel1    //自动产生,并且一定要求有如下所示,否则可能会有问题
switchport
switchport trunk encapsulation dot1q
switchport mode trunk
!
interface GigabitEthernet1/1
no ip address
switchport
switchport trunk encapsulation dot1q
switchport trunk native vlan 1
channel - group 1 mode on
!
interface GigabitEthernet1/2
no ip address
switchport
switchport trunk encapsulation dot1q
switchport trunk native vlan 1
channel - group 1 mode on
```

如果有问题,使用命令♯no int port-channel 1,♯int g2/1-2,♯no switchport。
(6)查看端口配置

```
Switch♯ show running - config interface fastethernet 5/8
Switch♯ show interfaces fastethernet 5/8 switchport
Switch♯ show running - config interface port - channel 1
Switch♯ show spanning - tree interface fastethernet 4/4
```

3. 配置 VLAN

(1) 配置 VTP

VTP 是一个 2 层信息协议,包括版本 1 和 2。一个网络设备只能属于一个 VTP domain。缺省,Catalyst 6500 系列交换机配置为 VTP server mode,在没有管理域的状态。直到在一个 trunk 链路上收到其他域的宣告或手工配置管理域。VTP 并不是一定要配置,但是配置可以简化配置复杂度并易于管理。

VTP pruning(VTP 裁剪)增强了网络带宽利用率。结合 VTP,使得没有必要接收某个 vlan 的广播信息的交换机被裁剪,免于接收包括 broadcast, multicast, unknown, and flooded unicast 的包。

```
Switch(config)♯ vtp domain domain－name
Switch(config)♯ vtp mode {client | server | transparent}
Switch(config)♯ vtp version {1 | 2}
Switch(config)♯ vtp password password－string
Switch(config)♯ vtp pruning
Switch♯ show vtp status
```

(2) 创建 VLAN

在缺省状态下,所有的二层端口均属于 vlan1,vlan 的配置方法如表 8.2 所示。

表 8.2　VLAN 配置的基本步骤

步　骤	命　令	目　的
Step 1	Switch♯ vlan database	进入 vlan 配置方式
Step 2	Switch(vlan)♯ vlan vlan_ID	加入一个 VLAN
Step 3	Switch(vlan)♯ vtp domain name	设置 vtp 域名
Step 4	Switch(vlan)♯ exit	更新 VLAN 数据库,并在管理域内广播,退到全局模式
Step 5	Switch♯ show vlan name vlan－name	验证 VLAN 配置

(3) 删除配置好的 vlan

```
Switch♯ vlan database
Switch(vlan)♯ no vlan x
Deleting VLAN 3...
Switch(vlan)♯ exit
```

(4) 给 vlan 分配端口

```
Switch(config)♯ interface fastethernet x/y
Switch(config－if)♯ shutdown
Switch(config－if)♯ switchport
Switch(config－if)♯ switchport mode access
Switch(config－if)♯ switchport access vlan x
Switch(config－if)♯ no shutdown
Switch(config－if)♯ end
Switch♯ exit
```

（5）配置 vlan 地址

```
Switch(config)♯ interface vlan x
Switch(config)♯ ip add x.x.x.x x.x.x.x
```

4. 配置 HSRP

不同网段之间的通信都是通过在终端工作站上设定缺省网关来实现的。为了实现冗余，每台交换机上必然要配置相同的网段，那么就会在一个网段中出现 2 个不同地址的路由接口（对于工作站就是缺省网关），当 1 条上联链路失效时，数据必然会从另外 1 条链路传输到另外一台交换机上进行处理，这时就存在缺省网关变更的问题。

为了消除当一条链路失效导致的工作站缺省网关重新定义的问题，我们使用 Cisco 公司专有 HSRP(hot standby redundant protocol)技术来解决这个问题。HSRP 技术就是将分布在 2 台交换机上相同网段的不同路由接口 IP 地址映射为一个虚拟 IP 地址来消除工作站缺省网关重新定义的问题。配置如下：

在其中一台 65xx 上按下面模版进行配置：

```
interface Vlan x
ip address x.x.x.x x.x.x.x
no ip redirects
no ip directed - broadcast
standby 1 ip y.y.y.y
standby 1 priority 100
standby 1 preempt
standby 1 authentication secret
```

在另一台 65xx 上按下面模版进行配置：

```
interface Vlan x
ip address x.x.x.x x.x.x.x
no ip redirects
no ip directed - broadcast
standby 1 ip y.y.y.y
standby 1 priority 110    //这个优先级高,成为 Master
standby 1 preempt
standby 1 authentication secret
```

5. 配置 NTP

NTP(network time protocol) 为路由器、交换机和工作站之间提供了一种时间同步的机制。时间同步了，多台网络设备上的相关事件记录可以放在一起看，更为清晰，方便了分析较复杂的故障和安全事件等。

（1）本地时钟设置

```
clock timezone Peking + 8      //定义时区
clock calendar - valid   //允许使用硬件 calendar 作为时钟源
clock set hh：mm：ss month year   //如 clock set 14：02：30 10 December 2011
clock update - calendar  //更新硬件时钟
```

（2）ntp server

ntp calendar－update　　//允许 ntp 定期更新 calendar

ntp master 3　//允许本机作为 ntp 协议的主时钟,精度级别3,供其他对等体同步用

ntp source int vlan 7　//设置 ntp 时钟源的端口或 IP 地址

（3）常用的调试命令

show ntp status

show ntp associations

6. 配置镜像端口

在交换机上配置镜像端口（Mirroring Port）用于建立内部网络的监控端口,以便收集相关被监测端口的数据流量,进行数据流监控及分析。我们这里配置镜像端口用于配置入侵检测设备（镜像端口）的检测口检测一级防火墙和二级防火墙的内网接口,以探测是否有入侵行为发生。

```
♯monitor session 1 source interface Fa7/14－19 rx
♯monitor session 1 destination interface Fa7/22
♯monitor session 2 source interface Fa7/24
♯monitor session 2 destination interface Fa7/25
```

7. 交换机操作系统升级与维护

（1）交换机 IOS 保存和升级

交换机的 IOS 保存和升级是采用 TFTP 协议完成的,所以首先你必须要下载一个 TFTP 软件,然后按照下面的步骤来进行。

在你的机器上启动 TFTP,登陆到交换机,然后在 enable 状态下输入如下命令来完成 IOS 的保存：

```
switch♯copy flash tftp
Source IP address or hostname [171.68.206.171]?
Source filename []? cat6500－sup2k8.7－1－1.bin
Destination filename [cat6500－sup2k8.7－1－1.bin]?
Loading cat6500－sup2k8.7－1－1.bin to 171.68.206.171 (via VLAN1)：!!!!
!!!!!!!!!!!!
[OK－1125001 bytes]
```

如果你要升级 IOS 文件,那么你首先要检查 flash 空间是否够,如果空间不够的话,则需要先删除原来的 IOS 然后再升级。按照如下命令来完成 IOS 的升级：

```
switch♯copy tftp flash
Source IP address or hostname []? 171.68.206.171
Source filename []? cat6500－sup2k8.7－1－1.bin
Destination filename [cat6500－sup2k8.7－1－1.bin]? y
Loading cat6500－sup2k8.7－1－1.bin
from 171.68.206.171 (via VLAN1)：!!!!
!!!!!!!!!!!!
[OK－1125001 bytes]
```

（2）配置从另外一个版本的 IOS 启动

如果交换机 flash 容量允许的话，我们可以在不删除原有交换机内部 IOS 软件的情况下配置交换机从另外一个版本启动 IOS，这样可以避免一定程度上由于删除原有 IOS 软件带来的风险。

1）拷贝新的 IOS 到交换机的 flash 内。假设新的 IOS 软件名称为 cat6500 - sup 2k 8.7 - 1 - 1.bin：

```
♯ copy tftp flash
```

2）配置从新的 IOS 软件引导

```
♯ boot system flash [flash - fs:][partition - number:][filename]
♯ boot system flash sup - bootflash: cat6500 - sup2k8.7 - 1 - 1.bin
```

8. 交换机密码恢复和修改

运行 Native IOS 的 Catalyst 6500 系列交换机的启动顺序跟其他交换机不一样，因为它们的硬件结构不一样。当你打开交换机开关之后，交换机处理器 SP（switch processor）首先启动，然后在很短的时间之内（大概 25 秒钟）SP 会将控制口（console）交给路由处理器 RP/MSFC（route processor），路由处理器继续引导系统文件。要进行密码恢复应该在 SP 将 console 交给 RP 之后按【Ctrl＋Break】，如果你太早中断启动过程，则会进入 SP 的 ROMMON 状态，这不是你要的状态。要确定什么时候中断启动过程，可以在看见下面的信息时按【Ctrl＋Break】中断启动过程：

```
00：00：03： % OIR - 6 - CONSOLE：Changing console ownership to route processor
```

具体步骤如下：

（1）首先通过 console 线从 console 端口进入交换机。

（2）关闭交换机的电源，然后再打开交换机电源。

（3）当 SP 将控制权交给 RP 之后，在终端上输入 Break。注意，在没有看见下面的信息之前不要中断系统启动：

```
00：00：03： % OIR - 6 - CONSOLE：Changing console ownership to route processor
```

（4）在 rommon 1＞提示符下输入 confreg 0x2142。

（5）在 rommon 2＞ 提示符下输入 reset。

（6）在 setup 中输入 no 或者按【Ctrl＋C】跳过 setup 过程。

（7）在 Router＞提示符下输入 enable。

（8）运行 copy start running 将旧的配置文件拷贝到内存中。

（9）运行 enable secret ＜password＞ 修改密码。

（10）运行 config－register 0x2102 修改寄存器的值。

（11）保存配置，重启。

过程如下：

```
rommon 1＞confreg 0x2142
rommon 2＞reset
Cisco 6500 设备开始重启
界面省略
```

```
Router＞enable
Router＃show startup－config    //把以前的配置备份,这步可以不用做
Router＃copy startup－config running－config    //将旧的配置文件拷贝的内存中
Router＃config t
Router＃(config)enable secret ＜password＞    //修改密码
Router＃(config)config－register 0x2102    //修改寄存器的值
Router＃wr    //保存配置
Router＃reload    //重启
```

设备开始重启,显示界面省略,最后显示:

Press RETURN to get started!

如果 Cisco Catalyst 6500 设备重启不了,出现以下情况:

```
* * *
* * * － － － SHUTDOWN NOW － － －
* * *
00:06:11: % SYS－SP－5－RELOAD: Reload requested
00:06:11: % OIR－SP－6－CONSOLE: Changing console ownership to switch processor
System Bootstrap, Version 7.1(1)
Copyright (c) 1994－2001 by cisco Systems, Inc.
c6k_sup2 processor with 262144 Kbytes of main memory
Autoboot: failed, BOOT string is empty
rommon 1 ＞
```

这个时候表明 Cisco Catalyst 6500 设备重启不了,可以输入以下命令来启动设备:
rommon 1＞ dev 看设备的盘符,有哪些卡。

```
Devices in device table:
id name
bootflash: boot flash
slot0: PCMCIA slot 0
disk0: PCMCIA slot 0
eprom: eprom
```

rommon 2 ＞ dir bootflash: 看卡里面的文件内容

```
File size Checksum File name
26208420 bytes (0x18fe8a4) 0xade52fe0 c6sup22－jsv－mz.121－26.E7.bin
239302 bytes (0x3a6c6) 0x35aaeec2 crashinfo_20070522－230116
246107 bytes (0x3c15b) 0x80c63327 crashinfo_20070522－230354
246109 bytes (0x3c15d) 0xaaf37443 crashinfo_20070522－230631
246107 bytes (0x3c15b) 0xad65a7e8 crashinfo_20070522－230909
244345 bytes (0x3ba79) 0x79e4aaae crashinfo_20070522－231146
244346 bytes (0x3ba7a) 0xf7e92a1a crashinfo_20070522－231633
246107 bytes (0x3c15b) 0xab42725d crashinfo_20070522－231911
246107 bytes (0x3c15b) 0x74b61513 crashinfo_20070522－232148
239384 bytes (0x3a718) 0x9f226820 crashinfo_20070522－232425
```

239384 bytes（0x3a718）0x93fdb52a crashinfo_20070522－232703

239301 bytes（0x3a6c5）0xee0c072e crashinfo_20070522－232940

rommon 3 ＞ boot bootflash:/c6sup22－jsv－mz.121－26.E7.bin 用这个文件启动设备 Cisco 6500 设备开始重启。

界面省略

Router＞enable

Router♯config t

Router♯（config）boot system flash bootflash：c6sup22－jsv－mz.121－26.E7.bin 　//指定启动文件路径

Router♯wr　　//保存配置

Router♯reload　//重启

还可以修改 vty 的密码，步骤如下：

（1）router(config)♯ line vty 0 4

（2）router(config)♯ password cisco　　//修改密码为 cisco

（3）router(config)♯【Ctrl＋Z】　//存盘退出

下面是一个恢复密码的实例。今天应客户要求对其 6509 交换机进行恢复密码，客户那共有两台 6509 交换机，互为主备，分别为 6509A 和 6509B，本次恢复的是主核心交换 6509A。两台交换机的硬件配置都一样，具体模块如下，使用 sup2 引擎。

6509B♯sh module

Mod Ports Card Type Model Serial No.

- -

1 2 Catalyst 6000 supervisor 2（Active）WS－X6K－SUP2－2GE SAL06386B6H

3 8 8 port 1000mb GBIC Enhanced QoS WS－X6408A－GBIC SAL06386AE8

4 8 8 port 1000mb GBIC Enhanced QoS WS－X6408A－GBIC SAL06386AA6

5 48 48 port 10/100 mb RJ45 WS－X6348－RJ－45 SAL06386JB6

Mod MAC addresses Hw Fw Sw Status

- -

1 0009.11e4.ecc4 to 0009.11e4.ecc5 3.10 6.1（3）6.2（2.104）Ok

3 000a.f45c.5540 to 000a.f45c.5547 2.1 5.4（2）6.2（2.104）Ok

4 000a.f45c.54e8 to 000a.f45c.54ef 2.1 5.4（2）6.2（2.104）Ok

5 000a.f4b6.fa50 to 000a.f4b6.fa7f 6.2 5.4（2）6.2（2.104）Ok

Mod Sub－Module Model Serial Hw Status

- -

1 Policy Feature Card 2 WS－F6K－PFC2 SAL063766HW 3.3 Ok

1 Cat6k MSFC 2 daughterboard WS－F6K－MSFC2 SAL06365VH1 2.5 Ok

本恢复步骤适用于 Cisco6500/6000 系列使用 Supervisor 1，Supervisor 2，或者 Supervisor 720 的 IOS 系统交换机，但不适用于使用 Supervisor 720 且 IOS 版本低于 12.2(17)SX. 的交换机。

以下是详细恢复过程及注意事项：

Step1：将笔记本电脑与交换引擎上的 Console 端口相连，打开超级终端，确定已经连接好。

Step2：交换机断电（两个电源模块的开关都关闭）后，等待 30 秒后重新加电。

Step3：超级终端上会显示系统正在引导，待出现以下显示时按【Ctrl＋Break】键中断启动（大约需 25 到 60 秒时出现）。

```
00：00：03： % OIR－6－CONSOLE：Changing console ownership to route processor
```

原因是 6500 系列交换机在启动时先启动交换功能，然后把控制权交给路由处理器，启动路由功能。我们在恢复密码时必须在路由处理器获得控制权后中断启动，否则密码不能恢复。

Step4：成功中断后你会看到 Rommon ＞1 提示符，在该提示符下输入 confreg 0x2142 后回车会出现 Rommon 2＞提示符，在该提示符下输入 reset 重新启动交换机。

Step5：交换机重启后不会引导原先的配置，可以顺利进入特权模式。依次输入以下命令：

```
6509＞enable
6509♯copy start run    //把原先的配置引导进来（没输此命令前一定不要输入 conf t 进入配置模式）
6509A♯conf t
6509A(config)♯enable secret cisco     //输入新密码，替换旧密码
6509A(config)♯config－register 0x2102   //恢复到原来的寄存器值
6509A♯wr mem
```

到此密码就已经修改完毕，但是还没有完全结束，以下操作很重要。

6509A♯sh ip int b(你会看到所有的接口都已经 shut down 了，虽然原来的配置已经在运行)，所以必须在接口命令下手工将需要打开的接口启用(使用命令 no shut)！ no shut 后再保存一遍配置。

```
Step6：6509A♯reload    //重新加载系统完成密码恢复
```

重新启动后使用命令 sh spanning-tree b 和 show standby 检查该交换机是否已经工作正常。密码恢复过程中由备用核心交换 6509B 负责数据转发。

8.4　路由器配置

路由器有自己独立、功能强大的嵌入式操作系统，而且这个操作系统的功能相对来说比较复杂，功能比较强大。但是各种不同品牌的路由器操作系统不尽相同，所以其配置方法也有所区别。下面仅以路由器市场中最著名的 Cisco 路由器为例进行具体的配置介绍。

8.4.1　路由器启动过程

在 Cisco 的路由器上大体有 ROM、NVRAM、RAM、FLASH 四种相关的存储介质，分别承载不同的功能。IOS 本身装载在 FLASH(闪存)当中，RAM 存储路由器当前运行的配置文件(running-config)，而路由器当前的启动配置文件(startup-config)则存储在 NVRAM 中，ROM 中则加载着 MiniIOS、BootStrap 及 RomMonitor 运行模式程序。

路由器要实现它的路由功能，必须进行适当的配置，然而要明白路由器 IOS 发生作用的

原理,我们还是先来看看路由器的启动过程,就像我们启动计算机一样。

(1)路由器在加电启动以后,首先进行 POST 自检过程,检测 CPU、内存、接口电路的基本操作。

(2)POST 自检通过之后,将通过路由器内部的 ROM 当中的 BootStrap 程序进行引导。初步引导完成之后,将定位查找 FLASH 里面的完整的 IOS 网络操作系统,如果在 FLASH 里面找到完整的 IOS 文件的话,就进行加载引导。IOS 文件下载到低地址内存,然后由操作系统(IOS)确定路由器的工作硬件和软件部分并在屏幕上显示其结果。

(3)如果在 FLASH 当中没有找到完整的 IOS 文件的话,将可以修改寄存器的 16 进制值定位到其他模式的转变,比如 MiniIOS 或者 RomMonitor 模式。通过 TFTP 服务上传一个完整的 IOS 文件,然后重启路由器。

(4)当 IOS 文件完整的加载之后,它会在 NVRAM 当中找寻路由器配置文件(Startup-config),如果这个开始启动配置文件存在,配置文件就装载到主内存 RAM 中,并通过执行配置文件,启动路由进程,提供接口地址,设置介质特性。

(5)如果是台全新的机器,在 NVRAM 当中没有找到开始配置文件(startup-config),将进入一个向导式的配置模式进行路由器的配置。

当 NVRAM 里没有有效的配置文件时,路由器会自动进入 Setup 会话模式。以后也可在命令行键入 setup 命令进行配置。

setup 命令是一个交互方式的命令,每一个提问都有一个默认配置,如果用默认配置则回车即可。如果系统已配置过,则显示目前的配置值;如果是第一次配置,则显示出厂设置。当屏幕上显示"……More……"提示时,键入空格键继续;若从 setup 中退出,只需按【Ctrl+C】组合键即可。

值得指出,在路由器启动过程中,即使显示了有关信息,如果遇到下列三个提示符,路由器也不能工作。也就是说路由器没有真正引导起来。

```
>
rommon 1 >
Router (boot) >
```

前两个提示符">"和"rommon 1 >"表明该路由器已经引导,但还没有加载 IOS,处在"ROM 监视器"模式。输入"?"将列出一栏微处理器专用命令。当处于这种模式时,可以想象路由器就像人处于昏迷状态一样——虽然活着但却没有丝毫意识。

如果路由器启动了并且到达"Router (boot) >"提示符下,还是不能工作。因为此时装载的是一个 IOS 应急备份拷贝,该拷贝允许执行 IOS 命令,但不允许路由器执行路由选择功能。

正常情况是,如果路由器还没有配置,引导进程将停在"设置"模式。下述信息提示你去访问"设置"模式:

```
Notice: NVRAM invalid, possibly due to write erase
.......System Configuration Dialog....
At any point you may enter a question mark "?" for help
Use ctrl-c to abort configuration dialog at any prompt.
Default settings are internet square brackets "[ ]"
Would you like to enter the initial configuration dialog? [yes]:
```

默认值是进入对话配置模式,输入 y 或直接打回车。如果拒绝进入初始对话框,我们可以选择 n,将进入 CLI 的配置界面进行配置。到达下列提示符处:

```
Router >
```

路由器启动过程结束。

8.4.2　多重引导 IOS 及配置

我们知道常用的计算机都有多种启动方式,可以从硬盘启动如 C 盘启动,也可以从光驱中的光盘启动。同样路由器也可以由多种引导启动方式,缺省情况下,Cisco 路由器在 FLASH 中寻找 IOS 并启动 IOS,如果 FLASH 中没有,会启动 ROM 中 IOS。

可以设置 Cisco 路由器可以有多个引导源,以实现多重引导,在一些对安全要求较高的环境中,多重引导是需要的。多重引导表示路由器按照先后顺序,依次寻找 IOS,如果前面所指定的位置没有,则到下面的位置找 IOS。

Cisco 2500,1600 系列可以从 FLASH、TFTP 服务器、ROM 中启动 IOS。

注意:如果从 TFTP 服务器启动 IOS,一般地,Cisco 2500,1600 路由器至少应有 16M DRAM,因为所有 IOS 首先以 TFTP 服务器中下载到路由器的 DRAM 中,另外,要求 TFTP 服务器必须正在运行,IOS 软件在 TFTP 服务器的根目录下。TFTP 服务器必须与 Cisco 路由器的某个活动端口在同一网段。一般 TFTP 服务器在本地局域网中。

多重启动配置如下:

一般的启动顺序为 FLASH,TFTP,ROM。注意在 ROM 中启动,则路由器基本无法完成正常的网络功能。

首先,从 FLASH 中启动,在全局设置状态下:

```
boot system flash
```

然后,从 TFTP 服务器中启动,在全局配置模式下:

```
boot system TFTP IOS 文件名 TFTP 服务器 IP 地址
```

最后,从 ROM 中启动,在全局配置模式下:

```
boot system rom
```

在全局配置模式下设置寄存器值:

```
Config - register 寄存器值
```

Cisco 路由器中的 PC 寄存器为 16 位。最低 4 位,该值如果为 3～F(16 进制),表示可以由 BOOT 命令设置的地点启动 IOS。一般为 0x2103～0x210F。

8.4.3　路由器操作系统(IOS)

路由器系统是硬件和软件的结合体,硬件可以是 ARM 内核或者 MIPS 内核,或者是 PPC,或者是 Intel 的 CPU。这个核心部分相当于我们使用的 PC 的 CPU。一台 PC 一般只要一个网卡,但是路由器需要多个网卡。现在大部分 PC 的网卡是通过 PCI 总线连接到 CPU 的总线的,所有的数据交换都需要通过 CPU 的处理。而路由器的设计,网卡一般直接连接到数据总线上,比 PC 的 PCI 连接效率要高很多,一些高级的路由器的网卡采用了专用的芯片,芯片上有数据处理器,网卡和网卡之间的数据传送不需要 CPU 参与太多。路由器系统除了 CPU、网卡外,还有 ROM、NVRAM、RAM、FLASH 各种存储器。FLASH 相当于 PC 的硬盘,内存当然相当于 PC 的内存了。由于路由器系统是用来转发数据的,而 PC 系统的设计却是来满足某种应用服务的,或者办公或者家用界面的使用,如编辑、存储等,虽然路由器的设计和 PC 的设计在基本理论上是相似的,有 CPU/内存/"硬盘",但是实际上千差万别。我们分几个方面来看:

首先硬件上的差别。安装一台 PC 以后,我们可以不停地往里面安装应用程序,也不停地存储自己编写的或者从其他机器和网络上的文件,所以希望硬盘越大越好;办公系统的程序设计是不太考虑内存的优化的,有多少内存就使用多少内存,内存不够,还从硬盘借,因此安装 PC,只要资金许可,我们能用 1G 就不用 512M。由于 PC 一般使用 Windows,当然,在相同的操作系统下,CPU 越快,程序运行得也就越快。但是大家都知道,在相同的硬件下,Linux 就比 Windows 快,Linux 运行程序占用的内存比 Windows 的少,效率高。

我们前面已经说过,路由器的系统设计是用来转发数据包的,将 Internet 的包送到本地的 PC,也将本地 PC 的包发送到 Internet。路由器做的除了和包转发有关的事情外,还需要做些管理等方面的工作。买了路由器以后,使用者无需像 Windows 那样不停地往里面安装程序,也不需要将 Internet 下载的东西存储到路由器里。因此,路由器的 FLASH 一般是安装系统本身的操作系统软件,所以不需要太多的容量,不需要像 PC 一样大的硬盘。一般地,好的路由器系统很小,也许只有 2M 以内,在这种情况下,路由器要使用 8M 甚至更大的 FLASH 是没有意义的。同样的道理,内存也是如此,路由器的功能是转发数据包的,硬件内存的使用效率依赖精简的软件,一个好的系统在运行的时候也只需要几兆的内存,再多的内存也是没用的。如果某系统说我的内存比谁的大,我的 FLASH 比谁的大,那只是很片面的误导,除非他的程序效率太低,无用的代码太多,需要更多的 FLASH 和内存,而更多的内存和 FLASH 也意味着需要更多的资金,最后,当然是购买者来付这些额外的钱。

所以,如果宣传只有说硬件好是片面的,就如一台 PC 用的 CPU 是 P4 3.2G,内存 1G,硬盘 120G,但是使用者安装了一个 DOS 操作系统,没有应用程序,那么这个系统恐怕满足不了绝大部分使用者的需求。所以,系统需要一个很好的软件和硬件配合。

还有一个方面的差别,路由器的硬件设计是无间断使用的,而 PC 不是。你可以将好的路由器开上一年,它仍然能保持硬件的稳定性,而 PC(非服务器),你只要连续开一个星期,就得当心了。

其次是软件上的差别。从微软公司这条线看,在 PC 使用的软件,以前有 DOS,后来有 Windows 操作系统。相信现在除了极其少数的怀旧者以外,CPU 的主频再高,内存和硬盘再庞大,大家都不会安装 DOS 做办公和家庭用,原因是显而易见的。路由器也是如此,一个好的硬件系统,还需要一个好的操作系统软件才能一起工作。软件有大有小,不像 PC,大家都使用有限的几种软件,因此,买机器的时候,当然只需要比较硬件;而路由器,除了硬件之外,更主要的是它的操作系统。由于这些软件不像桌面软件那样,绝大部分市场是微软占据着。硬件是明摆的东西,软件才是核心,是路由器厂家的中心。华三是国内很大的企业,在国际上也算大的通信企业,虽然它的产品看上去都有硬件,但是它还是号称自己是一个软件企业。为什么?因为,软件是核心,是华三的竞争力所在。Cisco 是路由器的老大,它什么东西值钱? 就是它在 Cisco 路由器中具有功能强大的操作系统,该操作系统称为互联网络操作系统(internetwork operating system,IOS)。所以,看一家公司是否有技术能力,就看它是否有自己的操作系统就知道了。

IOS 的用户界面是 CLI,MS－DOS、UNIX 里面的 command line 都是 CLI 的。而 Windows 是 GUI(graphic user interface)视窗界面。相比之下,CLI 的特点是比较难学,但配置(configure)起来比较快。现在 Cisco 也正在做 Java 的 GUI－based Configuration software,但大家还是喜欢 CLI 的。要掌握路由器的配置,首先要熟练掌握 IOS。

1. IOS 版本号

知道如何判断路由器上运行的 IOS 的版本类型是正确配置和管理路由器的重要基础。例如,如果某个 IOS 是 11.2 以前的版本,就不能在该路由器上配置集成的路由选择和桥接,或者配置网络地址转换。为了保持路由器的最佳性能,非常重要的一条是选择适当的 IOS 特征集和正确的版本号。

注意,主版本号后面括号内的数字是维护版本号。如果用 show version 命令显示信息的第二行看到如下内容:

```
2500 Software (c2500－DS40－L),Version 11.2 (11)
```

那么运行在指定路由器上的 IOS 的主版本号是 11.2,维护版本号是 11。

2. IOS 特征集

IOS 映像软件特征集传统的分类方法一直基于下列三种:

(1)IP 特征集

IP IOS 映像仅支持基于进程和协议的 IP。如果想在 IP IOS 映像上激活 IPX 或 Apple-Talk 路由选择,是不可能获得成功的。

(2)桌面特征集

桌面映像不但能够支持 IP,而且可以支持 IPX、AppleTalk、DECNET 及其他桌面协议。

(3)企业特征集

企业特征集是最丰富的软件特征集。

除了上面列出的三种特征集外,还有其他的特征集。同时很多是 IP 特征集、桌面特征集和企业特征集的变种。

3. IOS 访问级别

IOS 命令行使用的是一个等级结构,这个结构需要登陆到不同的模式下来完成详细的配置任务。从安全的角度考虑,IOS 在缺省的情况下,具有两种权限级别:"访问"(access)和"使能(特权)"(enable)。和 Unix 操作系统一样,也可称为普通用户模式和特权用户模式。在这里要特别提醒读者,网络中使用的名词比较混乱,也许是因为网络技术发展得太快,还来不及正名就被使用者叫开了。我们只要理解"访问""普通用户""用户模式(User Exec)"是同一模式即可。而"使能(enable)"、"特权模式(Privileged Exec)"以及超级权限都指同一模式,只不过叫法不同而已。在普通用户访问级别仅提供最基本的 IOS 命令。使用普通"用户模式",可以登陆并获取有关路由器状态的基本信息。在普通用户模式中,只能查看而不能修改(或者说,路由器处于只读状态)。如果要了解更多的信息或者是需要对路由器作某些修改,则必须要进入"特权模式"。这种模式允许对配置进行读和写更改,还可以监视路由器更深层次的信息。这意味着能拥有对路由器的绝对控制权限,并可做任何想做的事情(包括很多危险的事情,如清除配置文件)。

　　缺省情况下,路由器的控制台端口将在没有输入密码的情况下置于命令行接口(command line interface,CLI)的普通用户模式级别下。辅助端口和所有的 Telnet 连接则需要访问权限密码,输入密码的时候,路由器并不在屏幕上进行回显。如果输入错误,可以使用 Backsapce(退格键)键或 Delete(删除键)键删除最后输入的一个字符,但是无法看到。这就使得更正起来比较困难,但至少提供了这样的机会。请记住路由器的密码是区分大小写的,所以要留心字母的大小写和 Caps Lock(大写锁定)键的状态。输入访问密码有 3 次机会,如果 3 次输入都错误,路由器将终止 Telnet 会话。

　　如果密码输入正确,将成功登陆路由器,将在屏幕上看到路由器名后跟大于符号"＞"的提示符。

　　这个大于符号表示能处于用户模式权限级别。如果想获得特权模式权限级别,则必须输入命令 enable,并按回车键,之后输入 enable 密码或 enable secret 密码。两种方式都进入使能模式,但 enable secret 密码会在配置文件中自动加密,而 enable 密码只是以纯文本的方式显示在配置文件中。

　　如果设置有 enable secret 密码,它将优先于不安全的 enable 密码,所以这也是唯一能进入特权模式的途径。IOS 通常并不在配置文件中对特权模式密码或用户模式密码加密。但是,它自动对 enable secret 密码进行加密,以使其更安全。因此应该始终使用 enable secret 密码来配置路由器。

　　进入使能模式后,将会发现提示符发生了变化,大于符号变成了"♯"符号。

　　普通用户模式只支持 31 条命令,特权模式则支持 51 条命令。除了这点区别,命令的选项也有限制。例如,show 命令在特权模式下有 78 个选项,但在普通用户模式下只有 19 个选项。因为特权模式有很多增强的属性特征,所以保管好路由器的特权模式密码是非常重要的,这是通往自由王国的钥匙,丢失它将会对网络安全构成威胁。另一方面,尽管普通用户模式密码对安全构成的威胁要少得多,但仍然应该保管好它。这是因为进入特权模式前必须输入此密码,这是第一道防线。

4. IOS 主要模式

　　Cisco IOS 是一个专为路由器和交换机开发的"面向模式"的操作系统。IOS 为用户提供了几种不同的命令访问模式,每一个命令模式提供了一组相关的命令。为了安全起见,提供了两种命令访问级别,但提供了多种命令模式。这里将要介绍 5 个基本的 CLI 模式:ROM 监视器、初始化设置、User Exec、Privileged Exec 及全局配置(Global Configuration Exec)模式。

　　1)ROM 监视器模式

　　在每个 Cisco IOS 路由器中,都有一个可引导的 ROM 芯片,其中包含有最基本的操作系统。在常规操作中,始终无法看到此模式。在出现大的意外的情况下(例如丢失了使能模式密码或 IOS 映像被破坏),可以使用它进行恢复。ROM 监视器模式是紧急路由器维护最基本的回退点。

　　进入 ROM 监视器模式其实很简单,在引导路由器的 60 秒之内,只需通过串行线向控制台端口发送一个中断字符即可。例如在超级终端访问控制台端口下输入【Ctrl＋Break】即可进入 ROM 监视器模式。

　　2)初始化设置模式

　　最初接触到路由器时,用超级终端连接到控制台端口。如果路由器已经进行过配置,那么就无法见到初始化设置对话框了。如果路由器没有进行过配置,则接通电源路由器一开始启动就应该进入初始化设置模式:

```
……System Configuration Dialog……
At any point you may enter a question mark '? ' for help.
Use ctrl－c to abort configuration dialog at any prompt.
Default settings are in square brackets '[ ]'
```

　　这种模式提供了一个易于理解的配置菜单,它将使你能够快速容易地对基本功能进行配置。但功能相对较弱,不能完全取代手动命令行配置方式。但对于路由器的初始配置还是一个不错的选择。当然,在开始之前应该知道如何配置路由器,如路由器使用的协议(TCP/IP、IPX、AppleTalk 等)、每个端口的地址、使用的路由协议以及是否使用 SNMP。

　　进入初始设置对话过程中,路由器首先显示一些提示信息,告诉我们在设置对话过程中的任何地方都可以键入"?"得到系统的帮助,按【Ctrl＋C】组合键可以退出初始设置过程,默认设置将显示在方括号"[ ]"中。

　　然后路由器会询问是否进入设置对话:

```
Continue with configuration dialog? [yes]:
```

　　在初始化设置模式中,只需要回答提出的问题就可以了。大多数问题都是用 yes 或 no 来回答,即输入 y 或 n 即可。如果你希望的答案已经位于命令行的方括号([ ])中,则只需要按回车键选择即可。

　　Cisco 2501 路由器的基本配置对话框类似如下:

```
Would you like to enter the initial configuration dialog? [yes]: <Enter>
First, would you like to see the current interface summary? [yes]: <Enter>
Any interface listed with OK? Value "NO" does not have a valid configuration
Interface    IP－Address    OK    Method    Status    Protocol
Ethernet 0   unassigned    NO    not set   up        down
Serial 0     unassigned    NO    not set   down      down
Serial 1     unassigned    NO    not set   down      down
……
```

　　首先,进入初始设置对话框,并查看有效的接口,注意任何不符的地方。

　　设置程序随后将要求为路由器指定一个名称,并输入 3 个密码。首先是 enable secret 密码。如果设置了的话,输入该密码可以进入使能模式。它经过了加密,所以查看配置文件并不能看到其内容。下一个密码是 enable 密码。它以纯文本的方式存储,且必须与 enable secret 密码不同。Cisco 强制必须输入两个密码,因为如果设置了 enable secret 密码的话,谁都不会使用 enable 密码。最后输入的是虚拟终端密码。它也是用纯文本存储的。通过网络登陆到路由器时,输入此密码可以进入用户模式。

　　①设置路由器名。

```
Configuring global parameters:
Enter host name [Router]: cisco－gwy      //设置路由器名
```

　　②设置进入特权模式的密文(secret),此密文在设置以后不会以明文方式显示。

```
The enable secret is a one－way cryptographic secret used
instead of the enable password when it exists.
Enter enable secret: secret
```

③设置进入特权模式的密码,此密码只在没有密文时起作用,并且在设置以后会以明文方式显示。

```
The enable password is used when there is no enable secret
And when using older software and some boot images
Enter enable password: junk
```

④设置虚拟终端访问时的密码。

```
Enter virtual terminal password: login
```

⑤询问是否要设置路由器支持的各种网络协议。

这里我们选择 SNMP 进行网络管理,并设置 community 串为 gwy－ro－pass。千万不要使用路由器 community 串的缺省值"public"。大多数具有 SNMP 能力的设备使用 public 作为缺省的 community 串。通过 SNMP 攻击网络设备的黑客首先就会尝试 community 串是否为 public。Community 串实际上是作为读、写路由器 SNMP 数据的密码来使用的。如果选择缺省值,也就是等于将路由器置于很多麻烦之中。

下一步,选择不使用 Novell IPX 协议,而使用 TCP/IP(内部网关路由协议)路由协议及 RIP 路由协议。

```
Configure SNMP Network Management? [yes]: <enter>
Community string [public]: gwy－ropass
Configure IPX? [no]: <enter>
Configure IP? [yes]: <enter>
Configure IGRP routing? [yes]: no
Configure RIP routing? [no]: y
```

最后,为每个接口配置 IP 地址和子网域的比特数。如果路由器是更大一些网络的一部分,如公司广域网或 Internet,则可以从网络的管理员那里获得 IP 地址和子网信息。如果是在 Internet 中,则从 ISP 那里获取信息。

```
Configuring interface parameters:
Configuring interface Ethernet 0:
Is this interface in use? [yes]: <enter>    //是否使用此接口
Configure IP on this interface? [yes] :<enter>   //是否设置此接口的 IP 参数
IP address for this interface: 108.213.189.1     //设置接口的 IP 地址
Number of bits in subnet field [0]: <enter>
Class C network is 208.213.189.0, 0 subnet bits: mask is 255.255.255.0
Configuring interface Serial 0:
IS this interface in use? [yes]: <enter>
Configure IP on this interface? [yes]: <enter>
Configure IP unnumbered on this interface? [no]: <enter>
IP address for this interface: 137.244.12.2
Number of bits in subnet field [0]: 14
Class B network is 137.244.0.0, 14 subnet bits: mask is 255.255.255.252
Configuring interface Serial 1:
Is this interface in use? [yes]: n
```

完成后，设置程序将显示缺省的配置文件。如果可接受，输入 yes 后，安装程序将写入 NVRAM（非易失性 RAM）中。配置将立即生效，如果一切都正确的话，路由器将立即开始工作。这和计算机有点不同，在计算机运行中许多软件安装或升级后都要重启计算机后才生效。最后再看看在初始化配置对话框中创建的配置文件。

```
The following configuration command script was created：
Hostname cisco - gwy
Enable secret 5 $ 1 $ h7A4 $ WQexeEMKr.sZ.UijlTmz5.
Enable password junk
Line vty   0   4
Password login
Snmp - server community gwy - ro - pass
！
no ipx routing
ip routing
！
interface Ethernet 0
ip address 208. 213. 189. 1 255. 255. 255. 0
！
interface Serial 0
ip address 137. 244. 12. 2 255. 255. 255. 252
！
interface Serial 1
shutdown
no ip addrss
！
router rip
network 208. 213. 189. 0
network 137. 244. 0. 0
end
```

注意，enable secret 行中的无意义的内容是加密过的密码。显示结束后，系统会询问是否使用这个设置。如果回答 yes，系统就会把设置的结果存入路由器的 NVRAM 中，然后结束设置对话过程，使路由器开始正常的工作。

```
Use this configuration? [yes]：yes
Building configuration...
Use the enabled mode 'configure' command to modify this configuration.
Press RETURN to get started.
```

3）用户模式（User Exec）

前面讲过 Cisco 用户界面中有两级访问权限，普通用户级和特权级。第一级访问权限允许查看路由器状态，叫做用户（User Exec）模式。从 Console 端口或 Telnet 及 AUX 进入路由器时，首先要进入一般用户模式。User Exec 是同路由器的最基本的连接。缺省情况下，在通过网络向路由器连接时仅需要一个密码。在用户模式下受到的限制非常严格，只有有限的命令可以使用。输入 show 命令,允许查看接口状态、协议和其他与路由器相关的项。所以也叫做查看模式,并且只能获得路由器最基本的信息。它的命令是特权模式的子集。通常,用户模式命令可以连接远端路由器,完成基本测试和系统信息显示。第一次登陆之后,路由器就进入这种模式。

用户模式是路由器启动时的默认模式,提供有限的路由器访问权限,允许执行一些非破坏的操作。在用户模式下不能浏览运行配置和初始配置,也不能对路由器的配置作任何的改动,不能运行调试(debug)命令,也不能访问配置模式。在没有进行任何配置的情况下,缺省的路由器提示符为:

Route>

如果设置了路由器的名字,则提示符为:

路由器的名字>

4)特权模式(Privileged Exec)

特权模式是路由器的最后一道防线。它是最高级别的安全,等同于 Unix 的根用户、Novell 的系统用户以及 NT 的系统管理员用户。为了安全起见,需要输入密码才能进入第二级访问权限。第二级访问权限是特权模式(Privileged Exec),又叫做特权 Exec 模式。这种模式用于查看路由器配置、改变配置和运行调试命令。特权 Exec 模式通常又叫做使能(Enable)模式,这是因为为了进入特权模式,必须输入 enable 命令。此时,命令提示符变成单个字符"♯",表明此时处于 Enable 特权模式。只有获得 Enable 特权之后,才能进入配置模式。进入配置模式后,只要输入配置命令之后按下 Enter 键,这个命令就立即起作用。也就是说只有在特权模式下才能访问配置模式。

所有用户模式下的命令都可以在特权模式下运行,此外,在用户模式下不能使用的调试命令(debug)和清除命令(clear)也都可以在特权模式下运行。

在缺省状态上,特权模式下可以使用比一般用户模式下多得多的命令。绝大多数命令用于测试网络、检查系统等,但不能对端口及网络协议进行配置。

在没有进行任何配置的情况下,缺省的特权模式提示符为:

Router♯

如果设置了路由器的名字,则提示符为:

路由器的名字♯

要进入特权模式,首先必须进入用户模式。进入用户模式后,在 CLI 下简单键入 enable 即可。在没有任何设置下,键入该命令即可进入特权模式;如果设置了口令,则需要输入口令。

5)全局配置模式(Global Configuration Exec)

全局配置模式可以设置一些全局性的参数,要进入全局配置模式,必须首先进入特权模式,然后,在特权模式下键入 config terminal 回车即进入全局配置模式。全局配置模式是路由器最高等级的操作模式,它可以设置路由器上运行的硬件和软件的相关参数,配置各接口、路由协议和广域网协议,设置用户和访问密码等。

其缺省提示符为:

Router (config)♯

如果设置了路由器的名字,则其提示符为:

路由器的名字(config)#

这里先介绍几个配置命令:

配置路由器的名字:

hostname 路由器的名字

设置进入特权模式时的口令:

enable password 口令字符串

或

enable secret 口令字符串

其中用 enable password 设置的口令没有进行加密的,可以查看到口令字符串;用 enable secret 设置的口令是加密的,设置后无法查看到口令字符串。

注意:设置好口令后,一定不要忘记,否则,要进入特权模式很麻烦。在某些情况下,除非重新回忆起口令,否则,你就无法进入特权模式。

许多其他具体配置模式都要先进入全局配置模式才可进入。所以有时我们称全局配置模式为父模式,从全局配置模式再进入的各项配置模式称为子模式。表 8.3 列出了几种常用模式及其进入、退出和提示符的特征表。

表 8.3　IOS 常用模式特征表

模　式	进入方式	提示符	退出方式
User Exec（用户模式）	登陆上路由器	Router＞	用 Logout 命令
Privileged Exec（特权模式）	在 User 模式下,用 enable 命令;Router＞enable	Router#	用 exit 或 diaable 命令退到 User Exec 模式
Gobal Configuration（全局配置模式）	在特权配置模式下,用 Configuration 命令;Router# config terminal	Router（config)#	用 exit 或 end 或【Ctrl＋Z】命令,退到特权模式（Priviledged Exec)模式
Interface Configuration（接口配置模式）	在全局配置模式下,用 interface 命令进入具体端口;Router(config) # interface Interface-type Interface-number	Router（config-if)#	用 exit 退到全局配置模式或用【Ctrl＋Z】直接退到特权模式
Subinterface Configuration（子接口配置模式）	在接口配置模式下,用 Interface 进入指定子端口;Router(config-if) # interface-type interface-number	Router（config-subif)#	用 exit 退到接口配置模式或用【Ctrl＋Z】直接退到特权模式
Controller Configuration（控制器配置模式）	在全局配置模式下,用 Controller 命令配置 T1 或 E1 端口;Router(config) # controller el slot/port 或 number	Router（config-controller)#	用 exit 退出控制器配置模式或用【Ctrl＋Z】直接退到特权模式
Hub Configuration（集线器配置模式）	在全局配置模式下,用 hub 命令指定具体的 hub 端口;Router(config) # hub Ethernet-number port	Router（config-Hub)#	用 exit 退出集线器配置模式或用【Ctrl＋Z】直接退到特权模式
Line Configuration（线路配置模式）	在全局配置模式下,用 line 命令指定具体的 line 端口;Router(config) # line number 或｛vty｜aux｜con｝number	Router（config-line)#	用 exit 退出线路配置模式或用【Ctrl＋Z】直接退到特权模式
Router Configuration（路由配置模式）	在全局配置模式下,用 router igrp 命令指定具体的路由协议;Router(config) # routerProtocol［option］	Router（config-router)#	用 exit 退出路由配置模式或用【Ctrl＋Z】直接退到特权模式

对应表 8.3 我们可以画出图 8.9 所示的各种模式切换图。

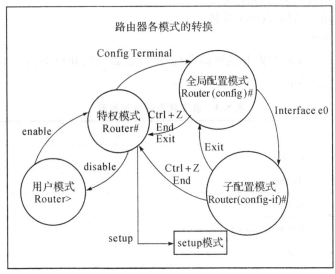

图 8.9 路由器各种模式切换图

8.4.4 常用命令

前面所叙述的用对话方式对路由器进行配置,虽然方便快捷且易掌握,但功能不够强大,所以大多数行家里手还是用命令行方式来配置路由器。Cisco IOS 路由器操作系统是一个功能非常强大的系统,特别是在一些高档的路由器中,具有相当丰富的操作命令,就像 DOS 系统一样。正确掌握这些命令对于配置路由器来说是最为关键的一步,因为一般都是以命令的方式对路由器进行配置的。下面仍以 Cisco 路由器为例介绍路由器的常用操作命令。路由器的 IOS 操作命令较多,分类介绍如下:

1. 帮助命令

在 IOS 操作中,无论任何状态和位置,都可以通过键入"?"得到系统的帮助,所以说"?"是路由器的帮助命令。

如在用户模式下,输入"?"即 Router>?,可以列出常用命令:

(1)Connect:打开一个终端连接。

(2)Disconnect:关闭一个已有的 Telnet 会话。

(3)Enable:进入特权模式。

(4)Help:交互求助系统描述。

(5)Lock:终端锁定。

(6)Login:以特定用户登陆。

(7)Logout:退出 Exec。

(8)Ping:发送 echo 信息。

(9)Resunme:恢复一个激活的 Telnet 连接。

(10)Show:显示正在运行的系统信息。

(11)Systat:显示正在运行的系统信息。

（12）telnet：打开一个 Telnet 连接。

（13）terminal：设置终端线路参数。

（14）where：列出激活的 Telnet 连接。

2. 改变状态的命令

因为路由器有许多不同权限和选项的设置，所以也必须由相应的命令来进入相应的设置状态。这些改变设置状态的命令如表 8.4 所示。

表 8.4　改变状态的命令列表

任　务	命　令
进入特权命令状态	enable
退出特权命令状态	disable
进入设置对话状态	setup
进入全局设置状态	config terminal
退出全局设置状态	end
进入端口设置状态	interface type slot/number
进入子端口设置状态	interface type number…subinterface [point－to－point	multipoint]
进入线路设置状态	line type slot/number
进入路由设置状态	router protocol
退出局部设置状态	exit

3. 显示命令

显示命令就是用于显示某些特定需要的命令，以方便用户查看某些特定设置信息。表 8.5 就是常见的信息显示命令。

表 8.5　显示命令列表

任　务	命　令
查看版本及引导信息	show version
查看运行配置	show running-config
显示开机设置	show starup-config
显示端口信息	show interface slot/number
显示路由信息	show ip router

4. 网络控制命令

因为路由器有时要进行网络管理，所以也必须具有一些网络控制命令。表 8.6 所示就是这些有关网络控制和设置方面的命令。

表 8.6　网络控制命令列表

任　务	命　令
登陆远程主机	telnet hostname｜ip address
网络侦测	Ping hostname｜ip address
路由跟踪	trace hostname｜ip address

5. 拷贝命令

拷贝命令的统一格式：

copy 源位置　目的位置

表示将由某个源位置所指定的文件复制到目的地位置所指定处，与 DOS 的 COPY 命令功能是一致的。其中路由器中的源和目的地位置可以为 FLASH、DRAM、TFTP、NVRAM。

对于配置文件来说，参数值 run 表示存放在 DRAM 中的配置，start 表示存放在 NVRAM 中的配置。参考图 8.10 所示。

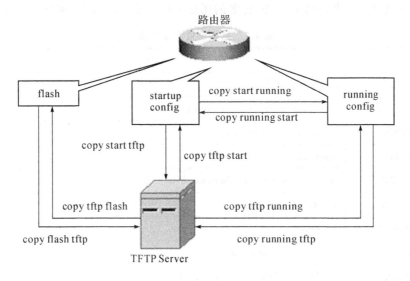

图 8.10　拷贝命令示意图

所有的配置命令只要键入后马上存在 DRAM 并运行，但掉电后会马上丢失。而 NVRAM 中配置只有在重新启动之后才会被复制到 DRAM 中运行，掉电后不会丢失。因此，必须养成好的配置习惯。在确认配置正确无误后将配置文件复制到 NVRAM 中去。其命令为：

copy run start

如果想用 NVRAM 中的配置覆盖 DRAM 中的配置用命令：

copy start run

可以将 NVRAM 中的配置复制到 TFTP 服务器中进行备份，用命令：

copy start TFTP

可以将 DRAM 中的配置复制到 TFTP 服务器中进行备份，用命令：

```
copy run TFTP
```

路由器会询问你的 TFTP 服务器的 IP 地址及以何文件名存盘,输入正确的服务器 IP 地址和文件名后,即可。

可以将 TFTP 中的配置文件复制到路由器的 DRAM 中,用命令:

```
copy TFTP run
```

可以将 TFTP 中的配置文件复制到路由器 NVRAM 中,用命令:

```
copy TFTP start
```

路由器会询问 TFTP 服务器根目录下的配置文件名及在路由器上以什么名字复制该配置文件。

如果想删除 NVRAM 中的所有配置,用命令

```
write erase
```

6. 基本设置命令

除了上面所述的一些特殊命令外,更多的还是一些基本设置命令,如表 8.7 所示。

表 8.7　基本设置命令列表

任　务	命　令
全局设置	config terminal
设置访问用户及密码	username username password password
设置特权密码	enable secret password
设置路由器名	hostname name
设置静态路由	ip route destination subnet-mask next-hop
启动 IP 路由	ip routing
启动 IPX 路由	ipx routing
端口设置	interface type slot/number
设置 IP 地址	ip address address subnet－mask
设置 IPX 网络	ipx network network
激活端口	no shutdown
物理线路设置	line type number
启动登陆进程	login [local|tacacs server]
设置登陆密码	password password

7. 常用的命令行快捷编辑键

【Ctrl+p】

从最近一次键入的命令开始从后向前按一次【Ctrl+p】就会显示以前键入的一条命令。

【Ctrl+b】

在键入命令时,每按一次【Ctrl+b】,光标就会回退一格。

【Ctrl+f】

在键入命令时,每按一次【Ctrl+f】,光标就会前进一格。

【Ctrl+a】

在键入命令时,光标会从当前位置进到命令行的第一字母。

【Ctrl+e】

在键入命令时,光标会从当前位置回到命令行的末尾。

我们在讲解时尽可能使相关的显示命令和调试命令与所用的特定的配置命令相联系。请牢记无论何时在 IOS 下输入一条配置命令,就会立即出现某种类型的结果。要判断某一结果是不是想要的结果,可用显示命令和调试命令验证。学习新的 IOS 命令的好办法是:

(1)输入一个配置命令(记住,事实上每一个配置命令都立即生效)。

(2)退出配置模式,回到特权模式。

(3)执行与第一步输入的配置命令相关的显示命令和调试命令。

(4)观察显示命令和调试命令的输出。这些显示命令和调试命令能够反映第一步配置命令引起的路由操作的变化吗?

(5)再次进入配置模式。

(6)输入另一条命令,重复 2 至 4 步。

按照这个方法,我们就能逐步学会如何思考。同样,首先介绍的 IOS 命令是那些最基本、最重要的配置命令。介绍过最重要的配置命令后,将介绍和讨论建立于这些命令之上的命令。

路由器配置文件是普通的 ASCIL 文本。文本文件在引导时读取并通过路由器操作系统 IOS 使之生效。作为有效的配置文件,在路由器运行期间,进入路由器的配置模式,可以输入添加、修改、删除配置选项的命令。路由器的配置文件可以在 TFTP 服务器上保存为普通文本。通过使用全屏文本编辑器进行修改,并通过 TFTP 重新加载。

8.4.5　路由器配置示例

1.配置 IP 地址

配置 IP 地址要用到命令如下:

任　　务	命　　令
接口设置	interface *type slot/number*
为接口设置 IP 地址	ip address *ip−address mask*

如图 8.11 所示,Router1 和 Router2 的 E0 端口均使用了 C 类地址 192.1.0.0 作为网络地址,Router1 的 E0 的网络地址为 192.1.0.128,掩码为 255.255.255.192,Router2 的 E0 的网络地址为 192.1.0.64,掩码为 255.255.255.192,这样就将一个 C 类网络地址分配给了两个网,既划分了两个子网,又起到了节约地址的作用。

值得指出,路由器的物理网络端口需要有一个 IP 地址,相邻路由器的相邻端口 IP 地址在同一网段,同一路由器不同端口在不同网段上,这一点要牢记! 具体配置过程如下:

```
Router1>enable
Router1#config t
Router1(config)#int s0
```

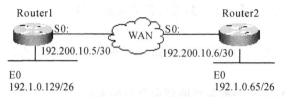

图 8.11　IP 地址配置示意图

Router1(config - if)♯ip address 192.200.10.5　255.255.255.252

Router1(config)♯int e0

Router1(config - if)♯ip address 192.1.0.129　255.255.255.192

Router1(config - if)♯no shutdown　　//激活 e0 端口

Router1(config - if)♯^Z

完成以上配置后,用 ping 命令可检查 e0 端口是否正常,如不正常,一般是因为没有激活该端口,初学者往往容易忽视。注意用 no shutdown 命令激活 e0 端口。

2. 使用网络地址翻译(NAT)

NAT(network address translation)起到将内部私有地址翻译成外部合法全局地址的功能,它使得不具有合法 IP 地址的用户可以通过 NAT 访问到外部 Internet。图 8.12 所示为网络地址翻译配置示意。

当建立内部网的时候,建议使用以下地址组用于主机,这些地址是由 Network Working Group(RFC,1918)保留用于私有网络地址分配的。

　　　Class A : 10.1.1.1 to 10.254.254.254

　　　Class B : 172.16.1.1 to 172.31.254.254

　　　Class C : 192.168.1.1 to 192.168.254.254

命令描述如表 8.9 所示。

表 8.9

任　务	命　令
定义一个标准访问列表	access—list access—list—number permit source[source—wildcard]
定义一个全局地址池	ip nat pool name start—ip end—ip {netmask netmask ｜ prefix—length prefix—length}[type rotary]
建立动态地址翻译	ip nat inside source {list {access—list—number ｜ name} pool name [overload] ｜ static local—ip global—ip}
指定内部和外部端口	ip nat {inside ｜ outside}

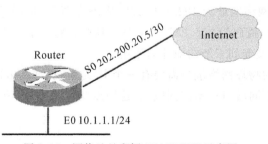

图 8.12　网络地址翻译(NAT)配置示意图

路由器的 Ethernet 0 端口为 inside 端口,即此端口连接内部网络,并且此端口所连接的网络应该被翻译,Serial 0 端口为 outside 端口,其拥有合法 IP 地址(由 NIC 或服务提供商所分配的合法的 IP 地址),来自网络 10.1.1.0/24 的主机将从 IP 地址池 c2501 中选择一个地址作为自己的合法地址,经由 Serial 0 口访问 Internet。命令 ip nat inside source list 2 pool c2501 overload 中的参数 overload,将允许多个内部地址使用相同的全局地址(一个合法 IP 地址,它是由 NIC 或服务提供商所分配的地址)。命令 ip nat pool c2501 202.96.38.1 202.96.38.62 netmask 255.255.255.192 定义了全局地址的范围。

设置如下:

```
ip nat pool c2501 202.96.38.1 202.96.38.62 netmask 255.255.255.192
interface Ethernet 0
ip address 10.1.1.1 255.255.255.0
ip nat inside
!
interface Serial 0
ip address 202.200.10.5 255.255.255.252
ip nat outside
!
ip route 0.0.0.0 0.0.0.0 Serial 0
access-list 2 permit 10.0.0.0 0.0.0.255
! Dynamic NAT
!
ip nat inside source list 2 pool c2501 overload
line console 0
exec-timeout 0 0
!
line vty 0 4
end
```

3. 配置静态路由

通过配置静态路由,用户可以人为地指定对某一网络访问时所要经过的路径,在网络结构比较简单,且一般到达某一网络所经过的路径唯一的情况下采用静态路由。命令描述如表 8.10 所示。

表 8.10

任　务	命　令
建立静态路由	ip route prefix mask {address | interface} [distance] [tag tag] [permanent]

表中,prefix:所要到达的目的网络;

mask:子网掩码;

address:下一个跳的 IP 地址,即相邻路由器的端口地址;

interface:本地网络接口;

distance:管理距离(可选);

tag tag:tag 值(可选);

permanent:指定此路由即使该端口关掉也不被移掉。

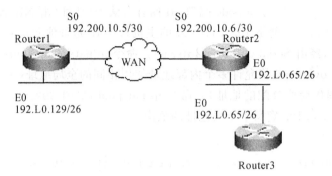

图 8.13　配置静态路由示意图

如图 8.13 所示,在路由器(Router1)上设置了访问 192.1.0.64/26 这个网下一跳地址为 192.200.10.6,即当有目的地址属于 192.1.0.64/26 的网络范围的数据报,应将其路由到地址为 192.200.10.6 的相邻路由器。在 Router3 上设置了访问 192.1.0.128/26 及 192.200.10.4/30 这两个网下一跳地址为 192.1.0.65。由于在 Router1 上端口 Serial 0 地址为 192.200.10.5,192.200.10.4/30 这个网属于直连的网,已经存在访问 192.200.10.4/30 的路径,所以不需要在 Router1 上添加静态路由。

```
Router1:
ip route 192.1.0.64 255.255.255.192 192.200.10.6
Router3:
ip route 192.1.0.128 255.255.255.192 192.1.0.65
ip route 192.200.10.4 255.255.255.252 192.1.0.65
```

同时由于路由器 Router3 除了与路由器 Router2 相连外,不再与其他路由器相连,所以也可以为它赋予一条默认路由以代替以上的两条静态路由。

```
ip route 0.0.0.0 0.0.0.0 192.1.0.65
```

即只要没有在路由表里找到去特定目的地址的路径,则数据均被路由到地址为 192.1.0.65 的相邻路由器。

4.广域网协议配置

(1)HDLC 配置

HDLC 是 Cisco 路由器使用的缺省协议,一台新路由器在未指定封装协议时默认使用 HDLC 封装。

有关命令如表 8.11 所示。

表 8.11　有关命令

任　　务	命　　令
设置 HDLC 封装	encapsulation hdlc
设置 DCE 端线路速度	clockrate *speed*
复位一个硬件接口	clear interface *serial unit*
显示接口状态	show interfaces serial [*unit*][1]

注:[1] 以下给出一个显示 Cisco 同步串口状态的例子:

```
Router # show interface serial 0
Serial 0 is up, line protocol is up
Hardware is MCI Serial
Internet address is 150.136.190.203, subnet mask is 255.255.255.0
MTU 1500 bytes, BW 1544 Kbit, DLY 20000 usec, rely 255/255, load 1/255
Encapsulation HDLC, loopback not set, keepalive set (10 sec)
Last input 0:00:07, output 0:00:00, output hang never
Output queue 0/40, 0 drops; input queue 0/75, 0 drops
Five minute input rate 0 bits/sec, 0 packets/sec
Five minute output rate 0 bits/sec, 0 packets/sec
16263 packets input, 1347238 bytes, 0 no buffer
Received 13983 broadcasts, 0 runts, 0 giants
2 input errors, 0 CRC, 0 frame, 0 overrun, 0 ignored, 2 abort
22146 packets output, 2383680 bytes, 0 underruns
0 output errors, 0 collisions, 2 interface resets, 0 restarts
1 carrier transitions
```

例如图 8.14 所示,路由器 1(Router1)和路由器 2(Router2)互连,Router 之间用串口连的时候一般无所谓哪头接 DCE,哪头接 DTE。一般是核心层的做 DCE,有的是默认规定好的,比如 Modem 永远是 DCE,而与其相连的电信程控交换机则为 DTE,配的时候 DCE 不设 clock rate 的话,无法通信。

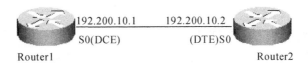

192.200.10.1　　　192.200.10.2
S0(DCE)　　　　(DTE)S0
Router1　　　　　　　　　　Router2

图 8.14　配置 HDLC 协议与 PPP 协议示意图

设置如下:

```
Router1:
interface Serial0
ip address 192.200.10.1 255.255.255.0
clockrate 1000000

Router2:
interface Serial0
ip address 192.200.10.2 255.255.255.0
!
```

(2)PPP 配置

PPP(point-to-point protocol)是 SLIP(serial line IP protocol)的继承者,它提供了跨过同步和异步电路实现路由器到路由器(router-to-router)和主机到网络(host-to-network)的连接。

CHAP(challenge handshake authentication protocol)和 PAP(password authentication protocol)通常被用于在 PPP 封装的串行线路上提供安全性认证。使用 CHAP 和 PAP 认证,每个路由器通过名字来识别,可以防止未经授权的访问。

CHAP 和 PAP 在 RFC 1334 上有详细的说明。和 PPP 配置有关命令如表 8.12 所示。

表 8.12　和 PPP 配置有关命令

任　务	命　令
设置 PPP 封装	encapsulation ppp1
设置认证方法	ppp authentication ⟨chap ｜ chap pap ｜ pap chap ｜ pap⟩ [if—needed] [list—name ｜ default] [callin]
指定口令	username name password secret
设置 DCE 端线路速度	clockrate speed

注:要使用 CHAP/PAP 必须使用 PPP 封装。在与非 Cisco 路由器连接时,一般采用 PPP 封装,其他厂家路由器一般不支持 Cisco 的 HDLC 封装协议。

例如,路由器 Router1 和 Router2 的 S0 口均封装 PPP 协议,采用 CHAP 做认证,在 Router1 中应建立一个用户,以对端路由器主机名作为用户名,即用户名应为 router2。同时在 Router2 中应建立一个用户,以对端路由器主机名作为用户名,即用户名应为 router1。所建的这两用户的 password 必须相同。参看图 8.14。

设置如下:

```
Router1:
hostname router1
username router2 password xxxx
interface Serial0
ip address 192.200.10.1 255.255.255.0
clockrate 1000000
ppp authentication chap
!
Router2:
hostname router2
username router1 password xxx
interface Serial0
ip address 192.200.10.2 255.255.255.0
ppp authentication chap
!
```

(3)X.25 的配置

X.25 规范对应 OSI 三层,X.25 的第三层描述了分组的格式及分组交换的过程。X.25 的第二层由 LAPB(link access procedure balanced)实现,它定义了用于 DTE/DCE 连接的帧格式。X.25 的第一层定义了电气和物理端口特性。

X.25 网络设备分为数据终端设备(DTE)、数据电路终端设备(DCE)及分组交换设备(PSE)。DTE 是 X.25 的末端系统,如终端、计算机或网络主机,一般位于用户端,Cisco 路由器就是 DTE 设备。DCE 设备是专用通信设备,如调制解调器和分组交换机。PSE 是公共网络的主干交换机。

X.25 定义了数据通讯的电话网络,每个分配给用户的 X.25 端口都具有一个 x.121 地址,当用户申请到的是 SVC(交换虚电路)时,X.25 一端的用户在访问另一端的用户时,首先将呼叫对方 x.121 地址,然后接收到呼叫的一端可以接受或拒绝,如果接受请求,于是连接建立实现数据传输,当没有数据传输时挂断连接,整个呼叫过程就类似我们拨打普通电话一样,其不同的是 X.25 可以实现一点对多点的连接。其中 x.121 地址、htc 均必须与 X.25 服务提供商分配的参数相同。X.25 PVC(永久虚电路),没有呼叫的过程,类似 DDN 专线。配置 X.25 的有关命令如表 8.13 所示。

表 8.13　配置 X.25 的有关命令

任　务	命　令
设置 X.25 封装	encapsulation x25 [dce]
设置 x.121 地址	x25 address x.121—address
设置远方站点的地址映射	x25 map protocol address [protocol2 address2 [... [protocol9 address9]]] x121—address [option]
设置最大的双向虚电路数	x25 htc citcuit—number1
设置一次连接可同时建立的虚电路数	x25 nvc count2
设置 x25 在清除空闲虚电路前的等待周期	x25 idle minutes
重新启动 x25,或清一个 svc,启动一个 pvc 相关参数	clear x25 {serial number | cmns—interface mac—address} [vc—number]3
清 x25 虚电路	clear x25—vc
显示接口及 x25 相关信息	show interfaces serial show x25 interface show x25 map show x25 vc

注:(1)虚电路号从 1 到 4095,Cisco 路由器默认为 1024,国内一般分配为 16。

(2)虚电路计数从 1 到 8,缺省为 1。

(3)在改变了 X.25 各层的相关参数后,应重新启动 x25(使用 clear x25 {serial number \| cmns—interface mac—address} [vc—number]或 clear x25—vc 命令),否则新设置的参数可能不能生效。同时应对照服务提供商对于 X.25 交换机端口的设置来配置路由器的相关参数,若出现参数不匹配则可能会导致连接失败或其他意外情况。

具体配置过程如下:

#conf t

#int S0　//进入串口 S0 配置

#ip address ABCD XXXX

#encap X25-ABC　//封装 X.25 协议。ABC 指定 X.25 协议为 DTE(数据终端设备)或
　　　　　　　　DCE(数据交换设备)操作,默认为 DTE

#x25 addr ABCD　//指定 S0 的 X.25 端口地址,由电信局提供

#x25 addr ip ABCD XXXX br　//映射 S0 端口的 X.25 地址,ABCD 为 S0 的端口地址,
　　　　　　　　　XXXX 为对方路由器的 IP 地址

#x25 htc X　//配置最高双向通道数。X 的取值范围为 1~4095,要根据电信局实际
　　　　　提供的数字配置

#x25 nvc X　//配置虚电路数,X 不可超过电信局实际提供的数字,否则将影响数据
　　　　　的正常传输

#exit

S0 端口配置完成后,用 no shutdown 命令激活 E0 端口,如果 ping S0 端口正常,而 ping

映射的 X.25 IP 地址不正常,即对方路由器端口 IP 地址不通,则可能是以下几种情况引起的:

(1)本机 X.25 地址配置错误,应重新和电信局核对(X.25 地址长度为 13 位)。

(2)本机映射 IP 地址或 X.25 地址配置错误。

(3)对方 IP 地址或 X.25 地址配置错误。

(4)本机或对方路由配置错误。

有时会出现能够与对方通信但有丢包现象发生。出现这种情况一般有以下几种可能:

(1)线路情况不好,或网卡、RJ-45 插头接触不良。

(2)X.25 htc 最高双向通道数 X 的取值和 x25nvc 虚电路数 X 的取值超出电信局实际提供的数字。最高双向通道数和虚电路数这两个值越大越好,但绝对不能超过电信局实际提供的数字,否则就会出现丢包现象。

有关广域网方面的配置内容很多,如 DDN、帧中继等配置,由于篇幅有限,这里不再赘述。请参看有关路由器配置手册。

5.路由协议配置

(1)RIP 协议

RIP(routing information protocol)是应用较早、使用较普遍的内部网关协议(interior gateway protocol,IGP),适用于小型同类网络,是典型的距离向量(distance-vector)协议。文档见 RFC1058、RFC1723。

RIP 通过广播 UDP 报文来交换路由信息,每 30 秒发送一次路由信息更新。RIP 提供跳跃计数(hop count)作为尺度来衡量路由距离,跳跃计数是一个包到达目标所必须经过的路由器的数目。如果到相同目标有两个不等速或不同带宽的路由器,但跳跃计数相同,则 RIP 认为两个路由是等距离的。RIP 最多支持的跳数为 15,即在源和目的网间所要经过的最多路由器的数目为 15,跳数 16 表示不可达。在新版本 RIPv2 协议中,扩充许多新的内容,如解决可变长度子网掩码(VLSM)、授权以及多播的路由更新问题。但是它仍然没有摆脱跃点数目和慢收敛的局限性,所以 RIPv2 也大多用于小型网络中。配置 RIP 路由协议有关命令如表 8.14 所示。

表 8.14　配置 RIP 路由协议的有关命令

任　　务	命　　令
指定使用 RIP 协议	router rip
指定 RIP 版本	version {1|2}[1]
指定与该路由器相连的网络	network network

注:[1]Cisco 的 RIP 版本 2 支持验证、密钥管理、路由汇总、无类域间路由(CIDR)和变长子网掩码(VLSMs)。

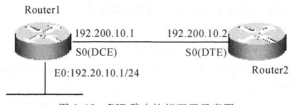

图 8.15　RIP 路由协议配置示意图

参看图 8.15,在 Router1 中配置清单如下:

```
Router1:
router rip
```

```
version 2
network 192.200.10.0
network 192.20.10.0
!
```

相关调试命令：

```
show ip protocol
show ip route
```

(2) IGRP 协议

IGRP(interior gateway routing protocol)是一种动态距离向量路由协议,它由 Cisco 公司在 20 世纪 80 年代中期设计,使用组合用户配置尺度,包括延迟、带宽、可靠性和负载。

缺省情况下,IGRP 每 90 秒发送一次路由更新广播,在 3 个更新周期内(即 270 秒),没有从路由中的第一个路由器接收到更新,则宣布路由不可访问。在 7 个更新周期(即 630 秒)后,Cisco IOS 软件从路由表中清除路由。IGRP 协议配置用到的命令如表 8.15 所示。

表 8.15　IGRP 协议配置用到的命令

任　务	命　令
指定使用 RIP 协议	router igrp autonomous-system[1]
指定与该路由器相连的网络	network network
指定与该路由器相邻的节点地址	neighbor ip-address

注:[1] autonomous-system 可以随意建立,并非实际意义上的 autonomous-system,但运行 IGRP 的路由器要想交换路由更新信息其 autonomous-system 需相同。

例如,参考图 8.15 在 Router1 中的配置:

```
Router1:
router igrp 200
network 192.200.10.0
network 192.20.10.0
!
```

(3) OSPF 协议

OSPF(open shortest path first)是一个内部网关协议(interior gateway protocol,IGP),用于在单一自治系统(autonomous system,AS)内决策路由。与 RIP 相对,OSPF 是链路状态路有协议,而 RIP 是距离向量路由协议。

链路是路由器接口的另一种说法,因此 OSPF 也称为接口状态路由协议。OSPF 通过路由器之间通告网络接口的状态来建立链路状态数据库,生成最短路径树,每个 OSPF 路由器使用这些最短路径构造路由表。文档见 RFC2178。配置 OSPF 协议有关命令如表 8.16 所示。

表 8.16　配置 OSPF 协议的有关命令

任　务	命　令
指定使用 OSPF 协议	router ospf process-id[1]
指定与该路由器相连的网络	network address wildcard-mask area area-id[2]
指定与该路由器相邻的节点地址	neighbor ip-address

注：[1] OSPF 路由进程 process-id 必须指定范围在 1～65535，多个 OSPF 进程可以在同一个路由器上配置，但最好不这样做。多个 OSPF 进程需要多个 OSPF 数据库的副本，必须运行多个最短路径算法的副本。process-id 只在路由器内部起作用，不同路由器的 process-id 可以不同。

[2] wildcard-mask 是子网掩码的反码，网络区域 ID area-id 在 0～4294967295 内的十进制数，也可以是带有 IP 地址格式的 x.x.x.x。当网络区域 ID 为 0 或 0.0.0.0 时为主干域。不同网络区域的路由器通过主干域学习路由信息。

如图 8.16 所示，基本配置举例如下：

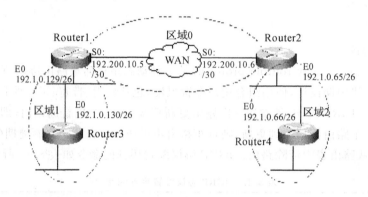

图 8.16　OSPF 协议配置示意图

```
Router1：
interface ethernet 0
ip address 192.1.0.129 255.255.255.192
!
interface serial 0
ip address 192.200.10.5 255.255.255.252
!
router ospf 100
network 192.200.10.4 0.0.0.3 area 0
network 192.1.0.128 0.0.0.63 area 1
!
Router2：
interface ethernet 0
ip address 192.1.0.65 255.255.255.192
!
interface serial 0
ip address 192.200.10.6 255.255.255.252
!
router ospf 200
network 192.200.10.4 0.0.0.3 area 0
network 192.1.0.64 0.0.0.63 area 2
!
Router3：
interface ethernet 0
ip address 192.1.0.130 255.255.255.192
```

```
!
router ospf 300
network 192.1.0.128 0.0.0.63 area 1
!
Router4:
interface ethernet 0
ip address 192.1.0.66 255.255.255.192
!
router ospf 400
network 192.1.0.64 0.0.0.63 area 1
!
```

相关调试命令:

```
debug ip ospf events
debug ip ospf packet
show ip ospf
show ip ospf database
show ip ospf interface
show ip ospf neighbor
show ip route
```

为了安全的原因,使用身份验证。我们可以在相同 OSPF 区域的路由器上启用身份验证的功能,只有经过身份验证的同一区域的路由器才能互相通告路由信息。

在默认情况下,OSPF 不使用区域验证。通过两种方法可启用身份验证功能,纯文本身份验证和消息摘要(md5)身份验证。纯文本身份验证传送的身份验证口令为纯文本,它会被网络探测器探测到,所以不安全,不建议使用。而消息摘要(md5)身份验证在传输身份验证口令前,要对口令进行加密,所以一般建议使用此种方法进行身份验证。

使用身份验证时,区域内所有的路由器接口必须使用相同的身份验证方法。为起用身份验证,必须在路由器接口配置模式下,为区域的每个路由器接口配置口令。

表 8.17

任　务	命　令
指定身份验证	area area-id authentication [message-digest]
使用纯文本身份验证	ip ospf authentication-key password
使用消息摘要(md5)身份验证	ip ospf message-digest-key keyid md5 key

以下列举两种验证设置的示例,示例的网络分布及地址分配环境与以上基本配置举例相同,只是在 Router1 和 Router2 的区域 0 上使用了身份验证的功能。

例 1　使用纯文本身份验证

```
Router1:
interface ethernet 0
ip address 192.1.0.129 255.255.255.192
!
```

```
interface serial 0
ip address 192. 200. 10. 5 255. 255. 255. 252
ip ospf authentication - key cisco
!
router ospf 100
network 192. 200. 10. 4 0. 0. 0. 3 area 0
network 192. 1. 0. 128 0. 0. 0. 63 area 1
area 0 authentication
!
```

Router2：
```
interface ethernet 0
ip address 192. 1. 0. 65 255. 255. 255. 192

!
interface serial 0
ip address 192. 200. 10. 6 255. 255. 255. 252
ip ospf authentication - key cisco
!
router ospf 200
network 192. 200. 10. 4 0. 0. 0. 3 area 0
network 192. 1. 0. 64 0. 0. 0. 63 area 2
area 0 authentication
!
```

例 2　消息摘要（md5）身份验证

Router1：
```
interface ethernet 0
ip address 192. 1. 0. 129 255. 255. 255. 192
!
interface serial 0
ip address 192. 200. 10. 5 255. 255. 255. 252
ip ospf message - digest - key 1 md5 cisco
!
router ospf 100
network 192. 200. 10. 4 0. 0. 0. 3 area 0
network 192. 1. 0. 128 0. 0. 0. 63 area 1
area 0 authentication message - digest
!
```

Router2：
```
interface ethernet 0
ip address 192. 1. 0. 65 255. 255. 255. 192
!
interface serial 0
ip address 192. 200. 10. 6 255. 255. 255. 252
```

```
ip ospf message - digest - key 1 md5 cisco
!
router ospf 200
network 192.200.10.4 0.0.0.3 area 0
network 192.1.0.64 0.0.0.63 area 2
area 0 authentication message - digest
!
```

相关调试命令：

```
debug ip ospf adj
debug ip ospf events
```

8.4.6 华三路由器和 Cisco 路由器配置区别

杭州华三公司,作为目前国内最大的电信成套设备及数据通信设备生产商,近年来其路由器产品及技术有了长足的进展。其生产的高中低端 Quidway 路由器系列产品已有极广的覆盖面,特别是中低端产品凭着极高的性价比,完备的功能特性与良好的兼容性,市场份额逐年剧增,与 Cisco 等进口产品已成分庭抗礼之势。

华三路由器与同档次的 Cisco 路由器在功能特性与配置界面上完全一致,有些方面还根据国内用户的需求作了很好的改进。例如中英文可切换的配置与调试界面,使中文用户再也不用面对着一大堆的英文专业单词而无从下手了。

另外它的软件升级,远程配置,备份中心,PPP 回拨,路由器热备份等,对用户来说均是极有用的功能特性。

在配置方面,华三路由器以前的软件版本(VRP1.0 相当于 Cisco 的 IOS)与 Cisco 有细微的差别,但目前的版本(VRP1.1)已和 Cisco 兼容,下面首先介绍 VRP 软件的升级方法,然后给出配置上的说明。

1. VRP 软件升级操作

升级前用户应了解自己路由器的硬件配置以及相应的引导软件 bootrom 的版本,因为这关系到是否可以升级以及升级的方法,否则升级失败会导致路由器不能运行。在此我们以从 VRP1.0 升级到 VRP1.1 为例说明升级的方法。

(1)路由器配置电缆一端与 PC 机的串口一端与路由器的 console 口连接。

(2)在 winXP 下建立使用直连线的超级终端,参数如下:

波特率 9600,数据位 8,停止位 1,无效验,无流控,VT100 终端类型。

(3)超级终端连机后打开路由器电源,屏幕上会出现引导信息,在出现:

Press【Ctrl + B】 to enter Boot Menu.

时 3 秒内按下【Ctrl＋B】,会提示输入密码:

Please input Bootrom password:

默认密码为空,直接回车进入引导菜单 Boot Menu,在该菜单下选 1,即 Download application program 升级 VRP 软件,之后屏幕提示选择下载波特率,我们一般选择 38400bps,随即出现提示信息:

```
Download speed is 38400 bps. Please change the terminal's speed to 38400 bps, and select XMODEM pro-
tocol. Press ENTER key when ready.
```

此时进入超级终端"属性",修改波特率为 38400,修改后应断开超级终端的连接,再进入连接状态,以使新属性起效,之后屏幕提示:

```
Downloading…CCC
```

这表示路由器已进入等待接收文件的状态,我们可以选择超级终端的文件"发送"功能,选定相应的 VRP 软件文件名,通讯协议选 Xmodem,之后超级终端自动发送文件到路由器中,整个传送过程大约耗时 8 分半钟。完成后有提示信息出现,系统会将收到的 VRP 软件写入 Flash Memory 覆盖原来的系统,此时整个升级过程完成,系统提示改回超级终端的波特率:

```
Restore the terminal's speed to 9600 bps.
Press ENTER key when ready.
```

修改完后记住进行超级终端的断开和连接操作使新属性起效,之后路由器软件开始启动,用 show ver 命令将看见相应的版本信息。

下面是与 Cisco 互通时应注意的地方:

2. 在默认链路层封装上的区别(主要用于 DDN 的配置)

(1)华三 VRP1.0 及其以前的版本,在配置时,由于 Cisco 的默认链路层封装格式为 HDLC,而华三路由器的默认链路层封装格式为 PPP,因此为了能互通,需要将 Cisco 路由器的封装格式改为 PPP 格式,即使用命令:

```
encapsulation PPP
```

(2)华三 VRP1.1 及其以后的版本,增加了 HDLC 封装格式。这样,不需要改动 Cisco 的封装格式,而将华三路由器的封装格式改为 HDLC 封装格式即可,即使用命令:

```
encapsulation hdlc
```

3. 在配置 X. 25 上的区别

(1)华三 VRP1.0 及其以前的版本在配置时,由于 Cisco 的 X.25 默认封装格式为它自己的标准。而华三路由器的封装格式为国际标准 IETF,因此为了能互通,需要将 Cisco 路由器的封装格式改为 IETF 格式,即使用命令:

```
encapsulation x25 ietf
```

(2)华三 VRP1.1 及其以后的版本,特地增加了与 Cisco 兼容的封装格式。这样,不需要改动 Cisco 的封装格式,而将华三路由器的 X.25 封装格式改为 Cisco 兼容封装格式即可,即使用命令:

```
encapsulation x25 cisco
```

4. 在配置帧中继(Frame-Relay)上的区别

(1)华三 VRP1.0 及其以前的版本,由于 Cisco 的默认 FR 封装格式为 Cisco 公司自己的标准,而华三路由器的封装格式为国际标准 IETF。另外,由于在 LMI(帧中继本地管理信息)类型的配置上,Cisco 默认也是使用它自己的格式,而华三路由器使用的是国际标准的 Q. 933a 格式,因此为了能互通,需要将 Cisco 路由器的 FR 封装格式改为 IETF,将 LMI 改为 Q.

933a 格式才能互通,即使用命令:

```
encapsulation frame - realy ietf
frame - realy lmi - type q933a
```

(2)华三 VRP1.1 及其以后的版本,特地增加了与 Cisco 兼容的 FR 封装格式,以及 LMI 的格式。这样,不需要改动 Cisco 的封装,而只需将华三路由器的 FR 封装格式和 LMI 类型改为 Cisco 兼容格式即可,即使用命令:

```
encapsulation frame - relay cisco
frame - relay lmi - type cisco
```

以上各点,是在华三与 Cisco 互连时应着重注意的,如果 Cisco 用户的链路封装不是国际标准而是它自己的格式,而且 Cisco 用户又不愿修改配置,则在华三一端一定要作相应的改变。

第 9 章

网络工程测试与验收

随着计算机网络技术的发展和普及,网络在人们工作生活中的重要性和关键性越来越突出。对于有些部门,如银行、证券、交通管理等,其至可以说没有网络就等于没有工作。即使是一般的公司和机关,由于逐步转向无纸化办公和办公自动化而大量采用计算机网络,这样一旦网络出了故障将会直接影响到整个公司或机关的工作。由于网络问题而导致数据丢失、工作中断的教训越来越多。在这个世界上十拿九稳的事情不多,但每个网络和布线工程完工后必须经过测试是确定无疑的。没有测试,就无从知晓网络线缆实际的数据传输能力和今后网络设备投入运行后的工作状况。而且,每一个网络维护和管理人员都不愿意对自己的网络系统一无所知。但目前无论是国家、国际、行业还是地方都没有一个系统的、有针对性的、具有量化评估指标的可操作性标准,以供验收、测评、设计使用,造成了建成后的局域网的质量、服务多数达不到用户要求,但用户又无法寻求保护的状况。因此,制订一个局域网系统的验收测评规范是非常紧迫和重要的。

为此,中华人民共和国国家质量监督检验检疫总局、中国国家标准化管理委员会联合发布了《基于以太网技术的局域网系统的验收测评规范》(*Acceptance Testing Specification for Local Area Network（LAN）Systems Based on Ethernet Technology*)国家标准,标准号为GB/T 21671—2008,并规定于 2008 年 9 月 1 日开始实施。

该标准主要根据 GB/T5271.25—2000、ISO/IEC 8802.3：2000、YD/T 1141—2001 等现行国家标准、国际标准和行业标准,并参考 RFC2544、RFC2889 的方法论,针对我国局域网系统验收的具体要求而制定。本标准把局域网作为一个系统,提出了基于传输媒体、网络设备、局域网系统性能、网络应用性能、网络管理功能、运行环境要求等方面的验收测评整体解决方案,重点描述了网络系统和网络应用、网络管理功能的技术要求及测试方法,具有工程可操作性。

该标准在实际工程中既可以为网络集成商的集成工作提供技术指导,也可以为广大用户的网络规划、验收测评及日常维护工作提供技术依据,可达到规范局域网建设市场,提高局域网质量,保护消费者利益的目的。

虽然局域网技术种类很多,如可以基于 FDDI 或 ATM 等技术构建局域网,但目前我国

90％以上的企业、机关或院校主要还是采用以太网技术构建局域网。对于用其他网络技术构建的局域网系统的验收测评可以参照执行。

9.1　网络测试技术的发展历程

自网络通信产品诞生起，网络测试技术就成为通信工业中不可或缺的部分。伴随着通信产品的更新换代和网络构建技术的发展，网络测试技术也经历了几个阶段的发展，其技术主体已经逐渐趋于成熟。

在 1990 年以前，网络产品较少，并且网络架构比较简单，网络测试仅限于验证网络设备和网络功能，即现在人们常说的功能测试。可以说 20 世纪 90 年代以前基本上是网络产品和数据测试仪表的"史前年代"。

1990 年以后，随着 Hub 等产品的运用，网络产品发展加快，先后出现了功能强大的性能测试仪表、解码分析仪表和一致性测试软件/仪表等一系列重要的测试产品。

1990 年至今，是网络测试技术发展的黄金时期。这期间，关于网络设备、网络性能和网络应用的测试技术基本形成了比较完整的体系。

而国内的网络测试真正得到重视始于 1998 年，其中一批有远见的数据通信厂商和网络测试技术研究人员开始吸收和引进国际上先进的测试方法和测试设备，并培养出一批网络测试人员。但由于国内网络测试发展的时间并不长，技术水平距国际先进水平尚有一定的差距。

目前，国际测试市场发展到了一个新的阶段，其发展的走势正面临着一些比较大的变革。其中出现几个比较值得注意的动向：

1. 网络测试的对象从网络层向应用层过渡

类似于丢包率、延迟等指标的测试现在已经做得很纯熟了。虽然这样的测试很重要，但我们需要想一下这个问题，测试的最终目的是为了什么？答案其实很简单，就是要确保网络能够承载各种各样的应用。最终用户可能不会关心某种条件下设备的丢包率，他可能更在意诸如"能否开展 VOD 业务，能有多少个用户同时上线"等问题。回答这些问题的最好办法是对网络上加载不同应用的情况进行测试。

从某种意义上说，测试应用才是网络测试的真正意义所在。目前我们已经看到很多应用测试已经如火如荼地开展起来，比如话音业务、网站业务等。这将是一个长久的过程，将会不断发展下去。

2. 测试重点将逐渐转向可靠性测试

很多用户持有这样的观点：国外的网络产品比国内的更稳定，如果价格允许，将优先考虑采用国外的网络产品。我们不能去指责用户的观点，但有个问题需要我们思考：为什么我们的很多产品性能和功能已经相当完备了，用户还是不大敢用？

对用户来说，网络可靠性测试的重要性甚至超过性能测试。网络可靠性的提高同样需要网络测试来促进，而不能仅仅寄希望于设计和开发。目前国内对这方面的测试方法研究还比较少，但是可以预见，网络可靠性测试将成为网络测试技术发展的主要趋势之一。

3. 网络的安全性测试将得到重视

去年几次重大的网络病毒事件，为人们敲响了警钟。以前网络的安全性主要是从终端的安全做起的,然后是防火墙,现在要集成进路由器了。这是个很好的趋势,只有网络中间的中转设备(至少要在各网络的入口设备上)具备安全能力,安全问题才有可能得到解决。安全功能的转移给测试工作带来很多新的课题,如安全和性能之间如何平衡等。这个发展趋势是必然的,也是很有挑战性的,目前还有待深入的研究。

网络是信息系统信息共享、信息传递的基础。建立高效、稳定、安全、可靠、互操作强、可预测、可控的网络是网络研究的最终目标,而网络测试是获得网络行为第一手指标参数的有效手段。

随着用户对网络依赖程度的增加,网络的正常运行变得越来越重要,用户对网络可用性、稳定性、响应性(运行效率)等提出了越来越高的要求。随着网络应用系统的增多,网络的功能系统越复杂,出现问题所带来的损失也就越大,网络性能的问题最终会妨碍企业生产效率的提高,并影响到客户服务。

导致网络应用性能降低的因素是多方面的,而网络测试正是一种可以有效提高网络系统及网络应用运行质量的方法。在测量和测试的基础上建立网络行为模型并用模拟仿真的方法建立理论到实际的桥梁是理解网络行为的有效途径。

4. 局域网系统结构

国家标准 GB/T 21671—2008 定义局域网系统组成时,也用了分层的概念。根据局域网系统实际部署情况,一般都可以将其划分为核心层、汇聚层和接入层。局域网系统的通用结构如图 9.1 所示,如果有的局域网系统结构简单,可以只有一层或两层。

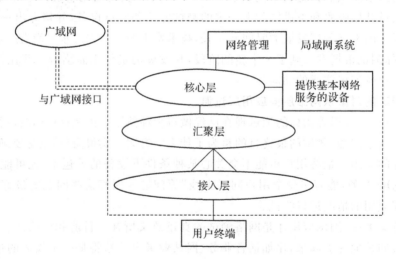

图 9.1　局域网系统通用结构示意图

局域网系统(LAN system)是一种承载了网络应用服务,并受网络管理系统监控的、有业务支撑的管理网络。

局域网系统一般由网络设备(如交换机、路由器)、传输媒体(如双绞线、光缆)、网络管理系统、提供基本网络服务的设备四部分组成。

网络设备是局域网系统的核心部分,目前主要设备类型有:集线器、交换机、路由器、防火墙等。传输媒体主要有双绞线、光缆等。网络管理系统对整个局域网系统进行管理。提供基本网络服务的设备是保证局域网正常工作和丰富局域网功能的各种服务器,包括网络管理服务器、DHCP 服务器、DNS 服务器、E-mail 服务器、Web 服务器等。

9.2　网络测试与工程验收

国家标准 GB/T 21671—2008 规定测试分为两类,即验收测试、评估和日常维护测试。

局域网系统建成或改造后,需采用验收测评方式,以验证其总体性能。提及网络验收,以前仅仅是用 ping 通的方法进行验收,现在国家标准中规定要进行如表 9.1 所示的项目进行逐项测试。

表 9.1　测试项目

项　目	技术要求	测试方法	验收测评	日常维护测试
网络传输媒体	6.1	6.1	•	＊
网络设备	6.2	6.2	•	—
局域网系统性能	6.3	7.1	○	○(仅限于 6.3.6)
局域网系统应用服务	6.4	7.2	○	○
局域网系统功能	6.5	7.3	○	○
网络管理功能	6.6	7.4	○	○
环境适应性	6.7	6.7	•	＊
局域网系统文档	6.8	人工审查	○	—

注:"○"表示应进行的测试项目;"＊"表示可选择测试项目;"—"表示不测试的项目;"•"表示应测试但可提供第三方测试报告的项目。

标准中还提供了验收测评工作流程图,如图 9.2 所示。

各项测试指标全部合格时,则判定局域网系统为合格系统,否则判定局域网系统为不合格系统。测试完成后,提交验收测评报告。

9.3　网络测试与日常维护

我们知道即使一台计算机单独运行都要出故障,一个局域网系统运行出现故障更是难免的。网络在迅猛发展,使用网络的用户也越来越多,有的用户正准备安装网络,还有的用户面临网络的升级问题。随着用户对网络依赖程度的增加,网络的正常运行变得越来越重要。网络瘫痪已成为数据通信领域的关键问题,为确保网络正常运行,所有的故障必须快速有效地解决。而在网络安装、维护、管理和故障诊断的整个过程中都贯穿着网络的测试问题。可以说,测试为网络的健康运行带来了有效的解决办法。但局域网系统出故障比较复杂,会出现互相指责的情况,如图 9.3 所示。当网络运行迈入正轨,作为底层架构的网络承担起运行其上的各种应用系统,由于所处的环境更为复杂,多种问题迎面而来,这个阶段的网络测试可能是整个测试领域最困难的任务之一。这里的关键问题是应该选择与正在测试的网络层段直接连接的

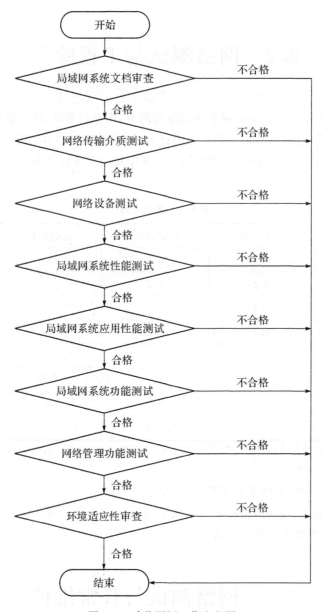

图 9.2　验收测评工作流程图

工具。

究竟是网络问题还是应用软件问题,只有经过测试才能下结论。

对局域网系统进行维护或故障诊断时,需要定期对网络进行维护测试,以便跟踪网络的主要性能指标或指导排除故障。测试内容参见表 9.1。

国家标准 GB/T 21671—2008 规定了日常维护测试工作流程图,如图 9.4 所示。

测试完毕后,提交日常维护测试报告。

图 9.3　局域网出现故障互相指责

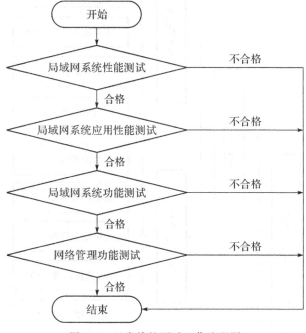

图 9.4　日常维护测试工作流程图

9.4　网络测试与信息安全等级保护测评

为进一步贯彻落实《国家信息化领导小组关于加强信息安全保障工作的意见》和公安部、国家保密局、国家密码管理局、国务院信息化工作办公室《关于信息安全等级保护工作的实施意见》、《信息安全等级保护管理办法》精神，提高我国基础信息网络和重要信息系统的信息安全保护能力和水平，根据国家网络与信息安全协调小组的工作部署，公安部、国家保密局、国家密码管理局、国务院信息化工作办公室决定在全国范围内组织开展重要信息系统安全等级保护定级工作。

信息安全等级保护工作是个庞大的系统工程，关系到国家信息化建设的方方面面，这就决定了这项工作的开展必须分步骤、分阶段、有计划的实施。信息安全等级保护制度计划用三年左右的时间在全国范围内分三个阶段实施。

为此国家出台了《信息系统安全等级保护测评准则》（*Testing and Evaluation Criteria for Security Classification Protection of Information System*）有关标准。

标准中详细规定要评测的基本内容，见图9.5。对信息系统安全等级保护状况进行测试评估，应包括两个方面的内容：一是安全控制测评，主要测评信息安全等级保护要求的基本安全控制在信息系统中的实施配置情况；二是系统整体测评，主要测评分析信息系统的整体安全性。其中，安全控制测评是信息系统整体安全测评的基础。

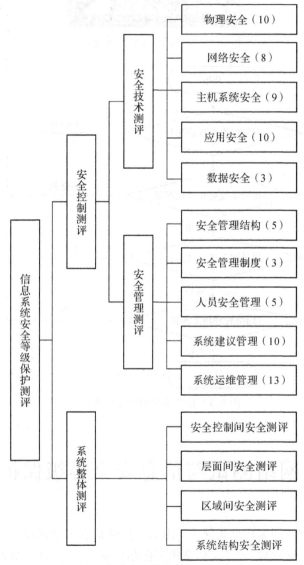

图9.5　信息安全等级保护评测内容

注：数字表示"三级"安全系统要测试的项目数。

对安全控制测评的描述，使用工作单元方式组织。工作单元分为安全技术测评和安全管理测评两大类。安全技术测评包括：物理安全、网络安全、主机系统安全、应用安全和数据安全等五个层面上的安全控制测评；安全管理测评包括：安全管理机构、安全管理制度、人员安全管理、系统建设管理和系统运维管理等五个方面的安全控制测评。

系统整体测评涉及信息系统的整体拓扑、局部结构,也关系到信息系统的具体安全功能实现和安全控制配置,与特定信息系统的实际情况紧密相关,内容复杂且充满系统个性。

因此,全面地给出系统整体测评要求的完整内容、具体实施方法和明确的结果判定方法是很困难的。测评人员应根据特定信息系统的具体情况,结合本标准要求,确定系统整体测评的具体内容,在安全控制测评的基础上,重点考虑安全控制间、层面间以及区域间的相互关联关系,测评安全控制间、层面间和区域间是否存在安全功能上的增强、补充和削弱作用以及信息系统整体结构安全性,不同信息系统之间整体安全性等。

总而言之,无论是网络系统建成或改造升级后,还是日常运行维护,都需要进行测试。就是信息安全等级保护中,是否合乎安全等级的评估,也需要进行各项测试。

9.5　局域网系统性能测试工具基本要求

要做测试工作,首先想到的是采用什么测试工具或仪器。对强电的测试,大家都非常熟悉测量电流用电流表,测量电压用电压表,当然对测量电流、电压的安培表或电压表也有准度要求。而现在是对局域网系统进行测试,它是弱电领域的测试。大家就不是那么清楚了,要测哪些参数?用什么仪器测?如何进行测试?网络测试有许多不同的方法,根据不同的目的,可以使用不同的工具。因此重要的是要理解测试的目的和每种标准必须使用什么类型的工具。

用于局域网系统性能测试的测试工具比较复杂,不是一个名字就可明白的。网络测试的可选方法种类繁多,根据不同的测试项目需求,也可以使用不同的工具。

我们这里只是根据国家标准 GB/T 21671—2008 规定的测试工具应具备的基本功能作一介绍,具体使用什么样的仪器、测试什么内容,在以下各章节说明。因为测试不同参数要使用不同测试仪器或工具,有的要几个测试仪器联合使用才能完成测试。标准 GB/T 21671—2008 规定用于局域网系统性能测试的测试工具必须具备以下基本功能:

(1)直接网络流量监听。

(2)统计网络流量。

(3)网络协议分析。

(4)自动网络节点和拓扑发现,能自动生成网络节点列表。

(5)网络流量仿真。

(6)RFC2544 网络性能测试。

(7)ping 和 Trace Route 测试。

(8)从网络设备上获取 SNMP 数据。

(9)测试结果分析及图表打印输出。

(10)宜具备基本网络业务仿真测试功能(如:DHCP、DNS、Web、Email、文件服务等)。

标准 GB/T 21671—2008 还规定用于局域网系统性能测试的工具,应具备以下的性能和精度要求:

(1)应支持在 10/100/1000M 以太网接口上的 100％满线速流量产生功能。

(2)应支持在 10/100/1000M 以太网接口(包括全双工链路)上的 100％满线速流量统计功能。

(3)时间标签精度应优于 $10\mu s$。

总而言之,国标的推出是一个划时代事件,具有非常重要的现实意义,这个标准为迷茫中的网络系统集成的验收指明了方向,为用户的 IT 投资提供了保障,为网络的实际应用水平提出了规范的参考,为性能的评估确认了评价的参数,最终是为广大用户的使用提供了基本的保障。当我们再次面对一个新的网络工程验收时,我们可以说:"请给我一份网络验收测试报告!"

为了能拿出一份合格的测试报告,为了提供可靠网络服务,测试人员和网络运行保障人员必须掌握以下各节介绍的测试方法。

过去,人们往往认为经过简单培训的人就可以承担测试任务,或者可以直接由最终用户或业务人员进行测试,但是目前业界普遍认识到测试人员需要的素质和技能与开发人员、业务人员是不同的。测试逐步成为一个行业,测试工程师逐步成为一个专门的职业,不少大学已经设立了测试专业,测试工程师也成为 IT 从业人员的一种职业发展方向。

9.6 综合布线系统测试与工程验收

综合布线系统测试可以是单独的测试,因为新建的建筑物工程验收时,可能网络设备和系统集成都没有做,但综合布线系统工程已完成,所以要组织单独对综合布线系统进行测试和验收。

一个优质的综合布线工程,不仅要求设计合理,选择布线器材优质,还要有一支素质高、经过专门培训、实践经验丰富的施工队伍来完成工程施工任务。但在实际工作中,业主往往更多地注意工程规模、设计方案,而经常忽略了施工质量。由于我国普遍存在着工程领域的转包现象,施工阶段漏洞甚多。其中不重视工程测试验收这一重要环节,把组织工程测试验收当作可有可无事情的现象十分普遍。往往等到建设项目需要开通业务时,发现问题累累,麻烦事丛生,才后悔莫及。

现场测试工作,是综合布线系统工程进行过程中和竣工验收阶段中始终要抓的一项重要工作,业主、设计、监理和施工等部门都应给以足够的重视。把握好开工时施工器材的"抽样检测"关、施工进行过程中的"验证测试"关、工程阶段竣工的"认证测试"关,只有牢牢把握好这三关,才能保证布线系统综合质量。

缆线是传递信息的介质,缆线及相关连接硬件安装的质量对通信的应用起着决定性的作用。由于缆线的故障导致了通信或计算机网络瘫痪的可能性占很大的比例,可见其对综合布线系统测试的重要性。

对于综合布线系统的施工方来说主要有两个目的:一是提高施工质量和进度;二是给用户证明他们所作的投资得到了应有的质量保证。在综合布线系统工程实施过程中,线缆、铜缆、光缆和接插件以及相应配套的产品一般是施工方和用户共同选定的,但即使这些线缆和接插件都满足 ISO11801、EIA/TIA568B、TSB-67 等标准,产品均通过了 UL 认证,由于实际施工过程中是将这些线缆和接插件有机地结合在一起的,这些因素成为影响计算机网络连接可靠性的"串联"因子,而整个工程过程中也加入了大量的人为因素,这样必将对整个系统在诸如连接正确性、接续可靠性、短路、开路、信号衰减、近端串扰(NEXT)、突发性干扰、误码率及整体性能等方面产生很大的影响,而有效控制这些因素就要进行测试。

综合布线系统的测试,从工程的角度来说可以分为两类:验证测试与认证测试。验证测试一般是在施工的过程中由施工人员边施工边测试,所以也称随工测试,主要是为保证所完成的每一个连接的正确性。通常这种测试只注重综合布线的连接性能,而对综合布线系统的电气特性并不关心。认证测试是指对综合布线依照某一个标准进行逐项的比较,以确定综合布线是否全部能达到设计要求,这种测试包括连接性能测试和电气性能测试。

9.6.1　抽样检测

启动工程,批量器材进入工程现场之后,工程监理组织对布线材料进行核查验收;按照国内外有关标准,针对线缆、接插件进行抽样测试,测试合格后才可投入使用。这是确保工程质量的重要环节之一。如果经过抽样检测不合格的,应按照工程监理"施工中甩用材料及设备的质量控制"处理原则进行处理。

例如,一批双绞线送到施工现场,但这批双绞线质量如何? 业主和工程监理心中都没有数,不能马上投入施工,此时工程监理或请第三方检测机构,进行抽样检测。具体过程是这样的:在工程方送来的线缆中按照一定的比例抽取若干条 100m 长的线缆进行抽测,抽测的比例从 2%～20% 不等。例如 DTX1800 电缆分析仪"+"电缆测试适配器"LABA"一对+DTX-REFMOD 模块,在选取 100m 的双绞线后,可以通过以下步骤完成安装前的线缆测试:

(1)设备校准。使用仪器自带的校准模块校准主机和远端,消除测试仪器之间的误差。

(2)接入专用线缆测试适配器。在主机和远端上分别插入 LABA MN 模块。

(3)接入被测线缆,如图 9.6 所示。

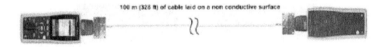

100 m (328 ft) of cable laid on a non conductive surface

图 9.6　电缆抽样检测示意图

(4)选取测试标准。在主机中选取专用于双绞线的专用测试标准,以 6 类线为例,选取 TIA Cat.6A cable 100m(LA)。

(5)开始测试。仪器按照标准自动完成所有测试项目,9 秒后查看测试结果,看双绞线是否合格,显示 PASS 表示合格,当然也有具体的参数值。

(6)生成测试报告。由于 DTX 系列仪表支持数字信号处理技术,通过傅立叶的反变换及变换,将频域信号转变成时域信号,从时域切除 100m 线两端端接的强干扰信号后,重新转换成频域曲线,从而精确地完成了标准测试,鉴定线缆的性能。

9.6.2　验证测试

在现场施工阶段,主要工作是串电缆、连接相关连接硬件,如打配置架和做 RJ-45 信息插座模块。在这里关心的是施工中的安装工艺问题,如果在施工的同时,能保证接线的正确,就会减少在认证测试时由于仅仅是连线这类的连接错误而返工所造成的浪费,所以施工中的验证测试是十分必要的。

电缆的连接是一个以安装工艺为主的工作。为确保安装满足性能和质量的要求,就必须进行链路验证测试。在施工中最常见的连接故障是:电缆标签错、双绞线连接开路、短路、反接、跨接、交叉线对、串绕等错误接线。插针/线对正确的线对连接如图9.7所示。

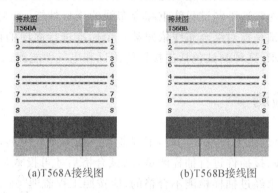

(a)T568A接线图　　　　(b)T568B接线图

图9.7　正确的接线图

常见的连接错误有如下几种:

(1)反接/跨接/错对

如图9.8(a)所示,同一对线的两端针位接反,比如一端为1—2,另一端为2—1。

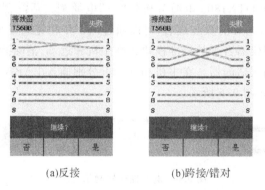

(a)反接　　　　(b)跨接/错对

图9.8　反接/跨接/错对错误

将一对线接到另一端的另一对线上,如图9.8(b)所示,一端是1—2针上,另一端接在3—6针上。这种错误叫法较多,有称为跨接或错对的,也有称为交叉线对的。如果电缆的一端使用了T568A标准,而另一端使用了T568B标准,就称为交叉线。有时连接网络设备时要故意做成交叉线,但并不代表这种打线的方式是正确的。

(2)短路/开路

在施工时由于工具或接线技巧问题以及墙内穿线技术问题,会产生短路/开路故障。如穿线时用力过猛将线拉断或损坏绝缘导致开路或短路现象。短路和开路错误如图9.9所示。如果使用的高级认证测试仪器,还可定位出短路或开路在何处。

(3)串绕

串绕就是将原来的两线对分别拆开而又重新组成新的线对。串绕连接错误如图9.10所示。

串绕这种故障,端对端连通性是正常的,它不会造成网络不通,而是使网络运行速度变得很慢,时通时断,是属于软故障。当网络运行后检查起来很麻烦,用万用表之类的工具是检查

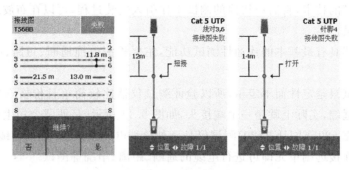

图 9.9　短路/开路错误

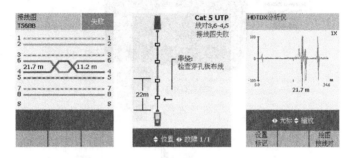

图 9.10　串绕连接错误

不出来的,只有用专用的电缆测试仪才能检查出来。由于串绕使相关的线对没有扭绞,在线对间信号通过时会产生很高的近端串扰(NEXT)。当信号在电缆中高速传输时,产生的近端串扰如果超过一定的限度就会影响信息传输。对计算机网络来说,意味着因产生错误而浪费有效的带宽,甚至会产生很严重的影响。避免串绕的方法很简单,在施工中,在打线时根据线缆色标严格按照 T568A 或 T568B 的接线方法端接,就不会出现串绕问题。如果在打线时,并不清楚要以什么样的标准来参照,结果就会产生串绕,这个问题应该引起重视。

边施工边测试,这样既可以保证质量又可以提高施工的速度。可采用单端电缆测试仪,使用这种仪器对刚完成的一条电缆进行连接测试时,不需要远端单元。该测试可以决定电缆及其连接是否存在连接故障。

在连接工作区信息插座的接线,做完一个接头时,插座还没有被嵌入墙上接线盒,用测试仪检验电缆的端接情况。如果发现有问题,找出连接故障并马上改正。若要等施工完毕再测试,发现这种连接错误并修改它所需要花费的时间将至少是前者的 10 倍以上。问题改正后用测试仪再次验证连接的正确性。

在工作区信息插座端接时,所连接的测试电缆的另一端可能还在最近的配线架上吊在空中。采用了单端测试仪,安装人员可以确认在每一个信息插座的连接都是正确的,称这样的安装测试过程为"随装随测"或"随工检测"。

无论是在配线架还是在工作区,这种"随装随测"的安装过程都贯穿于每一个连接或终接的工作中,它不仅保证线对的安装正确,而且还保证了电缆的总长度不会超过综合布线的要求。当所有的连接和终接工作完成时,连通测试也就基本完成了。这种施工与检测相结合的方法,为认证节省了大量的时间。一般来说,采用双绞线电缆及相关连接硬件组成的通道,每一条都有 3 个或 4 个连接处。当一条通道安装好后,再要找出某一个连接点的问题时就很困难了。"随装随测"的技术,将简单快捷的测试工作引入安装过程,可以在布放缆线的任何时刻进行连接性能测试。

验证测试仪器具有最基本的连通性测试功能,主要检测电缆通断、短路、线对交叉等接线图的故障。

由于验证测试只是定性而不定量,所以验证测试仪器比较简单且价格不贵。有的测试仪器需要一个简单远端,实际上就是一个端接头,如图 9.11 所示,是西蒙公司生产的验证用测试仪。而美国福禄克 620(FLUKE620)测试仪是一种单端电缆测试仪,进行电缆测试时,不需要电缆的另外一端连接远端单元即可进行电缆的通断、距离、串绕等测试。

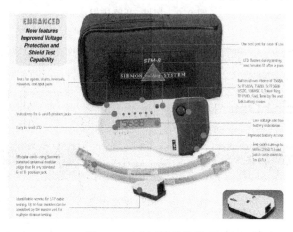

图 9.11　验证测试仪器

9.6.3　认证测试

认证测试是所有测试工作中最重要的环节,也称为竣工测试。综合布线系统的性能不仅取决于综合布线系统的方案设计、施工工艺,同时也取决于在工程中所选的器材的质量。认证测试是检验工程设计水平和工程质量的总体水平行之有效的手段,所以对于综合布线系统必须要求进行认证测试。

值得指出,综合布线系统是一个综合系统,测试的结果表示总体水平,所以整个链路通道的所有线缆、连接器件都要有一致的质量保证。而且整个链路通道符合我们常说的"木桶效应",即整个链路中,只要有一个质量差,测试结果就是差的结论。例如,链路中有 6 类双绞线,也有 5 类的接插件(配线架、信息插座),那么只能符合 5 类标准的测试,要想按 6 类标准测试是通不过的。

认证测试通常分为两种类型:

1. 自我认证测试

自我认证测试是由施工方自己组织进行,要按照设计施工方案对工程每一条链路进行测试,确保每一条链路都符合标准要求。如果发现未达到标准要求,应进行修改,直至复测合格,同时编制成准确的链路档案,写出测试报告,交业主存档。测试记录应当做到准确、完整,使用查阅方便。由施工方组织的认证测试,可以由设计、施工方共同进行,工程监理人员也要参加。

认证测试是设计、施工方对所承担的工程进行的一个总结性质量检验,为工程结束划上一个初步句号,这在工程质量管理上是必需的一道程序,也是最基本的步骤。

施工单位承担认证测试工作的人员应当具备哪些条件呢？应当是经过正规培训(仪表供应商常负责仪表培训工作)、学习、考试合格的,即熟悉计算机技术,又熟悉布线技术的人员和责任心强的人。

为了日后更好地管理维护布线系统,甲方(业主单位)应派遣熟悉该工序的、了解布线施工过程的人员,参加施工、设计单位组织的自我认证测试组,以便了解整个测试全过程。

2. 第三方认证测试

由于综合布线系统是一个复杂的计算机网络基础传输媒体,因此工程质量将直接影响业主计算机网络能否按设计要求开通,能否保证使用质量,这是业主最为关心的问题。超 5 类,甚至 6 类、7 类双绞线的综合布线系统推广应用和光纤到桌面的大量推广应用,使得对工程施工工艺要求越来越严格。越来越多的业主,既要求布线施工方提供布线系统的自我认证测试,同时也委托第三方对系统进行验收检测,以确保布线施工的质量。这是对综合布线系统验收质量管理的规范化做法。

目前采取的做法有以下两种:

(1)对工程要求高、使用器材类别高、投资大的工程,业主除要求施工方要做自我认证测试外,还邀请第三方对工程做全面验收测试(事先与施工方签订协议,测试费用从工程款中开支)。

(2)业主在要求施工方做自我认证测试的同时,请第三方对综合布线系统链路作抽样测试,抽样点数量要能反映整个工程质量。

9.6.4　认证测试标准

认证测试是指以综合布线系统测试标准为依据,对已经完成的综合布线工程进行测试,因此选择测试标准是认证测试的关键。

综合布线系统作为智能建筑的重要环节,由于推广应用时间早,技术要求高,国际上1995 年就颁布了相应技术标准。美国 EIA/TIA 委员会 1995 年推出了 TSB—67《非屏蔽双绞线(UTP)布线系统的传输性能测试规范》,它是国际上第一部综合布线系统现场测试的技术规范,它叙述和规定了综合布线系统的现场测试内容、方法和对仪表精度要求。

我国对综合布线系统专业领域的标准和规范的制定工作也非常重视。自 1996 年以来,先后制定颁布了许多和综合布线系统有关的标准和行业规范。后经过实践和多次修改,在 2007 年正式作为国家标准颁布,标准名称是《综合布线系统工程验收规范》,标准号是 GB 50312—2007。

中华人民共和国建设部公告:"现批准《综合布线系统工程验收规范》为国家标准,编号为GB 50312—2007,自 2007 年 10 月 1 日起实施。第 5.2.5 条为强制性条文,必须严格执行。原《建筑与建筑群综合布线系统工程验收规范》GB/T 50312—2000 同时废止。"

该标准总则规定:

(1)为统一建筑与建筑群综合布线系统工程施工质量检查、随工检验和竣工验收等工作的技术要求,特制定本规范。

(2)本规范适用于新建、扩建和改建建筑与建筑群综合布线系统工程的验收。

(3)综合布线系统工程实施中采用的工程技术文件、承包合同文件对工程质量验收的要求不得低于本规范规定。

(4)在施工过程中,施工单位必须执行本规范有关施工质量检查的规定。建设单位应通过工地代表或工程监理人员加强工地的随工质量检查,及时组织隐蔽工程的检验和验收。

(5)综合布线系统工程应符合设计要求,工程验收前应进行自检测试、竣工验收测试工作。

(6)综合布线系统工程的验收,除应符合本规范外,还应符合国家现行有关技术标准、规范的规定。

1. 认证测试模型

TSB-67 定义了两种标准的认证测试模型:基本链路(basic link)和信道(channel)。ISO/IEC 11801 2002 和 TIA/EIA 568B.2 定义了两种标准的认证测试模型:永久链路(permanent link)和信道(channel)。

我国标准《综合布线系统工程验收规范》GB 50312—2007,规定 3 类和 5 类布线按照基本链路和信道进行测试,超 5 类和 6 类布线系统按照永久链路和信道进行测试。

(1)基本链路模型

如图 9.12 所示,基本链路测试模型用来测试综合布线中的固定链路部分。它包括最长 90m 的水平缆线(F 部分)和两端的接插件,一端为工作区的信息插座模块,另一端为楼层配线设备。两端可分别有一个用于测试的两条各 2m 长的测试缆线(G 和 E 部分)。且 $G=E=2m$;$F \leqslant 90m$。

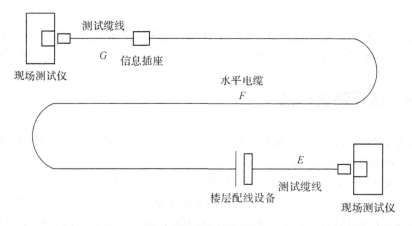

图 9.12　基本链路模型

(2)永久链路模型

如图 9.13 所示,永久链路模型也是用于测试固定部分链路的。它包括最长 90m 的水平缆线(H 部分,且 $H \leqslant 90m$)和两端的接插件,一端为工作区的信息插座模块,另一端为楼层配线设备。基本链路和永久链路两者的区别是,永久链路不包括现场测试仪端使用的插接软线和插头,以及两端 2m 测试缆线。集合点(CP)不包含在基本链路的测试模型中,而永久链路包含该集合点。永久链路测试方法排除了测试缆线在测试中带来的测试误差,使测试结果更加准确、合理。

基本链路和永久链路是综合布线施工单位必须负责完成的。通常综合布线施工单位完成施工后,所有网络设备还没有安装,而且并不是所有的缆线都连接到设备或器件上的。布线系统承包商可能只向用户提供一个基本链路或永久链路的测试报告。所以有人称这两种链路测试模型为布线工程承包商链路。

然而,从用户角度来说,用于高速网络的传输或其他通信传输时的链路不仅仅要包含基本链路部分或永久链路部分,还要包括用于连接设备的跳线和用于连接用户计算机的连接缆线

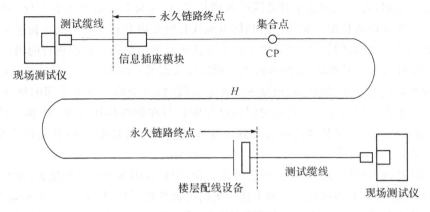

图 9.13　永久链路模型

（有人称用户线）。所以希望有一个完整通道测试模型，那就是标准所规定的信道测试模型。

（3）信道测试模型

如图 9.14 所示，信道测试模型是用来测试端到端的整体信道性能。在永久链路模型的基础上，包括了工作区和楼层配线间的设备电缆和跳线。线缆部分具体有水平缆线部分（$B+C$）、工作区信息插座和计算机的连接线 A、楼层配线架上跳线 D 以及配线架到设备的连接线，。当然还包括整个通道中所有接插硬件和模块。且 $B+C \leqslant 90\text{m}$；$A+D+E \leqslant 10\text{m}$；整个信道总长度＝$A+B+C+D+E \leqslant 100\text{m}$。

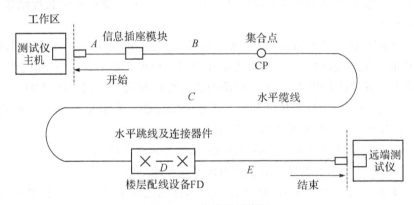

图 9.14　信道测试模型

无论是哪种测试模型都是为了认证测试综合布线系统是否达到设计的要求，只是测试的范围和定义不一样。基本或永久链路模型不包括信道中定义的用户线 A 和设备线 E，所以它要严格一点，从而为整条链路或说信道保留余地。所以在测试中选用哪种测试模型一定要根据用户的实际需要来进行。

2. 认证测试参数

（1）接线图（wire map）

接线图的测试，主要测试水平电缆终接在工作区或电信间配置设备的 8 芯模块式通用插座的安装连接正确与否。正确的线对组合为 1/2、3/6、4/5、7/8，排列组合方式有 T568A 或 T568B 标准。正确连接方式和不正确的连接情况已示于图 9.7～9.10。

（2）长度测试（length）

长度是链路或信道端到端之间电缆芯线的实际物理长度。由于各芯线存在不同的绞距，在布线长度测试时,要分别测试 4 对芯线的物理长度,且 4 对芯线的长度有差异,测试结果会大于电缆布线所用电缆长度。布线链路和信道缆线长度极限要在标准所规定长度范围之内。

综合布线的长度测试是采用测量电子长度方法进行的。对铜缆长度进行的测量应用了一种称为 TDR(时间域反射测量)的测试技术。测试仪从铜缆一端发出一个脉冲波,在脉冲波行进时如果碰到阻抗的变化,如开路、短路或不正常接线时,就会将部分或全部的脉冲波能量反射回测试仪。依据来回脉冲波的延迟时间及已知的信号在铜缆传播的 NVP(额定传播速率)速率,测试仪就可以计算出脉冲波接收端到该脉冲波返回点的长度。NVP 是以光速(c)的百分比来表示的,如 $0.75c$ 或 75%。

返回的脉冲波的幅度与阻抗变化的程度成正比,因此在阻抗变化大的地方,如开路或短路处,会返回幅度相对较大的回波。接触不良产生的阻抗变化(阻抗异常)会产生小幅度的回波。

测量的长度是否精确,取决于 NVP 值。因此,应该用一个已知的长度数据(必须在 15 米以上)来校正测试仪的 NVP 值。但 TDR 的精度很难达到 2% 以内,同时,在同一条电缆的各线对间的 NVP 值,也有 $4\% \sim 6\%$ 的差异。另外,双绞线线对实际长度也比一条电缆自身要长一些。在较长的电缆里运行的脉冲波会变形成锯齿形,这也会产生几纳秒的误差。这些都是影响 TDR 测量精度的原因。

测试仪发出的脉冲波宽约为 20ns,而传播速率约为 $3ns \cdot m^{-1}$,因此该脉冲波行至 6m 处时才是脉冲波离开测试仪的时间。这也就是测试仪在测量长度时的"盲区",故在测量长度时将无法发现这 6m 内可能发生的接线问题(因为还没有回波)。

测试仪也必须能同时显示各线对的长度。如果只能得到一条电缆的长度结果,并不表示各线对都是同样的长度。

早期的一些测试仪不是采用 TDR 原理测量长度,而是用频率域方式测量回流损耗的方法来测量阻抗的变化以便计算长度,这种方法在各对线出现长短不等的情况时会发生误判。

FLUKE 线缆测试仪 DSP4300,采用所谓的高清晰度时域发射测量法(HDTDR)。HDT-DR 是用于测量电缆长度、特性阻抗以及对电缆故障定位的一种测量技术。TDR 有时被称作电缆雷达,这是因为它有分析电缆中信号发射的能力。

如果信号在通过电缆时遇到一个阻抗的突变,部分或所有的信号会发射回来。发射信号的时延、大小以及极性表明了电缆之中特性阻抗不连续的位置和性质。

测试仪把非常短的(2 毫微秒)测试脉冲发送到被测电缆上,短的脉冲帮助测试仪解决更小的串扰问题,且更准确地测量到故障点。测试在电缆两端进行(如果使用远端),从而改进了对远端异常的能见度。采用数字脉冲激发被测链路,并用数字信号处理技术处理时域中的测试结果。这种测试方法已证明在精度和可重复性上超过所有模拟或交换频率测试方法。

电缆中的开路或断路,表明电缆中的阻抗急剧地增加。开路的阻抗接近无穷大。在开路的电缆中,信号能量没有被端结阻抗散发,所以信号向信号源反弹回来。这一信号在信号源以与源信号相同的幅度和极性显示出来。通过测量反射回来的脉冲时间,测试仪就可以断定电缆发生开路的位置,这叫时域反射法,如图 9.15 所示。

短路表明电缆中两个导体间的阻抗突然下降。当电缆中导线周围的绝缘体损坏时,导线会互相接触,这时就发生短路,结果就是在导体间产生接近零阻抗的连接。

短路也会产生信号反射,但反射方式与开路相反。在短路的电缆中,由于短路处的阻抗接近于零,所以信号能量被吸收。信号会反射回信号源处,在该处反射信号与原信号幅度相同但极性相反。

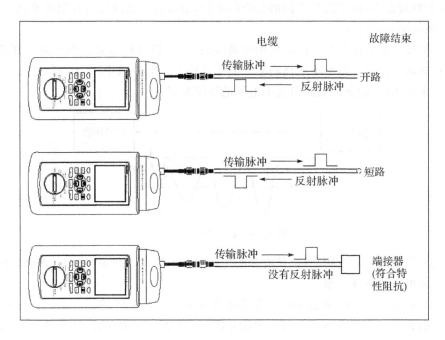

图 9.15　时域反射法

在无穷大和零阻抗之间的某处测量到的其他阻抗异常造成的反射也可造成反射。这些异常的成因可以是机械压力损坏了电缆导线或绝缘,但没有造成完全的开路或短路。使用不匹配的电缆、连接器或配线架处有故障的接触都会产生不连续点。

阻抗高于电缆特性阻抗时的电缆故障,会反射与原信号相同极性的信号。如果故障不是彻底的开路,发射信号幅度会小于原信号。

阻抗低于电缆特性阻抗时的电缆故障,如果没有彻底的短路,反射信号将与原信号极性相反同时幅度小于原信号。

由于测试仪是根据信号的反射来测定电缆的长度,所以测试仪不能对正确端接的电缆进行长度测量。

布线缆线的物理长度由测量到的信号在链路上的往返传播延迟 T 导出。

根据:$L = T2(\mathrm{s}) \times [NVP \times C](\mathrm{m/s})$;计算电缆长度。

式中:L 为电缆长度,T 为信号传送与接收之间的时间差,$NVP =$ 信号传输速度(m/s)/光速 C (C 为光在真空中传播速度,C 为 $3 \times 10^8 \mathrm{m/s}$)。

为保证长度测试的准确度,进行此项测试前通常需要对被测缆线的 NVP 值进行测量。

一般用长度不少于 15m 的测试样线确定 NVP 值,测试样线越长,测试结果也越精确。该值随不同缆线类型而有差异,通常,NVP 范围为 $60\% \sim 90\%$。

电缆长度测量值在"自动测试"和"单项测试"中自动显示,根据所选测试模式不同分别报告标准受限长度和实测长度。基本链路模型测试受限长度为 94m,因为基本链路测试结果包含了 4m 测试线长度;永久链路模型测试受限长度为 90m;信道测试模型测试受限长度为 100m。测试长度在受限值范围内标注通过(PASS),测试长度超过受限长度标注失败(FAIL)。

值的指出,由于严格的 NVP 值得校正很难全部实现,一般允许有 10% 的误差。实际芯线的长度,并非物理距离,由于线对之间的绞距的不同,引起线对之间长度有细微差别。

(3)衰减(attenuation)

电信号强度会随着电缆长度的增加而逐渐减弱,这种信号减弱就称为衰减。衰减是由电缆线对阻抗和通过泄漏电阻电缆隔离物质外的能量损失产生的,如图9.16所示。这一能量损失是以分贝来表示的,越低的衰减值表明电缆的性能越好。

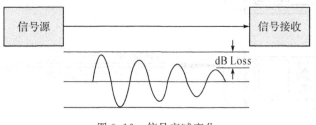

图9.16　信号衰减变化

电缆衰减值取决于电缆的结构、长度和所传输信号的频率。高频情况下,表面集肤效应和电缆的电感和电容使衰减增加。

它是以负的分贝数(dB)来表示的。数值越大表示衰减量越大,即 -10dB 比 -8dB 的信号弱。其中 6dB 的差异表示两者的信号强度相差两倍,例如, -10dB 的信号就比 -16dB 的信号强两倍,比 -22dB 则强四倍。

在频率高的时候,电流在导体中的电流密度不再是平均分布于整个导体中,而是集中在导体的表面,从而减少了因导体截面而产生的电流损耗。集肤效应与频率的平方根值成正比,因此频率越高,衰减量便越大。

温度对某些电缆的衰减也会产生影响。一些绝缘材料会吸收流过导体的电流,特别是 3 类电缆所采用的 PVC 材质,这是因为 PVC 的氯原子会在绝缘材料中产生双极子,而双极子的震荡会使电信号损失掉一部分电能。在温度高的时候这种情况会进一步恶化。由于温度升高会造成双极子更激烈地震荡,所以温度越高,衰减量越大。这就是标准中规定温度为 20℃ 的原因。随着温度增加,衰减也会增加. 具体来说 3 类电缆每增加 1℃,衰减增加 1.5％;5 类电缆每增加 1℃,衰减增加 0.4％;6 类电缆每增加 1℃,衰减增加 0.3％;当电缆安装在金属管道内时链路的衰减增加 2％~3％。

衰减是一种插入损耗,当考虑一条通信链路的总插入损耗时,是电缆和布线部件的衰减的总和。衰减量由下述各部分组成:布线电缆对信号的衰减;构成信道模型方式的 10m 跳线或构成基本链路模型的 4m 测试线对信号的衰减量;每一个连接器件对信号的衰减量。在测量衰减量时,必须确定测量是单向进行的,而不是先测量环路的衰减量后,再除以 2 而得到的值。

如图 9.17 所示,使用扫频以在不同频率上发送 0dB 信号,用选频电平表在链路远端测试某个特定频率点接收电平 dB 值,即可确定衰减量。

测试标准按表 9.2 规定,测试内容应反映表中所列各项指出测试的线对最差频率点及该点衰减数值(以 dB 表示)。

在"自动测试"和"单项测试"中自动显示被测线缆中每线对的衰减参数的标准值和测试值。

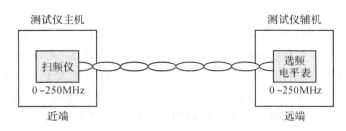

图 9.17　衰减量测试原理图

表 9.2　衰减量测试结果的报告项目及说明

报告项目	测试结果报告内容说明
线　对	与结果相对应的电缆线对,本项测试显示线对①1,2 ②3,6 ③4,5 ④7,8
衰减量(dB)	如测试通过,该值是所测衰减值中最高的值(最差的频率点的值);如测试失败,该值是超过测试标准最高的测量衰减值
频率(Hz)	如测试通过,该频率是发生最高衰减值的频率值;如测试失败,该频率是发生最严重不合格处的频率
衰减极限(dB)	给出在所指定的频率上所容许的最高衰减值的频率值(极限标准值),取决于最大允许缆长
余量(dB)	最差频率点上极限值与测试衰减值之差,正数据表示测量衰减值低于极限值,负数据表示测量衰减值高于极限值
结　果	测试结果判断:余量测试为正数据表示"通过",余量测试为负数据表示"失败"

（4）近端串扰（NEXT）

串扰是从一个线对到另一临近线对传递的无用信号。就像来自外部的电气噪声一样,串扰可以引起网络中通信故障。当电流在一条导线中流通时,会产生一定的电磁场,这种从一个发送信号线对泄漏出来的能量被认为是这条电缆的内部噪声,因为它会干扰其他相邻线对中的信号传输,频率越高串扰影响越大。双绞线就是利用两条导线绞合在一起后,因为相位相差180 度的原因而抵消相互间的干扰的。绞距越紧则抵消效果越佳,也就越能支持较高的数据传输速率。在端接施工时(打配线架和做信息插座模块时),为减少串扰,打开双绞的长度不能超过 13mm。

在所有的网络运行特性中,串扰对网络的性能影响最大。串扰分为近端串扰（NEXT）和远端串扰（FEXT）两种。近端串扰是指在与发送端处于同一边的接收端处所感应到的从发送线对感应过来的串扰信号。近端串扰如图 9.18 所示。

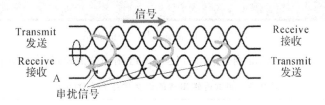

距离越远,A端收到的串扰信号就越弱

图 9.18　近端串扰

测试仪通过在一对线对上加测试信号并测试电缆其他线对接收到的串扰信号测量（NEXT）近端串扰。NEXT 值用分贝表示,是通过电缆同一端的测试信号和串扰信号的幅度差计算出来的。

　　所有通过电缆传输的信号都受到衰减的影响。由于衰减的存在,发生在电缆远端的串扰对 NEXT 影响就少于发生在近端串扰。因此,要验证电缆的性能,就必须在电缆两端进行测量。另外,要特别注意,在链路两端测量 NEXT 值时,尤其在长度大于 40m 时,远端的串扰会被链路的衰减所抵消,而无法在近端测量到其 NEXT 值。在链路两端测量到的 NEXT 值是不一样的,因此所有的测试标准都要求在链路两端测量 NEXT 值。现在的测试仪器都有能在一端同时进行两端的近端串扰的测试功能。

　　通常会产生过量 NEXT 的原因有:

　　1)使用不是绞线的跳线。

　　2)没有按规定压接终端。

　　3)使用老式的 66 接线块。

　　4)使用非数据级的连接器。

　　5)使用语音级的电缆。

　　6)使用插座对插座的耦合器。

　　近端串扰是决定链路传输能力的最重要的参数。施工中的工艺问题也会产生近端串扰。近端串扰与长度没有比例关系,事实上近端串扰与链路的长度相对独立。近端串扰与双绞线类别、连接方式和频率有关。图 9.19 显示近端串扰与频率的关系。由曲线中不规则的形状可看出,除非沿频率范围测试很多点,否则峰值情况(最坏点)可能很容易被漏过。对于近端串扰的测试,采

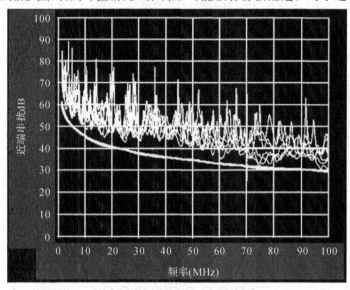

图 9.19　近端串扰与频率的关系

样频率点的步长越小,测试就越准确。表 9.3 定义了近端串扰测试的最大频率步长的范围。

表 9.3　测试近端串扰的最大频率步长的范围

测试范围/MHz	最大步长/MHz
1~31.25	0.15
31.26~100	0.25
100~250	0.50

如图 9.20 所示,近端串扰测试原理是测试仪从一个线对发送信号,当信号沿电缆传输时,测试在同一侧的某相邻被测线对上捕捉并计算所叠加的全部谐波串扰分量,计算出其总串扰值。

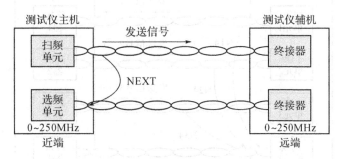

图 9.20　近端串扰(NEXT)测试原理图

人们总是希望被测线对的被串扰的程度越小越好,因为某线对受到越小的串扰意味着该线对,对外界串扰具有越大的损耗能力。这就是为什么不直接定义串扰,而定义成串扰损耗的原因所在。也就是说近端串扰用近端串扰损耗来度量,所谓的近端串扰损耗就是近端串扰值(dB)和导致该串扰的发送信号(参考值为 0dB)之差值(dB)。

测试一条双绞线电缆的链路的近端串扰需要在每一线对之间测试。也就是说,对于 4 对双绞线电缆来说,要有 6 个线对关系的组合,即要测试 6 次。测试仪显示结果如表 9.4 所示。

表 9.4　近端串扰损耗测试项目及测试结果说明

报告项目	测试结果报告内容说明
线　对	①1,2－3,6　②1,2－4,5　③1,2－7,8　④3,6－4,5　⑤3,6－7,8　⑥4,5－7,8
频率/MHz	显示发生串扰损耗最小值的频率
串扰损耗/dB	所测规定线对间串扰损耗(NXET)最小值(最差值)
串扰损耗极限值/dB	各频率下近端串扰损耗极限值,取决于所选择的测试标准
余量/dB	所测线对的近端串扰损耗值与极限值的差值
结　果	测试结果判断:正余量表示"通过",负余量表示"失败"

(5)远方近端串扰损耗(RNEXT)

与 NEXT 定义相对应,在一条链路的另一侧,发送信号的线对向其同侧其他相邻(接收)线对通过电磁感应耦合而造成的串扰,与 NEXT 同理定义为串扰损耗。

对一条链路来说,NEXT 与 RNEXT 可能是完全不同的值,需要分别进行测试。

(6)综合近端串扰(PSNEXT)

近端串扰是一对发送信号的线对对被测线对在近端的串扰。实际上,一般一根双绞线有 4 对线,若其他 3 对线对都发送信号时,都会对被测线对产生串扰。3 个发送信号的线对向另一相邻接收线对产生串扰的总和近似为:

$$N_4 = N_{14} + N_{24} + N_{34}$$

式中:N_{14}、N_{24}、N_{34}分别为线对 1、线对 2、线对 3 对线对 4 的近端串扰值。这个串扰就称为综合近端串扰(PSNEXT)。

相邻线对综合近端串扰测量原理就是测量 3 个相邻线对,对某线对近端串扰的总和。在

图 9.21 中，在同一链路中 3 个线对上同时发送 0MHz～250MHz 信号，在第 4 个线对上同时统计 N_{14}、N_{24} 和 N_{34} 串扰值并进行 N_4 求和运算。

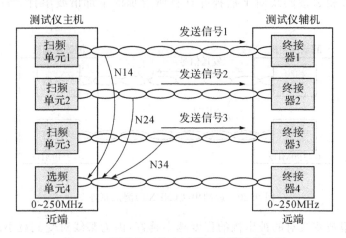

图 9.21　相邻线对综合近端串扰测试原理图

测量结果应反映表 9.5 所列各项内容，测试标准按"相邻线对综合近端串扰限值一览表"。

表 9.5　相邻线对综合近端串扰测试项目及测试结果说明

报告项目	测试结果报告内容说明
线　对	与测试结果相对应的各线对①1,2②3,6③4,5④7,8；需测试 4 种组合
频率/MHz	显示发生最接近标准限值的 PSNEXT 频率点
功率和值/dB	所测线对 PSNXET 最小值（最差值）
功率和极限值/dB	各频率下 PSNEXT 极限值（标准值）
余量/dB	所测线对 PSNEXT 值与极限值的差值
结　果	测试结果判断：正余量表示"通过"，负余量表示"失败"

（7）衰减与近端串扰比（ACR）

由于衰减效应，接收端所收到的信号是最微弱的，但接收端也是串扰信号最强的地方。对非屏蔽电缆而言，串扰是从本身发送端感应过来的最主要的杂讯。所谓的 ACR 就是指串扰与衰减量的差异量。ACR 体现的是电缆的性能，也就是在接收端信号的富裕度，因此 ACR 值越大越好。在 ISO 及 IEEE 标准里都规定了 ACR 指标，但 TIA/EIA 568A 则没有提到它。

衰减与串扰比定义为：被测线对受相邻发送线对串扰的近端串扰损耗值与本线对传输信号衰减值的差值（单位为 dB），即

$$ACR(dB) = NEXT(dB) - Attenuation(dB)$$

由于每对线对的 NEXT 值都不尽相同，因此每对线对的 ACR 值也是不同的。测量时以最差的 ACR 值为该电缆的 ACR 值。如果是与 PSNEXT 相比，则用 PSACR 值来表示。

测试仪所报告的 ACR 值，是由测试仪对某被测线对分别测出 NEXT 和线对衰减（Attenuation）后，在各预定被测频率上计算 $ACR(dB) = NEXT(dB) - Attenuation(dB)$ 的结果。测试结果应反映表 9.6 所列各项内容。

表 9.6　衰减与近端串扰比(ACR)测试项目及测试结果说明

报告项目	测试结果报告内容说明
串扰线对	①1,2—3,6　②1,2—4,5　③1,2—7,8　④3,6—4,5　⑤3,6—7,8　⑥4,5—7,8
ACR 值/dB	实测最差情况的 ACR。若未超出标准,该值指最接近极限值的 ACR 值,若已超出标准,该值指超出极限值最多的那个 ACR 值
频率/MHz	发生最差 ACR 情况的频率
ACR 极限值/dB	发生最差 ACR 频率处的 ACR 标准极限值,取决于所选择的测试标准
余量/dB	最差情况下测试 ACR 值与极限值之差,正值表示最差测试值高于 ACR 极限值,负值表示实测最差 ACR 低于极限值
结　果	按余量判定:正余量表示"通过",负余量表示"失败"

(8)远端串扰(FEXT)与等电平远端串扰(ELFEXT)

FEXT 类似于 NEXT,但信号是从近端发出的,而串扰杂讯则是在远端测量到的。FEXT 也必须从链路的两端来进行测量。

可是,FEXT 并不是一种很有效的测试指标。电缆长度对测量到的 FEXT 值的影响会很大,这是因为信号的强度与它所产生的串扰及信号在发送端的衰减程度有关。因此两条一样的电缆,会因为长度不同而有不同的 FEXT 值,所以就必须以 ELFEXT 值的测量来代替 FEXT 值的测量。EXFEXT 值其实就是 FEXT 值减去衰减量后的值,也可以将 ELFEXT 理解成远端的 ACR。当然了,与 PSNEXT 一样,对应于 ELFEXT 值的是 PSELFEXT 值。

为了测量 ELFEXT,测试仪的动态量程(灵敏度)必须比所测量的信号低 20dB。

(9)传播时延(propagation delay)

传播时延是指一个信号从电缆一端传到另一端所需要的时间,它也与 NVP 值成正比。一般 5 类 UTP 的延迟时间在每米 5~7ns 左右。传播时延随着电缆长度的增加而增加,测量标准是指信号在 100m 电缆上的传输时间,单位是纳秒(ns),ISO 则规定 100m 链路最差的时间延迟为 1μs。传播时延是为何局域网要有长度限制的主要原因之一。传播时延是衡量信号在电缆中传输快慢的物理量。图 9.22 是传播时延示意图,表示信号从 1,2 线对左端传输到右端所花费的时间为 484ns;而 3,6 线对花费 486ns,4,5 线对花费 494ns,7,8 线对花费 481ns。

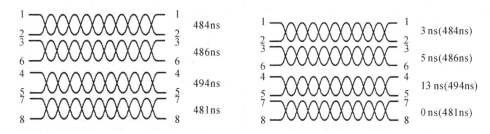

图 9.22　传播时延　　　　　　　　　　　图 9.23　传播时延偏差

(10)传播时延偏差(delay skew)

传播时延偏差是一种在 UTP 电缆里传播时延最大的与最小的线对之间的传输时间差异。它以同一双绞线线缆中信号传播时延最小的线对的时延值作为参考,如图 9.23 所示,7,8 线对传播时延最小为 481ns,7,8 线对传播时延偏差为 0。其余线对与参考线对都有传播时延偏差,如 1,2 线对 3ns,3,6 线对 5ns,4,5 线对最大为 13ns。这个最大的传播时延偏差就是整根电缆的传播时延偏差。

标准规定信道模式下传播时延偏差极限值为 50ns；永久链路模式下传播时延偏差极限值为 44ns。若线对间的传播时延偏差超过极限值，将有可能造成对所传数据结构的严重破坏。

传播时延偏差对 4 对线同时双工传输信号，比如对 100Base-T4 和 1000Base-T 高速以太网来说是十分重要的参数，因为在发送端将信号分到 4 个线对中，接收端再将信号重新组合，如果线对间传播时延偏差相差太大，接收端就会丢失数据。

(11) 回波损耗(return loss，RL)

回波损耗又称结构化回损(structural return loss，SRL)，它是缆线与接插件构成布线链路阻抗不匹配导致的一部分能量反射。当端接阻抗(部件阻抗)与电缆的特性阻抗不一致偏离标准值时，在通信链路上就会导致阻抗不匹配。阻抗的不连续性引起链路偏移，电信号到达链路偏移区时，必须消耗掉一部分来克服链路偏移，这样会导致两个后果，一个是信号损耗，另一个是少部分能量会被反射回发送端。被反射到发送端的能量会形成噪声，导致信号失真，降低了通信链路的传输性能，即

$$回波损耗(RL) = 发送信号/反射信号$$

回波损耗越大，则反射信号越小，意味着信道采用的双绞线和相关连接硬件阻抗一致性越好，传输信号越完整，在信道上的噪声越小。因此，回波损耗越大越好。表 9.7 所列为回波损耗的极限值。

表 9.7　回波损耗(RL)的极限值

频率/MHz	3 类/dB	5e 类/dB		6 类/dB	
		信　道	基本链路	信　道	永久链路
1	18.0	17.0	17.0	19.0	19.0
4	18.0	17.0	17.0	19.0	21.0
8	18.0	17.0	17.0	19.0	21.0
10	18.0	17.0	17.0	19.0	21.0
16	15.0	17.0	17.0	18.0	20.0
20.0		17.0	17.0	17.5	19.5
31.25		15.1	15.6	16.5	18.5
62.5		12.1	13.5	14.0	16.0
100		10.0	12.1	12.0	14.0
200				9.0	11.0
250				8.0	10.0

回波损耗表示实际特性阻抗与标称(名义上)特性阻抗(如 100Ω)值的匹配。它的值对链路的传输性能会有很大的影响。

由于电缆的结构无法完全一致，因此会引起阻抗发生少量变化。阻抗的变化会使信号产生损耗。结构化回损与电缆的设计及制造有关，而不像 NEXT 一样常受到施工质量的影响。造成回波损耗的主要原因是电缆及接插件中特性阻抗的变化，因此在综合布线工程中，尽量采用同一厂家同一批生产的电缆和接插件、连接器，以保证链路的特性阻抗的一致性。另外在安

装过程中布放电缆拉力过大,也会导致电缆特性阻抗变化。

(12)链路脉冲噪声电平

由于大功率设备间断启动,给综合布线链路带来了电冲击干扰。布线链路在不连接有源器件和设备的情况下,测量统计高于 200mV 的脉冲噪声发生的个数。由于布线链路用于传输数字信号,为了保证数字脉冲信号可靠传输,根据局域网的安全,要求限制网上干扰脉冲的幅度和个数。测试 2min,捕捉脉冲噪声个数不大于 10 视为合格。该参数在验收测试中,在整个系统中抽样几条链路测试。

(13)背景杂讯噪声

背景杂讯噪声由一般电器工作带来的高频干扰、电磁干扰和杂散宽频低幅干扰。综合布线链路在不连接有源器件及设备的情况下,杂讯噪声电平应≤－30dB。该指标也应抽样测试。

(14)接地测试

接地测试指综合布线接地系统安全检验。接地自成系统,与楼宇地线接触良好,并与楼内地线系统连成一体,构成等压接地网络。接地导线电阻≤1Ω(其中包括接地体和接地扁钢,在接地汇流排上测量)。

(15)屏蔽双绞线屏蔽层接地测试

链路屏蔽双绞线屏蔽层与两端接地电位差<1Vr・m・s。

结构化综合布线系统是信息化的基础设施,有人称之为信息高速公路,其重要性显而易见。所以除了要合理科学设计之外,还要严把材料和工程质量关。最后的测试验证也必不可少。

3. 认证测试仪器

综合布线测试仪主要采用模拟和数字两类测试技术。模拟技术是传统的测试技术,主要采用频率扫描来实现,即每个测试频点都要发送相同频率的测试信号进行测试。数字技术则是通过发送数字信号完成测试。数字周期信号都是由直流分量和 K 次谐波之和组成,这样通过相应的信号处理技术可以得到数字信号在电缆中的各次谐波的频谱特性。

(1)测试仪器的性能要求

在对综合布线进行认证测试之前,首先要选择符合标准中所有要求的现场测试仪器,而如何选择最好的综合布线认证测试仪器要考虑许多方面。综合布线的测试主要目的有两个:一个是认证综合布线是否合格,另一个是查找综合布线的故障。现场测试仪最主要的功能是认证综合布线链路是否通过综合布线标准的各项指标测试,如果发现链路不能达到要求,测试仪器具有故障查找和诊断能力就十分必要。所以,在选择综合布线现场测试仪器时,通常考虑以下几个因素:

①测试仪精度

测试仪精度是选择测试仪的重要特性,它决定了测试仪对被测试链路测试结果的可信程度,即被测试链路是否真正达到了所选择的标准参数要求。

当用于综合布线认证测试时,5 类使用Ⅱ级精度的测试仪,超 5 类测试仪的精度也只要求达到Ⅱe 级精度就可以了,6 类则要求测试仪精度达到Ⅲ级精度。无论是对信道的测试还是对永久链路的测试,认证测试的要求都是很高的。

如何保证测试仪器具有最高的测试精度,首先选择一个能提供可信度的测试仪器,测试仪需由独立的第三方专业机构提供的精度评估证明,如美国保险实验室 UL 的认证。

②测试接头的误差补偿

由标准中规定的测试模型可知,链路不包括测试仪主机和远端辅机两端的接头部分,这两个接头影响最大的是链路的近端串扰。因此,在测试过程中要进行补偿,以消除这两个接头的影响。

在测试技术上采用以下两种方法来减小近端串扰影响的情况,分别是低近端串扰的接头和时域近端串扰分析技术(TDX)。

低近端串扰的接头是采用特殊的专用接头,不是通常使用的 8 芯模块接头(即 RJ-45 水晶接头)。使用低近端串扰接头的测试仪通过一条特殊的电缆来与综合布线链路相连。因此,测试仪产生的接头误差影响也是很小的。这对基本链路的测试来说是很好的。但对于信道模型,用户末端电缆和链路的两端都是要包括的,测试仪不使用 RJ-45 模块插座,就要使用适配器连接,适配器会增加不应有的近端串扰,所以用这类测试仪不可能达到测试信道的精度要求。

另一种方法采用的是时域近端串扰分析技术,此方法是采用数字测试技术,使用时域分析原理计算整个链路各点的近端串扰,以图形化的方式显示沿被测试链路的串扰情况。由于采用了此技术,由接头产生的近端串扰效应可以从总的近端串扰测试结果中除去,这就消除了由接头产生的误差。

③测试判断临界区

测试结果以"通过"(PASS)和"失败"(FAIL)给出结论,由于测试仪存在测试误差和测试精度范围,如果测试结果位于测试仪精度极限且通过范围内,测试仪不能确定是通过还是未通过,则在包括中测试值前将带有星号"*",以提醒用户。

若测试结果处于测试仪精度极限内且在未通过范围内,则测试结果为未通过(FAIL),即 FAIL 或 *FAIL 均判断为失败(FAIL)。

在一些特殊环境下,只有个别单项参数未通过。单项参数未通过可能有两种情况:一种是 FAIL 或 *FAIL,其中"*"表示其测试值在现场测试仪的精度范围之内,以至于测试仪不能精确地确定测试结果是否通过。另一种是如果测量结果位于测试仪精度极限且在通过范围内,测试仪不能确定是否通过还是未通过,则此结果用 *PASS 表示,*PASS 表示测试结果比限定值要高,但在测试仪精度范围之内,任一单项的 *PASS 将被认为是 PASS,并且如果其他的参数都通过时,整个测试结果也是 PASS;而若结果处于测试仪精度极限值内且在未通过范围内,则测试结果为未通过,即 FAIL 和 *FAIL 均定为 FAIL,且对整个测试结果判定为 FAIL。

④可重复性

可重复性试验是精度证明的必要条件,但不是充分条件。通过对测试结果的可重复性试验,比较这些测试的每一次结果,能对测试仪器产生一定的信心。对同一对线的重复测试(衰减)或线对组合的重复测试(近端串扰 NEXT)结果的差异应不大于测试仪的精度指标。比较应该在测量最坏情况处(即测量结果与测试极限最近处)进行。在评估测试仪对近端串扰多数的双端测量时,可以进行这样的测试:重复进行测试然后将测试仪与远端单元置换,比较带有远端测试单元的两个测试结果。结果的差异也应该在测试仪精度指标之内。

⑤测试速度要求

理想的电缆测试仪首先应在性能指标上同时满足信道和永久链路的Ⅲ级精度要求,同时在现场测试中还要有较快的测试速度。测试速度上的秒级差别都将对整个综合布线的测试时间产生很大的影响,并将影响工程进度。

目前,最快的认证测试仪器是 FLUKE 公司最新推出的 DTX 系列电缆认证测试仪,12s 完成一条 6 类链路测试。

⑥测试仪故障定位

测试仪故障定位是十分重要的,测试仪器要能迅速告之测试人员在一条坏链路中的故障部件的位置,这是极有价值的功能。因为测试的目的是要得到良好的链路,而不仅仅是辨别好坏。测试仪能迅速告知测试人员在一条坏链路中的故障部件的位置,从而迅速加以修复。利用时域近端串扰分析技术,可以完全以图形化的方式显示沿被测试链路的串扰情况。测试仪器可以指示出在链路中较高的串扰信号发生的位置。

其他要考虑的方面还有测试仪应支持近端串扰的双向测试,测试结果可转储打印、操作简单且使用方便,以及支持其他类型电缆的测试。

(2)认证测试仪选择

关于认证测试仪选择话题,是比较难讲的问题。一是测试仪始终落后于要测试的产品,网络产品和线缆升级换代太快。测试仪器的开发和生产根本跟不上网络产品和线缆的开发步伐,也许今天介绍产品明天就淘汰了。在我手上就买过 Fluke DSP-100、DSP-2000 和 DSP-4300 等测试仪器,但几乎是买一个淘汰一个,在改写本书时,Fluke 公司已宣布 DSP-4300 系列产品停产,意味着该产品也将被淘汰。

目前,市场上常用的测试仪器主要有福禄克的 DSP-4300 和 DTX 系列电缆测试仪,安捷伦的 Agilent WireScope350 缆线认证测试仪,以及理想公司的 LANTEK 系列等产品。

选定测试仪器,应认真阅读随机的说明书,掌握正确的操作方法。熟悉综合布线系统图、施工图,了解该综合布线的用途以及设计要求、测试的标准。如信道/基本链路、信道/永久链路、电缆类型等,并根据这些情况设置测试仪器。测试发现故障时,要及时改正并重新进行测试。

通常,测试仪会自动生成对被测电缆的测试报告,有的测试仪还可以生成总结摘要报告。这些报告可以输入到计算机然后进行汉化处理。但由于认证的测试是一个十分严格的过程,在这些情况下不允许对测试结果进行修改,必须从测试仪直接送往打印机打印输出,所以多数情况下综合布线认证测试报告还是以英文原文的方式打印归档。

下面介绍综合布线工程中广泛采用的 Fluke 公司的 DTX 系列数字式电缆测试仪。

FLUKE DTX-1800 提供最快捷的线缆认证测试方案,可以在 9s 内完成 6 类链路的测试,不仅完全满足当前的国际标准,而且具有超高的测试精度,这比现有测试仪测试速度快 3 倍。这个不可思议的速度意味着您在一天 8h 的工作时间内可以多测试 170 条以上的链路。

当一条链路有故障时,FLUKE DTX-1800 可以提供快速且简明易懂的方式,来表示故障的确切位置(故障点到测试仪的距离)以及出现故障的可能原因。这些提示信息不仅告诉您出现了什么故障,而且还为您提供了快速解决问题的正确方法——这样就无需花费时间去咨询工程项目负责人员,不用浪费时间进行试验、摸索排除故障的方法,以及重新测试以判断故障是否已解决——测试人员能够清楚地知道在故障链路的什么地方出现了什么样的问题,需要怎样做就可以排除故障。

FLUKE DTX-1800 不仅仅是测试时的速度快,它还减少了设置和生成报告的时间。其简单易用的特点减少了培训时间;更长的电池使用时间意味着一次充电后,您可以进行更多的测试;明亮的彩色显示屏,大容量的内存和内置的对讲机配合使用人员不断积累的实际测试经验,这一切都有助于提高整体的测试效率。在每天的测试工作中,DTX 系列在不知不觉中就为您节约了时间,节省了资金。

FLUKE DTX—1800 超越Ⅳ级的测试仪精度:

ISO/IEC(国际标准)要求 Class F 链路要测试到 600MHz,并且要求测试仪需要满足 Ⅳ级精度。DTX 系列满足并且超越了这个要求,确保您在全频率范围内的测试结果都有更高的可信度。不精确测试的代价:测试仪显示不正确的通过/失败判断会造成将合格的链路判定为不合格的,或是将不合格的链路判定为合格的。而这些错误结果耗费您的时间和金钱。使用 DTX 每次都能获得准确的结果,是首个获得 UL 认证符合最新标准的电缆测试仪。

Fluke 网络公司的 DTX 系列电缆认证分析仪的精度标准通过了 UL(美国保险商实验所)的精度认证,该认证是根据 IEC—61935—1 标准对于 Ⅳ级精度的要求和 TIA—TSB—155 标准对于Ⅲe 级精度的提议而得到的。Ⅲe 级精度将会要求测试用于部署 10GB 以太网的 Cat 6 电缆。

使用 LinkWare 电缆测试管理软件节省了管理测试结果的时间。FLUKE DTX—1800 电缆认证分析仪中包含 Fluke 网络功能强大的 LinkWare 电缆管理软件,它可以帮助您快速地对测试结果通过工作地点、用户、建筑等进行组织、编辑、查看、打印、保存或存档。您还可以将测试结果合并到现有的数据库中,通过任意数据域或参数进行排序、查找或组织。

FLUKE DTX—1800 电缆测试仪概述:

①出众的 Ⅳ级测试精度,超越了 Cat 5e/6/7 的标准要求。

②完成一次 Cat 6 自动测试只需要 12s,比以前的测试仪快了至少 3 倍。

③先进省时的故障诊断能力,能准确指出故障,还能提供修复建议。

④900MHz 的频率范围,为您未来的应用作好准备。例如万兆以太网、Class F 链路或 CATV。

⑤背插式光缆模块,单键即可在铜缆和光缆测试之间进行切换。

⑥DTX 显著地减少了认证测试的总体开销,每年最多可以节省 33% 的开销。

3)DTX—1800 测试仪技术指标

①电缆类型标准的链路接口适配器

a. LAN 网用屏蔽和非屏蔽双绞线(STP,FTP,SSTP 和 UTP);

b. TIA 3 类、4 类、5 类、超 5 类和 6 类:100Ω;

c. ISO/IEC C 级和 D 级:100Ω 和 120Ω;

d. ISO/IEC E 级,100W ISO/IEC F 级:100Ω;

e. 6 类/E 级永久链路适配器插头类型和寿命:屏蔽和非屏蔽双绞线,TIA 3 类、4 类、5 类、超 5 类和 6 类,以及 ISO/IEC C 级、D 级和 E 级永久链路;

f. 6 类/E 级 通道适配器插头类型和寿命:屏蔽和非屏蔽双绞线,TIA 3 类、4 类、5 类、超 5 类和 6 类,以及 ISO/IEC C 级、D 级和 E 级通道。

②测试标准

a. TIA/EIA—568B 标准:3 类和超 5 类;

b. TIA TSB—95 标准:5 类(1000Base-T);

c. TIA/EIA—568B.2—1 标准:6 类(TIA/EIA—568B.2 附录 1);

d. ISO/IEC 11801 标准:C 级、D 级和 E 级;

e. ISO/IEC 11801 标准:F 级(仅限 DTX—1800);

f. EN 50173 标准:C 级、D 级和 E 级;

g. EN 50173 标准:F 级(仅限 DTX—1800);

h. ANSI TP—PMD;

i. 10Base5,10Base2,10Base-T,100Base-TX,1000Base-T;

j. IEEE 802.5 (屏蔽线,IBM 1 型,150W)令牌环,4Mbps 和 16Mbps。

③测试速度

a. 完整的双向 6 类双绞线链路自动测试时间:12s 或更少;

b. 完整的双向 ISO/IEC F 级链路自动测试时间:32s。

④支持的测试参数

a.(测试参数及测试的频率范围由所选择的测试标准所决定)接线图;

b. 长度;

c. 传输时延;

d. 时延偏离;

e. 支流环路电阻;

f. 插入损耗(衰减);

g. 回波损耗,远端回波损耗;

h. 近端串扰,远端近端串扰;

i. 衰减串扰比,远端衰减串扰比;

j. 综合等效远端串扰,远端综合等效远端串扰;

k. 综合近端串扰,远端综合近端串扰;

l. 综合衰减串扰比,远端综合衰减串扰比。

⑤电缆上的音频发生器

产生可被例如 IntelliTone 智能音频探头等音频探头检测到的音频。向所有线对发生音频。音频的频率范围:440～831Hz。

⑥显示

带背景灯的无源彩色透射 LCD,对角线长度 9.4cm,点阵:(宽)240 点×(高)320 点。

⑦输入保护

能经受持续的电话电压和 100mA 的过流。偶尔的 ISDN 过压不会造成仪器损坏。

⑧便携包

带冲击能量吸收的高效塑料包。

⑨尺寸

如图 9.24 所示,因为认证测试许多参数都要进行双向测试,所以一般都有主机和辅机。主机与智能远端(辅机)外型尺寸是一样的:21.6cm×11.2cm×6cm。注意 DTX—1800 系列测试仪可单端测试或双端测试(主机与智能远端)。

⑩重量

1.1kg(未接测试模块时)。

⑪操作温度

0℃至 45℃。

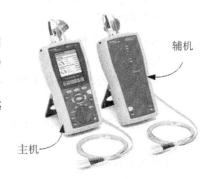

辅机

主机

图 9.24　DTX—1800 产品外形图

⑫保存温度

－20℃至＋60℃。

⑬可操作的相对湿度(非凝结)

0℃至 35℃：0％至 90％；

35℃至 45℃：0％至 70％。

⑭振动

随机，2g，5～500Hz。

⑮震动

1m 跌落试验，无论是否带有模块式适配器。

⑯安全

CSA C22.2 No. 1010.1：1992；

EN 61010－1 第 1 版＋修订 1,2。

⑰污染级别

IEC 60664 中描述的 2 级污染，遵守 IEC60950"信息技术设备安全性，1999"标准。

⑱高度

操作：4000m；保存：12000m。

⑲EMC

EN 61326－1。

⑳电源

a. 主机与远端：锂离子电池，7.4V，4000mAh；

b. 典型电池使用时间：12 至 14 小时；

c. 充电时间(关机状态)：4 小时(低于 40℃)；

d. 交流适配器/充电器，USA 版本：直线电源：输入 108V 到 132V ac，60Hz：输出 15V dc，1.2A；

e. 交流适配器/充电器，国际版本：开关电源；输入 90～264Vac，48～62Hz，输出 15Vdc，1.2A(隔离输出)；

f. 主机中存储单元备用电池：锂电池；

g. 锂电池典型寿命：5 年；

h. 在 0℃到 45℃温度范围外电池不会充电；

j. 在 40℃至 45℃温度范围内电池充电效率会降低。

㉑支持的语言

中文，英文等 8 种。

㉒校准

到维修站的校准周期是 1 年。

㉓性能指标

注意：请联系 Fluke 网络公司以获取支持其他性能标准，其他类型线缆，或光缆等的适配器的信息。

㉔基线精度

所有 DTX 系列测试仪在其支持的频率范围内都达到或超过了 IEC61935－1 第 2 版草案的 Ⅳ 级精度要求。

㉕6 类/E 级链路测试模式(包含更低的链路类型)

DTX 系列测试仪远远超过了 TIA/EIA－568－B.2－2 标准和 IEC61935－1 标准要求的 III 级精度。

㉖F 级链路测试模式

DTX－1800 满足 IEC61935－1 第 2 版草案的 IV 级精度要求。

㉗双绞线的长度测试

(Length specs do not include the uncertainty of the cable's NVP Value)

㉘范围

800m——单端测试;150m——双端测试(主机与远端)。

㉙分辨率

0.1m——单端测试;0.1m——双端测试(主机与远端)。

㉚精度

±(1m+4%)——单端测试;±(1m+4%)——双端测试(主机与远端)。

㉛时延偏离

双绞线链路范围为 0～100ns,分辨率是 1ns,精度为±10ns。

㉜直流环路电阻

双绞线链路范围是 0～53Ω,分辨率是 0.1Ω,精度是±(1Ω+1%)。

㉝过载恢复时间

过压后 10min 内恢复相关精度。如果过压是反复多次或是长时间的则需要校准。

4)DTX－1800 系列测试仪特点

①12s 完成一条 6 类链路测试。

②达到 IV 级认证测试精度。

③彩色中文界面,操作方便,显示"通过/失败"结果。

④12h 电池使用时间。

⑤可选的光缆模块用于双光缆双向双波长认证测试。

⑥自动诊断报告至常见故障的距离及可能的原因。

⑦集成 VFL 可视故障定位仪。

⑧DTX－1800 的测试带宽高达 900MHz,满足未来 7 类布线系统测试要求。

⑨16MB 可拆卸内存卡上保存至多 250 项 6 类自动测试结果,包含图形和数据。

⑩选用光缆模块可用于认证光时域反射(OTDR)来进行损耗/长度认证。

⑪Like Ware 软件可将测试结果上载至 PC 机并建立专业水准的测试报告。Like Ware Stats 选件产生缆线测试统计数据可浏览的图形报告。

5)组件/附件/选件

DTX－1800 系列组件如表 9.8 所列,而表 9.9 列出了附件和选件。

表 9.8　DTX－1800 系列组件

型　号	说　明
DTX－1800	DTX－1800 主机与智能远端,Like Ware 软件,16MB 多媒体卡,Cat6/Class E 永久链路适配器(2),Cat6/Class E 信道适配器(2),通话耳机(2),USB 接口电缆(Mini－B),RS－232 串行电缆(DB9 至 IEEE1394)

续表

型　号	说　明
DTX－MFM	DTX 多模光缆模块包括：分别用于主机与辅机的两个模块，在同一个输出口上集成了 850nm 和 1300nm 的 LED 光源，850nm/1300nm/1310nm/1550nm 光功率计，集成可视故障定位器（VFL）
DTX－SFM	DTX 单模光缆模块包括：分别用于主机与辅机的两个模块，在同一个输出口上集成了 1310nm 和 1550nm 的激光光源，850nm/1300nm/1310nm/1550nm 光功率计，集成可视故障定位器（VFL）
DTX－1800－M	DTX－1800＋多模光缆模块包括：DTX－1800 电缆认证分析仪和 1 套 DTX－MFM 多模光缆模块
DTX－1800－MS	DTX－1800＋多模、单模光缆模块包括：DTX－1800 电缆认证分析仪和 1 套 DTX－MFM 多模光缆模块及 1 套 DTX－SFM 单模光缆模块

表 9.9　DTX 系列附件和选件一览

型　号	说　明
DTX－CHA001	Cat 6/Class E 信道适配器
DTX－CHA001S	Cat 6/Class E 信道适配器，S 表示 2 个
DTX－PLA001	通用永久链路适配器及 PM06 个性化模块
DTX－PLA001S	通用永久链路适配器及 PM06 个性化模块，2 个
DSP－PM06	Cat 6 个性化模块
DSP－PMXX	用于 IDC 或传统布线系统的个性化模块包含多种 IDC 类型连接器和传统系统的模块
DTX－CHA011	Siemons Tera 信道适配器
DTX－PLA011	Siemons Tera 永久链路适配器
DTX－TERA	Siemons Tera 适配器套件包括：2 个 Siemons Tera 信道适配器和 2 个 Siemons Tera 永久链路适配器
DTX－SER	RS－232 串行电缆（DB-9 至 IEEE1394）

6）DTX 操作说明

在综合布线测试过程中，主要使用 DTX－1800 测试仪的主机和智能远端部分。整个测试工作由主机部分进行控制，它负责配置测试参数，发出各种测试信号，智能远端部分接收测试信号并反馈回主机部分，主机根据反馈信号判别被测链路的各种电气参数。主机部分有一个简易的操作面板，由一系列功能键及液晶显示屏组成，如图 9.25 所示。另外在主机上还有一系列接口用于各种通信连接，如计算机、打印机连接的串口等。

具体操作步骤如下：

①初始化步骤

◆ 充电。将 FLUKE DTX 系列产品主机、辅机分别用变压器充电，直至电池显示灯转为绿色。

◆ 设置语言。操作：将 FLUKE DTX 系列产品主机旋钮转至"SET UP"档位，按右下角绿色按钮开机；使用↓箭头；选中第三条"Instrument setting"（本机设置）按"ENTER"进入参

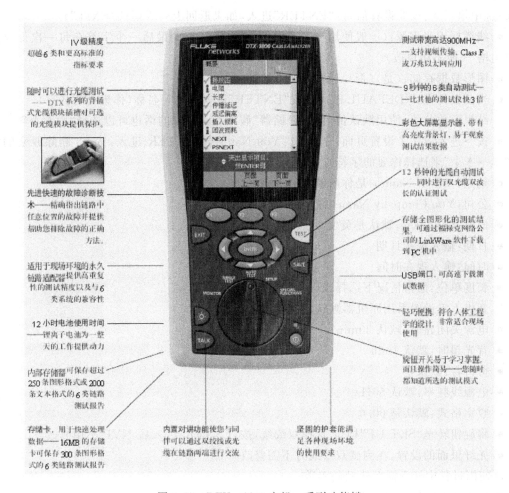

图 9.25　DTX—1800 主机—系列功能键

数设置,首先使用→箭头,按一下;进入第二个页面,↓箭头选择最后一项 Language 按"EN-
TER"进入;↓箭头选择最后一项 Chinese 按"ENTER"选择。将语言选择成中文后才进行以
下操作。

◆ 自校准。取 FLUKE DTX 系列产品 Cat 6/Class E 永久链路适配器,装在主机上,辅机
装上 Cat 6/Class E 通道适配器。然后将永久链路适配器末端插在 Cat 6/Class E 通道适配器
上;打开辅机电源,辅机自检后,"PASS"灯亮后熄灭,显示辅机正常。"SPECIAL FUNC-
TIONS"档位,打开主机电源,显示主机、辅机软件、硬件和测试标准的版本(辅机信息只有当
辅机开机并和主机连接时才显示),自测后显示操作界面,选择第一项"设置基准"后(如选错用
"EXIT"退出重复),按"ENTER"键和"TEST"键开始自校准,显示"设置基准已完成"说明自
校准成功完成。

②设置参数

操作:将 FLUKE DTX 系列产品主机旋钮转至"SET UP"档位,使用"↑↓"来选择第三条
"仪器值设置",按"ENTER"进入参数设置,可以按"←→"翻页,用"↑↓"选择你所需设置的
参数,按"ENTER"进入参数修改,用"↑↓"选择你所需采用的参数设置,选好后按"ENTER"
选定并完成参数设置。

a.新机第一次使用需要设置的参数,以后不需更改(将旋钮转至"SET UP"档位,使用↓

箭头;选中第三条:仪器设置值,按"ENTER"进入,如果返回上一级请按"EXIT")。

- 线缆标识码来源:(一般使用自动递增,会使电缆标识的最后一个字符在每一次保存测试时递增 一般不用更改)
- 图形数据存储:(是)(否),通常情况下选择(是)
- 当前文件夹:"DEFAULT"可以按"ENTER"进入修改其名称(你想要的名字)
- 结果存放位置:使用默认值"内部存储器"假如有内存卡的话也可以选择"内存卡"
- 按→进入第 2 个设置页面,操作员:You Name 按 ENTER 进入,按 F3 删除原来的字符,"←→↑↓"来选择你要的字符 选好后按"ENTER"确定
- 地点:Client Name,是你所测试的地点
- 公司:You Company Name,你公司的名字
- 语言:Language,默认是英文
- 日期:输入现在日期
- 时间:输入现在时间
- 长度单位:通常情况下选择米(m)

b.新机不需设置采用原机器默认值的参数

- 电源关闭超时:默认 30min
- 背光超时:默认 1min
- 可听音:默认是
- 电源线频率:默认 50Hz
- 数字格式:默认是 00.0
- 将旋钮转至"SET UP"档位 选择双绞线,按"ENTER"进入后 NVP 不用修改
- 光纤里面的设置,在测试双绞线时不需修改

c.使用过程中经常需要改动的参数

将旋钮转至"SET UP"档位,选择双绞线,按 ENTER 进入:

线缆类型:按"ENTER"进入后按"↑↓"选择你要测试的线缆类型,例如我要测试超 5 类的双绞线在按"ENTER"进入后选择"UTP",按"ENTER↑↓"选择"Cat 5e UTP",按"ENTER"返回。

测试极限值:按"ENTER"进入后按"↑↓"选择与你要测试的线缆类型相匹配的标准按 F1 选择更多,进入后一般选择"TIA"里面的标准,例如:我是测试超 5 类的双绞线,按"ENTER"进入后看看在上次使用里面有没"TIA Cat 5e channel?"如果没有,按"F1"进入更多,选择"TIA"按"ENTER"进入,选择"TIA Cat 5e channel"按"ENTER"确认返回。

NVP:不用修改使用默认。

插座配置:按"ENTER"进入一般使用的 RJ-45 的水晶头时使用的是"568B"标准,其他可以根据具体情况而定。可以按"↑↓"选择要测试的打线标准。

地点 Client Name:是你所测试的地点,一般情况下是每换一个测试场所就要根据实际情况进行修改。

③测试

a.根据需求确定测试标准和电缆类型:通道测试还是永久链路测试? 是 CAT 5E 还是 CAT6,还是其他?

b.关机后将测试标准对应的适配器安装在主机、辅机上,如选择"TIA CAT 5E CHAN-

NEL"通道测试标准时，主辅机安装"DTX－CHA001"通道适配器，如选择"TIA CAT5E PERM. LINK"永久链路测试标准时，主辅机各安装一个"DTX－PLA001"永久链路适配器，末端加装 PM06 个性化模块。

c. 再开机后，将旋钮转至"AUTO TEST"档或"SINGLE TEST"。选择"Auto TEST"是将所选测试标准的参数全部测试一遍后显示结果；"SINGLE TEST"是针对测试标准中的某个参数测试，将旋钮转至"SINGLE TEST"，按"↑↓"选择某个参数，按"ENTER"再按"TEST"即进行单个参数测试。

d. 将所需测试的产品连接上对应的适配器，按"TEST"开始测试，经过一阵后显示测试结果为"PASS"或"FAIL"。

④查看结果及故障检查

测试后，会自动进入结果显示。使用"ENTER"按键查看参数明细，按"F2"键到"上一页"，按"F3"翻页，按"EXIT"后按"F3"查看内存数据存储情况；测试后，通过"FAIL"的情况，如需检查故障，选择"X"查看具体情况。

⑤保存测试结果

a. 刚才的测试结果选择"SAVE"按键存储，使用"←→↑↓"键或"←→"移动光标（"F1"和"F2"号按键）（减少，"F3"号按键）来选择你想使用的名字，比如"FAXY001"按"SAVE"，来存储。

b. 更换待测产品后重新按"TEST"开始测试新数据，再次按"SAVE"存储数据时，机器自动取名为上个数据加 1，即"FAXY002"，如同意再按再存储。一直重复以上操作，直至测试完所需测试产品或内存空间不够，需下载数据后再重新开始以上步骤。

⑥数据处理

a. 安装 Link Ware 软件：至 www. langkun. com/down 软件下载栏目中下载电缆管理软件 Link ware V6 版本或更高版本，并安装好。

b. 将界面转换为中文界面：运行 Link Ware 软件，点击菜单"options"，选择"language"中的"Chinese(simplified)"，则软件界面转为中文简体。

c. 从主机内存下载测试数据到电脑：在 Link Ware 软件菜单"文件"中点击"从文件导入（DTX Cable Analyzer"，很快就可将主机内存储的数据输入电脑。

d. 数据存入电脑后可打印也可存为电子文档备用

转换为"PDF"文件格式：在"文件"菜单下选择"PDF"，再选"自动测试报告"，则自动转为"PDF"格式，以后可用 Acrobat Reader 软件直接阅读、打印；转换为"TXT"文件格式：在"文件"菜单下选择"输出至文件"，再选"自动测试报告"则转化为"TXT"格式，以后可用 Acrobat Reader 软件直接阅读、打印。

9.7　光纤链路测试

对于光纤系统需要保证的是在接收端收到的信号应足够大，由于光纤传输数据时使用的是光信号，因此它不产生磁场，也就不会受到电磁干扰（EMI）和射频干扰（RFI），不需要对 NEXT 等参数进行测试，所以光纤系统的测试不同于铜导线系统的测试。

在光纤的应用中,光纤本身的种类很多,但光纤及其系统的基本测试参数大致都是相同的。在光纤链路现场测试中,主要是对光纤的光学特性和传输特性进行测试。光纤的光学特性和传输特性对光纤通信系统的工作波长、传输速率、传输容量、传输距离和信号质量等有着重大影响。但由于光纤的色散、截止波长、模场直径、基带响应、数值孔径、有效面积、微弯敏感性等特性不受安装工艺的有害影响,它们应由光纤制造厂家进行测试,不需要进行现场测试。在 EIA/TIA—568—B 中规定光纤通信链路现场测试所需的单一性能参数为链路损失(衰减)。我国标准《综合布线系统工程验收规范》GB 50312—2007 的规定也是如此,仅对光纤链路的插入损耗和光纤长度进行测试。

光纤传输通道的测试应包括以下内容:在施工前进行器材检验时,一般检查光纤的连通性,必要时宜采用光纤损耗测试仪 OLSTS(稳定光源和光功率计组合)对光纤链路的插入损耗和光纤长度进行测试,对光纤链路(包括光纤、连接器件和熔接点)的衰减进行测试。同时测试跳线的衰减值可作为设备连接光缆的衰减参考,整个光纤信道的衰减值应符合设计要求。

9.7.1 光纤测试参数

单芯光纤链路测试连接图如图 9.26 所示。光纤布线系统安装完成之后需要对链路传输特性进行测试,其中最主要的几个测试项目是链路的衰减特性、连接器的插入损耗、回波损耗等。

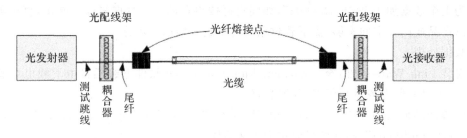

图 9.26 光纤链路测试连接(单芯)

1. 衰减

(1)衰减是光在沿光纤传输过程中光功率的减少。

(2)对光纤网络总衰减的计算:光纤损耗(LOSS)是指光纤输出端的功率(power out)与发射到光纤时的功率(power in)的比值。

(3)损耗是同光纤的长度成正比的,所以总衰减不仅表明了光纤损耗本身,还反映了光纤的长度。

(4)光纤损耗因子(α):为反映光纤衰减的特性,我们引进光纤损耗因子的概念。

(5)对衰减进行测量:因为光纤连接到光源和光功率计时不可避免地会引入额外的损耗。所以在现场测试时就必须先进行对测试仪的测试参考点的设置(即归零的设置)。对于测试参考点有好几种的方法,主要是根据所测试的链路对象来选用这些方法,在光纤布线系统中,由于光纤本身的长度通常不长,所以在测试方法上会更加注重连接器和测试跳线上,所选方法更加重要。

2. 回波损耗

反射损耗又称为回波损耗,它是指在光纤连接处,后向反射光相对输入光的比率的分贝数,回波损耗愈大愈好,以减少反射光对光源和系统的影响。改进回波损耗的方法是,尽量将光纤端面加工成球面或斜球面是改进回波损耗的有效方法。

3. 插入损耗

插入损耗是指光纤中的光信号通过活动连接器之后,其输出光功率相对输入光功率的比率的分贝数,插入损耗愈小愈好。插入损耗的测量方法同衰减的测量方法相同。

参照光缆系统相关测试标准规定,光纤链路测试分为等级 1 和等级 2。等级 1 要求光纤链路都应测试衰减(插入损耗)、长度及极性。等级 1 测试使用光缆损失测试器(OLTS)测量每条光纤链路的插入损耗及计算光纤长度,使用 OLTS 或可视故障定位仪验证光纤的极性。等级 2 除了包括等级 1 的测试内容,还包括对每条光纤做出 OTDR 曲线。等级 2 测试是可选的。

9.7.2　光纤测试标准

目前,光纤链路现场测试标准分为两大类:光纤布线链路标准和网络应用标准。

从布线链路考虑,对于不同光纤系统,它的测试极限值是不固定的,它是基于光缆长度、适配器和接合点的可变标准。目前,大多数光纤链路现场测试使用这种标准。世界范围内公认的标准主要有北美地区的 EIA/TIA-568-B 标准、国际标准化组织的 ISO/IEC11801 标准和我国的国家标准 GB 50312-2007 标准等。

网络应用标准是基于安装光纤的特定应用的光纤链路现场认证测试标准。每种不同的光纤系统的测试标准是固定的,常用的光纤应用系统有 100Base-FX、1000Base-SX 等。

1. 光纤链路测试标准

GB50312-2007 标准给出各种类型的光纤长度和最大衰减允许值、光纤连接点以及光纤连接器衰减允许值、最小模式的带宽的允许值。布线系统所采用光纤的性能指标及光纤信道指标应符合设计要求。不同类型的光缆在标称的波长、每千米的最大衰减值应符合表 9.10 的规定。

表 9.10　光缆衰减

最大光缆衰减/dB·km⁻¹				
项　目	OM1、OM2 及 OM3 多模		OS1 单模	
波长/nm	850	1300	1310	1550
衰减/dB	3.5	1.5	1.0	1.0

光缆布线信道在规定的传输窗口测量出的最大光衰减(介入损耗)应不超过表 9.11 的规定,该指标已包括接头与连接插座的衰减在内。每个连接处的衰减值最大为 1.5dB。

表 9.11　光信道衰减范围

级　别	最大信道衰减/dB			
	单　模		多　模	
	1310nm	1550nm	850nm	1300nm
OF-300	1.80	1.80	2.55	1.95
OF-500	2.00	2.00	3.25	2.25
OF-2000	3.50	3.50	8.50	4.50

表9.12给出光纤链路损耗参考值。光纤链路的插入损耗极限值可以根据下列公式计算,即

光纤链路损耗＝光纤损耗＋连接器件损耗＋光纤连接点损耗

光纤损耗＝光纤损耗系数(dB/km)×光纤长度(km)

连接器件损耗＝连接器件损耗/个×连接器件个数

光纤连接点损耗＝光纤连接点损耗/个×光纤连接点个数

表 9.12　光纤链路损耗参考值

种　类	工作波长/nm	衰减系数/dB·km^{-1}
多模光纤	850	3.5
多模光纤	1300	1.5
单模室外光纤	1310	0.5
单模室外光纤	1550	0.5
单模室内光纤	1310	1.0
单模室内光纤	1550	1.0
连接器件衰减	0.75 dB	
光纤连接点衰减	0.3dB	

2. 网络应用标准测试光纤

另一种光纤测试标准是根据网络应用标注测试的。目前主要根据 IEEE802.3—2002 标准中给出的各种类型的光纤在 100MB、1GB、10GB 以太网中的光纤的应用传输距离。

100MB、1GB 以太网中光纤布线链路不同类型光纤应用传输距离应符合表 9.13 中的规定。

10GB 以太网中光纤布线链路应符合表 9.14 中的规定。

表 9.13　100MB、1GB 以太网中光纤的应用传输距离

光纤类型	应用网络	光纤直径/μm	波长/nm	带宽/MHz	应用距离/m
多　模	100Basse-FX	62.5			2000
	1000Base-SX		850	160	220
	1000Base-LX			200	275
				500	550
	1000Base-SX	50	850	400	500
				500	550
	1000Base-LX		1300	400	550
				500	550
单　模	1000Base-LX	<10	1310		5000

表 9.14　10GB 以太网中光纤的应用传输距离

光纤类型	应用网络	光纤直径/μm	波长/nm	带宽/MHz	应用距离/m
多　模	10GBase-S	62.5	850	160/150	26
				200/500	33
				400/400	66
		50		500/500	82
				2000	300
	10GBase-LX4	62.5	1300	500/500	300
		50		400/400	240
				500/500	300
单　模	10GBase-L	<10	1310		1000
	10GBase-E		1550		3000~40000
	10GBase-LX4		1300		1000

9.7.3　光纤测试仪器

1. DTX 系列测试仪配置光缆测试模块

Fluke DTX 系列电缆分析测试仪,只要另外配置如图 9.27 所示的 DTX－MFM2 DTX－SFM2单多模光纤测试模块,就可用于光缆测试。并且具有如下优点。

(1)为 DTX 系列电缆认证分析仪增加了记录快速的光缆认证和故障定位能力。

(2)12 秒钟的自动测试比现有仪器快 5 倍。

(3)随时可用的背插式光缆模块。

(4)内置的可视故障定位器(VFL)可查找光缆,验证连通性和极性,并能发现断点。

(5)通过对讲机、查找光缆、监测、双向测试和单光缆测试等功能提高测试速度。

(6)通过 Link Ware 软件提供 1 级光缆认证测试报告。

(7)在更短的时间内测试更多的光缆,每年节省超过 100 小时的工作时间。

图 9.27　DTX 系列光缆测试模块

随时可用的光缆模块,在更短的时间内测试更多的光缆。

当今在高速数据网络中对光缆和双绞线布线系统都有需求,因此为确保正确的安装质量,对各种介质的认证测试和文档备案就成为非常重要的事情。

现在通过 Fluke 网络公司最新推出的 DTX 系列电缆分析仪,您就可以准确地认证铜缆和光缆布线系统。只有 DTX 系列电缆分析仪可以提供可选的背插式光缆模块,这些模块比其他的光缆测试方案更方便,包含更多的功能,包括双光缆、双波长的测试与诊断,还集成可视故障定位器(VFL)。没有其他测试仪能够只需一次按键就可以在测试光缆和铜缆之间切换。您不仅可以同时认证光缆和铜缆,还可以以不可想象的速度进行测试,且更快更高效。

1)DTX-MFM2 DTX-SFM2 单多模光纤测试模块特点

①更快速地发现故障

集成在光缆模块上的可视故障定位仪(VFL)使诊断简单的光缆链路问题变得快速和简洁。内置激光器的高亮度可视故障定位仪(VFL)能帮助您定位许多近距离的光缆故障,并可以用于验证连通性和极性。独有的集成式设计确保可视故障定位仪(VFL)在您需要的时候随时可以提供帮助。

②使用 Link Ware 电缆测试管理软件节省了管理测试结果的时间

DTX 系列电缆认证分析仪中包含 Fluke 网络功能强大的 Link Ware 电缆管理软件,它可以帮助您快速地对测试结果通过工作地点、用户、建筑等进行组织、编辑、查看、打印、保存或存档。您可以将测试结果合并到现有的数据库中,通过任意数据域或参数进行排序、查找或组织。

您可以从 Fluke 公司的网站上免费下载 Link Ware 软件,一旦您完成了工作,您就可以将这一功能强大的应用程序提交给您的用户,这样他们就可以立即访问电子数据,同时您也可以将数据导出为 Adobe 的 PDF 文档。

③Link Ware 软件广泛的数据管理能力

◆ 使用单一的软件管理铜缆和光缆测试结果,支持 Fluke 网络全线电缆测试仪;

◆ 对所有 Fluke 网络电缆测试仪以通用的格式得到专业的图形测试报告;

◆ 确保符合配置和打印 TIA 606-A 文档的标准;

◆ 新的拖放功能可以更方便地管理和组织多个项目;

◆ 和功能强大的 CMS 电缆管理软件兼容;

◆ 简单的用户界面和省时的功能提高了生产率,它是世界上首选的电缆测试管理软件。

Link Ware 软件的彩色图形描述了被测参数,可以打印专业的、图形化的测试报告,也可以选择打印哪些参数以及图形显示的顺序。您可以定制报告上的公司 LOGO。

④新的 Link Ware Stats 报告统计选件提供对您的所有电缆设备的图形化分析

Link Ware 现在支持 Link Ware Stats 报告统计软件,这是一个新的自动统计报告选件,可以帮助您 move above and beyond the page-per-link report,查看您的整个电缆结构。它将 Link Ware 电缆测试数据分析并转换为图形,以紧凑、图形化的格式展示给您整个电缆结构中电缆设备的汇总性能,让您轻易就可验证边界,发现异常。

看看 Link Ware Stats 如何处理您的数据——Link Ware 电缆管理软件中包含免费的DEMO 版 Link Ware Stats。

⑤快速记录的光缆认证测试

Fluke 公司设计的 DTX 系列光缆模块通过独有的技术和简单易用的操作界面缩短了测试时间。按自动测试键就会自动进行符合标准的认证——两根光缆,在两个波长上同时测试。同时测量长度,并判断测试通过与否——全部测试在 12 秒钟内完成。Fluke 公司的光缆测试模块可以在较短的时间内完成更多的测试,降低测试费用的同时让您有更多时间做其他的工作。每年可以轻松减少 100 小时以上的测试时间。

⑥认证多模和单模光缆

您的网络可能同时包含多模和单模光缆。Fluke 公司的 LED 模块和激光模块可以确保符合标准的认证测试。每个多模光缆模块(DTX－MFM2)都包含一个结合了 850nm 和 1300nm LED 光源的单独的输出端口、一个 850nm/1300nm/1310nm/1550nm 校准功率计和一个 VFL。每个单模光缆模块(DTX－SFM2)都包含一个结合了 1310nm 和 1550nm 激光光源的单独的输出端口、一个 850nm/1300nm/1310nm/1550nm 校准功率计和一个 VFL。

⑦随时可进行的光缆测试

不要再浪费时间寻找光缆测试仪,DTX 系列光缆测试模块就可以满足您的需求。如图 9.28 所示,将多模或单模 DTX 光缆模块插入 DTX 电缆认证分析仪背面专用的插槽中,无需再拆卸下来。不像传统的光缆适配器需要和双绞线适配器共享一个连接头,DTX 光缆测试模块通过专用的数字接口和 DTX 通讯,双绞线适配器和光缆模块可以同时接插在 DTX 上。这样的优点就是单键也可快速在铜缆和光缆介质测试间进行转换。

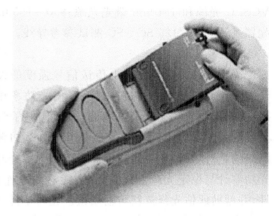

图 9.28　DTX 系列光缆模块的安装

电信工业协会(TIA)公布了名称为"对现场测试光缆系统长度、损耗和极性的附加指导"的电信系统标准(TSB)140。根据 TSB140 标准,所有的光缆都需要进行一级测试。一级测试包括衰减(插入损耗)、长度和极性。

DTX 光缆测试模块提供一级认证测试。每一次自动测试都会测量一对光缆链路的长度,以双波长测量每条光缆的衰减,并使用 Find Fiber 功能或集成在光缆模块上的可视故障定位仪(VFL)来验证极性。您可以使用 Link Ware 电缆管理软件上载、管理并打印全面的一级测试报告。

注意:根据 TSB140 标准,您可以选择进行二级测试,但它是非常重要的。二级测试是对一级测试的补充,增加了每条光缆链路的 OTDR 曲线图形。OTDR 曲线不能替代插入损耗测量,但它可以作为对光缆链路进行评估的补充。

表 9.15 是 DTX 系列光缆测试模块技术指标;表 9.16 是可视故障定位仪(VFL)技术指标。

表 9.15　DTX 系列光缆测试模块技术指标

光学指标	
输出/输入(光源/光功率计)连接器	SC/SC
光源类型和额定波长	DTX－MFM2:850nm LED 和 1300nm LED DTX－SFM2:1310nm FP 和 1550nm FP 激光
光源功率	DTX－MSM≥－20dBm, DTX－SFM ≥－7dBm
长度测量	DTX－MSM≤5000m(62.5μm 与 50μm 光缆) DTX－SFM ≤10000m(9μm 单模光缆)
光功率计类型	InGaAs 探测器
功率测量范围	0 至－60dBm(1310nm 和 1550nm) 0 至－53dBm(850nm)

表 9.16　VFL 技术指标

激光类型和额定波长	Class II CDRH,650nm
输出模式	连续光波或闪烁模式
连接器类型	2.5mm 通用型

DTX－GFM2 双件套装 DTX 千兆多模光纤模块,分别包括:单输出端口组合 850nm VCSEC 光源和 1310nm 激光光源;850～1550nm 光功率计;集成 VFL;用于功率计的 SC 适配器及一套 50/125 SC－SC 测试参考导线。

2. 光功率计

光功率计是测量光纤上传送信号强度的设备。光功率计用于测量绝对光功率或通过一段光纤的光功率相对损耗。在光纤系统中,测量光功率是最基本的,非常像电子学中的万用表。在光纤测量中,光功率计是重负荷常用表。通过测量发射端机或光网络的绝对功率,一台光功率计就能够评价光端设备的性能。用光功率计与稳定光源组合使用,则能够测量连接损耗、检验连续性,并帮助评估光纤链路传输质量。光功率计如图 9.29 所示。

图 9.29　光功率计

光功率的单位是 dBm,dBm 指得是实际功率同 mW 对比的 dB 值。比如 0dBm 为 1mW,3dBm 为 2mW,20dBm 为 100mW,－3dBm 为 0.5mW,－10dBm 为 0.1mW 等。在光纤收发器或交换机的说明书中有它的发光和接收光功率,通常发光小于 0dBm,接收端能够接收的最小光功率称为灵敏度,能接收的最大光功率减去灵敏度的值的单位是 dBm(dBm－dBm＝dBm),称为动态范围,发光功率减去接收灵敏度是允许的光纤衰耗值。测试时实际的发光功率减去实际接收到的光功率的值就是光纤衰耗(dB)。接收端接收到的光功率最佳值,是能接收的最大光功率—(动态范围/2),但一般不会这样好。由于每种光收发器和光模块的动态范围不一样,所以光纤具体能够允许衰耗多少要看实际情形,一般来说允许的衰耗为 15～30dB 左右。

有的说明书会只有发光功率和传输距离两个参数,有时会说明以每公里光纤衰耗多少算出的传输距离,大多是 0.5dB/km。用最小传输距离除以 0.5,就是能接收的最大光功率,如果接收的光功率高于这个值,光收发器可能会被烧坏。用最大传输距离除以 0.5,就是灵敏度,如果接收的光功率低于这个值,链路可能会不通。

光纤的连接有两种方式,一种是固定连接,一种是活动连接,固定连接就是熔接,是用专用设备通过放电,将光纤熔化使两段光纤连接在一起,优点是衰耗小,缺点是操作复杂,灵活性差。活动连接是通过连接器,通常在 ODF 上连接尾纤,优点是操作简单,灵活性好,缺点是衰耗大,一般说来一个活动连接的衰耗相当于一千米光纤衰耗。光纤的衰耗可以这样估算:包括固定和活动连接,每公里光纤衰耗 0.5dB,如果活动连接相当少,这个值可以为 0.4dB,单纯光纤不包括活动连接,可以减少至 0.3dB,理论值纯光纤为 0.2dB/km;为保险计大多数情况下以 0.5dB 为好。

光纤测试 TX 与 RX 必须分别测试,在单纤情况下由于仅使用一纤所以当然只需测试一次。

光功率计的主要技术指标如下:

(1)波长范围。主要由探头的特性所决定,一种探头只能在某一光波长范围内适应。为了覆盖较大的波长范围,一台主机往往配备几个不同波长范围的探头。

(2)光功率测量范围。主要由探头的灵敏度和主机的动态范围所决定。使用不同的探头有不同的光功率测量范围。

针对用户的具体应用,要选择适合的光功率计,应该关注以下各点:

(1)选择最优的探头类型和接口类型。

(2)评价校准精度和制造校准程序,与你的光纤和接头要求范围相匹配。

(3)确定这些型号与你的测量范围和显示分辨率相一致。

(4)具备直接插入损耗测量的 dB 功能。

用光功率计与稳定光源组合使用,组成光损耗测试仪器,则能够测量连接损耗、检验连续性,并帮助评估光纤链路传输质量。

3. 光时域反射计

光功率计只能测试光功率损耗,如果要确定损耗的位置和损耗的起因,就要采用光时域反射计(optical time domain reflecto-meter,OTDR),如图 9.30 所示。光纤通信是以光波作载波以光纤为传输媒介的通信方式。光纤通信由于传输距离远、信息容量大且通信质量高等特点而成为当今信息传输的主要手段,是"信息高速公路"的基石。光纤测试技术是光纤应用领域中最广泛、最基本的一项专门技术。OTDR 是光纤测试技术领域中的主要仪表,它被广泛应用于光缆线路的维护、施工之中,可进行光纤长度、光纤的传输衰减、接头衰减和故障定位等的测量。OTDR 具有测试时间短、测试速度快、测试精度高等优点。

图 9.30　光时域反射计

(1)OTDR 技术的两个基本公式

OTDR 是利用光脉冲在光纤中传输时的瑞利散射和菲涅尔反射所产生的背向散射而制成的高科技、高精密的光电一体化仪表。半导体光源(LED 或 LD)在驱动电路调制下输出光脉冲,经过定向光耦合器和活动连接器注入被测光缆线路成为入射光脉冲。入射光脉冲在线路中传输时会在沿途产生瑞利散射光和菲涅尔反射光,大部分瑞利散射光将折射入包层后衰减,其中与光脉冲传播方向相反的背向瑞利散射光将会沿着光纤传输到线路的进光端口,经定向耦合分路射向光电探测器,转变成电信号,经过低噪声放大和数字平均化处理,最后将处理过的电信号与从光源背面发射提取的触发信号同步扫描在示波器上成为反射光脉冲。返回的有用信息由 OTDR 的探测器来测量,它们就作为被测光纤内不同位置上的时间或曲线片断。根据发射信号到返回信号所用的时间,再确定光在石英物质中的速度,就可以计算出距离(光纤长度)L(单位:m),如式(1)所示:

$$L = C \cdot \Delta t / 2m = 3 \times 10^8 \times \Delta t / 2n \tag{1}$$

式中:n 为平均折射率,Δt 为传输时延。利用入射光脉冲和反射光脉冲对应的功率电平以及被测光纤的长度就可以计算出衰减 α(单位:dB/km),如式(2)所示:

$$\alpha = A / L = (P_1 - P_2) / 2L \tag{2}$$

(2)保障 OTDR 精度的五个参数设置

1)测试波长选择

由于 OTDR 是为光纤通信服务的,因此在进行光纤测试前先选择测试波长,单模光纤只选择 1310nm 或 1550nm。由于 1550nm 波长对光纤弯曲损耗的影响比 1310nm 波长敏感得多,因此不管是光缆线路施工还是光缆线路维护或者进行实验、教学,使用 OTDR 对某条光缆或某光纤传输链路进行全程光纤背向散射信号曲线测试,一般多选用 1550nm 波长。1310nm 和 1550nm 两波长的测试曲线的形状是一样的,测得的光纤接头损耗值也基本一致。若在 1550nm 波长测试没有发现问题,那么 1310nm 波长测试也肯定没问题。选择 1550nm 波长测试,可以很容易发现光纤全程是否存在弯曲过度的情况。若发现曲线上某处有较大的损耗台阶,再用 1310nm 波长复测,若在 1310nm 波长下损耗台阶消失,说明该处的确存在弯曲过度情况,需要进一步查找并排除。若在 1310nm 波长下损耗台阶同样大,则在该处光纤可能还存在其他问题,还需要查找排除。在单模光纤线路测试中,应尽量选用 1550nm 波长,这样测试效果会更好。

2)光纤折射率选择

现在使用的单模光纤的折射率基本在 1.4600～1.4800 范围内,要根据光缆或光纤生产厂家提供的实际值来精确选择。对于 G.652 单模光纤,在实际测试时若用 1310nm 波长,折射率一般选择在 1.4680;若用 1550nm 波长,折射率一般选择在 1.4685。折射率选择不准,将影响测试长度。在式(1)中折射率若误差为 0.001,则在 50000m 的中继段会产生约 35m 的误差。在光缆维护和故障排查时,很小的失误便会带来明显的误差,测试时一定要引起足够的重视。

3)测试脉冲宽度选择

设置的光脉冲宽度过大会产生较强的菲涅尔反射,会使盲区加大。较窄的测试光脉冲虽然有较小的盲区,但是测试光脉冲过窄时光功率肯定过弱,相应的背向散射信号也弱,背向散射信号曲线会起伏不平,测试误差大。设置的光脉冲宽度既要能保证没有过强的盲区效应,又要能保证背向散射信号曲线有足够的分辨率,能看清光纤沿线上每一点的情况。一般是根据被测光纤长度,先选择一个适当的测试脉宽,预测试一两次后,从中确定一个最佳值。被测光纤的距离较短(小于 5000m)时,盲区可以在 10m 以下;被测光纤的距离较长(小于 50000m)时,盲区可以在 200m 以下;被测光纤的距离很长(小于 2500000m)时,盲区可高达 2000m 以上。在单盘测试时,恰当选择光脉冲宽度(50nm)可以使盲区在 10m 以下。通过双向测试或多次测试取平均值,盲区产生的影响会更小。

4)测试量程选择

OTDR 的量程是指 OTDR 的横坐标能达到的最大距离。测试时应根据被测光纤的长度选择量程,量程是被测光纤长度的 1.5 倍比较好。量程选择过小时,光时域反射仪的显示屏上看不全面;量程选择过大时,光时域反射仪的显示屏上横坐标压缩看不清楚。根据工程技术人员的实际经验,测试量程选择能使背向散射曲线大约占到 OTDR 显示屏的 70% 时,不管是长度测试还是损耗测试都能得到比较好的直视效果和准确的测试结果。在光纤通信系统测试中,链路长度在几百到几千千米,中继段长度 40～60km,单盘光缆长度 2～4km,合适选择 OTDR 的量程可以得到良好的测试效果。

5)平均化时间选择

由于背向散射光信号极其微弱,一般采用多次统计平均的方法来提高信噪比。OTDR 测试曲线是将每次输出脉冲后的反射信号采样,并把多次采样结果做平均化处理以消除随机事件,平均化时间越长,噪声电平越接近最小值,动态范围就越大。平均化时间为 3min 获得的动态范围比平均化时间为 1min 获得的动态范围提高 0.8dB。一般来说平均化时间越长,测试精度越高。为了提高测试速度,缩短整体测试时间,测试时间可在 0.5～3min 内选择。

在光纤通信接续测试中,选择 1.5min(90s)就可获得满意的效果。

（3）实施 OTDR 测试的三种常用方法

OTDR 对光缆和光纤进行测试时，测试场合包括光缆和光纤的出厂测试，光缆和光纤的施工测试，光缆和光纤的维护测试以及定期测试。OTDR 的测试连接如图 9.31 所示。

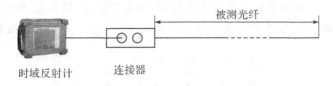

图 9.31　时域反射计的测试连接

测试连接的方法是：OTDR 至光纤连接器至第 1 盘光缆，再到第 2 盘光缆……直至第 n 盘光缆，终端不连接任何设备。根据实际测试工作主要有以下三种方法：

（1）OTDR 后向测试法

采用这种方法主要对光缆接续进行监测，光缆接续一定要配备专用光纤熔接机和光时域反射仪（OTDR）。熔接机在熔接完一根纤芯后一般都会给出这个接点的估算衰耗值。这种方法测试有三个优点：

①OTDR 固定不动，省略了仪表转移所需车辆和大量人力物力；

②测试点选在有市电而不需配汽油发电机的地方；

③测试点固定，减少了光缆开剥。

同时该方法也有两个缺点：

①因受距离和地形限制，有时无法保证联络的畅通；

②随着接续距离的不断增加，OTDR 的测试量程和精度受到限制。

目前解决这些问题一般有三种方法：

①在市内和市郊用移动电话可使测试人员和接续人员随时保持联络，便于组织和协调，有利于提高工作效率。

②用光电话进行联络。确定好用一根光纤（如蓝色光纤单元红色光纤）接在光电话上作联络线。当然最后这根作联络用的光纤在熔接和盘纤时就因无法联络而不能进行监测了。即使这样，出现问题的可能性仍会大大降低（如果是 24 芯光缆，出现问题的概率会降到原来的1/24以下）。

③当光缆接续达到一个中继距离时，OTDR 向前移动。

测试实践证明，这些监测方法对保证质量、减少返工是行之有效的。

2）OTDR 前向单程测试法

OTDR 在光纤接续方向前一个接头点进行测试，用施工车辆将测试仪表和测试人员始终超前转移。使用这种方法进行监测，测试点与接续点始终只有一盘光缆长度，测试接头衰耗准确性高，而且便于通信联络。目前一盘光缆长度大约为 2～3km，一般地形下利用对讲机就可保证通信联络。若光缆有皱纹钢带保护层，也可使用磁石电话进行联络。

这种测试方法的缺点也很明显，OTDR 要搬到每个测试点费工费时，又不利于仪表的保护；测试点还受地形限制，尤其是线路远离公路、地形复杂时更为麻烦。选用便携型 OTDR 进行监测，近距离测试对仪表的动态范围要求不高，且小型 OTDR 体积小、重量轻移动方便，这样可大大减小测试人员的工作量，提高测试速度和工作效率。

3）OTDR 前向双程测试法

OTDR 位置仍同"前向单程"监测，但在接续方向的始端将两根光纤分别短接，组成回路。这种方法即可满足中继段光纤测试，也可对光纤接续进行监测。对中继段光纤测试可以在光时域反射仪的显示屏上很清楚地看到入射光脉冲、反射光脉冲、接头点、断裂点、故障点以及衰减分布曲线。OTDR 测试事件类型及显示如图 9.32 所示，它可以为光缆维护提供方便。

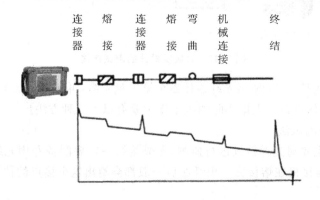

图 9.32　时域反射计显示的衰减分布曲线

对光纤接续进行监测时由于增加了环回点，所以能在 OTDR 上测出接续衰耗的双向值。这种方法的优点是能准确评估接头的好坏。

由于测试原理和光纤结构上的原因，用 OTDR 单向监测会出现虚假增益的现象，相应地也会出现虚假大衰耗现象。对一个光纤接头来说，两个方向衰减值的数学平均数才能准确反映其真实的衰耗值。比如一个接头从 A 到 B 测衰耗为 0.16dB，从 B 到 A 测为 -0.12dB，实际上此头的衰耗为 $[0.16+(-0.12)]/2=0.02$dB。

OTDR 作为光纤通信的主要仪表，在科研、教学、工厂、施工、维护等领域发挥着重要作用。就目前而言 OTDR 不论进口设备还是国产设备，对测试精度和盲区两个关键问题都会因为测试者的技术发挥而有一定的差异。随着时间的推移和科学技术的进步，使用新一代人工智能 OTDR 进行光纤参数全自动测试，速率会更快、效果会更好。

9.8　局域网测试与验收

网络新建或改造后，在 20 世纪 90 年代初期，几乎谈不上对网络工程的验收和测试，因为那时一无测试验收标准和规范，二无手段和测试仪器。所以业主仅仅要求每个点"能上网"，有的用 ping 命令验证是否连通，有的干脆用一个笔记本电脑逐个信息点演示是否能上网，就算是测试验收。但是那个年代已经一去不复返了。现已制订了国家标准《基于以太网技术的局域网系统的验收测评规范》（*Specification for Acception, Testing and Evaluation of Local Area Network (LAN) Systems Based on Ethernet Technology*），标准号为 GB/T 21671—2008。该标准主要根据 GB/T5271.25—2000、ISO/IEC 8802.3：2000、YD/T 1141—2001 等现行国家标准、国际标准和行业标准，并参考 RFC2544、RFC2889 的方法论，针对我国局域网系统验收的具体要求而制定。本标准把局域网作为一个系统，提出了基于传输媒体、网络设备、局域网系统性能、网络应用性能、网络管理功能、运行环境要求等方面的验收测评整体解决方案,重点描述了网络系统和网络应用、网络管理功能的技术要求及测试方法,具有工程可操作性。

GB/T 21671—2008 标准在实际工程中既可以为网络集成商的集成工作提供技术指导,也可以为广大用户的网络规划、验收测评及日常维护工作提供技术依据,可达到规范局域网建设市场,提高局域网质量,保护消费者利益的目的。

GB/T 21671—2008 标准从功能、传输媒体、设备、性能、网络管理功能、供电和环境等各个方面规定了局域网系统验收测评的技术要求和测试方法,提出了综合验收的测试规则。

GB/T 21671—2008 主要适用于基于以太网技术的局域网(以下简称以太网)系统的验收测试、评估测试以及日常维护中的相关测试;在某些情况下,也可用于设计、施工中的相关测试。其他类型局域网可参照执行。

9.8.1　局域网系统的技术要求

(1)传输介质要求。GB/T 21671—2008 标准是根据最新的 ISO/IEC 11801(或相应的 GB,以最新版本的为准)。测试时抽样规则也根据以上标准的原则进行抽样检测,包括光缆和铜缆。有关传输介质的检测我们已经在综合布线系统测试与验收一节作详细叙述,这里不再赘述。

(2)网络设备要求。

(3)网络系统性能要求。

(4)网络系统应用性能要求。

(5)网络系统功能要求。

(6)网络管理功能要求。

(7)环境适应性要求。

(8)系统文档要求。

9.8.2　局域网系统基本性能指标

局域网系统的基本性能指标包括连通性、链路传输速率、吞吐率、丢包率、传输延迟、以太网链路层健康状况,并给出相应的限值。

下面将就测试方法进行阐述,并给出测试实例。

1. 系统连通性

系统连通性测试,就是要验证所有联网的终端是否全部连通。系统连通性测试结构如图 9.33 所示。用测试工具对网络的关键服务器、核心层和汇聚层的关键网络设备(如交换机和路由器),进行 10 次 ping 测试,每次间隔 1s,以测试网络连通性。测试路径要覆盖所有的子网和 VLAN。

(1)抽样规则

以不低于接入层设备总数的 10%的比例进行抽样测试,抽样少于 10 台设备的,全部测试;每台抽样设备中至少选择一个端口,即测试点,测试点应能够覆盖不同的子网和 VLAN。

(2)合格判据

测试点到关键服务器的 ping 测试连通性达到 100%时,则判定该测试点符合要求。

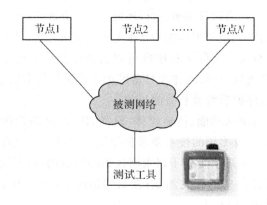

图 9.33　系统连通性测试结构示意图

2. 链路传输速率

链路传输速率是指设备间通过网络传输数字信息的速率。链路传输速率测试结构示意图如图 9.34 所示。但必须注意：

图 9.34　链路传输速率测试示意图

(1)测试必须在空载网络中进行。

(2)对于交换机，测试工具 1 在发送端口产生 100% 满线速流量；对于 HUB，测试工具 1 发送端口产生 50% 线速流量（建议将帧长度设置为 1518 字节）。

(1)抽样规则

对核心层的骨干链路，应进行全部测试；对汇聚层到核心层的上联链路，应进行全部测试；对接入层到汇聚层的上联链路，以不低于 10% 的比例进行抽样测试；抽样链路数不足 10 条时，按 10 条进行计算或者全部测试。

(2)合格判据

测试结果根据表 9.17 所示数据判定合格与否。

表 9.17　发送端口和接收端口的利用率对应关系

网络类型	全双工交换式以太网		共享式以太网/半双工交换式以太网	
	发送端口利用率	接收端口利用率	发送端口利用率	接收端口利用率
10M 以太网	100%	≥99%	50%	≥45%
100M 以太网	100%	≥99%	50%	≥45%
1000M 以太网	100%	≥99%	50%	≥45%

注：链路传输速率＝以太网标称速率×接收端利用率。

3. 吞吐率

吞吐率是指空载网络在没有丢包的情况下，被测网络链路所能达到的数据包转发速率。吞吐率测试原理图参考图 9.34。值得指出，测试必须在空载网络下分段进行，包括接入层到汇聚层链路、汇聚层到核心层链路、核心层间骨干链路，及经过接入层、汇聚层和核心层的用户到用户链路。

（1）抽样规则

对核心层的骨干链路和汇聚层到核心层的上联链路，应进行全部测试；对接入层到汇聚层的上联链路，以不低于 10% 的比例进行抽样测试；抽样链路数不足 10 条时，按 10 条进行计算或者全部测试；对于端到端的链路（即经过接入层、汇聚层和核心层的用户到用户的网络路径），以不低于终端用户数量 5% 比例进行抽测，抽样链路数不足 10 条时，按 10 条进行计算或者全部测试。

（2）合格判据

吞吐率测试需按照不同的帧长度分别进行测量。

系统在不同帧长度情况下，从两个方向测得最低吞吐率。合格与否根据表 9.18 的系统吞吐率要求判定。

表 9.18　系统的吞吐率要求

测试帧长（字节）	10M 以太网		100M 以太网		1000M 以太网	
	帧/秒	吞吐率	帧/秒	吞吐率	帧/秒	吞吐率
64	≥14731	99%	≥104166	70%	≥1041667	70%
128	≥8361	99%	≥67567	80%	≥633446	75%
256	≥4483	99%	≥40760	90%	≥362318	80%
512	≥2326	99%	≥23261	99%	≥199718	85%
1024	≥1185	99%	≥11853	99%	≥107758	90%
1280	≥951	99%	≥9519	99%	≥91345	95%
1518	≥804	99%	≥8046	99%	≥80461	99%

4. 传输时延

传输时延是指数据包从发送端口（地址）到目的端口（地址）所经历的时间。通常传输时延与传输距离，经过的设备和带宽利用率有关。

考虑到发送端测试工具和接收端测试工具实现精确时钟同步的复杂性，传输时延一般通过环回方式进行测试，单向传输时延为往返时延除以 2。

（1）从测试工具 1（发送端口）向测试工具 2（接口端口）均匀地发送一定数目的 1518 字节的数据帧，使网络达到前面所测得的最大吞吐率。

（2）在图 9.34 中，由测试工具 1 向被测网络发送特定的测试帧，在数据帧的发送和接收时刻都打上相应的时间标记（Timestamp），测试工具 2 接收到测试帧后，将其返回给测试工具 1。在图 9.35 中，测试工具通过发送端口发出带有时间标记的测试帧，在接收端口接收测试帧。

（3）测试工具 1 计算发送和接收的时间标记之差，便可得一次结果。

（4）传输时延是对 20 次测试结果的平均值。

（5）在图 9.34 中，从测试工具 2 向测试工具 1 发送数据包，所得到时延是双向往返时延，单向时延可通过除 2 计算获得；在图 9.35 中，交换收发端口，所得到时延是单向时延。

（1）抽样规则

对核心层的骨干链路和汇聚层到核心层的上联链路，应进行全部测试；对接入层到汇聚层

图 9.35　传输延迟另外一种测试结构示意图

的上联链路,以不低于 10% 的比例进行抽样测试;抽样链路数不足 10 条时,按 10 条进行计算或者全部测试;对于端到端的链路(即经过接入层、汇聚层和骨干层的用户到用户的网络路径),以不低于终端用户数量 5% 比例进行抽测,抽样链路数不足 10 条时,按 10 条进行计算或者全部测试。

（2）合格判据

若系统在 1518 字节帧长情况下,从两个方向测得的最大传输时延都 ≤1ms 时,则判定系统的传输时延符合要求。

5. 丢包率

丢包率是由于网络性能问题造成部分数据包无法被转发的比例。丢包率测试结构示意图还是参看图 9.34。测试工具 1 向被测网络加载 70% 的流量负荷,测试工具 2 接收负荷,测试数据帧丢失的比例。

在进行丢包率测试时,需按照不同的帧大小(包括:64、128、256、512、1024、1280、1518 字节)分别进行测量。

（1）抽样规则

和传输时延一样。

（2）合格判据

所有被测链路必须满足如表 9.19 要求,才判断合格。

表 9.19　丢包率要求

测试帧长（字节）	10M 以太网		100M 以太网		1000M 以太网	
	流量负荷	丢包率	流量负荷	丢包率	流量负荷	丢包率
64	70%	≤0.1%	70%	≤0.1%	70%	≤0.1%
128	70%	≤0.1%	70%	≤0.1%	70%	≤0.1%
256	70%	≤0.1%	70%	≤0.1%	70%	≤0.1%
512	70%	≤0.1%	70%	≤0.1%	70%	≤0.1%
1024	70%	≤0.1%	70%	≤0.1%	70%	≤0.1%
1280	70%	≤0.1%	70%	≤0.1%	70%	≤0.1%
1518	70%	≤0.1%	70%	≤0.1%	70%	≤0.1%

9.8.3　网络系统的性能测试

1. 以太网链路层健康状况测试

以太网链路层健康状况指标有链路利用率、错误率、广播帧和组播帧、冲突率等 4 项。

(1)链路利用率是指网络链路上实际传播的数据吞吐率与该链路所能支持的最大物理带宽之比。

链路利用率包括最大利用率和平均利用率。最大利用率的值同测试统计采样间隔有一定的关系,采样间隔越短,则越能反映出网络流量的突发性,因此最大利用率的值越大。对共享式以太网和交换式以太网,链路的持续平均利用率应符合表 9.20 规定。

(2)错误率是指网络中所产生的各类错误帧占总数数据帧的比率。

常见的以太网错误类型包括长帧、短帧、有 FCS 错误的帧、欠长帧和帧对齐差错帧,网络的错误率应符合表 9.20 规定。

(3)广播帧和组播帧。在以太网中,广播帧和组播帧应符合表 9.20 要求。

(4)冲突(碰撞)率。处于同一网段的两个站点如果同时发送以太网数据帧,就会产生冲突。冲突帧指在数据帧到达目的站点之前与其他数据帧相碰撞,而造成其内容破坏的帧。共享式和半双工交换式以太网传输模式下,冲突现象是极为普遍的。过多的冲突会造成网络传输效率的严重下降。

冲突帧同发送的总帧数之比,称为冲突(碰撞)率。一般情况下,局域网系统的冲突(碰撞)率应符合表 9.20 的规定。

如图 9.36 所示,用测试工具对被监测的网段进行流量统计(至少测试 5 分钟以上),测试广播和组播率、错误率、线路利用率、碰撞率等指标。

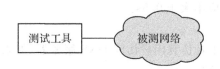

图 9.36　链路层健康状况测试结构示意图

(1)抽样规则

对核心层的骨干链路,应进行全部测试;对汇聚层到核心层的上联链路,应进行全部测试;对接入层到汇聚层的上联链路,以不低于 30% 的比例进行抽样测试;抽样链路数不足 10 条时,按 10 条进行计算或者全部测试;对于接入层的网段,以 10% 的比例进行抽测。抽样网段数不足 10 个时,按 10 个进行计算或者全部测试。

(2)合格判据

所有被测链路必须满足如表 9.20 要求。

表 9.20　以太网健康状况技术要求

测试指标	技术要求	
	共享式以太网/半双工交换式以太网	全双工交换式以太网
链路平均利用率(带宽%)	≤40%	≤70%
广播率(帧/秒)	≤50	≤50

续表

测试指标	技术要求	
	共享式以太网/半双工交换式以太网	全双工交换式以太网
组播率(帧/秒)	≤40	≤40
错误率(占总帧数%)	≤1%	≤1%
冲突(碰撞)率(占总帧数%)	≤5%	0%

2. DHCP 服务性能测试

如图 9.37 所示,用测试工具仿真一个终端用户,该用户访问 DHCP 服务器,对访问过程中 DHCP 服务器响应时间进行测试;如果测试工具未收到 DHCP 服务器的响应,则认为一次测试失败。

按照一定的时间间隔(如 1min),重复以上步骤,共进行 10 次测试,记录 10 次测试结果的平均值,如果在测试过程中存在 DHCP 服务器无响应的情况,则认为测试失败。

图 9.37　DHCP 服务性能测试结构示意图

(1)抽样规则

对局域网内部的所有 DHCP 服务器进行性能测试;测试工具的位置选择,以不低于接入层网段数量 30% 的比例进行抽样;抽样测试点数不足 10 个时,按 10 个进行计算或者全部测试。

(2)合格判据

DHCP 服务器响应时间应不大于 0.5s。

3. DNS 服务性能指标

如图 9.38 所示,用测试工具仿真用户访问 DNS 服务器,如果测试工具未收到 DNS 服务器的响应,则认为一次测试失败。

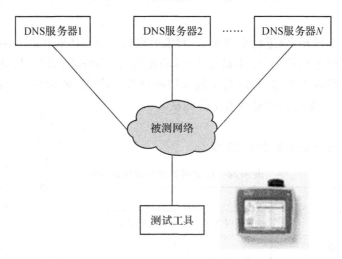

图 9.38　DNS 服务性能测试结构示意图

按照一定的时间间隔(如 1min),重复上述步骤,共进行 10 次测试,记录 10 次测试结果的平均值,如果在测试过程中存在 DNS 服务器无响应的情况,则认为测试失败。

(1)抽样规则

应对局域网内部的所有 DNS 服务器进行性能测试;测试工具的位置选择,以不低于接入层网段数量 30%的比例进行抽样;抽样测试点数不足 10 个时,按 10 个进行计算或者全部测试。

(2)合格判据

DNS 服务器响应时间应不大于 0.5s。

4. Web 访问服务性能测试

Web 访问服务性能测试结构示意图如图 9.39 所示。用测试工具仿真用户访问被测 Web 服务器所提供的网页服务,对访问过程中各阶段性能指标进行测试,包括:HTTP 第一响应时间、HTTP 接收速率。

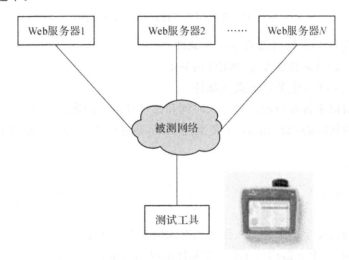

图 9.39　Web 访问服务性能测试结构示意图

按照一定的时间间隔(如 1min),重复上述步骤,共进行 10 次测试,记录 10 次测试结果的平均值。

(1)抽样规则

对于局域网内部的所有 Web 服务器进行性能测试;还可挑选 3~5 个国内、国际的知名 Web 网站进行对比测试,以了解用户访问这些外部网站的感受;测试工具接入位置的选择,以不低于接入层网段数量 30%的比例进行抽样;抽样测试点数不足 10 个时,按 10 个进行计算或者全部测试。

(2)合格判据

HTTP 第一响应时间(测试工具发送 HTTP GET 请求数据包至收到 Web 服务器的 HT-TP 响应包头的时间):内部网站点访问时间应不大于 1s。

HTTP 接收速率:内部网站点访问速率应不小于 10000Byte/s。

5. E-mail 服务性能测试

图 9.40 为邮件服务性能测试结构示意图。用测试工具仿真 Email 的一个终端用户,并发送 1KB 大小的邮件,整个过程包括以下阶段:

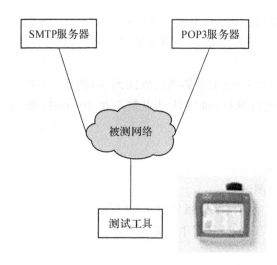

图 9.40　邮件服务性能测试结构示意图

1）测试工具向 SMTP 服务器发送一个邮件。

2）SMTP 服务器将邮件转发给 POP3 服务器。

3）测试工具从 POP3 服务器下载该邮件。

测试工具会对以上各阶段的邮件写入时间和邮件读取时间进行测试。

按照一定的时间间隔（如 1min），重复上述步骤，共进行 10 次测试，记录 10 次测试结果的平均值。

（1）抽样规则

如 DNS 服务测试。

（2）合格判据

邮件写入时间：1K 字节邮件写入服务器时间应不大于 1s；

邮件读取时间：从服务器读取 1K 字节邮件的时间应不大于 1s。

6. 文件服务性能测试

如图 9.41 所示。用测试工具仿真文件服务器的终端用户，模拟和记录一个用户访问被测文件服务器的全过程，包括：

1）同文件服务器建立连接。

2）向文件服务器指定目录写入一个 100KB 的文件。

3）从服务器读取该文件。

4）在服务器中删除该文件。

5）断开同文件服务器的连接。

按照一定的时间间隔（如 1 分钟），重复以上步骤，共进行 10 次测试，记录 10 次测试结果的平均值。

（1）抽样规则

如 DNS 服务测试。

（2）合格判据

合格判据参考表 9.21 文件服务器性能指标要求。

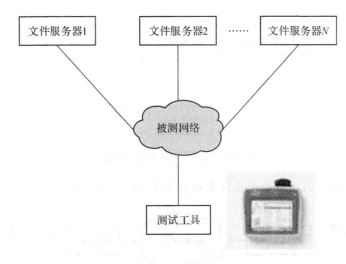

图 9.41　文件服务性能测试结构示意图

表 9.21　文件服务器性能指标要求

测试指标	指标要求(文件大小为 100KB)
服务器连接时间/s	$\leqslant 0.5$
写入速率/Byte·s^{-1}	>10000
读取速率/Byte·s^{-1}	>10000
删除时间/s	$\leqslant 0.5$
断开时间/s	$\leqslant 0.5$

9.8.4　网络系统功能测试

1. IP 子网划分功能测试

局域网系统中如果采用了路由器和/或三层交换机设备,应支持 IP 子网划分。

通过 IP 子网划分,局域网系统能够分为多个 IP 子网,各个子网之间能够通过静态路由或者动态路由协议进行通信。

子网划分的网络地址可以是所有合法的网络地址;一个给定的网络地址块可能被划分成不同大小的子块,不同子块的网络地址前缀可能长度不同,局域网系统应支持不同长度的网络前缀。

如图 9.42 所示,PC1 和 PC2 接在不同的子网上, PC1 向 PC2 发出 10 次 ping,测试工具负责搜索和报告各子网上的设备。

2. VLAN 划分功能测试

局域网系统中如果采用了二、三层交换机设备,应支持 VLAN 划分。

通过 VLAN 划分,局域网系统的各个 VLAN 子网之间能够进行隔离或按照需求通过静态路由或动态路由协议进行通信。从而实现广播隔离和提高网络安全性。

局域网系统中一个子网内支持的 VLAN 数目应不小于终端用户数。

如图 9.43 所示,测试工具 1 和测试工具 2 接在不同的子网上,测试工具 1 向测试工具 2

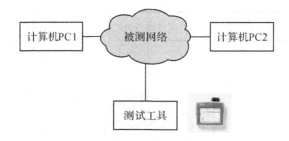

图 9.42 IP 子网划分功能测试

发出 10 次 Ping,测试工具 1 和 2 负责搜索和报告各子网上的设备。

图 9.43 VLAN 划分功能测试

测试工具 1 发出广播包,查看测试工具 2 是否看到;测试工具 2 移到测试工具 1 的 VLAN 上,查看测试工具 2 是否能够正确接收到测试工具 1。

抽样规则(以上两个测试一样):

对于被测子网,以不低于接入层子网数量 10% 的比例进行抽样,抽样子网数不少于 10 个;被测子网不足 10 个时,全部测试。

3. QoS 功能测试

QoS 可以为不同的网络应用和网络流量提供可控的和可预见的服务。

通过 QoS,局域网系统能够对网络上供输的视频等对实时性要求较高的数据提供优先服务,从而保证较低的时延。

如图 9.44 所示,测试工具 1 向测试工具 2 发送端口号为 80 的 UDP 数据包。

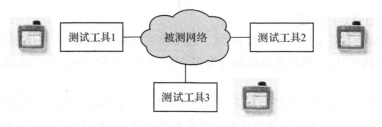

图 9.44 QoS 功能测试示意图

(1)用测试工具 2 捕获网络中的数据包,检查测试工具 1 发出的数据包是否被打上优先级的标记;(应该能接受到测试工具 1 发出的有正确优先级的包)。

(2)逐渐加大被测网络内的负载流量,直至网络拥塞,统计测试工具 2 收到测试工具 1 发出的数据包的情况;(应该仍接受到测试工具 1 发出的包)。

(3)用测试工具 3 统计被测网络数据包丢弃的状况(应该没有测试工具 1 发出的包),比较从测试仪 1 发出的包数量和测试仪 2 收到的数量是否一样。

(4)删除基于端口划分的优先级,再分别基于 IP 地址划分不同优先级。重复步骤(1)~(4)。

抽样规则:只需对在局域网系统中基于端口优先级配置具有 QoS 服务质量保证的链路。

4. 用户接入多 ISP 功能测试

局域网系统若需要接入 ISP,宜支持用户接入多个 ISP。

用户接入多个 ISP 应支持局域网用户能够选择接入不同 ISP。至少支持接入 2 个 ISP。

局域网系统宜支持将对外的流量分配到多个 ISP,并且能够在某个 ISP 中断时,将接入该 ISP 的流量通过其他 ISP 传输。

1)用户接入多 ISP 功能测试示意图如图 9.45 所示,测试工具 1、2 模拟用户,测试工具 3、4 模拟 2 个不同的 ISP。

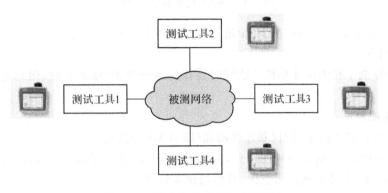

图 9.45　用户接入多 ISP 功能测试

2)测试工具 1 通过被测网络分别访问测试工具 3 和测试工具 4。

3)测试工具 2 通过被测网络分别访问测试工具 3 和测试工具 4。

4)断开测试工具 3 和被测网络的链接,测试工具 1 通过被测网络访问测试工具 4。

(1)抽样规则

对于测试计算机所连接用户端口的选择,以不低于接入层用户端口数量 5% 的比例进行抽样;抽样端口数不足 10 个时,按 10 个进行计算或者全部测试。

(2)合格判据

在 2)中,测试工具 1 能访问测试工具 3 而不能访问测试工具 4。

在 3)中,测试工具 2 能同时访问测试工具 4 和测试工具 3。

在 4)中,测试工具 1 能访问测试工具 4。

5. NAT 功能测试

局域网系统应支持 NAT 功能,应该能够通过管理进行配置。

NAT 功能应符合 RFC 1631、RFC 2663 的要求。

如图 9.46 所示,测试计算机 1 和测试计算机 2 通过被测网络连接到 Internet 中。对 NAT 功能测试步骤如下。

1)在局域网系统中,将网络设备上的 NAT 功能打开。

2)将测试计算机 1 和测试计算机 2 连接到局域网上的接入用户端口,并分别配置不同的内部网络 IP 地址。

3)使用测试计算机 1 和测试计算机 2 同时访问 Internet 上某个公网 IP 地址,查看计算机 1 和计算机 2 是否能同时连接到该公网 IP 地址。

(1)抽样规则

对于测试计算机所连接用户端口的选择,以不低于接入层用户端口数量 5% 的比例进行

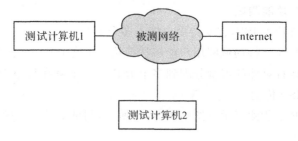

图 9.46　NAT 功能测试示意图

抽样；抽样端口数不足 10 个时，按 10 个进行计算或者全部测试。

（2）合格判据

当测试计算机 1 和测试计算机 2 能同时连接到该公网 IP 地址上时，则判定系统的 NAT
功能符合要求。

6. AAA 功能测试

局域网系统宜具备认证、授权和计费功能（即 AAA 功能）。

启动 AAA 功能后，对于局域网用户，需要采用账号的方式对用户进行认证授权和计费。

图 9.47 是 AAA 功能测试示意图，具体测试步骤如下：

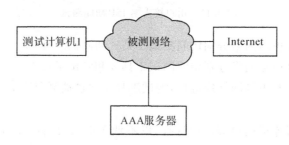

图 9.47　AAA 功能测试示意图

1）在局域网系统中启用 AAA 功能；AAA 服务器正常运行。

2）测试计算机不经 AAA 认证，直接访问局域网外的地址。

3）测试计算机经过 AAA 认证（输入正确的用户名和口令）后，再访问局域网外的地址。

4）在测试计算机通过 AAA 认证一定时间后，检查 AAA 服务器上的记录；

5）在测试计算机通过 AAA 认证 3min 后正常断开测试计算机与网络的连接，2min 后检
查 AAA 服务器上面的记录。

6）在测试计算机通过 AAA 认证 3min 后拔去测试计算机的网络连接线，5min 后检查
AAA 服务器上面的记录。

● 抽样规则

对于测试计算机所连接用户端口的选择，以不低于接入层用户端口数量 5% 的比例进行
抽样；抽样端口数不足 10 个时，按 10 个进行计算或者全部测试。

● 合格判据

在 2）中，测试计算机应该无法访问局域网外的地址；

在 3）中，测试计算机应该能够访问局域网外的地址；

在 4）中，AAA 服务器应记录了测试计算机通过认证、取得授权的信息，和测试计算机通
过认证时间和访问局域网外的数据流量，也可以根据不同计费方法得出最终费用；

在 5)中,在 AAA 服务器上有测试计算机离线的时间记录,并且离线的时间记录与测试计算机离线时间符合系统设置要求;

在 6)中,在 AAA 服务器上有测试计算机离线的时间记录,并且离线的时间记录与测试计算机离线时间符合系统设置要求。

7. DHCP 功能测试

局域网系统中宜配置 DHCP 服务器,为用户提供动态 IP 地址分配的功能。DHCP 的功能应符合 RFC 3442 要求。

DHCP 功能测试示意图如图 9.48 所示,对于 DHCP 功能测试过程如下:

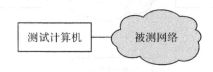

图 9.48   DHCP 功能测试示意图

1)在局域网系统中启用 DHCP 功能。

2)将测试计算机设置成自动获取 IP 地址模式。

3)重新启动测试计算机,查看它是否自动获得了 IP 地址及其他网络配置信息(如子网掩码、缺省网关地址、DNS 服务器等)。

(1)抽样规则

对于测试计算机所连接用户端口的选择,以不低于接入层用户端口数量 5% 的比例进行抽样;抽样端口数不足 10 个时,全部测试。

(2)合格判据

当测试计算机能够自动从 DHCP 服务器中获取到 IP 地址、子网掩码和缺省网关地址等网络配置信息时,则判定系统的 DHCP 功能符合要求。

8. 设备和线路备份功能测试

局域网系统中的核心层网络设备及主干线路宜有冗余备份。在核心设备发生故障时,业务流量应能够自动切换到备份设备上,切换时间应不影响业务的正常通信。在主干线路发生故障时,主干线路业务流量应能够切换到备份线路上,切换时间应不影响主要业务的正常通信。

设备和线路备份功能测试示意图如图 9.49 所示,测试方法如下:

图 9.49   设备和线路备份功能测试示意图

1)用测试计算机向测试目标节点发送持续的 ping 包,查看它们之间的连通性。

2)人为关闭核心层网络主设备电源,查看备份设备是否启用,及测试计算机和测试目标节点之间 ping 的连通性。

3)人为断开主干线路,查看备份线路是否启用,及测试计算机和测试目标节点之间 ping 的连通性。

(1)抽样规则

应对所有核心网络设备和主干线路的备份方案进行全面的测试。

（2）合格判据

在 2）中，ping 测试应在设计规定的切换时间内，能恢复其连通性。

在 3）中，ping 测试应在设计规定的切换时间内，能恢复其连通性。

9. 组播功能测试

局域网系统宜支持组播功能，相关协议应符合 FRC 1112、FRC 2236、FRC 3376 规定。

组播功能测试示意图如图 9.50 所示，测试步骤如下：

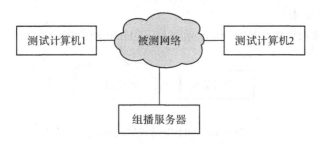

图 9.50　组播功能测试示意图

1）在被测链路中开启两组不同的组播业务。

2）在测试计算机 1 和测试计算机 2 上同时点播第一组组播业务，分析被测网络与组播服务器间的数据流。

3）在测试计算机 1 上点播第一组组播业务，在测试计算机 2 上点播第二组组播业务；分析被测网络与组播服务器间的数据流。

（1）抽样规则

对于测试计算机所连接用户端口的选择，以不低于接入层用户端口数量 5% 的比例进行抽样；抽样端口数不足 10 个时，全部测试。

（2）合格判据

在 2）中，被测网络和组播服务器间只有一个数据流，且测试计算机 1 和 2 应接收到同一个组播业务。

在 3）中，被测网络和组播服务器间应有两个数据流，且测试计算机只会分别接收到各自点播的组播业务。

9.8.5　系统文档要求

以上测试全部完成后形成测试报告。对于网络工程验收还要具备完整的文档系统。国家标准《基于以太网技术的局域网系统的验收测评规范》（*Specification for Acception, Testing and Evaluation of Local Area Network (LAN) Systems Based on Ethernet Technology*），标准号为 GB/T 21671—2008，对系统文档提出明确详细的要求。

1. 工程概况

工程概况主要包括项目建设单位、设计单位、实施单位、项目规模及主要设备选型。

2. 系统建设需求

系统建设需求主要包括项目目标、项目功能要求、项目技术指标要求。

3. 系统设计方案

系统设计方案主要包括用户需求分析、组网方案、设备选型、网络拓扑图、配置功能说明、设计变更记录。

4. 线路接线表和设备布置图

线路接线表和设备布置图主要包括综合布线系统、网络系统的设备布置图、系统线路端接及配线架描述文件、线路端点对应表。

5. 网络系统参数设定表

网络系统参数设定表主要包括 IP 地址分配表、子网划分表、VLAN 划分表、路由表。

6. 用户操作和维护手册

用户操作和维护手册主要包括系统操作说明，系统安装、恢复和数据备份说明。

7. 系统自测报告

系统自测报告主要包括综合布线系统的自测报告、网络系统的自测报告。

8. 第三方测试报告

第三方测试报告综合布线系统的第三方验收测试报告、网络设备的第三方抽查测试报告。

9. 系统的试运行报告

系统的试运行报告主要包括系统试运行期间的运行记录、故障处理情况、硬件和软件系统调整情况。

10. 用户报告

用户报告指用户方针对系统使用情况而出具的报告。

以下是各式测试报告样张。

表 A.1　局域网系统验收测评报告

报告编号：×××××××　　　　　　　　　　　　　　　　　第　　页　共　　页

一、被测网络概况

1. 网络系统简介

2. 网络拓扑结构图

3. 网络 IP 地址、VLAN 及路由设置

二、网络系统基本性能测试

1. 测试链路概述

编　　号	测试链路名称	测试源 端口/位置	测试目标 端口/位置	链路速率 (Mb/s)	源 IP 地址	目的 IP 地址

2. 系统连通性测试　　　　　　　　　　　　　　　　　　测试时间：_____

目标 IP 地址 源 IP 地址			
结　　论			

3. 以太网传输速率测试

测试时间:_____

编　号	测试链路名称	链路速率(Mb/s)	发送端利用率	接收端利用率	标准要求	结　论

4. 网络吞吐率测试

测试时间:_____

编号	测试链路名称	链路速率(Mb/s)	64字节	128字节	256字节	512字节	1024字节	1280字节	1518字节	标准要求	结论
			(单位:帧/秒,使用效率%=实际吞吐率/理想吞吐率)								

5. 网络传输时延测试

测试时间:_____

编号	测试链路名称	链路速率(Mb/s)	64字节	128字节	256字节	512字节	1024字节	1280字节	1518字节	标准要求	结论	备注
			(单位:微秒)									

6. 网络丢包率测试

测试时间:_____

编号	测试链路名称	链路速率(Mb/s)	64字节	128字节	256字节	512字节	1024字节	1280字节	1518字节	标准要求	结论	备注
			在70%网络负荷情况下的丢包率									

7. 网络链路健康状况测试

测试时间:_____

编　号	测试链路名称	链路属性	链路速率(Mb/s)	测试项目	测试结果	标准要求	结　论	备注
				线路平均利用率(%)				
				广播率(帧/秒)				
				组播率(帧/秒)				
				错误率(%)				
				碰撞率(%)				

三、网络系统基本应用服务性能测试

1. DHCP 服务性能测试　　　　　　　　　　　　　　测试时间：_____

编　号	测试所在位置	DHCP 服务器地址	DHCP 服务器响应时间(ms)	标准要求	结　论	备　注

2. DNS 服务性能测试　　　　　　　　　　　　　　测试时间：_____

编　号	测试所在位置	DNS 服务器地址	DNS 服务器响应时间(ms)	标准要求	结　论	备　注

3. Web 应用服务性能测试　　　　　　　　　　　　测试时间：_____

编　号	测试所在位置	Web 服务器 URL 地址	测试项目	测试结果	标准要求	结　论	备　注
			HTTP 第一响应时间(ms)				
			HTTP 接收速率(字节/秒)				

4. E-mail 应用服务性能测试　　　　　　　　　　　测试时间：_____

编　号	测试所在位置	电子邮件服务器地址	测试项目	测试结果	标准要求	结　论	备　注
			邮件写入时间(ms)				
			邮件读取时间(ms)				

5. 文件服务性能测试　　　　　　　　　　　　　　测试时间：_____

编　号	测试所在位置	文件服务器地址	测试项目	测试结果	标准要求	结　论	备　注
			服务器连接时间(ms)				
			写入速率(字节/秒)				
			读取速率(字节/秒)				
			删除时间(ms)				
			断开时间(ms)				

四、网络功能测试　　　　　　　　　　　　　　　测试时间：_____

项　目	标准要求	测试结果	结　论	备　注
子网划分	子网划分和连通功能与子网设计的使用要求相一致			
VLAN	VLAN 划分和连通功能与 VLAN 设计的使用要求相一致			

续表

项 目		标准要求	测试结果	结 论	备 注
QoS 功能	数据流分类	局域网系统可根据使用要求,选择地实现数据流分类功能			
	限　速	局域网系统可根据使用要求,选择地实现限速功能			
用户接入多 ISP		局域网系统可根据使用要求,选择地实现多 ISP 接入功能			
NAT 功能		公网 IP 地址缺乏的局域网系统,应能够支持 NAT 功能			
AAA 功能		局域网系统可根据使用要求,选择地实现 AAA 功能			
DHCP 功能		局域网系统可根据使用要求,选择地实现 DH-CP 功能			
设备和线路备份		局域网系统可根据网络可靠性对业务的关键程度,选择地实现设备和线路备份功能			
子网划分		子网划分和连通功能与子网设计的使用要求相一致			

五、网络管理功能测试

测试时间：_____

项 目	标准要求	测试结果	结 论	备 注
配置管理	局域网系统应能够实现对设备信息的读取和修改			
	局域网系统应能够实现对设备物理端口配置的读取和修改			
	局域网系统应能实现查询并修改设备支持的各种协议功能			
告警管理	局域网系统应能够实现对告警信息的配置			
	局域网系统应能够正确读取告警消息			
	局域网系统应能够正确保存和查询告警消息			
性能管理	局域网系统应能够实现对性能数据的采集			
	局域网系统应能够实现对性能数据的保存和查询			
安全管理	局域网系统应能够实现访问控制			
	实现用户管理			
	实现日志管理			
管理信息库	支持管理的网络设备,应能够支持 SNMP 协议			
	支持管理的网络设备,应能够支持 MIBII			

六、系统的文档要求

标准要求	审查结果	备　注
网络系统设计方案		
网络拓扑图		
线路工程竣工报告		
系统线路端接及配线架描述文件		
网络系统参数设定表		
系统软、硬件及各类接口描述文件		
用户操作和维护手册		
系统自测报告(包括综合布线、网络系统等)		
第三方测试报告		
系统的试运行记录		

第 10 章

网络工程招投标

为了规范招标投标活动,保护国家利益、社会公共利益和招标投标活动当事人的合法权益,提高经济效益,保证项目质量,制定了《中华人民共和国招标投标法》。

招标投标法规定,在中华人民共和国境内进行下列工程建设项目包括项目的勘察、设计、施工、监理以及与工程建设有关的重要设备、材料等的采购,必须进行招标:

(1)大型基础设施、公用事业等关系社会公共利益、公众安全的项目;

(2)全部或者部分使用国有资金投资或者国家融资的项目;

(3)使用国际组织或者外国政府贷款、援助资金的项目。

在招标投标法中强调说明:

(1)任何单位和个人不得将依法必须进行招标的项目化整为零或者以其他任何方式规避招标。

(2)招标投标活动应当遵循公开、公平、公正和诚实信用的原则。

(3)依法必须进行招标的项目,其招标投标活动不受地区或者部门的限制。任何单位和个人不得违法限制或者排斥本地区、本系统以外的法人或者其他组织参加投标,不得以任何方式非法干涉招标投标活动。

(4)招标投标活动及其当事人应当接受依法实施的监督。

有关行政监督部门依法对招标投标活动实施监督,依法查处招标投标活动中的违法行为。

所以本章要重点讨论招投标过程和投标文件编制,以及注意事项。

10.1 招标方式

常用的招标方式有三种形式:

1. 公开招标

公开招标亦称无限竞争性招标,由业主通过国内外重要报纸、有关刊物、电视、广播及网站发布招标广告,凡有兴趣应标的单位均可以参标,提供预审文件;预审合格后可以购买招标文件进行投标。此种方式对所有参标的单位或承包商提供平等竞争的机会。

2. 邀请招标

邀请招标亦称有限竞争性招标,不发布公告,业主根据自己的经验、推荐和各种信息资料,调查研究有能力承担本项工程的承包商并发出邀请,一般邀请 5~10 家(不能少于 3 家)前来投标。此种方式由于受经验和信息不充分等因素,存在一定的局限性,有可能漏掉一些技术性能和价格比更高的承包商未被邀请而无法参标。

3. 议标(竞争性谈判)

议标亦称非竞争性招标或指定性招标,也有把这种方式称为竞争性谈判。一般只邀请 1~2 家承包单位来直接协商谈判,实际上也是一种合同谈判的形式。此种方式适用工程造价较低、工期紧、专业性强或保密工程。其优点可以节省时间,迅速达成协议开展工作;缺点是无法获得有竞争力的报价,为某些部门搞行业、地区保护提供借口。因此,无特殊情况,应尽量避免议标方式。

根据十几年来网络工程市场的运作情况,网络工程项目不管工程项目大小都采用公开招标方式。要想采用有限竞争性或非竞争性招标,首先网络工程招标方案要通过专家认证,向财政监管部分上报必须采用有限竞争或非竞争招标的理由,得到批准才可采用单一来源采购或竞争性谈判招标方式。

10.2　招标文件

业主根据工程项目的规模、功能需要、建设进度和投资控制等条件,按有关招标法的要求编制好招标文件。

招标文件的质量好坏,直接关系到工程招标的成败。提供基础资料和数据指标,内容的深、广度及技术基本要求等应准确可靠,因为招标文件是投标者应标的主要依据。

一般招标文件封面会标明项目编号:JZX－2012－GK0001(A),括号里 A 是表示首次招标。如果第一次招标流标,重新组织第二次招标,项目编号其他部分不变,只要将括号内的 A 改成 B,即项目编号:JZX－2012－GK0001(B)。还要标明项目名称:XYZ 单位网络建设工程。招标文件一般分以下几个部分书写:

- 公开招标采购公告
- 投标人须知
- 评标办法及评分标准
- 招标需求
- 政府采购主要条款
- 投标文件格式

我们以一份实际案例来说明招标文件制作。

10.2.1　公开招标采购公告

根据《中华人民共和国政府采购法》、《政府采购货物和服务招标管理办法》等规定,现将 ABC 单位计算机网络建设工程项目进行公开招标采购,欢迎能提供此项服务的单位或公司前来投标。

一、项目编号:JZX－2012－GK－0001(A)

二、采购组织类型:政府集中采购

三、采购方法:公开招标

四、采购内容及数量

标项	采购内容	预算(万元)	使用单位
1	ABC 单位计算机网络建设工程	851	ABC
2	……	……	……

五、合格投标人的资格要求

1. 符合《中华人民共和国政府采购法》对投标主体的要求。

2. 注册资本人民币×××万以上(要求投标人具有企业法人资格时,应不超过采购项目预算金额的 50%)。

3. 成功案例或相应业绩。

4. 本地化服务(非本地公司在杭州有分公司或办事处)。

5. 本项目不接受联合体投标。

6. 系统集成资质二级(含)以上资质……

六、招标文件的发售

1. 发售时间(一般不少于 7 天)××年××月××日至××年××月××日。

2. 发售地点:省政府采购中心。

3. 售价:招标文件工本费×××元(一般不超过 500 元),售后不退。

七、购买招标文件时应提供以下资料(复印件需加盖单位公章)

1. 持有年检的企业法人营业执照及复印件。

2. 购买人身份证及复印件(须提供系所在单位正式员工证明),需提供法人代表人授权书。

八、投标保证金

投标保证金人民币××万元。

投标人应于×××前交至××××(收款单位名称、开户银行、账号)。

九、投标截止时间

投标人应于×月×日×时前半小时内将投标文件密封送交到××××地址,逾期送达或未密封将予以拒收。

十、开标时间及地点

本次招标将于×月×日×时在×××(地点)开标,投标人须派代表出席开标会议(全权代表应当是投标人的在职正式职工,并携带身份证等有效证明出席)。

10.2.2　投标人须知

一般前面有一个简要附表：

序　号	内容及要求
1	项目名称及数量:详见《公开招标采购公告》
2	投标保证金应按《招标采购公告》规定交纳。投标保证金以现金形式交纳的,请将现金交纳至指定银行及账号,凭银行回单到服务台登记并领取收据。若一次投多个标项,只需交纳一个标项的投标保证金(按所需保证金最大额的标准交纳为准)
3	答疑与澄清:投标人如对招标文件有误或有不合理要求的,应当与××××年×月×日前(距投标截止日前 5 天),以书面形式向招标采购单位提出
4	转包或分包:不允许转包或分包;不接受联合体投标
5	现场踏勘:无
6	演示时间:无
7	投标文件组成:投标文件由投标报价文件、资信及商务文件、技术文件正本各 1 份,副本各 8 份
8	评标结果公示:评标结束后 7 个工作日内,中标公告公示于省政府采购网(http://www.zfcg.gov.cn)并发布中标通知书
9	投标保证金退还:中标公告满 7 个工作日后,未中标的投标人提供保证金收据和本单位开户银行及账号到采购中心服务台办理,招标方以电汇或转账等方式退还投标保证金
10	签订合同时间:中标通知书发出后 30 日内
11	质量保证金的收取及退还:按合同总金额的 5% 计收,合同履行完毕(验收合格满 12 个月没有质量问题索赔)后 5 日内无息退还
12	付款方式:国库集中支付(采购人自行支付)详见各标项的资信及商务要求表
13	投标文件有效期:90 天
14	省政府采购中心于投标截止时间前半小时内接收投标文件,逾期送达或未密封将予以拒收
15	解释:本招标文件的解释权属于省政府采购中心

一、总则

(一)适用范围

仅适用于本次招标文件中采购项目的招标、投标、评标、定标、验收、合同履约、付款等行为(法律、法规另有规定的,从其规定)。

(二)定义

1."招标方"系指组织本次招标的省政府采购中心。

2."投标人"系指向招标方提交招标文件的单位。

3."采购人"系指委托招标方采购本次项目的国家机关、事业单位和团体组织。

4."产品"系指供方按招标文件规定,须向采购人提供的一切设备、保险、税金、备品备件、工具、手册及其他有关技术资料和材料。

5."服务"系指招标文件规定投标人须承担的安装、调试、技术协助、校准、培训、技术指导以及其他类似的义务。

6."项目"系指投标人按招标文件规定向采购人提供的产品和服务。

（三）投标委托

全权代表须携带有效身份证件。如全权代表不是法定代表人,须有法定代表人出具的授权委托书(正本用原件,副本用复印件)。

（四）投标费用

不论投标结果如何,投标人均自行承担所有与投标有关的全部费用(招标文件有其他相反规定除外)。

（五）特别说明

1.多家供应商参加投标,如其中两家或两家以上供应商的法定代表人为同一人或相互之间有投资关系且达到控股的,同时提供的是同一品牌产品的,应当按一个供应商认定。评审时,取其中通过资格审查后的报价最低一家为有效供应商;当报价相同时,则以技术标最优一家为有效供应商;均相同时,由评标委员会集体决定。

多家代理商或经销商参加投标,如其中两家或两家以上供应商存在分级代理或代销关系,且提供的是其所代理品牌产品的,评审时,按上述规定其中一家为有效供应商。

同一家原生产厂商授权多家代理商参加投标的,评审时,按上述规定确定其中一家为有效供应商。

2.投标人投标所使用的资格、信誉、荣誉、业绩与企业认证必须为本法人所拥有。投标人投标所使用的采购项目实施人员必须为本法人员工(或必须为本法人或控股公司正式员工)。

3.投标人应仔细阅读招标文件的所有内容,按照招标文件的要求提交投标文件,并对所提供的全部资料的真实性承担法律责任。

（六）质疑

1.投标人认为招标过程中或中标结果使自己的合法权益受到损害的,应当在中标结果公示之日起7个工作日内,以书面形式向采购中心提出质疑。

2.质疑应当采用加盖投标人公章的书面形式,质疑书应明确阐明招标过程中或中标结果使自己合法权益受到损害的实质性内容,提供相关事实、依据和证据及其来源或线索,便于有关单位调查、答复和处理,否则,采购中心将不予受理。

（七）招标文件的澄清与修改

1.投标人应认真阅读招标文件,发现其中有误或有不合理要求的,投保人应当在投标截止时间5日前以书面形式向省政府采购中心提出。采购中心将在规定的时间内,在财政部门指定的政府采购信息发布媒体上发布更正公告,并以书面形式通知所有招标文件收受人。

2.招标文件澄清、答复、修改、补充的内容为招标文件的组成部分。当招标文件与招标文件的答复、澄清、修改、补充通知就同一内容的表述不一致时,以最后发出的书面文件为准。

二、投标文件的编制

（一）投标文件的组成

投标文件由资信及商务文件、技术文件、投标报价文件三部分组成。

1.资信及商务文件

(1)资信文件

①投标声明书;

②法定代表人授权委托书;

③提供符合年检要求的营业执照副本复印件；

④提供符合要求的税务登记证副本复印件；

⑤采购公告中所要求的投标人的特定条件及需要说明的其他资质材料。

（2）商务文件

①投标人情况介绍（主要产品、技术力量、生产规模、经营业绩等）；

②投标人认为可以证明其能力或业绩的其他材料；

③类似成功案例的业绩证明（投标人同类项目实施情况一览表、合同复印件、用户验收报告）；

④资信及商务响应表；

⑤自主创新、节能环保等的资质证书或文件（若有）；

⑥投标方认为需要的其他文件资料。

2.技术文件

①对本项目的技术服务类总体要求的理解；

②项目总体架构及技术解决方案；

③保证工程质量的技术力量及技术措施；

④设备配置清单；

⑤原厂出厂配置表及原厂中文使用说明书；

⑥技术响应表；

⑦技术服务、技术培训、售后服务的内容和措施；

⑧项目实施人员一览表；

⑨投标人需要说明的其他文件说明（格式自拟）。

3.报价文件

①开标一览表；

②投标报价明细表；

③投标人针对报价需要说明的其他文件和说明（格式自拟）。

注：法定代表人授权委托书、投标声明书、开标一览表必须由相应代表人签字并加盖单位公章。资信及商务文件和技术文件中不得出现价格信息，否则以无效标处理。

（二）投标文件的语言及计量

1.投标文件以及投标人与招标方就有关投标事宜的所有来往函电，均应以中文汉语书写。除签名、盖章、专用名称等特殊情形外，以中文汉语以外的文字表达的投标文件视同未提供。

2.投标计量单位，招标文件已有明确规定的，使用招标文件规定的计量单位；招标文件没有规定的，应采用中华人民共和国法定计量单位（货币单位：人民币元），否则视同未响应。

（三）投标报价

1.投标文件只允许一个报价。投标报价应按招标文件中相关附表格式填报。

2.投标报价是履行合同的最终价格，应包括货款、标准附件、备品附件、专用工具、包装、运输、装卸、保险、税金、货到就位以及安装、调试、培训、保修等一切税金和费用。

（四）投标文件有效期

1.自投标截止日起 90 天内投标文件应保持有效。有效期不足的投标文件将被拒绝。

2.中标人的投标文件自开标之日起至合同履行完毕均应保持有效。

（五）投标保证金

1.投标人须按规定提交保证金。

2.保证金形式:汇票、电汇、支票、现金、网银。

3.投标保证金若以电汇、网银方式交纳的,请将电汇底单、网银电脑打印凭证写上所投项目名称、编号、投标联系人、联系电话传真至省采购中心。

4.未中标人的投标保证金在中标公告满7个工作日后办理退还手续。

5.保证金不计利息。

6.投标人有下列情形之一的,投标保证金及质量保证金将不予退还:

(1)投标保证金不予退还的:

①投标人在投标截止时间后撤回投标文件的;

②投标人在投标过程中弄虚作假,提供虚假材料的;

③中标人无正当理由不与采购人签订合同的;

④将中标项目转让给他人或者在投标文件中未说明且未经招标采购单位同意,将中标项目分包给他人的;

⑤其他严重扰乱投标程序的。

(2)质量保证金不予退还的:

①拒绝履行合同义务的;

②产品质量验收或测试不合格的。

(六)投标文件的签署和份数

1.投标人应按招标文件规定的格式和顺序编制、装订投标文件并标注页码,投标文件内容不完整、编制混乱导致投标文件被误读、漏读或者查找不到相关内容的,是投标人的责任。

2.投标人应按投标报价文件、资信及商务文件、技术文件正本、副本规定的份数分别编制并装订成册,投标文件的封面应注明"正本""副本"字样。活页装订的投标文件将以无效标处理。

3.投标文件的正本需打印或用不退色的墨水填写,投标文件正本除《投标人须知》中规定的可提供复印件外均须提供原件。副本为正本的复印件。

4.投标文件须由投标人在规定位置盖章并由法人代表或法定代表人的授权委托人签署,投标人应写全称。

5.投标文件不得涂改,若有修改错漏处,须加盖单位公章或者法人或授权委托人签字或盖章,投标文件因字迹潦草或表达不清所引起的后果由投标人负责。

(七)投标文件的包装

投标人应按资信及商务文件、技术文件、投标报价文件三部分密封封装投标文件,其中《投标报价文件》(格式见附件)应单独密封。投标文件的包装封面上应注明投标人名称、投标人地址、投标文件名称(资信及商务文件、技术文件、报价文件)。投标项目名称、项目编号、标项及"开标时启封"字样,并加盖投标人公章。

(八)投标无效的情形

实质上没有响应招标文件要求的投标将视为无效投标。在评审时,如果发现下列情形之一的,投标文件将被视为无效:

1.未按规定密封或标记的投标文件;

2.由于包装不妥,在送交途中严重破或失散的投标文件;

3.仅以非纸制文本形式的投标文件;

4.投标人未能提供合格的资格文件;

5.与招标文件有重大偏离的投标文件;

6.标项以赠送方式投标的,对一个标项提供两个投标方案或两个报价的;

7.投标文件应盖公章而未盖公章或非公司公章、未装订或活页装订、正副本标书数量不足、未有效授权、法人授权书填写不完整或有涂改的;

8.未按规定办理购买招标文件登记手续,未交纳保证金的;

9.投标报价超出预算的;

10.资信及商务文件和技术文件中出现投标价格信息的,报价文件不符合规定要求的;

11.开标时投标方全权代表未到开标现场或全权代表不能提供相应身份证明的;

12.不符合法律、法规和本招标文件规定的其他实质性要求的。

(九)错误修正

投标文件如果出现计算或表达上的错误,修正错误的原则如下:

1.开标一览表总价与投标报价明细表汇总数不一致的,以开标一览表为准;

2.投标文件的大写金额和小写金额不一致的,以大写金额为准;

3.总价金额与按单价汇总不一致的,以单价金额计算结果为准;

4.对不同文字文本投标文件的解释发生异议的,以中文文本为准。

按上述修正错误的原则及方法调整或修正投标文件的投标报价,投标人同意并签字确认后,调整后的投标报价对投标人具有约束作用。如果投标人不接受修正后的报价,则其投标将作为无效投标处理。

三、开标

(一)开标准备

省政府采购中心将在规定的时间和地点进行开标,投标人的法人代表人或其授权的全权代表应参加开标会并签到。

(二)开标程序

1.开标会由省采购中心主持,主持人宣布开标会议开始。

2.主持人介绍参加开标会议的工作人员名单。

3.主持人宣布评标的有关事项,告知专家应当回避的情形。

4.投标人或其当场推荐的代表(若有公证人员公证的则由委托的公证机构)检查投标文件密封的完整性并签字确认。

5.工作人员打开各投标人提交的投标资信及商务文件、技术文件外包装,清点投标文件正本、副本数量,符合招标文件要求的送评标室评审;不符合要求的,当场退还投标人,并由全权代表签字确认。

6.资信及商务文件评审结束后,由主持人公布无效投标的投标人名单、投标无效的原因及有效投标的评分结果;如投标有效供应商不足三家,经评标委员会确定为废标的,则将报价文件原封退回供应商。

7.工作人员拆开并宣读《投标报价一览表》,如报价不符合要求的,提交评标委员会审定。

8.工作人员做开标记录,全权代表对开标记录进行当场核实并签字确认。同时由记录人、监督人当场签字确认,全权代表未到场签字确认或者拒绝签字确认的,不影响评标过程和结果。

9.评标委员会对各投标商投标报价文件进行审核并打分。

10.评标结束,主持人公布有效投标商的评分结果和推荐的中标商。

四、评标

（一）组建评标委员会

本项目评标委员会由省财政厅采监处按《中华人民共和国政府采购法》相关要求，在专家库中随机抽取，成员由 5 人（含）以上奇数组成。

（二）评标程序

1. 采购人代表和省政府采购中心工作人员协助评标委员会对投标人的资格和投标文件的完整性、合法性等进行审查。

2. 评标委员会审查投标文件的实质内容是否符合招标文件的实质性要求。

3. 评标委员会将根据投标人的投标文件进行审查、核对，如有疑问，将对投标人进行询标，投标人要向评标委员会澄清有关问题，并最终以书面形式进行答复。

4. 评标委员会完成评标后，评标委员会按评标原则推荐中标候选人起草评标报告。

5. 全权代表未到场或者拒绝澄清的内容改变了投标文件的实质性内容的，评标委员会有权对该投标文件作出不利于投标人的评判。

（三）评标原则

评标委员会必须公平、公正、客观，不带任何倾向性和启发性；不得向外界透露任何与评标有关的内容；任何单位和个人不得干扰影响评标的正常进行；评标委员会及有关工作人员不得私下与投标人接触。

五、定标

1. 本项目由评标委员会推荐中标人，采购结果由采购人代表签字确认。

2. 采购结果经采购人确认后，采购中心将于 7 个工作日内在省政府采购网上发布中标公告，并向中标方签发书面《中标通知书》。

六、合同授予

（一）签订合同

1. 采购人与中标人应当在《中标通知书》发出之日起 30 日内尽快签订政府采购合同，采购中心作为合同签订的鉴证方。

2. 中标人拖延、拒签合同的，将被扣罚投标保证金并取消中标资格。

（二）质量保证金

1. 中标人应在中标通知书发出后 30 日内与采购人、采购中心三方签订合同。签订合同时应向采购中心交纳合同总金额的 5% 作为质量保证金，凭交纳凭证签订采购合同，中标人的投标保证金在合同签订后 5 天内退还（可转为质量保证金）。

2. 办理保证金退还手续时，中标人凭"交入保证金凭证"第二联供应商退款凭证原件、质量回访单、正规收据到服务台办理退保手续。

七、货款的结算

货款由采购人自行支付。中标商凭验收结算单（政府采购网上自行下载）、质量保证金凭证（采购中心提供）、发票到采购人处结算，若资金在采购人处的，由采购人直接支付；若资金在核算中心的，由采购人向核算中心发起支付令，由核算中心把货款打入中标商帐户。

10.2.3　评标办法及评分标准

根据《中华人民共和国政府采购法》等有关法律法规，并结合本项的实际需求，制订了本办法。

一、总则

本次评标采用综合评分法,总分为 100 分。合格投标人的评标得分为各项目汇总得分,中标候选资格按评标得分由高到低顺序排列,得分相同的,按投标报价由低到高顺序排列;得分且投标报价相同的,按技术得分由高到低顺序排列。评分过程中采用四舍五入法,并保留小数2 位。

二、分值计算

技术、资信、商务及其他分按照评标委员会成员的独立评分结果汇总后的算术平均分计算,计算公式为:

技术、资信商务及其他分＝评标委员会所有成员评分合计数/评标委员会组成人员数

投标人评标综合得分＝价格分＋(技术、资信商务及其他分)

三、评标内容及标准

评分项目			分　值	评标要点及说明
价格(40)			40	满足招标文件要求且投标报价最低的投标报价为评标基准价,其价格分为满分。其他投标人的价格分统一按照下列公式计算:投标报价得分＝(评标基准价/投标报价)×40
产品性能、技术指标及系统集成能力(40)			22	符合明确指标参数得 22 分。对非关键的性能指标及技术参数负偏离或缺漏项的每项扣 3 分,扣完为止
			5	符合指标属于正偏离的、有先进程度或会提高价格的每项加 1～2 分(最高分为 5 分)。无实质性意义的正偏离不加分
			5	系统集成的具体技术解决方案
			4	项目系统集成具体实施计划
			4	系统集成项目组实施人员能力
资信及商务(20)	售后服务及培训情况	售后服务响应时间	6	项目维护计划(对用户故障的响应、处理、定期巡检等情况)的有效性
		技术培训	2	培训方案、计划的可行性及合理性
		供货时间	2	是否按规定时间响应
	公司经营等情况	公司经营情况	3	公司经营情况、技术力量
			2	公司诚信
		经验业绩	3	相关案例、经验业绩
		投标文件编制质量	2	编排有序、装订整齐、书面整洁、内容翔实

10.2.4　招标需求

根据有关文件规定:除采购文件明确的品牌外,欢迎其他能满足本项目技术需求且性能与所明确品牌相当的产品参加。

由于篇幅有限,以下只列出招标书中目录标题内容。

一、项目建设目标

二、项目建设原则

遵循规范、结合实际

总体规划、分步推行

资源整合、信息共享

开发性和可扩展性原则

三、系统现状

四、业务应用分析

1.现有应用

2.规划中的应用

五、系统平台建设

1.主机平台建设

2.存储系统建设

3.备份系统建设

4.网络、网络安全建设

5.云计算系统建设

六、主要设备列表

七、招标技术参数列表

八、系统集成要求

九、售后服务

一○、资信及商务要求表

售后服务保障要求	在整个使用期内,卖方应确保设备的正常使用,在接到用户维修要求后应立即作出回应,当系统的软件、硬件设备出现故障时,投标人应承诺在4小时内响应并提出解决方案,8小时之内到现场对故障进行处理(详见技术参数要求),若短期无法修复的,应及时提出相应备用设备并负责安装调试,为此,投标人应提供相应承诺书
备品备件及耗材等要求	投标人标明常用备品备件及耗材的投标价
质保期	提供原厂3年免费上门保修,保质期内因不能排除的故障而影响工作的情况每发生一次,其质保期相应延长60天,质保期内应设备本身缺陷造成各种故障应由卖方免费提供技术服务和维修
交货时间及地点	合同签订后半个月内,10天内完成所有设备的安装调试工作。地点:用户指定地点
付款条件	货到验收合格后支付总额的100%
政策性加分条件	符合自主创新、节能环保等国家政策要求
质量管理、企业信用要求	质量管理符合相应标准,企业无不良诚信记录
能力或业绩要求	具备一定的销售业绩,并提供今年的销售记录
其他要求	中国信息安全测评中心认证的国家信息安全服务资质

10.3　投标文件

根据招标文件的要求,投标文件由资信及商务文件、技术文件、投标报价文件三部分组成。现在我们分别叙述这三个文件的通用部分,一些针对项目不同而有所区别的只列出提纲。

10.3.1　资信及商务文件

1. 投标声明书

格式如下:

投标声明书

致:(招标采购单位名称)

　　(投标人名称)系中华人民共和国合法企业,经营地址(公司办公地址)。

　　我(姓名)系(投标人名称)的法定代表人,我方愿意参加贵方组织的(招标项目名称)(编号为 JZX—2012—GK0001(A))的投标,为此,我方就本次投标有关事项郑重声明如下:

　　1. 投标方已详细审查全部招标文件,同意招标文件的各项要求。

　　2. 我方向贵方提交的所有投标文件、资料都是准确的和真实的。

　　3. 若中标,我方将按招标文件规定履行合同责任和义务。

　　4. 我方不是采购人的附属机构;在获知本项目采购信息后,与采购人聘请的为此项目提供咨询服务的公司及其附属机构没有任何联系。

　　5. 投标书自开标日起有效期为(××)个工作日。

　　6. 以上事项如有虚假或隐瞒,我方愿意承担一切后果,并不再寻求任何旨在减轻或免除法律责任的辩解。

　　法定代表人(签字):＿＿＿＿＿＿＿＿　　　　　　　日期:＿＿＿＿＿＿＿

　　单位全称(公章):＿＿＿＿＿＿＿＿

2. 法定代表人授权委托书

格式如下:

法定代表人授权委托书

省政府采购中心:

　　我(姓名)系(投标人名称)的法定代表人,现授权委托本单位在职职工(姓名)为全权代表,以我方的名义参加项目编号:(JZX—2012—GK0001(A))项目名称(ABC 单位计算机网络建设工程)项目的投标活动,并代表我方全权办理针对上述项目的投标、开标、签约等具体事务和签署相关文件。我方对全权代表的签名事项负全部责任。

　　在撤销授权的书面通知以前,本授权书一直有效。全权代表在授权书有效期内签署的所有文件不因授权的撤销而失效。

　　全权代表无转委托权,特此委托。

　　全权代表(签名):＿＿＿＿＿＿＿　　　　　　　职务:＿＿＿＿＿＿＿

　　全权代表身份证号码:＿＿＿＿＿＿＿＿＿＿

法定代表人(签名):＿＿＿＿＿＿＿　　　　　　　职务:＿＿＿＿＿＿

单位全称(公章):＿＿＿＿＿＿＿　　　　　　　日期:＿＿＿＿＿＿

　　所提供其他文件,如营业执照、税务登记证、系统集成资质等原件之复印件。在扫描或复印时要注意年检与否和证件的有效期。因为这些文件都是在专家评标时必须严格审核的资格审查,只有资格审核通过了,才进入第二步技术文件的评审。

10.3.2　技术文件

　　下列是一个成功案例最后中标的标书章节(正文省略):

第一章　项目总体要求理解

　　1.项目背景

　　2.用户现状

　　　2.1　网络现状

　　　2.2　系统应用现状

　　3.系统需求分析

第二章　项目总体架构及技术解决方案

　　1.项目建设目标及原则

　　　1.1　项目建设目标

　　　1.2　项目建设原则

　　2.技术解决方案

　　　2.1　系统整体架构

　　　2.2　系统整体优势

　　　2.3　服务器虚拟化解决方案

　　　2.4　虚拟存储解决方案

　　　2.5　IBM N6040 扩容方案

　　　2.6　实施过程中的重点要点

第三章　设备清单

第四章　原厂出厂配置表及原厂中文说明书

　　1.设备原厂出厂配置表

　　2.原厂中文说明书

第五章　技术响应表

　　1.技术偏离表(该表是根据招标参数,应一一对应,如招标文件要求采购存储阵列,招标文件有具体参数要求,响应表中要列出投标文件响应情况,最后还要标明偏离情况。一般有三种情况,投标文件响应参数低于招标文件要求参数,标明负偏离;投标文件响应参数等于招标文件要求参数,标明无偏离;投标文件响应参数高于招标文件要求参数,标明正偏离。技术响应表非常重要,因为它是评标委员会成员必须详细审核的部分,也是加分、扣分的依据,见评分标准表格。为此虽然其他部分都省略了,这里还是要列举一个技术响应表的书写。注:投标人应根据投标设备的性能指标,对照招标文件要求在"偏离情况"栏注明"正偏离"、"负偏离"或"无偏离"。)

技术响应表

单位全称(公章)(投标人全称)　　　　　　　　　　　　　　　　　　　　标项:_____

指标项目	招标文件要求	投标文件响应	偏离情况
存储阵列基础架构	统一存储平台,同时支持 NAS、FCSAN、IPSAN 组网,本次配置 2 个 NAS 引擎	统一存储平台,同时支持 NAS、FCSAN、IPSAN 组网,本次配置 2 个 NAS 引擎	无偏离
	前端引擎采用可扩展弹性架构	前端引擎采用可扩展弹性架构	无偏离
	NAS 引擎采用全 Active—Active 并行集群模式,支持 2～6 个 NSA 节点平滑扩展	NAS 引擎采用全 Active—Active 并行集群模式,支持 2～6 个 NSA 节点平滑扩展	无偏离
	NSA 集群节点必须事先共享空间并能同时访问同一目录,支持全局命令空间	NSA 集群节点必须事先共享空间并能同时访问同一目录,支持全局命令空间	无偏离
	NAS 集群引擎与后端数据存储子系统之间须采用光纤连接	NAS 集群引擎与后端数据存储子系统之间须采用光纤连接	无偏离
	配置 NAS 集群节点数量≥2 个,最大支持 NAS 集群节点数≥6 个	配置 NAS 集群节点数量 2 个,最大支持 NAS 集群节点数 6 个	无偏离
	系统最大 Cache≥64GB	系统最大 Cache=144GB	正偏离
	系统硬盘容量最大扩展能力≥7680TB	系统硬盘容量最大扩展能力=7680TB	无偏离
	系统最大处理器个数≥8 颗	系统最大处理器个数=12 颗	正偏离
	NAS 资源管理配置 DFT 动态分级存储功能,实现在线数据与近线数据的生命周期(ILM)管理,支持跨层透明移动数据	NAS 资源管理配置 DFT 动态分级存储功能,实现在线数据与近线数据的生命周期(ILM)管理,支持跨层透明移动数据	无偏离
	NAS 资源管理配置快照功能,可实现数据快速恢复	NAS 资源管理配置快照功能,可实现数据快速恢复	无偏离
	NAS 资源管理配置卷镜像功能,可实现智能存储单元的数据保护	NAS 资源管理配置卷镜像功能,可实现智能存储单元的数据保护	无偏离
	NAS 资源管理内置备份客户端软件,且支持 NDMP 协议,支持 Server—Free 备份	NAS 资源管理内置备份客户端软件,且支持 NDMP 协议,支持 Server—Free 备份	无偏离
	具有 Cache 同步机制保证数据一致性,同时具有全局锁管理功能	具有 Cache 同步机制保证数据一致性,同时具有全局锁管理功能	无偏离
	支持容量动态扩展、性能动态扩展、文件系统动态扩展	支持容量动态扩展、性能动态扩展、文件系统动态扩展	无偏离
	支持操作系统:Microsoft Windows、Redhat Linux、Suse Linux、HP—Unix、IBM AIX、SUN Solaris、Novell Netware、Mac OS	支持操作系统:Microsoft Windows、Redhat Linux、Suse Linux、HP—Unix、IBM AIX、SUN Solaris、Novell Netware、Mac OS	无偏离

全权代表签名:_____　　　　　　　　　　　　　日期:_____

第六章　保障工程质量的技术力量及技术措施

1.质量保证方案

　　1.1　项目质量管理措施

　　1.2　项目质量保证计划

　　1.3　参与准备和评审《项目计划》

10.3.3　报价文件

报价文件比较简单,往往有统一的格式,报价文件包括三部分内容,装订起来也只是一本薄薄的小册子。

1.开标一览表

开标一览表统一格式如下:

开标一览表

单位全称(公章)_____　　　　　　　　　招标编号及标项_____

项　目	货物名称	数　量	产　地	品　牌	规格型号	单价(元)	投标总价(元)
设备费							
材料费							
项目费用及利润	工程费						
	工时费						

合计金额大写:　　　　　　　　　　　　　　　　　　小写:￥

注:(1)此表报价单不得涂改,请按规定要求填报,否则其投标作无效标处理;

(2)以上报价应与"投标费用明细表"中的"合计"数相一致;

(3)项目费用包括项目实施所需的工程费、工时费、服务费、运输费、安装调试费、购买及制作标书费、税费及其他一切费用。

全权代表(签字):　　　　　　　　　　　　　　日期:

2.投标报价明细表

投标报价明细表统一格式如下:

投标报价明细表

单位全称(公章):_____　　　　　　　　　　　　标项:_____

序　号	设备名称	品　牌	规格型号	单位及数量	单价(元)	总价(元)
1						
2						
3						
	……					
……	专用耗材					
投标总价		小写:大写:				

全权代表签名:_____　　　　　　　　　　　　日期:_____

3. 投标人针对报价需要说明的其他文件和说明

如果针对报价还需要说明什么的就说明，没有就无需说明。因此也没有统一的格式，即使有说明，用文字说明和列表说明都可。

10.4　招投标技巧

最后我们来讨论一下如何提高中标率问题。在市场竞争中，不像计划经济年代，大家都说市场如战场。在投标过程中，几家公司竞争一个标项，而胜利者只有一个。失败者没有任何人给你什么补偿，还浪费人力、物力及财力。特别是刚开始工作时参加投标屡战屡败，老板那里也不好交待吧。所以如何战胜其他公司，难中取胜很重要。有些公司通过多次招投标实践总结如下经验：

1. 字斟句酌

招投标的第一个程序就是编制招标文件，也就是编写"标书"。

在这个环节，政府部门最看重的就是按照他们的实质性要求和条件切实编制招标文件。比如在采购计算机设备时，应当按照能够保证完成工作的配置来编制。这样可以保证自己能够采购到合适的设备，避免资金的浪费。

还有一个重要的环节是招投标双方都要注意的，就是标书中的实质性要求和条件。《招标投标法》第三章第 27 条规定："投标文件应当对招标文件提出的实质性要求和条件做出响应。"这意味着投标人只要对招标文件中若干实质性要求和条件中的某一条未做出响应，都将导致废标。这条规定直接影响企业的中标率，企业应该对此慎之又慎。这就要求企业认真研究招标文件，对招标文件的要求和条件，逐条进行分析和判断，找出所有实质性的要求和条件，在招标文件中一一做出响应。

一般情况下，投标人都会认真研究招标文件中的技术要求，根据自己产品的情况，在技术方面较好地响应招标文件的实质性要求，但是，许多投标人往往会在一些看似并不重要的内容上出现疏漏，导致投标失败。这样的结果非常令人惋惜。

例如，在某个项目的招标中，一家信誉、实力和产品水平都是国内一流的企业，因为没有响应招标文件中的一条商务条款而前功尽弃。招标文件明确要求货款用人民币支付，该企业投标的产品含有 50% 左右的进口件，投标文件中提出进口件部分的一半货款用美元结算，主要意图是与招标人共同分担汇率风险，但是评标委员会认为该投标人属于在商务方面与招标文件没有完全响应，因此不能入围。还有一家企业在投标文件中提高了首期付款的比例，也遭受了同样的命运。

再比如，有的电脑采购招标文件中明确提示需要投标报价表，而且需要有相邻配置的报价。如 CPU，除了提供招标要求的配置以外，一般还要提供前后两个不同频率配置的报价。可是有的厂家疏忽了这个实质性要求，没有提供这个数据，结果导致了投标失败。

与此相反，有的企业在认真揣摩招标文件之后，往往可以发现招标文件中有利于自己的内容。比如，在一次计算机产品的投标中，招标方要求企业提供产品的媒体价作为自己的基准价格。但是招标书上没有明确指出是什么媒体，而在不同的媒体上，同一产品的报价又不完全相同，有时有很大的差别。某企业就根据自己的报价策略，挑选了适合自己的媒体报价。这种报价是实质性的响应,是真实有效的,而且是有利于企业的。所以,这个技巧是最基本的,也是最重要的,是招投标的第一项工作,千万别让机会在眼前溜走。

2. 内外双修

标书编制出来以后,接下来就是发布招标公告或者定向发布投标邀请函。在这个阶段,一定要修炼好"外功"和"内功"。

所谓要修"外功",就是指在信息发布和采集阶段,一定要注意外部信息来源。作为政府方面,要想办法让自己的招标公告被更多的企业看到。但是现在存在一个问题,就是没有统一的发布招标公告的媒体。国家有关部门分别指定了一些发布招标公告的媒体,如财政部指定了《中国财经报》和《中国政府采购网》,国家经济贸易委员会指定了《中国招标》杂志发布技术改选项目的招标公告,外经贸部指定了《中国国际招标网》、《中国招标》发布机电产品国际招标的投标公告。另外,一些专业媒体,如 IT 业的《计算机产品与流通》、《每周电脑报》等也有相关的信息发布。因此,由于媒体众多,没有统一的媒体发布公告,容易导致信息发布的混乱。一些公告只在地方性的报纸上发布,有可能造成表面上投标、实际上合同外包的腐败现象。所以,当务之急是政府要指定统一的媒体,方便企业获得信息。

对于企业来说,修炼"外功"就是要及时准确地掌握招标信息。这是企业参加投标的前提。在当前没有统一媒体发布的情况下,只有广泛地关注有关媒体,尤其是上面提到的这些媒体。

所谓修炼"内功",其实是针对招标方式中的邀请招标来说的。因为邀请投标的范围是招标人确定的,企业要获得邀请招标的信息相对来说比较困难,企业需要采用多种方法获取信息,而这些方法,主要是从企业自身入手。首先是增加企业和产品知名度,特别应在本行业内占有较为重要的地位;二是与一些专职招标机构或采购频繁的实体建立较为密切的联系,使他们对你的产品有一些了解。而政府部门也应当广泛地了解相关企业的情况,争取让符合条件的企业都有机会被作为邀请招标的对象。

3. 后发制人

按照程序,接下来就是发售招标文件和接受投标。这里特别应该注意时间,《招标投标法》规定,这两个程序之间的时间最短不得少于 20 日。

从招标文件开始发出到投标人提交投标文件之间有较长的一段时间,这段时间对于企业有非常重要的意义。我们知道,对于计算机产品,随着时间的不同,价格有很大的变化,一般时间越晚价格越低,所以,有经验的企业往往较晚递交投标文件,采用较晚的市场报价,从而取得一定的优势。

有经验的企业,会在递交投标文件的前夕,根据竞争对手和投标现场的情况,最终确定投标报价和折扣率,现场填写商务方面的文件。例如,投标文件规定保证金的金额为投标报价的 2%,如果能够较晚地提交这个报价,就可以一方面保证自己的报价保密,另一方面针对获得的情况采取不同的报价策略。

4. 丢车保帅

公开开标是接下来的程序。到了这一个阶段,企业虽然没有机会对标书进行更改,但是还可以撤除某些投标意向。也就是说,是考虑丢车保帅的最后时机。

由于《招标投标法》规定投标文件对招标文件提出的实质性要求和条件必须做出响应,企业如果把握不准实质性和非实质性之间的界限,应不厌其烦向招标人进行询问,而且最好以书面方式进行。当自己的产品与某些实质性要求有一定差距时,需要在投标文件中偏离表上做出详细的说明。如果偏差过大,无法完全响应时,应考虑放弃某一项产品的投标,以保证其他产品参与投标。

例如,在计算机的招投标中,往往需要对多种产品进行招投标,例如台式机和笔记本电脑。有的企业生产的台式机比较符合要求,而笔记本较差,不符合实质性响应的要求和条件,这时,企业就完全可以考虑舍弃笔记本的投标,专心进行台式机的投标。

5. 精雕细刻

评选委员会评标、招标人定标是非常关键的程序。可以说,这一程序是决定性的,而这个程序的全过程,都是围绕投标文件进行的,可以说,投标文件是唯一的评标依据。

投标文件是描述投标人实力和信誉状况、投标报价竞争力和投标人对招标文件的响应程度的重要文件,也是评标委员会和招标人评价投标人的主要依据。所以,在企业产品和实力能够满足招标文件要求的前提下,编制一本高质量的投标文件是企业在竞争中能否获胜的关键。

如何编制这样一本高质量的投标文件呢?这就要精雕细刻。

首先,投标人应该根据招标的项目特点,抽调有关人员,组成投标小组。投标小组要认真研究招标文件内容,摸清招标人的意图,了解潜在的竞争对手的情况。在知己知彼的情况下,从技术、商务等各方面确定投标策略。其次,在编制招标文件时,投标人一定要确保投标文件完全响应招标文件的所有实质性要求和条件。这些都在前面的技巧里面谈到。还有一些细枝末节的东西,虽然很细小,但是如果不注意,就会影响全局,导致全盘皆输。

6. 信誉为本

招投标的最后就是用书面形式通知中标人和所有落标人,以及招标人和中标人签订合同。

总结招投标的经验。我们认为,一般公司中标在于信誉,而信誉往往体现在企业的报价、供货和售后服务等方面。

报价方面,企业要遵守几个基本规则,主要是不能恶性竞价,即投标报价不能低于成本价。《招标投标法》第33条已将其定为非法行为。但是如有特殊情况,应加以说明。如某帆布厂在参加帐篷投标时,报价低于成本价,但是该企业在投标文件上说明了原因,即是该企业常年库存积压产品,所以降价处理。这样反而使其报价具有了较强的竞争优势而中标。

供货方面就是要求企业一定要按照合同办事。这方面的教训也是有的。如以前有的中标企业用64M代替128M的内存,形成了欺骗行为,这家企业从此失去了信誉。相反有的企业,从使用单位的角度考虑,指出高端配置可能过于奢侈,没有发挥最大效能,建议别的配置,这种负责的态度,就容易赢得好感和信任。

售后服务更是各企业竞争的重要方面。好的企业会在招标文件的服务实质性要求的基础上进一步提供好的服务,如提供周边设备、延长服务时间等。

对政府采购的招标人员来说,应该多考虑企业的难处,财政部门应尽可能多(一般按照比例)、快、早地向企业付款。这也是保证企业产品质量的重要方面,也可以说是为自己树立信誉,吸引更多的企业参加以后的招标。

对于从事政府采购的工作人员来说,与世界接轨就标志着招标行为的规范化和国际化,需要自身有一次知识和观念的更新;对于企业来说,入世以后必将面临着更为残酷的竞争,掌握专业的招投标知识和技术就显得尤为迫切。现在,技巧是有了,关键就看怎么用了。